U0207798

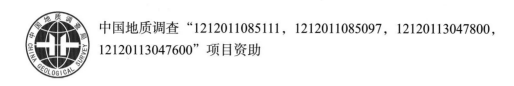中国地质调查"1212011085111，1212011085097，12120113047800，12120113047600"项目资助

秦岭成矿带成矿地质背景及优势矿产成矿规律

赵东宏　杨忠堂　李宗会　王　虎　罗根根　彭　璇等　著

科学出版社

北　京

内 容 简 介

本书以大地构造及成矿演化为主线，运用多元成矿控制观点，针对影响秦岭成矿带中、新生代大规模成矿作用的矿源、热源及赋矿空间等主控要素，重点对震旦纪、志留纪、泥盆纪等时代的含矿地层进行区域对比及含矿性研究；系统探讨印支-燕山期花岗岩类的时空分布、构造属性及其成矿作用；在已有构造格架及其演化研究基础上，提出并剖析北东向构造的成生发展及其对岩浆活动和成矿的控制。通过解剖典型矿床，总结金、铅锌、钼（钨）、铜、汞锑等优势矿产的成矿规律；在重要成矿远景区带划分基础上，提出重点整装勘查区地质找矿工作部署建议。本书内容丰富，重点突出，资料翔实，反映了当前秦岭成矿带最新的地质、矿产调查和科研成果。

本书可供从事区域地质、构造及矿产资源调查研究的科研人员和学生参考。

图书在版编目（CIP）数据

秦岭成矿带成矿地质背景及优势矿产成矿规律 / 赵东宏等著 .—北京：科学出版社，2019.1

ISBN 978-7-03-060364-7

Ⅰ．①秦⋯ Ⅱ．①赵⋯ Ⅲ．①秦岭-成矿带-成矿地质-地质环境②秦岭-成矿带-成矿规律 Ⅳ．①P617.2

中国版本图书馆CIP数据核字(2019)第002884号

责任编辑：王 运 韩 鹏 姜德君 / 责任校对：张小霞
责任印制：肖 兴 / 封面设计：铭轩堂

科学出版社 出版

北京东黄城根北街16号
邮政编码:100717
http://www.sciencep.com

三河市春园印刷有限公司 印刷
科学出版社发行 各地新华书店经销

*

2019年1月第 一 版 开本：787×1092 1/16
2019年1月第一次印刷 印张：25 1/2
字数：605 000

定价：**358.00元**
（如有印装质量问题，我社负责调换）

前　言

　　夹持于扬子板块与华北板块之间的秦岭成矿带，位于中央造山带的核心地段，自太古宙以来，先后经历了南华纪以前的大陆地壳早期演化、新元古代以来到中泥盆世的超大陆裂解及洋陆演化、中泥盆世到中三叠世的海陆演化（或称碰撞期后板内伸展）以及中－新生代的陆内叠覆造山等阶段，发育了自前寒武纪至新生代不同时代的沉积建造和岩浆活动。秦岭造山带的复杂性使其成为争论最多的地区，更由于其"非经典性"而成为中外地质学者所关注的构造单元之一。

　　秦岭成矿带西起甘青交界，向东绵延，穿甘、陕，抵豫、渝，北自甘肃临夏－天水、陕西宝鸡－西安－潼关一线起，向南止于甘肃玛曲－文县－康县、陕西宁强－镇巴－镇坪一线，范围包括秦岭东段的陕西南部地区和秦岭西段的甘肃南部地区，地理坐标：东经 101°20′00″～111°00′00″，北纬 31°40′00″～35°45′00″。全区东西长约600km，南北宽200～300km，总面积约16万 km²。该区崇山峻岭逶迤，盆地平原棋布，渭水洮河注黄，白龙嘉汉奔长，不仅是我国南北天然的地质、地理、生态、气候、环境，乃至人文的自然分界线，而且具有长期、复杂的地质演化和成矿作用形成的极其丰富的矿产资源，对中华民族历史发展起到至关重要的作用。中华人民共和国成立以来，区内已发现各类型矿产地近千处，其中大中型矿产地百余处，成为我国重要的有色金属、贵金属矿产资源基地，为国民经济建设发展做出了卓越贡献，目前金、钼（钨）、铅锌、铜、汞锑、铁等已成为区内的优势矿产资源。

　　近年来，为了满足中国经济和社会的可持续发展及国家安全保障工程建设对矿产资源的需求，中国地质调查局在先期地质大调查（1999～2009年）工作的基础上，为全面提高秦岭成矿带整体研究水平，进一步深化研究该成矿带成矿地质条件、成矿规律，更好地指导区域地质找矿勘查工作，设立了"秦岭成矿带地质矿产调查"计划项目（2010～2015年），并先后设立了39个工作项目。项目实施以来，在各承担单位和项目技术人员的辛勤努力下，圆满完成了各自的目标任务，取得了丰硕的地质找矿成果，发现了大量新的找矿线索，圈定出一批新的成矿远景区和重点勘查区，在成矿作用和成矿规律研究方面取得了一些新的认识和突破，为今后秦岭成矿带的找矿工作开辟了新的思路，注入了新的活力。

　　成矿作用是地球动力作用的一种表现形式，是促使成矿元素高度富集的复杂演化过程，矿床的形成无不受到含矿地层（矿源）、岩浆作用（热源）、构造环境（储矿空间）、成矿作用过程（成矿物理化学条件）以及成矿后的改造作用等诸多因素制约。大量的地质及找矿成果显示，对于秦岭成矿带金、钼（钨）、铅锌、铜、汞锑、铁等优势矿产的成矿作用而言，其同样也受到以上因素的制约。本书则是在集成、综合研究秦岭成矿带以往和最新成果基础上，对该区的区域成矿地质背景和成矿条件进行梳理、集成，重点对震旦纪、志留纪、泥盆纪等主要时代的含矿地层进行区域对比研究，对与大规模成矿作用关系密切的印支－燕山期花岗岩类的成岩、成矿作用特征进行详细研究，在该区现有构造格架及其演化研究基础上，提出并剖析北东向构造的成生发展及其在成岩成矿方面的作用。通过对重要成矿远景区典型矿床的解剖，归纳各类矿床的成矿特征和控矿因素，总结金、铅锌、钼（钨）、铜、汞锑等优势矿种的时空分布特征和成矿规律，并依据所获认识，在对重要成矿远景区带划分的基础上，提出重点勘查区工作部署建议。可以说本书是迄今为止秦岭成矿带区域地质矿产调查成果集成、综合研究的系统总结。

　　本书是中国地质调查局对"秦岭成矿带地质矿产调查"计划项目的支撑综合研究项目（①秦岭成矿带地质调查综合研究 2010 ～ 2012，项目编码：1212011085111；②秦岭成矿带基础地质综合研究 2010 ～ 2012，项目编码：1212011085097；③秦岭成矿带矿产资源潜力调查 2013 ～ 2014，项目编码：12120113047800；④秦岭关键地区区域地质调查 2013 ～ 2015，项目编号：12120113047600）所取得的报告成果以及西北大学、长安大学有关专题报告的综合、提炼，是项目参与单位和技术人员辛勤工作和研究的结晶。参与本书编写的人员有：赵东宏研究员、杨忠堂研究员、李宗会高级工程师、王虎助理研究员、罗根根助理研究员、彭璇助理研究员，李行研究员参加部分编纂工作。分工执笔安排如下：前言由赵东宏完成，第一章由杨忠堂、王虎、赵东宏、李行完成；第二章由李宗会、杨忠堂、罗根根完成；第三章由杨忠堂、彭璇、王虎完成；第四章由王虎、杨忠堂、李宗会、罗根根完成；第五章由李宗会、罗根根、杨忠堂、赵东宏完成；第六章由李宗会、罗根根、王虎完成；第七章由罗根根、王虎、彭璇、李宗会、杨忠堂完成；第八章由李宗会、赵东宏、罗根根完成；第九章由赵东宏、李宗会、杨忠堂完成；书中插图由彭璇、罗根根、王虎、杨忠堂、李宗会等编绘制作；英文摘要由王虎编写。全书由赵东宏、杨忠堂统审定稿。

　　在本书编撰过程中，得到中国地质调查局基础部和资源评价部以及中国地质调查局西安地质调查中心李文渊研究员、计文化研究员等的关心和大力支持；长安大学，西北大学，中国地质大学，陕西省国土资源厅，甘肃省国土资源厅，陕西省地质调查院，陕西省地质矿产勘查开发局第一地质队、第三地质队、第六地质队、汉中地质大队，西安地矿产勘查研究院，陕西区域地质研究院，陕西省地质矿产勘查开发局物化探队，西北有色地质矿产勘查局，西北有色地质勘查院，宝鸡西北有色七一一总队有限公司，西北有色地质勘查局七一三总队，西北有色地质勘查局七一七总队，西北有色地质勘查局物化探总队有限公司，甘肃省地质矿产勘查开发局，甘肃省地质调查院，甘肃省地质矿产勘查开发局第一地质矿产勘查院、第三地质矿产勘查院，甘肃省有色地质矿产勘查局，甘肃省有色地质调查院，甘肃有色地质勘查局 106 总队，陕西省核工业地质局及核工业二〇三研究所，陕西省核工业地质局二一一大队、二一四大队，中化地质矿山总局，中化地质矿山总局陕西地质勘查院，中国人民武装警察部队黄金指挥部，中国人民武装警察部队黄金地质研究所及中国人民武装警察部队黄金第五支队等单位的领导和同行都给予项目极大的支持和帮助。在此谨向以上所有单位和项目参与人员致以诚挚的感谢。本专著曾参阅工作区内上述单位一些未公开发表的区域地质调查、物化探、地质调查设计等成果和资料，书中未能完全注出，特此说明并致谢。

目　　录

第一章 区域成矿地质背景

第一节 区域地层及含矿性

根据地层区沉积建造总特征、层序特征、区域性不整合、岩浆活动和变质作用、古地理条件，结合大地构造单元划分，将区内划分为三个地层区。

一、华北地层区

华北地层区主要分布在陕西的小秦岭地区和甘肃西部地区，其最突出特点是具有典型华北型早前寒武纪结晶基底和中元古界以来的盖层结构。基底由新太古界太华群杂岩和古元古界铁铜沟群组成，两者为构造不整合关系。太华群（Ar）总体为高级片麻岩和奥长花岗岩-英云闪长岩-花岗闪长岩（TTG）组合，研究表明，太华群内的变质中基性火山岩系为小秦岭地区金矿的矿源层。铁铜沟组由石英岩、石英片岩组成，保存有波痕、斜层理等原生沉积构造，形成于滨浅海环境；长城纪—青白口纪地层在小秦岭由火山岩（熊耳群 Ch）→碎屑岩（高山河群 Ch）→碳酸盐岩（官道口群 Jx）→碳硅质泥质岩（白术沟组 Qb）序列组成，总厚达 7000m，火山岩以中性为主，酸性和基性次之，形成于陆缘拗陷盆地滨-浅海环境，早期为伸展裂谷。南华纪—震旦纪地层在小秦岭称罗圈组和东坡组，早古生代地层寒武纪—中奥陶世主要由碳酸盐岩夹泥质岩组成，底部为含磷碎屑岩，包含自辛集组至马家沟组等 6 个地层单位，形成于陆棚滨-浅海-近海盆地，缺失志留纪—白垩纪的地层。

二、扬子地层区

扬子地层区位于玛曲-文县-勉县-略阳缝合带以南区域，陕南出露较全，甘南仅分布于文县一带（勉略阳所夹三角地带，由于在区内出露有限，也暂划归该地层区一并叙述）。

太古宇：主要为分布于勉略三角地区的新太古界鱼洞子群和分布于汉南地区的后河群等古老深变质地体，前者呈构造岩块出露于勉略构造混杂岩带东南侧，主要由斜长角闪岩、变粒岩、绿片岩、石英片岩等组成，经不同程度混合岩化，原岩以富铁钙碱性火山岩为主，共生有混合花岗岩，具花岗-绿岩带组成特征。后者时代略新，构成结晶基底。

元古宇：勉略地区缺失古元古代地层，主要为中元古界碧口群，为一套浅变质的沉积-

火山岩系，具有大陆溢流玄武岩与大陆裂谷火山岩的过渡特征。主要与铜矿关系密切；火地垭群和三花石群分别形成米仓凸起和汉南凸起，为一套中深变质的海相火山喷发岩夹正常沉积碳酸盐岩和碎屑岩，构成褶皱基底，被中元古代花岗岩（U-Pb 年龄 1152Ma）侵入，形成于活动陆缘。其主要的矿产为赤铁矿、含铜黄铁矿。青白口纪地层由海陆相火山岩组成，分布局限，岩石类型较为复杂，有基性、中性和酸性，K_2O 含量自北（西乡群）向南（铁船山组）明显增高，具极性分异特点，西乡群与三花石群为断层接触，主要由一套中基性－酸性火山喷发岩组成。火地垭群之上的铁船山组为碱性流纹质－英安质凝灰岩，含粉尘状磁铁矿；分布于后龙门地区的刘家坪组为一套变质的陆相基性－酸性火山喷发岩系。

南华－震旦系：南华－震旦纪地层可以与华南地区对比，由凝灰质杂砂岩、粉砂硅质板岩（莲沱组 Nh）→杂色砾岩－砂岩、板岩（南沱组 Nh）→泥质岩、碎屑岩、碳酸盐岩（陡山沱组 Z）→含磷、铅锌白云岩（灯影组 Z-$\in_1$）序列组成，早期为河湖山麓或冰成沉积，晚期形成于陆棚滨浅海－浅海台地边缘和台地环境。本区陡山沱组下部以碎屑岩为主，上部以碳酸盐岩为主，灯影组主要由中至厚层状白云质灰岩、含硅质白云岩组成。与震旦系有成生联系的矿产为磷、锰、铅、锌及白云岩等，地质大调查以来沿扬子地块北缘在本套地层中相继发现优质锰矿，特别是赋存于灯影组的"马元"式铅锌矿的发现，给秦岭成矿带的找矿注入新的活力。

寒武－奥陶系：寒武纪地层在镇巴以东发育完整，以西缺失中－晚寒武世沉积。岩性以灰绿色页岩、灰岩、泥质灰岩、碳质页岩为主，下寒武统碳质泥质细碎屑岩－碳酸盐岩建造为本区重要的磷、锰含矿地层。

志留系：志留纪海盆收缩普遍缺失中－晚志留世沉积，早志留世为陆棚深水－潮坪环境。可进一步自下而上划分为龙马溪组（O_3S_1l）、新滩组（S_1x）、罗若坪组（S_1l），以黑色、黄绿色、灰色页岩，夹粉砂岩、细砂岩为主。龙马溪组为含碳泥质岩建造，其他以泥质岩建造为主。

泥盆系：仅在高川小区出露，为灰黑色含黄铁矿石英砂岩、含黄铁矿石英岩或二者互层，夹赤铁矿层。

石炭系：仅分布在高川小区，以灰岩、泥质灰岩、白云质灰岩为主。

二叠系：西部以灰岩、生物碎屑灰岩为主，下部为泥（页）岩、黏土岩，夹煤层及赤铁矿；东部为灰黑色泥岩、泥灰岩，夹石煤。

三叠系：出露大冶组，为一套泥质碳酸盐岩－膏盐沉积，是石膏矿的主要层位，含煤和赤铁矿结核。

三、秦岭地层区

秦岭地层区可进一步划分为北秦岭、南秦岭地层区。

（1）北秦岭地层区主要分布于商丹断裂以北的陕西境内，甘肃境内在两省交界处出露少量地层。以西主要为中新生代盆地覆盖。区域上习惯称北秦岭造山带。地层经历多期构造改造和大规模的位移，形成若干叠置构造岩片结构，致使各地层单位之间多数以断裂相接触。

古元古界：主要出露秦岭群，为一套变质程度达角闪岩相的中深变质岩系，陆源碎屑岩-碳酸盐岩建造。已发现有小型金、银、铜矿及石墨等非金属矿床（点）。

中元古界：出露宽坪群，沿秦岭群北侧分布，其原岩为中基性火山岩-陆源碎屑岩-碳酸盐岩建造。主要矿产有铅锌矿等。

下古生界：沿秦岭群变质地层南北，呈两个带分布。南带为丹凤群，以变中基性火山岩为主，具类蛇绿岩套特点，主体属古火山岛弧环境产物，与铜、金成矿关系密切；北带为草滩沟群（陕西东部称二郎坪群），由浅变质中、酸性火山岩和正常沉积碎屑岩夹碳酸盐岩组成。

中生界、新生界：区内为山间盆地沉积，主要有白垩系、古近系和新近系，主要发育劣质煤等矿产。

（2）南秦岭地层区主要分布于武山-天水-商南-丹凤断裂以南，文县-玛曲-勉县-略阳断裂以北的广大区域。属区内主要的地层分布区。

太古宇：出露有佛坪群、马道群，前者分布于陕南佛坪城以南，后者分布于陕南勉县以北的马道镇附近。为一套普遍含石墨、夕线石、石榴子石、刚玉等富铝矿物的碎屑岩、大理岩、硅质岩组合，其主体为孔兹岩系，是陕、甘相邻地区地质构造发展演化的基底与基础。

元古宇：主要分布于安康牛山、平利一带。武当群主要为酸性凝灰岩，局部发育碱性火山岩，为大陆裂谷环境。在与震旦系的不整合面上，有 Au、Pb、Zn 等元素化探异常以及多处微细型金矿产出。青白口纪耀岭河群，与武当群相依出露，为一套浅变质海相中性火山熔岩-火山碎屑岩、凝灰岩。该地层中有金、铜矿化。中元古代—青白口纪地层是一套以酸性-基性火山岩为主组成的序列组合，形成于扬子陆块西北缘伸展型火山盆地。

震旦系：下震旦统陡山沱组主要为一套陆源碎屑岩、泥质岩、碳酸盐岩沉积建造，局部具凝灰岩夹层。下段中部铁帽发育，往往形成铅锌地球化学异常。上震旦统灯影组主要出露于巴山弧形断裂带以东区域，岩性主要为白云岩化大理岩夹大理岩、白云岩及少量绿泥片岩，局部地段有磷、锰矿产出。

下古生界：寒武系—奥陶系主要出露于陕南佛坪、紫阳-岚皋一带，在略阳-文县一带呈构造岩片断续出露，由白云岩、泥质白云岩等碳酸盐岩构成主体，局部夹有钙、镁质细碎屑岩。在紫阳-岚皋一带，发育大量的含碳细碎屑岩，并夹有大量的基性次火山岩，早寒武世早期普遍由黑色硅质岩、碳质板岩组成（鲁家坪组、水沟口组），形成于次深水-深水非补偿性滞流海盆，略阳-文县一带则由碳质板岩、碳酸盐岩夹黑色碳硅质岩组成。寒武纪中期—奥陶纪地层由三种序列组成：①碳酸盐岩（ϵ）-泥碎屑岩（O）序列组合，分布于北大巴山地区，包含箭竹坝组至权河口组等 6 个地层单位，碳酸盐岩普遍含泥质及砾屑灰岩，形成于陆棚浅海。②碳硅质岩（ϵ）-泥碎屑岩夹灰岩、火山岩序列组合，东段夹灰岩较多，火山岩为基性和中酸性（箭竹坝组ϵ—洞河组O）；西段碳、硅质岩较发育，火山岩以中酸性为主（太阳顶组ϵ-O、大堡组O_{2-3}），形成于陆棚深水盆地和浅海。③镁质碳酸盐岩（ϵ-O_2）-泥质岩（O_{2-3}）序列组合，分布于南秦岭东段武当元古宙隆起周边（岳家坪组ϵ_{1-2}—两岔口组O_{2-3}等 4 个地层单位），岩石以灰绿、紫红色为特征，泥质岩中保存有水平层理、波痕、干裂等沉积构造，形成于陆棚潮坪（碳酸盐台地）–局限盆地。志留系分布于陕南的白水江、旬阳东南部、安康南北两侧及甘南白水江上游流域大部分区域，主要岩性为一套碳质、有机质含量较高的泥质细碎屑岩、泥质岩和碳酸盐岩建造，主要岩性为粉砂质板岩、碳质板岩、碳硅质岩夹薄层碳酸盐岩。志留纪地层总体由泥质岩、碎屑岩组成，夹碳硅质岩、碳酸盐岩及火山岩。东段（斑鸠关组—水洞沟组）以泥碎屑岩为主，夹少数火山岩、碳硅质岩及灰岩，在北大巴山地区具典型鲍马序列结构。西段（白龙江群）碳硅质岩夹层较多，仅有少数凝灰岩。早–中期盆地水体较深，以笔石相为主，北大巴山地区陡山沟组—五峡河组笔石化石带发育较全，已成我国建阶的层型剖面，中–晚期形成于陆棚浅海，以介壳相为主，晚期形成于滨浅海，东段水洞沟组出现具炎热气候特征的灰绿、紫红色碎屑岩。

早古生代地层主体形成于陆棚非补偿性滞流沉积盆地，自南向北，由东向西海盆逐渐加深，常以断裂为边界出现沉积相和沉积厚度的变化和火山岩的分布，南部（北大巴山）有超基性、基性和偏碱性以火山、次火山岩产出，北部以基性、中酸性为主，东段较西段发育，具裂谷–裂陷盆地特征，因此应属活动性较大的被动陆缘盆地，自晚志留世始海盆自南向北，由东向西迁移缩小。寒武纪—奥陶纪生物群具华北型与华南型混合色彩。

早古生代以碳硅质岩为主体的地层单位中的 P、V、Mo、U、Cu、Ag 等元素含量普遍较高，部分富集地段已构成矿床，如早寒武世的碳质黑色岩系建造是区内微细浸染型金矿含矿层，如山阳的夏家店金矿和甘肃的拉尔玛金矿。志留系碳质泥质细碎屑岩建造，是铅锌、石煤、黄铁矿、磷和钒、钼、铀等矿产的主要层位，近年来的勘探发现也是本区微细浸染型金矿的重要含矿层，如旬阳的鹿鸣金矿产于中志留统梅子垭组、两当的广金坝一带的金矿产于白龙江群上部的卓乌阔组变质细碎屑岩地层。

上古生界：泥盆系的形成与分布是在晚加里东期—早海西期挤压与伸展动力学转换的背景下，沉积盆地既继承早古生代基底的隆拗格局又具新生裂陷双重特征，主要出露于岷县、礼县、西和县、武都区、凤县、太白县、镇旬盆地、洋县等区域，属海相陆源碎屑–碳酸盐岩建造，由碎屑岩及碳酸盐岩组成，是重要的铅锌、金、汞、锑多金属含矿岩系。

陕南地区下泥盆统西岔河组是含铜、银、金矿的含矿层位；公馆组白云岩夹黏土质岩是汞、锑的赋矿层位；石家沟组生物灰岩类、大枫沟组碎屑岩夹碳酸盐岩，是铅锌矿含矿层位；古道岭组生物礁灰岩与星红铺组接触部位是铅、锌、铜矿含矿层位；星红铺组千枚岩夹泥灰岩和铁山组碎屑岩间夹碳酸盐岩是铅、锌、黄铁矿的含矿层位。

西秦岭地区泥盆系发育一套以砂质、泥质为主，含少量灰质的沉积建造，其中中泥盆统的安家岔组和西汉水组是铅锌矿的主要含矿层位，著名的西成铅锌矿田及代家庄铅锌矿赋存其中，舒家坝群主体为从下到上的粗碎屑岩–细碎屑岩–不纯碳酸盐岩组合，容矿地层为粉砂质泥质岩建造，中部的细碎屑岩–泥质岩岩性段是马坞、金山等金矿赋矿层。迭部–武都中–上泥盆统的下吾拉组（D_{2-3}）灰岩夹砂、页岩地层是坪定等微细浸染型金矿的赋矿地层。略阳–文县一带发育下–中泥盆统三河口群而缺失上泥盆统，阳山等大型金矿赋存于三河口群变质泥质细碎屑岩建造中。

石炭系：大致沿天水–商丹断裂南接触带分布，主要为碳酸盐岩，局部夹陆相碎屑岩。局部产劣质煤，为汞矿的容矿层。是甘肃境内铅锌成矿的又一个重要层位。

二叠系：主要出露于甘肃临潭及舟曲一带。由大关山组灰岩、石关组砂岩、页岩组成。与铜铅锌多金属矿关系密切。

中生界：三叠系主要分布于中 - 西段，东段仅在镇安西口残留有早 - 中三叠世沉积记录。迭部 - 武都一带早 - 中三叠世地层组成自南向北为碳酸盐岩 - 碳酸盐岩夹碎屑岩 - 低成熟度陆屑泥质岩、碎屑岩夹灰岩（迭山组上部 T_1 浩斗扎阔尔组 / 隆务河群 T_{1-2}），构成滨海碳酸盐岩台地 - 浅海 - 斜坡钙质碎屑流 - 斜坡深海泥碎屑流横向沉积结构。中段（凤县以南留凤关一带）由细碎屑岩、泥质岩和碳酸盐岩砾块组成（留凤关组 T_1）的斜坡复理石沉积，其西延（在合作一带）有一套滑塌沉积（相当原二叠系—三叠系毛毛隆组），属三叠纪盆地北缘斜坡带。侏罗纪—白垩纪地层为山间盆地陆相沉积，揭示印支运动是南秦岭海陆转换的重大构造事件。侏罗纪地层多数沿断裂带分布，形成于山间断陷（拉分）盆地沉积，缺失晚侏罗世沉积。

新生界：古近系和新近系主要由一套陆相河流 - 湖泊相沉积组成，是重要的石油、天然气、石膏、岩盐等的赋存层位。

第二节　岩浆作用及成矿

秦岭成矿带岩浆活动十分强烈，活动时间从太古宙至燕山期，岩石类型齐全，从超基性、基性到中酸性岩体均有出露，受岩石圈基底构造和地表构造带的制约，岩浆岩分布具有南北分区、东西成带的格局。

一、基性、超基性岩与蛇绿岩组合

以新元古代和加里东期为主，主要分布于北秦岭、豫西、汉南、勉县 - 略阳及武当和北大巴山地区，后两个地区以基性岩为主。前震旦纪基性、超基性岩主要沿南北两侧的华北地台南缘和扬子准地台北缘的深大断裂构造带分布。分布于豫西的太古宙的镁铁质岩常与绿岩带伴生，形成于新元古代和加里东期的基性 - 超基性岩与火山 - 沉积岩系伴生，构成蛇绿岩的组成部分（主要见于北秦岭）。扬子准地台北缘的汉南古陆内部的洋县 - 南江一带是目前我国已知规模最大的层状基性杂岩体主要出露地段，在长 180km，宽 60km 的范围内有大小岩体 70 余个，最大岩体为城山 - 毕机沟岩体，面积大于 500km²，次为碑坝、望江山岩体，面积均在 100km² 以上。所见岩体，除了南部旺苍一带出现较多的镁铁 - 超镁铁杂岩和偏碱性超镁铁岩体外，其余以镁铁岩类岩体为主，岩石主要包括辉长岩、苏长辉长岩、橄榄苏长辉长岩、闪长岩及部分超镁铁岩类。超镁铁岩类除个别成独立岩体产出外，基本都以一种杂岩相或岩石单元不连续产出在镁铁岩或层状岩序的下部，岩石主要为含长辉石岩、辉石岩、含长橄榄岩、橄榄岩、橄长岩及少量辉橄岩、纯橄岩。这些层状基性杂岩体多侵位于西乡群白沔峡组基性火山 - 沉积层序中（早期）和三花石组的碎屑沉积岩段内（晚期），侵位于后者的岩体如碑坝、望江山、城山 - 毕机沟等层状杂岩体。详细研究表明，含镁铁-超镁铁杂岩的西乡群和火地垭群应属一种较为典型的绿岩型火山沉积建造，显示它们是一种元古宙时期（新元古代）的大陆裂陷环境和与此有关的火山盆地演化过程的产物（李行等，1995；杨星等，1993）。加里东期和海西期的岩体则主要沿区内区域性分界构造带呈东西成带分布，且具有北老南新特征（图1-1）。北秦岭早古生代基性侵入岩体出露于北秦岭商丹断裂带北侧，如周至厚畛子、小王涧四方台、商州区秦王山-拉鸡庙和商南富水杂岩体、西部太白县牛家沟基性岩、陇县扫帚滩角闪石岩、宝鸡望家坡辉长岩、宝鸡杜家十字辉绿玢岩等岩体，一般规模不大，呈岩墙、岩瘤产出。南秦岭的紫阳-岚皋-平利-镇坪一带出露一条粗面岩及碱性超基性和基性岩构成的碱性杂岩带，该岩带向东延入湖北竹溪境内。杂岩带的岩石类型主要为辉石玢岩、金云透辉煌斑岩、橄榄辉石岩、辉长辉绿岩、钠闪粗面岩、黑云粗面岩等，属高钛富铁的碱基性岩类，形成于早古生代的大陆伸展拉张环境。基性、超基性岩类岩浆岩化学成分总的演化趋势是随年代的变新，酸度、碱度增加，火山岩由拉斑系列向钙碱性系列、碱性、过碱性系列演化，侵入岩由钙碱性向碱钙性演化。与基性、超基性岩浆作用有关的成矿作用主要为 Cr、Ni、Au 以及钒钛磁铁矿等，北大巴山地区与基性杂岩有关的钒钛磁铁矿已被列入整装勘查的矿集区。

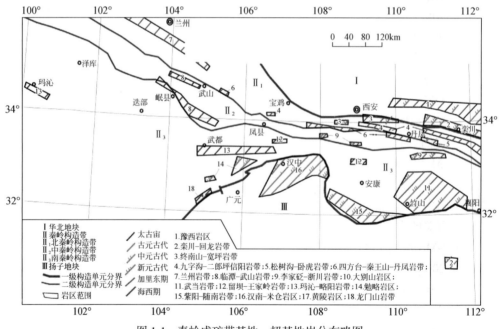

图 1-1 秦岭成矿带基性、超基性岩分布略图

研究区蛇绿岩按形成时代可分为新元古代、早古生代、晚古生代。新元古代蛇绿岩目前主要分布于北秦岭，早古生代蛇绿岩也主要分布于北秦岭，晚古生代蛇绿岩主要分布于南秦岭。

1. 新元古代蛇绿岩

新元古代蛇绿岩以松树沟蛇绿岩为代表。松树沟蛇绿岩分布于豫陕交界的商丹断裂带南侧的陕西松树沟-河南洋淇沟一线，出露长度约 27km，平均宽度为 2km，总体呈现为北西-南东向展布的长透镜体，主要由镁铁质岩和超镁铁质岩构成。其中镁铁质岩主要岩性为斜长角闪岩、石榴斜长角闪岩、斜长角闪岩和含浅色矿物杏仁体斜长角闪岩、榴闪岩、石榴辉石岩等偏基性火山岩，夹少量大理岩、钙硅酸盐岩。超镁铁质岩主要由橄榄质糜棱岩、中粗粒纯橄岩和少量方辉橄榄岩、透辉橄榄岩和橄榄透辉岩及富铬铁矿体等组成，镁铁质岩与超镁铁质岩之间为断层接触。岩石地球化学研究显示，松树沟蛇绿岩中的超镁铁质岩以低铝、钛和贫碱为特征，微量元素与原始地幔相比，相对富集 Rb、Ba、Th、K、Pb、U、Zr 等不相容元素而亏损 Ti、V、Cr、Fe、Co、Ni 等相容元素，对洋淇沟超镁铁质岩中的橄榄石、顽火辉石、铬尖晶石等单矿物的 Sm-Nd 等时线测年，获得 $1084 \pm 73 Ma$ 的数据（陆松年等，2006），为中元古代末期最终成岩，属亏损地幔源产物。而镁铁质岩主要显示为变质基性火山岩，原岩主题为玄武岩，且主体表现为过渡型洋中脊拉斑玄武岩（T-MORB 型），显示存在洋壳成分。董云鹏等（1997a）选取的松树沟斜长角闪岩所做的 Sm-Nd 等时线年龄测定，曾获得 $1030 \pm 46 Ma$ 的年龄数据；李曙光等（1991）曾获得斜长角闪岩 $983 \pm 140 Ma$ 的 Sm-Nd 等时线年龄数据。由此可判断松树沟蛇绿岩的形成时代为 $1084 \sim 983 Ma$，为中元古代末期到新元古代早期，其形成环境可能为拉张的小洋盆。

此外，根据 1 : 25 万略阳幅区域地质调查，在宁强县黑木林-略阳县峡口驿一带发现呈北东方向展布的蛇绿岩组合，该套蛇绿岩被勉略蛇绿构造混杂岩带所交截。显示出沿勉略带左行剪切走滑特征，走滑距离大于 50km。黑木林-峡口驿一带的蛇绿岩物质组合主要包括超镁铁质岩、基性杂岩类、玄武岩、斜长花岗岩以及硅质岩和硅质板岩等。超镁铁质岩主要为纯橄岩、斜辉橄榄岩、辉橄岩以及蚀变蛇纹岩和蛇纹石化岩石等，基性杂岩包括堆晶辉长岩、角闪辉长岩、辉绿岩、辉绿玢岩等，以似层状、层状、脉状、岩墙等形态产出，具有明显的堆晶结构和似层状构造。对该蛇绿岩套岩石组合的岩石学、地球化学研究显示，它们具有与现代大西洋洋中脊玄武岩相同的或类似的特征，形成构造环境为 N-MORB 或 MORB 环境。与蛇绿岩有关的陈家坝群为初始裂谷环境形成具双峰式的一套基性-酸性火山熔岩。大安群以基性火山熔岩岩石为主，各数据显示为大洋环境，是初始裂谷进一步向大洋演化的结果，并与超镁铁质岩石一起形成扩张阶段蛇绿岩组成部分。对与该蛇绿岩有关的乔子沟变玄武岩样品中锆石矿物进行阴极发光测试，并利用国际普遍认可的 LA-ICP-MS 锆石 U-Pb 法测出 $^{207}Pb/^{206}Pb$ 同位素年龄为 $2024.5 \pm 9.2 Ma$，$^{207}Pb/^{235}U$ 年龄为 $2020 \pm 20 Ma$、$1990 \pm 44 Ma$、$1018 \pm 55 Ma$ 等，时代应属古-中元古代。三岔子一带的斜长花岗（斑）岩锆石逐层蒸发法 $^{207}Pb/^{206}Pb$ 年龄为 $926 \pm 10 Ma$，相邻的浅灰绿色片麻状堆晶辉长岩中用 LA-ICP-MS 锆石 U-Pb 年龄为 $941.2 \pm 9.6 Ma$，显示斜长花岗（斑）岩的侵入年龄与碧口板块中-新元古代时期俯冲碰撞有关。

2. 早古生代蛇绿岩

早古生代蛇绿岩主要呈蛇绿岩岩块分布于商丹蛇绿混杂岩带中。这些蛇绿岩以其形成时代老、变形和变质较强烈、层序不完整、规模小为特征，且与世界典型的蛇绿岩差别大。目前沿北秦岭商丹蛇绿混杂岩带分布的蛇绿岩岩块由西到东有：武山、关子镇、岩湾-鹦鸽嘴、丹凤、郭家沟等蛇绿岩块；其中，天水关子镇、凤县岩湾以及太白县东鹦鸽嘴等蛇绿岩块是近些年来 1 : 25 万区域地质调查新发现和厘定出的早古生代蛇绿岩块。蛇绿岩的组成各地略有差别，多由蛇纹岩、辉长岩、玄武岩、硅质岩组成，蛇纹岩原岩为纯橄榄岩、方辉橄榄岩等。武山蛇绿岩具有 E-MORB 特征（董云鹏等，2007），关子镇、岩湾蛇绿岩岩块具有 N-MORB 特征，其形成时代分别为：武山蛇绿岩 471±1.4Ma（杨钊等，2006）、关子镇蛇绿岩 457±3Ma（裴先治等，2007）、岩湾蛇绿岩 483±13Ma（陈隽璐等，2008b），丹凤蛇绿混杂岩中有含奥陶纪放射虫化石的硅质岩（崔智林等，1995），黑河地区侵入于早古生代 N-MORB 玄武岩的淡色花岗岩锆石 U-Pb（SHRIMP）年龄为 442±7Ma（闫全人等，2007），说明该带蛇绿岩均形成于早古生代，代表了洋壳形成年龄。

天水关子镇地区蛇绿岩及变质基性火山岩南侧以大型韧性剪切带与早古生代"李子园群"相邻，北侧以片麻状变质辉长-闪长岩体与古元古代秦岭群相隔。该蛇绿岩主体由变质基性火山岩（斜长角闪片岩）组成，变质基性火山岩系南侧还出现有蛇纹岩（变质橄榄岩）、变质辉石岩和变质辉长岩构造块体，它们组成了一个不完整的蛇绿岩组合。该蛇绿岩带向西被温泉花岗岩体吞没，至武山一带重新出露并与武山蛇绿岩相连接。关子镇蛇绿岩中的变质基性火山岩总体属于 N-MORB 型玄武岩，是洋脊型蛇绿岩的重要组成部分（据长安大学和甘肃地质调查院 2004 年资料）。

岩湾蛇绿岩块和鹦鸽嘴蛇绿岩块均处于商丹板块结合带内，前者分布于凤县岩湾乡以南，呈近东西向透镜体展布，长约 9km，南北宽 0.5～1.5km，出露面积约 5km²。南界以逆断层与下白垩统相隔，北以韧性剪切带与古元古代秦岭群接触。主要岩石有绿泥钠长石岩、蛇纹岩、含钙绿泥钠长片岩、石英辉长岩和斜长变粒岩、长英质碎粒岩及薄板状硅质岩、中性火山岩（安山岩）、黑云石英片岩、黑云斜长片麻岩岩块。岩石变形变质强烈，普遍遭受糜棱岩化或形成糜棱岩，局部叠加后期碎裂岩化；不同构造岩石之间皆以韧脆性断层或构造面理接触。后者东西长约 8km，南北宽 1～3.5km，面积约 20km²，岩石类型主要为蛇纹岩、蛇纹石化糜棱岩、蛇纹石化橄辉岩、角闪质糜棱岩、斜长角闪质糜棱岩、碎裂片状绿帘阳起石岩、辉长质糜棱岩和糜棱岩化细粒辉长岩、安山质糜棱岩、流纹质糜棱岩、蚀变火山角砾熔岩、粗面流纹岩、流纹斑岩、大理岩、混合岩化片麻岩等岩块，岩石受构造改造作用，均发生变形变质，形成糜棱岩化和糜棱岩。各岩块间以脆性、脆韧性断层或构造面理相接触，构成有层无序的构造混杂体。对该两处蛇绿岩块的综合分析研究，它们具有以下特征：蛇绿岩中超基性岩（超镁铁质岩）为变质橄榄岩，属原始地幔、亏损地幔和二者的过渡类型，具大洋脊岩石特征；变玄武岩呈块状产出，岩湾地区的玄武岩（绿泥钠长石岩）具似枕状构造（？），夹有硅质岩透镜体，具洋中脊（MORB）玄武岩特征，可能为大洋环境，鹦鸽嘴地区玄武岩（斜长角闪岩），为洋中脊构造环境；两处蛇绿岩中辉长岩较发育，岩石具糜棱岩化，推测可能属于大洋环境；蛇绿岩上覆岩系中的含钙绿泥钠长片岩以及中酸性火山岩形成于岛弧环境。因此岩湾蛇绿岩形成环境为以大洋为主兼有岛弧构造环境，而鹦鸽嘴蛇绿岩形成环境为大洋（含洋中脊）构造环境，其上覆岩系为岛弧构造环境。蛇绿岩所代表的洋壳，是非正常的大洋岩石圈残片，物质主要来源于原始地幔和相对亏损的残余地幔。

3. 晚古生代蛇绿岩

晚古生代蛇绿岩主要沿南秦岭南部文县-康县-勉县-略阳构造混杂岩带分布。从西往东分段分布于康县-琵琶寺-九寨沟、略阳-勉县、石泉-高川-五里坝等区段。该带向西在阿尼玛卿德尔尼出露洋脊型蛇绿岩，向东在湖北随州三里岗到周家湾一带仍可见及。其中在略阳-勉县段的三岔子、庄科、安子山等地蛇绿岩出露较好，其他地段则以大洋拉斑玄武岩（康县-琵芭寺段）或大陆边缘岛弧安山质岩浆组合（饶峰段）和洋岛玄武-英安流纹质双峰式火山岩组合（五里坝段）为特征。

　　康县-琵琶寺-九寨沟一带的蛇绿岩以变质基性火山岩为主，并以构造岩片形式卷入勉县-略阳-文县-康县构造混杂岩带中，变质基性火山岩岩片主要出露于甘肃康县旧城、碾坝、刘坝、豆坝、琵琶寺，四川九寨沟县塔藏、隆康以及九寨沟沟口等地段。琵琶寺一带分布的变质基性火山岩为典型的大洋拉斑玄武岩（MORB 型玄武岩），其地球化学特征和岩相学特征与庄科洋壳蛇绿岩片以及德尔尼洋壳蛇绿岩片极为相似，代表本区消失了的古洋壳岩石，是洋盆扩张期间火山作用产物；分布于康县旧城-碾坝-刘坝-豆坝一线的变质基性火山岩主要为亚碱性玄武岩、碱性玄武岩和碧玄岩类，地球化学研究显示其类似于洋岛玄武岩和洋岛碱性玄武岩，属大洋板内洋岛型火山作用产物。以上各类性质的基性火山岩均属于蛇绿岩的组成部分，代表了古洋壳的存在。塔藏-隆康一带原划为三叠系，后由于在该地区发现大量泥盆纪牙形石以及出露有一套基性火山岩而被解体出来。该区段泥盆系可与文县-武都-康县地区的泥盆纪三河口群对比，灰岩中产有泥盆纪牙形石化石，故其时代属晚泥盆世。解体出来的基性火山岩分布于塔藏和隆康两个构造岩片内。塔藏一带的火山岩由爆发相玄武-玄武安山质火山集块岩、角砾岩、凝灰岩和溢流相玄武岩、玄武安山岩等熔岩组成，夹少量砂板岩和结晶灰岩。火山岩呈灰黑色-黑绿色，块状构造，有橄榄石、辉石包体。隆康一带的火山岩大部分为变质基性火山岩，局部有杏仁状片理化玄武岩，呈灰绿色，片理发育，厚度一般 20～30m。夹持于薄-中厚层状结晶灰岩、白云质灰岩中，主要为灰绿色片理化中基性火山岩和中基性火山凝灰岩、中基性晶屑凝灰岩、砂岩、板岩及硅质岩条带。岩石地球化学研究表明（裴先治等，2002；赖绍聪和秦江峰，2010），塔藏和隆康地区玄武岩总体属于板内洋岛碱性玄武岩，但也有部分属于异常洋脊型玄武岩（E-MORB），说明塔藏-隆康地区玄武岩系总体也是洋盆阶段的产物。

　　勉县-略阳一带的蛇绿岩主要沿勉县-略阳蛇绿构造混杂岩带分布，岩石组合包括强烈蛇纹岩化的方辉橄榄岩和纯橄榄岩、具堆晶结构的辉长岩、呈岩墙产出的辉绿岩以及侵入辉长岩辉绿岩中的斜长花岗岩、变质基性火山岩等，在安子山和三岔子地段还发育有与玄武岩和安山岩互层产出的硅质岩。安子山地区的蛇绿岩由变质橄榄岩和斜长角闪岩组成，前者强烈亏损轻稀土，后者属于拉斑系列，源于亏损地幔源区；庄科一带蛇绿岩组合为变质橄榄岩、变质辉长岩、斜长花岗岩和变质基性火山岩。变质辉长岩与变质基性火山岩具有相似的地球化学组成特征，其中变质基性火山岩为亚碱性的拉斑玄武岩系列 Na_2O 含量明显大于 K_2O 含量，稀土元素配分表现为轻稀土亏损形式，其岩浆来源于高度亏损的地幔区；三岔子一带与蛇绿岩共生的硅质岩中发现了放射虫动物群，时代为早石炭世（冯庆来等，1996），三岔子放射虫硅质岩的 Sm-Nd 等时线年龄为 344～326Ma（徐学义等，2008），属石炭纪，因此勉略地区蛇绿岩形成时代应为石炭纪。

　　关于勉略地区蛇绿岩的形成时代目前存在两种不同的认识，一种认为形成于晚古生代泥盆纪-石炭纪（张国伟等，2003；李曙光等，1996；赖绍聪等，2003；冯庆来等，1996；董云鹏等，2003），主要依据是：在九寨沟隆康安山质熔结凝灰岩获 246.2±2.8Ma

的 LA-ICP-MS 锆石 U-Pb 年龄（赖绍聪和秦江峰，2010）；在略阳黑沟峡岛弧火山岩中获得 Sm-Nd 全岩等时线年龄为 242±21Ma、Rb-Sr 全岩等时线年龄为 221±13Ma（李曙光等，1996）；在略阳三岔子古岛弧岩浆岩中的斜长花岗岩获得 300～261Ma 的锆石 U-Pb 年龄（李曙光等，2003）；在略阳偏桥沟四方坝硅质岩中发现石炭纪放射虫（冯庆来等，1996）等。另一种认为形成于新元古代早期，主要依据是：具 N-MORB 特征的琵琶寺基性火山岩的 LA-ICP-MS 锆石 U-Pb 同位素定年结果为 783～754Ma（李瑞保等，2009）；略阳三岔子偏桥沟具岛弧火山岩性质的变质安山岩中获得 Sm-Nd 等时线年龄为 873±71Ma，同源斜长花岗岩锆石 U-Pb 年龄为 913±20Ma（张宗清等，2005a，2006），偏桥斜长花岗岩为 913±31Ma（李曙光等，2003），偏桥沟斜长花岗岩和堆晶辉长岩年龄分别为 923±13Ma 和 808±10Ma（闫全人等，2007）；勉县安子山的变质镁铁质火山岩块中获得 Sm-Nd 等时线年龄为 877±78Ma（张宗清等，2002，2005b，2006）。具有岛弧玄武岩岩石地球化学特征的西乡县五里坝块状玄武岩形成时代为 753±7Ma。因此，现今勉县－略阳构造带是否存在有两个完全不同时代的铁镁质岩块或蛇绿岩，还是早期的碧口地体内的蛇绿岩组合受构造作用被卷入勉县－略阳构造带内，这些问题有待今后进一步深入研究解决。本书依据资料综合研究，仍将勉县－略阳－文县－康县构造混杂岩带的蛇绿岩及相关基性火山岩划归为晚古生代。

二、中酸性岩浆岩

区内中酸性岩浆侵入作用强烈，中酸性岩浆活动作用大致可划分为 Ar-Pt$_1$、Pt$_3$、Pz 和 Mz 四个期次，但以中生代的中酸性岩类最为发育，也与成矿关系最为密切。

太古宙—古元古代的中酸性岩主要为与孔兹岩带密切相关的 S 型花岗岩和少量 TTG 片麻岩，出露面积相对较小，主要出露在华北地台南缘。

新元古代中酸性岩浆岩主要沿扬子板块北缘的汉南地块和北秦岭的秦岭微地块及华北地台的南缘分布，形成时代主要集中于 1100～700Ma，岩石类型以灰白色或灰色中粒－中粗粒二长花岗岩、二云母花岗岩和花岗闪长岩为主，少量英云闪长岩。

古生代花岗岩主要分布在北秦岭（商丹构造缝合带北侧）地区，南秦岭地区有少量分布，形成时代在 512～400Ma，以肉红色和灰白色中粒－中粗粒黑云母花岗岩、二长花岗岩和花岗闪长岩为主，其次有少量石英闪长岩。岩石普遍具有片麻状构造和眼球状构造，并发育明显的不等粒似斑状结构，是板块构造体制下的洋陆板块俯冲造山的产物。

晚古生代花岗岩浆活动很弱，在北秦岭有少量出露，岩石主要为石英闪长岩－二长花岗岩－钾长花岗岩组合。侵入时代为 399～260Ma，如黄牛铺复式岩体（280Ma，U-Pb）、颜家河二长花岗岩体、南秦岭有少量岩体零星出露，岩性以石英闪长岩－花岗闪长岩组合为主，如甘肃元更地、张家坝石英闪长岩体，陕西东河台子、磨沟峡、迷魂阵北、高桥等石英闪长岩体，曲峪黑云花岗闪长岩体。

中生代印支期三叠纪是岩浆作用强烈活动期，花岗岩出露面积很大，集中分布在商州以西地区。岩体多呈近等轴状或略有拉长形状，多以成群复式岩体侵位于前中生代地层内。该期花岗岩体均未发生变形，多呈椭圆状。其中侵入泥盆系的岩体接触带多见有接触变质晕圈，这些岩体的岩石类型主要为二长花岗岩、花岗闪长岩及奥长环斑花岗岩。一般来讲，早期形成的岩体岩石成分相对偏中基性，以二长岩、闪长花岗岩或花岗闪长岩为主。晚期次的岩体偏酸性，主要为二长花岗岩。所有岩石均具块状构造并呈半自形粒状结构，多见似斑状结构。大多数岩体内中基性成分的暗色微粒包体很发育，包体从几厘米到一二十厘米不等，形状多为球形或椭球形，个别呈水滴状。包体内及与寄主岩体交界处常出现与寄主岩体成分相同的钾长石斑晶，斑晶发育由斜长石环绕的环斑结构，称环斑花岗岩。北秦岭地区三叠纪花岗岩以二长花岗岩－环斑花岗岩－碱长花岗岩组合为主，时代为231～206Ma。南秦岭地区以英云闪长岩－花岗闪长岩－二长花岗岩组合为主，据已有测年数据，多在237～196Ma。

该时期花岗岩的形成多与板块构造体制的板内（也即海陆板块）碰撞造山作用有关，是碰撞导致的地壳加厚条件下的产物，从早到晚岩体类型如下：早期的埃达克质岩体，主期为正常岩体、晚期主要为环斑岩体，以大岩基为特征，对印支期花岗岩的时空分布以及花岗岩源区同位素示踪分析显示，该时期的花岗岩侵入具有东西成带分布，且有一定程度的自勉略构造混杂带向北的空间分带性，即①紧邻勉略带发育的胭脂坝－阳山陆壳改造型或S型花岗岩带，②南秦岭钙碱性同熔型或I型花岗岩带，③沿商丹断裂带及北秦岭发育的秦岭梁－沙河湾高钾钙碱性花岗岩带，④华北地块南缘黄龙铺－黄水庵高钾碱性岩－碳酸岩带。其反映了活动大陆边缘特有的岩浆作用极性和分带性。花岗岩源区主要为玄武岩源区与陆壳之间的过渡源区（BC源区），但是从北到南存在由从下地壳物质与部分幔源物质的混染为主（BC1）逐渐向上地壳物质与幔源部分熔融物质的混染源区（BC2）演化的趋势，反映在花岗岩的成分上，南带主要表现为S型花岗岩（如阳山岩体），向北逐渐被S-I型、I型（如南秦岭的众多具埃达克质岩成分特征的岩体）的花岗岩类取代，并沿华北地块南缘出现钾玄系列（高钾钙碱性系列）或碱性系列的A型花岗岩类－碳酸岩杂岩（如黄龙铺、华阳川、黄水庵以及东铜峪金矿和大湖金钼矿床的赋矿围岩的粗粒钾长花岗斑岩或伟晶岩，这些赋矿围岩可能是后期构造破坏了的印支期钾长花岗斑岩）。印支期花岗岩类岩石地球化学和空间分布特点与洋陆俯冲体制的岩浆作用特点和分布规律具有相似性，或者与大陆初始碰撞时的岩浆活动一致。

燕山期岩体主要出露于成矿带东部地区，在中部和西部也有零星出露，并且呈北东向似等间距成带密集分布叠加在呈近东西向展布的印支期岩浆岩带上。东部燕山期岩体规模有大有小，大的多为岩基，其岩石以（黑云母）二长花岗岩为主，小的以浅成侵入斑岩体为主，并且多围绕岩基周缘分布产出，岩性以二长花岗斑岩、花岗斑岩以及斜长花岗斑岩等为主，岩基和小岩体属同源不同侵位的产物。中西部以花岗闪长岩为主，其次为石英闪长岩、斜长花岗岩，受剥蚀程度影响，西秦岭南部的花岗岩仅零星出露。燕山期花岗岩受北东向构造和东西向构造控制显著，岩体侵入具有跨单元特征。该时期形成的岩体则主要反映为中生代陆内造山地壳增厚、熔融，继之伸展减薄引起岩浆侵入，属于造山期后花岗岩－晚造山期花岗岩。初步认为东部地区燕山期的岩浆活动主要受濒西太平洋构造域的影响和控制，向西这种影响效应有逐渐减弱趋势。

花岗岩的成矿作用明显，不仅是已有成矿物质再富集的控制因素之一，也是重要的成矿物质来源，具有一定的成矿专属性。与花岗岩有关成矿的主要为与碰撞造山及陆内构造－

岩浆热液活动有关的成矿系统，包括微细浸染型、石英脉及蚀变岩型金成矿系列；热液型汞锑成矿系列；斑岩型钼（铜）银及多金属成矿系列钼、钨、铜、金、铅锌、汞、锑、银等矿种，成矿具有多期次性。

与花岗岩有关的钼钨（铜）多金属矿，主要为斑岩型、接触交代型以及石英脉型，矿化较普遍，其中受北东向构造控制的石英脉的成矿性良好，矿化部位岩体钾长石化、云英岩化普遍，反映岩浆期后热液的成矿作用。此外从岩体向外，存在由高温到低温的钨、钼、铜、铅锌、金的矿床分带性。区内已发现众多大型－超大型的钼、钨多金属矿床（田）及矿集区。

秦岭成矿带是我国金富集带，为我国重要的金矿资源基地。矿床类型有石英脉型、构造蚀变岩型、角砾岩型、微细浸染型金矿，这些矿床形成于不同地质时代和不同成矿地质环境，具有不同的成因机制，加之在空间上重叠交织，时间上继承演化，使得秦岭地区金矿床总体呈现出复杂和多样的面貌。但纵观秦岭地区内生金矿床形成的主体地质作用成矿空间域和时间域，可以看出，尽管金矿床孕育于多种地质构造环境，受多期构造－热事件改造，但最重要的金成矿作用都与印支期末—燕山期秦岭陆内造山运动中的构造－岩浆－热液流体作用有密切关系，最重要的工业矿体形成时间也主要集中在印支期末—燕山期（210～90Ma）。因此，可以将秦岭成矿带中内生金矿床成矿系列都归为与陆内造山过程中构造－岩浆－热液作用有关的金成矿系列。区内海底热水喷流沉积－改造型铅锌矿床是秦岭成矿带优势矿种，但新的找矿勘查证据表明，其铅锌矿成矿具有多阶段成矿作用，而矿质的改造重富集作用均与印支期末花岗岩质岩浆活动有直接和间接关系。

第三节　火山作用特征及成矿

区内火山－沉积岩系发育，岩类齐全，岩石组合多样，海相火山岩以中元古代和早古生代规模最大，陆相火山岩以晚侏罗世和早白垩世为主。海相火山岩以细碧－角斑岩系为主，少数为正常系列火山岩。

一、前寒武纪火山沉积岩

前寒武纪火山沉积岩以海相火山岩为主，主要分布于华北地台南缘和扬子准地台北缘，中元古代火山岩为分布于华北地块南缘的熊耳群，是一套以双峰式火山岩为主夹陆源碎屑与火山碎屑岩组合，可分为下、中、上三种岩石组合，下部为钾细碧岩－钾角斑岩及细碧岩－角斑岩组合；中部为钾石英角斑岩组合；上部以钾细碧岩－钾角斑岩－角斑岩组合为主。下部及上部属碱性玄武岩浆系列，岩浆来源于地幔并受到地壳混染，中部属拉斑玄武岩系列，岩浆来源于地壳，形成于大陆裂谷环境（夏林圻等，1996b）。北秦岭原秦岭群中解体出的峡河群（北部）和武关群（南部）中包含一套基性火山岩系，同位素年龄为1605～1243Ma，为中元古代火山作用产物。该基性火山岩属板内碱性拉斑系列，稀土元素球粒陨石标准化呈轻稀土富集型，微量元素原始地幔标准化分配型式与大陆板内玄武岩相似，表明武关群为中元古代晚期陆内裂谷形成的火山－沉积岩系。分布于米仓山一带新太古代—古元古代火地垭群以后河组黑云（角闪）斜长混合岩夹角闪岩、变粒岩、绿泥片岩夹大理岩、钙质片岩等为代表的火山－沉积岩系显示当时扬子地块北缘汉南－米仓山一带存在具有裂陷特征的大地构造环境（李行等，1995）。

　　中－新元古代火山岩在秦岭地区出露比较广泛，如北秦岭的宽坪群、南秦岭鄂陕交界的武当群、南秦岭摩天岭地区的碧口群以及南秦岭与陨西群相依分布的耀岭河群和扬子地块北缘的西乡群等。宽坪群分布于北秦岭北部，呈东西向延伸千余公里，为一套强烈变形、变质达高绿片岩相－低角闪岩相的中低级变质岩系，原岩主要由基性火山岩、碎屑岩和碳酸盐岩组成，火山岩地球化学以及显示具有大陆裂谷向初始大洋盆转换的构造特征（张本仁等，1994；王宗起等，2009），局部构成小洋盆环境。扬子地块北缘及南秦岭从东至西分布的武当群、耀岭河群、西乡群和碧口群均为细碧角斑质岩石，其中武当群火山岩系属钙碱性系列，耀岭河群基性火山岩多属拉斑玄武岩系列，碧口群第一旋回基性火山岩富集LREE 及 LILE，属碱性系列，第二、第三旋回基性火山岩属拉斑玄武岩系列。西乡群基性火山岩属拉斑玄武岩系列，酸性火山岩属钙碱系列。作者对其地球化学研究显示，武当群和耀岭河群为一双峰式火山岩套，产于大陆裂谷系中的高火山岩裂谷环境。西乡群火山岩属大陆溢流玄武岩系，以低镁拉斑玄武岩为主。碧口群火山岩系以拉斑玄武岩质基性火山岩为主，与酸性火山岩组成双峰式火山岩套。它们均具有大陆板内火山岩的岩石地球化学特征，研究表明早期沿碧口古陆块内或陆缘以及汉南古陆块北缘曾以 0.5 ～ 0.9cm/a 的速度发生过强烈的裂解并在局部地段存在向洋盆发展趋势[①]。表明扬子板块北缘和南秦岭地区普遍存在着中－新元古代大陆拉张－裂谷化作用，均形成于大陆裂谷或陆缘裂陷构造环境。另外，依据耀岭河群、西乡群以及碧口群的岩石地球化学特征的明显差异性（图1-2）推断，南秦岭的元古宙基底并非铁板一块，而是一个由多个微陆块拼合的准稳定基底。从现有资料，它起码可以划分出安康、汉南和碧口及其以西三个微陆块体。

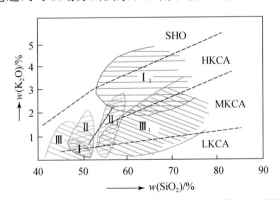

Ⅰ.耀岭河群基性火山岩；Ⅰ₁.耀岭河群酸性火山岩；Ⅱ.西乡群基性火山岩
Ⅱ₁.西乡群酸性火山岩；Ⅲ.碧口群基性火山岩；Ⅲ₁.碧口群酸性火山岩
SHO.碧玄岩系列；HKCA.高钾钙碱性系列；MKCA.中钾钙碱性系列；LKCA.低钾钙碱性系列

① 西安地质调查中心 . 2011. 碧口地区成矿地质背景及找矿方向（碧口地区地质找矿成果交流学术研讨会，陕西汉中）。

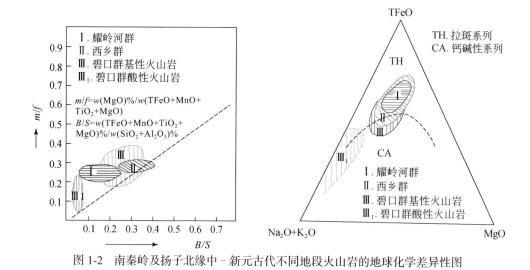

图 1-2　南秦岭及扬子北缘中－新元古代不同地段火山岩的地球化学差异性图

二、早古生代火山岩

早古生代火山岩主要分布于北秦岭古元古代秦岭群和中－新元古代宽坪群之间，主要由丹凤群和二郎坪群火山－沉积岩系组成。紧临商丹带北侧的丹凤群变质火山沉积岩系是商丹蛇绿混杂岩带的主要组成部分，主要由基性火山岩组成，以枕状和块状玄武岩为主，间或夹杂有少量的中酸性火山岩，其性质存在洋脊蛇绿岩、岛弧、裂谷之争论，因此丹凤群有可能是由不同成因、不同环境的一系列火山岩岩片组成的。二郎坪群（包括西部凤县地区的草滩沟群、中部眉县－蓝田地区的斜峪关群和东部西峡地区的二郎坪群）火山岩系主要由一套细碧角斑质火山岩系构成，其中细碧岩和石英角斑岩所占比重较大。欧阳建平等（1990）研究反映该群火山岩层从西向东有明显变化，从火山岩系列来看，西部云架山、二郎坪地区以钙碱系列＋拉斑系列为特征，K_2O/Na_2O 值为 $0.10 \sim 0.33$，中酸性火山岩占一定比例，稀土元素含量、Rb、Pb 含量均比东部高，东部桐柏地区北部以拉斑玄武岩为主，含少量碱性玄武岩，中酸性火山岩极少，其钾钠比（K_2O/Na_2O）低（$0.08 \sim 0.30$），并表现为 FeO、CaO、MgO 及 Cr、Ni 含量较高的特征。凤县的草滩沟群，自下而上可分为四个部分，下部为细碧岩夹石英角斑岩及凝灰质砂岩，中部为石英角斑岩夹细碧岩及凝灰质砂岩，中上部为细碧岩夹板岩及凝灰质砂砾岩，上部为角斑岩。眉县的斜峪关群可划分出五个火山旋回，每一旋回一般以中酸性喷发开始，基性喷发结束。西峡地区的二郎坪群海相火山岩以枕状和厚层状细碧岩为主，占整个火山熔岩的 60% ～ 75%；石英角斑岩次之，占 25% ～ 40%；角斑岩很少，不到 3%。依据岩石系列和岩石地球化学特征分析，该群中明显存在岛弧和洋脊两类玄武岩，说明它可能形成于弧后盆地环境，并从西向东盆地扩张有加强趋势，火山岩明显受来自华北地台基底岩石的影响。另外依据火山岩（$^{87}Sr/^{86}Sr$）$_i$ 值的从西（0.7058、0.7068）经中部（0.7060、0.7039、0.7057）向东部（0.7029、0.7043）逐渐降低的现象，反映往西火山岩成分受壳源岩石的影响较明显。

三、中－新生代火山岩

中－新生代火山岩均为陆相火山岩。侏罗纪火山岩主要分布于北秦岭天水地区和南秦岭西段迭部－碌曲一带，属于造山带在主褶皱期后沿陆内北东向拉张断陷盆地喷发的火山岩；以酸性凝灰岩、火山岩为主，迭部－碌曲一带中酸性火山岩组合中夹含煤碎屑岩。白垩纪火山活动集中分布于南秦岭西段迭部－碌曲和青海的兴海－同仁一带，火山活动相对较强，属于山间盆地中的多旋回陆相火山活动。表现为河湖相泥质碎屑岩组合中夹中基性－中酸性火山岩，火山岩系下部为中基性火山岩（玄武岩、安山岩），夹碎屑岩，上部为中酸性火山岩夹碎屑岩。新生代火山岩分布于天水，为陆相酸性火山岩，具有富硅、富碱、低铝、低钙特征，属于非造山偏碱性岩石，类似于大陆裂谷碱性流纹岩，为地壳岩石部分熔融作用的产物，形成于陆内拉张构造环境，与新生代早期渭河断裂带的左行走滑剪切构造作用有关。钾霞橄黄长岩－碳酸岩主要分布于西秦岭礼县、宕昌、西和三县境内，具有强烈富集 LREE 和 LILE 的特征，具有与洋岛玄武岩相似的地球化学特点，是软流圈－岩石圈相互作用的产物（喻学惠等，2004）。此外，在夏河县完尕滩白垩系—古近系和新近系磨拉石中发现的玄武岩及玄武质角砾岩，以及在武都古近系和新近系的红色磨拉石盆地沉积物中，存在玻基橄榄辉石玄武岩夹层，表明喜马拉雅期存在强烈的构造岩浆活动（吕古贤等，1999）。

本区与火山岩有关的成矿作用主要为中－新元古代海底火山喷流沉积（VHMS）型铜矿成矿系列和早古生代岛弧火山岩浆侵入作用有关铜矿成矿系列。前者与碧口群基性火山喷发－沉积作用密切相关，如大茅坪铜矿（Cu-Zn）、银厂沟铜多金属矿（Zn-Cu）、筏子坝铜矿（Cu-Zn）和阳坝铜矿［Cu（Co）为主］。后者与二郎坪群海相火山沉积岩（细碧质熔岩、角斑岩、石英角斑岩及相应的凝灰岩）有关，如南召水洞岭铜锌矿床。构成秦岭成矿带块状硫化物铜的成矿远景区带。

第四节　区域变质作用

一、华北地台南缘变质作用特征

华北地台南缘变质岩主要为地台的基底高变质岩系，变质地层从下而上都有：太华群、铁铜沟群、熊耳群、高山河群、官道口群。太华群岩石组成以混合岩为主，具体的岩石组成类型为混合岩化黑云片麻岩、混合岩、混合岩化片麻岩夹浅粒岩、变粒岩、斜长角闪岩、大理岩、磁铁石英岩、云母石英片岩。变质级别为角闪岩相－麻粒岩相。铁铜沟群不整合于太华群之上，由变质碎屑岩组成，岩石类型以中厚层状石英岩、含砾石英岩、白云母石英岩为主，夹绢云母石英片岩。熊耳群分上下两个部分，下部为细碧岩夹少许大理岩、流纹岩，上部以暗绿色细碧岩为主，夹少许细碧质凝灰岩、凝灰砾岩、千枚岩和灰岩。

二、北秦岭地区变质作用特征

北秦岭地区地层大都发生中深程度变质，具体地层有秦岭群、宽坪群、丹凤群。

秦岭群为夹在北秦岭南缘的一套中深变质程度的地层组合体。主要由黑云斜长片麻岩、含石榴子石黑云二长片麻岩、石榴夕线黑云片麻岩、大理岩、含石墨白云石大理岩和角闪岩等组成，以片麻岩-钙硅酸盐-石榴夕线黑云片麻岩-含石墨厚层白云石大理岩组合为特征，与南北两侧的二郎坪群、丹凤群、草滩沟群相区别。据岩石组合特征可将秦岭群细分为郭庄组、雁岭沟组和上店坊组。郭庄组成岩时代在古元古代，岩石组合类型为混合岩化黑云石榴斜长片麻岩、斜长角闪片麻岩夹透辉斜长角闪片麻岩及白云质大理岩，条带状、眼球状混合岩发育；雁岭沟组以白云质石墨大理岩的出现为标志，岩石组合类型以石墨大理岩、白云质大理岩和大理岩为主，夹少量片麻岩和石英岩，时代为太古宙—古元古代，从东向西，大理岩中的石墨含量逐渐减少，斜长角闪岩和片麻岩夹层逐渐增多；上店坊组岩石组合以石英片岩为主，具体有夕线黑云石英片岩、二云斜长石英片岩，云母石英片岩，夹少量长石石英片岩、变粒岩、斜长角闪岩和大理岩。

宽坪群岩石组合主要为结晶片岩、硅化大理岩，局部发育磁铁石英岩，时代为古元古代。可划分为广东坪组、四岔口组、谢湾组。广东坪组以发育变质绿片岩夹大理岩的变基性火山岩为特征，具体岩石组合为钠长阳起绿泥片岩、钠长阳起片岩、斜长角闪岩夹较多大理岩、石英片岩，属火山硅质-基性火山岩沉积建造，岩石化学特征与大洋拉斑玄武岩相同，时代为中元古代。四岔口组以发育云母石英片岩为特征，具体岩石组合类型以云母石英片岩、云母斜长石英片岩为主，夹黑云变粒岩、透闪大理岩、斜长角闪片岩、钠长阳起片岩。原岩恢复以陆源碎屑为主夹基性火山岩，火山岩岩石地球化学特征与大洋拉斑玄武岩相同，为次深海相火山-碎屑岩沉积。谢湾组岩石组合以大理岩夹角闪片岩为特征，具体岩石组合类型以绿泥、黑云大理岩、含石英大理岩为主，夹变质基性火山岩、石英片岩。

丹凤群与下伏秦岭群混合片麻岩成断层接触关系，主要分布于西起唐藏，经白云，东至眉户、丹凤地区。岩性组合为一套绿片岩相-角闪岩相变质的基性火山岩系。东部商州-商南县一带，由基性-中性-中酸性喷发岩-正常沉积岩组成，韵律较为发育，下部发育基性枕状熔岩，其中有大量基性岩墙穿插；中段眉户、周至地区，主要为斜长角闪岩、基性枕状玄武岩、凝灰岩和大理岩；西段唐藏地区以斜长角闪岩、绿泥阳起石片岩为主，黑云石英片岩次之，夹大理岩。丹凤群在横向上中段熔岩多，凝灰岩少，西段凝灰岩多，熔岩少，变质程度从东向西逐步增强。

三、南秦岭地区变质作用特征

1. 南秦岭北亚带

南秦岭北亚带主要出露的变质地层为吴家山组，其岩石组合下部为黑母石英片岩和大理岩组合，上部则主要是大理岩、碳质千枚岩、白云岩、砾岩和夹岩组合，整体变质程度达中高级。空间上与成县地区的铅锌矿关系密切，大都出露于铅锌矿田外围地区。成县吴家山关店－厂坝及双碌碡等地岩性以大理岩为主。其成岩时代有元古宙和志留纪两种观点，中国地质大学（武汉）在近期的研究中，获得吴家山地区地层碎屑锆石U-Pb年龄结果，其成岩年龄为晚志留世（文成雄等，2011）。

2. 南秦岭南亚带

南秦岭南亚带变质地层有佛坪群、长角坝群、武当群、耀岭河群。

佛坪群空间上出露于佛坪县地区，岩石组合类型如下：上部为石榴子石方柱石黑云二长片麻岩，方柱石黑云二长片麻岩、刚玉钾长片麻岩，中部为石榴子石黑云斜长片麻岩、黑云斜长片麻岩、夕线石黑云斜长片麻岩，含石墨石榴夕线黑云斜长片麻岩，下部为条带状黑云斜长片麻岩、混合岩化黑云二长片麻岩、混合片麻岩，达高角闪岩－麻粒岩相，具鳞片变晶结构，迷雾状、条带状、似层状、片麻状构造，富含富铝变质矿物，岩石重熔与混合岩化作用较强，具深熔片麻岩为主体的高级变质表壳岩属性。

长角坝群、马道杂岩、黄柏塬群岩石组合基本一致，为同岩异名地层，汉中幅1：25万地质图中将三者统一称为长角坝群。该套地层广泛出露于佛坪－马道一带高级变质岩区。元古宙、古生代—中生代的侵入岩侵入其中，造成长角坝群呈残片状、残块状构造岩片、岩块、残留体等形态产出，地层主体为一套经历深构造层次的固态流变构造变形，以富含夕线石、石榴子石、石墨等变质矿物为特征，达高角闪岩相变的富Al、C碎屑－碳酸盐岩孔兹岩系。可进一步细分为低庄沟组、黑龙潭组、沙坝组、碗牛坝组、羊圈沟组，属层状无序构造－岩石地层单位。低庄沟组分布于低庄沟、岳坝、双溪、褒河等地，主体岩石组合为一套含石榴子石、夕线石、石墨、透辉石的变粒岩系。沙坝组主体岩石类型为富含方解石、石榴子石、夕线石、石墨、透辉石等富铝、富碳、富钙的长英质变粒岩、片麻岩夹中－薄层条带状石英岩、大理岩，岩石具鳞片粒状变晶结构，条带状、似层状、片麻状构造，变质程度达高角闪岩相。黑龙潭组出露在岳坝北部秦岭梁一带，上部为灰色、黑灰色条纹状石墨石英岩，夹少量含石墨石英大理岩；下部为条纹状含石墨石英岩、含石墨透闪石石英岩、含石墨石英片岩，偶夹含石墨黑云斜长变粒岩、含夕线石榴黑云斜长变粒岩。岩石组合稳定，为一套富含石墨的石英岩建造，变质级达角闪岩相。碗牛坝组出露于洋县金水河地区，空间上岩性变质比较大，岩石组合类型大都为变粒岩、片麻岩、石英片岩、石墨片岩、大理岩，但总体以钙硅酸盐粒岩－钙质变粒岩为特征，变质程度达角闪岩相。羊圈沟组岩石组合类型为细晶－粗晶石英岩、含石榴子石夕线石石英岩、含石墨石英片岩，局部夹含石榴子石夕线石石英斜长片麻岩、含石榴子石夕线石墨石英片岩。

耀岭河群出露于安康、平利、岚皋、镇坪、商南、山阳等地，以变基性火山岩为特征，具体岩石组合类型以绢云绿泥钠长片岩为主，夹有绢云钠长石英片岩、石英钠长片岩、绢云绿泥片岩、碳质千枚岩、大理岩。各地的岩性不尽相同，山阳地区以变质安山岩为主，安康－平利－白河地区变质较浅，为细碧岩、凝灰岩夹泥质板岩、灰岩，岚皋－镇坪一带以含砾灰岩、凝灰岩为主。

武当群在陕西省仅出露于白河－安康－平利－岚皋－紫阳一带，以一套变沉积岩和变质火山碎屑岩组合为特征，具体岩石组合类型有浅色绢云母片岩、绢云母石英片岩、浅粒岩和变粒岩，夹少量绿泥片岩和钠长片岩。分布于安康南部恒口地区的武当群岩性多为凝灰岩、凝灰质千枚岩、绢云母千枚岩、火岩角砾岩，夹多层角斑岩、粗面岩。分布于安康北部牛山－岚皋－平利地区的武当群岩石组合则以凝灰岩为主，夹很多角斑岩。岚皋－平利－商南一带以钠长石英片岩、绿泥石英片岩为主，其原岩可能是变火山碎屑岩夹少量正常沉积岩。

四、扬子地块北缘变质作用特征

扬子地块北缘及勉略缝合带发育的变质地层主要有鱼洞子杂岩、后河杂岩、碧口群、三花石群、西乡群。

鱼洞子杂岩主要分布于略阳县鱼洞子及乐素河等地，为变质绿岩地体，岩性变化不大，岩石组合类型有角闪混合岩、混合岩化斜长角闪岩、浅粒岩，夹钠长绿泥片岩、阳起片岩、绢云石英片岩、磁铁石英岩，其中与混合岩共存的还有混合花岗岩和云英闪长岩，变质程度为高绿片岩－低角闪岩相。

后河杂岩主要分布于汉南碑坝后河地区，是一套经历了区域变质作用和多期变质作用而形成的混合岩，有少量变火山岩夹层，以发育混合岩为主要特征。依据岩性可分为两大组合：①条痕状黑云（角闪）斜长混合岩、眼球状黑云斜长混合岩夹斜长角闪岩、绿泥片岩；②以黑云斜长条痕状、眼球状混合岩为主，夹中酸性火山岩熔岩，变质程度达高绿片岩相－角闪岩相。混合岩主体为黑云斜长片麻岩，斜长角闪岩以夹层形式出现。脉体成分有花岗质，其余则是石英与钾长石。碧口群在勉略缝合带与龙门山－阳平关断层间的勉县－略阳－宁强三角地区，由黑色、灰黑色的变质泥硅质岩、变质碎屑岩夹碳酸盐岩、灰绿色岩变质火山碎屑岩、变质中基性火山岩组成。可划分为阳坝组和秧田坝组。

阳坝组空间上分布于甘肃省康县枫相－铜钱坝断裂以南的白雀寺－大安－勉县一带，占碧口群出露面积的90%以上。物质组成以一套绿片岩相的变质火山碎屑岩、变质中基性火山熔岩为主，夹变质砂岩，变质泥质岩、石英岩、石英片岩。以白雀寺－大安断裂为界，断裂两侧变质程度不一，断裂西南侧地层变质较深，岩石组合主要为绢云石英片岩、钠长片岩和变凝灰岩、千枚岩、绿片岩、阳起石片岩和基性火山熔岩，而断裂东北部则以安山岩、安山玄武岩等火山熔岩为主，其间有绢云母片岩夹层，变质程度较浅。秧田坝组出露于阳坝组北部，岩性为一套浅变质中粗粒碎屑、变泥质岩夹变质凝灰质碎屑岩，岩石组合类型有灰紫、灰绿绢云千枚岩、板状砂岩、粉砂质板岩夹绢云钠长片岩。

三花石群主要沿西乡－白勉峡断裂北部呈东西向展布，整体上由北向南构成单斜构造，整体变质程度不高，由一套变质程度达低绿片岩相的变质砂岩和变质中酸性火山岩组成。下部为变质砂岩，岩石组合类型有长石石英砂岩、长石石英粉砂岩、长石杂砂岩、夹钙质泥岩；中部为变火山岩，下段以安山质－英安质沉凝灰岩、凝灰质片岩为主，夹绢云石英片岩、赤铁石英岩和灰岩透镜体，底部发育韧性剪切带。上段是以原岩为英安玄武岩、安山岩、英安岩为组合的变质中酸性火山熔岩。上部岩性主要是一套变质碎屑岩组合，从下至上为含砾长石石英杂砂岩、变质砾岩夹长石砂岩向凝灰质长石砂岩、长石砂岩夹绢云母板岩、变质砾岩。

西乡群空间上出露于白勉峡断裂以南、西乡以北的三角地带，分布范围较小，但岩性无较大变化，主要由上下部的中基性－酸性火山岩和中部的碎屑岩组成，下部为变中基性火山岩，岩石组合主要为安山岩、安山玄武岩，夹玄武岩、细碧岩、凝灰岩；中部为变碎屑岩，从下而上粒度由粗到细；上部又是变火山岩，岩性以安山、凝灰岩为主，夹流纹岩、玄武岩。

第五节　区域构造特征

秦岭造山带经历了长期复杂的地质和构造演化，其现今构造面貌以及构造格架仅是显生宙以来各期大地构造活动的总体反映。总体上秦岭造山带以商丹古蛇绿岩带和勉略构造混杂岩带为界，将秦岭分划为华北板块、秦岭微板块和扬子板块（张国伟等，1997）。商丹蛇绿岩带和勉略构造混杂岩带分别代表秦岭自新元古代和泥盆纪发展起来的两个有限洋盆。其中，商丹带北侧的北秦岭为古华北板块的大陆边缘，发育岛弧和弧后火山－沉积岩套和岛弧花岗岩－基性侵入岩类，是秦岭早古生代洋盆的活动陆缘。秦岭微板块在晚古生代之前是扬子板块被动大陆边缘的一部分，在勉略有限洋盆发育过程中逐渐从扬子板块北缘解离而形成独立的块体，夹持于两主缝合带之间。扬子板块和后来发展起来的秦岭微板块通过沿两主缝合带的依次俯冲和最终板块的拼合，使有限洋盆分别在海西期和印支期封闭，奠定了秦岭的基本构造格局。中生代以来秦岭受到东部环太平洋构造域、西部阿尔卑斯－喜马拉雅构造域的作用，在东西方向发生分异，自东向西依次出露了不同的构造层次，而在南北方向上则由于受到持续的侧向挤压，构造剖面呈现为北翼窄而陡、南翼宽而缓的不对称扇形岩片叠置结构。

一、构造单元划分

依据现地表地质构造特征、岩浆活动的差异，以板块、结合带划分为一级构造单元，在此基础上，按一级构造单元内部构造发展历史，进一步划分各次级构造单元的原则，将秦岭造山带划分为3个一级构造单元、6个二级构造单元，在各二级构造单元内进一步划分出若干三级单元。一级、二级构造单元划分如图1-3和表1-1所示。现分述如下。

华北板块（Ⅰ）

华北地块南缘构造带（Ⅰ-1）：指洛南－栾川－商城断裂带以北至其现今造山带北界之间区域，主要由一系列相间分布断陷盆地和断隆构成，具有典型华北型早前寒武纪结晶

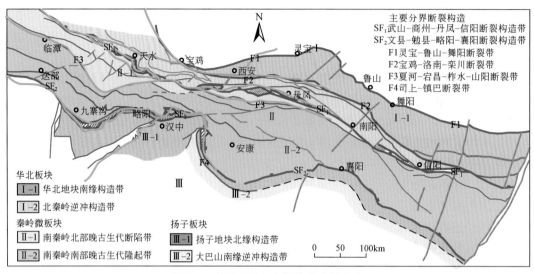

图 1-3 秦岭成矿带主要构造单元划分

表 1-1 秦岭成矿带构造单元划分表

	构 造 单 元 划 分	
	一级单元	二级单元
秦岭造山带	Ⅰ 华北板块	Ⅰ-1 华北地块南缘构造带
		Ⅰ-2 北秦岭逆冲构造带
	SDF 武山-商州-丹凤-信阳断裂构造带（商丹主缝合带）	
	Ⅱ 秦岭微板块	Ⅱ-1 南秦岭北部晚古生代断陷带
		Ⅱ-2 南秦岭南部晚古生代隆起带
	WMF 文县-勉县-略阳-襄阳断裂构造带（勉略混杂构造带）	
	Ⅲ 扬子板块	Ⅲ-1 扬子地块北缘构造带
		Ⅲ-2 大巴山南缘逆冲构造带

基底和中元古代以来的盖层结构。可进一步划分为鄂尔多斯内陆盆地、渭北隆起、渭河新生代断陷盆地、新生代小秦岭断隆和六盘山白垩纪断陷盆地等三级构造单元，其中小秦岭断隆构造单元位于本成矿带研究范围。小秦岭断隆的基底由新太古代太华群杂岩和古元古代铁铜沟群组成，两者为构造不整合关系。太华群杂岩以古老结晶基底岩块断续出露在关中盆地中的骊山和小秦岭地区，下部主要为长英质混合片麻杂岩夹镁铁质和超镁铁质岩块或包体，上部主要为长英质片麻岩、石墨大理岩、磁铁石英岩和斜长角闪岩夹有镁铁质－超镁铁质岩等；原岩主要为富铝碎屑岩、碳酸盐岩与含铁建造和基性、酸性火山岩，变沉积岩系具陆架沉积特点。铁铜沟群主要分布在陕西小秦岭西部和骊山地区，是一套以稳定滨海相沉积石英岩、云母石英片岩为主的变质碎屑岩。中－新元古界盖层主要为熊耳群、洛南群和震旦系，总体是一套陆缘大陆裂谷火山岩系到陆缘稳定相沉积，构造变形相对简单，微弱浅变质或未变质。

区内燕山期中酸性岩体分布广、数量多，如老牛山、华山、金堆城岩体、黑山岩体群、木龙沟岩体群、永坪岩体、长岭岩体等，它们主要形成斑岩型钼（钨）矿床，著名的金堆城和石家湾钼矿皆产于燕山期花岗斑岩体及其外接触带，是典型的斑岩型钼矿床。近来在该区也陆续发现有印支晚期的高钾钙碱性或碱性系列的中酸性岩－碳酸岩等小岩体、岩枝，如黄龙铺、华阳川、黄水庵、东铜峪等岩体、岩枝，并发育贵金属、稀有金属矿化。

北秦岭逆冲构造带（Ⅰ-2）：指商丹断裂带（甘南为武山－天水断裂带）与洛南－栾川－商城断裂带之间的秦岭北部区域，为华北陆块南缘活动性陆缘区。该区经历了多期复杂的构造变动，特别是随中生代碰撞造山作用，使区内地层向南仰冲，形成一系列由北向南的推覆体，相伴出现了一系列近东西向展布的逆冲断裂及相应的次级断裂，褶皱构造也以推覆作用过程中形成的线性褶皱为主。总体是由大小不一的透镜状岩块以不同级别的断裂为骨架堆置拼合成的一个区域。从北到南主要包括宽坪群、二郎坪蛇绿岩系和二郎坪群（云架山、斜峪关群等）沉积－火山岩系、秦岭杂岩、丹凤蛇绿岩系和丹凤群沉积－火山岩系、松树沟蛇绿岩系及草凉驿组等和中－新生界断拗陷陆相沉积岩层。该单元可进一步划分为北秦岭新元古代宽坪弧后盆地、北秦岭早古生代岛弧及弧后盆地、北秦岭古元古代结晶基底、新元古代岩浆弧及早古生代岩浆弧四个三级构造单元，相应的岩石单元为宽坪群、二郎坪群（凤县地区称为草滩沟群）、秦岭群、丹凤群等。近年来研究表明，北秦岭构造带可能经历了四个阶段的演化：①古元古代晚期（约1.85Ga）华北克拉通基底形成，在边缘发育大陆架，开始接受沉积并形成一套泥砂质碎屑岩和碳酸盐岩（秦岭群的前身）。②华北克拉通边缘的裂解及宽坪群沉积阶段。此阶段，秦岭群作为基底块体脱离华北克拉通，二者之间的裂陷槽构成了宽坪群的沉积。依据宽坪群沉积岩系的物源分析，秦岭群与华北克拉通距离不十分遥远。③新元古代、早古生代，秦岭群南北两侧分别形成有限的南部古海盆和北部古海盆（分别以丹凤和二郎坪蛇绿混杂岩为代表）。④古生代（加里东期），随着扬子板块的向北漂移，秦岭群南北侧的海盆相继闭合并导致华北克拉通、北秦岭构造带和扬子板块的最终拼合。

北秦岭构造带大面积被各种侵入岩特别是大花岗岩基所占据，其中包括宝鸡、太白、蟒岭、牧护关、灰池子、沙河湾、曹坪等岩体，其中产出有蟒岭西、柳林沟、香沟等与花岗斑岩有关的钨钼金矿，岩体外接触带的铁铜矿（丹凤皇台铁铜矿）等。其次有产于松树沟镁质超基性岩中的铬铁矿床、铁质基性岩中的铜镍矿床（金盆铜镍矿）、钒钛磁铁矿－磷灰石矿床（商州川里铺、秦王山拉鸡庙）等。北秦岭成矿带的地质结构特征决定了该区的优势矿产主要为斑岩型的钼钨金矿、构造蚀变岩型金矿，其次有与基性火山岩有关的铜矿等。这也与目前该带所发现的矿产相吻合。

秦岭微板块（Ⅱ）

秦岭微板块即南秦岭构造带，夹持于天水－商丹缝合带与文县－玛曲－勉县－略阳缝合带之间，是现今秦岭造山带主要组成部分。该区在早古生代之前属扬子地块的北部陆缘区，只是在晚古生代因勉略局限洋盆的打开，其与扬子地块分离，因此晚古生代以来有别于其南部的扬子和北部的华北板块，独具特色。其突出特点为有众多古老基底抬升的穹形构造，控制着其内的沉积古地理环境与构造变形。以临潭－宕昌－凤镇－山阳区域性深断裂为界,可划分为两个次级构造单元:南秦岭北部晚古生代断陷带和南秦岭南部晚古生代隆起带。

南秦岭北部晚古生代断陷带(Ⅱ-1):又称南秦岭北部逆冲推覆带,由西段的夏河-礼县逆冲推覆构造带和东段的柞水-山阳冲褶带次级构造单元构成。其北以商州-丹凤古缝合带为界,南以夏河-临潭-宕昌-凤镇-山阳-内乡深断裂为限。其内仅分布晚古生代海相沉积地层为主。在碰撞造山作用过程中,整个断陷带被卷入由北向南推覆作用之中,形成了一系列推覆体,构成了南秦岭北部推覆构造系。其内的褶皱和断层形态也主要为推覆作用过程中形成东西向次级逆断层或走滑断层,褶皱以线性紧闭形态为主。

南秦岭南部晚古生代隆起带(Ⅱ-2):又称南秦岭南部逆冲推覆系(包括西段的碌曲-成县逆冲推覆构造带、迭部-武都逆冲推覆构造带、郎木寺-九寨沟逆冲推覆构造带以及东部的北大巴山逆冲推覆构造带)。其北界为夏河-临潭-宕昌-凤镇-山阳-内乡深断裂,南界为玛曲-文县-勉县-略阳构造带及巴山弧形断裂构造带。由一系列大小不同的北倾南冲的冲褶带、褶冲带、逆冲拆离及逆冲滑脱构造,以及大小不同的走滑盆地构成的复杂的单向逆冲拆离(滑脱)褶皱造山带,具有明显的不对称性。其内以出露多处古老的变质地体隆起区为特征,在碰撞造山作用过程中,也被卷入由北向南的推覆之中,形成了南秦岭南部逆冲推覆构造系。断裂和褶皱形态也主要为与推覆构造相伴的北西-南东向逆冲断裂和线性紧闭褶皱。但其内分布众多的古老地体,使构造转换明显,出现较多的东北、北西等方向断裂及褶皱形态。区内基底有太古宇的马道杂岩、佛坪群,古元古界的陡岭杂岩及中-新元古界青白口系的耀岭河群,盖层有震旦系、寒武系、奥陶系;主要岩体有光头山岩体、洋县以北的华阳岩体、留坝岩体、胭脂坝岩体、宁陕岩体群。北大巴山地区岩浆活动强烈,北部以火山岩为主并有少量花岗岩侵入;南部主要为辉绿岩,次为辉长-辉绿岩和少量超基性岩侵入,是早古生代扬子北缘陆缘裂陷的产物。

扬子板块(Ⅲ)

扬子板块进一步划分为扬子地块北缘构造带和大巴山南缘推覆逆冲构造带,其中后者已超出本研究区范围。

扬子地块北缘构造带(Ⅲ-1):又称秦岭造山带前陆逆冲断褶带。扬子地块北缘系指勉县-略阳-巴山弧-房县-襄广断裂带以南邻接秦岭的区域。该区在早古生代时期以商丹带为界,统属扬子板块北部被动大陆边缘,具有与上扬子区一致的晋宁期统一的基底和新元古代—显生宙盖层。早前寒武纪结晶基底,包括黄陵出露的崆岭杂岩和米仓山出露的后河群,以及碧口地块的鱼洞子杂岩,其地层结构与南秦岭地区相似,晚古生代—中三叠世则成为秦岭微板块构造勉略古洋盆南侧的被动大陆边缘,它与扬子地块地层结构相同。区内仅出露扬子板块北缘的造山带前陆逆冲断褶带。进一步划分为摩天岭地块、后龙门陆内裂陷、汉南隆起次级构造单元。其中摩天岭地块出露地层主要为鱼洞子群、马道杂岩、碧口群,上震旦统陡山沱组和灯影组,以及泥盆系三河口群、踏坡群和石炭系等;区内岩浆岩发育,有峡口驿-青桥铺超基性岩、巩家河-铜厂花岗岩、关口坝石英闪长岩、茶店辉绿岩、煎茶岭超基性岩。该区矿产主要是与沉积变质作用有关的磁铁石英岩型铁矿如鱼洞子、阁老岭等铁矿;与变质火山岩-沉积岩系有关的黎家营海相火山沉积锰矿床;与火山活动有关的金银多金属矿床。例如,略阳东沟坝铅锌金银矿床、红土石铜锌矿床、二里坝含铜黄铁矿床、秦家砭铜矿、巩家河铅锌矿和大茅坪-银厂沟的铜铅锌金银矿等；与基性岩-超基性岩有关的铬镍（钴、铜）铁、石棉矿床，如三岔子、峡口驿铬铁矿、煎茶岭镍矿；产于上震旦统陡山沱组中的沉积型锰、磷矿床，如略阳何家岩、金家河、勉县茶店以及汉中市天台山；产于韧性剪切带中的构造蚀变岩型金矿床，如宁强的八海、略阳铧厂沟、略阳煎茶岭、勉县李家沟等地；与花岗岩类侵入岩有关的铁、铜矿床，如略阳铜厂铁铜矿等。

武山-商州-丹凤-信阳断裂构造带（SDF）：陕西境内称商丹主缝合带，系武山-唐藏-丹凤-商南-信阳深断裂的一部分。该断裂生成初始于新元古代，具有长期复杂的演化历史。它不是一条简单断裂，而是由一系列不同深度层次、不同性质的韧性-脆韧性断层为主，包含不同时代与来源的地块，如松树沟蛇绿岩、丹凤蛇绿岩、不同期的花岗岩类、糜棱岩和碎裂岩等岩块及沉积楔形体等组成的复杂地质体，形成多期复合的构造混杂带，呈总体向南的逆冲叠瓦状构造系（张国伟等，1988，1996，1997），构成一个具有复杂组成和长期演化历史的边界地质体。构造带自身具有复杂的演变历程，而且其南部和北部的南、北秦岭造山带在组成、构造格局与演化都具有显著的差异。不仅为地表北秦岭构造带与南秦岭构造带北部晚古生代裂陷带（以往称为中秦岭构造带）的分界断裂，也是秦岭造山带岩石圈深部结构的分界线。

该断裂系北侧多数地段为秦岭群的南部边界。自天水向东，沿断裂带断续出露有各种类型的糜棱岩、脆性构造角砾岩及夹持其间的构造岩块、岩层和各种方向的拉伸线理，以及复杂的变形褶皱，最大宽度可达数千米，如宁陕沙沟街出露的糜棱岩带宽达$2000 \sim 3000m$，其中发育有如旋转斑晶、变形脉和水平拉伸线理等反映大规模走滑平移运动的构造组构（孙勇和于在平，1986）。在东段和中段沿断裂带分布有各种类型的线状侵入体，以酸性岩类为主，其次为基性、超基性和长英质脉体，且均不同程度地发生糜棱岩化、片理化和碎裂岩化。沿断裂带分布有若干斜列的白垩纪以来的山间断陷盆地，在东段河南境内还分布有侏罗纪、白垩纪火山盆地，反映中生代以来东西两段构造活动性质存在一定差异。

张二朋等（1993）研究指出，该断裂带自显生宙以来的发展演化至少经历了三个阶段：早古生代早期为华北板块南部活动大陆边缘前缘构造活动带，显生宙韧性推覆剪切阶段和后期脆、韧-脆性平移剪切、走滑阶段。于在平等（1996）、Reischmann等（1990）和周建勋等（1996）对商丹带沙沟-老林头糜棱岩带（母岩为顺断层侵入的黑云母花岗岩）进行了较详细的研究，认为该糜棱岩经历了印支期原岩侵入-燕山期韧性剪切作用-晚燕山期糜棱岩化-新生代脆性变形的构造过程，沙沟糜棱岩形成于$15 \sim 20km$深部，形成温度条件为550℃，压力小于$5 \times 10^8 Pa$。松树沟蛇绿岩现今出露于北秦岭块体与扬子陆块拼接带处，主要由镁铁质和超镁铁质单元组成（董云鹏等，1997），地球化学特征表明松树沟蛇绿岩带是小洋盆环境的产物（周鼎武等，1995）或洋中脊之上的洋岛成因（张泽军等，1995）。商丹构造带具有左行剪切和逆冲推覆的表象，构造带内大量的剪切作用标志指示出相同的剪切指向。韧性剪切带内的糜棱岩和脆性断层带内的碎裂岩、断层泥等均保留了相近的运动学标志。于在平等（1991）对丹凤县桃花铺-铁峪铺-武关一带沿商丹构造带南侧分布的沉积构造环境为岛弧-活动大陆边缘的沉积岩系（原划为刘岭群的一部分）

研究表明，其经历了与大规模由南而北的逆掩推覆有关的韧性及韧-脆性变形和后期的平移剪切叠加变形。各种宏观、微观构造都提供了商丹断裂带及其内部的各种地质单元普遍经受了大规模的左行剪切滑移的证据（据中国地质科学院地质研究所 2007 年资料）。此后在中、新生代发生脆性变形，晚期脆性断层与呈北西向斜列的红色盆地分布之间存在内在成生联系，显示出沿北西向先拉张后挤压正是商丹带平移剪切先右行后左行的必然结果。综合前人研究资料，反映了商丹断裂系韧性推覆剪切主要发生于加里东期，而后期的具有左行和右行的脆、韧-脆性平移剪切、走滑则主要发生于印支期及其以后，新生代则主要为脆性变形。

地球物理研究表明，商丹带是秦岭造山带中区域磁场的分界线和重力梯度带（朱英，1979；周姚秀等，1979；管志宁等，1991；张国伟等，2001），是秦岭-大别南北岩石圈结构的分划界线。深地震反射平面揭示，商丹带南北两侧反射特点截然不同，扬子陆块基底在深部可抵达商丹带。现地表脆性断裂带总体呈北西西向延伸，断面北倾，倾角 60°～80°，断裂带宽数十至数百米。向深部总体产状有逐渐变缓趋势。

商丹带自天水向西的延伸，至今仍存在多种认识。但近年来的研究认识逐渐趋于一致，那就是认为商丹带经武山、漳县、临夏与昆中缝合带相连（赵茹石等，1994；张国伟等，2001；程顺有，2006）。

文县-勉县-略阳-襄阳断裂构造带（WMF）：又称勉略混杂构造带。主要成带分布于饶峰-洋县-勉县-略阳-康县-文县一带，向西经玛曲、玛沁可能与阿尼玛卿混杂构造岩带相连接（冯益民等，2002）。文县-康县-略阳-勉县深大断裂走向变化较大，不同地段表现形式不尽相同。在若尔盖-九寨沟-文县一带，称荷叶坝断裂带，走向北西西，是秦岭造山带南带玛沁-武都推覆构造带南部的前缘滑脱推覆变形带，其主要表现为经多期递进变形的推覆构造，晚古生界石炭系、二叠系呈大小不一的构造岩片，推覆叠置在三叠系之上，而三叠系中则发育向北缓倾的脆韧性断裂，是重要的控矿构造（吕古贤等，1999）。在文县-康县一带，断裂带走向则呈北东东向延伸，到康县以东至勉县段则呈北西西—近东西向展布。由于受到松潘南北向构造的叠加改造影响，整体上从若尔盖向东到康县构成向南突出的弧形构造形态，弧形构造带的西翼是华南陆块之若尔盖-松潘微地块与秦岭造山带的边界断裂，东翼则是碧口微地块与秦岭造山带的边界断裂。该断裂系向东经康县、略阳，在勉县附近与阳平关-洋县断裂相连，构成勉略断裂构造带的主体。该段破碎带宽 300～400m，发育许多次级平行断裂。断裂带南倾，倾角 55°～65°。它控制了古生代略阳局限海槽及古生界中-基性、中-酸性火山岩的分布和多期基性-超基性、中-酸性岩浆侵入与中生代断陷盆地的分布。西部的文县-玛曲-玛沁到青海的花石峡一线，经深部地球物理（反射地震、大地电磁测深）探测研究表明（程顺有，2006），沿该线两侧深部地震 P 波速度结构存在显著的不同，反映勉略断裂构造系尽管受到后期的构造改造，但仍显示出其印支期陆内碰撞造山作用的深部痕迹。其特殊的构造动力学背景和岩浆作用条件以及后期的北东向以及南北向断裂构造的叠加改造，从而构成金等金属矿产良好的成矿区带，目前沿该带先后发现甘肃大水、阳山、大桥等多处大型、超大型构造蚀变岩型、韧性剪切带型等造山型金矿床以及四川巴西金矿田等，并且向东可以延伸到石泉-汉阴一带的黄龙-鹿鸣一带。

二、主要断裂构造

秦岭成矿带内断裂构造极为发育,有北西西向—近东西向、北西向、北东向以及南北向等,构成复杂的网络格局。其中以北西西向—近东西向断裂为主,其次为北东向和北西向。依据地质、深部地磁、重力等地球物理资料以及遥感资料,按照断裂规模、活动演化历史及其在构造单元划分中所扮演的作用,可以将区内断裂构造划分成三个级别,一级断裂构造主要为区内一级和部分二级构造单元区划的分界断裂构造(带),二级构造主要指那些一级构造单元内部的二级及部分三级构造-地层单元区划的分界断裂和区域主干断裂;三级断裂则是次级构造单元的分界断裂以及尽管不具备分割意义但在成岩成矿过程中具有积极意义的区域性断裂带和断层组等。

秦岭成矿带内主要断裂构造如图 1-4 所示。

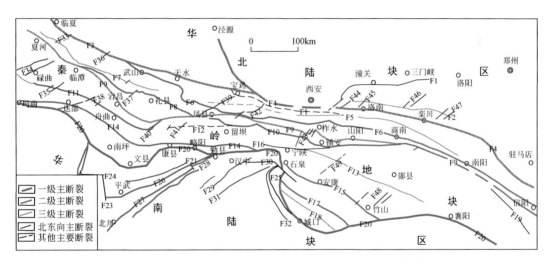

图 1-4 秦岭成矿带内主要断裂构造带分布及其断裂级别划分图

一级断裂: F3.临夏-天水-宝鸡深大断裂带;F4.泾源-宝鸡-洛南-栾川深断裂带;F6.武山-商州-丹凤-信阳断裂构造带;F20.文县-略阳-石泉-城口断裂带;F27.北川-宽川铺深断裂带。**二级断裂:** F8.闾井-麻沿河-左家断裂;F9.夏河-宕昌-柞水-山阳深断裂带;F10.凤县-镇安-板岩镇大断裂;F11.尕海-纳杂-官厅大断裂;F26.平武-阳平关-勉县-洋县深断裂带;F22.岷江深断裂;F14.玛曲-迭部-武都-略阳大断裂;F15.石泉-安康-竹山大断裂;F17.红椿坝-曾家坝深断裂;F18.高桥-八仙街大断裂;F26.青川-阳平关-勉县-洋县深断裂;F28.龙门山大断裂。**三级断裂:** F1.秦岭北麓山前大断裂;F2.洛源-石门-卢氏大断裂;F5.草凉驿-蔡川-朱阳关深断裂;F7.雒隆-洮砚-古城断裂;F12.紫柏山大断裂;F13.汞馆-白河断裂;F16.茅坪-宁陕断裂;F19.新城-黄陂深断裂;F23.虎牙断裂;F24.黄龙南断裂;F25.麻柳坝断裂;F30.白勉峡断裂;F32.司上-镇巴断裂;F29.桃园-牟家坝北东向断层组;F31.上两-峡口北东向断层组;F33.麻隆断裂;F34.阿木去乎-碌曲北东向断层束;F35.则岔-工玛隆多断层束;F36.五竹镇断层;F37.沿安-元更地断层组;F38.迭部南-纳杂断层组;F39.黄龙铺-左家断裂;F40.隆兴-安化断层束;F41.成县-红川断层组;F42.太白-鹦鸽嘴断层组;F43.旬阳坝-迷魂阵断层组;F44.金堆城-灞源张家坪断裂束;F45.石门-石坡断层组;F46.熊耳山断层组;F47.合峪-前河断层组;F48.武当山断层组;F49.牛山东断层组

（一）主要的一级断裂构造（带）

泾源-宝鸡-洛南-栾川深断裂带（F4）：为华北地块与秦岭造山带的分界断裂带。宝鸡以西沿六盘山向北西继续延伸过陇县、泾源。该断裂带在蓝田蓝桥以东出露比较清楚，呈北西西向延伸，以北倾为主，倾角50°～85°，蓝桥以西因第四系覆盖而出露不好。该断裂带为一长期活动的构造带，古元古代时可能就是华北古陆核的大陆边缘，中元古代为中朝地台台缘裂陷带主体，控制了熊耳群火山活动，新元古代作为台缘拗陷带主边断裂控制洛南-栾川基性-碱性岩岩带的分布；晚古生代以来卷入北秦岭陆内推覆剪切带的北缘，中生代以拉张和剪切走滑活动为主。新生代以来至今沿断裂仍有活动。总体反映的是若干条平行或交接的断裂组成的断裂带，沿其分布着不同时期侵入的基性、中性及酸性岩浆岩。据物探资料，其切割深度达30～40km，具深断裂性质。

关于华北地块与秦岭造山带的分界问题，目前仍存在不同的认识。是将该断裂带以北的宝鸡-潼关-宜阳-鲁山断裂构造带（F1）作为华北地块与秦岭造山带的分界还是将宝鸡-铁炉子-栾川深断裂带作为华北地块与秦岭造山带的分界，主要在于对该两条断裂带之间的逆冲推覆构造带构造属性认识的不一致。本书依据基底和盖层的变形特征，将该两条断裂带之间的构造带作为华北地台（陆块）与秦岭造山带之过渡地带，称为华北地块南缘构造带。

临夏-天水-宝鸡深大断裂带（F3）：为秦岭造山带与祁连造山带的分界断裂带。漳县以西属青海南山断裂，以东为天水-宝鸡断裂。断裂带出露清楚，呈近东西—北西向延伸，断面北倾。沿断裂带两侧早古生代火山岩发育，并分布有印支期中-酸性小岩体及中、新生代断陷盆地。

文县-略阳-石泉-城口断裂带（F20）：为华南陆块与秦岭地块（秦岭造山带）的分界构造。该构造带可分为东、西两段。东段为饶丰-麻柳坝-城口-房县-襄阳-广济深断裂，西段为玛曲-文县-康县-勉县断裂构造带。东段的饶丰-麻柳坝-城口-房县-襄阳-广济深断裂为扬子地块与秦岭造山带的分界断裂。西端与阳平关-洋县断裂相连，向南经麻柳坝转向东经城口、房县、襄阳至广济。走向上呈反"S"形。由一系列平行断裂组成，主要有司上-小洋坝断裂、兴隆深断裂和饶丰-麻柳坝-钟宝断裂等。破碎带宽数十至数百米。构造带倾向多变，北段东倾，中段倾向南西，城口以东向北倾，到湖北境内又倾向南西，倾角60°～80°。新元古代就开始活动，早震旦世构造带两侧沉积相及厚度存在明显差异，南侧为陆相碎屑及水成沉积，厚数百米，北侧出现火山碎屑沉积，厚2000m左右。印支-喜马拉雅期的构造运动断裂活动加剧，致使扬子区的震旦系推覆在秦岭区的新地层之上。

西段的玛曲-文县-康县-勉县深大断裂（勉略混杂构造带）为秦岭造山带西段（西秦岭造山带）与华南陆块的松潘-甘孜造山带、扬子微陆块和摩天岭微陆块的北界断裂，走向变化较大，西段在若尔盖-九寨沟-文县一带，称荷叶坝断裂带，走向北西西，中段在文县-康县一带，走向北东，向东在康县一带，为近东西向。在东端勉县附近与阳平关-洋县断裂相连。破碎带宽300～400m。有许多次级平行断裂。断裂带南倾，倾角

$65° \sim 80°$。它控制了古生代略阳海槽及古生界中-基性、中-酸性火山岩的分布和多期基性-超基性、中-酸性岩浆侵入与中生代断陷盆地的分布。

北川-宽川铺深断裂带（F27）：四川境内称为北川-映秀断裂，陕西境内称宽川铺断裂。为扬子准地台西北边缘与松潘-甘孜褶皱系的边界断裂。总体呈北东向延伸，两侧平行的小断裂、斜断裂、横断裂发育，深断裂本身也受到斜断裂或横断裂分割。断裂带总体倾向北西，倾角$50° \sim 85°$，破碎带数百米。早古生代沿扬子准地台边缘与阳平关-洋县深断裂相伴生，并控制了两侧的沉积构造环境，南东侧为地台环境，西北侧为冒地槽环境。印支运动以来转化为断裂带，在前缘形成飞来峰；挽近时期以来该断裂带一直处于活动状态，沿断裂带常有地震发生，2008年汶川大地震即实证之一。该断裂构造带与其北的平武-阳平关-勉县-洋县深断裂带共同组成扬子地块与摩天岭微陆块的构造过渡带。

武山-商州-丹凤-信阳断裂构造带（商丹主缝合断裂带，F6）：俗称商丹断裂带。为北秦岭加里东褶皱带与南秦岭构造带北部的礼县-柞水海西褶皱带（以往称为中秦岭构造带）的分界断裂。总体呈北西西向延伸，断面北倾，倾角$60° \sim 80°$，断裂带宽数十至数百米。沿其有加里东期、海西期、印支期和燕山期的超基性、基性、中-酸性岩侵入，并有一系列中、新生代断陷盆地。该断裂初始于新元古代，直到新生代仍在活动。

（二）二级断裂构造带

夏河-宕昌-柞水-山阳深断裂带（F9）：为南秦岭构造带北部的礼县-柞水海西褶皱带（以往称为中秦岭构造带）与狭义的南秦岭南部印支褶皱带的分界断裂。该深断裂西起甘肃夏河以西，向东经合作、临潭、岷县、宕昌、凤镇、山阳、西峡、内乡、桐柏，在商城以东进入安徽，后被郯城-庐江断裂带截切。总体呈北西西向展布，向北倾斜，倾角$60° \sim 85°$，断裂带宽数十米至数百米。该断裂至少在新元古代已有活动，断裂控制了相当扬子旋回的基性、中-酸性的侵入活动，并控制了郧西群、耀岭河群分布区北界；早古生代断裂南侧有超基性、基性、中性、酸性岩浆侵入活动。海西期控制了南北两侧泥盆纪沉积的差异，并有超基性、基性、中性岩浆沿断裂侵入。印支期随着板块碰撞造山作用，有酸性岩基形成。燕山期，沿断裂带分段控制了浅成-超浅成酸性小岩体的分布和中生代断陷盆地的发生。喜马拉雅期有古近纪断陷盆地的发生并切割。

关于该构造带的属性，目前也有部分专家学者依据断裂的规模、性质及断裂带中的基性、超基性和大量花岗岩类侵入体的分布，以及该断裂带南北两侧泥盆纪地层沉积特征、沉积物源特征、沉积古地理环境及生物群面貌和发育情况完全不一样，具有明显分割泥盆纪地层沉积体系的界线意义等综合分析，认为与商丹断裂构造带相比，该断裂构造带更具有华北和扬子两个陆块间分界断裂性质。本书通过对该区花岗岩类的时空分布及其区域W、Sn、Mo等元素地球化学异常分布特征和深部地球物理特征，结合区域地层、构造等综合研究，初步认为该断裂与其北部的商丹构造带具有同等重要的大地构造分区意义。应值得重视和进一步深入研究。

岷海-纳杂-官厅大断裂（F11）：分布于甘肃、四川省界附近，呈向南突出的弧形，益哇-安化段（西段）为北西向，安化-徽县段（东段）为北东向，断裂面北倾，倾角中等。沿断裂带志留系、泥盆系、石炭系、二叠系均为断层接触，岩石强烈破碎。

玛曲－迭部－武都－略阳大断裂（F14）：甘肃境内称白龙江断裂，陕西境内称状元碑－马道断裂、略阳－勉县断裂。向西经迭部、玛曲热尔茸与青海玛沁深断裂相连，向东在洋县交于阳平关－洋县断裂，是秦岭褶皱系与松潘－甘孜褶皱系的分界断裂。总体走向北西西—北西向，武都以东为近东西向。西段破碎带西窄（1～2km）东宽（4～5km），倾向北；东段破碎带宽数十米，倾向南。它在早古生代已存在，控制了徽县、旬阳早古生代沉积区之边界和晚古生代略阳海槽的分布以及海西期超基性、基性、中性岩浆侵入。印支期酸性岩基垂直断裂带侵入。燕山旋回控制侏罗纪断陷盆地的分布，随后又遭受到切割破坏。

石泉－安康－竹山大断裂（F15）：陕西境内称月河断裂，湖北境内称竹山断裂，于竹山南归入饶丰－麻柳坝－城口－房县断裂。为北大巴山加里东褶皱带北部的大致边界。总体走向北西西，在平利以西倾向北东，倾角60°～70°，破碎带宽200～500m；平利以东倾向南西，南西盘逆冲形成高山深谷。形成于古生代，新生代活动最明显，控制了月河、竹山、宝丰等断陷盆地的形成和发展。

红椿坝－曾家坝深断裂（F17）：走向北西，两端均与饶丰－麻柳坝－城口－房县断裂相交。倾向北东，倾角大于60°，破碎带宽50m。发生于早古生代，控制着北大巴山早古生代拗陷与岩浆活动。南侧发育以碱性为主的辉绿岩床；北侧发育碱中性火山岩次火山岩。沿断裂带发育有中生代断陷盆地。

高桥－八仙街大断裂（F18）：走向北西，两端均于饶丰－麻柳坝－城口－房县断裂相交。破碎带宽250～300m，倾向北东，倾角50°～60°。早古生代已形成，沿断裂带有加里东期基性岩分布。

岷江深断裂（F22）：位于若尔盖地块东侧边界。南北向展布的岷江深断裂与近东西向的黄龙南断裂（F24）、北北西向的虎牙断裂（F23）联合组成锯齿状断裂组，共同构成摩天岭隆起的南侧和西侧的边界断裂。沿断裂带有中生代石英闪长岩等浅成－超浅成岩体的分布及近代地震活动，使断裂带北东侧为地台型志留系—三叠系碳酸盐岩建造，南西侧为冒地槽型志留系—三叠系沉积，二者明显不同。

青川－阳平关－勉县－洋县深断裂（F26）：西起平武古城，经青川、阳平关、勉县至洋县以东。平武－勉县段为后龙门山褶皱带与摩天岭隆起的分界断裂。勉县－洋县段为扬子准地台与秦岭褶皱系的分界断裂。勉县以东被第四系覆盖。断裂带走向北东—北北东，倾向北西，倾角60°～80°。破碎带走向北东—北北东，倾向北西，倾角60°～80°，宽600～700m。控制了碧口群与三花石群与三花石群不同环境的火山喷发－沉积；早古生代冒地槽型沉积；加里东期基性、超基性岩浆侵入；海西期中－酸性岩浆侵入活动和中、新生代断陷盆地的发生和分布。

以上两条断裂带共同组成扬子地块与摩天岭微陆块的构造过渡带。

（三）其他区域主干断裂

凤县－镇安－板岩镇大断裂（F10）：西起甘肃两当附近，向东经酒奠梁、镇安、板岩镇，于山阳以东交于山阳－内乡断裂上。呈近东西向延伸，北倾，倾角50°～60°。断裂活动始于元古宙，在古生代控制着泥盆纪、石炭纪的沉积盆地，沉积建造和厚度有明显的差异。沿断裂带有中生代酸性侵入岩分布。

紫柏山大断裂（F12）：由紫柏山北麓的庙台子附近通过，向东到江口附近归入酒奠梁－板岩镇断裂，向西经大阳山，到成县以南被古近系和新近系掩盖。断裂走向近东西，断裂面南倾，倾角50°～60°，或更陡。该断裂成生于晚古生代，控制了二叠系分布区的南界，切割了海西期闪长岩与侏罗系，喜马拉雅期以来，断裂南盘仍继续抬升，说明其具有长期活动性。沿断裂带脉岩发育有闪长岩脉、花闪长岩脉、石英岩脉、石英－碳酸岩脉等。次级断裂较多，使志留系、泥盆系、石炭系、二叠系之间均为断层接触，岩石强烈破碎。

洛源－石门－卢氏大断裂（F2）：俗称马超营断裂。在洛南县洛源以西被北东向断裂错移后，在蓝田县境许庙以北可能隐入渭河盆地之下。向东经卢氏、马超营至杨楼。呈北西西向延伸，断面北倾，倾角70°～80°。破碎带宽80～100m。北侧相对上升，出露太古宇和元古宇熊耳群。南侧相对下降，出露地台型蓟县系和青白口系。可能形成于中元古代，主要控制熊耳期火山喷发和蓟县－青白口纪海相盆地的沉积环境。至中、新生代又复活活动。

草凉驿－蔡川－朱阳关深断裂（F5）：由若干条断裂组成，西起凤县草凉驿以西，向东经纸房、草坪、蔡川，河南省境的朱阳关、夏馆，在镇平县北没入南阳盆地。断裂带向西于唐藏以北可能与商丹断裂构造带斜交汇合。西段因花岗岩焊接，部分产状不清。中段和东段显露清楚，总体走向北西西，在皇台以西为近东西向。中段以南倾为主，东段北倾，倾角60°～80°。断裂带宽几十至百余米。中新元古代已有活动，控制了秦岭群的分布以及早古生代优地槽的形成、演化和展布，沿断裂带附近有加里东期、海西期、燕山期花岗岩和海西期超基性岩、基性岩侵入及燕山期安山岩喷发，并有中、新生代断陷盆地分布。

新城－黄陂深断裂（F19）：分布于桐柏山南麓的新城－黄陂一带，呈北西西向展布，向南东延至黄陂以东与襄阳－广济深断裂相接向北西没入南阳盆地。断裂带宽1～5km，断裂面倾向北东，倾角70°～80°，沿断裂带有扬子期基性岩和燕山期中－酸性岩分布。航磁资料反映其北东侧为正异常。南西侧为负异常。

公馆－白河断裂（F13）：陕西境内称公馆（或南羊山）断裂。湖北境内称公路断裂。走向北西，倾向有南有北，为高角度倾斜断裂。破碎带宽数十米至百余米。向北西与茅坪－宁陕断裂（F16）断裂相交，向南东与F20相汇。该断裂发生于前古生代，控制着古生代沉降拗陷带的沉积。

此外，区内北东向构造也是发育较为明显而且广泛的一组构造（图1-4）。它们在地表断续、平行成束、成组分布，并具有近等间距成带集中展布特征，与印支期东西向主构造带呈截切复合关系，不仅控制了燕山期岩浆侵入体的分布，也控制了侏罗－白垩系，乃至古近系和新近系的断陷盆地的分布。由于该组构造与印支－燕山期成岩成矿关系密切，为区内重要的成矿控制要素之一，将在本节第四部分对其成生发展及其控岩控矿特征予以详细论述。

总之，秦岭造山带具有复杂的断裂系统、多期次活动叠加和变形变质特征。区内断裂系统可划分为古亚洲近东西—北西西向断裂系、濒太平洋北东向断裂系和东特提斯北西向断裂系。显生宙以来断裂形成演化、规模性质、展布方向等是以上三种构造应力场先后作用的结果，其总的趋势为近东西—北西西向断裂系统形成相对较早，三叠纪以来受改造、叠加；现地表的北西向和北东向断裂系统主要为前印支期强大的南北向挤压构造应力场条件下形成的一对共轭剪切断裂系统，其后在燕山－喜马拉雅期构造应力场转换改变条件下继续活化、改造而形成，其力学性质和运动学均有变化，也有新生的断裂形成。其中北西向断裂系除了新生断裂以外，主要对近东西—北西西向断裂系统进行改造，使之发生偏转；北东向断裂系统主要成生于燕山期，叠加在东西—北西西向断裂系上，东部明显，西部减弱，控制了古近系和新近系的断陷盆地。

三、区域构造演化特征

秦岭造山带经历了长期、复杂的地质演化历史。秦岭造山带是在早前寒武纪结晶基底各岩块、地块发展演化基础上，自中－新元古代以来逐渐发生、发展与演化而成，其间经历了中－新元古代、新元古代晚期至中生代初期和中生代以来三个大的构造演化阶段（张国伟等，1997），发育了自前寒武纪至新生代不同时代的沉积建造和岩浆活动。

自太古宙以来到新生代，先后经历了南华纪以前的大陆地壳早期演化阶段、新元古代到中生代初期板块构造体制发展演化阶段，以及中生代以来的陆内叠覆造山阶段。

1. 大陆地壳早期演化阶段

其主要时限为新太古代—中元古代。大致经历了陆核形成演化期、陆块形成演化期和超大陆形成期。陆核形成演化期以大别群、太华群、鱼洞子群等古老结晶基底为代表，构成本区零星出露的新太古代—古元古代陆核；陆块形成演化期形成以武当群、熊耳群为代表的古－中元古代的沉积浅变质岩系，属过渡性基底，该阶段以裂谷与小洋盆兼杂并存为特色，形成了扩张裂谷构造的发展演化，经过复杂的分裂与拼合汇拢，突出表现为大量的幔源物质，以壳幔相互作用的底侵作用和扩张裂谷喷发形式，垂向涌入地壳，形成秦岭面状广布的中－新元古代双峰式火山岩系和壳下基性岩浆的板底垫托，地壳垂向加积增生增厚，同时扩张形成与陆块间列的混生的多个小洋盆，构成多陆块裂谷与小洋盆并存共生的复杂构造古地理格局。在距今 1～0.8Ga 遭受强烈而又广泛的晋宁运动影响，古陆块相互拼合，形成原始中国古大陆，构成罗迪尼亚超大陆的组成部分。秦岭不同地块也不同程度地发生拼合或汇拢，同时又有扩张裂解，块体并未完全拼合统一。

2. 新元古代—中生代初期板块构造体制发展演化阶段

该时期的构造演化可以进一步细分为新元古代以来到中泥盆世的超大陆裂解及洋陆演化阶段以及中泥盆世到中三叠世的海陆演化阶段。新元古代晋宁期构造运动使扬子板块统一，古秦岭区古陆块汇聚，但未完全拼合统一，古秦岭洋再次打开，华北与扬子板块分离，构造体制发生转换，开启了秦岭板块构造作用的发展，标志着秦岭板块构造的发端与发展演化。秦岭从震旦纪—中生代初期，一直处在统一的深部地幔动力学体制下，以华北与扬子以及后期分裂出来的秦岭三个板块之间的长期相互作用为主导，经过早古生代华北与扬子二板块沿商丹带，晚古生代华北、扬子及其之间的秦岭微板块沿商丹和勉略两缝合带的侧向运动与相互作用的漫长反复的俯冲碰撞演化历程，形成秦岭三块沿两带碰撞造山的基本格局。

3. 中生代以来秦岭陆内叠覆造山作用阶段

秦岭在中生代初期中-晚三叠世完成其板块构造体制的碰撞造山演化后，整个区域隆升并发生 T₃-J 的陆相断陷盆地沉积，同时以商丹带环斑花岗岩的侵位为标志，表明秦岭演化进入中生代陆内构造演化阶段。

陆内造山作用使中生代陆相地层变质变形，发育大规模板内花岗岩的侵位，陆壳推覆重叠、剪切走滑与块断伸展等构造作用，证明秦岭又经历了大陆构造体制下强烈的陆内造山运动。

秦岭成矿带显生宙以来大地构造格局演化趋势如图 1-5 所示。

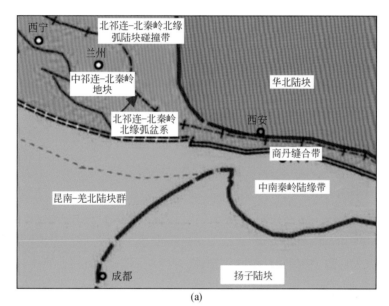

(a)

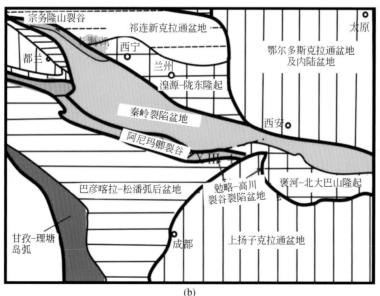

(b)

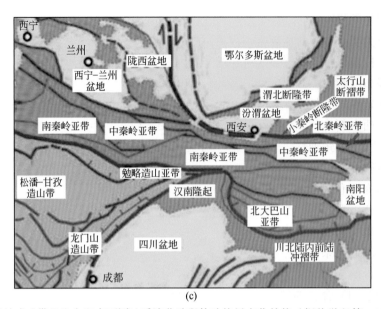

(c)

图 1-5 秦岭成矿带显生宙以来不同地质演化阶段构造格局变化趋势（据徐学义等，2008 改编）

（a）早古生代－中泥盆世洋陆演化阶段；（b）中泥盆世－中三叠世海陆演化阶段；（c）中－新生代陆内叠覆造山阶段

四、关于北东向构造的讨论

（一）区域展布特征

秦岭成矿带的北东向构造很早就受到关注，但对于其成生发展、演化、性质、构造归属以及对成岩成矿的控制效应却缺乏系统梳理和研究。本书针对其成岩成矿的效应，进行了较深入的调查、分析和研究，并在前人工作基础上，进一步厘定出五个北东向构造带，其自东而西依次为栾川－郧县－竹山、潼关－柞水－宁陕、宝鸡－徽县－文县、礼县－舟曲以及夏河－碌曲－玛曲北东向断裂构造带。它们在地表断续、平行成束、成组，并具有近等间距性展布。北东向断裂构造带与印支期东西向主构造带呈截切复合关系，不仅控制了燕山期岩浆侵入体的分布，也控制了侏罗－白垩系，乃至古近系和新近系的断陷盆地的分布，因此区内高级别的地层单元和构造单元都以断裂为边界，形成不同规模的条块状结构，控制或分割区域构造岩浆岩带的分布、沉积盆地和沉积岩相以及变质带的展布等。上述五个断裂构造带中，由于东部的栾川－郧县－竹山北东向断裂构造带主体位于河南、湖北境内，超出本次研究区范围，因此本书主要对其他四个带进行详细描述。

1. 潼关－柞水－宁陕断裂构造带

其由断续延伸的数条断裂构造组构成，如北段的金堆城－灞源－张家坪断裂束（F44），石门－石坡断层组（F45），中段的蔡玉窑北东向断裂、柞水－小磨岭、两河街－东川以及小川街、沙坪－胭脂坝、旬阳坝等北东向平行断裂束，向南西在汉南地体内部也有出露，如上述的白勉峡－峡口－关坝大断裂、堰口镇断裂、马元－朱家坝断裂以及陆寨子－杨坝、牟家坝-小坝等平行断裂束等。该组构造带具有长期反复活动的特征，其中中新生代以来的活动迹象极为明显，不仅断续穿切了前期形成的地质体和构造形迹，而且控制了燕山期的岩浆活动，构成秦岭成矿带东段清晰的燕山期北东向构造岩浆岩带，同时控制了新生代断陷盆地的展布。汉南地块内的北东向断裂束的早期活动则不仅控制了中新元古界西乡群、三花石群、火地垭群和扬子期基性岩、酸性岩的分布及震旦纪以来的盖层沉积，其后期的活动也控制了西乡新生代盆地，并使盆地再遭切割。该北东向断裂带总体显示了左行剪切滑移（具有从剪切-张剪性-压剪性质的转化趋势）性质。

2. 宝鸡-徽县-文县断裂构造带

其总体展布方位为北东向，自北而南主干断裂有黄牛铺-左家断裂（F39）、凤州到酒奠梁一带的北东向平行断裂束（嘉陵江断裂带）、徽县到成县一带的隆兴-安化北东向平行断裂束、虞关-白水江断裂、康县-武都的北东向平行断裂束，以及与文县-康县-略阳断裂系呈斜截关系的北东向豆坝断裂、尚德断裂、文县断裂等。该断裂构造带构成传统西秦岭造山带的东部界线。该组构造带地表不仅控制中-新生代断陷盆地的展布，同时也在与早期构造的复合叠加部位控制了燕山期花岗岩类的上侵定位，沿该带陆续发现小型花岗岩体和岩脉成群成带集中分布。由于其与勉略断裂构造系呈斜切交截关系，因此判断该构造带是燕山期以来构造活动的产物。发育于徽县-成县一带由侏罗系和白垩系及新生界构成的北东向盆地及盆地内一系列左行雁列的北东向小褶皱，指示该构造断裂具有左行压扭性运动学特征（吕古贤等，1999）。

3. 礼县-舟曲断裂构造带

该断裂构造带北从礼县，向南经宕昌、舟曲，断续可达四川龙日坝一带，向北在武山仍可见其形迹。地表该组断裂构造表现为断续出露，断层规模较小，在舟曲一带其叠加并截切早期北西西向构造带，向南四川境内仅在龙日坝一带见其出露。但深部地球物理资料却明显反映出沿松潘-黑水一带为一规模较大的断面倾向北西、切过中下地壳的北东向隐伏断裂构造带（图1-6），其深部北东向韧性构造影响壳幔结构，中地壳近东西向脆韧性变形，而表层又发育北东向脆性构造，构成三层式横跨叠加构造（任纪舜等，1997，张国伟等，1996）。而龙日坝一带的北东向断裂即其地表构造形迹的反映。在礼县一带发育的北东向断裂沿安-元更地断层组（F37）中以间井-锁龙北东向逆冲兼走滑断层规模最大，断层产状314°∠67°，延伸可达80km以上，为早期逆冲，后期再次左行平移改造，水平断距约800m。断层横切地层走向，两侧岩石破碎，产状较紊乱，断层破碎带宽10m，带内发育紫红色、浅灰色相间的断层泥，并发育微定向的断层角砾岩，角砾成分为砂岩、粉砂质板岩。其他主要为燕山期以来形成的走滑断裂组合，断裂一般规模较小，既有对早期断裂的继承和改造，沿前期破碎带再次活动，也有新断层的形成，产生浅表层次脆性的左行走滑断裂。在天水幅地表出露有发育于泥盆纪舒家坝群内部的北东向大山沟断裂和娘娘庙断裂，延长5～10km，断裂地貌标志明显，形成负地形地貌，断层破碎带宽十几米，两盘岩石发生褶皱变形和错移，多形成不对称的倾竖褶皱和挠曲，局部发育有碳质断层泥。断层总体走向为45°～55°，倾角50°～80°，两者均为左行走滑-逆冲型斜冲断层。此外在该构造带北端新生代沉积盆地的分布受到北东向隐伏构造控制，多呈北东向展布。此外在礼县及宕昌地区发育的新近纪碱性超镁铁质火山岩大致呈北北东向分布现象可能受此构造带的深部壳幔结构与壳幔演化的控制。

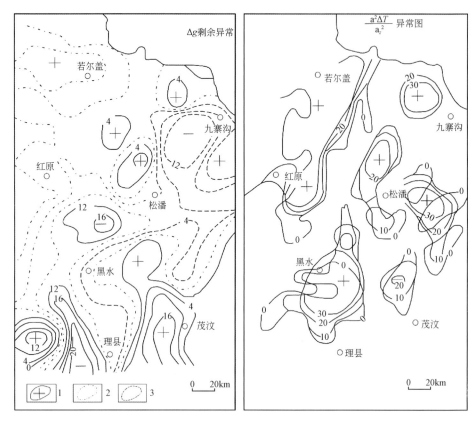

图 1-6　松潘地区重磁异常形态所反映的深部北东向构造（据吕古贤，1999）

4. 夏河 – 碌曲 – 玛曲北东向构造带

其为西秦岭地区地表表现明显的一组构造带，该带由多条平行的断裂组成，向北延伸与夏河 – 礼县北西西向构造带呈截切叠加复合关系，向南延伸截切玛曲 – 迭部 – 武都北西西向构造带，继续向南则构成若尔盖地块西北缘构造带（吕古贤等，1999）。该构造带主要穿切三叠系并控制了古近纪和新近纪的陆内断陷盆地的展布，而且还控制了侏罗纪—白垩纪的岩浆活动，沿该带地表断续出露有燕山期以来的石英闪长岩、花岗岩、花岗斑岩体（脉）以及石英脉及脉体群，并圈定有金等地化异常多处。在与玛曲 – 迭部 – 武都北西西向构造带相复合部位控制了格尔括合、忠曲等金矿的产出。该组断裂构造主要反映了左行滑移力学性质，主要成生于燕山期以来，新近纪以来仍有活动并控制了地表第四系的沉积。

从以上各北东向构造带的特征可以看出，秦岭成矿带内北东向构造带的形成时代主体为燕山期以来，依据北东向构造带的发育的部分典型岩体的构造解析研究显示，部分北东向断裂构造的生成可以追溯到晚三叠世，它们是印支期大规模碰撞造山过程中，由区域近南北向挤压构造应力场引发的北东向、北西向共轭剪切断裂构造成分，后经燕山期构造运动而改造。总体而言，北东向断裂构造既有继承改造原有的北东向构造的成分，也有新生的北东向构造，它们成带分布叠加在前期已有的东西向构造格架之上，并呈似等间距的展布特征，带与带之间的间隔在 100 ～ 120km，各构造带宽度在十几千米到几十千米不等，断裂构造带内断层往往成组、成束、断续分段密集分布，断层以左行剪切走滑为主，力学性质具剪性、张剪性，以脆韧性脆性变形为主体，部分地段被中酸性岩体、岩脉充填贯入，地表表现为沿北东向展布的岩体、岩脉群。构造活动强度也具有从东向西逐渐变弱的趋势。北东向断裂构造带对秦岭成矿带燕山期花岗岩的岩浆活动、成岩时代以及花岗岩的成矿作用都具有较明显的制约。

（二）北东向构造的成生时代及形成机理

1. 成生时代的厘定

对这组构造的形成，主要认为是华北板块和扬子板块碰撞造山后的陆内造山和伸展过程中，从南北向主应力场向东西向主应力场构造体制大转折和东西向岩石圈大规模减薄作用的结果。毛景文等（2005c）认为，这种南北向东西的大转折是受太平洋板块动力等条件控制的表现，特别是小秦岭地区与大型钼多金属矿成矿密切相关的燕山期北东向产出的小斑岩体，应是这种动力学条件转变过程的具体贡献。

已基本公认，秦岭造山带基底是分属华北和扬子两克拉通或陆块体系的。其间主要是通过商丹带或北秦岭构造带相互连接而拼贴在一起的。其最早拼贴的时限大致在晚泥盆世—早石炭世，这才具有统一古陆系统的地球动力学背景和为北东向构造发育提供物性边界条件。另外，对区域地质资料分析显示，从泥盆纪开始至其后的陆内增生过程，依照发育的时代地层沉积相，直至早-中三叠世，所属秦岭范围基本都处于伸展性动力学条件的裂陷盆地沉积背景，如发育在东段山阳-镇安一带的石炭纪—三叠纪地层沉积，大体都保持一种陆架-碳酸盐台地相沉积，地层主要包括石炭系的袁家沟组、四峡口组、羊山组，二叠系的水峡口组、西口组、熨斗滩组、门里沟组、龙洞川组和三叠系的金鸡岭组、岭沟组等。各时代地层间均为连续沉积，并非沉积间断和构造变动关系，而发育于西秦岭地区的石炭纪—三叠纪地层，南部的迭部-武都一带也是一套陆棚-台地或潮坪相的碳酸盐岩稳定型沉积，而北部凤县—礼县地区，在石炭纪—早-中三叠世成为一套较典型的伸展性动力学背景裂陷槽环境的深水盆地浊流或复理石沉积（李永军等，2003；杜远生，1997）。直到中-晚三叠世，发育于周至到丹凤一带五里川的一套河流-河漫滩-湖泊相粗碎屑岩建造（板岩、砂岩、含碳砂岩）以及发育于西部玛曲-碌曲一带上三叠统的陆相碎屑岩沉积则显示出，晚三叠世是秦岭构造体制转折的重要时段。有关这方面，冯益民等（2002）也认为，秦岭从晚古生代—三叠纪一直处于一种板块伸展地球动力学背景，晚三叠世为陆内叠覆造山的陆内增生过程。王宗起等（2009）甚至提出，北秦岭岛弧带南侧前陆盆地沉积，是由同生断裂控制的次级盆地构成，如西秦岭有大草滩群、舒家坝群、西汉水群和被石炭系—三叠系充填的大草滩、礼县-舒家坝、西和以及舟曲-成县盆地；东段丹凤-旬阳地区有泥盆系北铜峪寺群、刘岭群、泥盆系—石炭系和泥盆系—三叠系充填的厚畛子-黑山、柞水-山阳、镇安和旬阳盆地等。如此看来，秦岭造山带在晚古生代—中生代的陆内增生演化过程，是一种以伸展裂陷盆地的填积过程为主的增生方式，直到晚三叠世及以后才转变为一种隆升造山过程。也就是说，本区所见的北东向构造形迹应是晚三叠世开始的隆升造山过程的产物。这和所获得的大量岩体同位素年龄数据是一致的。

既然秦岭造山带在陆内增长演化阶段主要以一种伸展性地球动力学背景的隆升造山过程为特征，那么，在同时段发生的印支－燕山期中酸性岩浆侵入条件，就应该是这一过程的标志性产物。E-an Zen（1992）通过计算机模拟实验提出"不论俯冲、地壳逆冲增厚或是地壳减薄都不能导致发生熔融作用，只有地幔上隆或热点才为熔融事件提供主要热源"。这似乎在一定程度上提示，印支期和燕山期中酸性岩体的产出，可能就是隆升造山过程中与一些活动性破裂构造密切相关的地幔上隆和热点引起的地壳岩石圈熔融的岩浆作用事件。这样，反过来也可由中酸性岩体的展布追踪某些活动性构造形迹。值得特别注意的是，由秦岭成矿带花岗岩类时空分布特征，以及对部分典型岩体如西段的兴时沟二长花岗岩体（印支晚期）、"五朵金花"岩体群（印支晚期—燕山早期），东段的东江口、胭脂坝复式岩体（印支期末—燕山初早期）和土地沟－池沟一带的小岩体群（燕山期）的构造解析可看出，除北东向构造形迹，还明显有一组北西向构造形迹同时发育，它们之间是一种共轭构造关系，而且北东方向的岩枝形态不规则且规模相对较大，反映该组方向的断裂属偏张性力学性质，而北西方向的岩枝相对平直且规模小，其力学性质偏压性。显示出该组共轭的控岩断裂构造的剪切力学性质分别发生一定的演化。从岩浆侵入控制作用角度考虑，那么北东向构造的成生时期也应该可以追溯到印支晚期。

综合分析，我们认为，秦岭成矿带北东向断裂构造带最初可能作为主体构造的次级配套共轭断裂发生于印支晚期，而后经历了不断演化发展而成为本成矿带独具特色的控岩控矿构造带。

2. 应力场条件分析

按两组共轭活动性构造形迹的展布方向，它们几乎处于一种 N45° E 和 N40° W 的近直角相交方位上，这样，无论从南北或东西方向主应力场分析，它都是处在一种扭性应力场的剪切带位置。但从晚三叠世发育的一些南北向推覆叠置构造，以及侏罗－白垩纪一些山间断陷盆地的展布来看，在秦岭陆内增生隆升造山阶段，主应力场仍然是南北向的。或者可以说它们是四川盆地基底岩石圈与鄂尔多斯基底岩石圈对接作用的应力场条件表现。

然而，按所见岩体的规模和产状形态，似乎与北东和北西向共轭构造形迹的扭性应力场性质还有些不一致或相悖。因为从岩体的规模和产状形态来看，不应是一种扭性力学空间的产物，而应是一种张性破裂空间的填充物。其实在这方面，如注意到印支－燕山期整体的岩石化学，按构造成因分类，基本都是 I-A 型花岗岩类的。这样按照不同类型花岗岩浆，特别是 A 型花岗岩类岩浆的起源，目前较普遍认为是一种地幔岩浆底侵引起上地壳物质熔融而使地壳隆升成山的动力学机制。邓晋福等（2004）曾提出"传统认为造山作用是板块碰撞的结果，但碰撞后的底侵作用，同样可引起造山隆升，底侵的幔源物质可以使地壳增厚 6 ~ 8km"。秦江锋等（2005）通过对碧口地区印支期阳坝岩体的岩石地球化学研究，也提出是一种基性岩浆底侵引起下地壳岩石熔融的成因模型，成岩背景为一种后碰撞的伸展动力学背景。

由此推测，秦岭造山带中出现的北东和北西两组共轭构造形迹，以及印支－燕山期岩体的形成，可能就在这样的应力场作用下，由于地壳和地幔的密度关系，不是以地壳岩石圈拆沉切入地幔形成，而是以岩石圈隆升和地幔上涌的形成而引起岩浆底侵和热流值升高，使隆升地带处于一种伸展性动力学背景，从而为北东和北西两组共轭构造形迹和印支－燕山期岩浆作用提供热动力条件，特别是在两组构造形迹交汇部位，更是为一些大型岩体提供了有利的空间条件。而且在这种动力条件背景下，发育的北东和北西两组构造形迹，不是以大规模位移性断裂展示，而多是以一些部位性破裂为特征。因此，总体可证明，在印支－燕山期（200～180Ma）时段，秦岭造山带是以伸展性的隆升造山过程为重要的地球动力学背景。

程顺有（2006）研究认为现今中国大陆从深部到浅部，其主导构造是在特提斯东西向构造的基础上，受控于阿尔卑斯－喜马拉雅、太平洋和在古亚洲构造基础上的中新生代环西伯利亚弧形构造三大动力学体系，叠加复合早期南北向构造，形成以北西和北东两组"X"共轭剪切相互交织的棋盘格式构造格局。其中，北西向和北东向构造是印支期拼合之后在新的全球动力学背景下受陆内构造应力场控制的变形，它们既可能复合追踪早期古老地块的构造边界，又可能形成新的叠加构造。北西和北东向构造多具有剪切性质，比较连续地切过早期构造，发育于陆内各个不同的地块及造山带内。在中国地质图上，它们相互交切控制了侏罗纪小型上叠盆地的沉积并切割新近系，表明这组"X"共轭剪切构造形成于印支期南北大陆拼合之后的陆内演化阶段，反映了与太平洋板块、印度板块和环西伯利亚地块三者联合作用应力场的相关性。印支－燕山期形成的东西向构造，除了中国西部由于青藏高原受到强烈的南南西－北北东方向的挤压变形而复合联合叠加外，在中东部它显然表现为强烈北东向构造背景上的扭曲、错移等，显示了它们被后期构造作用所改造，但并不彻底，因而处于弱化的次要地位。南北向构造可能是在古生代老构造基础上的复合叠加构造，它具有明显的深源性质，大地水准面异常揭示其大规模异常的场源源于下地幔或核幔边界（CMB）。地震层析揭示在岩石圈乃至上地幔均显示处于由东部向西部的过渡带上，由浅到深 SN 向的高速异常越明显且切过四川盆地中部。至于深层次 SN 向构造的形成可能是西太平洋板块（NW）、印度板块（NE）和环西伯利亚（SN）地幔构造动力学联合作用的结果之一。

第二章 区域物、化、遥特征及其成矿意义

第一节 区域地球物理、遥感影像特征

一、区域重力特征

秦岭地区布格重力场复杂多变，东西差异明显。布格重力异常总的变化趋势是由东向西呈阶梯状递减，全区重力值均为负值，甘南场值由 $-405 \times 10^{-5} \mathrm{m/s^2}$ 升高为 $-110 \times 10^{-5} \mathrm{m/s^2}$。并大致沿通渭－武都一线为界，西部等值线呈 NWW—SN 向展布，构成巨型梯级带。在其以东又被武山－天水近 EW 向等值分隔，北侧等值线由 NNW 向转为 NW 向，沿庄浪－宝鸡一线形成弧形梯级带，南侧等值线呈 NE—NEE 向展布，以青川－勉县梯级带最明显，而若尔盖一带，等值线舒展开阔，也呈向东略凸的弧形。总体构成三弧对顶之势，显示华北、扬子、青藏三大地块构造应力场作用的构造格局（图 2-1）。

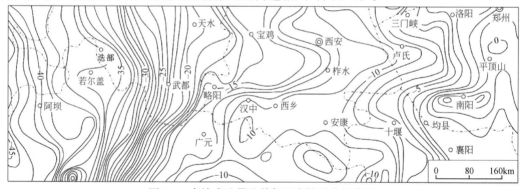

图 2-1 秦岭成矿带及其邻区布格重力异常图

由重力布格异常反演出的莫霍面等深度图反映出成矿带莫霍面总体呈东浅西深、南隆北凹趋势，沿夏河－宕昌－康县－理县－泸定为一个弧形梯度带，莫霍面深度差达 10km，天水－太白－栾川－鲁山有一明显的凹陷带，岩体和矿集区主要分布于凹陷带及其边缘。天水 46km，栾川 39km，呈楔状，西宽东窄。南江－确山有一隆起带，南江 40.5km，确山 34km，东宽西窄，东部坡度较大，西部平缓，小秦岭、许昌等地相对隆起，武山－武都以西急剧下降，形成大范围凹陷。

通过通渭－武都－平武－都江堰的近南北向重力梯级带，是一条非常明显的重磁场分界，也是一条最明显地貌阶梯，并在礼县至白关之间控制了喜马拉雅期来源于上地幔底部的碱性、超基性玄武岩岩株呈南北向分布。通渭碧玉镇超基性岩也呈北北东向分布。重力

浅源匹配异常梯级带穿过白关、武都、文县、理县等一系列弧形构造的弧顶，其两侧地层、构造线走向不同。由此推断这是一条隐伏深断裂，相当于青藏高原的东界，是印度和太平洋板块应力场交锋带，起到秦岭东西分块以及祁连、北秦岭构造单元分界的作用。

　　近来，程顺有（2006）追踪和利用国际最新的 GRACE 全球重力场模型球谐位数据和 GTOPO30 的 DEM 数字高程数据，详细分析研究了中央造山系深部的重力异常特征，指出从地球深部到地壳浅部，异常特征逐渐从以南北向为主，经北东、北西向交织向以东西向为主演变（图 2-2），反映了深部与地壳浅部重力异常形态的不谐和性。

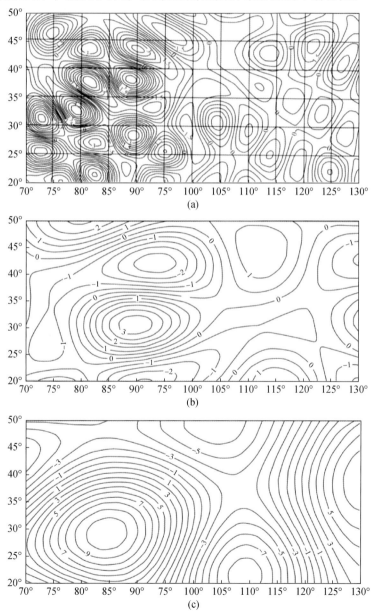

图 2-2　秦岭造山带及其邻区岩石圈深部大地水准面异常分布趋势图（据程顺有，2006）

（a）140km±；　（b）400km±；　（c）700km±

二、区域磁场特征

对包括中国大陆在内的欧亚地区的卫星岩石圈磁场分布特征分析发现，卫星岩石圈磁力异常总体特征显示出在早期 EW 向拼合构造基础上，由 NW、NE 两组巨型剪切构造再叠加 SN 向构造的棋盘格式构造格局（图 2-3）。

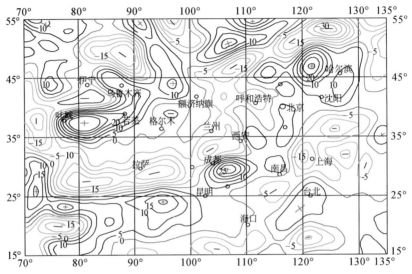

图 2-3　中国大陆及其邻区卫星岩石圈磁力异常特征图（据程顺有，2006 改编）

以秦-祁-昆中央造山系为界，明显分为南北两个不同的异常特征区域。北部强磁力异常块体比南部发育，总体异常强度北强南弱，特别是异常走向差异明显。中、北部明显以 NW 和 NE 两组磁力高、低异常相间排列为特征，其中这两组不同方向异常相互交汇最清楚的区域位于中央造山系以北的 108°E 一线附近，相交位置发育 SN 向异常带。南部异常由东部的北东走向向南西延展逐渐转为南西西—北东东走向，喜马拉雅磁场梯级带的南北两侧显示为近东西走向的正、负异常带。

总体观察，我国境内存在两条 NE 向强磁性异常带。其中一条经过扬子地块、华北地块、东北地块（包括大兴安岭、长白山）直到西霍特山北端，构成中国南部大陆的北东向强磁异常带。上扬子地块（四川盆地）强磁力异常（与塔里木强磁异常强度相当）表明它是相对较冷（强磁性）且下延深度很大的古老地块，鄂尔多斯地块虽然也是古老的地块，但与扬子地块相比较，不仅受后期不同构造环境改造使得岩石圈结构不同，而且岩石圈磁性显著降低，这可能预示这两个地块在早期成因机制方面存在差异性。

在航空磁力异常图上（图 2-4），清楚看出秦岭造山带位于华北和扬子平缓异常区之间的复杂异常区，东西向呈哑铃状，沿夏河-漳县-礼县-武都-平武一带大体分为两个大的磁场区：其东北部是以众多正磁异常为主的复杂磁场区，磁力高广泛分布，西南部是分布有少量低缓磁异常的平稳负磁区，有局部磁力高显示。东北部以正磁异常为主的复杂磁场区，总体主要由勉县-略阳-宁强、成县-天水-宝鸡-太白-凤县、留坝-宁陕-

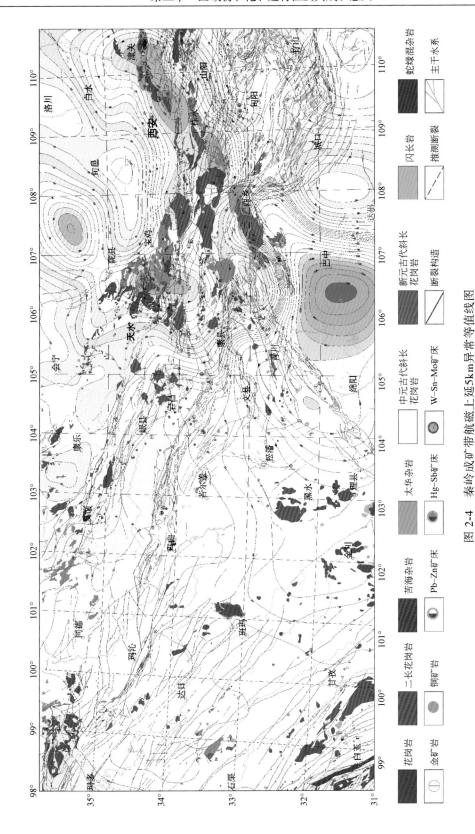

图 2-4 秦岭成矿带航磁上延5km异常等值线图

资料来源：中国地质大学（武汉）.2006.秦岭成矿带重大找矿疑难问题研究（成果报告）

柞水－山阳、柞水－潼关、万州－达州、镇源高磁场区组成，除了万州－达州、镇源高磁区外，其他高磁场区为出露或半隐伏中酸性岩体、复合岩体或杂岩体的综合反映。西南部低缓磁异常主要有沿西秦岭北缘分布的串珠状磁异常与重力低值场对应，为断裂带和出露或半隐伏中酸性岩体的综合反映。同时指示西秦岭北缘断裂在印支期可能是祁连陆壳以 A 型俯冲下插在秦岭造山带之下，这与大地电磁测深和航磁推断断裂产状向南倾一致。并在上盘形成印支－燕山期大陆碰撞型花岗岩及磁性分带现象。

三、磁性变质结晶基底特征

磁性变质结晶基底，是指在地球表壳盖层之下居里等温面（平均为 560℃）以上，由磁性变质岩石组成的岩石圈层，其位置相当于下地壳上部。将以上所述的区域磁异常和遥感资料提供的信息综合，对区内地壳深部磁性变质结晶基底的形态分析表明，成矿带内地壳深部的磁性变质结晶基底受深断裂的切割和沿深断裂带的差异性升降的影响，从而使得磁性基底顶面形成隆起、凹陷等起伏不平的复杂顶面形态。尚瑞钧等（1992）曾将秦岭造山带内的磁性变质结晶基底划分出的十几个大小不等、顶面高低不一的磁性变质结晶基底顶面上隆区。尽管上隆区形态复杂，但主体形态长轴以北东向和东西向为主，与表壳构造的方向基本协调一致，反映了深部的以北东向和北西向构造相交的网络构造格局。可以说明地表北东向构造形迹是地壳深部构造在近地表和地表的反映，是区内值得重视的一组构造（图 2-5）。

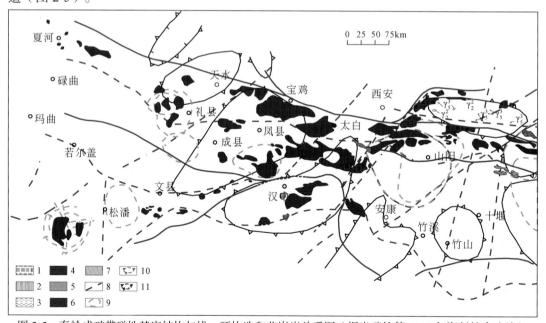

图 2-5　秦岭成矿带磁性基底结构与线、环构造和花岗岩关系图（据尚瑞钧等 1992 年资料综合改编）

1.燕山期；2.印支期；3.晚元古代；4.地壳重熔混合交代型；5.地幔同熔型；6.地壳重熔深成型；7.碱性花岗岩型；8.卫片解译线性构造；9.环形影像构造；10.磁性基底隆起；11.磁性基底隆起区上部叠置有拉伸断陷盆地区

总体观察，本区的磁性变质结晶基底构造以东西向为主，其反映的构造应力以南北向挤压为主，但受到太平洋板块和印度板块的斜向挤压应力影响，本区上地壳和深部磁性变质结晶基底被多方向、多期次的复杂断裂构造带切割而呈断块状，这些断块又由于构造-岩浆活动而发生变质作用，有些断块由于壳内软流层熔融体上侵或者地幔热柱效应发生隆起或顶蚀塌陷，形成同构造沉积断陷盆地，而断块边界部位的构造带是岩浆热液和矿质上升的通道，为秦岭成矿带区域成矿创造了良好条件。

由于磁性变质结晶基底的上隆主要受深断裂、壳内软流层和地幔上涌热柱控制，因此磁性变质基底隆起区极有可能是金、铜钼等矿的成矿有利地区，如小秦岭-熊耳山地区即位于磁性变质结晶基底隆起区范围，该区是秦岭成矿带重要的金、钼成矿远景区带之一。

综合以上地球物理特征，可以认为，秦岭造山带构造以 NWW—EW 向为主，同时发育有 NW、NE 及 SN 向构造。穿切岩石圈的断裂构造带控制了该区构造单元的划分和岩浆岩的分布。该区莫霍面南隆北凹，东浅西深，磁性基底北部以隆起为主，南部呈北东向隆凹相间出现。区内矿产主要分布在发生明显变化的重力梯度带和正的布格重力异常区内或几个正的重力异常包围区内。中国地质大学（武汉）[①]依据航磁资料处理提取的局部异常所做的综合找矿有利度异常表明，秦岭造山带的大部分矿床点分布于强磁异常的梯级带上，与断层、岩体接触带密切相关大部分矿床（点）分布在航磁异常梯度带上或几组不同方向异常的交汇部位，特别是局部重力高异常范围内及其边部梯度带上（图2-6），据不完全统计，本区 80% 的矿床（点）分布在重力垂向二导正值异常区内及零值线附近。但重力低异常的转弯、突变部位及梯度带上也有成矿的可能性。在构造上深大断裂旁侧不同方向中浅层断裂附近，尤其是几组断裂交汇部位，磁性基底隆起区、莫霍面梯度带上有利成矿。研究区大部分矿床分布在深大断裂旁侧不同方向中浅层断裂附近，成矿带总体上沿近东西向展布；印支-燕山期成矿主要受近东西向与南北向、北东向复合构造联合控制，在其交汇部位有利于形成大型-超大型矿床。另据程顺有（2006）资料，依据岩石圈结构重磁和大地水准异常，可以大致依东经 105°（宝鸡-武都）和东经 108° 线（潼关-宁陕一线），将秦岭造山带的基底划分出东、中、西三段（图2-7）。东经 108° 线以东地区地壳厚度小于 35km，无山根显示，大地水准面异常主体以发生在地壳-幔源岩石圈层的北东向正负异常带为主导，且地震速度结构显示，岩石圈到软流圈的速度结构相对复杂，岩石圈速度显示向西大倾角俯冲特征。东经 105° 以西到东经 100°（或 98°）的西秦岭地区，其大地水准面异常以南北向高低相间异常为特征与东经 100° 以西的青藏高原和祁连-昆仑地区的北西西向异常呈明显的斜切关系，地震速度结构显示上地幔呈现直立的高速体。而东经 105° 和东经 108° 线之间的地区，即秦岭成矿带的蜂腰部位，大地水准面异常则反映出，在 70km 以下深度四川盆地基底岩石圈与鄂尔多斯地块基底岩石圈连为一体，扬子克拉通高速岩石圈根穿过秦岭造山带俯冲到鄂尔多斯克拉通之下，成为中国东部和西部之间交接转换带，构成中国大地水准面异常东弱西强的分界。

[①] 中国地质大学（武汉）.2006.秦岭成矿带重大找矿疑难问题研究（成果报告）。

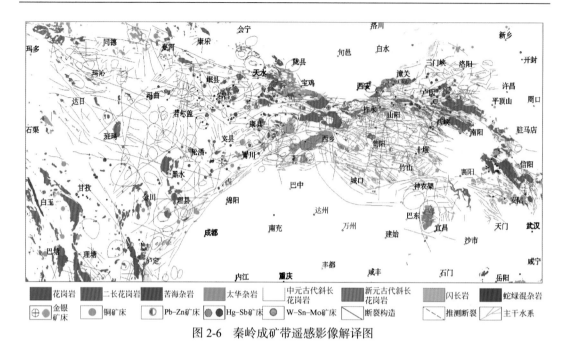

图 2-6　秦岭成矿带遥感影像解译图

资料来源：中国地质大学（武汉）.2006.秦岭成矿带重大找矿疑难问题研究（成果报告）

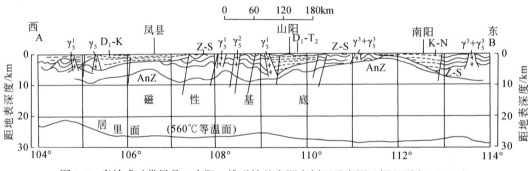

图 2-7　秦岭成矿带凤县-南阳一线磁性基底深度剖面示意图（据程顺有，2006）

四、遥感影像特征

遥感影像解译分析，区内线性、环状构造极其发育。线性构造有近东西向、北西向、北东向和近南北向，形成复杂的网格状结构形态。其展布格局与秦岭造山带大地构造单元展布格局近一致。近东西向线性影像最发育，密集成带分布，多数影像清晰、明显，连续性好，长度大，其分布位置与地表一些大断裂带吻合（图 2-6）。北东向线性构造是仅次于近东西向的一组线性影像，其分布数量多，但规模不大，连续性差，常受近东西向线性影像的限制，或被近东西向和北西向线性截切，有部分穿切近东西向线性构造现象，该组影像常成带密集出现于嵩县-竹山、小秦岭-汉阴、临潼-西乡、华阳-北川一带，在礼县-松潘、夏河-碌曲一带也有显示，具有似等间距性分布特征。北西向和南北向线性影像不如前两者发育，但切割了前者，且与地表的有地震活动的断裂带相吻合，反映其形成较晚，其有可能与北东向线性影像处于同一构造应力场的配套组分，只是后期的构造活动进一步活化所致。从各组线性构造叠加的现象推断，北西—北西西向形成相对较早，其次为北东向，南北向和近东西向的最晚。弧形构造主要发育于北大巴山地区。

环形构造也是本区遥感影像特征之一，异常发育，它们多与已知的侵入岩体及部分可能的隐伏岩体有关，线环构造交汇发育处往往也是成矿的集中区，如成县、夏河－合作、岷礼－礼县、厂坝、两当、天水、凤太、勉县、略阳、旬北地区等线环构造相切部位均有矿床（点）产出，对岩浆热液矿床具有指示意义。

夏河－合作一带卫星遥感影像解译结果（据甘肃省地质调查院 2006 年资料）显示，该热隆构造区主体为 NW 向延伸的椭球体，长 $50 \sim 60km$，宽 $30 \sim 40km$。热隆构造区范围线环构造发育，线性构造（带）主要包括：① NWW—NW 向，规模较大，具线状影纹及色彩异常（带），显示为区域性大断裂（主干构造）；② NE 及 NEE 向为次，规模不等，密集成带形成于热隆边部及中部，常穿切主干断裂并与主干断裂构成多个菱形断块（菱块），并与环形构造组成具有控矿意义的"菱－环"构造组合，明显控制着新生代断陷盆地的展布方向；③近 SN 向（包括 NNW 及 NNE 向）断裂，规模较小，略具等间距性，对中酸性岩体及脉岩的分布有一定的控制作用。燕山早期中酸性侵入岩则主要分布于北部及东部环缘地带，零星出露于环内中部及环缘内侧。

第二节　区域地球化学特征

一、主要元素丰度

有关资料显示[①]，区内 7 个成矿元素背景含量接近秦巴大区，算术平均值 Au 为 2.18×10^{-9}、Ag 为 89.88×10^{-9}、Cu 为 25.74×10^{-6}、Pb 为 27.58×10^{-6}、Zn 为 77.45×10^{-6}、Sb 为 1.29×10^{-6}、Hg 为 66.28×10^{-9}。相对于算术平均值最大浓集系数 Au 为 225.09、Ag 为 41.13、Cu 为 12.74、Pb 为 239.16、Zn 为 79.83、Sb 为 924.26、Hg 为 474.45。浓集系数较大的元素是 Au、Hg、Sb、Pb，在背景场上有较强的叠加，并且属极强分异的元素，对富集成矿十分有利。其次是 Ag、Cu、Mo、Zn，区域上总体受某种层位或区带的控制，含量极差较大，可能形成较稳定的带状异常，是指示找矿的有利依据。主要成矿元素在各地层中含量变化特征见表 2-1，区内主要出露的太古宙、元古宙、古生代和中生代地层背景含量接近或略高于秦巴地区区域背景，局部具很强的分异性，多为后期区域变质和构造运动叠加富集而成矿。

统计研究区不同时代所形成的铜、金、铅－锌、汞－锑矿床（点）总数表明，古生代和中生代为主要成矿期，也是岩浆活动频繁时期，所出露的岩浆岩面积占全区岩浆出露总面积的 83.52%，特别是加里东晚期、海西期、印支－燕山期是矿化富集最重要的时期。

中国地质大学（武汉）对区内 8000 多个点水系沉积物 39 种元素测量统计表明，各元素分异程度有较大差异，按全区变异系数大小划分为 3 等 7 级（表 2-2）。其中分异性程

① 中国地质大学（武汉）.2006.秦岭成矿带重大找矿疑难问题研究（成果报告）。

度最大的是 Bi、Sb、Hg，含量极差大，容易相对聚集，其次是 W、Pb、Cd、Au、Mo、Ag、Zn，表现为较强的分异性，相对容易富集成矿。强分异性元素是研究区有利成矿的优势金属元素，这一特征与秦岭造山带矿化分布相一致。Sn、Cr、U、As 等为中等分异性元素，局部可能形成带状异常，成为伴生金属或找矿指示元素。Cu 元素在研究区表现为偏弱分异性，难以形成较强聚集而形成面状矿化，在次生改造过程中 Cu 元素可能进一步均一化。造岩元素和亲铁元素在研究区均表现为相对较弱的分异性。

表 2-1　秦岭成矿带主要成矿元素背景变化特征表

元素	太古宇（K^*）	元古宇（K）	古生界（K）	中生界（K）
Au	3.78	1.16	1.06	1.04
Ag	1.26	0.91	1.09	0.94
Cu	1.11	1.28	1.02	0.90
Pb	1.68	1.01	0.97	0.94
Zn	1.0	1.02	1.01	0.82
Sb	0.79	0.96	1.16	1.31
W	1.5	0.97	1.02	0.99

*K 为各地层单元主要元素的平均含量 / 秦巴地区全区元素的平均含量。

资料来源：中国地质大学（武汉）.2006. 秦岭成矿带重大找矿疑难问题研究（成果报告）。

表 2-2　秦岭成矿带主要成矿元素分异程度表

分异程度（变异性系数 Cv）		元素及变异系数
强分异	最强 Cv > 5	Bi: 10.35, Sb: 7.66, Hg: 6.47
	强 Cv = 2～5	W: 3.49, Pb: 3.26, Cd: 2.33, Au: 2.19
	稍强 Cv = 1～2	Zn: 1.10, Mo: 1.33, Ag: 1.11
中分异	Cv = 0.75～1	Sn: 0.93, Cr: 0.91, U: 0.88, Ca: 0.83, As: 0.79
弱分异	稍弱 Cv = 0.5～7.5	Cu: 0.516, Sr: 0.677, Ba: 0.538, Na: 0.503
	弱 Cv = 0.25～0.5	Mg, P, B, Th, V, Nb, F, Li, Be, Co, Ti, La, Mn, Fe, Al
	最弱 Cv < 0.25	K, Si, Y

二、岩石地球化学特征

主要元素丰度：Au、Cu、Pb 随地层的渐新含量递减；Au、Pb、Ag、W 在太古宇中含量最高，Cu 在元古宇中含量较高。

元素区域集中特点：北秦岭成矿带主要集中元素为 Au、Ag、Mo、Hg、Sb、W；合作-礼县岩浆岩带 Sb、As、Au、W、Sn、Mo、Bi、Cu、Pb、Ag 明显集中；南秦岭三叠系 Cu、Hg、Sb 突出集中；碧口地块 Au、Cu 和 Ni、Ti、V、Cr、Co 集中具明显特征；岩浆岩明显集中 As、Au、Ag、W、Sn、Bi、Pb；酸性岩集中 Ag、W、Sn、Bi、Cu、Pb、Zn。

三、主要成矿元素地球化学组合异常分布特征

本区成矿元素主要有 Au、Ag、Cu、Pb、Zn、As、Sb、Hg、W、Sn、Mo 等，受地质

作用影响，其组合与分布有较强的规律性，主要地球化学组合异常有三类：

（1）以 Cu、Pb、Zn、Ag 为主的组合异常，分布比较零星，沿合作－礼县褶皱带断续分布，异常强度较弱，规模较小，元素组合较简单，主要为 Cu、Pb、Zn、Au、Ag 等元素。区内中泥盆统、中－下石炭统 Pb、Zn、Ag 异常发育，呈带状，明显受地层的控制，而以 Pb、Zn、Ag、Cd、Au、Sb 为主的组合异常强度高，规模较大，由西向东分段集中于甘肃西和－成县及陕西凤县－太白等地区，与区内南秦岭晚古生代裂陷沉积盆地发现的相应的铅锌多金属矿集区和矿产地吻合程度较高（图 2-8）。

（2）以 Au、Hg、Sb 为主的组合异常主要位于秦岭的小秦岭、周至、太白、天水南部、中川岩体周边、夏河、周曲、康县－略阳－宁强等地区，它们构成中国西部重要的地球化学块体，是形成大型金矿的最有利区域。

空间上异常成群和带状分布，元素组合随地区岩浆活动和矿床类型的不同而不同，如南秦岭西部地区以微细浸染型金矿床为主，元素组合相对较简单，主要为 As、Hg、Sb、Ag。北秦岭的金矿床主要为石英脉型、构造蚀变岩型，元素组合较复杂，常以 Au、Ag、Pb、Zn、Mo、W、Sn 为主，与断裂构造和岩浆活动有关。Au、Hg、Sb 三元素组合也是中国西部重要的地球化学块体（图 2-9）。

（3）以 W、Sn、Mo 为主的组合异常集中分布于花岗岩类出露区。以强度高、规模大、组合复杂为特征，以 W、Sn、Mo、Pb、Zn、Cu、As、Cd 等元素为主（图 2-10）。

四、主要成矿元素地球化学块体分布与异常特征

1. 金

金的地球化学块体主要有：小秦岭地区的卢氏－栾川、潼关－洛南块体区；柞水－周至块体区；太白－凤县－礼县块体区；勉略宁块体区；文县－康县－广元－平武－松潘－黑水块体区；夏河－临源块体区。大部分金的地球化学块体分布明显地受到断裂构造以及不同方向断裂交汇部位的控制，并与金矿床(点)的分布特别是矿化集中区相吻合(图 2-11)。

金元素地球化学异常表现为异常数量多、浓集中心突出，不均匀地分布于全区，一般大的金地球化学块体中包含多个金元素地球化学"指纹"异常。其主要异常集中分布于研究区的三个大的断裂密集带上，北带主要为小秦岭地区、柞水－周至－太白－凤县－礼县至临源－夏河一带，主要受近东西向和北西向断裂的控制；中带主要从镇坪－紫阳、勉县－略阳－康县到武都－舟曲－迭部一带，主要受北西向断裂的控制；西南异常集中区主要分布于文县－康县－广元－平武－松潘－黑水多个高异常组合区。

全区控制金异常分布的主要因素包括：断裂构造、脆－韧性剪切带、燕山期花岗岩、古隆起、元古宙老地层、断裂＋黑色岩系等。

2. 铜

铜异常受沉积－火山岩建造、黑色岩系、基性－超基性岩以及岩浆期后热液活动控制。沉积－火山岩建造地层分布区为高背景或面式带状弱异常；南秦岭造山带的寒武－奥陶系和志留系黑色岩系分布区，铜表现出高背景分布。基性、超基性岩和基性成分高的中酸性岩体出露区，铜多与铬、镍、钴、钒等铁族元素一起形成高背景或弱异常（图 2-12）。有

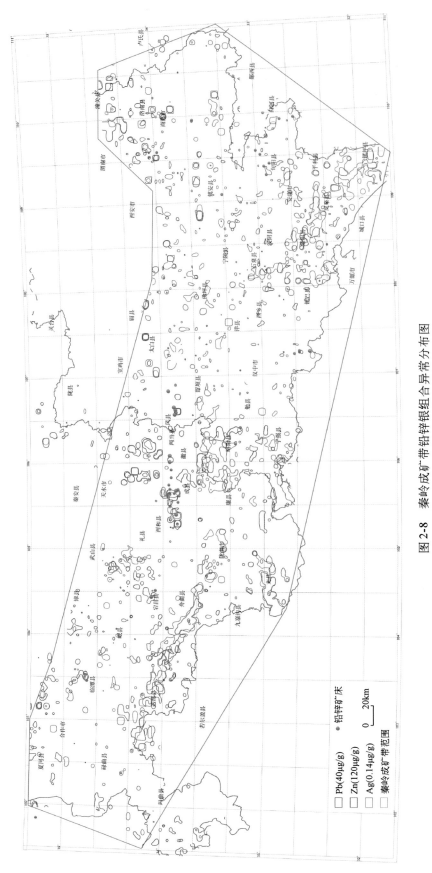

图 2-8 秦岭成矿带铅锌银组合异常分布图

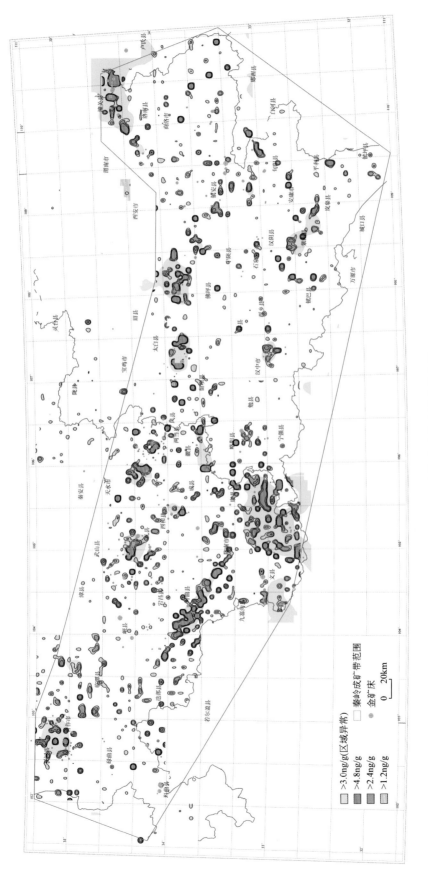

图 2-9　秦岭成矿带金异常分布图

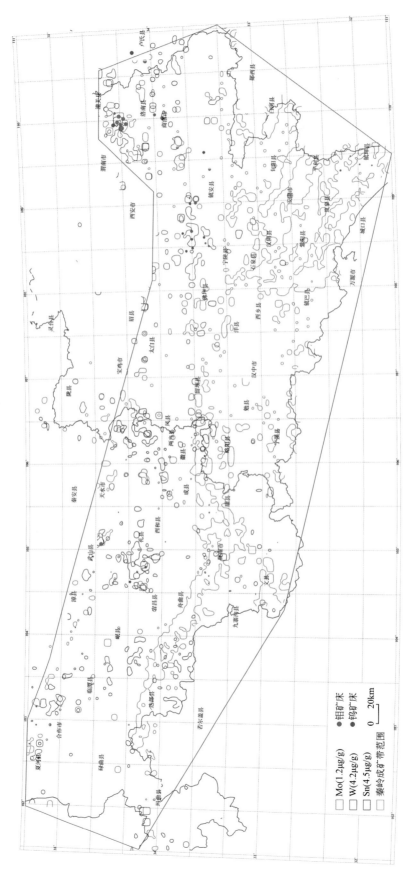

图 2-10 秦岭成矿带钨锡钼钼组合异常分布图

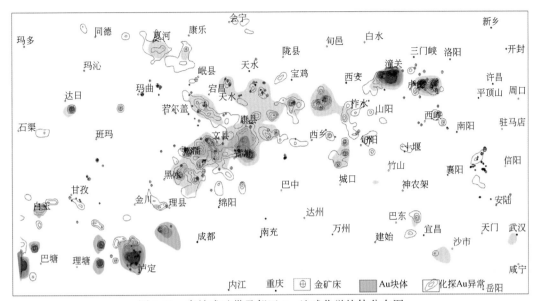

图 2-11　秦岭成矿带及邻区 Au 地球化学块体分布图

资料来源：中国地质大学（武汉）.2006.秦岭成矿带重大找矿疑难问题研究

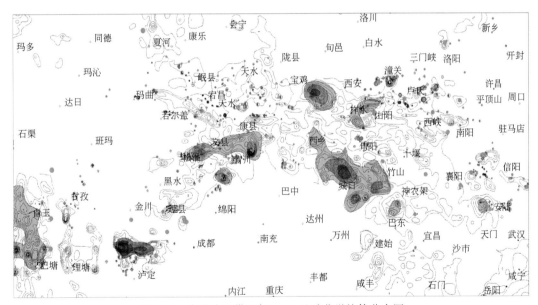

图 2-12　秦岭成矿带及邻区 Cu 地球化学块体分布图

资料来源：中国地质大学（武汉）.2006.秦岭成矿带重大找矿疑难问题研究

岩浆期后热液活动的地区（中酸性小岩体部位）铜与银、铅、锌、钨、铋等元素形成同位的局部异常，是寻找铜多金属矿的重要标志。

3. 铅、锌

铅的地球化学块体主要分布在北带的南召－栾川－渭南、柞水－周至、凤县－成县一带和研究区西南角一带。铅异常主要富集于中酸性岩浆岩分布区，发育在中秦岭、北秦岭区和泥盆系分布区，主要控制因素是泥盆纪沉积建造和中酸性岩体、断裂。在花岗岩类中与银、铋、钼、钨、锡、氟和放射性元素呈正相关，说明与岩浆期后热液活动关系密切。在地层中，绝大多数与银、金、铜、锌、砷、锑为伴，反映了典型的多金属矿化元素组合。因此，它不仅是多金属矿的主要成矿元素，而且是贵金属、铜、钨、钼等矿的重要指示元素。锌在南秦岭造山带开州-万源-西乡-旬阳-竹溪-神农架一带的下古生界分布区呈现宏大的高背景块体和异常，多与地层有关。在小秦岭、成县、勉略宁、文县-松潘等其他地段与多金属成矿元素同位富集，多与矿化有关。从铅、锌的地球化学块体区域分布上看，铅的地球化学块体主要集中分布在北部，锌的地球化学块体主要发育在南部，并在中部有重叠，反映出区域地球化学分带性和成矿的分带性。

4. 银

地球化学块体主要分布于卢氏-栾川-南召、潼关-洛南-商南、柞水-周至、宁陕-留坝-凤县-成县、勉略康、松潘-文县-武都-舟曲-迭部、开州-万源-西乡-旬阳-竹溪-神农架等地区，银异常多呈指纹状、带状分布，其与早古生代黑色岩系和断裂热液活动有关；北部的局部异常与金、铜、铅等元素异常同地段分布，多与矿化热液活动有关。

第三章　中生代中酸性岩浆作用及其成矿

第一节　印支期花岗岩质岩浆作用时空分布特征

岩浆活动强烈，花岗岩出露面积很大，三叠纪花岗岩的主要代表如下：沙河湾奥长环斑花岗岩（213Ma，U-Pb），柞水岩体（196Ma，Ar-Ar；207Ma，K-Ar；211±2Ma，U-Pb），曹坪岩体（214Ma，Ar-Ar）、东河台子石英闪长岩体（243Ma，U-Pb；207.3Ma，K-Ar；据1：25万汉中幅）、宁陕岩体（202Ma，U-Pb），胭脂坝二长花岗岩（214Ma，U-Pb；234.68Ma，Rb-Sr），宝鸡岩体（199～213Ma，U-Pb），厚珍子岩体（216Ma，U-Pb），中川岩体（204～218Ma，Rb-Sr），温泉岩体（223～226Ma，K-Ar），光头山岩体（216Ma，U-Pb）等。1：25万区域地质调查确定的有老君山环斑石英二长岩体（212～217Ma，U-Pb；213Ma，Ar-Ar），秦岭梁环斑石英二长岩（211Ma，U-Pb；207Ma，Ar-Ar），晃峪角闪二长岩体，东岔碱性正长岩体（206Ma，U-Pb），拓石黑云二长花岗岩体（222～261Ma，K-Ar）；1：25万汉中幅确定的红崖河黑云二长花岗岩体（216.4Ma±Ma，U-Pb）、柴家关黑云母花岗闪长岩体（223.2±2.2Ma，U-Pb）；1：25万天水幅的大堡黑云二长花岗岩体（212Ma，Rb-Sr）；1：25万镇安幅确定的五龙黑云花岗闪长岩‒二长花岗岩岩体（223.2±2.2Ma，U-Pb）、八里坪黑云二长花岗岩‒黑云花岗闪长岩体（211±8Ma，U-Pb）、小川街黑云角闪石英二长岩体（211±2Ma，U-Pb）。西秦岭北部的阿姨山、德乌鲁、江里沟等岩体近年来的工作也获得了其形成于三叠纪时期的同位素年龄资料。

对花岗岩同位素年代学资料综合分析研究表明，秦岭成矿带内印支期花岗岩成岩作用时代主要在245～198Ma，并可初步划分为早期（245～225Ma）、中期（225～215Ma）和晚期（215～198Ma）三个阶段，中期阶段是印支期花岗岩浆作用最强烈时期（图3-1），并显示从东向西、从南到北成岩年龄逐渐变老趋势；多数岩体具有多阶段侵入特征，部分岩体晚阶段岩相的侵入时间可以延续到燕山早期。

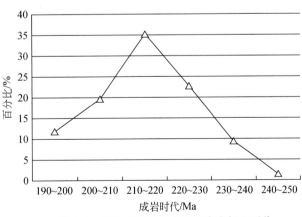

图 3-1　秦岭成矿带印支期花岗岩侵入时代

空间上，由于受到扬子板块与华北板块的大规模碰撞造山作用的控制，秦岭成矿带三叠纪花岗岩总体呈北西西—近东西向成带分布于北秦岭构造带和南秦岭构造带内，在华北地台南缘也陆续发现有一定数量的三叠纪岩体（脉）东西成带分布。尽管由于受到燕山期以来的构造岩浆作用影响和改造，现地表出露的印支期花岗岩的分布具有东、中、西三段分段集中成群分布的特征，但东西向分布的岩浆岩带仍然具有一定的连续性，岩性也存在一定的可对比性。因此依据大地构造特征和三叠纪花岗岩类的分布特征，可将该时代花岗岩类空间分布自北而南划分为华北地块南缘花岗岩带、北秦岭花岗岩带、南秦岭花岗岩带和碧口地块花岗岩带。其中南秦岭花岗岩带可进一步划分为南秦岭花岗岩带北亚带、南秦岭花岗岩带南亚带。成矿带印支期花岗岩分布如图 3-2 所示。

（一）华北地块南缘花岗岩带

华北地块南缘花岗岩带呈东西向分布于华山熊耳山陆缘带（胡受奚等，1988），主要分布于石门–马超营断裂以北地区，西从陕西境内的黄龙铺始，经华阳川、黄水庵、东铜峪，向东成带延入河南境内到嵩县磨沟一带。其主要岩石类型为具有高钾钙碱性或碱性系列地化特征的中酸性岩–碳酸岩杂岩体（如黄龙铺、华阳川、黄水庵）以及东铜峪金矿和大湖金钼矿床的赋矿围岩的粗粒钾长花岗斑岩或伟晶岩等。据对东闯钾长花岗岩的 $^{40}Ar/^{39}Ar$ 坪年龄测定为 207.29±4.15Ma（徐启东等，1998），河南南沟 A 型花岗岩为 207Ma（徐启东等 1997）及正长斑岩为 202～213Ma（K-Ar）、嵩县磨沟霓辉正长岩为 208Ma（U-Pb）（任富根等，1999）、乌烧沟霓辉正长岩为 238Ma（U-Pb）（曾广策，1990）等，它们主要形成于印支末期（200～213Ma）。此外对与黄龙铺碳酸岩有关的脉型钼矿床的辉钼矿成矿年龄测定为 221Ma（Re-Os 等时线）（黄典豪等，1994）。华北地块南缘花岗岩类分布如图 3-3 所示。近来人们对老牛山岩体的调查研究分析发现并厘定出印支期的岩浆活动证据（223～205Ma）。以往的研究显示，晚三叠世花岗岩浆活动主要集中在西秦岭，形成于后碰撞环境（齐秋菊等，2012；陈衍景，2010；张元厚等，2010）。老牛山岩体中晚三叠世花岗岩的出现进一步表明，东秦岭地区也存在印支晚期岩浆作用。

东闯金矿是小秦岭地区的大型金矿床之一，矿区及附近发育的文峪花岗岩体、东闯钾长花岗岩墙和其他基性岩脉代表了小秦岭地区岩浆活动的主要特征。东闯钾长花岗岩出露于东闯矿区南部一线，呈岩墙侵位于太华群变质岩系中，岩墙北西西方向断续延伸，长度 3～5km，出露宽度数十至数百米。岩体无变形现象，仅边部见有暗色包体分布，暗色包体长轴平行岩体边界分布。钾长花岗岩的矿物组成为石英 28%，钾长石 29%，斜长石 20%，角闪石 6%，黑云母 23%。中粒花岗结构、块状构造，在岩体南侧围岩有接触变质现象，形成 300~1000m 的角岩带。其岩石主要氧化物成分为 SiO_2 72.09%、Al_2O_3 14.00%、MgO 0.72%、CaO 1.09%、Na_2O 2.74%、K_2O 6.22%，岩石化学特征 A/CNK 1.06，A/NK 1.25，K_2O 含量高，为 6.22%，K_2O/Na_2O 值为 2.27，$Mg^{\#}$ 为 67.68，显示该岩体为过铝质钾玄岩系列的偏碱性花岗岩，属 I-A 型过渡类型，稀土元素表现为 LREE/HREE 分异明显，具有负 Eu 异常。徐启东等（1997，1998）对东闯钾长花岗岩的黑云母矿物的 $^{40}Ar/^{39}Ar$

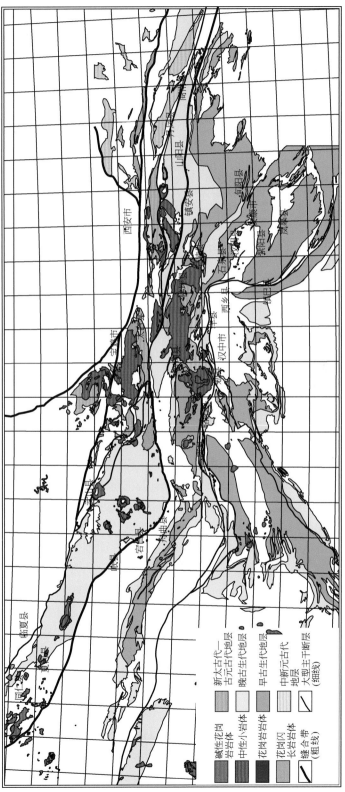

图 3-2　秦岭成矿带印支期花岗岩岩分布图

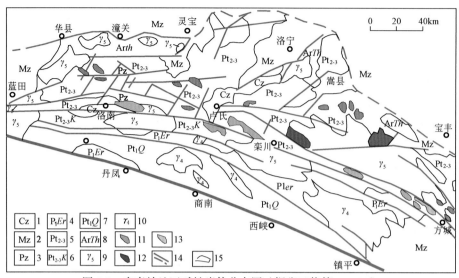

图 3-3　东秦岭地区碱性岩体分布图（据张正伟等，2003）

1. 新生界；2. 中生界；3. 古生界；4. 二郎坪群；5. 中－新元古界熊耳群、官道口群、白术沟组；6. 中－新元古界宽坪群；
7. 古元古界秦岭群；8. 新太古界太华群；9. 中生代花岗岩类；10. 古生代花岗岩类；11. 碱性正长岩类；12. 碱性花岗岩类；
13. 正长斑岩类；14. 断裂带；15. 地质界线

的坪年龄和等时线测定，分别为 207.29±4.15Ma 和 200.13±4.00Ma，是区域分布的印支期偏碱性花岗岩浆活动在本区的表现，认为从钾长花岗岩墙到其北部的燕山期文峪第一次侵入体→文峪第二次侵入体，岩石基性程度增高，可能暗示区域岩石圈的热－物质调整从印支期至燕山早期持续增强。这种调整是华北、扬子陆块在古生代末—中生代初碰撞后，秦岭造山带进入隆升阶段在本区的表现，是岩石圈伸展过程的结果。

华阳川碳酸岩位于陕西省华阴市西南，是一种比较罕见的脉状－网脉状含稀有稀土元素和放射性元素的碳酸岩。该碳酸岩分布区北临华山花岗岩，南与老牛山黑云母花岗岩、金堆城花岗斑岩相邻。脉体主要受 NW 向张性和张扭性断裂及其伴生的次级裂隙构造控制。岩体围岩蚀变强烈，主要的蚀变类型有霓长岩化（或霓石化）、钠长石化、黑云母化和硅化等，其中霓长岩化或霓石化是本区最重要的围岩蚀变。详细矿物学研究显示碳酸岩脉体矿物种类繁多，除方解石和石英之外，尚含多种硅酸盐矿物（微斜长石、霓辉石、钠铁闪石、金云母等）、钡矿物（天青石、重晶石和菱锶矿）、金属矿物（黄铁矿、方铅矿和磁铁矿等），以及磷灰石、锆石、褐帘石、铌钛铀矿、钍石、独居石等含稀有、稀土和放射性元素的矿物。有学者认为华阳川碳酸岩是一种晚期岩浆碳酸岩，是本区深部岩浆作用的产物，与大陆区深部地幔岩浆作用有关，该碳酸岩分布区的深断裂活动，为本区上地幔的部分熔融和碳酸岩的形成提供了可能（喻学惠，1992）。

河南嵩县南的乌烧沟岩体主岩为中粗粒霓辉正长岩，其中出露暗色包体，暗色矿物主要是霓辉石，很少见霓石，岩体边缘出露细粒正长斑岩。磨沟岩体主岩中的辉石属霓辉石，但 Ac 端元组分含量较乌烧沟岩体高。黑云母为铁质黑云母，造岩矿物 80% 为正长石，其间包裹有少量细粒钠长石，局部岩石以微斜长石为主，呈格子双晶和残余格子双晶，裂隙充填钠长石。霓辉正长岩矿物组合为微斜长石＋条纹长石＋霓辉石＋绿闪石（张正伟等，2003）。岩石化学分析表明乌烧沟岩体属碱性正长岩系钾质系列，稀土元素总量在 261.87～732.57；LREE/HREE 在 2.55～7.38，δEu 为 0.59～0.76。微量元素富 Rb、Th、Ne、Ce 及 Zr、Hf、Yb，与 Pearce 等（1984）的板内裂谷型花岗岩的分布模式一致。结合 Pb-Sr-Nd 同位素示踪的综合结果，表明岩浆源区应是以下地壳为主，并通过碰撞造山作用带入少量地幔和上地壳物质。

黄龙铺碳酸岩脉型钼（铅）矿床主要产于中元古界熊耳群变安山岩及凝灰板岩中，矿体由含钼（铅）石英-方解石碳酸岩脉组成。主要矿石矿物有黄铁矿、方铅矿和辉钼矿，含微量金红石、铌钛铀矿、铅铀钛铁矿、独居石、氟碳铈镧矿、钇易解石等；脉石矿物有方解石、石英、微斜长石、钡天青石、黑云母等。本矿床矿脉主要由方解石（50%～70%）、石英（30%～50%）、微斜长石（5%左右）、钡天青石（4.5%）以及少量黄铁矿、方铅矿和辉钼矿组成，并含有微量的稀有元素、稀土元素及放射性元素矿物。矿脉多呈大脉（也有网脉）产出，一般长几十米至 100 多米，最长者达 500m；宽为 0.1～1.0m，最宽达 20m。本矿床围岩变细碧岩的热液蚀变仅局限于矿脉的两侧，呈现出脉型矿床所具有的线型蚀变特征，而不同于斑岩型钼矿床围岩的面型蚀变。该矿床围岩的热液蚀变有黑云母化、绿帘石化、黄铁矿化、碳酸盐化以及硬石膏化和沸石化。该矿床是由可能来自上地幔的含稀土、铷、钡、铂、铅、硫等的硅酸盐-碳酸盐熔体-溶液，沿区域性北西走向深断裂带向上侵位生成的。前人用同位素稀释-等离子体质谱法，测定了黄龙铺碳酸岩脉型钼（铅）矿床的 Re-Os 表观年龄为 220～231Ma，其 Re-Os 等时线年龄为 221Ma（黄典豪等，1994）。

老牛山岩体一直被认为是侏罗纪形成的，近年来的详细调查研究表明该岩体实为一复式杂岩体。据野外侵入关系和锆石 LA-ICP-MS U-Pb 测年显示，其由晚三叠世（印支期）和晚侏罗世（燕山期）花岗质岩石组成（图 3-4）。印支期岩石类型为石英二长岩、黑云角闪二长岩、石英闪长岩及黑云母二长花岗岩等，其中暗色包体发育，多呈椭圆状。同位素测年结果为 227±1～207.9±0.7Ma，其中黑云母二长花岗岩的同位素年龄值低于闪长岩和二长岩类（214±1Ma）（齐秋菊等，2012）。燕山期岩体岩性则以中粒-中粗粒似斑状黑云母二长花岗岩和细粒-中细粒黑云母二长花岗岩为主，构成老牛山杂岩体的主体，成岩年龄为 152±1～146±1Ma。印支期石英闪长岩、石英二长岩的 SiO_2 含量相对低、富碱、高铝，为钾玄系列，属准铝质 I 型花岗岩；粗粒黑云母二长花岗岩具富硅、碱、高铝、低镁的特点，属于高钾钙碱性系列，为准铝质-过铝质 I 型花岗岩；燕山期黑云母二长花岗岩具高硅和铝、富碱，低镁的特点，为高钾钙碱性系列，准铝质 I 型花岗岩。组成老牛山杂岩体的花岗岩从早到晚 SiO_2 含量由低变高，MgO、CaO 和 Na_2O 由高变低。各期次岩石均表现出稀土元素总量较高，轻稀土元素明显富集，轻、重稀土元素分馏明显，具有较弱的 Eu 异常。两期花岗质岩石均富集大离子亲石元素（K、Rb、Ba、Sr），而相对亏损高场强元素（Nb、Ta、P）。印支期花岗质岩石的全岩 $\varepsilon_{Nd}(t)$ 为 -11.3～-14.87，t_{DM} 为 1.7～1.9Ga，锆石的 $\varepsilon_{Hf}(t)$ 为 -9.57～-25.11，t_{DM2} 为 1863～2841Ma；燕山期花岗岩的全岩 $\varepsilon_{Nd}(t)$ 为 -13.32～-16.83，t_{DM} 为 1.7～1.9Ga，锆石的 $\varepsilon_{Hf}(t)$ 为 -18.28～-24.79，t_{DM2} 为 2360～2767Ma，表明该杂岩体的源区物质以壳源物质为主，并有年轻地幔物质贡献，壳源物质可能与太古宙太华群相似。对出露于康坪一带较晚期形成的黑云母二长花岗岩（207.9±0.7Ma）的详细岩石和地球化学研究表明具

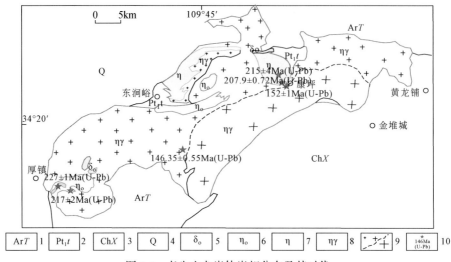

图 3-4 老牛山杂岩体岩相分布及其时代

1. 太华群；2. 铁洞沟组；3. 熊耳群；4. 第四系；5. 石英闪长岩；6. 石英二长岩；7. 二长岩；8. 二长花岗岩；9. 岩石粒度及岩相分界；10. 采样位置及测年数据。同位素测年资料来源：朱赖民等，2008a；齐秋菊等，2012；王艳芬等，2012；Ding et al.，2011

有高 Ba-Sr 特征（Ba 为 $2340 \times 10^{6} \sim 5580 \times 10^{-6}$，Sr 为 $941 \times 10^{-6} \sim 2080 \times 10^{-6}$），显示晚印支末期的岩浆作用应是后碰撞的构造伸展松弛阶段的产物。与华北台南缘其他同时期形成的碱性-偏碱性岩体的成岩构造环境相似。

因此，可以认为，华北地块南缘出露的印支末期碱性花岗岩以及碳酸岩和正长岩是拉伸构造环境下的产物，其岩浆物质来源主要为下地壳物质，可能混入少量的地幔和上部地壳物质。

（二）北秦岭花岗岩岩带

印支期花岗岩主要沿商丹构造带及其以北分布，叠加在古生代东西展布的构造岩浆岩带上，部分改造并吞蚀已有的岩浆岩体。现地表出露的花岗岩主要位于北秦岭构造带的中、西段地区，在北秦岭构造带东段地区极少出露。自西而东有甘肃武山的温泉、磨扇沟、石门、熊山沟、秦岭大堡、宝鸡、拓石、太白、纸房、曲峪、八里坪、翠华山、马圈沟、大坪东等二长花岗岩（和正长花岗岩），晃峪、老君山、秦岭梁等环斑状角闪石英二长岩（二长花岗岩），以及东岔等碱性花岗岩体等。该岩带的岩石组合以二长花岗岩为主体，其次为花岗闪长岩、石英二长岩、花岗岩、钾长花岗岩及正长岩等。二长花岗岩大多呈岩基状产出，具似斑状结构、粒状花岗结构，块状构造。内部结构演化特征明显，以脉动关系为主。在矿物成分上，钾长石与斜长石二者含量相近，部分含有过铝特征矿物石榴子石、白云母等，副矿物以磁铁-磷灰石-榍石为组合，围岩捕虏体较发育，基性暗色包体相对少见，与围岩呈侵入或过渡关系。角闪石英二长岩（二长花岗岩）岩体中，暗色包体极其发育，与寄主岩界线多呈渐变关系，包体形态有圆形、椭圆形等。花岗闪长岩主要分布于中段地区，如曲峪、翠华山、马圈沟等花岗闪长岩岩体。

依据现有的同位素测年数据，该岩带花岗岩类成岩时代相对较晚，主体成岩时代为 227 ~ 205Ma，其中花岗闪长岩体相对成岩较早，如最新测定的翠华山花岗闪长岩的成岩年龄为 227±4Ma（LA-ICP-MS）（Jiang et al.，2010），二长花岗岩成岩时代多在 220 ~ 210Ma，如温泉黑云母二长花岗岩（223±3Ma，LA-CIP-MS）、宝鸡二长花岗岩（213Ma，锆石 U-Pb）、拓石二长花岗岩（222Ma，K-Ar）、太白岩体红崖河超单元的燕子崖黑云母二长花岗岩（216.4±14Ma，锆石 U-Pb）、八里坪二长花岗岩（211.2±8Ma，锆石 U-Pb）等，秦岭梁环斑角闪石英二长岩、二长花岗岩（211.3±1.3Ma，TIMS 锆石 U-Pb）、老君山环斑角闪石英二长岩（213.9±5.6Ma，锆石 SHRIMP；214.0±3.0Ma，TIMS 锆石 U-Pb），碱性花岗岩体则相对形成较晚，如东岔碱性正长岩（206Ma，锆石 U-Pb）。

秦岭大堡二长花岗岩体：为北秦岭印支期花岗岩带的典型岩体，形态为不规则圆形，岩体出露东西长 15km，南北宽约 17km。面积 113km²，侵入于秦岭群、宽坪群、草滩沟群等老地层中，局部见断层接触。与上覆白垩系（麦积山组）、古近系和新近系（小河子火山岩，甘肃群）等新地层间为角度不整合接触。西部和北部分别以断裂与火炎山岩体、吴砦岩体相接触。该岩体分相较清楚，主体红色正长花岗岩和灰白色粗粒黑云二长花岗岩，二者之间呈脉动接触，局部见前者呈岩枝侵入后者。正长花岗岩类为粗粒、中粗粒结构，发育环斑构造块状构造，二长花岗岩类以中细粒斑状结构为主，块状构造。斑晶为钾长石，约占 35%，较自形，粒径可达 3cm，岩体受后期变形作用的影响，具碎裂结构、岩体中有较多的肉红色细粒黑云二长花岗岩脉。岩体成岩时代为晚三叠世，其 Rb-Sr 全岩等时年龄为 212Ma。1：25 万天水幅地质调查成果显示，二长花岗岩的 SiO_2 含量为 71.56%，Al_2O_3 为 13.77%，MgO 为 0.29%，Na_2O 为 3.93%，K_2O 为 5.01%，A/CNK 为 0.95，A/NK 为 1.16，C/FM 为 0.53，A/FM 为 2.89，$Mg^\#$ 为 40.26，正长花岗岩的 SiO_2 含量为 72.86%，Al_2O_3 为 13.42%，MgO 为 0.47%，Na_2O 为 3.91%，K_2O 为 5.27%，A/CNK 为 0.98，A/NK 为 1.11，C/FM 为 0.39，A/FM 为 3.38，$Mg^\#$ 为 58.82。应为具有过铝质钙碱性－偏碱性系列 I 型花岗岩，属同碰撞期大陆壳型花岗岩，源岩主要为上地壳或地壳浅部的沉积变质岩杂砂岩类、碎屑岩类，并有深部岩浆混合作用。

东岔碱性正长岩岩体：分布于天水市东岔乡桃花沟一带，呈岩株状产出，面积 10km²，与宽坪群呈侵入及断层接触，与宝鸡岩体呈超动接触关系。肉红色调，岩性为碱性正长岩，矿物组成为钾长石 65% ~ 70%（条纹长石和微斜长石），钠长石 15% ~ 20%（半自形板柱状），钠铁闪石＜10%（自形柱状），石英＜5%（他形粒状），黑云母 3% ~ 5%（半自形片状）；半自形中粒状结构（粒度多数为 2 ~ 5mm，少数为 5 ~ 7mm），块状构造。岩体内部钾长石脉发育，暗色包体少见。岩石化学成分 SiO_2 为 65.90%、Al_2O_3 为 17.45%、MgO 为 0.38%、CaO 为 1.1%、Na_2O 为 4.99%、K_2O 为 7.83%，其地球化学指数 A/CNK 为 0.94，A/NK 为 1.05，C/FM 为 0.33，A/FM 为 2.86，$Mg^\#$ 为 31.9，显示富钾贫钠的准铝质钾玄岩系列地化特征，属 A 型花岗岩，微量元素以 Zr 元素亏损；Sr、Rb、Ba、Cr、Th、Nb 元素富集，Rb/Sr 为 0.43，显示以壳源元素相对富集为特征，稀土具有明显的 δEu 正异常，LREE/HREE 为 4.62，$\sum REE$ 为 461.87×10^{-6}，δEu 为 1.50，为 Eu 正异常明显；$\sum Ce/\sum Y$ 为 8.64，$(La/Yb)_N$、$(Ce/Yb)_N$ 分别为 13.00 和 10.34，反映轻重稀土分馏程度较明显，显示壳幔源混合的特征，矿物成分含有碱性暗色矿物（钠铁闪石）。

综合分析其成因类型属造山型 A 型花岗岩类,岩浆物质主要来源于地幔深部基性物质的熔融,造成岩石微量元素以壳源元素相对富集的原因可能与岩浆侵吞古老陆壳之后一起熔融有关。

老君山和秦岭梁环斑石英二长岩体:由于其特有的环斑结构而受人关注,并将它们与东部的沙河湾岩体相对比。老君山环斑石英二长岩体出露于太白县老君山一带,呈近圆状岩基产出,面积约 $175km^2$,与秦岭群呈侵入接触,与宝鸡岩体呈超动接触。岩石类型为环斑黑云角闪石英二长岩,东部靠岩体内部为一套闪长岩,二者构成花岗岩-闪长岩组合。岩体球斑和环斑钾长石多,尤其在岩体北部和东部发育。岩体内基性闪长岩-辉长岩包体较多,规模大小不等,大者 20~30cm,小者 3~5cm,为椭球状和浑圆状,与寄主岩石界线清楚。岩石具粗粒结构、似斑状结构、环斑结构,块状构造。由斑晶和基质构成,环斑钾长石 15%~30%,局部高达 35%~40%,基质占 60%~70%,粒度 10~25mm,主要由石英(10%~20%)、钾长石(35%~40%)、斜长石(30%~35%)、黑云母(5%)、角闪石(5%~10%)等组成。斑晶特征:大小多为 10~25mm,其中 10~15mm 呈浑圆状的斑晶,多数具环斑结构,而自形程度较高的斑晶则少见。环斑形态以浑圆状为主,不规则状、自形板状次之。环斑占斑晶的 3%~5%,由浅肉红色钾长石(内核)和灰白色斜长石(外核)组成,多为单环结构,环带宽一般为 1~2mm,个别达 3mm(图 3-5)。副矿物组合为磁铁矿、榍石、磷灰石、锆石、萤石等。岩体 SiO_2 为 65%~66.28%,Al_2O_3 为 14.5%~15.8%,MgO 为 1.6%~2.04%、CaO 为 2.0%~3.5%、Na_2O 为 4.0%~4.5%、K_2O 为 2.4%~4.18%,A/CNK 为 0.85~0.95,A/NK 为 1.28~1.45,C/FM 为 0.51~0.72,A/FM 为 1.31~1.70,$Mg^{\#}$ 为 72.4~75.8,属于准铝质高钾钙碱性岩石系列,显示 I-A 过渡型花岗岩特征。稀土 $\sum REE$ 为 282.61×10^{-6},δEu 为 0.81,为 Eu 弱亏损;$\sum Ce/\sum Y$ 为 5.67,(La/Yb)$_N$ 和(Ce/Yb)$_N$ 分别为 16.38 和 12.30,反映轻重稀土分馏程度较明显,以 F、Cr、Ba 富集特征明显,Th、Hf 相对富集;V、Sr 贫化。Rb/Sr 为 0.17,总体具壳幔混合型地化特征。认为岩浆主要来源于幔源基性岩浆与下地壳酸性岩浆物质(主要为火成源岩)混合熔融而成。秦岭梁岩体与老君山岩体地球化学特征基本相同,仅在粒度、斑晶数量及暗色岩包体含量和大小方面有一定的差异。反映它们为同一构造环境下的岩浆作用产物。

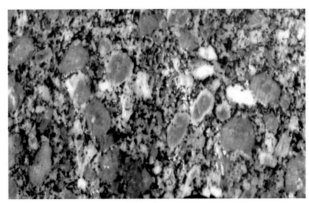

图 3-5 老君山环斑石英二长岩的环斑形态

太白岩体:位于商丹带北侧的陕西省太白县-周至县厚珍子一带,是北秦岭构造带中规模较大的复式深成二长花岗岩岩体之一。出露面积约1200km²，平面形态为东西向的长透镜状，长轴方向与区域构造线一致（图3-6）。岩体北侧与古元古代秦岭群以脆韧性剪切带相接，南侧与新元古代丹凤群呈侵入接触关系，西段有糜棱岩化现象，岩体东、西两端均被北东向脆性断层破坏，西端局部早白垩世覆盖，岩体北部片麻理构造发育，片麻理与岩体接触面基本协调，内部包体较多，主要岩性有斜长角闪岩、黑云斜长片麻岩，边界清楚，规模较大。岩体的岩石谱系研究，将其划分为北部片麻理构造发育的五里峡超单元和南部的红崖河超单元，二者之间为超动接触。五里峡超单元呈半环带状分布于复式岩基北部，其主要岩性为片麻状条纹状、条带状、眼球状黑云二长花岗岩，红崖河超单元主要岩性为含斑英云闪长岩以及似斑状黑云二长花岗岩等，块状构造，似斑状结构。斑晶主要为钾长石，基质由钾长石、斜长石、石英、黑云母组成，斜长石主要为中-更长石（An=20~30），少数具环带构造，钾长石主要为正长石，少数为微斜长石；五里峡超单元均具片麻状构造，矿物成分与红崖河超单元相似，一般钾长石多于斜长石，钾长石以正长石为主，可见钾长石交代斜长石形成的蠕虫结构，石英多具波状消光。

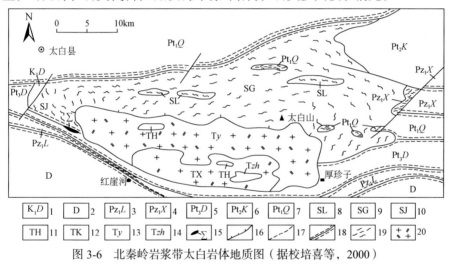

图3-6　北秦岭岩浆带太白岩体地质图（据校培喜等，2000）

1. 白垩系东河群；2. 泥盆系；3. 下古生界罗汉寺群；4. 下古生界斜峪关群；5. 新元古界丹凤群；6. 中元古界宽坪群；7. 古元古界秦岭群；8. 烂泥沟单元；9. 巩坚沟单元；10. 蒋家坟单元；11. 海塘河单元；12. 小干沟单元；13. 燕子崖单元；14. 中营河单元；15. 超基性岩块；16. 侵入岩超动界线；17. 侵入岩脉动界线；18. 区域性剪切带；19. 片麻状侵入岩；20. 二长花岗岩

红崖河超单元的燕子崖二长花岗岩锆石U-Pb同位素年龄为216.4±14Ma，显示其成岩时代为晚三叠世。对两个超单元的岩石地球化学研究，均为铝过饱和型。其中红崖河超单元中TiO_2、MnO、Fe_2O_3、Na_2O含量相对较高，五里峡超单元中FeO、MgO、CaO、P_2O_5含量相对较高；岩体微量元素特征与造山花岗岩相似，其中红崖河超单元相对富集Sr、Ta、Ba，贫Be、Cr、Co、Zr、Rb，而五里峡超单元则相对富集Be、Cr、Ni、Co、Nb、V、Rb，贫Ta、Ba。稀土元素配分曲线特征既不同于幔源型花岗岩，也不同于花岗岩化型花岗岩，而与地壳重熔型花岗岩十分相似。判别分析显示红崖河超单元岩浆来源较深，为下地壳物质的部分熔融，属挤压环境地壳加厚条件下的产物；而五里峡则主要来源于上部地壳物质的部分熔融。

　　从以上典型岩体的地球化学、岩石学及同位素年代学论述可以看出，分布于商丹构造带以北的北秦岭印支期花岗岩主要形成于晚三叠世，其成岩时代相对较晚，在227～205Ma，岩石组合为花岗闪长岩－二长花岗岩－石英二长岩－碱性正长岩组合，以二长花岗岩为主体。依据其侵位成岩时代判断，似乎存在从早到晚岩浆岩从中酸性向酸、碱性过渡的趋势。岩石化学特征反映了二长花岗岩、二长岩等为准铝质钙碱性－高钾钙碱性系列，二长花岗岩类成因类型属 I 型花岗岩，但显示一定的 S 型花岗岩特征；环斑角闪二长岩显示为准铝质高钾钙碱性岩石系列的 I-A 过渡型花岗岩，碱性花岗岩则表现为过铝质－钾玄岩系列特征的 A 型花岗岩特征，二长花岗岩反映了同碰撞造山期岩浆作用，环斑角闪二长岩则是碰撞造山期后向伸展环境的转变阶段的产物，后者主要代表碰撞造山期后拉伸环境的岩浆作用，岩体多为 I（M）-A 型，反映其岩浆物质来源较深，并有上地幔物质参与。以碱性正长岩为代表的 A 型花岗岩是由造山转变为拉张并导致造山带崩塌为标志的最容易辨认的岩石学记录（邓晋福等，2004），是构造岩浆旋回演化后期的最终产物，代表了本区印支期挤压造山运动的结束。实验岩石学研究证明，在大陆地壳岩石部分熔融时，随着压力增加岩浆的 SiO_2 含量将越来越低，花岗质岩浆的形成深度发生在 30km 左右，在 40～50km 厚的地壳基础上近固相线部分熔融的产物乃是正长岩，而岩浆碳酸岩则更可能形成于 110km 左右的深度下。结合共生岩石组合的性质可知，本区正长岩浆的侵入活动标志着造山作用结束之后不久即开始的拉张，拉张作用的规模和深度均还较小。

　　北秦岭印支期典型花岗岩体不同岩性岩石构造地球化学判别图如图 3-7 所示。

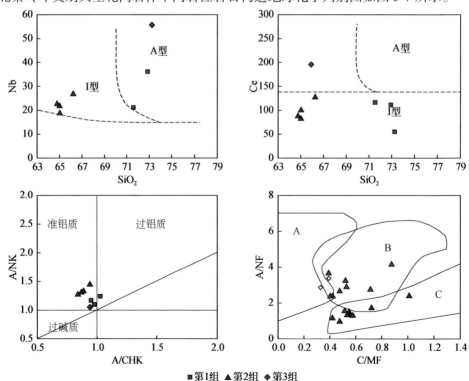

■第1组　▲第2组　◆第3组

图 3-7　北秦岭印支期典型花岗岩体不同岩性的构造地球化学判别图

第 1 组：二长花岗岩类。第 2 组：环斑（角闪）石英二长岩类。第 3 组：正长岩

（三）南秦岭花岗岩带

印支期花岗岩类广泛分布，占秦岭成矿带印支期花岗岩总数的 70% 以上。其中在秦岭成矿带中段和西段最为发育，东段主要在紧邻商丹构造带及其南侧一线和北大巴山的牛山 - 凤凰山一带分布。依据花岗岩体的展布状态，可将其依据夏河 - 临潭 - 宕昌 - 凤镇 - 山阳深断裂带进一步划分为南秦岭花岗岩带北亚带和南秦岭花岗岩带南亚带。

1. 南秦岭花岗岩带北亚带

西从甘肃夏河的年木耳石英闪长岩岩体始，向东有达拉兰山石英闪长岩岩体、阿姨山花岗闪长岩、达尔藏花岗闪长岩、德乌鲁花岗闪长岩、美武花岗闪长岩、大草坪闪长玢岩、桦林山二长花岗岩、"五朵金花"岩体群、茹树沟二长花岗岩、草关花岗闪长岩、沙坡里二长花岗岩、厂坝二长花岗岩、黄渚关二长花岗岩、董河辉石闪长岩、岸峪寺二长花岗岩、天子山似斑状二长花岗岩、八卦山似斑状二长花岗岩、糜署岭二长花岗岩、太白南石英闪长岩、香沟二长花岗斑岩、东江口二长花岗岩、柞水二长花岗岩、曹坪二长花岗岩、沙河湾环斑二长花岗岩、太吉河二长花岗岩等。岩体大多呈岩基产出，少量呈岩体和岩枝产出，单一岩体多呈北西西—东西向展布，个别呈北东向（如柞水岩体）。岩体多期、多阶段侵位活动明显，多构成呈环带式的复式岩体，如美武、柏家庄、吴茶坝、碌碡坝、东江口、草坪、沙河湾等岩体（岩基）。岩体内普遍发育辉石闪长岩、闪长岩等偏基性的暗色岩包体，大小不一，形态多为圆状、椭圆状、蝌蚪状、条带状等，包体与寄主岩石界线清楚，部分包体与主岩呈不规则的迷雾状边界（图 3-8）。部分岩体暗色岩包体还可见定向排列展布的现象，岩石内的暗色矿物也见有定向性分布。

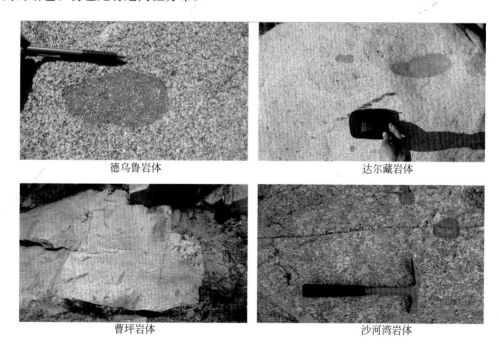

德乌鲁岩体　　　　　　　　　　　　达尔藏岩体

曹坪岩体　　　　　　　　　　　　　沙河湾岩体

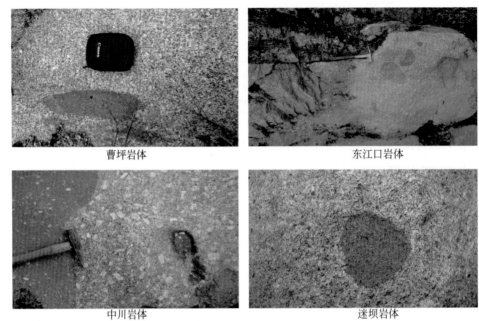

曹坪岩体 　　　　　　东江口岩体

中川岩体 　　　　　　迷坝岩体

图 3-8 　南秦岭北带典型岩体暗色岩包体形态及其与寄主岩石关系

该亚带总体呈北西西向成带,但具有分段密集成群分布特征,自西向东,可划分出年木耳-美武岩体群、"五朵金花"岩体群、天子山-八卦山岩体群、东江口-沙河湾岩体群等。岩石主要为闪长岩(石英闪长岩、闪长玢岩等)-花岗闪长岩-二长花岗岩(二长花岗斑岩)-花岗岩(花岗斑岩)组合,既有中深成相,也发育浅成相,其中以二长花岗岩为主体。从岩体的岩性组成变化分析,存在从西向东由偏中基性向偏中酸性变化趋势,即以宝鸡-凤县-文县一线为界,其西段的西秦岭地区岩体岩性以闪长岩类为主,次为二长花岗岩,而其以东的中、东段地区则以二长花岗岩类为主,次为闪长岩类。该带多数岩体为正常型花岗岩,岩石地球化学多反映为准铝-过铝质钙碱性特征,部分岩体还表现为具有埃达克质岩地化特征,如阿姨山岩体、美武岩体(金维浚等,2005;张旗等,2009),地球化学表现为准铝-过铝质高钾钙碱性特征(张成立等,2008)。该带多数岩体表现为 I 型花岗岩特征,部分具有 I-S 过渡型。

对该带不同区段主要花岗岩体的 60 余件同位素年龄资料进行整理,主要保留了采用不同方法获得的锆石年龄值,并对数据相近似的多组数据则采用相近似的一组。对于没有锆石年龄值的岩体,则采用 Rb-Sr 等时线年龄值和单矿物的 K-Ar 或 Ar-Ar 年龄数据,本书采用的数据见表 3-1。测年数据显示出该亚带岩体成岩时代在 200～245Ma,其中西段的西秦岭地区岩体成岩时代普遍较早,多数在 210～245Ma,近来获得的个别岩体年龄值为 264Ma(高婷,2011),反映西段岩浆活动最早可追溯到二叠纪末期,而中、东段的岩体成岩时代则主要集中于 200～228Ma,部分岩体晚期的侵入单元时代可延续到早侏罗世早期,如东江口岩体,作者对与东江口岩体有关的大竹山沟钼矿床辉钼矿的 Re-Os 成矿年龄测定获得 195.11～196.6Ma 的数据,为该岩体成岩成矿提供了佐证。

表 3-1　印支期南秦岭花岗岩带北亚带主要花岗岩体时代表

地区	岩体名称	岩性	测试方法及对象		时代 /Ma	资料来源
			方法	对象		
西段	年木耳	石英闪长岩	K-Ar		228	张旗等，2009
	曲尕马	石英闪长岩	LA-ICP-MS	锆石	248	本书
	冶力关	石英闪长岩	SHRIMP	锆石	245±6	金维浚等，2005
	夏河东(阿姨山)	花岗闪长岩	SHRIMP	锆石	238±4	金维浚等，2005
		石英二长岩	U-Pb	锆石	241.6±4	高婷，2011
	江里沟	石英闪长岩	U-Pb	锆石	264.2±1.4	高婷，2011
	德乌鲁	花岗闪长岩	U-Pb	锆石	235.5±1.5	高婷，2011
	达尔藏	花岗闪长岩	U-Pb	锆石	211.3±1.4	甘肃省地质调查院，2007
	草关	花岗闪长岩	U-Pb	锆石	205	李永军等，2004
	中川（吴茶坝）	二长花岗岩	U-Pb	锆石	264.4±1.3	高婷，2011
			Rb-Sr	全岩	232.9±14	宋忠宝等，1997
			Rb-Sr	全岩	219	Lu et al.，1998
	柏家庄	二长花岗岩	Rb-Sr	全岩	218.08±1.69	长安大学地质调查院，2004
			Rb-Sr	全岩	204.29±5.23	长安大学地质调查院，2004
	教场坝	二长花岗岩	Rb-Sr	全岩	201±3	温志亮，2008
	碌碡坝	二长花岗岩	Rb-Sr	全岩	208.5±1.0	长安大学地质调查院，2005
	厂坝	二长花岗岩	LA-ICP-MS	锆石 U-Pb	212.6±2.4	王天刚等，2010
	黄渚关	花岗闪长岩	LA-ICP-MS	锆石 U-Pb	214.1±1.4	王天刚等，2010
	糜署岭	二长花岗岩	Rb-Sr	全岩	219	卢欣祥等，1999
			$^{40}Ar/^{39}Ar$	黑云母	208	严阵等，1985
			U-Pb	锆石	237	李永军等，2004
中段	东江口	二长花岗岩	LA-ICP-MS	锆石 U-Pb	219±1	Jiang et al.，2010
			U-Pb	锆石	210±3	Sun et al.，2002
			$^{40}Ar/^{39}Ar$	黑云母	198	张宗清等，2006
	香沟	二长花岗斑岩	LA-ICP-MS	锆石	242±21	Zhu et al.，2010
	柞水	二长花岗岩	LA-ICPMS	锆石 U-Pb	213.6±1.8	胡健民等，2004
			LA-ICPMS	锆石 U-Pb	224.8±1.1	弓虎军等，2009
东段	曹坪	二长花岗岩	$^{40}Ar/^{39}Ar$	黑云母	216.9±1.2	张宗清等，2006
			LA-ICP-MS	锆石 U-Pb	214±1	弓虎军等，2009
			LA-ICP-MS	锆石 U-Pb	220±2	Jiang et al.，2010
			Ar-Ar	角闪石	206.8±1.2	王非等，2004
	沙河湾	环斑黑云二(奥)	U-Pb	锆石	212.1±1.8	Zhang et al.，1999
		长花岗（斑）岩	LA-ICP-MS	锆石 U-Pb	228.2±1.7	雷敏，2007

曹坪岩体：位于该亚带东段，为近东西向延伸的透镜状岩基，长 17km，宽 11km，面积 148km²，由较早期的中粒似斑状石英二长岩、二长花岗岩和晚期的细粒似斑状二长花岗岩构成，二者侵入界线清晰。前者为该岩基的主体岩性，其中含有大量暗色岩包体，包体大小不一，从 0.01m 到 1m 均有出现，形态为圆到半圆状。早期岩体岩石的矿物组成为钾长石 27%、石英 19%、斜长石 42%、黑云母 5%、角闪石 6%，半自形中粒结构，似斑晶少量，偶见环斑，块状构造，局部斑杂条带状构造；晚期的细粒似斑状二长花岗岩则由钾长石 27%、石英 30%、斜长石 39%、黑云母 3% 等组成，为半自形细粒似斑状结构、自交代结构、钠质交代及糖粒状钠长石化，块状构造。反映早期的岩性相对偏基性。副矿物主要为磁铁矿、榍石、磷灰石、电气石、褐帘石、金红石等。同位素测年结果显示其成岩在 214 ～ 225Ma（表 3-1），属印支晚期岩浆活动产物。此外陕西省地质调查院在 1 ： 25 万区域地质调查过程中，对其晚阶段侵位的细粒二长花岗岩（雪花沟单元）的锆石 U-Pb 年龄测定，获得 161Ma 的数据，可能反映侏罗纪仍有岩浆活动。

沙河湾岩体：为呈近东西向展布的椭圆形复式岩基，面积 104km²。具多次侵入特征，晚期侵入的油岭细粒黑云二长花岗岩呈近圆形侵入沙河湾主岩体中，长 1.38km，宽 1.25km，面积 1.5km²。主岩体岩性主要为环斑黑云母二长花岗岩，依据斑晶大小，可划分为巨斑状黑云角闪二长花岗岩 - 含巨斑状黑云角闪石英二长岩 - 中粗粒似斑状黑云角闪石英二长岩和中细粒似斑状黑云角闪石英二长岩等相带，主岩体内暗色包体发育，煌斑岩也较发育。主要矿物成分如下：石英 20%、钾长石 30%、斜长石 39%、角闪石 6%、黑云母 5%，斑晶为碱性长石，岩石结构构造为环斑状结构，块状构造，副矿物为磁铁矿、榍石、磷灰石、锆石、萤石等。沙河湾岩体的年龄数据较多，多数集中 212 ～ 214Ma（Zhang et al，1999；张宗清等，2006），雷敏（2007）采用 LA-ICP-MS 方法对锆石 U-Pb 年龄测定为 228.2±1.7Ma。对于侵位于主岩体的油岭细粒黑云母二长花岗岩，依据相同类型的花岗岩墙侵位于沙河湾岩体边缘，推测为侏罗纪。

综合两个岩基的岩石学特征及其同位素年代学资料，显示其具有多阶段、多期次的岩浆活动特征，岩浆主活动期在 210 ～ 224Ma，晚于印支主碰撞造山时段（225 ～ 245Ma）（李曙光等，1989），早侏罗世仍可见岩浆活动痕迹。其岩基形态和岩石矿物组成及其结构，反映它们是在拉张构造环境条件下的产物，大量的岩石地球化学和同位素研究，表明它们属于过铝质高钾钙碱性 - 超钾的钾玄岩系列，I-S 型花岗岩，岩体 δEu 一般为 0.3 ～ 0.4，部分为 0.7 ～ 0.8，为弱亏损，暗示它们是在造山带松弛阶段侵位，但当时地壳并未拉伸得很薄，而可能是地壳增厚到极大值后开始减薄的状态，也就是从造山带挤压向拉伸减薄转变的过渡状态，因此是印支碰撞造山作用结束的标志，也预示着新一轮构造运动的开始。

"五朵金花"二长花岗岩岩体群：位于甘肃省东南宕昌县、礼县以及武山县，大地构造位置属于秦岭造山带西段南秦岭北亚带。岩体群由柏家庄、吴茶坝（中川）、碌碡坝、教场坝和闾井（正沟）五个二长花岗岩体组成。"五朵金花"岩体群分布区域地质特征如图 3-9 所示。

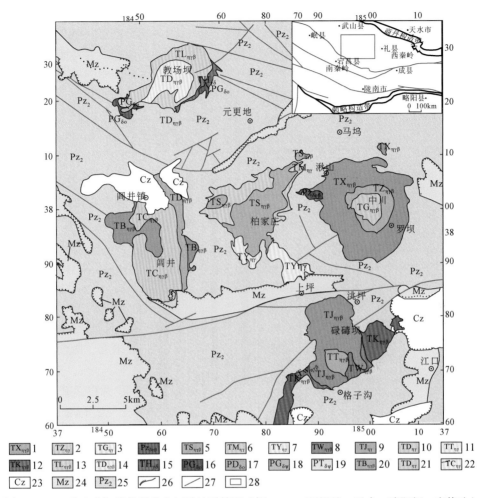

图 3-9　"五朵金花"岩体群分布区域地质简图（据 1 : 25 万岷县、天水、略阳幅，有修改）

1. 徐家坝黑云母二长花岗岩；2. 张家庄似斑状黑云母二长花岗岩；3. 关地沟含斑黑云母二长花岗岩；4. 张家山黑云母石英闪长岩；5. 石庵子黑云母二长花岗岩；6. 磨背后二云母二长花岗岩；7. 鹦鸽沟二云母二长花岗岩；8. 五和湾似斑状黑云二长花岗岩；9. 贾家山似斑状黑云母二长花岗岩；10. 大石湾含斑黑云二长花岗岩；11. 太阳坡含斑电气石黑云二长花岗岩；12. 康家沟黑云母花岗闪长岩；13. 笼床崖含斑黑云母二长花岗岩；14. 大草湾似斑状黑云母二长花岗岩；15. 黑沟梁含斑花岗闪长岩；16. 苟大沟石英闪长岩；17. 大东沟石英闪长岩；18. 苟大沟含辉石闪长岩；19. 天金山角闪闪长岩；20. 背后梁含斑黑云母二长花岗岩；21. 大石头梁黑云母二长花岗岩；22. 葱滩似斑状黑云母二长花岗岩；23. 新生代；24. 古生代；25. 晚古生代；26. 地质体不整合界线；27. 断层；28. 研究区位置

　　岩体均呈岩基状，形态各异，岩体具有多阶段脉动侵入特征。岩体群岩性组合为花岗闪长岩‐二长花岗岩，以二长花岗岩类为主体，如含斑黑云母二长花岗岩、二云母二长花岗岩等。主体岩浆侵入时代在印支晚期晚三叠世（228～200Ma），个别岩体如闾井岩体可延伸至早侏罗世早期（180Ma 左右）。岩体中的闪长岩类暗色岩包体常见，包体形态、大小不一。例如，碌碡坝暗灰色深源闪长岩包体，细粒结构，形态复杂，多为浑圆状和扁圆状，也有呈长条状和多角状的，大小不等，一般最大达150cm×40cm，排列无规律。

根据岩体群各岩体岩相间相互的交切关系，初步认为早期形成浅灰色花岗闪长岩，中期形成浅灰-灰白色黑云二长花岗岩，晚期灰白色二云二长花岗岩。岩性变化显示从早期到晚期，侵入体岩性成分具有从偏基性→偏酸性的正向演变特征。空间变化上，纵向岩性总体一致，结构由东向西变细；横向则结构总体相似，其成分向南变酸。岩体群各岩体岩浆侵入演化趋势如图3-10所示。

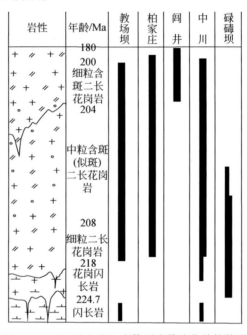

图3-10　"五朵金花"岩体群岩浆演化趋势简图

区内可见中川、教场坝等岩体侵入呈不规则岩枝和岩脉状的石英闪长岩等现象。依据区域邻区石英闪长岩的侵位时代多为二叠纪或更早，而且岩体中闪长岩包体的成分与石英闪长岩相同，且包体形态复杂多样，因此推断区内闪长岩应为早于印支期的岩浆作用产物。

对岩体群五个岩体岩相、岩性、岩石地球化学特征、岩浆物质来源以及同位素年代学的详细对比分析研究，表明该岩体群五个岩体在岩石类型、岩石化学和地球化学等方面具有极大的相似性（表3-2和图3-11），在图解中分布形式也基本一致，属于准铝质-过铝质高钾钙碱性-钾玄岩系列，以S型花岗岩为主，兼有I型花岗岩的特征，说明它们是源同一岩浆源的，是同碰撞造山构造环境地壳加厚条件下的产物，$Mg^{\#}$在35～86时反映其源岩物质主要来自地壳物质。按照张旗等（2010）依据Sr-Yb对花岗岩的分类，本区多属于喜马拉雅型花岗岩，少量岩体的部分岩相属于埃达克型，反映该岩体群花岗岩浆物质以沉积岩为主，在A/FM对C/FM的物源判别图中，投点大都落入A区、B区及二者叠置区，少量投点落入B+C区，显示其物质来源主要是砂质、泥质岩部分熔融（彭璇，2013）。

表 3-2 "五朵金花"岩体群主要地球化学指数特征表

地球化学特征	教场坝	中川	柏家庄	闾井	碌磡坝
SiO$_2$	63.39～73.39	68.07～72.07	72.11～74.96	66.22～75.72	65.84～72.61
Al$_2$O$_3$	13.42～16.38	13.56～15.6	12.03～14.66	13.41～15.91	13.03～16.78
K$_2$O/Na$_2$O	0.91～1.43	0.97～1.37	0.93～4.72	5.2～8.74	0.62～2.42
A/CNK	1.16～1.21	1.11～1.72	0.88～1.27	1.07～1.18	0.87～1.82
Mg$^{\#}$	67.76～86.03	60.29～69.73	53.46～83.9	35.03～75.01	72.95～81.65
∑REE	154.42～336.13	125～199	29.31～197.17	170.43～256.75	60.81～166.39
（La/Yb）$_N$	5.72～32.36	10.64～20.82	7.29～32.36	15.88～26.92	5.72～17.84
δEu	0.29～0.94	0.56～0.91	0.22～0.58	0.44～0.94	0.59～0.77
微量元素	Rb、La、Hf 富集，Ba、Nb、Sr、Sm 明显负异常				

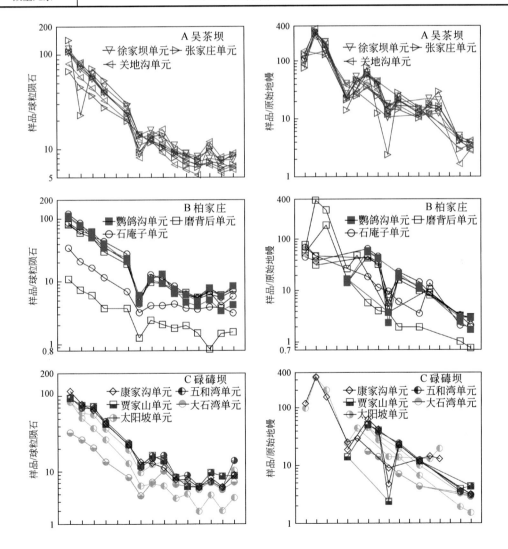

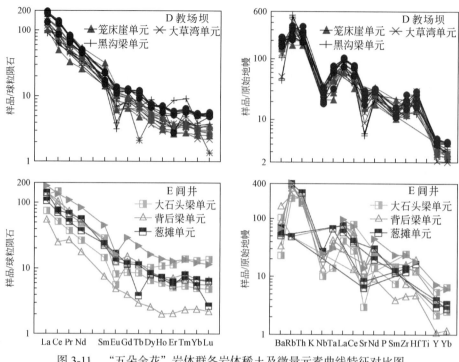

图 3-11 "五朵金花"岩体群各岩体稀土及微量元素曲线特征对比图

教场坝岩体是"五朵金花"岩体群岩浆演化较全的岩体，对该岩体不同岩相单元侵入作用与构造关系的解析分析可知，早期阶段，偏基性的花岗质岩浆主体沿北东向剪切裂隙并追踪北西向裂隙侵位，反映此时的北东向断裂具有从剪切性质向张性性质转变的趋势，继之，随着北东向断裂构造向张性的继续发展，岩浆则沿已侵入并冷凝收缩的岩相边部呈膨胀式脉动侵入。其侵位中心位于早期北西向和北东向交汇的部位，由北东向南西方向上侵而形成笼床崖单元中细粒含斑黑云母二长花岗岩单元，该单元成岩年龄为 218.4±0.85Ma（LA-ICP-MS 锆石 U-Pb），大草湾单元岩性的地球化学特征与笼床崖单元一致，仅存在结构上的差异，尽管同位素年龄分析存在一定的差异（Rr-Sr 年龄为201Ma），应属同阶段的晚期岩浆活动产物。此外还显示出偏基性的黑沟梁单元形成早于218Ma，反映了晚三叠世早期阶段的岩浆活动是沿区域南北向挤压应力场条件下派生的北东和北西向次级共轭断裂而上侵定位的。教场坝岩体侵位构造解析如图 3-12 所示。

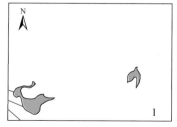
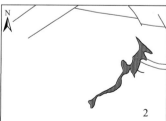
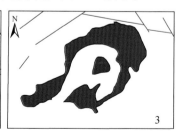

图 3-12　教场坝花岗岩体不同侵入超单元岩体形态构造解析图

1.早期石英闪长岩；2.中‑细粒含斑花岗闪长岩（黑沟梁单元）；3.中细粒含斑黑云母二长花岗岩（笼床崖单元）；4.中粗粒似斑状黑云母二长花岗岩（大草湾单元）；5.教场坝岩体

对柏家庄岩体的构造解析分析表明（图 3-13），受区域近东西向构造左行滑移影响，次级配套的北东向剪切裂隙转变为张性特征，岩浆则沿北东向构造上侵就位，形成早期的石庵子单元，岩性与教场坝岩体的笼床崖单元相似且形成年龄一致，二者应为同期的产物。由此推断柏家庄岩体的最早侵位时代在 220Ma 左右，应为印支期第二阶段活动的产物。继之，岩浆活动沿着北东向和北西向断裂构造由中心向周围继续上侵，岩枝形态显示出，此时北东向断裂性质主要为张性兼左行滑移特征，而北西向的裂隙构造由于受到北东向构造裂隙的左行切割滑移，岩浆则沿北西向构造呈追踪形态侵位。依据磨背后单元和鹦鸽沟单元的岩性特征以及其间无明显的侵入界线表明它们的侵位时代相近，本书最新的 LA-ICP-MS 锆石 U-Pb 测年数据为 215.7±1.1Ma。判断柏家庄岩体侵位的局部构造应力场如下：主张应力方向为北西‑南东向，主压应力方向为北东‑南西向，岩浆活动主要受北东向张性构造控制。

曲尕马（也称石板沟）石英闪长岩体，位于甘肃省临夏市西南曲奥乡西 3km 处，大地构造位置为南秦岭造山带北亚带。石英闪长岩呈北西展布，长约 7.5km，宽 2～2.5km，呈不规则的长条状岩体形态。受后期断裂构造影响，沿断裂存在岩体和围岩的角砾。岩体侵入围岩为上二叠统石关组，主要岩性为泥质岩、泥质粉砂岩夹中‑薄层灰岩，属一套陆源碎屑浊积岩建造。岩体岩石呈灰‑灰黑色调，岩石主要组成矿物为斜长石（60%）、石英（10%）、暗色矿物（25%），暗色矿物主要为黑云母和角闪石，中粒半自形粒状结构，块状构造。岩石裂隙发育，沿裂隙有钾化现象，局部见伟晶岩脉充填。岩体 SiO_2 为 55.42%，Al_2O_3 为 16.91%，MgO 为 5.11%，Na_2O+K_2O 为 4.72%，K_2O/Na_2O 为 0.5，A/CNK 为 0.91，C/FM 为 0.51，A/M 为 0.73，$Mg^\#$ 为 76.36，REE 为 147.72×10^{-6}，LREE/HREE 为 2.92，$(La/Yb)_N$ 为 8.78，δEu 为 0.84，Yb/Lu 为 5.75，Sr=226.5×10^{-6}，Yb=1.61×10^{-6}，Sr/Y 为 14.43，其地球化学特征属准铝质钙碱性系列，具有 I 型花岗岩特征。据 C/FM 与 A/FM 关系判别，该岩体岩浆主要来源于下部地壳基性岩物质部分熔融。

采用 LA-ICP-MS 方法对该岩体的锆石 U-Pb 同位素年龄进行了测定。共测定了 31 个锆石颗粒，锆石主要为无色自形晶体，锆石发育，锆石长宽比为 2∶1～3∶1，其阴极发光图谱显示它们发育典型的岩浆型震荡环带（图 3-14）。锆石年龄测定结果见表 3-3。

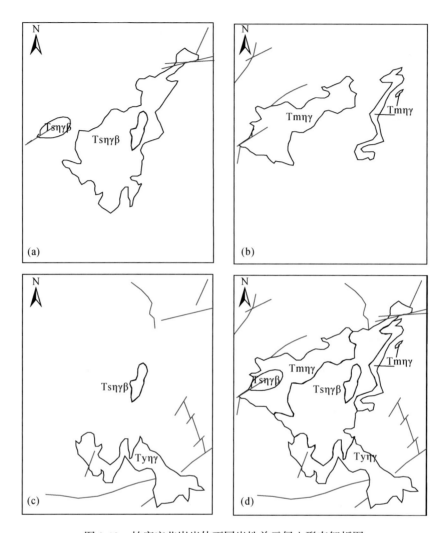

图 3-13　柏家庄花岗岩体不同岩性单元侵入形态解析图

（a）黑云母二长花岗岩（石庵子单元）；（b）细粒二云二长花岗岩（磨背后单元）；（c）中细粒二云二长花岗岩（鹦鸽沟单元）；（d）柏家庄岩体

表 3-3 表明，其 $^{206}Pb/^{238}U$ 年龄值集中分布于 238～253Ma，仅有一个锆石颗粒年龄值较大，达 266Ma（图 3-15）。岩体锆石年龄谐和图如图 3-16 所示，该岩体的 31 个锆石的加权平均年龄为 248.3±2.0 Ma（MSWD=1.3）。反映该岩体形成于早三叠世。

西秦岭西段地区闪长岩体分布较多，有关岩体的同位素年龄资料显示，该类岩体成岩时代大多较早，在 238～250Ma，为早三叠世，可以推断，本区印支期的岩浆活动自早三叠世就已开始活动，而且岩浆主要发生在秦岭成矿带西段。

香沟二长花岗斑岩：该岩体出露于陕西周至县马鞍桥金矿区南侧，南距板房子 4km。构造上位于商丹断裂带南侧附近的商丹弧前沉积楔形体内。岩体整体呈东西向椭圆状展布，侵入下石炭统二峪河组浅变质砂岩中，岩体接触带围岩角岩化明显。岩体长轴方向与区域

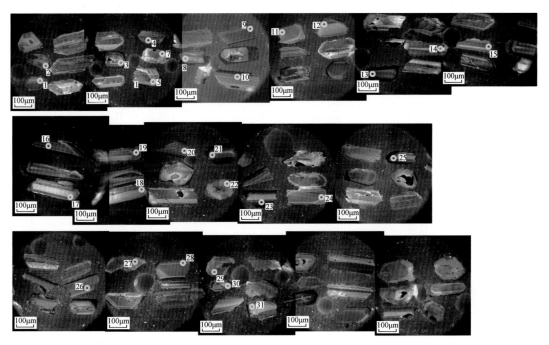

图 3-14 曲尕马石英闪长岩阴极发光锆石晶体形态图

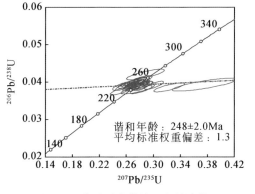

图 3-15 曲尕马岩体锆石年龄峰值

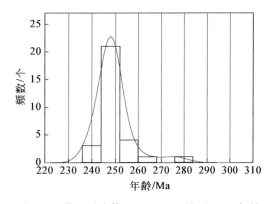

图 3-16 曲尕马岩体 LA-ICP-MS 锆石 U-Pb 年龄谐和图

构造线一致，呈东西延伸的椭圆状，出露面积约为 1.5km²。岩体岩石呈灰白色调，由斑晶和基质组成，基质矿物组成为石英（20%）、钾长石（35%）、斜长石（30%）、黑云母（1%）和角闪石（3%）、副矿物（1.5%）。斑晶为钾长石。岩石具似斑状结构，块状构造；基质为中-粗粒半自形粒状结构。主要副矿物有磁铁矿、锆石、磷灰石等，次生矿物主要为绢云母和高岭石。

表 3-3 甘肃省临夏曲奧马奥闪长岩岩体锆石的 LA-ICP-MS U-Pb 同位素分析结果表

测点	同位素比值										年龄/Ma							
	$^{207}Pb/^{206}Pb$	1σ	$^{207}Pb/^{235}U$	1σ	$^{206}Pb/^{238}U$	1σ	$^{208}Pb/^{232}Th$	1σ	$^{238}U/^{232}Th$	1σ	$^{207}Pb/^{206}Pb$	1σ	$^{207}Pb/^{235}U$	1σ	$^{206}Pb/^{238}U$	1σ	$^{208}Pb/^{232}Th$	1σ
01	0.0512	0.00211	0.2814	0.00913	0.03989	0.00072	0.01229	0.00023	1.09	0.01	250	42	252	7	252	4	247	5
02	0.05288	0.00204	0.28602	0.00838	0.03925	0.0007	0.01216	0.00023	1.5	0.01	324	36	255	7	248	4	244	5
03	0.05198	0.00311	0.27946	0.01588	0.03899	0.00074	0.01225	0.00019	1.59	0.02	284	139	250	13	247	5	246	4
04	0.04974	0.00346	0.28832	0.0184	0.04207	0.00094	0.01335	0.00046	1.25	0.01	183	104	257	15	266	6	268	9
05	0.05444	0.00517	0.30053	0.02786	0.04004	0.00084	0.01251	0.00021	1.31	0.01	389	217	267	22	253	5	251	4
06	0.05299	0.00195	0.28319	0.00767	0.03879	0.00068	0.01225	0.00021	1.06	0.01	328	32	253	6	245	4	246	4
07	0.05242	0.0025	0.28228	0.01135	0.03908	0.00075	0.0124	0.00027	1.08	0.01	304	57	252	9	247	5	249	5
08	0.05175	0.0021	0.27974	0.00891	0.03923	0.00071	0.012	0.00022	1.06	0.01	274	41	250	7	248	4	241	4
09	0.04984	0.00248	0.27644	0.01176	0.04025	0.00078	0.01337	0.00032	1.45	0.01	188	63	248	9	254	5	268	6
10	0.05029	0.00224	0.27823	0.01022	0.04015	0.00074	0.01242	0.00025	1.11	0.01	208	51	249	8	254	4	249	5
11	0.05217	0.00192	0.28326	0.00771	0.0394	0.00069	0.01219	0.00021	1.12	0.01	293	32	253	6	249	5	245	4
12	0.05107	0.00177	0.27211	0.00662	0.03866	0.00067	0.01184	0.0002	1.07	0.01	244	27	244	5	245	4	238	4
13	0.05071	0.00193	0.27509	0.00791	0.03937	0.0007	0.01218	0.00021	0.97	0.01	228	35	247	6	249	4	245	4
14	0.05269	0.00341	0.27696	0.01626	0.03815	0.00083	0.01197	0.00036	1.31	0.01	315	94	248	13	241	5	241	7
15	0.05042	0.00181	0.27509	0.0072	0.03959	0.00069	0.0126	0.00021	0.99	0.01	214	31	247	6	250	4	253	4
16	0.05006	0.00204	0.26772	0.00865	0.03881	0.0007	0.01253	0.00025	1.41	0.01	198	43	241	7	245	4	252	5
17	0.05168	0.00207	0.27829	0.00873	0.03907	0.0007	0.01245	0.00024	1.32	0.01	271	40	249	7	247	4	250	5
18	0.04773	0.00182	0.25561	0.00745	0.03886	0.00069	0.0118	0.00023	1.57	0.02	86	37	231	6	246	4	237	5
19	0.04873	0.00185	0.26542	0.00764	0.03952	0.0007	0.01015	0.0002	1.05	0.01	135	36	239	6	250	4	204	4

续表

测点	同位素比值										年龄/Ma							
---	$^{207}Pb/^{206}Pb$	1σ	$^{207}Pb/^{235}U$	1σ	$^{206}Pb/^{238}U$	1σ	$^{208}Pb/^{232}Th$	1σ	$^{238}U/^{232}Th$	1σ	$^{207}Pb/^{206}Pb$	1σ	$^{207}Pb/^{235}U$	1σ	$^{206}Pb/^{238}U$	1σ	$^{208}Pb/^{232}Th$	1σ
20	0.05021	0.0018	0.27486	0.0072	0.03972	0.00069	0.0127	0.00022	1.1	0.01	205	31	247	6	251	4	255	4
21	0.04842	0.0023	0.25131	0.0101	0.03766	0.00071	0.01215	0.00028	1.57	0.02	120	59	228	8	238	4	244	6
22	0.04918	0.00164	0.26641	0.00608	0.03931	0.00068	0.01231	0.0002	1.02	0.01	156	25	240	5	249	4	247	4
23	0.04701	0.00199	0.25258	0.00865	0.03898	0.00071	0.01174	0.00023	1.14	0.01	50	45	229	7	247	4	236	5
24	0.05005	0.00249	0.28005	0.01201	0.0406	0.00078	0.01401	0.00035	1.65	0.02	197	64	251	10	257	5	281	7
25	0.04954	0.00185	0.26725	0.00753	0.03914	0.00069	0.01262	0.00022	1.06	0.01	173	35	240	6	248	4	253	4
26	0.06075	0.00324	0.32339	0.01506	0.03862	0.00079	0.01234	0.00031	1.06	0.01	630	65	285	12	244	5	248	6
27	0.05376	0.00244	0.28187	0.01065	0.03803	0.00071	0.01201	0.00025	1.06	0.01	361	52	252	8	241	4	241	5
28	0.04842	0.0023	0.26392	0.01067	0.03954	0.00075	0.01224	0.0003	1.54	0.02	120	59	238	9	250	5	246	6
29	0.05067	0.00667	0.26831	0.03443	0.03841	0.00111	0.0121	0.00037	1.62	0.02	226	281	241	28	243	7	243	7
30	0.0509	0.0022	0.27647	0.00978	0.03941	0.00072	0.012	0.00025	1.3	0.01	236	48	248	8	249	4	241	5

朱赖民等（2009a）研究表明，香沟斑岩体总体化学成分为高硅（SiO_2 69.50%～72.98%）、低钛（TiO_2 0.20%～0.24%），Al_2O_3 为14.49%～15.61%，A/CNK=1.12～1.27，$Mg^\#$ 高（42.22～46.98，平均值为44.93），属过铝质系列岩类。香沟岩体碱含量偏高，K_2O+Na_2O 为7.65%～8.60%（平均值8.15），δ 值在1.96～2.62，反映以高硅富碱为特征，属于高钾钙碱性系列 I 型花岗岩（图3-17）。香沟岩体以富集轻稀土，低 Y、Yb和 Ti 以及高 Sr 为特征，微量元素原始地幔标准化图显示 Sr 的正异常和 Nb、Ti、P 负异常，而 Zr 和 Hf 无明显亏损。岩石的稀土含量中等偏低，$(La/Yb)_N$ 为29.65～46.10，$(La/Sm)_N$ 为5.07～5.71，LREE/HERE 为20.24～23.7，δEu 为0.94～0.99；岩体高Al（Al_2O_3=14.49%～15.61%）和 Sr（457.10～630.82μg/g），亏损 Y（<16μg/g）和HREE（Yb<0.45μg/g），并具有较高的 Sr/Y（76.24～97.34）和（La/Yb）$_N$（29.65～46.10）值及强分异的稀土元素组成模式，其地球化学特征显示香沟岩体花岗岩类属于 C 型埃达克质岩石。岩石初始 Sr 同位素比值 I_{Sr}=0.70642～0.70668，$\varepsilon_{Nd}(t)$=-4.5～-4.0，t_{DM}=1152～1220Ma。香沟岩体具有较低的 $\varepsilon_{Nd}(t)$，I_{Sr} 值和较高的 t_{DM} 值，同时其 Na_2O/K_2O 接近1（0.95～1.10），显示香沟花岗岩为增厚下地壳非底侵成因的玄武质下地壳部分熔融的产物。香沟岩体锆石 Hf 同位素组成均一，$\varepsilon_{Hf}(t)$ 为 -9.7～-5.9，均小于0，指示其成岩物质主要来自古老地壳物质的熔融。香沟二长花岗斑岩富集大离子亲石元素和轻稀土，亏损高场强元素、重稀土和 Y，微量元素和稀土元素分布与同碰撞花岗岩相似。

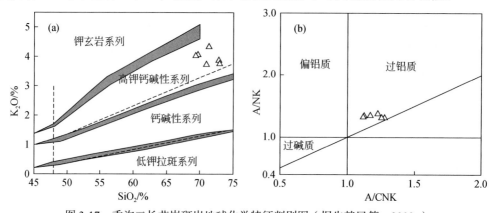

图3-17　香沟二长花岗斑岩地球化学特征判别图（据朱赖民等，2009a）

香沟岩体锆石的 LA-ICP-MS U-Pb 年龄值为 242.0±0.8Ma，反映该岩体成岩与印支期华北与扬子板块的碰撞事件有关。根据碰撞造山作用演化的 P-T-t 轨迹，一个完整的碰撞造山事件应包括挤压、挤压向伸展转变和伸展三个阶段，香沟岩体具有的地球化学特征及其所反映的构造环境背景，显示其侵入应发生在造山作用早期的挤压碰撞阶段，处于挤压和地壳加厚的构造背景条件下。

以上典型岩体的剖析，显示出南秦岭北亚带印支期岩浆活动作用强烈，且活动时间长，贯穿整个三叠纪，早期岩浆活动以偏中基性岩浆为主，主要发生在南秦岭西段地区，岩浆物质来源也相对较深，向东岩浆活动时代逐渐变新，且岩浆成分逐渐由中基性向中酸性发展，岩浆物质来源也逐渐向以壳源物质局部熔融方面发展。

2. 南秦岭花岗岩带南亚带

南秦岭花岗岩带南亚带分布于夏河－临潭－宕昌－凤镇－山阳深断裂带以南与勉略构造混杂断裂系之间的广大地区。其中中段的勉县－宁陕一带以规模较大的复式岩基产出，西段和东段则以规模较小的岩体以及岩枝、岩脉等成群、成带分段集中分布产出。例如，玛曲县境内的忠格扎拉石英闪长岩、托草坪花岗斑岩，舟曲－武都一带的高日道耀花岗闪长岩、黑杂石英闪长岩、道藏若由石英闪长岩、化马沟花岗闪长岩、大河坝花岗岩、阳山花岗斑岩，中段陕西境内的迷坝花岗闪长岩、张家坝石英闪长岩、新院二长花岗岩、光头山二长花岗岩、留坝闪长岩、西坝二长花岗岩、杨木沟二长花岗岩、西岔河石英闪长岩、华阳二长花岗岩、老城二长花岗岩、胭脂坝二长花岗岩、东江口二长花岗岩、凤火山二长花岗岩，东段牛山－凤凰山一带的铁瓦殿二长花岗岩，柳坑、元滩子、迎风街等花岗斑岩岩脉群等。

该岩带总体呈北西西—东西向展布，东段受到构造控制，呈北西西向展布。岩石组合为石英闪长岩－花岗闪长岩－二长花岗岩－花岗斑岩，其中以花岗闪长岩和二长花岗岩为主体，多呈大的岩基出露于中段地区，石英闪长岩和花岗斑岩多呈小岩体、岩枝、岩脉产出，石英闪长岩多出露于西段，花岗斑岩多分布于东段地区，二者地表产出受构造控制明显，单一岩体产出多受到两组或多组断裂构造控制，岩带展布则受区域构造带控制。

从岩体的岩性组成变化分析，与南秦岭北亚带花岗岩特征相似，也存在从西向东由偏中基性向偏中酸性变化趋势，即以宝鸡－凤县－文县一线为界，其西段的西秦岭地区岩体岩性以闪长岩类为主，次为花岗闪长岩和二长花岗岩，而其以东的中、东段地区则以二长花岗岩类和花岗闪长岩为主，次为闪长岩类。东段则以浅成产出的花岗斑岩为主。该带多数岩体为正常型花岗岩，岩石地球化学多反映为准铝－过铝质钙碱性特征，部分岩体表现为具有埃达克质岩地化特征。岩体属性有 S 型和 I 型花岗岩，以 I 型为主。

该亚带主要岩体的同位素年龄测定数据见表 3-4。该亚带岩体的成岩时代除了个别岩体形成较早以外，绝大多数岩体的成岩时代集中在 200～230Ma 时段，并且闪长岩（石英闪长岩、闪长玢岩、花岗闪长岩等）偏基性花岗岩类形成较早，一般都早于 220Ma，而大量分布的花岗岩类（二长花岗岩、斜长花岗岩、花岗斑岩等）则集中于 200～220Ma，反映该带的岩浆活动主要发生于印支晚期。将南秦岭两个亚带相对比，该亚带与北亚带岩浆活动特征相同，清楚地表现了南、北亚带印支期岩浆作用随时代演化的同步性。

张成立等（2005，2008）对秦岭中东段地区印支期花岗岩的研究，将它们划分为三个阶段，认为 245～225Ma 形成具有埃达克特征的偏基性花岗岩类，可能与中国南北两个大陆块碰撞造山进入后碰撞阶段陆壳增厚过程大陆岩石圈发生拆沉作用有关；225～210Ma 阶段出现大量具有正常花岗结构的花岗岩，指示秦岭已演化到后碰撞拆沉作用发生的地壳减薄伸展阶段；217～200Ma 形成的富钾花岗岩和环斑花岗岩标志秦岭开始步入后碰撞晚期的伸展拉张环境，并进而可能向新的板内构造演化阶段转换。秦江峰和赖绍聪（2010）在对西秦岭几个典型岩体的详细研究基础上，通过对东西秦岭花岗岩的对比

表 3-4　南秦岭南亚带花岗岩同位素测年数据表

地区	岩体名称	岩性	测试方法及对象		时代 /Ma	资料来源
			方法	对象		
西段	早子沟	闪长岩脉	U-Pb	锆石	236±4	Cao et al., 2009
		石英闪长玢岩	LA-ICP-MS	锆石	215.5±2.1	刘勇等，2012
	桑日卡	花岗岩	LA-ICP-MS	锆石	229.9±2.8	本书
	忠曲	闪长玢岩	LA-ICP-MS	锆石 U-Pb	223.7±3.1	本书
	忠格扎拉	石英闪长岩	Rb-Sr	等时线	204.8	甘肃省地质调查院，2007[①]
	高日道耀	花岗闪长岩	K-Ar		222	甘肃省地质调查院，2007[①]
	道藏若由	石英闪长岩	K-Ar		203	甘肃省地质调查院，2007[①]
	阳山	斜长花岗斑岩	SHRIMP	锆石	197.6±1.7	齐金忠等，2005
		花岗斑岩	U-Th-Pb	独居石	220±3.0	刘红杰等，2008
	憨斑	花岗闪长岩	U-Pb	锆石	205±1	刘明强，2012
		二长花岗岩	U-Pb	锆石	212±1.4	
	迷坝	黑云母花岗岩	U-Pb	锆石	220	孙卫东等，2000
中段	西坝	二长花岗岩	U-Pb	锆石	201.2±3.3	张宗清等，2006
		二长花岗岩	⁴⁰Ar-³⁹Ar 坪	黑云母	222.3±2.7	
		二长花岗岩	LA-ICP-MS	锆石 U-Pb	219.1±1	张帆等，2009
		花岗闪长岩	LA-ICP-MS	锆石 U-Pb	218±1	
	留坝	花岗闪长岩	⁴⁰Ar-³⁹Ar 坪年龄	黑云母	215.0±0.9	张宗清等，2006
			U-Pb	锆石	221±12	
	光头山	斜长花岗岩	U-Pb	锆石	216±2.0	孙卫东等，2000
		英云闪长岩	U-Pb	锆石	221±6	Wu et al., 2009
		二长花岗岩	U-Pb	锆石	199±4	
		二长花岗岩	⁴⁰Ar-³⁹Ar 坪年龄	黑云母	203	张宗清等，2006
	韭菜坪	二长花岗岩	U-Pb	锆石	223.2	
	张家坝	石英闪长岩	U-Pb	锆石	219	孙卫东等，2000
	新院	二长花岗岩	U-Pb	锆石	214	孙卫东等，2000
	姜家坪	二云母花岗岩	U-Pb	锆石	206	孙卫东等，2000
	西岔河	石英闪长岩	LA-ICP-MS	锆石 U-Pb	210	张成立等，2008
			LA-ICP-MS	锆石 U-Pb	213.6±2.2	王娟等，2008b
	老城	花岗闪长岩	LA-ICP-MS	锆石 U-Pb	217.6±3.4	Jiang et al., 2010
	五龙	石英闪长岩	LA-ICP-MS	锆石 U-Pb	230±2	秦江峰等，2011
		花岗闪长岩	LA-ICP-MS	锆石 U-Pb	218±2	
		二长花岗岩	LA-ICP-MS	锆石 U-Pb	207±2	
	胭脂坝	二长花岗岩	LA-ICP-MS	锆石 U-Pb	211±5	Jiang et al., 2010
	秧田坝	花岗闪长岩	U-Pb	锆石	231.5±3.6	严阵，1985
东段	铁瓦殿	二长花岗岩	U-Pb	锆石	249.3±4.3	张宗清等，2006

① 甘肃省地质调查院 . 2007.1：25 万合作幅区域地质调查报告。

分析，也将秦岭造山带三叠纪花岗岩成岩作用划分为三个阶段：第一阶段形成的岩石主要为闪长岩，该类岩主要表现为相对低 Si 高 $Mg^{\#}$ 特征；第二阶段花岗岩类集中形成于 220～210Ma，主要为花岗闪长岩、二长花岗岩等，暗色包体发育，与主要形成时代基本一致，该阶段的花岗岩都为高钾钙碱性系列，岩体存在的大量岩浆成因暗色岩包体表明幔源岩浆在花岗质岩浆形成过程中具有重要意义；第三阶段形成的岩石主要为黑云母花岗岩。

早子沟闪长玢岩：早子沟闪长玢岩出露于位于甘肃省合作市西南方向 10km 处的早子沟金矿区，地处夏河－合作－岷县区域性大断裂带南侧之扎油梁－枣子沟断裂破碎带。石英闪长玢岩在矿区内分布面积大，展布方向受北东向断裂控制，平面上延伸大于 1.5km，野外实地考察宽度在几米到几十米，呈岩脉、岩枝状产出（图 3-18）。岩石呈灰－灰绿色，侵入围岩为下三叠统浅海相碎屑岩。除了石英闪长玢岩外，局部地段见黑云母石英闪长玢岩，岩石中暗色矿物含量高。石英闪长玢岩矿物成分为斜长石（70%±）、石英（5%±）、暗色矿物（25%±）及微量的磷灰石、锆石、黄铁矿等。斑晶有斜长石、石英和黑云母，大小一般 3～4mm。黑云母石英闪长玢岩黑云母含量一般大于 15%，斑晶主要有斜长石、石英、黑云母和角闪石。石英闪长玢岩半自形粒状－碎斑状结构，块状构造；黑云母石英闪长玢岩岩石呈多斑结构，块状构造。斑晶含量大于 50%，主要有斜长石、石英、黑云母和角闪石，斑晶大小一般 2～5mm。基质粒径大小均匀，一般 0.15mm 左右，呈微粒半自形粒状夹杂于斑晶之间。岩石地球化学分析（采集位置如图 3-19 所示），显示其 SiO_2 含量较低（64.98%～66.98%），Al_2O_3 高（15.97%～16.60%），TiO_2 为 0.57%～0.59%，MgO 为 1.49%～1.76%，CaO 为 2.89%～4.25%，Na_2O+K_2O 为 5.58%～5.91%，A/CNK 为 1.05～1.23，A/NK 为 2.03～2.13，C/FM 为 0.54～0.94，A/FM 为 1.74～1.94，$Mg^{\#}$ 值较高，为 76.25～78.45，稀土总量为 129.19～156.73，LREE/HREE 为 6.5～7.9，δEu 为 0.77～0.68，Yb/Lu 为 7.3～7.25，Sr 大于 300×10^{-6}，为 309×10^{-6}～342×10^{-6}，Yb 为 0.73×10^{-6}～0.66×10^{-6}，低于 2×10^{-6}，属于过铝质钙碱性系列，I 型花岗岩类，依据 Sr 和 Yb 含量，具有埃达克质岩的特征。$Mg^{\#}$ 值较高，反映岩浆来源相对较深，其应为下地壳的基性岩物质的部分熔融，并有少量上地幔物质的参与。

图 3-18　早子沟石英闪长玢岩脉体的野外产态

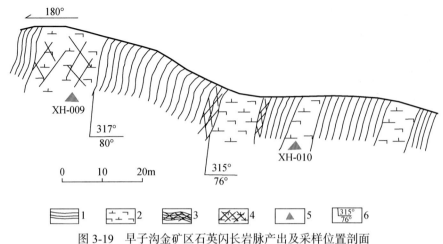

图 3-19　早子沟金矿区石英闪长岩脉产出及采样位置剖面

1. 千枚岩；2. 闪长玢岩；3. 角岩化千枚岩；4. 破裂状闪长玢岩；5. 采样位置；6. 岩脉接触带产状

Cao 等（2010）曾对该区闪长玢岩脉的同位素测年获得 236Ma 的锆石 U-Pb 年龄，刘勇等（2012）对早子沟金矿区石英闪长玢岩和蚀变（矿化）闪长玢岩的锆石 SHRIMP U-Pb 同位素年龄测定分别获得 215.5±2.1Ma 和 216.2±2.4Ma 的数据，其中在石英闪长玢岩中还存在 224.5～230.1Ma 的年龄峰值，这表明本区岩浆或具有多阶段侵入特征，而后阶段岩浆作用与金成矿作用密切相关。

大水石英闪长岩岩带：位于玛曲县境内西秦岭印支造山带南亚带之白龙江复背斜西段。该岩带共有忠格扎拉、忠曲、格尔括合 3 个规模较大的花岗岩株，并沿玛曲北西西向深大断裂带分布，单一岩体受北东、北西等两组构造控制。有关地勘部门曾针对岩体金成矿作用进行过一定的岩体测年分析，采取的测试方法主要为 Rb-Sr 法，一般在 204～181Ma，相比而言，石英闪长岩类岩石成岩早，为印支期，二长花岗岩类成岩相对较晚，多显示为早侏罗世产物。本书在前人研究基础上，对其中之一的忠曲石英闪长岩体的年龄进行测定。忠曲岩体呈椭圆状，出露面积 0.30km²。地处白龙江复背斜西段，侵入地层为石炭系、二叠系和三叠系的生物灰岩、灰岩和白云质灰岩，岩体分相清楚，从边缘相→中心相，岩石类型从辉石闪长岩→石英闪长岩→二长花岗岩变化。该岩体前人曾对其中黑云母二长花岗岩的成岩时代进行过测试，获得 181±8Ma 的数据，将岩体划为早侏罗世（赵彦庆等，2003）。本书通过对其石英闪长岩的锆石 LA-ICP-MS U-Pb 年龄测定，获得 223.7±3.1Ma 的年龄值，显示出忠曲岩体与其他两个岩体相似，岩浆活动可追溯到印支晚期，延续至燕山早期，反映了其多期次、多阶段的岩浆作用特征。忠曲岩体的年龄图谱如图 3-20 所示。

阳山金矿带花岗岩脉群：构造上处于西秦岭造山带的勉略构造带西段北侧的康县－玛曲构造带的文县弧形构造东翼。文县弧形构造由一系列近东西向的断裂组成，其中，安昌河－观音坝断裂带为金矿带的主控断裂，该断裂呈北东东走向，总体向北倾，由一系列平行韧－脆性断层组构成。区内沿构造破碎带出露一些浅成花岗岩类的小型岩株和岩脉，脉岩走向与区域构造线基本一致（近东西向），长数十米至数百米，宽几米至十余米。脉岩以斜长花岗斑岩脉和花岗斑岩脉为主，次为花岗细晶岩脉。主要岩株、岩体被构造剪切为透镜体；斜长花岗斑岩脉是矿带内最主要的脉岩类型，分布最为广泛且与矿床形成有密切的关系，长 300 ～ 500m，宽一般为 1 ～ 5m，在观音坝附近脉体较为宽大，达 30m 以上。脉岩侵位于三河口群桥头组、屯寨组及石炭系、三叠系内，常顺层或斜穿产出，多产于断裂带内，也可产于断裂带附近，多条脉常一起形成复脉带，与围岩呈侵入接触关系，围岩常有被烘烤变质现象。斜长花岗斑岩脉与矿体关系较为密切，在葛条湾、安坝、高楼山、阳山等矿段，常见强矿化蚀变的脉岩构成金矿体。

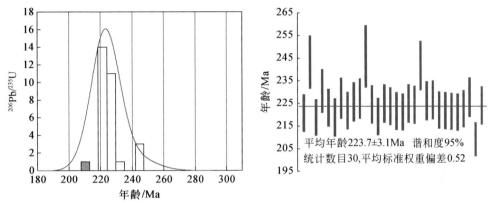

图 3-20　玛曲县忠曲岩体石英闪长岩锆石 LA-ICP-MS U-Pb 年龄图谱

斜长花岗斑岩呈灰白－浅肉红色，斑晶成分主要为斜长石，呈条状或板状，粒度一般为 0.5 ～ 2mm，约占 45%，绢云母化、黏土矿化较强；石英多为粒状或团粒状，粒度一般为 0.5 ～ 1mm，约占 30%，有重结晶现象；钾长石含量较少，约 10%；暗色矿物黑云母、角闪石等多已蚀变为绢云母，局部可见这些暗色矿物的假象。岩石中副矿物为磁铁矿、锆石、磷灰石等，含量较低。花岗斑岩呈灰白－黄－红棕色，花岗斑状结构、少斑结构、无斑微晶结构，块状构造。斑晶主要为斜长石（5% 左右），粒径 0.15 ～ 0.5mm，少数达 2mm；其次为石英斑晶（4%），溶蚀为浑圆状，具波状消光，此外见少量白云母斑晶。基质为长英质，微粒花岗结构，以石英为主，长石较少。花岗细晶岩脉规模较小，长度一般小于 200m，宽度小于 2m，常与斜长花岗斑岩脉相伴，并切穿斜长花岗斑岩脉，形成时代晚于斜长花岗斑岩脉。岩石呈灰白色，矿物成分主要为呈条状或板状的斜长石，粒度一般为 0.2 ～ 0.5mm，约占 35%，绢云母化、黏土矿化较强；石英多为粒状或团粒状，粒度一般为 0.2 ～ 0.5mm，约占 35%，有重结晶现象；钾长石含量较少，约占 20%；暗色矿物黑云母、角闪石等多已蚀变为绢云母，局部可见这些暗色矿物的假象。岩石具有斑状、似斑状和细晶结构，具有多期多阶段特征，部分岩脉破碎。副矿物成分复杂，主要为锆石、磷灰石、独居石、石榴子石、金红石、电气石等。

杨荣生等（2006）对金矿化花岗斑岩脉中黄铁矿的独居石 U-Th-Pb 电子探针测年显示，花岗斑岩的侵入年龄为 220±3Ma，蚀变矿化年龄为 190±3Ma。雷时斌等（2010）对阳山金矿带内不同区段出露的中酸性岩脉中的锆石进行了 SHRIMP U-Pb 年龄测定，其成岩时代集中分布于 185 ～ 220Ma，说明矿带内中酸性岩脉主要侵位于三叠纪末—早侏罗世，岩浆侵入活动跨越 30 ～ 40Ma，如联合村花岗斑岩脉的锆石 $^{206}Pb/^{238}U$ 年龄为 217.8±2.8Ma

和 212.7±3.4Ma，安坝斜长花岗斑岩为 187.8±4.6Ma，石鸡坝郭家坡花岗细晶岩脉为 209.9±6.4Ma 等。

该岩脉群花岗斑岩的 SiO_2 为 62.06%～67.14%，平均 64.06%；TiO_2 为 0.07%～0.28%，含量较低；K_2O 为 3.55%～3.98%，Na_2O 为 0.12%～3.18%，$K_2O/Na_2O > 1$，相对富钾贫钠；Al_2O_3 为 19.47%～23.71%，A/CNK 为 1.65～3.65，属于强过铝质系列；微量元素含量变化较大，Rb 为 148.09×10^{-6}～194.92×10^{-6}，Ba 为 302.31×10^{-6}～819.86×10^{-6}，Y 为 6.63×10^{-6}～9.86×10^{-6}，Zr 为 57.13×10^{-6}～125.58×10^{-6}，Hf 为 2.04×10^{-6}～3.51×10^{-6}，Nb 为 6.71×10^{-6}～11.63×10^{-6}，Ta 为 0.70×10^{-6}～2.14×10^{-6}。富集 U、K、Pb 等，明显亏损 Ba、Nb、Sr、P、Ti 等，Rb/Sr 为 0.64～2.37，平均 1.51，明显高于全球上地壳平均值 0.32，Nb/Ta=5.43～9.60，低于全球上地壳平均值（12.0），类似于世界典型同碰撞型花岗岩，源自陆壳物质部分熔融，属同碰撞和后碰撞后构造环境。花岗斑岩轻稀土含量偏低，LREE/HREE=6.96～14.35，$(La/Yb)_N$ 为 9.72～27.80，δEu= 0.70～0.89，显示较弱的负 Eu 异常。以上表明岩浆形成深度较大，应来自 40km 以下（陈衍景等，1996）。

总之，阳山花岗斑岩的元素地球化学特征反映岩浆温度较高，起源较深，源区物质具壳源性质，形成于碰撞造山环境加厚地壳的部分熔融作用，属于深源浅成特点的陆壳重熔 S 型花岗岩类，岩石的 $Mg^{\#}$ 值平均为 59.8，大于 47，C/FM=0.7，A/FM=5.56，岩浆源区物质成分图示判别反映其岩浆主要源于地壳杂砂岩物质的部分熔融（图 3-21）。

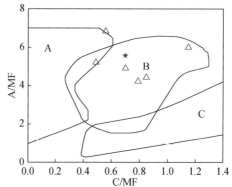

图 3-21　阳山花岗斑岩脉岩浆物源的 C/MF-A/FM 判别图（图中星号代表平均值）

宁陕岩体群：为南亚带中东段的典型岩体，该岩体群地跨宁陕、周至、佛坪、洋县、城固、太白、勉县等县境，面积 5000 余平方千米，总体呈近东西向展布，为一多期次、多阶段侵入的岩体群。该岩体群地处秦岭造山带地质构造的蜂腰部位，历来受到重视，但对其岩浆成因、成岩时代认识却不近一致。近年来，随着对勉略缝合带的深入研究，这些反映秦岭造山带主造山期构造活动的物质记录的宁陕花岗质岩体群又重新引起了研究者的关注。该岩体群空间展布南北受控于商丹构造带和略阳－勉县－洋县－石泉构造带，从西向东出露有光头山（900km²）、留坝（60km²）、西坝（135km²）、华阳（420km²）、五龙（1800km²）、东河台子（107km²）、老城（520km²）和胭脂坝（530km²）等岩体以及张家河、西坝、留坝、西岔河、东河台子、秧田坝、金家山、韭菜坪等 20 余个小岩体（图 3-22）。

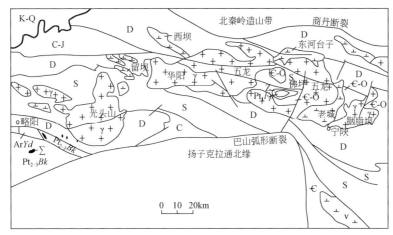

图 3-22　宁陕岩体群分布区地质略图

K-Q. 白垩系—第四系；C-J. 石炭系—侏罗系；D. 泥盆系；S. 志留系；Є-O. 寒武系—奥陶系；Z. 震旦系；Pt₂₋₃Bk. 中-新元古界碧口群；Pt₁Fp. 古元古界佛坪群；ArYd. 太古宇鱼洞子群；γ. 二长花岗岩、斜长花岗岩、黑云母花岗岩；ν. 石英闪长岩、花岗闪长岩；Σ. 基性、超基性岩

　　岩石类型上，该岩体群主要岩性为石英闪长岩－花岗闪长岩－二长花岗岩－钾长花岗岩组合。留坝、西坝、东河台子和老城岩体主要为石英闪长岩，少量为花岗闪长岩；华阳和胭脂坝岩体为二长花岗岩，光头山岩体为黑云母斜长花岗岩；五龙岩体岩性多样，有黑云母斜长花岗岩、花岗闪长岩和二长花岗岩等，岩石具弱片麻状构造（前人称为混合花岗岩）。

　　岩体岩石均为块状构造，中细粒－中粗粒花岗结构。偏基性的石英闪长岩规模较小，多呈小岩体形式产出，部分呈较酸性岩体的边缘相带，其形成时代相对较早，石英闪长岩中的暗色岩包体常见，主要为基性－中性的准铝质岩；花岗闪长岩和二长花岗岩为该岩体群的主体岩性（占岩体群出露面积的65%以上），并含有大量的暗色岩包体；黑云母钾长花岗岩则形成时代相对较晚。宁陕岩体群的北部围岩主要为泥盆系砂岩、灰岩、片岩和大理岩等，南部围岩主要为寒武纪—石炭纪地层，以泥盆纪地层为主，岩性包括砂岩、片岩、板岩、千枚岩、灰岩、白云质灰岩和大理岩等。除五龙岩体与围岩既有侵入接触也有混合过渡关系外，其余岩体与围岩均为侵入接触。在宁陕岩体群的内部及周边地区，分布有许多前寒武纪的岩块，如位于宁陕岩体群西南部的鱼洞子群、碧口群，位于五龙岩体内部的佛坪群和位于岩体群东部的郧西群和耀岭河群，这些均构成了南秦岭的基底。

　　据地质观察和研究，该岩体群岩浆活动大致可划分为三个阶段。张家河、西坝、留坝、西岔河、东河台子和老城等石英闪长岩（部分花岗闪长岩）体成岩时代相对较早，为第一阶段的岩浆活动产物；光头山、华阳、五龙、胭脂坝、韭菜坪等二长花岗岩体成岩相对较晚，为第二阶段的产物；四海坪以及胭脂坝北部月河坪等富含黑云母和钾长石（呈似斑状或斑状产出）的花岗岩体则是第三阶段的岩浆活动产物。表3-4的同位素地质定年数据表明，石英闪长岩和花岗闪长岩等偏基性的花岗岩类的成岩时代为231～215Ma，多数大于220Ma，而二长花岗岩体的成岩时代在200～221Ma。本书对胭脂坝北部月河坪黑云母钾长花岗岩锆石的 LA-ICP-MS U-Pb 年龄测定，获得218Ma和180Ma的年龄峰值，显示其成岩时代更晚（详细讨论见本章第二节）。结合火地塘幅区调对同类岩性测年获得的183.25±25Ma 的 Rb-Sr 同位素年龄数据，以及秦江峰等（2011）最近对五龙岩体中心相带的含钾长石斑晶的二长花岗岩的 207±2Ma 的 LA-ICP-MS 锆石 U-Pb 年龄成果，可以推断晚阶段钾长花岗岩的成岩时代在 210～180Ma。由此可显示宁陕岩体群主体岩浆活动期为印支晚期，部分岩体可延续至燕山早期的早侏罗世。

不同阶段花岗岩类的岩石地球化学特征如下。

第一阶段：石英闪长岩及花岗闪长岩多数为准铝质钙碱性－高钾钙碱性系列 I 型花岗岩类，具有埃达克质岩特征。例如，西岔河石英闪长岩中 SiO_2=56.98%～64.40%、Al_2O_3=14.87%～18.37%、Na_2O > K_2O、$Mg^#$=53.0～66.4，A/CNK 为 1.03，为准铝质钙碱性特征的钠质花岗岩，为 I 型花岗岩类型；微量元素整体显示富集 LILE、LREE 元素，亏损 HREE 元素，并有 Sr、Ba 呈峰和 Nb、Ta、Ti、P 呈谷的特征，Cr、Co、Ni 元素强烈富集，REE 分馏明显，（La/Yb）$_N$=6.7～23.0；其中 Sr > 800μg/g，Sr/Y（44.9～88.1）平均值为 61.5，微弱的负 Eu 异常（δEu=0.65～1.10）；相对较亏损 HREE 和 Y（Y=10.3～22.7μg/g、Yb=0.79～2.15μg/g，Y/Yb=10.3～12.9），具有埃达克质岩特征，反映其物源主要来自下地壳基性岩的局部熔融，并受到较强烈地幔物质的参与。西岔河岩体的 Sr、Nd 同位素组成特征为（$^{143}Nd/^{144}Nd$）$_i$=0.51246～0.51235、ε_{Nd} 为 -1.53～-3.26、t_{DM} 为 1.16～1.38Ga、（$^{87}Sr/^{86}Sr$）$_i$=0.70543～0.70645，与元古宙耀岭河群模式年龄值相近。五龙花岗闪长岩体广泛发育不规则状的暗色微粒包体，五龙岩体主岩 SiO_2 为 65.29%～71.30%、Al_2O_3 为 13.96%～19.12%，碱质含量较高，且 Na_2O 普遍大于 K_2O、$Mg^#$ 为 44，小于 47，A/CNK 为 1.14，为准铝质钙碱性－高钾钙碱性特征的 I 型花岗岩类；部分岩石也显示埃达克质岩特征，Sr 为 642～1111μg/g，Y 为 4.76～11.1μg/g，Yb 为 0.33～0.96μg/g，Sr/Y 为 57.8～160.0。岩石具有轻重稀土分馏明显 [（La/Yb）$_N$=22.7～69.4]，Eu 微弱负异常（δEu=0.70～0.82）的特征。在微量元素蛛网配分模式图中，呈现明显的 Nb、Ta 等 HFSE 元素亏损和 Cs、Ba、Sr 等 LILE 元素的富集。暗色微粒包体与主岩地球化学特征有明显差异。暗色微粒包体 SiO_2 为 52.86%～55.76%、σ 均值为 3.1、Na_2O+K_2O 变化于 5.0%～7.1%，且 Na_2O > K_2O。同时，包体强烈富集 LILE、LREE 元素，包体与主岩呈现明显的成分间断和不同的演化趋势，表明暗色微粒包体代表的是一种来自于主岩不同源区的基性岩浆物质组成，是两期岩浆混合的产物，五龙岩体的 Sr、Nd 同位素组成特征与西岔河岩体相似，显示他们为同一源岩浆产物。

第二阶段：以二长花岗岩类为主，次为花岗闪长岩，岩体岩石普遍具过铝质高钾钙碱性特征，属于 I 型花岗岩。陕西地调院在 1：25 万汉中幅区域地质修测填图过程中，将二长花岗岩类归为光头山超单元。对该超单元的岩石学、岩石地球化学的研究，其岩性主要为中－细粒黑云母二长花岗岩以及中－细粒似斑状黑云母二长花岗岩等，花岗结构、似斑状结构，块状构造，主要组成矿物石英为 20%～25%，钾长石为 25%～35%，斜长石为 32%～45%，黑云母为 5% 左右，副矿物为磁铁矿－钛铁矿－榍石－磷灰石型组合。岩体内包体发育且类型多样，有暗色黑云母集合体组成的矿物包体、细粒闪长质为主的暗色岩包体以及以佛坪群、长角坝群等高级变质岩为主的地层包体等。张成立等（2005）对二长花岗岩研究表明，其 SiO_2 含量为 67.67～72.91%，Al_2O_3 为 13.88%～15.22%，碱质成分含量较高，但 Na_2O 普遍小于 K_2O，A/CNK 为 0.95～1.05，$Mg^{\#}$ 为 56～72，多为准铝质－过铝质高钾钙碱性系列 I 型花岗岩类，微量元素 Nb、Zn、Co、Be、Cu、V、Zr、Li、Ce、Mn 相对贫乏，Bi、Pb、Ba、Cr、Sr、Ag 相对富集。亲石、亲铁元素互有富集，反映花岗岩成岩物质来源较杂，具幔源和壳源双重性。Ba、Sr 富集较明显，反映物质来源较深。稀土总量 ΣREE 变化较大，为 77.89～248.78，δEu=0.38～1.0，属 Eu 亏损型，具下地壳或太古宙沉积岩的部分熔融而成和上地壳不同程度局部熔融而成的双重特征，为上地壳部分熔融，并有幔源物质加入的壳幔混源岩浆，为同碰撞造山后期环境产物。

第三阶段：以花岗岩类为主，主要岩性有黑云母花岗岩、黑云母钾长花岗岩等，部分岩体，如姜家坪岩体白云母含量与黑云母含量相当，被定名为二云母花岗岩。姜家坪岩体出露于光头山岩体以西并与其相连，该岩体 SiO_2 为 72.11%～74.32%，Al_2O_3 为 14.14%～14.74%，高碱（K_2O+Na_2O 为 6.61%～8.63%），富钾（K_2O/Na_2O 为 1.45～2.99），A/CNK 为 1.16～1.55，$Mg^{\#}$ 为 44.7～73.26，属过铝质高钾钙碱性花岗岩，岩石判别属于 S-A 型花岗岩。该岩体有较高含量的 Nb、Ga、Y 等高场强元素，稀土模式为具明显负 Eu 异常的右倾型，原始地幔标准化蛛网图明显亏损 Sr、Ba、Ti、P，指示该岩体在岩浆演化过程中曾经历了斜长石、磷灰石和含钛金属矿物分离结晶作用，Ba 的贫化以及高的 TFe/Mg 值（3.8），也证明它们是高度演化后残余花岗岩浆的产物，具有向强分异 A 型花岗岩过渡的后碰撞富钾花岗岩特征。第三阶段典型岩体的岩石地球化学特征见表 3-5。

表 3-5　第三阶段典型花岗岩岩石地球化学特征表　　（单位：%）

岩体	姜家坪二云母花岗岩			月河坪黑云母钾长花岗岩				
SiO_2	72.22	72.11	74.32	73.63	71	70.87	75.18	74.35
TiO_2	0.2	0.15	0.15	0.12	0.29	0.31	0.05	0.09
Al_2O_3	14.65	14.14	14.74	13.82	14.36	14.71	13.56	14.42
Fe_2O_3	0.57	0.4	0.92	0.01	0.31	0.12	0	0.96
FeO	0.8	1.04	0.57	1.3	1.78	1.98	0.9	
MnO	0.02	0.4	0.03	0.064	0.046	0.048	0.05	0.15
MgO	0.52	0.6	0.24	0.25	0.7	0.61	0.091	0.03
CaO	0.69	1.06	0.74	1.15	2	1.99	0.65	0.42
Na_2O	1.68	2.28	3.52	3.89	3.44	3.66	4.08	4.38
K_2O	5.03	4.33	5.11	4.83	4.73	4.68	4.81	4.03
P_2O_5	0.19	0.15	0.16	0.046	0.1	0.11	0.06	0.09
A/CNK	1.55	1.36	1.16	1.01	1	1	1.04	1.17
A/NK	1.79	1.68	1.3	1.19	1.33	1.33	1.14	1.25
$Mg^{\#}$	68.9	73.26	44.7	62.48	71.4	70.51	47.11	11.02
K_2O/Na_2O	2.99	1.9	1.45	1.24	1.38	1.28	1.18	0.92
La	22	50	25.37	19.6	42.4	42.9	12.5	5.2
Ce	30	76	49.83	40.5	82.2	83.8	28	12

岩体	姜家坪二云母花岗岩			月河坪黑云母钾长花岗岩				
Pr	11	16	5.48	4.96	9.31	9.36	3.48	1.4
Nd	19	38	19.06	19.1	32.3	32.6	13	5
Sm	4.7	5.8	3.85	5.21	5.74	5.74	4.04	1.8
Eu	0.54	0.92	0.39	0.39	0.8	0.82	0.15	0.07
Gd	1.4	2.7	2.74	5.99	4.43	4.46	4.78	1.8
Tb	1.2	0.9	0.4	1.07	0.66	0.62	0.93	0.37
Dy	1.5	1.9	1.93	7.52	3.68	3.52	6.16	2.72
Ho	0.41	0.24	0.31	1.63	0.74	0.71	1.26	0.57
Er	1.6	1.5	0.71	4.47	1.93	1.79	3.32	1.75
Tm	0.6	0.42	0.1	0.73	0.3	0.28	0.54	0.27
Yb	0.92	0.8	0.63	4.74	2.04	1.91	3.57	2.21
Lu	0.38	0.1	0.09	0.68	0.3	0.29	0.51	0.29
Y	7.1	7.1	9.69	49.4	20.6	19.3	37.6	15.1
Li	164	180		92.2	112	103	99.5	
Be	4.9	3.6		4.32	2.42	4.61	37.5	
Sc	1.9	2.2	3.84	3.40	4.87	5.30	3.61	
V	7.1	5.8	6.01	12.8	29.2	31.3	0.98	4
Cr	1.7	5.6	7.45	3.49	9.82	11.1	7.69	33
Co	2.6	2	96.4	0.97	3.21	3.24	0.58	
Ni	2.6	1.8	4.52	2.27	5.16	5.99	3.24	14
Cu	15	3.3	3.95	28	14.4	11.4	1.85	
Zn	61	54	55.87	286	106	75.9	68	
Pb	10	8.6	26.77	226	79.2	47.3	41.3	17
Rb	47.2	51.3	299.33	280	154	194	367	338
Sr	57	170	81.43	92.9	290	297	25.4	24
Zr	121	136	88.27	82.5	179	198	52.2	34
Nb	19	13	13.27	23.1	11.9	13.6	38.3	47.1
Mo				54.6	0.43	0.21	0.36	
Ag				1012	271	224	168	
Sn				3.53	2.58	2.53	10.52	
Cs			13.6	12.9	4.6	7.16	53.9	
Cd				1.14	0.28	0.14	0.1	
Ba	627	1390	328.33	378	1050	1020	104	64
Ga	20	21	20.8	17.8	17.8	18.6	22.2	

续表

岩体	姜家坪二云母花岗岩			月河坪黑云母钾长花岗岩				
Hf	4.31	5.12	2.81	3.02	5.3	5.62	2.67	2
Ta	0.98	1.57	1.3	4.23	1.34	2.93	7.94	5.53
W				0.42	0.38	0.16	0.5	
Au				21.5	4.1	1.8	1.2	
Th	88	40	14.6	25.5	21.9	19	11.2	5.2
U			6.06	10.6	3.74	5.35	8.56	2.3
$\sum$REE	95.25	195.28	110.89	116.59	186.83	188.80	82.24	35.45
LREE/HREE	5.77	11.92	6.26	1.18	4.98	5.33	1.04	1.0
$(La/Yb)_N$	16.16	42.23	27.21	2.79	14.04	15.18	2.37	1.6
δEu	0.50	0.62	0.35	0.21	0.47	0.48	0.10	0.12
Yb/Lu	2.42	8.00	7.00	6.97	6.80	6.59	7.00	7.62
Rb/Sr	0.83	0.30	3.68	3.0	0.5	0.7	14.4	14.08
Sr/Y	8.03	23.94	8.40	1.9	14.1	15.4	0.7	1.59
资料来源	长安大学，2007[①]		张成立等，2005	本书				Jiang et al.，2010

综合以上各阶段中酸性岩类的地球化学特征，显示出从早期到晚期，岩石具有从偏基性的闪长岩类逐渐向偏碱性的花岗岩类演化趋势，岩浆物质来源深度也有从深向浅的变化，幔源物质参与程度逐渐减少，反映在相关的成岩构造环境，则存在从同挤压碰撞造山环境向后碰撞伸展环境的演化。

一般说来，大陆岩石圈的主碰撞阶段（最大会聚期）是不利于富钾钙碱性花岗岩岩浆形成的，而当大陆岩石圈在最大会聚后并逐步由挤压转向松弛的后碰撞阶段，往往会有大量富钾钙碱性岩浆作用发生。这些岩浆活动的源区物质除来自早期俯冲和碰撞阶段形成物质外，还受年轻地幔或地壳组分的改造，岩浆形成机制除与陆-陆碰撞导致的地壳增厚有关外，还常与深大断裂的大规模走滑和伸展、减薄作用密切相关，在此背景下常有大量花岗岩体形成，代表了大陆会聚作用向伸展拉张的转折（Barbarin，1999；Liegeois et al.，1998）。岩石类型上，后碰撞岩浆岩主要为高钾钙碱性系列到碱性系列花岗岩类岩石，而且往往以大规模高钾钙碱性岩侵位开始，后期向 A 型花岗岩的板内碱性-过碱性系列转变，它们的形成预示着造山期行将结束。勉略带北部光头山等花岗岩体以钙碱性花岗岩类为主，矿物组合与主碰撞造山后的抬升剥蚀阶段形成的富钾花岗岩类（KCG）一致。地球化学上，这些岩体相对富钾，高 Sr（514～573）和 Sr/Yb（6.67～21.37）值，个别岩体（姜家坪）呈现富钾过铝偏碱性花岗岩特征。多数岩体中都发育暗色闪长质微粒包体，岩体的稀土元素总量不高并有较大变化范围，轻重稀土分馏较大，并较一致地富集 LILE，相对

---

① 长安大学．2007．1：25 万略阳幅区域地质调查报告。

贫化 HFSE，明显亏损 Nb、Ta，指示了壳、幔岩浆混合作用的结果，同时反映其形成过程可能受到了消减带岛弧岩浆产物的影响。基于勉略北部花岗岩体总体表现了后碰撞高钾钙碱性花岗岩地球化学特征，并根据岩体无任何变形现象综合分析，这些花岗岩体的形成应与南秦岭板块和扬子板块沿勉略带碰撞挤压后期由挤压向伸展转变过程应力松弛阶段的岩浆活动密切相关。

凤凰山-牛山一带花岗岩：岩体、岩脉群分布于南秦岭石泉-安康构造带，主要有铁瓦殿、白火石沟、双溪等黑云母二长花岗岩、迎风街-元滩子花岗岩脉带等，多呈北西西向展布，如迎风街-元滩子花岗岩脉群呈北西西向带状分布于石泉-汉阴一带，侵入志留系梅子垭组暗色岩系中，脉体长几十米到数百米不等，宽度从十几米到数百米不等，岩性以花岗岩、二云母花岗岩、花岗斑岩为主。

这些岩体、岩脉岩石的矿物组成为石英 25%～35%，钾长石 30%～45%，斜长石 25%～35%，黑云母 3%～5%，部分岩体白云母含量 2%～5%，副矿物主要为磁铁矿、磷灰石、榍石、锆石等，中-细粒花岗结构、斑状结构，块状构造。具有过铝质钙碱性和准铝质高钾钙碱性 I-S 型花岗岩特征，主要为上地壳物质的部分熔融，反映了陆内造山构造环境。

依据其岩石地化特征、侵入地层时代、部分岩体（双溪岩体）与三叠纪花岗闪长岩呈侵入脉动关系等综合分析，推测它们主要成岩时代为三叠纪末期—侏罗纪早期，可以与中段宁陕岩体群第三阶段的花岗岩侵入体对比。

（四）碧口地块花岗岩带

碧口地块（摩天岭）位于扬子板块北缘，以勉略缝合带为界北与秦岭造山带相隔，以阳平关断裂为界东与汉南微地块为邻。区内基底和盖层地层发育，构造活动强烈，经历不同时期、不同方式的构造作用，形成复杂构造面貌。区内岩浆活动较强烈，印支期—燕山期岩浆活动相对广泛，除了在地块内沿北东向韧性剪切带分布外，主要沿地块周缘分布，沿勉略带分布的花岗岩体多呈岩株、岩脉状（图 3-23）。沿地块内北东东向分布的代表性岩体有阳坝、鹰嘴山、花岩沟二长花岗岩等，沿地块周缘分布的典型岩体有西缘的磨家沟花岗斑岩、王坝楚黑云母花岗岩、木皮花岗闪长岩、南一里黑云母花岗岩等 14 个岩体，北缘的碾坝花岗斑岩、煎茶岭北二长花岗岩、七里沟二长花岗岩和琵琶寺北花岗斑岩脉群等。分布于地块周缘，特别是北缘的岩体受勉略构造带控制，岩体多呈小岩株、岩枝、岩脉状形态，总体展布趋势与区域构造线一致。岩体除了沿断裂带分布的岩脉有一定的变形外，其他大多数岩体未见明显变形现象，岩体内存在有暗色岩包体，但相对南亚带其他岩体而言较少。

碧口地体印支期花岗岩类岩石组合为闪长玢岩-花岗闪长岩-二长花岗岩-花岗斑岩，以二长花岗岩和花岗岩为主，其次为花岗斑岩和花岗闪长岩类，闪长玢岩数量最少，仅有 2 个呈小岩枝出露于地块西缘。对已有岩体地球化学综合分析研究，花岗岩类主要表现为过铝质（强过铝质）钙碱性-高钾钙碱性系列，多数属 I 型花岗岩类，部分属于 S 型（如鹰嘴山岩体、狮子岩岩体和老河沟岩体等）。近来也有部分研究认为南一里、木皮、阳坝等岩体具有埃达克质岩特征（张宏飞等，2007b）。本书认为，尽管部分岩体之间存在有一定的地球化学特征差异，但整体反映了他们应属于碰撞造山后期岩浆活动的产物，形成于同碰撞（挤压环境）向碰撞后（伸展环境）转化阶段。该带花岗岩成岩时代多在 207～224Ma，南一里黑云母花岗岩为 223.1±2.6Ma（LA-ICP-MS 锆石 U-Pb）（李佐臣等，2007）和 224±5Ma（锆石 SHRIMP）（张宏飞等，2007b），阳坝二长花岗岩体为 215.4±8.39Ma（锆石 U-Pb）（秦江锋等，2005），花岩沟黑云母二长花岗岩岩体为 207.1～209.4Ma（锆石 U-Pb）（秦克令等，1990）等。

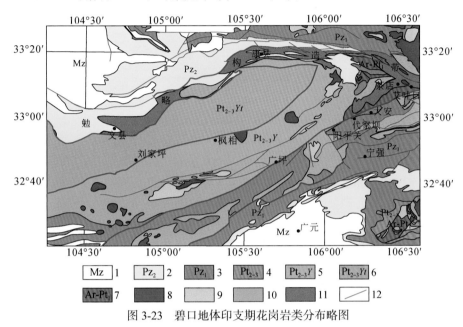

图 3-23　碧口地体印支期花岗岩类分布略图

1. 中生界；2. 上古生界；3. 下古生界；4. 中－新元古界；5. 中－新元古界阳坝组；6. 中－新元古界秧田坝组；7. 太古宇－古元古界；8. 花岗岩；9. 闪长岩；10. 辉长岩；11. 蛇绿混杂带；12. 断层

南一里黑云母花岗岩：为地块西缘规模最大的岩体。位于四川省平武县南一里，地处扬子地块北缘摩天岭微陆块西段与文县弧形构造转折复合部位。岩体呈蝌蚪状沿北东东向展布，长 22km，宽 2～9km，面积约 98km² （包括北部的摩天岭岩体在内）。岩体边缘极不规则，呈波状或锯齿状侵入碧口群秧田坝组（北部）和泥盆系三河口群（南部）。岩体岩性单一，中粒花岗结构、斑状结构，块状构造。岩体无变形现象。岩石主要造岩矿物为石英（30%～35%）、斜长石（32%）、钾长石（25%）、白云母（3%）、黑云母（8%）。副矿物以榍石、磷灰石为主，次为锆石、褐帘石、斜黝帘石、磁铁矿。

该岩体 SiO_2 含量较高但变化范围较窄（71.29%～73.05%），显示硅过饱和的特征。Al_2O_3 含量较高（14.82%～15.81%），A/CNK 在 1.07～1.11，平均 1.09；所有样品中均出现刚玉（C），且 C 值都大于 1（1.25%～1.64%），显示强过铝质特征，全碱含量较高（7.33%～7.88%），$K_2O < Na_2O$，K_2O/Na_2O 值平均 0.79，相对富钠；C/FM 在 0.73~1.09，A/FM 在 3.01～4.82，$Mg^{\#}$ 在 68～75.72。岩石学和地球化学特征综合表明，该岩体属高钾钙碱性系列，具有 S 型花岗岩特征。稀土元素总量较低（56.80×10^{-6}～89.12×10^{-6}，平均 73.03×10^{-6}）；轻、重稀土元素之间分馏较明显（LREE/HREE 为 8.96～12.36，平

均 10.41）。（La/Sm）$_N$ 为 3.2 ～ 4.28，平均 3.76，La/Yb 为 22.27 ～ 31.85，平均 25.62，（La/Yb）$_N$ 为 13.22 ～ 18.91，平均 15.21。Eu 为弱的负异常，δEu 为 0.74 ～ 0.96，平均 0.86，区别于幔源型花岗岩。微量元素显示低 Rb，高 Sr、Ba 和较低的 Rb/Sr（0.33 ～ 0.55）、Rb/Ba（0.18 ～ 0.28）、K/Rb（84.74 ～ 115.18）。原始地幔标准化蛛网图显示高场强元素 Nb、Ta、P、Ti 明显亏损，同时也表现出 Ba 的负异常，而 Rb、U、La、Sr、Zr、Hf 等大离子亲石元素具明显正异常，Nb/Ta 值较低（6.95 ～ 9.19）表明是一种典型的壳源成因类型，综合矿物成分组成（含有黑云母和白云母），推断岩浆是由以沉积岩为主的地壳物质部分熔融形成，C/FM-A/FM 判别显示主要为变质杂砂岩的部分熔融。lg［CaO/（K$_2$O+Na$_2$O）］-SiO$_2$ 图解投点落入挤压型与伸展型重叠区界线上，暗示岩浆形成于挤压环境向伸展环境转变的后造山期。

阳坝二长花岗岩体：阳坝岩体呈椭圆形岩基，分布在碧口块体的中部，并切穿铜钱坝-枫相院北东东向韧性剪切带，四周向外倾斜状侵入碧口群火山岩系中。岩体蚀变较强烈，内接触带蚀变相对发育，绿泥石化、钠长石化，岩体边缘细粒花岗岩具角岩结构、杂斑构造；外接触蚀变带宽 50 ～ 70m，角岩化（原岩为砂板岩）、绿帘石化、绿泥石化（原岩为凝灰岩）、硅化等。岩体中脉岩发育，有花岗斑岩、细晶岩、煌斑岩等，与主岩为同源。岩体的侵入构造形式反映是拉张环境下被动侵位，岩体无明显的变形痕迹。

岩体岩性为灰白色中细粒-中粒二长花岗岩，暗色微粒-细粒闪长质包体发育，包体形态多样，如椭圆状、倒水滴状、不规则状以及长透镜状等，无定向分布性（图 3-24），大小不一，多数具塑性变形，包体与寄主岩石界线截然，个别包体边部见钾长石浅色环带，还有的包体被石英斑岩脉切穿。寄主岩石呈灰白色，新鲜无蚀变，中细粒-中粒半自形结构，块状构造。主要矿物组成为石英（15% ～ 20%）、斜长石（30% ～ 45%）、钾长石（10% ～ 20%）、黑云母（8% ～ 12%）和角闪石（5% ～ 8%），副矿物主要有磷灰石、锆石、榍石、斜黝帘石、褐帘石、磁铁矿等。对该岩体微粒包体的详细研究（秦江峰等，2005），暗色微粒包体为灰黑色，似斑状结构，块状构造。斑晶约占岩石的 5%，主要由斜长石、碱性长石、石英和角闪石组成。斜长石发育明显的熔蚀环，边缘多参差不齐，石英斑晶一般为他形颗粒的粒状集合体，角闪石自形-半自形柱状，其中可见辉石的残余颗粒。基质为微粒-细粒半自形结构，主要由斜长石（45% ～ 50%）、角闪石（20% ～ 25%）、黑云母（15% ～ 20%）及少量碱性长石和石英（2% ～ 5%）组成，副矿物有磷灰石、榍石、磁铁矿、锆石及帘石类矿物。寄主岩石 SiO$_2$ 含量在 65.69% ～ 70.73%，平均 69.59%，Al$_2$O$_3$ 含量较高，在 14.28% ～ 16.57%，平均 15.07%，MgO 含量相对较高，在 0.61% ～ 1.94%，均值 1.20，碱质含量在 7.05% ～ 8.31%，其中 K$_2$O 含量普遍小于 Na$_2$O，K$_2$O/Na$_2$O 在 0.5 ～ 0.8，平均 0.63，A/CNK 在 0.88 ～ 1.0，平均 0.95，A/NK 在 1.27 ～ 1.42，均值 1.35，Mg$^{\#}$ 在 68.23 ～ 80.21，平均 76.45，C/FM 在 0.6 ～ 1.43，平均 0.77，A/FM 在 1.83 ～ 4.52，平均 2.52，显示为准铝质高钾钙碱性系列，具有 I 型花岗岩属性特征，C/FM-A/FM 图示表明岩浆物质主要来自下地壳基性岩的部分熔融，高 Mg$^{\#}$ 暗示可能存在幔源物质组分的参与。其成岩环境与南一里岩体相同，属碰撞造山后的拉伸构造环境。

图 3-24　碧口地块阳坝二长花岗岩及其内的包体形态

秦江峰等（2005，2008）对阳坝岩体的研究，获得寄主岩石 215.4±8.3Ma 和 207±3Ma 的锆石 LA-ICP-MS U-Pb 成岩年龄，同时认为寄主岩石具有类似于中国东部中生代 C 型埃达克岩的地球化学特征。具体表现在 $SiO_2 \geqslant 56\%$，$Al_2O_3 > 15\%$，$Na_2O > K_2O$，$Mg^{\#}$ 为 50.8～54.5，富集 LILE 和 LREE，$Sr > 900×10^{-6}$，Sr/Y 为 65～95（＞65），微弱负 Eu 异常（$\delta Eu=0.84～0.89$），亏损 HREE、Y，Y/Yb 为 11.12～15.10，$(La/Yb)_N=22.18～29.51$，其相对高的 K_2O 含量和 HREE 相对平坦的特征，暗示其可能是由加厚基性下地壳脱水部分熔融形成的，并受到地幔物质混染。而暗色微粒包体显示钾玄岩的地球化学特征，暗色微粒包体强烈富集 LILE 和 LREE 及明显的 Nb、Ta 和负异常暗示其可能起源于曾经受到俯冲流体交代的富集地幔。包体的锆石 LA-ICP-MS U-Pb 年龄为 208±2Ma，与寄主岩石的形成年龄在误差范围内一致，反映它们属同期岩浆产物，结合 Lu-Hf 同位素组成特征，推测主岩岩浆和包体岩浆分别起源于碧口地块新元古代新生下地壳的重熔和新生岩石圈地幔物质的重熔作用。

大安岩体：位于宁强县大安镇东部，汉江深大断裂东南侧，呈岩株状侵入中元古界大安群及其震旦系盖层雪花太坪组中，侵入接触关系清楚。大安岩体主体为灰白色花岗闪长岩和似斑状二长花岗岩，中-粗粒结构，块状构造，主要矿物为斜长石、钾长石、石英、黑云母和少量角闪石。前人曾将该岩体划为侏罗纪，刘树文等（2011）对该花岗岩体使用 LA-ICP-MS 法对中粒二长花岗岩锆石 U-Pb 定年分析，获得 212±2Ma 的成岩年龄，并含有 202±3Ma 的改造年龄。使用 SHRIMP 定年方法对细粒和粗粒二长花岗岩进行 U-Pb 分析，分别获得的年龄值为 210±4Ma（单颗粒锆石）和 203±4Ma，应为印支末期的岩浆活动产物。

第二节　燕山期花岗岩质岩浆作用时空分布特征

燕山运动是发生在我国东部的一次重要的陆内造山作用，其构造和岩浆活动直接影响秦岭成矿带范围，特别是该成矿带的东段地区，向西也受到一定的影响，因此燕山期花岗岩类主要分布于秦岭成矿带东段，在中、西段等其他地区也有零星出露（图 3-25）。由于

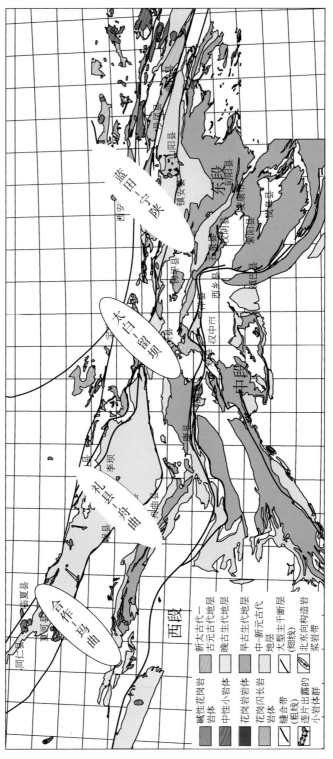

图 3-25 秦岭成矿带带燕山期花岗岩分布图

秦岭成矿带内燕山期构造岩浆活动主要显示为叠加并改造印支期形成的构造岩浆岩带的区域展布格架，基本继承了前期的构造岩浆岩带的空间分布特点，但也表现出自身的北东向岩浆空间展布特征，其总的趋势表现为呈北东向似等间距分段成串密集叠加在呈近东西向展布的印支期岩浆岩带上的分布特征。通过分析研究，本书厘定出五个北东向构造带，其自东而西依次为栾川-郧县-竹山、潼关-柞水-宁陕、宝鸡-徽县-文县、礼县-舟曲以及夏河-碌曲-玛曲等北东向构造带，它们在地表断续、平行成束分布，与印支期北西西向主构造带呈叠加、截切复合关系，不仅控制了燕山期岩浆侵入体的分布，也控制了侏罗-白垩系，乃至古近系和新近系的断陷盆地的分布。以此为基础，本书东以潼关-柞水-宁陕构造带为界、西以宝鸡-凤县-文县构造带为界将燕山期花岗岩空间分布划分为东、中、西三段，并自东而西初步划分为蓝田-宁陕、太白-留坝、礼县-舟曲和合作-玛曲等北东向岩浆岩带。

一、东段花岗岩

东段花岗岩主要分布于潼关-柞水-宁陕-西乡北东向构造带及其以东到栾川-郧县-竹山北东向构造带之间的区域。栾川-郧县-竹山北东向构造带已跨入河南、湖北境内，这里不予论述，仅对潼关-柞水-宁陕北东向构造岩浆岩带及其东部相邻地区的花岗岩进行详细研究对比。

潼关-柞水-宁陕北东向构造带由断续延伸的数条断裂构造组成，如北段的金堆城-洛源、张家坪断裂束，中段的蔡玉窑北东向断裂、柞水-小磨岭、两河街-东川以及小川街、沙坪-胭脂坝和旬阳坝等北东向平行断裂束，向南西在汉南地体内部也有出露，白勉峡-峡口-关坝大断裂、堰口镇断裂、马元-朱家坝断裂以及陆寨子-杨坝、牟家坝-小坝等平行断裂束和相关褶皱等。该组构造带具有长期反复活动的特征，其中中新生代以来的活动迹象极为明显，不仅断续穿切了前期形成的地质体和构造形迹，控制了燕山期的岩浆活动，同时控制了新生代断陷盆地的展布。汉南地块内的北东向断裂束的早期活动则不仅控制了中新元古界西乡群、三花石群、火地垭群和扬子期基性岩、酸性岩的分布及震旦纪以来的盖层沉积，其后期的活动也控制了西乡新生代盆地，并使盆地再遭切割。杜思清等（1998）认为燕山期以来形成的北东向构造叠加和改造了汉南隆起和米仓山隆起，并沿北东向断裂构造左行水平错移达30～48km。该北东向断裂带总体显示了左行剪切滑移（具有从剪切—张剪性—压剪性质的转化趋势）性质。沿该构造带向北东向构造形迹发育，特别是在华北地台南缘和北秦岭构造带表现尤为明显，并等间距密集成带分布叠加在区域东西向构造系统上。

东段出露的燕山期岩体数量多，主要分布于潼关-柞水-宁陕构造带及其以东。岩体规模有大有小，大的多为岩基，岩石类型以（黑云母）二长花岗岩为主，小的以浅成侵入斑岩体为主，并且多围绕岩基周缘分布产出，岩性以闪长玢岩、二长花岗斑岩、花岗斑岩以及斜长花岗斑岩等为主，岩基和小岩体属同源不同深度侵位的产物。典型的岩基、大岩体如华山二长花岗岩（146±15Ma，SHRIMP）（毛景文等，2005c）、老牛山二长花岗

（144.5±4.4Ma，LA-ICP-MS）（焦建刚等，2010）、蓝田二长花岗岩（135.4±3.6Ma，Rb-Sr）（张宗清等，2006）、蟒岭二长花岗岩（150±13Ma，锆石 U-Pb；145±4.5Ma，黑云母 Ar-Ar）（张宗清等，2006）、文峪二长花岗岩（138.4±2.5Ma，SHRIMP）（王义天等，2010）等，代表性的小岩体如木龙沟花岗斑岩、冷水沟铜钼矿化花岗斑岩（142～148Ma）、金堆城花岗斑岩（143.7±3Ma，LA-ICP-MS，焦建刚等，2010；140.95±0.45Ma，锆石 U-Pb，朱赖民等，2008a）、石幢沟、杨沟、建厂沟、寨子沟等闪长玢岩体以及池沟（140.8±0.6～142.3±1.1Ma）、马阴沟（142.1±0.45Ma）、小河口（141.3±1.5Ma，LA-ICP-MS[①]）、白沙沟（149±1.4Ma）、土地沟（140.7±1.0Ma）、高岩沟等石英闪长玢岩-二长花岗斑岩体群、角鹿岔似斑状二长花岗岩、西沟斑状二长花岗岩（153±1Ma，锆石 U-Pb）（柯昌辉等，2012）、石泉一带的白火石沟黑云母二长花岗岩（156.5Ma，黑云母 K-Ar）、银家沟钾长花岗斑岩（153Ma，Rb-Sr）（李先梓等，1993）等。焦建刚等（2009）在对华县八里坡钼矿床的研究中，获得该矿区花岗斑岩155.9±2.3Ma（LA-ICP-MS 锆石 U-Pb）的成岩年龄以及156.3±2.2Ma（Re-Os）的成矿年龄。本书对胭脂坝岩体的月河坪黑云母钾长花岗岩，采用 LA-ICP-MS 锆石 U-Pb 年龄方法测试，获得了180Ma 的年龄峰值，暗示胭脂坝岩体侏罗纪早期仍有岩浆活动。此外，在印支晚期已侵位的岩基（体）边部或内部也有燕山期花岗质岩浆活动的产物，如沙河湾岩体北部沿北北东向断裂上侵定位的油岭黑云母二长花岗岩体。曹坪岩体为以多阶段侵入的复式岩体，早期阶段的中粒斑状二长花岗岩、石英二长岩为印支期形成（214～225Ma），而晚阶段侵入的细粒二长花岗岩相为161Ma（锆石 U-Pb），也反映燕山期早期仍有岩浆作用。

值得注意的是，汉南地块内沿白勉峡-峡口-关坝大断裂带及其旁侧断裂陆续发现斑状钾长花岗岩枝、岩株，其与元古宙汉南杂岩基呈侵入接触关系，其成岩时代如何，有待今后进一步工作。

该岩浆岩带内岩体产出受北西西向和北东向断裂复合控制明显，东西向构造多为在前期已有构造基础上的重新活动所致，且力学性质由挤压向张剪走滑性质转变，北东向断裂则多表现为逆时针滑移的压剪性质，因此一些大的岩体，多表现为沿主干东西向构造与北东向（包括北北东—南北向）构造复合部位产出，而小岩体则多呈北东向、东西向或北西向的岩枝、岩脉状产出，沿两组或两组以上的断裂交汇部位出露的则多呈岩株状形态。

据岩体同位素年龄数据分析，该岩浆岩带存在两期花岗质岩浆活动。早期次的岩浆活动主要发生在印支晚期末—燕山早期（210～180Ma），地表产出受东西向和北东向构造的控制特点明显，与印支晚期形成的岩体常构成复式岩体群，可能是印支末期岩浆活动的继续，岩石组合类型有钾长花岗岩、二长花岗岩、似斑状花岗岩等，近年来，区内陆续发现多处与该时期花岗岩浆活动有关的夕卡岩型、石英脉型钼（钨）矿床（点），如宁陕大西沟钼矿、镇安桂林沟钼矿、杨木沟钼矿等；晚期次岩浆活动发生在燕山早期晚侏罗世（160～135Ma），岩浆活动相对强烈，花岗岩体广泛分布于东段地区，成岩作用明显受东西向和北东向构造复合控制，岩石类型主要为二长花岗岩、花岗斑岩，局部地段为闪长岩和花岗闪长岩。前者多构成大岩基的基本岩石单元，成因属地壳重熔深成型，后两者多

---

① 西北大学.2016.秦岭造山带印支-燕山期构造岩浆事件与成矿背景研究报告。

构成小岩体（岩枝）的岩石组合，多数反映深源浅成型成因特征。成矿带内大型、超大型钼矿成矿多与该时期的花岗斑岩有密切成因关系。

岩石地球化学分析研究显示该区段的花岗岩类以高钾、高硅为特征，主要表现为准铝质－过铝质高钾钙碱性和钾玄岩系列，少数为准铝质钙碱性系列，I型和S型花岗岩，岩浆物质主要源于深部地壳物质重熔，部分可显示为上部地壳重熔。对本区与钼（钨）铜成矿有关典型的小岩体岩石化学的初步分析表明，岩体的K_2O/Na_2O和A/CNK由南秦岭向华北地台南缘逐渐增高趋势，反映了在经历印支期大规模的板块碰撞造山作用后，各个构造单元仍然保持各自的地球化学特征，因此造成燕山期中酸性小岩体在不同的构造单元具有不同的地化特征，显示从南秦岭构造带往北到华北地台南缘，岩体的酸性程度逐渐增高。东段典型小岩体主量元素变化趋势见表3-6。

表 3-6　秦岭成矿带东段燕山期中酸性岩体成分变化趋势表

大地构造单元	岩体分带	分区	岩石化学指数						代表性岩体
			K_2O+Na_2O	平均	K_2O/Na_2O	平均	A/CNK	平均	
华北地台南缘	北带	西区（8）	7.85	7.67	1.44	3.34	1.03	1.22	金堆城、木龙沟、石家湾、角鹿岔
		中区（4）	7.11		5.71		1.39		银家沟、后瑶峪、亿佬湾
		东区（3）	8.05		2.86		1.23		雷门沟、官地
	南带	西区		8.62		2.75		1.06	八宝山、夜长坪、
		中区（3）	8.34		3.95		1.1		马圈、南泥湖、大坪
		东区（6）	8.9		1.55		1.02		
北秦岭构造带		西区（3）	8.31	8.33	1.19	1.36	1.04	0.98	桃官坪、西沟、倚头山
		中区（2）	8.27		2.18		0.89		曲里
		东区（1）	8.4		0.71		1		长探河、黑烟镇、牛毛坪
南秦岭构造带	北带	西区（1）	10.64	8.76	2.68	1.44	0.62	0.97	冷水沟
		中区（15）	7.6		1.03		0.97		园子街、小河口、下官坊
		东区							
	南带	西区（5）	8.7		1.12		1.08		月河坪
		中区（6）	8.07		0.92		1		池沟、马阴沟
		东区							

对收集到的花岗岩的Pb、Sm、Nd等同位素资料的综合研究表明，燕山期花岗岩的Sr、Nd、Pb同位测试结果分析（图3-26和图3-27），清楚地显示出与印支期花岗岩的差异，尽管岩体跨构造单元出露，但示踪的同位素比值变化范围不大，相对集中，除少数岩体（如胭脂坝、蓝田等岩体）外，大多数落入Bc1区，表明其岩浆物质来源较深，岩浆物质多与下地壳物质与幔源物质混合有关。Pb同位素测定表明，多数被测定的岩体的$^{207}Pb/^{204}Pb$为15.4～15.6，$^{206}Pb/^{204}Pb$为17.2～17.9，$^{208}Pb/^{204}Pb$较低，在37.3～38.4，说明其放射性异常铅同位素含量低，在铅同位素关系特征图中（图3-27），均反映出其岩浆源自下地壳物质局部熔融的特征。

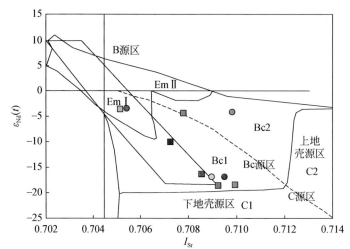

图 3-26　秦岭成矿带东段燕山期典型花岗岩岩体 $\varepsilon_{Nd}(t)$-I_{Sr} 关系图

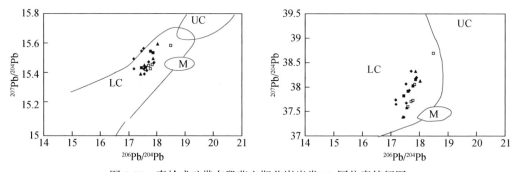

图 3-27　秦岭成矿带东段燕山期花岗岩类 Pb 同位素特征图

胭脂坝岩体：为宁陕岩体群的东段组成部分，岩体呈长椭圆形，主体为岩基，整体呈北东向菱形块状展布，面积约为 530km² 。侵入围岩为寒武系、奥陶系、志留系、泥盆系等古生代地层，岩体东部和南部侵位于志留系碳质石英岩、结晶灰岩、石英片岩，泥盆系板岩、千枚岩；北部围岩为古生代微晶白云岩夹泥质板岩、中细晶生物灰岩、板岩。岩体由早阶段侵入的二长花岗岩相（南部）和晚阶段侵入的黑云母钾长花岗岩相（北部）组成，二者之间为逐渐过渡关系。二长花岗岩具花岗结构，块状构造，主要组成矿物为斜长石28%（An=20%～25%）；钾长石 42%（微斜长石为主，次为正长石）；石英 25%；黑云母 5%，矿物粒度小于 2mm；黑云母钾长花岗岩具有似斑状结构，基质为花岗结构，块状构造，主要组成矿物为斜长石 20%（An=7%～19%）、钾长石 45%（微斜长石为主）、石英 30%、黑云母 5%。斑晶主要为钾长石斑晶，含量 5%～10%，斑晶大小一般在 5～10mm，可见环带；岩体中副矿物主要为榍石、钛铁矿、磷灰石、锆石等。岩体内部沿北东向断裂贯入的花岗岩脉、热液脉普遍发育。围岩夕卡岩化、角岩化明显。晚期黑云母钾长花岗岩岩石特征如图 3-28 所示。

图 3-28 胭脂坝黑云母钾长花岗岩

胭脂坝岩体主要地球化学特征指数见表 3-7。该岩体高硅、高碱质、K_2O 含量大于 Na_2O，MgO 含量较高，为准铝质 - 过铝质高钾钙碱性系列，显示为 I-A 型花岗岩特征，稀土元素 δEu 表现为强到中等负 Eu 异常，表明该岩体具有壳源性以及碱性花岗岩特征，$Mg^{\#}$ 普遍大于 47，可能反映有少量深部幔源物质成分参与或者是印支期岩体物质的重新利用。在 C/FM-A/FM 关系图和 K_2O-SiO_2 关系图中，胭脂坝岩体与其西邻的五龙岩体存在一定的差异，而五龙岩体则是宁陕岩体群中的印支期侵入的典型代表，说明了印支期和燕山期岩浆性质存在一定的差异（图 3-29）。

表 3-7 胭脂坝岩体主要地球化学特征指数表　　　（单位：%）

岩性	中 - 细粒黑云二长花岗岩	多钾二长花岗岩	中细粒黑云母二长花岗岩	黑云母二长花岗岩	似斑状黑云钾长花岗岩	似斑状黑云二长花岗岩	中细粒黑云二长花岗岩
SiO_2	73.63	71	70.87	75.18	69.92	73.39	72.14
Al_2O_3	13.82	14.36	14.71	13.56	14.73	14.02	14.56
MgO	0.25	0.7	0.61	0.091	1.99	0.68	0.72
Na_2O	3.89	3.44	3.66	4.08	4.03	3.81	3.38
K_2O	4.83	4.73	4.68	4.81	4.3	4.32	4.26
A/CNK	1.01	1	1	1.04	0.96	1.03	1.13
C/FM	0.84	0.78	0.8	0.78	0.46	0.69	0.61
A/FM	5.55	3.06	3.26	9	1.69	3.69	3.28
$Mg^{\#}$	62.48	71.4	70.51	47.11	80.45	74.86	73.32
K_2O/Na_2O	1.24	1.38	1.28	1.18	1.07	1.13	1.26
K_2O+Na_2O	8.72	8.17	8.34	8.89	8.33	8.13	7.64
LREE/HREE	1.18	4.98	5.33	1.04	5.5	1.9	5
$(La/Yb)_N$	2.79	14.04	15.18	2.37	18.2	11.8	14.8
δEu	0.21	0.47	0.48	0.1	0.87	0.52	0.54
$Y/10^{-6}$	49.4	20.6	19.3	37.6	18.5		
$Sr/10^{-6}$	92.9	290	297	25.4	643		
资料来源	本书				陕西地质矿产开发局，1999[①]		

———————

① 陕西省地质矿产开发局 .1999. 宁（陕）、镇（安）、旬（阳）1：5 万区调片区总结报告。

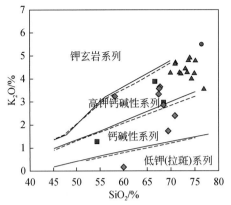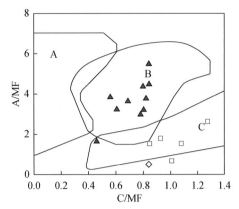

图 3-29　胭脂坝岩体及其周缘印支期岩体的地球化学对比图

红色三角形为胭脂坝岩体；绿色三角形为角鹿岔岩体，其他代表老城、五龙岩体

　　目前已有不少有关胭脂坝及其周缘岩体的同位素测年成果（表 3-8），如张宗清等（2002b）对宁陕火地塘的花岗岩测定获得 172±23 ～ 183±25Ma 的 Rb-Sr 年龄和 184.88±0.88Ma 的黑云母 Ar/Ar 坪年龄，Jiang 等（2010）对胭脂坝岩体南部的二长花岗岩以及老城花岗岩体测定，分别获得 210.8±5.0Ma 和 217.6±3.4Ma（LA-ICP-MS 锆石 U-Pb）的结果，王娟等（2008a）采用同样方法对五龙岩体的花岗闪长岩测定获得 225.3±6Ma 的数据。值得注意的是，骆金诚等（2010）对胭脂坝北部月河坪一带黑云母花岗岩的锆石测年数据显示出，16 件锆石的年龄值均在 187 ～ 213Ma，其中在 187~196Ma 的锆石数量为 6 件，占总测试锆石数量的 38%，200 ～ 206Ma 的 7 件，占总数的 43%，大于 206Ma 的锆石数量为 3 件，仅占 19%，此外，陕西地质调查中心测定的懒板凳岩体和四海坪岩体的锆石 U-Pb 同位素年龄分别为 172.8±2.8Ma 和 168.11±0.46Ma（陈清敏等，2017）。本书作者在胭脂坝岩体北部大西沟一带的黑云母钾长花岗岩采用相同手段进行同位素年龄测定，获得 227Ma 和 180Ma 两个年龄峰值（图 3-30），其中 170 ～ 191Ma 的锆石颗粒数量为 14 个，占全部锆石总数（35 个）的 40%，220 ～ 227Ma 的锆石颗粒数为 15 个，占总数的 43%（表 3-9）。四海坪岩体财神庙附近的中粒二长花岗岩测年获取的结果大都在 186 ～ 207Ma，平均年龄为 199.6±2.3Ma（图 3-31）。结合骆金诚等（2010）和陈清敏等（2017）的测试结果综合分析，本书认为 180Ma 左右的年龄峰值应为胭脂坝黑云母钾长花岗岩的成岩时代，而 220 ～ 227Ma 的锆石则可能是被俘获的较早岩浆活动阶段形成的岩浆锆石，代表了胭脂坝岩体较早阶段的岩浆侵入成岩过程。另外对大橡沟 - 桂林沟一带的伟晶状花岗岩脉的锆石 U-Pb 年龄分析表明，尽管年龄数据比较凌乱，但剔除误差较大的数据，仍能显示出其 $^{206}Pb/^{238}U$ 优势年龄在 173 ～ 204Ma，占所测定锆石总量的 40%。结合前人对该岩体南端二长花岗岩获得的 210.8Ma（锆石 U-Pb）年龄数据以及胭脂坝岩体有吞蚀老城岩体现象等综合分析，说明胭脂坝岩体是秦岭成矿带燕山期早期岩浆活动的代表。反映胭脂坝岩体是先沿东西向构造侵入，而后在燕山早期又沿北东向构造由南而北逐步上侵最终定位的，从而显示出自南而北岩体成岩有逐渐变新趋势。

表 3-8　胭脂坝岩体同位素测年数据表

岩体名称	采样位置	样品定名	测试方法	测试结果 /Ma	资料来源
胭脂坝岩体	宁陕县城东	二长花岗岩	U-Pb 锆石 SHRIMP	210±5.0	Jiang et al.，2010
	月河坪	黑云母花岗岩	U-Pb 锆石 LA-ICP-MS	199.6±4.1	骆金诚等，2010
	火地塘	黑云母二长花岗岩	黑云母 $^{40}Ar/^{39}Ar$	184.88±0.88	张宗清等，2006
	108°25.611′ E，33°18.864′ N	黑云母花岗岩	U-Pb 锆石 LA-ICP-MS	201.6±1.2	Dong et al.，2012
	懒板凳	黑云母二长花岗岩	U-Pb 锆石 LA-ICP-MS	172.8±2.8	陈清敏等，2017
	四海坪	黑云母二长花岗岩	U-Pb 锆石 LA-ICP-MS	199.61±2.3	本书
	大西沟	黑云母钾长花岗岩	U-Pb 锆石 LA-ICP-MS	197±14	本书

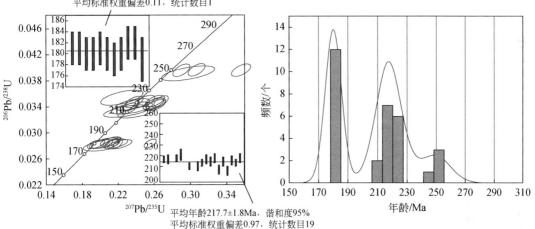

图 3-30　胭脂坝岩体黑云母钾长花岗岩锆石 U-Pb 谐和图

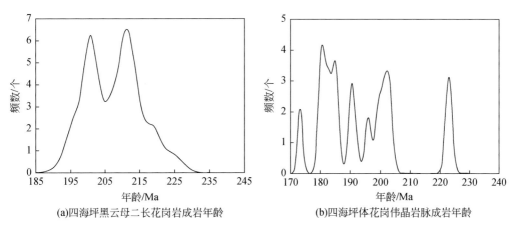

(a)四海坪黑云母二长花岗岩成岩年龄　　(b)四海坪体花岗伟晶岩脉成岩年龄

图 3-31　胭脂坝岩体东北缘四海坪岩体成岩年龄

表3-9 陕西宁陕腰脂坝黑云母钾长花岗岩 LA-ICP-MS 锆石 U-Pb 年龄分析结果

样品编号	分析点	$^{207}Pb/^{206}Pb$ 比值	1σ	$^{206}Pb/^{238}U$ 比值	1σ	$^{207}Pb/^{235}U$ 比值	1σ	$^{208}Pb/^{232}Th$ 比值	1σ	$^{207}Pb/^{206}Pb$ 年龄/Ma	1σ	$^{206}Pb/^{238}U$ 年龄/Ma	1σ	$^{207}Pb/^{235}U$ 年龄/Ma	1σ	$^{208}Pb/^{232}Th$ 年龄/Ma	1σ
	1	0.05194	0.00317	0.03	0.00058	0.21494	0.01169	0.00964	0.00027	283	134	191	4	198	10	194	5
	2	0.05822	0.00204	0.02548	0.0004	0.20464	0.00489	0.00862	0.00013	538	76	162	3	189	4	173	3
	3	0.05507	0.00254	0.03493	0.0006	0.26535	0.01005	0.01158	0.00027	415	100	221	4	239	8	232	5
	4	0.05618	0.00175	0.02626	0.0004	0.20349	0.00367	0.00886	0.00012	459	68	167	3	188	3	178	3
	5	0.05582	0.00199	0.02665	0.00042	0.20519	0.0051	0.00831	0.00015	445	78	170	3	190	4	167	3
	6	0.05785	0.00172	0.02739	0.00041	0.21857	0.00345	0.01062	0.00014	524	64	174	3	201	3	214	3
	7	0.05203	0.00331	0.02851	0.00057	0.20464	0.0117	0.00959	0.00034	287	139	181	4	189	10	193	7
	8	0.07894	0.00282	0.03165	0.00051	0.34466	0.00854	0.01444	0.00025	1171	69	201	3	301	6	290	5
	9	0.05735	0.00176	0.02802	0.00043	0.22162	0.00388	0.00947	0.00013	504	67	178	3	203	3	191	3
SZ-10	10	0.0553	0.00166	0.02669	0.0004	0.20361	0.0033	0.0082	0.0001	424	65	170	3	188	3	165	2
	11	0.05296	0.00222	0.03708	0.00062	0.2709	0.00891	0.01036	0.00043	327	92	235	4	243	7	208	9
	12	0.05888	0.00192	0.02776	0.00043	0.22541	0.00459	0.01083	0.0002	563	69	177	3	206	4	218	5
	13	0.05596	0.00172	0.02813	0.00043	0.21714	0.0038	0.00971	0.00013	450	67	179	3	200	3	195	3
	14	0.06242	0.00184	0.03078	0.00047	0.26501	0.0041	0.01229	0.00016	688	62	195	3	239	3	247	3
	15	0.05651	0.00167	0.02791	0.00042	0.21755	0.0034	0.01185	0.00015	472	64	178	3	200	3	238	3
	16	0.05492	0.00167	0.03002	0.00046	0.2274	0.00389	0.0092	0.00012	409	66	191	3	208	3	185	2
	17	0.07297	0.00217	0.0271	0.00041	0.27269	0.00435	0.01992	0.00027	1013	59	172	3	245	3	195	6
	18	0.06932	0.00216	0.04091	0.00063	0.39109	0.00711	0.02899	0.00043	908	63	259	4	335	5	399	9
	19	0.05293	0.00274	0.03232	0.00059	0.23593	0.01046	0.0111	0.00035	326	113	205	4	215	9	223	7

续表

样品编号	分析点	207Pb/206Pb		206Pb/238U		207Pb/235U		208Pb/232Th		207Pb/206Pb		206Pb/238U		207Pb/235U		208Pb/232Th	
		比值	1σ	比值	1σ	比值	1σ	比值	1σ	年龄/Ma	1σ	年龄/Ma	1σ	年龄/Ma	1σ	年龄/Ma	1σ
SZ-10	20	0.11097	0.00457	0.03613	0.00066	0.55298	0.01743	0.01728	0.00034	1815	73	229	4	447	11	346	7
	21	0.05388	0.00227	0.04167	0.00071	0.30969	0.01027	0.01482	0.00024	366	92	263	4	274	8	297	5
	22	0.05144	0.00181	0.03213	0.00051	0.22797	0.00554	0.00993	0.00023	261	79	204	3	209	5	200	5
	23	0.07277	0.00286	0.038	0.00064	0.3813	0.01127	0.01461	0.00027	1008	78	240	4	328	8	293	5
	24	0.05564	0.00223	0.0403	0.00067	0.30927	0.00949	0.01187	0.00025	438	87	255	4	274	7	239	5
	25	0.05251	0.00169	0.02986	0.00047	0.21626	0.00435	0.01021	0.00016	308	72	190	3	199	4	205	3
	26	0.05122	0.00185	0.03272	0.00053	0.2311	0.00592	0.01005	0.00037	251	81	208	3	211	5	202	7
	27	0.05948	0.00177	0.02876	0.00044	0.23593	0.00382	0.00912	0.00012	585	63	183	3	215	4	184	3
	28	0.05195	0.00251	0.03768	0.00067	0.26995	0.01093	0.01321	0.00027	283	107	239	4	243	9	265	5
	29	0.05195	0.00208	0.03633	0.00061	0.26023	0.008	0.01085	0.00021	283	89	230	4	235	7	218	4
	30	0.05594	0.00304	0.03385	0.00065	0.26112	0.01236	0.01142	0.00028	450	117	215	4	236	10	230	6
	31	0.05302	0.00313	0.03605	0.00071	0.26352	0.01382	0.01131	0.00034	330	128	228	4	238	11	227	7
	32	0.07685	0.0027	0.03461	0.00057	0.36678	0.00889	0.01426	0.00024	1117	69	219	4	317	7	286	5
	33	0.05414	0.00235	0.03562	0.00062	0.26587	0.00928	0.01071	0.00021	377	95	226	4	239	7	215	4
	34	0.04857	0.00236	0.03147	0.00056	0.21071	0.00861	0.0096	0.00021	127	110	200	4	194	7	193	4
	35	0.05398	0.00193	0.03576	0.00058	0.26614	0.00673	0.01106	0.00017	370	78	227	4	240	6	222	3

　　胭脂坝、月河坪和四海坪岩体均沿着北东方向延伸，特别是月河坪岩枝呈不规则状边界形态沿北东向展布，这反映了岩体侵位时沿北东方向存在偏张性的透入性构造空间。岩体的磁组构主要反映了岩浆流动特征，对老城、胭脂坝岩体的测量分析显示出（图3-32），其西侧的老城岩体磁面理主要呈同心圆状向心分布，总体倾向岩体的西部中心，胭脂坝岩体的北东延伸部分磁面理主要是向西、西南或者北西倾，与岩体边界基本一致，两岩体的岩浆中心都位于岩体的西部，岩浆扩展均呈由西向东流动趋势（陶威等，2014；陶威，2014）。岩体的磁组构特征进一步反映出本区岩浆活动受东西向构造和北东向构造控制，自西向东沿东西向断裂构造上侵定位，而后继续顺北东向构造空间侵位冷却成岩。

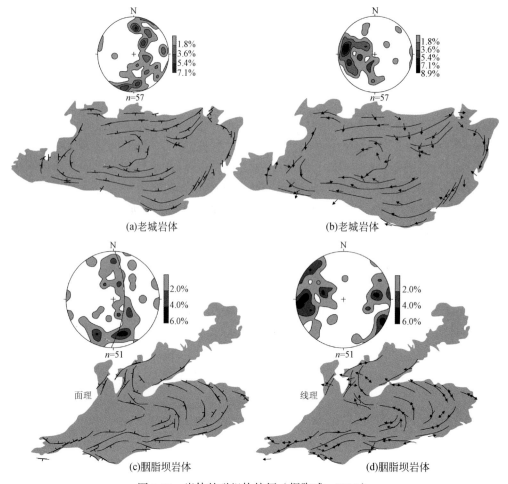

图 3-32　岩体的磁组构特征（据陶威，2014）

　　区内广泛发育的花岗岩枝和岩脉是本区晚期岩浆活动的证据，对岩枝、岩脉的产出状态分析，显示它们均为区域南北向挤压构造应力场条件下的岩浆活动产物，即最大主压应力方向为北东5°～15°，主张应力方向为96°～105°（图3-33）。

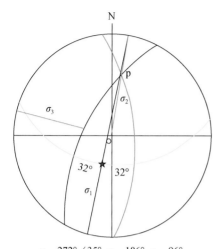

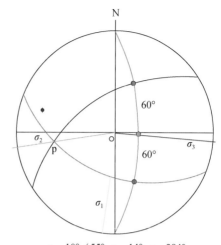

σ_2：272°∠35°，σ_1：186°，σ_3：96°

(a)侵入四海坪岩体的花岗质岩脉群形成构造应力场
（D044地质点，28条岩脉统计结果）

σ_2：10°∠55°，σ_1：14°，σ_3：284°

(b)侵入四海坪岩体的花岗质岩脉群形成的构造应力场
（D122地质点）

图 3-33　花岗质岩脉形成局部构造应力场分析图

以上证据均表明胭脂坝岩体岩浆侵位具有沿东西向和北东向断裂复合控制特点。由以上可推断，印支末期，本区在南北向大规模挤压碰撞造山作用下，沿着佛坪古老地块隆起东西两侧张应力构造部位，岩浆上侵，并在东侧形成西岔河、五龙、老城等岩浆岩单元，此后随着东西向构造发生逆时针的剪切滑移，使得该区发育了一系列北东向张扭性断裂，花岗质岩浆在两组断裂交汇处上侵，首先沿东西向断裂侵入，形成胭脂坝南部二长花岗岩，而后岩浆沿北东向张扭性断裂由南往北、自西而东上侵就位，最终形成具有追踪特征的胭脂坝岩体形态。岩体定位后，又受到其后的北东向断裂构造的改造，并沿北东向构造花岗岩脉、热液脉贯入，发生硅化、钾化，构成现今胭脂坝岩体形态。岩体侵位构造解析如图 3-34 所示。

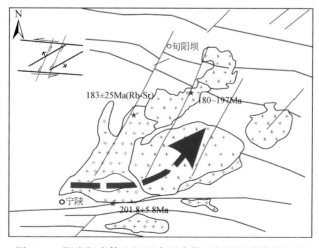

图 3-34　胭脂坝岩体空间展布形态构造解析及岩浆侵位图

桃官坪二长花岗岩体：蟒岭大岩基周缘发育有众多小花岗岩体，其中桃官坪岩体是出露于蟒岭岩基西侧的众多岩体之一，它与南台、银厂沟、西沟、崎头山、火燎沟等与成钼关系密切的岩体构成秦岭成矿带东段重要的钼成矿远景区带。

该岩体与相邻的崎头山、火燎沟、西沟等小岩体严格受构造控制，岩体沿北东向、北西向、南北向和东西向断裂产出，形态多为岩枝、岩株及岩脉状。桃官坪岩体呈东西向延伸，长约 1km，宽约 200m，出露面积不足 1km²，岩体侵入围岩为宽坪群变质岩地层（图 3-35）。该岩体主要岩性为中－细粒二长花岗岩，块状构造，二长结构，主要矿物组成为石英（25%～30%）、斜长石（30%～35%）、钾长石（30%～40%）、白云母 3% 左右、黑云母 2% 左右，副矿物为磷灰石、榍石、锆石等。石英呈他形粒状，粒径为 0.5～2mm，具波状消光；碱性长石呈半自形－他形粒状，粒径 1mm；斜长石呈半自形，粒径为 1mm 左右，有的可达 2mm，发育聚片双晶；白云母无色，叶片状；黑云母呈褐色，多色性、吸收性明显，局部见有绿泥石化现象。此外，岩体西边产出有爆破角砾岩，岩体中还可见少量的岩浆暗色包体。

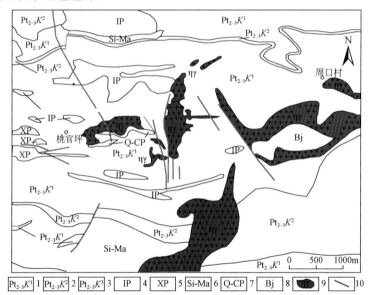

图 3-35　陕西商州桃官坪一带花岗岩体分布简图（据西北有色 712 队资料改编）

中－新元古代宽坪群：1. 黑云母钠长石英片岩夹大理岩；2. 二云石英片岩、黑云母斜长石英片岩；3. 绿片岩夹大理岩、石英岩、石英片岩透镜体；4. 硅化（角岩化）二云石英片岩；5. 夕卡岩化大理岩；6. 硅化大理岩；7. 二云斜长石英片岩；8. 爆破角砾岩；9. 花岗岩体；10. 断层

岩体的 SiO_2 含量在 70.72%～76.33%，Al_2O_3 在 12.2%～15.4%，MgO 为 0.14%～1.04%，变化较大，Na_2O 为 3.02%～4.67%，K_2O 为 4.61%～5.71%，K_2O 均大于 Na_2O。A/CNK 值为 0.92～1.14，$Mg^{\#}$ 变化范围较小，为 61.11～70.46，大于 47。其地球化学特征属准铝质－过铝质高钾钙碱性系列、显示 I 型和 I-A 过渡型花岗岩特征，$Mg^{\#}$ 高表明其岩浆物质来源较深，属下地壳。稀土元素球粒陨石标准化配分模式表现为轻稀土相对富集的右倾特征，具有弱的负 Eu 异常（δEu 多数在 0.53～0.88），微量元素原始地幔标准化蛛网图表现为 U、La、Pb、Hf 为正异常，Rb、Ba、K、Sr、P、Ti 为负异常的特征。柯昌辉等

（2012，2013）对马河钼矿区花岗岩（包括桃官坪岩体和西沟岩体）与华北地台南缘的金堆城等成钼岩体的对比分析认为桃官坪岩体稍偏基性，可能导致马河成钼规模相对较小。并采用 LA-ICP-MS 法测定桃官坪岩体和东邻同源的西沟斑状二长花岗岩岩体的锆石 U-Pb 年龄，分别获得 157±1Ma 和 153±1Ma 数据，并测得南台和高沟花岗斑岩的年龄数据分别为 151±1Ma 和 150±3Ma，均为晚侏罗世产物。

潘河花岗斑岩：与桃官坪岩体同处于蟒岭岩基西缘的成矿小岩体，为一典型的斑岩型钼矿床，潘河岩体为隐伏的浅成侵入体，主要岩性为浅色花岗岩以及花岗斑岩，它们属于同源不同侵位部位的岩石，浅色花岗岩侵入部位较深，冷凝较慢，具有浅成侵入岩的特点，其脉岩侵入部位较高，并过渡为花岗斑岩，花岗斑岩为其脉岩相的产物。此外地表还伴随有爆发角砾岩。花岗斑岩岩体的同位素地质年龄为 114.6Ma[1]、148Ma（K-Ar 等时线[2]），角砾岩中的石英斑岩角砾同位素地质年龄为 109.8 ～ 133.8Ma，说明该花岗斑岩形成于白垩纪。花岗斑岩的斑晶矿物主要为钾长石和石英，其次有少量斜长石，总体含量为 25% ～ 30%。其中钾长石呈他形粒状，半自形板状，大小为 0.5 ～ 3mm，表面泥化，石英呈他形粒状，熔蚀后呈浑圆形、港湾状，大小与钾长石相当。斜长石为更长石，呈半自形板状，一般小于 2mm，绢云母化。部分钾长石和斜长石呈聚斑状分布。基质矿物含量约在 70% 以上，主要为钾长石和石英，斜长石较少，一般都呈他形粒状，大小在 0.01 ～ 0.05mm，少数可到 0.1 ～ 0.2mm，三者混杂，均匀分布，呈显微细晶结构。浅成侵入的白岗岩呈灰白 - 白色，微细粒花岗结构，显微文象花岗结构，部分地段为斑状结构，主要矿物有钾长石、更钠长石、石英，次生矿物有绢云母、白云母、高岭石等，副矿物有锆石、磷灰石、金红石、黑榴石、黑云母、磁铁矿。镜下鉴定碱性长石具条纹结构，呈半自形 - 他形板柱状分布，粒径大小不一，多在 0.18mm×0.18mm ～ 0.72mm×1.17mm。个别碱性长石具有简单双晶，大部分碱性长石已发生高岭土化，少部分已绢云母化。斜长石自形程度比碱性长石高，为自形 - 半自形板柱状，多数斜长石见聚片双晶，大多数已绢云母化和碳酸盐化，个别绿泥石化，斜长石绢云母化程度较高，部分绢云母已转变为颗粒稍大的鳞片状白云母。石英呈他形粒状充填于不规则空隙中，粒径相差较大，在 0.036 ～ 0.57mm。岩石 SiO_2 含量为 72.55% ～ 76.14%，Al_2O_3 为 12.56% ～ 13.94%，MgO 为 0.13% ～ 1.01%，变化较大，Na_2O 为 0.3% ～ 4.88%，K_2O 为 4.74% ～ 10.39%，K_2O/Na_2O 为 1.11 ～ 32.23。A/CNK 值为 0.88 ～ 1.16，大多数小于 1.05，$Mg^\#$ 为 42.39 ～ 87.33，绝大多数大于 47，地球化学特征与桃官坪岩体相同，属于准铝质 - 过铝质高钾钙碱性系列和钾玄岩系列、显示 I 型花岗岩特征，$Mg^\#$ 高表明其岩浆物质来源较深，属下地壳，属于深源浅成型花岗岩。钻孔资料显示岩深部隐伏的浅成侵入白岗岩体内有闪锌矿、方铅矿、黄铜矿和辉钼矿的细脉分布，岩体上盘围岩中有铜、铅、锌、钼、钨矿体赋存。含辉钼矿的石英细脉、长石石英细脉在距岩体顶面 150m 处开始出现，普查矿区已揭露的钼矿体基本上就分布在白岗岩体的周围。

对穿截白岗岩体的深部钻探资料显示，白岗岩具有沿北东方向自北而南由深向浅部的侵入活动特征（图 3-36），结合地表角砾岩呈南北向展布等现象，表明岩浆活动严格受北

---

① 湖北省有色地质勘查局 217 队. 2010. 潘河铅锌（钼）矿普查地质报告（内部）。

② 西北地质科学研究所. 1975. 秦岭东段小秦岭地区中酸性侵入体时代、特征及其含矿性（地质科研报告）。

东向张扭性断裂和南北向张性断裂控制。

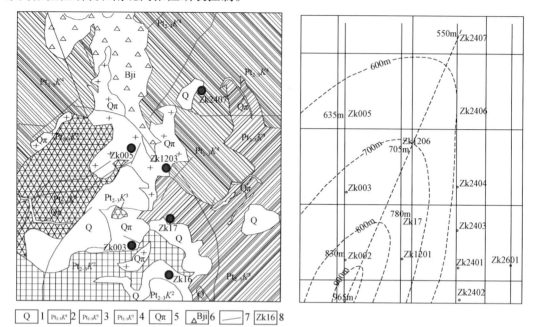

图 3-36　潘河钼矿区隐伏浅色花岗岩钻孔控制图（据湖北省有色地质勘查局 2010 年资料改编）

左图图例：1.第四系；中－新元古界宽坪群变质岩；2.第二岩性段黑云母钠长石英片岩夹大理岩；3.第三岩性段二云石英片岩、黑云钠长石英片岩；4.第四岩性段大理岩、石英岩、石英片岩；5.花岗斑岩、石英斑岩；6.爆破角砾岩；7.断层；8.钻孔编号

将蟒岭岩基和桃官坪、潘河等含矿岩体的地球化学特征进行对比分析表明，它们的成岩物质来源具有较高的相似性，小岩体是大岩基的岩浆分异演化产物，其物质以包括宽坪群、秦岭群及太华群岩石在内的壳源物质为主，且混有部分幔源物质，其源区存在于大于40km 的地壳深处。依据其成岩时代以及与华北地台南缘和东段其他成钼花岗斑岩相比较，处于北秦岭蟒岭岩基周缘的二长花岗岩及花岗斑岩小岩体等均属于与中国东部侏罗－白垩纪大规模岩浆作用有关的岩浆产物，体现了燕山期滨西太平洋构造应力场作用下，受到秦岭成矿带潼关－柞水－宁陕－西乡北东向构造带以东次级北东向构造带（又称熊耳山－牛山东断裂带）与区域宝鸡－洛南－栾川构造带的明显控制和影响。

池沟岩体群：东段南秦岭柞水－山阳一带自西向东成群、成段密集分布有小东沟－小河口、马阴沟－池沟以及元子街－下官坊等小岩体（岩枝、岩脉）群，而且发育斑岩－夕卡岩型 Cu、Fe、Au 等多金属矿化，从而构成东段南秦岭重要的 Cu 多金属成矿带。该岩体群主要岩性为石英闪长玢岩、花岗闪长岩（玢岩）、石英花岗斑岩等，均呈小岩枝、岩株和岩脉侵入泥盆纪地层，严格受断裂构造控制，沿北西（北西西）向、北东向、近南北向以及东西向呈不规则状、长条脉状展布。锆石同位素测年资料显示，它们均在150～140Ma，与中国东部燕山期大规模岩浆活动时代相同。

二、中段花岗岩

中段花岗岩主要分布于潼关－柞水－宁陕－西乡北东向构造带以西到宝鸡－凤县－文县北东向构造带之间。宝鸡－凤县－文县北东向构造带是位于秦岭成矿带中段西缘的断裂构造带，也是传统东西秦岭造山带的划界线。总体展布方位为北东向，自北而南主干断裂有黄牛铺断裂、唐藏－左家断裂、凤州到酒奠梁一带的北东向平行断裂束（嘉陵江断裂带）、徽县到成县一带的北东向平行断裂束、虞关－白水江断裂、康县－武都的北东向平行断裂束，以及与文县－康县－略阳断裂系呈斜截关系的北东向豆坝断裂、尚德断裂、文县断裂等。该组构造带地表不仅控制中－新生代断陷盆地的展布，同时也在与早期构造的复合叠加部位控制了燕山期花岗岩类的上侵定位，沿该带陆续发现小型花岗岩体和岩脉成群成带集中分布。由于其与勉略断裂构造系呈斜切交截关系，因此判断该构造带是燕山期以来构造活动的产物。发育于徽县－成县一带由侏罗系和白垩系及新生界构成的北东向盆地及盆地内一系列左行雁列的北东向小褶皱，指示该构造断裂带具有左行压扭性运动学特征（吕古贤等，1999）。

该带目前已发现的岩体，被确认是燕山期的相对较少，主要呈不规则状小岩体、岩枝、岩脉零星分布。例如，北部的吴砦似斑状二长花岗岩－正长花岗岩体、沿嘉陵江断裂带分布的凤县钱家坪花岗斑岩体群、桃园北花岗斑岩、沿康县－文县断裂带分布的康县琵琶寺北花岗斑岩、文县的磨家沟花岗斑岩、沿太白岩基周缘出露的小庄坪花岗闪长岩、核桃坪北二长花岗岩柳林沟花岗闪长斑岩、香营坪南花岗岩以及惠家沟、米家洼、陈家坪、前老庄等花岗斑岩与二长花岗岩等和众多的燕山期花岗（斑）岩脉。它们的展布明显受到断裂构造控制，出露于断裂带内以及断裂旁侧。已知钱家坪花岗斑岩体群主要沿燕山晚期北东向断裂展布，桃园北花岗斑岩则是侵入印支期二长花岗岩中，由此确定他们为燕山期岩浆活动的产物。

该带岩石组合以花岗斑岩为主，其次为花岗闪长岩和二长花岗岩，岩石多具有准铝质钙碱性－高钾钙碱性或钾玄岩地化特征，以 I 型花岗岩类为主，其次为 S 型花岗岩。岩浆源岩为地壳物质部分重熔，并沿着经重新活化的东西向断裂、北东向断裂以及多组构造复合的部位侵入，属于深源浅成型花岗岩类。岩体规模普遍较小，为岩枝、岩脉以及不规则小岩体，沿断裂带成群、集簇分布特征明显。

钱家坪岩体群： 出露于凤县河东乡钱家坪－红山梁一带，主要沿燕山晚期北东向断裂展布，形态为不规则状、透镜状，由钱家坪、陈家岔南、碾子嘴东和碾子嘴西 4 个侵入体组成，总面积约 $3km^2$。钱家坪岩体群地表分布如图 3-37 所示。

1：25 万宝鸡幅区域地质调查和研究表明，该岩体群岩性为花岗斑岩，呈灰白色，具斑状结构，显微花岗结构，块状构造，粒度斑晶 0.6～3mm，基质 0.2～0.3mm。主要矿物成分：斑晶由钾长石、斜长石和石英组成，含量 5%～10%，基质中斜长石 20%～25%，半自形板状，An=20～25；钾长石 35%～40%，他形粒状，为正长石和微斜长石；石英 30%～35%，他形粒状；黑云母（白云母、绿泥石）＜5%。副矿物特征：磷灰石、锆石。云英岩化、绢云母化、高岭土化蚀变常见。岩石 SiO_2 为 81.03%、Al_2O_3

为 10.79%、MgO 为 0.50%、CaO 为 0.42%、Na_2O 为 3.15%、K_2O 为 2.10%，A/CNK 为 1.31、A/NK 为 1.45、K_2O/Na_2O 为 0.67、$Mg^\#$ 为 69.12，C/FM 为 0.27，A/FM 为 3.83，具有高硅、富铝特征，属过铝钙碱性岩石系列，S 型花岗岩。微量元素中 Rb/Sr 为 14.59，Ba 亏损较重，显示壳源特征，在 CIPW 标准矿物中出现刚玉（C）分子，稀土元素 $\sum REE$ 为 84.85×10^{-6}，LREE/HREE 为 2.7，δEu 为 1.03，为 Eu 弱正异常；$(La/Yb)_N$ 为 3.50，$(Ce/Yb)_N$ 为 4.12，反映轻重稀土分馏特征不明显，显示幔源属性。综合分析它们主要来源于陆壳物质部分熔融后，顺断裂带上升到近地表而迅速结晶的产物，应属壳源 S 型花岗岩。

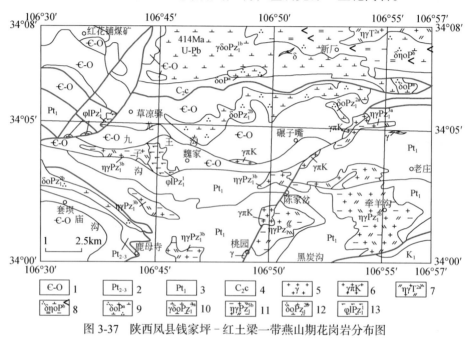

图 3-37　陕西凤县钱家坪－红土梁一带燕山期花岗岩分布图

1. 寒武－奥陶系；2. 新元古界；3. 古元古界；4. 上石炭统；5. 花岗岩；6. 花岗斑岩；7. 肉红色含斑二长花岗岩；8. 灰色角闪石英二长岩；9. 灰色粗粒石英闪长岩；10. 片麻状英云闪长岩；11. 片麻状含榴黑云二长花岗岩；12. 片麻状细粒石英闪长岩；13. 中粒辉石岩

该岩体群主要沿燕山期黄牛铺北东向断裂南侧的平行断裂产出，并受东西向断裂复合控制，故将时代置于白垩纪（K），分析认为属伸展作用的产物。

此外沿黄牛铺北东向断裂带，在黄牛铺西北红石窑附近发育斑状花岗岩，据张宗清等（2006）研究该岩体呈浅红－浅灰白色，粗粒斑状，片麻状，主要由斜长石、钾长石、角闪石、石英等组成，斑晶多为钾长石，部分显环斑结构，对该岩石的角闪石矿物的 ^{40}Ar-^{39}Ar 以及锆石 U-Pb 同位素年龄测定分别获得 167.6±3.9Ma 和 168.3±3.4Ma，属于燕山期岩浆活动的产物。

凤太密集分布区：陕西凤（县）－太（白）地区为秦岭成矿带重要的铅锌多金属成矿区。该区出露多个燕山期花岗岩体，如何家庄、太白河、观音峡、核桃坪等二长花岗岩体（岩株）以及石地沟、小庄坪等花岗闪长岩株。其中太白河岩体规模较大，其余均较小。该区燕山期花岗岩分布如图 3-38 所示。

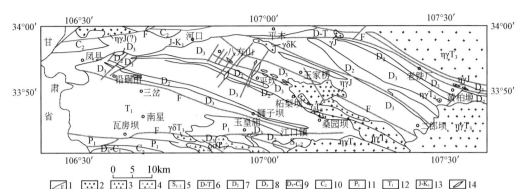

图 3-38 陕西省凤-太地区燕山期花岗岩分布图（据西北有色地质勘查院 2009 年资料改编）

1.断层；2.二长花岗岩；3.花岗闪长岩；4.石英闪长岩；5.中上志留统；6.泥盆系—三叠系；7.中泥盆统；8.上泥盆统；9.上泥盆统—下石炭统；10.上石炭统；11.上二叠统；12.上三叠统；13.侏罗—白垩系红层沉积；14.岩脉

太白河岩体出露于陕西留坝县太白河镇，呈北西向展布的不规则菱形。长 7km，宽约 2.5km，面积约 16km²。侵位于泥盆纪地层，与围岩呈侵入接触关系；与印支期西坝石英闪长岩-角闪二长花岗岩复式岩体呈侵入关系。主要为灰白色中细粒黑云二长花岗岩相。岩体内包体较为发育，包体以地层包体为主，局部可见异源包体（细粒闪长质为主的暗色深源包体，多呈椭圆状、水滴状）。主要组成矿物为斜长石 35%，An=23；钾长石 25%，石英 25%，黑云母 5%，副矿物以磁铁矿为主，少量磷灰石、锆石、榍石，花岗结构，块状构造。

稀土元素 ΣREE=133.01～201.51，ΣCe/ΣY = 27.60～45.57，（La/Ya）$_N$ = 14.2～24.8，显示轻稀土富集，轻重稀土分馏程度较高。δEu = 0.14～0.26，属强 Eu 亏损型，根据王中刚等（1989）的分类，为晚期演化阶段形成的偏碱性花岗岩。微量元素 Sr 为 586×10^{-6}、Ba 为 1126×10^{-6}，含量较高，表明太白河岩体岩浆岩形成于板块碰撞造山晚期或造山期后。

石地沟岩体地表出露表现为两个相对独立的侵入体，分别分布于花红树坪和石地沟一带，推测为深部相连。出露长大于 4km，南北宽 0.45～0.7km，面积约 4km²。岩体主要由中细粒花岗闪长岩组成，次有闪长岩和石英闪长岩。灰白色，中或细粒花岗结构，块状构造。主要矿物成分斜长石 45%～55%，钾长石 8%～12%，石英 20%～26%，黑云母 6%～8%，角闪石 4%～5%。有 50m 宽的细粒边缘相，与中心相的中粒花岗闪长岩呈渐变过渡关系。岩体中主要副矿物为磷灰石-锆石-榍石-黄铁矿组合。岩体内包体主要有地层包体及异源包体。地层包体多见于岩体边部，大小不等，0.5～10m 均可见，形态多样，以棱角状为主，成分主要为围岩捕虏体。异源包体多见于岩体内部，以闪长质深源包体为主，一般呈椭圆状，＜5cm×10cm，与寄主岩界线截然，表明该岩体具异源混浆特征。

岩体 A/CNK 为 0.89，A/NK 为 1.77，K_2O/Na_2O 为 0.83，C/FM 为 0.59，A/FM 为 1.17，$Mg^\#$ 为 77.63。属准铝质高钾钙碱性系列 I 型花岗岩类，岩石微量元素含量分别为：Cu 6.1×10^{-6}，Pb 27×10^{-6}，Zn 28×10^{-6}，Sn 10×10^{-6}，Mo ＜ 1×10^{-6}，Cr 64×10^{-6}，Ni 23×10^{-6}，Co 165×10^{-6}，V 73×10^{-6}，Ti 1583×10^{-6}，Mn 290×10^{-6}，Ga 14.7×10^{-6}。岩体 K-Ar

年龄值（黑云母）为 85.2Ma（陕西省地调院，2003[①]），其形成时代为燕山晚期。

岩体外接触带见有宽几十米至 200m 的蚀变带。常见蚀变有长英质角岩、红柱石长英质角岩、阳起石钠长石含碳质角岩。岩体外侧有铅、辰砂、黄金重砂异常，在外蚀变带中已发现金矿点。

何家庄岩体出露于凤县北部、商丹断裂带南侧，为小型岩株，侵入泥盆纪砂质微粒灰岩与千枚岩中。岩体主体由似斑状含角闪石黑云母花岗闪长岩和二长花岗岩组成，局部含闪长岩包体，被晚期辉绿岩脉切割。何家庄岩体岩性呈似斑状结构，块状构造。斑晶主要为斜长石、钾长石和少量角闪石，石英呈他行充填于斑晶之间。主要矿物组成为斜长石、钾长石、石英、黑云母和角闪石（杨明涛等，2013）。

阳山花岗斑岩体群：阳山花岗斑岩体群位于文县－康县－略阳断裂系与宝鸡－凤县－文县北东向构造带斜截复合部位，又称文县弧形构造东翼。区域地层和构造线整体呈北东东向展布。目前发现的酸性岩脉、岩脉群均沿安昌河－观音坝北东东向断裂断续分布于西起联合村，东到张家山一带长约 40km 的区域内，该带目前已勘探确定为超大型的金矿田。岩脉的岩石类型主要为斜长花岗岩脉、英云斑岩脉以及花岗细晶岩脉等，此外还发育有次火山角砾岩等。

阎凤增等（2010）研究表明，岩脉常顺层侵入产出，多产于断裂带内或断裂带附近，并且多条脉常一起形成复脉带。脉体一般长 300～500m，宽 1～5m，个别地段脉体可宽达 30m 以上，花岗细晶岩脉常与花岗斑岩脉相伴产出并切穿花岗斑岩脉。花岗斑岩的矿物成分主要为斜长石，粒度一般为 0.5～2mm，占 45%，石英呈粒状或团粒状，重结晶现象明显，粒度一般在 1mm 以内，占 30%，暗色矿物主要为黑云母、角闪石，且多已蚀变为绢云母，副矿物主要为磁铁矿、锆石、磷灰石等。岩石地球化学分析表明，岩石碱质组分普遍较低，Na_2O+K_2O 含量一般都低于 6%，但 K_2O 含量大于 Na_2O，表明岩石相对富钾，A/CNK 在 1.11～2.93，为过铝质，岩石里特曼指数（δ）一般为 0.3～0.4，最高为 1.65，属钙碱性岩石系列，总体显示为过铝质高钾钙碱性系列，属 I 型（云英斑岩）和 S 型（花岗斑岩）花岗岩类型。构造环境判别，大部分岩石反映为造山后花岗岩和大陆碰撞花岗岩。对花岗斑岩同位素测年数据的分析（雷时斌等，2010；齐金忠等，2005）表明，该区岩浆活动事件延续时间较长，从晚三叠世一直延续到早侏罗世（220～185Ma），岩浆活动峰值时代为 210Ma 和 190Ma，其中早期阶段的岩体主要见于该岩带西段的联合村到郭家坡一带，晚期阶段的岩体主要见于中段的安坝一带。此外，年龄测定还发现在石英脉中存在众多的白垩纪的锆石（126.9±3.2Ma）和古近纪的锆石（51.2±1.3Ma），表明在花岗斑岩形成后，本区又发生过两次重要的岩浆热液活动，他们可能是深部白垩纪和古近纪隐伏岩体所致。综合区域上白垩纪盆地的展布受到北东向构造明显控制，可以推断阳山白垩纪的岩浆活动也可能受到北东向构造的控制。

三、西段花岗岩

西段花岗岩与中东段明显不同，燕山期岩体地表明显偏少且规模小，空间分布广泛而

---

① 陕西省地调院 . 2003. 1：25 万汉中幅区域地质调查报告。

零散，多为零星分布的小岩体、岩枝、岩脉群等，但它们的分布出露与断裂构造密切相关，且在北西西向主干断裂与北东向断裂构造或南北向断裂构造相复合的部位集中密集分布，从而构成东西成带、北东成行，网格状交叉的空间展布特征。以往鉴于该区段地质工作程度低，岩体零星出露，从而忽视了该区段北东向构造对岩浆活动控制的重要性。近年来，随着地质找矿程度的不断提高，一些新的成果不断出现，人们逐渐认识到燕山期北东向构造在成岩成矿中的重要意义（吕古贤等，2006，杜玉良等，2003）。吕古贤等（2006）经过长期工作和研究，不仅对该区段的北东向构造进行了重新认识，提出它们是一组叠加在前期构造之上的穿透性的多期次独立构造系统，对本区金矿成矿规律起着重要控制作用，并对北东向构造进行了分带，其一为若尔盖地块东南缘的龙日坝－黑水晶松潘一带，断续横跨岷江南北向构造带、玛沁－武都东西构造带，到甘肃礼县一带，其二为若尔盖西北缘，在碌曲－玛曲－迭部一带。杜玉良等（2003）研究指出秦岭－祁连造山带内发育的较大规模北东向断裂－岩浆活动带，宽度一般为数千米至数十千米，沿走向斜穿秦岭、祁连、扬子陆块以及华北地块等不同构造单元，并且发育程度具有自东向西逐渐减弱的趋势，西部多为隐伏构造。由于西段多为隐伏构造，对本区北东向构造带的判别，需要依据现存的侏罗纪—白垩纪断陷盆地沉积建造、北东向断裂构造、中生代岩浆岩体（脉）群的分布，结合区域地球物理、遥感线性和环形影像特征与区域地球化学等信息资料以及与继承性断裂构造活动相关的现代地形地貌单元及其界线、水系等综合分析判定。从现地表燕山期岩体出露情况，结合前人的研究成果，本书初步将西段燕山期花岗岩划分为礼县－舟曲北东向岩浆岩带和夏河－碌曲－玛曲北东向岩浆岩带。

1. 礼县－舟曲北东向岩浆岩带

该岩浆岩带主要受控于礼县－舟曲北东向断裂构造。礼县－舟曲北东向断裂构造带北从礼县，向南经宕昌、舟曲，断续可达四川龙日坝一带，向北在武山仍可见其形迹。

该岩浆岩带岩体主要在区域北西西向构造带与北东向构造带向叠加的复合部位分布，且多为小岩枝、岩体、岩脉产出，有的则是印支末期岩浆活动的继续，如"五朵金花"诸岩体中晚期阶段侵位的酸性成分较高的斑状黑云母二长花岗岩，其成岩时代可延续至侏罗纪早期180Ma左右。而且该带与花岗岩有关的金成矿时代也多数为燕山期，如最新发现的寨上金矿床，相关资料[1]显示，其主成矿期的11号和9号矿脉的含矿热液脉的石英和绢云母的 ^{40}Ar-^{39}Ar 的同位素测年大都在 130.62 ~ 125.28Ma，表明为燕山期成矿。

且让石英闪长岩体（群）：位于该岩浆岩带南部四川省若尔盖县巴西金矿田。该矿田位于文县弧形构造西翼的北西西向荷叶坝区域大断裂带南侧次级平行断裂与北东向断裂交汇处，与成金有关的岩体为"且让岩体"及其周边发育的岩脉群（图3-39）。据吕古贤等（2006）调查研究，且让岩体由石英闪长岩、黑云母石英闪长岩及闪长玢岩组成，岩体呈北西向不规则脉状分布，断续长约3.1km，宽 0.3 ~ 0.5km，面积 0.7 ~ 1.1km²。岩体周边发育20多个大小不等的闪长玢岩及小型花岗斑岩、细晶花岗岩及二长－正长岩脉，与且让岩体为同源的晚期产物。岩体侵位于三叠系草地群（或西康群）深海－半深海浊流复理

---

① 中国人民武装警察部队黄金第五支队，中国地质大学（北京）地球科学与资源学院. 2008. 甘肃省岷县寨上金矿床成因机制研究（内部报告）。

石沉积建造中上统的浊积岩中，围岩普遍发生热变质和接触交代变质作用。

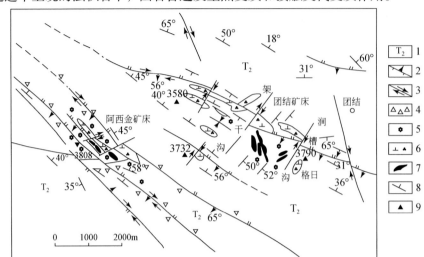

图 3-39 四川若尔盖县巴西金矿田地质简图（据吕古贤等，2006）

1. 中三叠统；2. 逆断层；3. 平移断层；4. 构造角砾岩；5. 硅化蚀变；6. 石英闪长玢岩；7. 金矿体；8. 地层产状；9. 制高点

岩体岩石化学主要成分组成如下：SiO_2 为 56.26%～62.3%，Al_2O_3 为 15.31%～17.51%，$FeO > Fe_2O_3$，MgO 为 1.50%～2.71%，Na_2O+K_2O 为 5.7～7.01，且 $Na_2O > K_2O$，K_2O/Na_2O 为 0.61～0.94，A/CNK 为 0.81～0.94，A/NK 为 1.59～2.12，$Mg^{\#}$ 为 65.0～79.31，C/FM 为 1.39～3.14，A/FM 为 2.33～5.60，表现为准铝质高钾钙碱性系列地球化学特征，属 I 型花岗岩类型，$FeO > Fe_2O_3$ 和 $Na_2O > K_2O$ 反映岩体成岩深度较大，氧化条件差，依据 C/FM-A/FM 图判别其源岩以下地壳基性岩物质的部分熔融为主。

该岩体具有多阶段侵入特征，其中黑云母闪长岩相为早阶段侵入体，石英闪长岩为后阶段的岩浆活动产物，构成且让岩体的主体，且与金矿化关系密切，岩体周边发育的大小不等的闪长玢岩、花岗斑岩、细晶花岗岩以及二长－正长岩脉（20 余个），则可能为主岩体的同源浅成产物。

构造应力场分析研究表明，由于印支末期碰撞造山作用后的应力释放松弛，印支末期形成的区域北西西向韧性－韧脆性挤压构造带在燕山早期发生伸展，在原有结构面基础上，断裂力学性质发生转化，又经北东向或近南北向构造的叠加复合，形成北西西向脆性变形的张性断裂破碎带，地壳深部岩浆便通过断裂破碎带上侵充填、定位，形成同构造小岩体（岩脉），并沿断裂带及其旁侧的构造角砾岩和碎裂岩带，发生大规模的面状、带状以渗滤交代为主的硅化蚀变（早期矿化），燕山晚期—喜马拉雅期构造应力场又发生变化，北西西向主干断裂发生继承性活动，由张性转变为右行挤压滑移，派生出北东向和北西向次级小断裂系统，共同构成容矿构造，进一步发生细脉－网脉状硅化充填交代作用即二期硅化，也就是主成矿阶段，形成工业矿床。由此可见且让岩体及其周缘的岩脉群的成岩与成矿均与燕山期构造运动作用有关，北东向断裂与前期北西西向构造带的叠加复合控制了岩体和矿体的产出定位。

中川复式岩体：中川复式岩体为"五朵金花"岩体群之一，有关"五朵金花"岩体群的成岩作用，本章第一节已有论述，为一受断裂构造控制明显、具有复杂的多阶段、多期次的岩浆侵入活动过程的复式岩体群，其岩浆作用主要发生于印支晚期，部分岩体活动可延续至燕山期，与岩浆活动有关的金、铅锌等成矿作用也发生在印支末期—燕山早期。其中中川岩体最为典型。

中川复式岩基面积约 210km²，侵入上泥盆统大草滩群和中石炭统巴都组，外接触蚀变带发育，宽度在 1 ～ 2.5km。岩体各岩相单元在平面上呈同心圆状分布，由外向内依次为中细粒黑云二长花岗岩（徐家坝单元）→中粒似斑状黑云二长花岗岩（张家庄单元）→细粒含斑黑云二长花岗岩（关地沟单元）。各相带之间为脉动接触关系，接触面多为港湾状，较早形成的岩相中常见有晚期侵入体呈脉状侵入现象，晚阶段形成岩相内可见到早期侵入体的捕房体。该岩体以往同位素年龄数据较多，但多为 Rb-Sr 和单矿物 K-Ar 年龄数据，如外环细粒黑云二长花岗岩成岩年龄为 232.9±14Ma（Rb-Sr）（Li et al.，1997），中环似斑状黑云二长花岗岩为 188 ～ 229Ma（黑云母 K-Ar）（冯建忠等，2003），内环岩体 K-Ar 同位素年龄为 181.5Ma（黑云母 K-Ar）（卢纪英等，2001）。岩体周缘接触带围岩花岗斑岩、闪长玢岩中酸性岩脉以及煌斑岩脉发育，并与金矿成矿关系密切，认为岩脉与主岩体同源（王祥文，1999；王秀峰，2010）。冯建忠等（2003）曾对李坝金矿区外围的花岗斑岩脉单颗粒锆石 U-Pb 测定，获得 166.5±0.6Ma 的数据，本书对采自外环徐家坝单元的二长花岗岩和张家庄单元的中粒似斑状黑云二长花岗岩进行 LA-ICP-MS 锆石 U-Pb 年龄测定分别获得 235.8±2.3Ma 和 219.9±0.84Ma 的数据（图 3-40）。从以上数据可知，中川岩体岩浆上侵固结成岩最早可发生于印支晚期（232 ～ 229Ma），继之，沿早期已有岩浆上升通道岩浆再次上侵，形成斑状的二长花岗岩相。由于该阶段成岩构造环境可能处于开放环境下，岩浆活动时间长，因此矿物晶粒大，且普遍具有斑状结构；燕山早期，岩浆继续活动上侵，形成内环的细粒含斑的花岗岩，同时在其周缘岩浆热液沿先期岩体固化收缩生成的断裂和裂隙充填而形成众多的同源花岗斑岩脉。可以说，中川岩体是构造体制转换条件下的产物。

这里需要注意的是，以往所做的 K-Ar 年龄数据，有相当一部分都显示了 177 ～ 188Ma 的年龄值，这也反映了区内在燕山早期可能存在一次较广泛的热事件，这次热事件极有可能与当时的岩浆活动作用有关，这也说明中环带的粗粒斑状二长花岗岩作为燕山期岩体的围岩而发生了一定的改造。

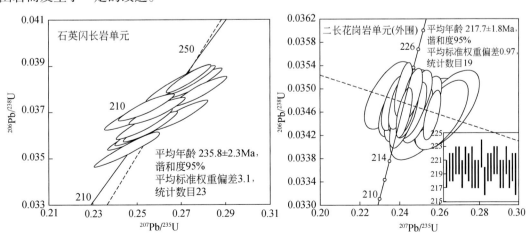

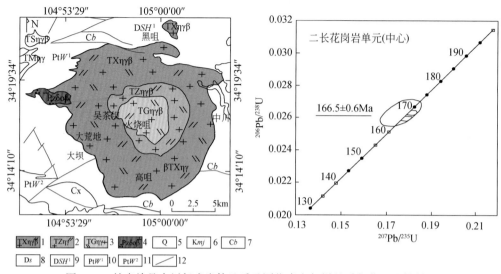

图 3-40　甘肃礼县中川复式岩体地质及同位素定年样品采集位置和结果图

1. 徐家坝黑云母二长花岗岩；2. 张家庄似斑状黑云母二长花岗岩；3. 关地沟含斑黑云母二长花岗岩；4. 张家山黑云母石英闪长岩；5. 第四纪地层；6. 上白垩统麦积山组；7. 下石炭统巴都组；8. 上泥盆统双狼沟组；9. 上泥盆统舒家坝群；10. 中元古界吴家山群上岩组；11. 中元古界吴家山群下岩组；12. 断裂

对该岩体不同相单元岩石的地球化学数据整理分析（表 3-10）表明，它们具有大致相同的地球化学特征，各地球化学指数变化范围都很窄，A/CNK 为 $1.00 \sim 1.03$，A/NK 为 $1.25 \sim 1.38$，表现为弱过铝质，K_2O/Na_2O 均大于 1.0，在 $1.03 \sim 1.37$，高钾特征明显。在 K_2O-SiO_2 关系图中，投点落入高钾钙碱性和钾玄岩之界线附近或钾玄岩区域，具有钾玄岩 - 高钾钙碱性系列地球化学特征；在 Na_2O-K_2O 判别图中，投点落入 A 型和 I-A 的界线处。$Mg^{\#}$ 大于 47，在 $60.3 \sim 78.1$，FeO 均大于 Fe_2O_3，反映岩浆源来源相对较深，C/FM 为 $0.44 \sim 0.49$，A/FM 为 $1.73 \sim 2.65$，投图判别岩浆物质可能为地壳变杂砂岩及基性岩的部分熔融。中川岩体不同岩相的稀土和微量元素球粒陨石标准化曲线特征见表 3-10。球粒陨石标准化的微量元素蛛网图反映了上部地壳的地化特征。$(La/Yb)_N$ 相对较高，可能暗示着当时的地壳厚度较厚。综合分析，中川岩体（包括邻近的其他岩体群）可能为碰撞造山作用导致的地壳加厚条件下地壳深部物质的部分熔融形成的岩浆物质在后造山期应力松弛阶段分期上升侵位而成的。从各不同相带的矿物组成可显示出关地沟基本承袭了早期的成分，并向更碱性方向发展，并有白云母矿物的出现，具有侵入地壳的已有岩浆岩的重熔性质。

表 3-10　中川岩体不同相带地球化学指数表　　　　（单位：%）

相单元	关地沟单元（3）	张家庄单元（3）	徐家坝单元（6）*
岩性	细粒含斑黑云母花岗岩	中粒似斑状黑云母二长花岗岩	细粒二长花岗岩
SiO_2	72.07	71.21	68.07

续表

相单元	关地沟单元（3）	张家庄单元（3）	徐家坝单元（6）[*]
Al_2O_3	13.56	13.93	14.8
Fe_2O_3	0.43	1.04	0.59
FeO	1.93	2.04	2.64
MgO	0.72	0.75	1.6
CaO	1.24	1.65	2.22
Na_2O	3.55	3.95	3.43
K_2O	4.65	4.15	4.69
A/CNK	1.03	1	1
A/NK	1.25	1.27	1.38
Na_2O+K_2O	8.2	8	8.12
K_2O/Na_2O	1.31	1.05	1.37
$Mg^{\#}$	68.7	60.3	78.1
C/FM	0.44	0.49	0.47
A/FM	2.65	2.28	1.73
LREE/HREE	11.51	11.3	11.04
$(La/Yb)_N$	13.97	13.15	20.82
δEu	0.61	0.44	0.65
Yb/Lu	6.49	5.89	7.17
Rb/Sr	0.89	0.73	0.7
Sr/Y	16.1	13	22.9

＊括号内数字代表样品数量

对中川岩体成岩构造解析分析表明，岩体是在区域北西西向构造与北东向构造的交汇处的张性构造空间呈中心式分阶段不断脉动上升侵位的。而对其周缘的李坝、赵家沟、金山等金矿床的地质勘查成果显示，与金成矿密切相关的中酸性岩脉的分布多数沿着北西西—北西向断裂破碎带及其次级断裂分布，岩脉长几十米到几百米不等，宽1m到十几米，显示出区域北西西向断裂构造带从印支期的压性向燕山期的张性力学性质的转化，反映燕山期的岩浆活动总体处于北西－南东向的主压构造应力场条件下。

总结以上岩体特征，中川复式岩体的成岩模式可用图3-41予以概括。除了中川岩体外，"五朵金花"岩体群的闾井岩体的晚期岩相也是燕山早期活动的产物。其成岩模式与中川岩体基本相同。

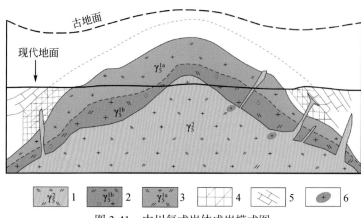

图 3-41 中川复式岩体成岩模式图

1. 灰白色细粒含斑黑云母二长花岗岩；2. 灰白色中粒似斑状黑云母二长花岗岩；3. 灰白－肉红色中－细粒黑云母二长花岗岩；4. 热蚀变带；5. 未蚀变围岩；6. 捕房体

2. 夏河－碌曲－玛曲北东向岩浆岩带

夏河－碌曲－玛曲北东向构造带是西秦岭地区地表表现明显的一组构造带。该带由多条平行的断裂组成，向北延伸与夏河－礼县北西西向构造带呈截切叠加复合关系，向南穿切玛曲－迭部－武都北西西向构造带。向南则构成若尔盖地块西北缘构造带（吕古贤等，1999）。该构造带主要穿切三叠系并控制了白垩系—古近系和新近系的陆内断陷盆地的展布，而且还控制了侏罗纪—白垩纪的岩浆活动，沿该构造带地表断续出露有燕山期以来的石英闪长岩、花岗岩、花岗斑岩体（脉）以及石英脉及脉体群，分布于郎木寺北部一带的侏罗纪郎木寺组（Jl）和白垩纪财宝山组（Kc）的陆内火山岩系，即受北东向断裂构造叠加在区域北西西向构造的复合控制，并沿北西西断裂呈裂隙中心式喷发和喷溢而形成的，其火山岩的同位素年龄分别为 191.57Ma（K-Ar）和 112±27Ma（Rb-Sr）。在与玛曲－迭部－武都北西西向构造带相复合部位则控制了格尔括合、忠曲等金矿的产出。该北东向断裂构造主要反映了左行滑移力学性质，主要成生于燕山期以来，新近纪以来仍有活动并控制了地表第四系的沉积。

该岩浆岩带出露的岩体、岩株、岩脉主要沿北东向构造带与区域北西西（北西向）向构造叠加复合部位成群集中分布。例如，在与夏河－礼县北西西向构造带叠加复合的合作－夏河一带的岩体群由朗日卡、桑多卡、当浪卡、阿尼迈日、马九勒、早仁道等 21 个小岩体、岩株构成，而在与玛曲－迭部－武都北西西向区域构造带叠加复合部位则出露有格尔括合岩体群以及孜隆杂干、格吉、阿年巴岩株以及巴鲁南、慈宰卡、什地库等众多的岩脉群，从而呈现为北西西向成带，北东向分段密集的空间分布特征。

对于分布于合作－夏河一带的岩体群而言，甘肃省地质调查院地质找矿勘查 2006 年成果显示，该岩体群分布与北东向叠加复合在北西西向构造引致的热隆区关系密切。卫星遥感影像解译结果显示，该热隆构造区主体为 NW 向延伸的椭球体，长 50～60km，宽 30～40km。热隆构造区范围内线、环构造发育，线性构造（带）主要有：①NWW—NW 向，规模较大，具线状影纹及色彩异常（带），显示为区域性大断裂（主干构造）；②NE 及

NEE 向为次，规模不等，密集成带形成于热隆边部及中部，常穿切主干断裂并与主干断裂构成多个菱形断块（菱块），并与环形构造组成具有控矿意义的"菱-环"构造组合，明显控制着新生代断陷盆地的展布方向；③近 SN 向（包括 NNW 及 NNE 向）断裂，规模较小，略具等间距性，对中酸性岩体及脉岩的分布有一定的控制作用。燕山早期中酸性侵入岩则主要分布于北部及东部环缘地带，其次，零星出露于环内中部及环缘内侧（参见图 2-8）。该岩浆岩带岩石类型以花岗闪长岩为主，其次为石英闪长岩、花岗斑岩、斜长花岗斑岩、花岗质细晶岩以及各类脉岩。前者规模较大，一般呈岩株、岩枝产出，与围岩界线清楚，接触带普遍具有角岩化、硅化、夕卡岩化等热液蚀变现象；后者规模很小，多呈不规则的小岩枝、岩瘤或岩脉产出，与围岩界线不明显，具有分布广泛、浅成侵入、剥蚀较浅（半隐伏）和多期（次）活动等特点，局部往往形成以中-低温热液蚀变为主的面状或条带状地热异常区（带），表明其深部可能存在更大规模的隐伏岩体（群）。

而北东向构造带与玛曲-迭部-武都北西西向区域构造带叠加复合部位出露众多岩脉群，岩石类型则与北部的夏河-合作岩体群略有不同，该段的岩石类型以石英闪长岩、闪长岩、花岗闪长岩等为主，其次为二长花岗岩。岩体规模均较小，以岩枝、岩脉为主，且集中成群分布于断裂构造交汇处及其附近。

该岩带岩体岩石地球化学总体表现为准铝质钙碱性和准铝质-过铝质高钾钙碱性系列特征，花岗岩类型复杂，既有 I 型也有 S 型，且 S 型主要发育于南部的玛曲-迭部构造带一线。岩体多表现为深源浅成型，属大陆花岗岩。

该岩带岩体的同位素年龄资料较少，也多为 K-Ar、Rb-Sr 等，如格吉闪长岩（149.3Ma，K-Ar）、忠曲闪长玢岩体（181±8Ma，Rb-Sr）（赵彦庆等，2003）、格尔括合花岗闪长岩（174.3Ma，Rb-Sr；184.7Ma，K-Ar）等，达尔藏花岗闪长岩最近获得 176±24Ma 的锆石 U-Pb 年龄[1]，表明为早侏罗世岩浆活动产物。其他岩体多侵入石炭系、二叠系、三叠系等，围岩最新地层为中三叠统的古浪提组，因此判断它们的成岩时代为侏罗纪。

达尔藏花岗闪长岩体：构造位置处于夏河-礼县北西西向构造带与夏河-碌曲-玛曲北东向构造带复合部位，岩体总体北西西向展布，呈不规则状形态。面积为 30.7km²。侵入上二叠统石关组陆缘碎屑浊积岩地层，主要岩性为中薄层状泥质砂岩、泥质灰岩等，岩体接触带围岩角岩化现象普遍。岩体主体为黑云母花岗闪长岩，局部为石英闪长岩。岩体中见有略具定向性展布的微-细晶闪长岩包体，形态呈椭圆状、次圆状-圆状，包体大小在 1～10cm²（图 3-42）。中-细粒状结构，似斑状结构，块状构造，矿物组成为长石（60%～65%）、石英（20%）、暗色矿物以黑云母为主（15%），其次为角闪石。岩体岩石化学成分组成见表 3-11。花岗闪长岩：SiO_2 为 64.59%～66.12%，Al_2O_3 为 15.00%～16.38%，MgO 为 1.50%～2.71%，Na_2O+K_2O 为 5.7%～7.01%，K_2O/Na_2O 为 1.04～1.25，A/CNK 值为 0.91～1.0，A/NK 值为 1.95～2.07，$Mg^\#$ 为 72.03～72.46，C/FM 为 0.66～0.76，A/FM 为 1.23～1.78，具有过铝质高钾钙碱性系列地化特征，属于 S-I 过渡型花岗岩类型。石英闪长岩：SiO_2 为 59.86%，Al_2O_3 为 16.86%，MgO 为 4.03%，Na_2O+K_2O 为 4.61%，且 $Na_2O > K_2O$，K_2O/Na_2O 为 0.7，A/CNK 值为 0.94，A/NK 值为

---

[1] 中国地质大学（武汉）. 2006. 秦岭成矿带重大找矿疑难问题研究（成果报告）。

2.59，Mg$^{\#}$ 为 73.22，C/FM 为 0.65，A/FM 为 0.96，表现为准铝质钙碱性系列地球化学特征，属 I 型花岗岩。依据 C/FM-A/FM 图判别，石英闪长岩源岩以基性岩的部分熔融为主，而花岗闪长岩则表现为变杂砂岩和基性岩的部分熔融。稀土总量高，花岗闪长岩 LREE/HREE=11.15 ～ 18.31，（La/Yb）$_N$ 为 13.96 ～ 33.24，石英闪长岩的值则相对较低，分别为 9.71 和 10.16，反映了岩石具有较强烈的轻重稀土分馏，轻稀土富集。各样品均具有微弱负 Eu 异常（δEu=0.58 ～ 0.79）。在原始地幔标准化的微量元素蛛网图中，表现出富集大离子亲石元素（LILE，如 Ba、La、Ce、Sr 等）、具有明显的 Nb、Ta、P 和 Ti 负异常，微量元素洋中脊花岗岩标准化图解中，具有较明显的 Nb-Ta 和 Zr-Hf 低谷，属于下地壳物质熔融的产物。

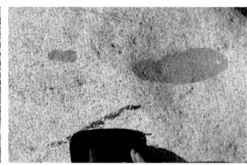

图 3-42　甘肃达尔藏花岗闪长岩矿物组成及包裹体形态

表 3-11　达尔藏花岗闪长岩岩石地球化学特征表　　　　（单位：%）

岩性	花岗闪长岩	花岗闪长岩	花岗闪长岩	石英闪长岩
SiO$_2$	66.12	64.81	64.59	59.86
TiO$_2$	0.63	0.54	0.51	0.68
Al$_2$O$_3$	16.38	15.53	15	16.86
Fe$_2$O$_3$	0.67	4.28	3.97	5.84
FeO	3.33			
MnO	0.060	0.07	0.06	0.09
MgO	1.44	2.82	2.58	4.03
CaO	3.78	4.43	4.86	6.31
Na$_2$O	2.67	2.71	2.77	2.71
K$_2$O	3.34	2.82	2.89	1.9
P$_2$O$_5$	0.17	0.1	0.09	0.13
A/CNK	1	1	0.91	0.94
A/NK	2.05	2.07	1.95	2.59
K$_2$O/Na$_2$O	1.25	1.04	1.04	0.7
C/FM	0.75	0.66	0.76	0.65
A/FM	1.78	1.23	1.29	0.96
Mg$^{\#}$	72.46	72.31	72.03	73.22

续表

岩性	花岗闪长岩	花岗闪长岩	花岗闪长岩	石英闪长岩
LREE/HREE	18.31	11.18	11.15	9.71
δEu	0.79	0.58	0.62	0.73
Yb/Lu	7	6.5	6.5	5.56
资料来源	本书	殷勇和殷光明，2009		

西倾山中酸性岩体群：西倾山一带岩体群位于北西向玛曲－迭部－武都区域构造带与夏河－碌曲－玛曲北东向构造叠加复合节点处。该区在早震旦世末晋宁运动形成的古中国大陆基础上，曾经历了多次拉张裂陷－闭合造山过程：①早古生代形成东西向白龙江裂陷槽，接受寒武－志留系海相复理石碎屑沉积。加里东运动使裂陷槽闭合并转入相对稳定的浅海台地相环境，形成泥盆系—下三叠统浅海碎屑岩和碳酸盐岩建造。②中三叠世晚期再度裂陷形成区域广泛分布的中上三叠统巨厚深海－半深海浊流复理石建造。③印支运动使该区全面褶皱造山并形成多地体拼贴的大地构造格架。④燕山期—喜马拉雅期，受古亚洲、特提斯和滨西太平洋三大构造域的共同作用，区内构造运动表现为大规模陆内推覆、走滑剪切和地体不均衡隆拗。岩浆活动强烈，形成众多规模不一的中酸性小岩株或岩脉。在断陷盆地内则形成侏罗－白垩纪玄武－安山－流纹质火山岩，如郎木寺一带。⑤挽近地质时期全面抬升并遭受剥蚀。

该区岩浆岩发育，受北西西向构造和北东向构造复合控制，沿北西向区域性断裂构造带近等间距出露格尔括合、忠曲和忠格扎拉等岩体以及众多的小岩株、岩脉，它们均侵入石炭系—三叠系。沿其中的格尔括合、忠曲和忠格扎拉三个规模较大的岩体及其周缘陆续发现大水、忠曲、贡北、格尔托、辛曲和恰若等金矿床，仅储量可达 80t，构成西秦岭重要的金成矿带。该区地质矿产分布如图 3-43 所示。地质和勘探成果表明，岩浆活动为金成矿的重要控制要素（闫升好等，2000；赵彦庆等，2003；邓喜涛，2010）。

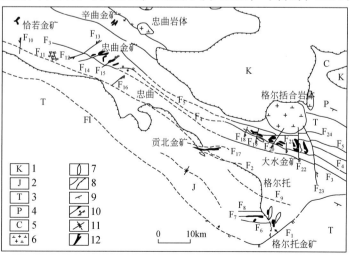

图 3-43 大水－忠曲一带印支－燕山期中酸性岩体分布略图（据李真善等，2002）

1. 白垩系；2. 侏罗系；3. 三叠系；4. 二叠系；5. 石炭系；6. 花岗闪长斑岩；7. 花岗闪长岩脉；8. 地质界线；9. 地层产状；10. 断层；11. 向斜构造；12. 金矿脉

对三个较大岩体的岩石、矿物学研究，该区主要岩石组合为闪长岩－花岗闪长岩－二长花岗岩斑岩等，并有从早到晚岩石逐渐向酸性的演化趋势。岩石同位素年龄测定为 204～174Ma。依据本书对忠曲岩体所获得 223.7±1.3Ma 的年龄数据，反映该区岩浆活动从印支晚期即已活动，并延续至燕山早期。对岩体的岩石地球化学研究表明，岩石 SiO_2 含量为 54.4%～63.39%，Al_2O_3 含量为 15.24%～16.6%，Fe_2O_3+FeO 含量普遍较高，在 5.9%～11.2%，且 Fe_2O_3 普遍大于 FeO，MgO 含量为 1.31%～3.92%，Na_2O+K_2O 在 5.64%～8.2%，K_2O 大于 Na_2O，A/CNK 为 0.47～1.14，A/NK 为 1.30～2.19，K_2O/Na_2O 为 1.19～1.66，$Mg^{\#}$ 在 44.38～71.07，具有过铝质高钾钙碱性－钾玄岩系列地球化学特征，属 S-A 型花岗岩类型。C/FM 为 0.71～0.35，A/FM 为 0.54～1.48，显示基性岩的部分熔融。稀土元素特征具 Yb、Y 亏损、轻稀土富集的特点，LREE/HREE 为 12.48～16.75，δEu 为 0.67～0.89，属弱负 Eu 异常，微量元素中 Cr、Co、Ni、Cu 等含量较高，Sr、Ba 高。表明岩浆起源于地壳与地幔的混熔，在岩浆上升过程中，有大量上地壳物质参与其中，是造山带深成活动的产物。依据以上综合分析表明，在三叠纪末期印支碰撞运动导致下地壳深源基性物质部分熔融并参与少量上地幔物质形成岩浆房，岩浆沿深大断裂上升过程中，地壳物质不断进入岩浆系统，改变了岩浆的成分。该岩浆活动持续作用，直到侏罗纪早期在沿主干构造以及几组构造交汇处的开放性环境中充填贯入近地表就位形成大量的岩脉，或溢流、喷出地表形成火山岩。所以它们应为碰撞造山后应力松弛拉伸阶段的产物。

沿着北东向构造带一线向北东方向，在尕海东郎木寺到贡玛隆多一带，可见多处岩枝、岩脉群出露，其岩性与忠曲、格尔括合等岩体基本相同，受燕山期构造复合控制的现象特征更为明显。

第三节　印支－燕山期花岗岩与成矿关系

一、印支期岩浆演化及其大地构造背景

秦岭成矿带印支期岩浆作用强烈，岩体分布广泛，不仅秦岭成矿带中、西段广泛出露，在东段的华北地台南缘也陆续发现并厘定出印支晚期的中酸性－碳酸岩岩浆岩体，如老牛山杂岩体，东闯花岗岩以及黄龙铺、华阳川碳酸岩体等。而且东西成带分布特征明显，各花岗岩带无论在岩石组合、岩性特征以及岩石地球化学特征均具有一定的差异，各带特征见表 3-12。

秦岭成矿带印支期中酸性岩浆活动具有以下特征。

（一）岩浆演化系列与侵入时代关系

秦岭成矿带三叠纪花岗岩类的成岩时代时序较长，同位素年龄数据表明在 248～200Ma，个别可延续至 185Ma，即早侏罗世。相应的岩浆岩岩石类型有闪长岩、石

表 3-12　秦岭成矿带印支期花岗岩带成岩时代、地化特征对比表

岩浆岩分带	华北地台南缘岩浆岩带	北秦岭岩浆岩带	南秦岭岩浆岩带		扬子准地块北缘岩浆岩带
			北亚带	南亚带	碧口地块
成岩时代 /Ma	200～213	205～227	200～245	200～248	207～223
岩石组合	$\xi\gamma$-ξ-C	δo-η-$\gamma\delta$-γ-ξ	δo-$\gamma\delta$-$\eta\gamma$-$\gamma\pi$		$\gamma\delta$-$\eta\gamma$-γ
地化特征	过铝质高钾钙碱性系列－钾玄岩系列	过（准）铝质高钾钙碱性（钙碱性）系列－钾玄岩系列	准－过铝质钙碱性系列为主，东段晚期为过铝质高钾钙碱性系列－钾玄岩系列		过铝质钙碱性－高钾钙碱性系列
花岗岩类型	A、S	I（C 型埃达克岩）、I-S、A	I（C 型埃达克岩）、I-S	I（C 型埃达克岩）、S	I（C 型埃达克岩）、S
岩浆源	下地壳物质局部熔融，幔源物质加入	下地壳物质局部熔融，幔源物质加入	下地壳物质局部熔融，幔源物质加入	下地壳（部分上地壳）物质局部熔融，幔源物质加入	下地壳和上地幔物质局部熔融混浆
构造环境	碰撞后应力松弛拉伸环境	碰撞挤压－松弛拉伸转变环境	早期同碰撞环境，晚期碰撞后拉伸环境		碰撞挤压－松弛拉伸转变环境

英闪长岩、二长岩、花岗闪长岩、二长花岗岩、花岗岩、钾长花岗岩、二云母花岗岩、正长岩以及岩浆碳酸岩等。依据各类岩相之间的穿插关系以及年龄数据，可以将其划分为三个侵入阶段。早期阶段的岩浆活动发生于 248～225Ma，主要岩石组合为石英闪长岩（埃达克质的）－花岗闪长岩，主要在西段出露，其次为中段，且主要以复式岩体中早阶段侵位的岩相为特征；中期阶段岩浆活动主要发生在 225～210Ma，主要岩石组合为二长花岗岩－花岗岩组合，分布广泛，在中、西段及扬子北缘均有出露；晚期阶段主要在 215～200Ma，个别可延续至 185Ma（早侏罗世），其岩石组合主要为钾长花岗岩－环斑花岗岩（多在中区出露），与其相伴的还有碱性花岗岩岩类、碱性岩以及岩浆碳酸岩、煌斑岩等，因此显示出从早期到晚期岩浆有从以偏中性为主逐渐向中酸性乃至碱性演化趋势。

（二）岩浆岩带地球化学性质的差异

南秦岭岩浆岩带岩浆活动持续时间长，贯穿整个三叠纪，岩浆岩岩石类型复杂，具有多期次、多阶段侵位特征，具有从早到晚的完整岩浆演化序列。若将南秦岭岩浆侵入作为秦岭成矿带印支期岩浆演化序列柱，那么，华北地台南缘岩浆岩带则代表了岩浆序列最晚期，甚至有代表深部幔源岩浆活动标志的岩浆碳酸岩物质的侵位，而北秦岭和碧口地块则显示为中到晚期的岩浆序列。

各岩浆岩带由于所处构造单元不一，其间的地球化学特性也不相一致，尽管各岩带中都存在不同阶段侵入的岩相，而使得岩石化学成分复杂化，但是大体上仍存在一定的差异，即从南到北，花岗岩性质有从准铝质钙碱性系列为主（南秦岭）→准铝质－过铝质高钾钙碱性系列（北秦岭）→过铝质高钾钙碱性系列－钾玄岩系列（华北地台南缘）转变的趋势（图3-44），岩石类型也从I-S、I型→I、I-S、A型→A、S型转变，碧口地块的花岗岩性质及岩石类型与南秦岭南亚带花岗岩类基本相似。值得注意的是，南秦岭南亚带内的紧邻勉略带出露的一些花岗岩体［如阳山花岗斑岩脉群、胭脂坝以及东段的凤凰山－牛山一带的花岗岩体（脉）群等］和扬子地台北缘碧口地块内部的部分岩体（如南一里、鹰嘴山等）大都具有S型花岗岩特征，而它们成岩时代都相对较晚，多为第三阶段的产物，更多地反映了以上部地壳物质重熔为主的特征。

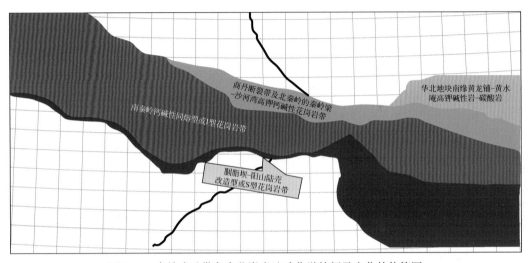

图 3-44　秦岭成矿带印支花岗岩地球化学特征及变化趋势简图

（三）同位素地球化学特征的差异

对收集到的印支期花岗岩的同位素数据资料的综合研究表明，除了各东西向岩浆岩带之间具有一定的差异以外，其东、中、西各段的地球化学以及同位素特征也存在较大的差异。这是由于其所处大地构造单元基底物质成分的不同，花岗岩的物质来源均与各构造单元内的古老地壳物质的深部熔融有关。

印支期典型花岗岩体的 Sr、Nd 同位素组成见表3-13。

对北秦岭和南秦岭各岩浆岩带典型中酸性岩体的 Sr、Nd 同位素地球化学特征分析结果表明（图3-45），区内典型岩体均落入 Bc 区，反映了尽管所处大地构造位置不一，但花岗岩岩浆源区主体表现为具有玄武岩源区与陆壳之间的过渡源区特征。然而仔细研究，则可发现，南、北秦岭三叠纪岩浆作用普遍较深，花岗岩浆主要来源于深部下地壳物质的部分熔融，并有幔源物质的参加（Bc1）。而紧邻勉略复杂构造带的几个岩体（如阳山、胭脂坝、五龙等岩体）却更多显示出以上部地壳物质的局部熔融为主，有一定程度幔源物质参与。这总体反映出岩浆物源存在从紧邻勉略复杂构造带的南秦岭南亚带始到北秦岭岩浆带，由上地壳物质与幔源部分熔融物质的混染源区（Bc2）逐渐向下地壳物质

表3-13　秦岭成矿带印支-燕山期花岗岩岩类典型岩体Sr-Nd同位素特征表

岩体名称	$(^{87}Rb/^{86}Sr)_m$	$(^{87}Sr/^{86}Sr)$	$(^{87}Sr/^{86}Sr)_m$	$(^{147}Sm/^{144}Nd)_m$	$(^{143}Nd/^{144}Nd)_m$	t/Ma	$\varepsilon_{Sr}(t)$	t_{mod}/Ma	$f_{Rb/Sr}$	$(^{87}Sr/^{86}Sr)_i$	$\varepsilon_{Nd}(0)$	$\varepsilon_{Nd}(t)$	$f_{Sm/Nd}$	T_{DM}	T_{2DM}	$^{143}Nd/^{144}Nd$
曹坪			0.7057	0.1133	0.512366	220	20.7		-1.00	0.70570	-5.3	-3.0	-0.42	1192	1240	0.512203
			0.706768	0.1129	0.512433	220	35.9		-1.00	0.70677	-4.0	-1.6	-0.43	1086	1132	0.512270
			0.707259	0.1015	0.512404	220	42.9		-1.00	0.70726	-4.6	-1.9	-0.48	1016	1152	0.512258
			0.707163	0.1083	0.512396	220	41.5		-1.00	0.70716	-4.7	-2.2	-0.45	1092	1181	0.512240
柞水			0.70539	0.1031	0.51227	220	16.3		-1.00	0.70539	-7.2	-4.6	-0.48	1214	1369	0.512122
			0.70539	0.1101	0.512304	220	16.3		-1.00	0.70539	-6.5	-4.1	-0.44	1246	1331	0.512145
			0.70539	0.1087	0.512296	220	16.3		-1.00	0.70539	-6.7	-4.2	-0.45	1241	1340	0.512139
			0.70539	0.1081	0.512282	220	16.3		-1.00	0.70539	-6.9	-4.5	-0.45	1254	1361	0.512126
			0.70539	0.1036	0.512274	220	16.3		-1.00	0.70539	-7.1	-4.5	-0.47	1214	1363	0.512125
沙河湾			0.70563	0.1048	0.512349	220	19.7		-1.00	0.70563	-5.6	-3.1	-0.47	1123	1247	0.512198
			0.70563	0.1043	0.512364	220	19.7		-1.00	0.70563	-5.3	-2.8	-0.47	1097	1222	0.512214
东江口			0.706998	0.1664	0.512279	220	39.1		-1.00	0.70700	-7.0	-6.2	-0.15	2799	1499	0.512039
			0.706151	0.1082	0.51228	220	27.1		-1.00	0.70615	-7.0	-4.5	-0.45	1258	1364	0.512124
			0.707688	0.1283	0.512288	220	48.9		-1.00	0.70769	-6.8	-4.9	-0.35	1539	1398	0.512103
胭脂坝	1.5493		0.71051	0.103	0.512308	220	20.2		17.73	0.70566	-6.4	-3.8	-0.48	1161	1308	0.512160
	1.2071		0.70903	0.1152	0.512408	220	14.4		13.60	0.70525	-4.5	-2.2	-0.41	1150	1177	0.512242
东河台子	0.4483		0.70878	0.1181	0.512258	220	44.5		4.42	0.70738	-7.4	-5.2	-0.40	1423	1422	0.512088
老城	0.403		0.70624	0.1022	0.512287	220	10.5		3.87	0.70498	-6.8	-4.2	-0.48	1181	1340	0.512140
	0.3853		0.70649	0.09853	0.512253	220	14.8		3.66	0.70528	-7.5	-4.8	-0.50	1189	1385	0.512111
五龙	2.2218		0.71227	0.1116	0.51229	220	15.3		25.87	0.70532	-6.8	-4.4	-0.43	1285	1356	0.512129
	1.8507		0.71021	0.1079	0.512286	220	2.5		21.38	0.70442	-6.9	-4.4	-0.45	1246	1354	0.512131
	0.501188		0.705945	0.09584	0.512363	220	1.9		5.06	0.70438	-5.4	-2.5	-0.51	1020	1205	0.512225
	0.393113		0.706204	0.10012	0.512389	220	10.4		3.75	0.70497	-4.9	-2.1	-0.49	1023	1173	0.512245
西岔河	0.365927	0.70543	0.706546	0.12215	0.512455	220	16.9	214.4	3.42	0.70540	-3.6	-1.5	-0.38	1159	1119	0.512279
	0.154497	0.70645	0.706922	0.1258	0.512353	220	31.4	214.8	0.87	0.70644	-5.6	-3.6	-0.36	1383	1289	0.512172

续表

岩体名称	$(^{87}Rb/^{86}Sr)_m$	$(^{87}Sr/^{86}Sr)_m$	$(^{87}Sr/^{86}Sr)_m$	$(^{147}Sm/^{144}Nd)_m$	$(^{143}Nd/^{144}Nd)_m$	t/Ma	$\varepsilon_{Sr}(t)$	t_{mod}/Ma	$f_{Rb\text{-}Sr}$	$(^{87}Sr/^{86}Sr)_i$	$\varepsilon_{Nd}(0)$	$\varepsilon_{Nd}(t)$	$f_{Sm/Nd}$	T_{DM}	T_{2DM}	$^{143}Nd/^{144}Nd$
华阳	0.5808	0.70773		0.1433	0.512257	220	23.7		6.02	0.70591	-7.4	-5.9	-0.27	1932	1481	0.512051
西坝	0.6812	0.70858		0.1068	0.512168	220	31.3		7.24	0.70645	-9.2	-6.6	-0.46	1401	1539	0.512014
		0.7075		0.09985	0.512224	220	46.3		-1.00	0.70750	-8.1	-5.4	-0.49	1241	1434	0.512080
留坝	0.3707	0.71014		0.1175	0.512148	220	67.3		3.48	0.70898	-9.6	-7.3	-0.40	1588	1595	0.511979
		0.70865		0.115	0.512147	220	62.6		-1.00	0.70865	-9.6	-7.3	-0.42	1549	1591	0.511981
张家河		0.70757		0.1137	0.512158	220	47.3		-1.00	0.70757	-9.4	-7.0	-0.42	1512	1570	0.511994
光头山	0.5526	0.70802		0.1143	0.512103	220	29.1		5.68	0.70629	-10.4	-8.1	-0.42	1605	1659	0.511938
	0.7588	0.70959		0.121	0.512101	220	42.2		8.18	0.70722	-10.5	-8.4	-0.38	1724	1677	0.511927
糜署岭	1.505	0.711651	0.706976	0.098	0.512027	220	38.8	218.4	17.20	0.70694	-11.9	-9.2	-0.50	1480	1742	0.511886
	1.142	0.710705	0.707156	0.095	0.512134	220	41.4	218.5	12.81	0.70713	-9.8	-7.0	-0.52	1306	1566	0.511997
	1.3	0.711063	0.707025	0.099	0.512175	220	39.5	218.4	14.72	0.70700	-9.0	-6.3	-0.50	1297	1510	0.512032
	1.28	0.710801	0.706823	0.105	0.512214	220	36.7	218.5	14.48	0.70680	-8.3	-5.7	-0.47	1314	1462	0.512063
罗坝	2.806	0.717116	0.708447	0.114	0.51227	220	59.7	217.2	32.93	0.70834	-7.2	-4.9	-0.42	1347	1394	0.512106
	3.539	0.718578	0.707584	0.135	0.512291	220	47.5	218.4	41.79	0.70750	-6.8	-5.0	-0.31	1664	1408	0.512097
温泉	1.398	0.710777	0.706432	0.113	0.512232	220	31.1	218.5	15.90	0.70640	-7.9	-5.6	-0.43	1390	1451	0.512069
	0.988	0.710721	0.707653	0.114	0.51226	220	48.4	218.3	10.95	0.70763	-7.4	-5.1	-0.42	1362	1409	0.512096
阳坝	0.212	0.70673	0.70607	0.0968	0.512335	200	25.6	218.9	1.56	0.70613	-5.9	-3.4	-0.51	1065	1256	0.512208
	0.545	0.70588	0.70419	0.0929	0.512284	200	-1.1	218.0	5.59	0.70433	-6.9	-4.3	-0.53	1094	1328	0.512162
木皮	0.669	0.70802	0.70595	0.1114	0.512147	200	23.9	217.6	7.09	0.70612	-9.6	-7.4	-0.43	1495	1584	0.512001
	0.117	0.70594	0.70539	0.126	0.512209	200	16.0	330.3	0.41	0.70561	-8.4	-6.6	-0.36	1635	1516	0.512044
	0.134	0.70639	0.70597	0.1247	0.512132	200	24.2	220.4	0.62	0.70601	-9.9	-8.0	-0.37	1743	1635	0.511969
	0.192	0.70606	0.70546	0.127	0.512109	200	17.0	219.7	1.32	0.70551	-10.3	-8.5	-0.35	1829	1676	0.511943
光头山	0.5526		0.70802	0.1143	0.512103	200					-10.4	-8.3	-0.42	1605	1659	0.511953
	0.7588		0.70959	0.121	0.512101	200					-10.5	-8.5	-0.38	1724	1676	0.511943
美武	2.489	0.716031	0.708297	0.116	0.512173	200	57.3	218.5	29.10	0.70895	-9.1	-7.0	-0.41	1525	1552	0.512021
	1.565	0.712321	0.707458	0.11	0.512212	200	45.3	218.5	17.92	0.70787	-8.3	-6.1	-0.44	1380	1478	0.512068
	2.181	0.714444	0.707667	0.086	0.512029	200	48.3	218.5	25.37	0.70824	-11.9	-9.1	-0.56	1339	1718	0.511916

续表

岩体名称	$(^{87}\mathrm{Rb}/^{86}\mathrm{Sr})_m$	$(^{87}\mathrm{Sr}/^{86}\mathrm{Sr})_m$	$(^{87}\mathrm{Sr}/^{86}\mathrm{Sr})$	$(^{147}\mathrm{Sm}/^{144}\mathrm{Nd})_m$	$(^{143}\mathrm{Nd}/^{144}\mathrm{Nd})_m$	t/Ma	$\varepsilon_{Sr}(t)$	t_{mod}/Ma	$f_{Rb/Sr}$	$(^{87}\mathrm{Sr}/^{86}\mathrm{Sr})_i$	$\varepsilon_{Nd}(0)$	$\varepsilon_{Nd}(t)$	$f_{Sm/Nd}$	t_{DM}	T_{2DM}	$^{143}\mathrm{Nd}/^{144}\mathrm{Nd}$
达尔藏	0.487	0.709727	0.708214	0.117	0.512054	200	56.1	218.4	4.89	0.70834	-11.4	-9.4	-0.41	1727	1743	0.511901
	1.008	0.711285	0.708155	0.111	0.512084	200	55.2	218.3	11.19	0.70842	-10.8	-8.6	-0.44	1582	1683	0.511939
		0.71107		0.1248	0.51214	200	96.6		-1.00	0.71107	-9.7	-7.9	-0.37	1731	1623	0.511977
		0.71277		0.138	0.51218	200	120.8		-1.00	0.71277	-8.9	-7.4	-0.30	1951	1587	0.511999
阳山		0.70806		0.1118	0.51212	200	53.9		-1.00	0.70806	-10.1	-7.9	-0.43	1541	1627	0.511974
		0.70954		0.1122	0.51217	200	74.9		-1.00	0.70954	-9.1	-7.0	-0.43	1472	1549	0.512023
		0.71196		0.1159	0.5122	200	109.3		-1.00	0.71196	-8.5	-6.5	-0.41	1481	1509	0.512048
		0.70814		0.1204	0.5121	200	55.0		-1.00	0.70814	-10.5	-8.6	-0.39	1715	1677	0.511942
		0.70948		0.1274	0.51212	200	74.1		-1.00	0.70948	-10.1	-8.3	-0.35	1818	1660	0.511953
		0.71756		0.1481	0.5121	200	188.8		-1.00	0.71756	-10.5	-9.3	-0.25	2434	1734	0.511906
南一里		0.70734		0.1105	0.512181	200	43.7		-1.00	0.70734	-8.9	-6.7	-0.44	1432	1528	0.512036
		0.70752		0.113	0.512278	200	46.2		-1.00	0.70752	-7.0	-4.9	-0.43	1321	1380	0.512130
		0.70615		0.119	0.512218	200	26.8		-1.00	0.70615	-8.2	-6.2	-0.40	1501	1487	0.512062
		0.70728		0.1072	0.512263	200	42.8		-1.00	0.70728	-7.3	-5.0	-0.46	1271	1391	0.512123
		0.70725		0.1172	0.512242	200	42.4		-1.00	0.70725	-7.7	-5.7	-0.40	1435	1445	0.512089
石家湾	1.46618	0.71021		0.09532	0.511727	140	42.0		16.73	0.70729	-17.8	-16.0	-0.52	1830	2228	0.511640
	0.65297	0.70899		0.09629	0.511788	140	47.6		6.90	0.70769	-16.6	-14.8	-0.51	1766	2133	0.511700
老牛山		0.70905		0.09388	0.511733	140	66.9		-1.00	0.70905	-17.7	-15.8	-0.52	1800	2217	0.511647
蓝田	1.012	0.71073		0.09304	0.511721	140	62.2		11.24	0.70872	-17.9	-16.0	-0.53	1803	2234	0.511636
		0.70937		0.09709	0.511626	140	71.5		-1.00	0.70937	-19.7	-18.0	-0.51	1988	2390	0.511537
洋峪		0.7055		0.08388	0.512474	140	16.534		-1.00	0.70550	-3.1991	-1.184	-0.57	796	1029	0.512397
马尾河		0.7075		0.0997	0.512186	140	44.9		-1.00	0.70750	-8.8	-7.1	-0.49	1290	1509	0.512095
太白梁		0.70569		0.09433	0.512289	140	19.2		-1.00	0.70569	-6.8	-5.0	-0.52	1101	1338	0.512203
黄牛铺		0.70616		0.106	0.512426	140	25.9		-1.00	0.70616	-4.1	-2.5	-0.46	1027	1138	0.512329
红花铺		0.70566		0.122	0.512356	140	18.8		-1.00	0.70566	-5.5	-4.2	-0.38	1321	1272	0.512244
太白		0.70528		0.1219	0.512453	140	13.4		-1.00	0.70528	-3.6	-2.3	-0.38	1159	1118	0.512341
		0.70528		0.1176	0.512363	140	13.4		-1.00	0.70528	-5.4	-4.0	-0.40	1250	1255	0.512255

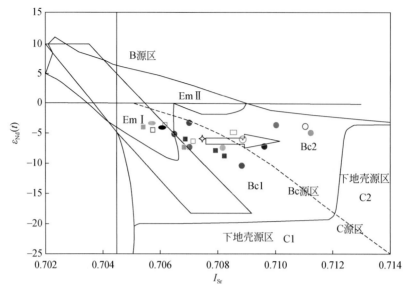

图 3-45　秦岭成矿带印支期不同构造单元花岗岩的 $\varepsilon_{Nd}(t)$ -I_{Sr} 图

图中源区分界据张旗等，2008

与部分幔源物质混染为主（Bc1）的演化趋势。对于华北地台南缘印支期花岗岩而言，虽然缺少有关岩体的同位素资料，但依据碱性花岗岩类、碳酸岩以及同期同源的煌斑岩脉的大量出露，表明其岩浆物源也具有主要为下地壳物质熔融并有地幔成分的加入特征。Sr、Nd 同位素地球化学特征的演化趋势与花岗岩地球化学性质和岩石类型的演化转变趋势基本一致。

　　综合分析花岗岩 Pb 同位素组成，总体显示为造山带的特征（图 3-46），不仅显示出自南而北的变化，也显示出自东向西各段花岗岩之间也存在一定的差异。在 $^{206}Pb/^{204}Pb$-$^{207}Pb/^{204}Pb$ 关系图中，南秦岭多投点在临近上下地壳重叠区范围，而北秦岭和华北地台南缘岩体投点则落在下地壳区域并临近幔源区，显示南北岩带之间的明显差异，与岩石类型、地球化学以及 Sr、Nd 同位素所反映的演化特征一致。此外，无论是南秦岭西段还是东段，其 Pb 同位素组成特征与扬子地块北缘碧口地块花岗岩的同位素组成基本一致，而与华北南缘及北秦岭存在明显差异，这说明南秦岭构造带基底与扬子地台基底性质存在较密切的内在关系。

（四）岩浆作用与大地构造环境关系

　　众所周知，造山带是大陆上花岗岩最为发育的区域，造山带的构造作用发展演化可以大致划分为俯冲、同碰撞和后碰撞三个主要阶段，花岗岩类可以产生于造山演化的各个阶段，但岩浆成分存在一定的差异。碰撞是指伴随主要大洋闭合后两个或多个大陆板块焊接、形成新大陆的重要阶段，后碰撞阶段可以继续发生板块汇聚，产生陆内逆冲和走滑变形以及块体的逃逸，晚期则出现走滑和伸展断裂活动。后碰撞阶段相当于造山带演化的

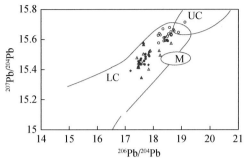 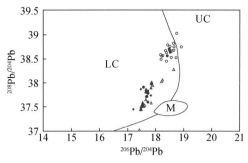

◆ 印支期秦岭东段华北板块南缘花岗岩　△ 印支期秦岭中段北秦岭花岗岩　○ 印支期秦岭西段南秦岭花岗岩
▲ 印支期秦岭东段南秦岭花岗岩　● 印支期秦岭西段北秦岭花岗岩

图 3-46　秦岭成矿带不同区段三叠纪花岗岩类的铅同位素特征

"晚造山"阶段，可以持续到陆内磨拉石盆地发育和"非造山"阶段开始。目前的研究认为秦岭造山带沿南秦岭勉略带－大别山的碰撞主要发生在中生代早期，形成南秦岭造山带，并最终完成扬子地块与华北地块的全面碰撞（李曙光等，1996；张国伟等，2001，2003，2004；赖绍聪等，2003），锆石 U-Pb 年龄结果显示华北地块与扬子地块的碰撞主要发生在 254～220Ma（Hacker et al.，1998；Zhang et al.，2001），现有研究认为在东西秦岭地区沿勉略带印支期发生碰撞峰期时间至少在 242±21Ma（李曙光等，1996）。而从现有资料研究显示，秦岭成矿带除了早期阶段西秦岭地区发育的偏基性花岗岩类在 248～220Ma 时段以外，本区发育大量中－晚期阶段的（225～200Ma）花岗岩类，这些花岗岩类多为高钾过铝质－准铝质岩石，这些岩体的侵位时代比较集中，且广泛分布于各构造单元内，其主量元素和微量元素具有后碰撞花岗岩的特征。这表明在华北地块与扬子地块的主碰撞期后，秦岭成矿带范围内发生了面型岩浆侵入活动，这些岩体形成于地壳明显增厚背景下的后碰撞环境。因此可以认为，印支期秦岭成矿带区域发生了两期岩浆侵入活动，早期为同碰撞花岗岩作用，并沿着碰撞带以偏中－基性花岗岩类的侵入活动为特征。晚期为后碰撞花岗岩作用，依据岩性可进一步将后碰撞花岗岩类大体划分为 227～210Ma 阶段和 213～200Ma 阶段的花岗岩类活动。前一阶段为碰撞造山后挤压环境向伸展环境转化阶段的岩浆活动，对"五朵金花"、胭脂坝、东江口等典型岩体的构造解析表明，这期间岩浆活动是在沿着南北向挤压应力作用下形成的北东和北西向共轭断裂在性质由剪切向张剪（北东向）和压剪（北西向）发生转变时期上侵定位的，而这种侵位活动形式则是后碰撞阶段初期板块继续汇聚，产生陆内逆冲和走滑变形的构造作用的证据，是构造应力由挤压逐步向拉张转换期间的岩浆作用代表；而 213～200Ma 阶段甚至延续到早侏罗世期间形成的花岗岩类则可能更多反映的是构造性质转换后的拉伸阶段的岩浆活动的证据，其间由于所处构造单元和部位不一，地壳拉伸裂陷的深度也不尽一致，华北地台南缘的拉伸深度相对较南秦岭等其他构造单元大。因此，秦岭成矿带三叠纪岩浆作用与板块碰撞造山作用密切相关，是碰撞造山过程不同阶段的产物。对不同岩浆岩带的岩石学、地球化学以及同位素组成特征的对比分析，显示出自勉略构造混杂带向北到华北地台南缘具有明显的空间分带性，即①南秦岭南亚带紧邻勉略带发育的胭脂坝－阳山陆壳改造型或 S 型花岗岩带，②南秦岭准铝质（高钾）钙碱性 I 型花岗岩岩带，③沿北秦岭及商丹断裂带发育的秦岭梁－

沙河湾高钾钙碱性花岗岩带，④华北地块南缘黄龙铺－黄水庵高钾碱性岩－碳酸岩带。它是板块构造体制下，主要为板块碰撞造山引致的加厚下地壳部分熔融岩浆活动产物。

Sr-Nd-Pb 同位素数据分析表明，无论是南秦岭西段还是东段，其 Pb 同位素组成特征与扬子型陆块同位素特征有一定的相似性，而与华北南缘及北秦岭存在明显差异，这说明南秦岭构造带基底与扬子地台基底性质存在较密切的内在关系，具有扬子块体的构造属性，南秦岭特别是西秦岭印支期花岗岩物质源区应为存留于下地壳的元古宙高钾玄武质岩类，岩浆起源于增厚下地壳玄武质岩类的部分熔融，起因于华北板块和华南板块碰撞导致地壳增厚之后岩石圈在印支期的拆沉作用。

越来越多的研究资料显示，秦岭成矿带三叠纪的不少花岗岩类岩体具有埃达克质岩的地球化学特征，且多为 C 型埃达克岩。以往由于埃达克岩通常出现在岛弧背景，来自于俯冲洋壳板片的部分熔融，对了解汇聚板块边缘和大陆内部壳幔相互作用及地球动力学过程具有重要意义而备受关注。但现有研究表明，埃达克质岩石不仅出现于岛弧背景，而且也出现于大陆内部背景。通常，岛弧型埃达克质岩石是钠质的，埃达克质岩浆的产生深度大50km（Xiong et al.，2005），而大陆型（C 型）埃达克质岩石是钾质的，其岩浆产生深度可能大于 80km（Xiao and Clemens，2007a）。这些研究表明，在大陆背景中，地壳增厚作用是埃达克质岩浆产生的关键，而地壳增厚一般起因于大陆板块汇聚过程中的地壳缩短或大陆壳的俯冲叠置。张宏飞等（2007b）对北秦岭岩浆岩带的宝鸡关山花岗岩的研究认为关山花岗岩属于大陆型（C 型）埃达克质岩石，并推测关山花岗岩的岩浆来自于俯冲扬子板块下地壳物质的部分熔融。张旗等（2009）在对西秦岭地区花岗岩的地球化学研究后，指出该区大多岩体具有埃达克岩和喜马拉雅型花岗岩特征，且大多为高钾钙碱性系列，如少数属钾玄岩系列，与典型的岛弧环境的埃达克岩（或称 O 型埃达克岩）存在一定的差异。田伟等（2009）对五龙－华阳岩体群的研究认为富集的地幔源参与了南秦岭印支期岩浆的形成，而且这种地幔源的富集过程不仅限于古勉略洋闭合前的俯冲流体交代，秦岭微陆块的古老陆壳可能通过某种方式造成了地幔源区的同位素富集。孙卫东等（2000）、张成立等（2005）、秦江峰等（2005）、李佐臣等（2009）也认为光头山、阳坝、南一里等岩体具埃达克质岩特征，本书在对甘肃"五朵金花"诸岩体对比研究中，确认其多为喜马拉雅型花岗岩[按照张旗等（2009）的划分应归入 C 型埃达克岩]，也具有以上相同地化特征。从这些具有埃达克质岩特征的花岗岩类的岩石类型和成岩时代分析，主要为闪长岩－花岗闪长岩－二长花岗岩组合，且成岩时代相对较早（248～220Ma），多属早－中期阶段的地壳深部下地壳物质的部分熔融并有幔源物质参与作用的岩浆上侵产物。而诱发地壳深部物质熔融的条件则与地壳加厚密切相关。这进一步说明早期阶段主要处于地壳加厚条件下，其地壳厚度在 50km 以上。地壳加厚条件形成的地球动力学机制则极有可能与板块汇聚过程中的地壳缩短或大陆壳的俯冲叠置，说明其与碰撞作用相关，应属于同碰撞构造环境，然而从对各带特别是西段各岩带的早阶段的石英闪长岩、花岗闪长岩的侵位形态剖析，可以看到它们多追踪北东、北西等次一级的构造裂隙以及南北向张性构造上侵定位，这些部位是处于局部的张应力部位，为岩浆上侵定位提供了空间，如"五朵金花"岩体群的教场坝岩体早阶段的石英闪长岩和花岗闪长岩。而本区较晚期形成的花岗岩类以及碱性花岗岩类则主要反映了碰撞造山作用后期由挤压向伸展转变的构造环境。

二、燕山期岩浆演化及其大地构造背景

以上各岩浆岩带的花岗岩类的空间分布、岩石学、地球化学以及同位素年龄学等特征的论述、研究，可清楚显示出，燕山期岩浆活动在秦岭成矿带范围内广泛存在，不仅东段地表岩体出露众多，中西段的广大地区也能寻觅到踪迹，而且与金、铜、铅锌等多金属成矿关系密切，为成矿控制要素。总体而言，本成矿带燕山期花岗岩具有以下特征。

（一）成岩时代

秦岭成矿带燕山期花岗岩类成岩时代大致可划分为早、中、晚三期。早期岩浆活动可能是印支末期大规模岩浆作用的继续，发生于晚三叠世末期到早侏罗世早期，同位素年龄在 210 ～ 180Ma，主要见于中、西段广大地区，其多以晚期阶段的侵入相而与印支期主岩相构成复式岩体，部分则以单独小岩体、岩枝侵入区域北西西向主干构造与北东向相叠加复合的部位，典型岩体如胭脂坝岩体和中川、闾井、老牛山等岩体。中期为区内燕山期主体岩浆活动，主要发生于晚侏罗世到早白垩世，同位素年龄主要在 130 ～ 170Ma，岩浆活动相对广泛，但受已有构造基底制约和燕山期北东向构造影响，不同区段内岩体地表发育程度、出露规模和形态却存在较大的差异。东段岩体规模相对较大，多为岩基，岩基周围则发育大量的小岩体、岩株和岩脉，中、西段则以小岩体、岩株、岩脉为主，往往成群密集分布。晚期岩浆活动主要发生于晚白垩世—古近纪，其同位素年龄集中在 51 ～ 80Ma。该阶段岩浆活动较弱，也多见于中、西段局部地段，如沿玛曲－迭部－文县北西西向构造带与北东向构造带叠加的西倾山一带及拉尔玛、文县的阳山一带均发现有该时期的岩浆活动的证据。例如，对阳山金矿带矿化石英脉中岩浆锆石测年获得 51.2±1.2Ma 的年龄数据反映了阳山金矿成矿过程中曾存在古近纪的岩浆热液叠加或耦合成矿作用（雷时斌等，2010）。此外在马脑壳、巴西等金矿田也经勘探和研究证实存在古近纪－新近纪的岩浆热液叠加成矿作用的证据。

（二）岩石组合和地球化学特征

燕山期花岗岩类岩石类型较复杂，有辉石闪长岩、石英闪长岩、闪长岩、石英二长岩、花岗闪长岩、二长花岗岩、花岗岩、钾长花岗岩、石英闪长玢岩、斜长花岗斑岩、花岗斑岩等，少量的正长斑岩。其主体岩石组合表现为闪长岩－花岗闪长岩－二长花岗岩－花岗岩及相应的浅成侵入岩类。但不同区段的岩石组合略有不同，东段的岩石组合以二长花岗岩－花岗（斑）岩为主，中段以花岗闪长岩－二长花岗岩及相应的浅成岩组合为主，西段以闪长岩－花岗闪长岩－花岗斑岩为主。从东向西，岩石类型逐渐有向基性程度偏高演化的趋势。对合作－玛曲、蓝田－宁陕构造岩浆岩带的燕山花岗岩实地考察和综合对比研究表明，两带的岩石组合和地化特征（图3-47）均有较大差异，指示其岩浆源区的不同，合作－玛曲带物源要比蓝田－宁陕带的物质源区更偏基性，来源也更深。此外不同期次岩浆作用形成的岩石特征也不近一致，早期的岩浆岩岩石组合以二长花岗岩－钾长花岗岩为主，次

为花岗闪长岩及其浅成岩石。该时期的岩体多与印支晚期的岩体地球化学性质、成岩构造环境特征相近似，为同源不同阶段的岩浆活动产物，它们极有可能是印支晚期岩浆活动的继续；中期的岩石组合则较复杂，构成燕山期岩浆岩岩石组合的主体，主要为闪长岩－花岗闪长岩－二长花岗岩－花岗岩以及相应的浅成侵入岩类，其中分布于东段的花岗岩基主要为二长花岗岩类，而小岩体、岩枝岩脉等则以石英闪长岩、闪长玢岩、花岗闪长岩、花岗斑岩等为主，岩石地球化学特征基本相似，总体表现为准铝质－（弱）过铝质高钾钙碱性系列以及钾玄岩系列特征，花岗岩类型复杂，I、S、A 型均有存在，但以 I 型和 A 型为主，少数岩体表现为 S 型。岩体多表现为地壳深部重熔性，偏基性的花岗岩类的岩浆还存在少量上地幔物质的参与。

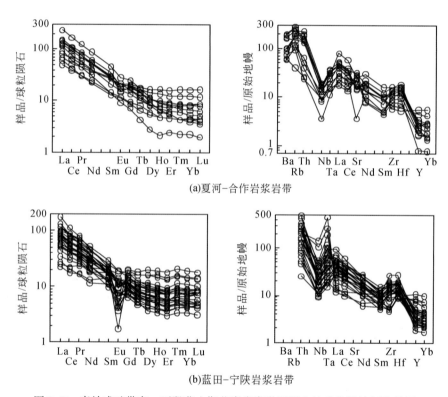

(a)夏河－合作岩浆岩带

(b)蓝田－宁陕岩浆岩带

图 3-47　秦岭成矿带东、西段燕山期花岗岩类微量稀土地球化学特征差异图

（三）同位素特征

本书在对 14 个燕山期典型岩体进行 Sr-Nd-Pb 同位素分析测定成果基础上，结合前人有关资料共 27 个典型岩体的近 60 件铅同位素测试结果进行了综合整理、分析（表 3-14）。综合研究表明，秦岭成矿带全区燕山期花岗岩类的 $^{206}Pb/^{204}Pb$ 在 17.172 ～ 18.7024，平均为 18.076，$^{207}Pb/^{204}Pb$ 在 15.345 ～ 15.668，平均为 15.494，$^{208}Pb/^{204}Pb$ 在 37.389 ～ 39.157，最大值为 44.482，平均为 38.132，μ 值范围为 9.06 ～ 9.56，平均为 9.34。然而，产于不同构造部位的岩体其铅同位素特征不近一致，南秦岭构造带西段的岩体 $^{208}Pb/^{204}Pb$ 普遍高于全区平均值，显示存在地壳异常铅的参与；东段规模较大的花岗岩岩基的 $^{208}Pb/^{204}Pb$ 往

往低于浅成侵入的小岩体、岩株的比值，也显示了小岩体、岩株存在地壳异常铅参与。在 $\Delta\beta\text{-}\Delta\gamma$ 图中，它们的投点大多落入造山带（8）范围内，少量落入上地壳源铅（2）和与岩浆作用有关的上地壳与地幔混合铅（3a）区域内（图 3-48）。其中东段南秦岭构造单元以及西段南秦岭构造单元的花岗岩类岩体的投点大多在 3a 区间，反映了印支期已形成的构造格架及其基底岩石性质对燕山期岩浆作用有着明显的制约。在铅同位素比值成因判别图中，也反映出大多数岩体地幔铅与造山带铅的范围区间，多数反映的是下地壳铅同位素的性质（图 3-49）。图 3-49 还反映出位于华北地台南缘的和西段南秦岭的花岗岩类投点落在 B 区附近，而其他的则落在 D 区周围，而 B 区和 D 区则分别代表了富集地幔的 EM Ⅱ 类型和 EM Ⅰ 类型。依据富集地幔成因的模型解释，EM Ⅱ 类型与上部大陆地壳有亲缘关系，可能代表了陆源沉积岩、大陆地壳、蚀变的大洋地壳或者洋岛玄武岩的再循环作用；EM Ⅰ 类型则与下地壳具有相似性，可能代表再循环的地壳物质。因此可以判断，秦岭成矿带燕山期花岗岩类的岩浆物质来源主要为壳源，且主要导源于大陆下部地壳。

表 3-14 秦岭成矿带燕山期花岗岩类典型岩体 Sr-Nd-Pb 铅同位素特征表

位置	岩体	岩性	$^{206}Pb/^{204}Pb$	$^{207}Pb/^{204}Pb$	$^{208}Pb/^{204}Pb$	$^{87}Sr/^{86}Sr$	$^{143}Nd/^{144}Nd$
东段	金堆城	花岗斑岩	17.536	15.438	37.68		
			17.6964	15.5279	38.0989	0.732141	0.511995
			17.7249	15.5295	38.0897	0.743934	0.511857
			17.9693	15.5029	38.1089	0.721431	0.511891
	南泥湖	花岗斑岩	17.89	15.48	38.2		
	熊耳岭	黑云母花岗岩	17.701	15.484	38.332		
	老君山	黑云母花岗岩	17.833	15.43	37.731		
	花山	黑云二长花岗岩	17.473	15.455	37.866		
		黑云角闪二长花岗岩	17.199	15.391	37.447		
	文峪	黑云二长花岗岩	17.522	15.572	38.071		
			17.172	15.439	37.654		
	角鹿岔	角闪黑云二长花岗岩	18.0232	15.479	38.1535	0.707141	0.512134
	碌碡沟	花岗岩	20.5387	15.7153	44.482	0.82354	0.511075
	平均值		18.868	15.496	38.455		
	蓝田	斑状黑云二长花岗岩	17.44701	15.446	37.8264	0.7075	0.512186
			17.59324	15.4496	37.9204		
	老牛山	花岗岩基	17.637	15.428	37.94		
		似斑状黑云二长花岗岩	17.3445	15.40744	37.7122	0.70905	0.511733

位置	岩体	岩性	$^{206}Pb/^{204}Pb$	$^{207}Pb/^{204}Pb$	$^{208}Pb/^{204}Pb$	$^{87}Sr/^{86}Sr$	$^{143}Nd/^{144}Nd$
东段	蟒岭	二长花岗岩	17.523	15.368	37.691		
			17.682	15.473	37.89		
			17.508	15.43	37.553		
			17.83708	15.49411	38.20573		
	牧护关	二长花岗岩	17.768	15.553	38.028		
			17.86	15.544	38.16		
	平均值		17.62	15.459	37.893		
	二郎坪	黑云母花岗岩	17.84	15.502	37.991		
			17.865	15.52	38.006		
			17.581	15.345	37.506		
	窄巷沟	角闪黑云二长花岗岩	17.8441	15.481	38.4312	0.71033	0.511463
	潘河	白岗岩	18.6417	15.5406	38.7052	0.739945	0.511936
	平均值		17.954	15.478	38.123		
	池沟	角闪黑云二长花岗岩	17.9412	15.4425	38.0988	0.705573	0.512391
	园子街	石英闪长玢岩	18.019	15.601	38.129		
	小河口	花岗闪长斑岩	17.86	15.506	38.326		
			17.551	15.462	37.581		
			17.415	15.405	37.389		
	冷水沟	角闪黑云二长花岗岩	17.5198	15.4183	37.5986	0.712356	0.512433
		花岗斑岩	17.5756	15.4325	37.6255	0.713304	0.512699
	平均值		17.697	15.467	37.821		
中段	太白	钾长花岗岩	17.7642	15.4394	37.7317	0.70528	0.512453
		黑云二长花岗岩	17.58675	15.4345	37.60096		
		片麻状花岗岩	17.70162	15.46114	37.7092		
	黄柏塬	二长花岗岩	18.1911	15.6189	38.1407	0.71075	0.51231
	丰峪	黑云花岗闪长岩岩	17.82722	15.46654	38.05715	0.7055	0.512474
	胭脂坝	二长花岗岩	17.781	15.485	37.709	0.71051	0.512308
		黑云钾长花岗岩	18.4787	15.4763	38.1651	0.731849	0.51232
	大西沟	黑云钾长花岗岩	18.4376	15.4919	38.0403	0.766639	0.512351
	平均值		17.94	15.465	37.859		
西段	达尔藏	石英闪长岩花岗闪长岩	18.194	15.575	38.482	0.708214	0.512054
			18.432	15.591	38.779	0.708155	0.512084
			18.313	15.583	38.6305		
			18.4572	15.5201	38.2272	0.715123	0.51214

续表

位置	岩体	岩性	$^{206}Pb/^{204}Pb$	$^{207}Pb/^{204}Pb$	$^{208}Pb/^{204}Pb$	$^{87}Sr/^{86}Sr$	$^{143}Nd/^{144}Nd$
西段	中川	二长花岗岩	18.634	15.649	38.813	0.717116	0.51227
			18.7024	15.5437	39.1567	0.711569	0.502302
	阳山	花岗斑岩	18.351	15.668	38.665	0.71277	0.51248
			18.386	15.61	38.443	0.70806	0.51212
			18.384	15.588	38.621	0.70954	0.51217
			18.555	15.635	38.521	0.71196	0.5122
			18.179	15.626	38.578	0.70814	0.5121
			18.259	15.628	38.56	0.70948	0.51212
			18.219	15.637	38.549	0.71756	0.5121
	忠格扎拉	花岗闪长岩	18.4114	15.5709	38.4387	0.726594	0.512022
	忠曲	石英闪长岩	18.4415	15.6228	38.5793	0.712709	0.512185
	平均值		18.378	15.6	38.588		
全区	平均值		18.076	15.494	38.132		

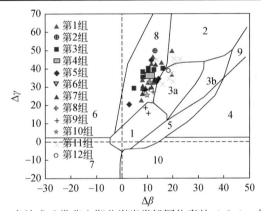

图 3-48 秦岭成矿带燕山期花岗岩类铅同位素的 $\Delta\beta$-$\Delta\gamma$ 成因分类

1. 地幔源铅；2. 上地壳源铅；3. 上地壳与地幔混合的俯冲铅（3a 岩浆作用，3b 沉积作用）；4. 化学沉积型铅；5. 海底热水作用铅；6. 中深变质作用铅；7. 深变质下地壳铅；8. 造山带铅；9. 古老页岩上地壳铅；10. 退变质铅图例与图 3-47 同，其中 2、4、6、8、10、12 分别为平均值

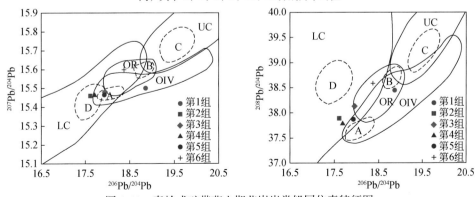

图 3-49 秦岭成矿带燕山期花岗岩类铅同位素特征图

东段岩体：第 1 组华北台南缘；第 2 组北秦岭岩基；第 3 组北秦岭小岩体；第 4 组南秦岭；第 5 组中段岩体；第 6 组西段岩体

　　$^{87}Sr/^{86}Sr$ 和 $^{143}Nd/^{144}Nd$ 的测定，显示了本区燕山期岩体的 $^{87}Sr/^{86}Sr$ 变化范围较大，大多数在 0.705～0.747，个别岩体大于 0.75，最高可达到 0.8235（如硃磙沟岩体），$^{143}Nd/^{144}Nd$ 在 0.5111～0.5127，与 Hugh（1993）有关地壳和地幔储库的同位素特征对比，它们多数反映的是地壳源区特征，在 $^{206}Pb/^{204}Pb$-$^{143}Nd/^{144}Nd$ 关系图中，部分落入 EM Ⅱ 范围，多数则位于 EM Ⅰ 范围，与 Pb 同位素比值所取得的认识基本一致。

　　对东段燕山期花岗岩锆石的 Lu-Hf 同位素的详细研究表明[①]，在秦岭造山带各组成单元燕山期花岗岩体的 $\varepsilon_{Hf}(t)$-t 图解（图 3-50）中，南秦岭花岗岩 $\varepsilon_{Hf}(t)$ 值均在球粒陨石线上下较小范围内波动 $[\varepsilon_{Hf}(t)=-6.43～6.15$，平均 $-0.70]$，表明岩体具有壳幔混合的特点，并且具有较高的混合程度；北秦岭花岗岩 $\varepsilon_{Hf}(t)$ 值变化范围较大 $[\varepsilon_{Hf}(t)=-31.20～2.10$，平均 $-12.39]$，除老君山岩体有正值以外，其他地区岩体均以负值为主，说明该地区岩体岩浆源区应以地壳物质为主；华北陆块南缘花岗岩 $\varepsilon_{Hf}(t)$ 值仍然具有较大的变化范围 $[\varepsilon_{Hf}(t)=-35.20～7.62$，平均 $-15.71]$，除部分岩体的继承锆石含有正值外，其余均以负值为主，其中娘娘山、文峪、合峪、华山、花山和东沟岩体中含有 300～550Ma、600～900Ma、1100～2700Ma 的继承锆石，其物质组成更为古老、更为复杂，但其源区仍应以古老地壳物质为主。

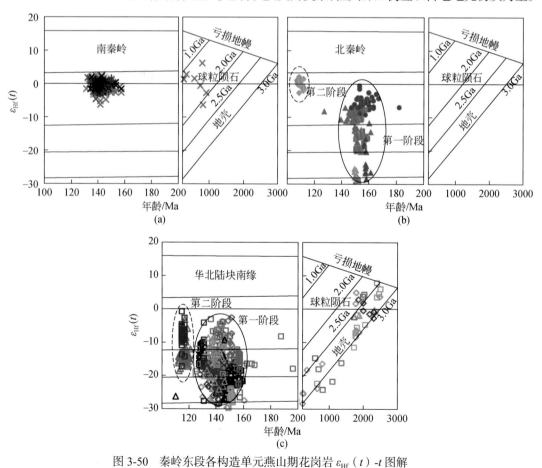

图 3-50　秦岭东段各构造单元燕山期花岗岩 $\varepsilon_{Hf}(t)$-t 图解

---

　　① 朱赖民等 .2015. 秦岭造山带印支 - 燕山期构造岩浆事件与成矿背景研究（研究报告）。

在秦岭造山带各构造单元燕山期花岗岩Hf同位素二阶段模式年龄分布图（图3-51）中，南秦岭花岗岩 t_{DM2}（Hf）值较为年轻且集中于 $1.0 \sim 1.4Ga$ [t_{DM2}（Hf）$=0.36 \sim 2.10Ga$，平均1.24Ga]；北秦岭花岗岩变化范围较大 [t_{DM2}（Hf）$=0.85 \sim 3.17Ga$，平均1.96Ga]，分为 $0.8 \sim 1.2Ga$、$1.5 \sim 2.5Ga$、$2.7 \sim 3.2Ga$ 三个阶段；华北陆块南缘花岗岩也具有较大的变化范围 [t_{DM2}（Hf）$=1.12 \sim 3.29Ga$，平均2.18Ga]，且Hf同位素二阶段模式年龄更为古老。

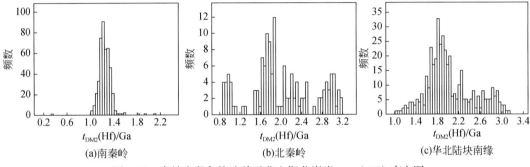

图 3-51　秦岭东段各构造单元燕山期花岗岩 t_{DM2}（Hf）直方图

从南秦岭、北秦岭到华北陆块南缘三个单元的燕山期花岗岩的 $\varepsilon_{Hf}(t)$ 值逐渐降低、t_{DM2}（Hf）值逐渐升高，表明由南向北岩浆中的幔源组分所占比例逐渐降低，壳源组分含量逐渐升高，壳幔物质混合程度逐渐降低，源区物质组成的复杂程度逐渐升高。时间上，各单元中第二阶段花岗岩 $\varepsilon_{Hf}(t)$ 值较第一阶段花岗有所升高，说明第二阶段的岩浆活动有更多幔源物质的参与，并且壳幔物质均一化程度较第一阶段岩浆也有所增加。这也进一步说明燕山期岩浆作用明显受印支期已形成的构造格架及其基底岩石性质制约。

秦岭东段不同构造单元燕山期花岗岩体Hf同位素数据分别见表3-15～表3-17。

表 3-15　东段南秦岭燕山期花岗岩体 Hf 同位素数据（ n 为测试点个数）

样号	下官坊				元子街				小河口			
	平均值	最大值	最小值	n	平均值	最大值	最小值	n	平均值	最大值	最小值	n
$^{176}Yb/^{177}Hf$	0.027629	0.035555	0.018319	11	0.021415	0.030505	0.016898	28	0.034208	0.049196	0.018808	32
$^{176}Lu/^{177}Hf$	0.001054	0.001405	0.000724	11	0.000904	0.001242	0.000727	28	0.001348	0.002249	0.000716	32
$^{176}Hf/^{177}Hf$	0.282693	0.282749	0.282626	11	0.282686	0.282755	0.282648	28	0.282658	0.282764	0.282512	32
$(^{176}Hf/^{177}Hf)_i$	0.282690	0.282746	0.282623	11	0.282684	0.282752	0.282645	28	0.282654	0.282760	0.282500	32
$\varepsilon_{Hf}(t)$	-0.98	1.90	-3.09	31	-0.38	2.18	-2.56	48	-1.03	6.15	-6.43	52
t_{DM2}/Ga	1.26	1.39	1.06	31	1.22	1.36	1.05	48	1.31	2.10	1.03	52
$f_{Lu/Hf}$	-0.97	-0.96	-0.98	11	-0.97	-0.96	-0.98	28	-0.96	-0.93	-0.98	32
资料来源	本书；吴发富，2013				本书；吴发富，2013				本书；吴发富，2013			

样号	白沙沟				池沟				土地沟			
	平均值	最大值	最小值	n	平均值	最大值	最小值	n	平均值	最大值	最小值	n
^{176}Yb/^{177}Hf	0.028546	0.044701	0.015489	79	0.024358	0.031814	0.014686	26	0.033142	0.045295	0.018005	65
^{176}Lu/^{177}Hf	0.001155	0.001827	0.000634	79	0.000957	0.001274	0.000579	26	0.001374	0.001804	0.000765	65
^{176}Hf/^{177}Hf	0.282678	0.282762	0.282591	79	0.282658	0.282715	0.282262	26	0.282659	0.282761	0.282602	65
(^{176}Hf/^{177}Hf)$_i$	0.282675	0.282758	0.282588	79	0.282655	0.282712	0.282252	26	0.282655	0.282757	0.282599	65
$\varepsilon_{Hf}(t)$	−0.51	2.43	−3.53	99	−0.91	1.63	−4.50	71	−0.76	2.47	−3.34	112
t_{DM2}/Ga	1.23	1.41	1.04	99	1.26	1.83	1.09	71	1.23	1.40	0.36	112
$f_{Lu/Hf}$	−0.97	−0.94	−0.98	79	−0.97	−0.96	−0.98	26	−0.96	−0.95	−0.98	65
资料来源	本书；吴发富，2013				本书；吴发富，2013；申志超，2012				本书；吴发富，2013			

样号	双元沟				总计			
	平均值	最大值	最小值	n	平均值	最大值	最小值	n
^{176}Yb/^{177}Hf	0.031851	0.047286	0.011994	29	0.029498	0.049196	0.011994	270
^{176}Lu/^{177}Hf	0.001380	0.001970	0.000531	29	0.001205	0.002249	0.000531	270
^{176}Hf/^{177}Hf	0.282685	0.282733	0.282625	29	0.282671	0.282764	0.282262	270
(^{176}Hf/^{177}Hf)$_i$	0.282682	0.282730	0.282623	29	0.282668	0.282760	0.282252	270
$\varepsilon_{Hf}(t)$	−0.24	1.41	−2.27	29	−0.70	6.15	−6.43	442
t_{DM2}/Ga	1.21	1.34	1.10	29	1.24	2.10	0.36	442
$f_{Lu/Hf}$	−0.96	−0.94	−0.98	29	−0.96	−0.93	−0.98	270
资料来源	本书；吴发富，2013							

表 3-16　东段北秦岭燕山期花岗岩体 Hf 同位素数据（n 为测试点个数）

样号	南沟				南台				桃官坪			
	平均值	最大值	最小值	n	平均值	最大值	最小值	n	平均值	最大值	最小值	n
^{176}Yb/^{177}Hf	0.030577	0.046397	0.021404	20	0.107531	0.284213	0.027664	20	0.137385	0.225610	0.084507	13
^{176}Lu/^{177}Hf	0.001388	0.001933	0.000956	20	0.002928	0.006672	0.000760	20	0.002533	0.004051	0.001758	13
^{176}Hf/^{177}Hf	0.281876	0.281966	0.281801	20	0.282212	0.282473	0.281867	20	0.282026	0.282222	0.281874	13
(^{176}Hf/^{177}Hf)$_i$	0.281872	0.281961	0.281797	20	0.282203	0.282453	0.281864	20	0.282019	0.282210	0.281868	13
$\varepsilon_{Hf}(t)$	−28.54	−25.40	−31.20	20	−16.74	−7.80	−28.80	20	−23.18	−16.40	−28.50	13
t_{DM2}/Ga	3.00	3.17	2.80	20	2.26	3.02	1.70	20	2.67	3.00	2.25	13
$f_{Lu/Hf}$	−0.96	−0.94	−0.97	20	−0.91	−0.80	−0.98	20	−0.92	−0.88	−0.95	13
资料来源	柯昌辉等，2013				柯昌辉等，2013				柯昌辉等，2013			

续表

样号	老君山				蟒岭				牧护关			
	平均值	最大值	最小值	n	平均值	最大值	最小值	n	平均值	最大值	最小值	n
$^{176}Yb/^{177}Hf$	0.064132	0.115755	0.035572	19	0.051572	0.089770	0.039604	19	0.038455	0.124055	0.011739	57
$^{176}Lu/^{177}Hf$	0.002535	0.003902	0.001513	19	0.001176	0.001989	0.000866	19	0.001296	0.003703	0.000505	57
$^{176}Hf/^{177}Hf$	0.282711	0.282767	0.282633	19	0.282506	0.282588	0.282411	19	0.282373	0.282489	0.281629	57
$(^{176}Hf/^{177}Hf)_i$	0.282711	0.282767	0.282633	19	0.282502	0.282582	0.282408	19	0.282369	0.282486	0.281611	57
$\varepsilon_{Hf}(t)$	0.06	2.10	-2.73	19	-6.04	-3.10	-9.40	19	-10.56	-5.80	-29.40	57
t_{DM2}/Ga	0.96	1.10	0.85	19	1.59	1.80	1.42	19	1.88	3.01	1.63	57
$f_{Lu/Hf}$	-0.92	-0.88	-0.95	19	-0.97	-0.94	-0.97	19	-0.96	-0.89	-0.98	57
资料来源	孟芳, 2010				雷敏, 2007				王晓霞等, 2011; 刘锐等, 2014; Liu et al., 2013			

样号	西沟				总计			
	平均值	最大值	最小值	n	平均值	最大值	最小值	n
$^{176}Yb/^{177}Hf$	0.166585	0.245105	0.124848	12	0.068359	0.284213	0.011739	160
$^{176}Lu/^{177}Hf$	0.002982	0.005037	0.002108	12	0.001871	0.006672	0.000505	160
$^{176}Hf/^{177}Hf$	0.282544	0.282663	0.282435	12	0.282331	0.282767	0.281629	160
$(^{176}Hf/^{177}Hf)_i$	0.282535	0.282655	0.282427	12	0.282327	0.282767	0.281611	160
$\varepsilon_{Hf}(t)$	-5.01	-0.80	-8.90	12	-12.39	2.10	-31.20	160
t_{DM2}/Ga	1.52	1.77	1.25	12	1.96	3.17	0.85	160
$f_{Lu/Hf}$	-0.91	-0.85	-0.94	12	-0.94	-0.80	-0.98	160
资料来源	柯昌辉等, 2013							

表 3-17 东段华北陆块南缘单元燕山期花岗岩体 Hf 同位素数据（n 为测试点个数）

样号	东沟				八宝山				黑山			
	平均值	最大值	最小值	n	平均值	最大值	最小值	n	平均值	最大值	最小值	n
$^{176}Yb/^{177}Hf$	0.076568	0.409093	0.019971	77	0.071647	0.148049	0.028325	43	0.088679	0.140394	0.062971	20
$^{176}Lu/^{177}Hf$	0.002412	0.011470	0.000746	77	0.001871	0.003608	0.000839	43	0.001481	0.002501	0.001040	20
$^{176}Hf/^{177}Hf$	0.282296	0.282608	0.281649	77	0.282054	0.282419	0.281911	43	0.282090	0.282221	0.281935	20
$(^{176}Hf/^{177}Hf)_i$	0.282290	0.282605	0.281625	77	0.282049	0.282415	0.281903	43	0.282086	0.282217	0.281932	20
$\varepsilon_{Hf}(t)$	-14.08	-2.40	-18.70	77	-22.38	-9.42	-27.55	43	-20.88	-16.30	-26.40	20
t_{DM2}/Ga	1250.80	3287.00	1.56	77	2.61	2.93	1.80	43	2.52	2.87	2.23	20
$f_{Lu/Hf}$	-0.93	-0.65	-0.98	77	-0.94	-0.89	-0.97	43	-0.96	-0.92	-0.97	20
资料来源	戴宝章等, 2009; Yang et al., 2013				曾令君等, 2013				柯昌辉等, 2013			

样号	木龙沟				金堆城				老牛山			
	平均值	最大值	最小值	n	平均值	最大值	最小值	n	平均值	最大值	最小值	n
$^{176}Yb/^{177}Hf$	0.080144	0.100473	0.055960	20	0.031517	0.068784	0.010165	26	0.031050	0.047871	0.016564	12
$^{176}Lu/^{177}Hf$	0.001502	0.001810	0.001099	20	0.000864	0.001862	0.000287	26	0.000966	0.001639	0.000513	12
$^{176}Hf/^{177}Hf$	0.281940	0.282006	0.281835	20	0.282262	0.282436	0.282020	26	0.282062	0.282195	0.281987	12
$(^{176}Hf/^{177}Hf)_i$	0.281936	0.282001	0.281832	20	0.282259	0.282435	0.282017	26	0.282059	0.282193	0.281984	12
$\varepsilon_{Hf}(t)$	−26.29	−24.00	−30.00	20	−15.03	−8.88	−23.69	26	−21.98	−17.20	−24.60	12
t_{DM2}/Ga	2.86	3.09	2.72	20	1.75	2.19	1.44	26	2.11	2.24	1.87	12
$f_{Lu/Hf}$	−0.96	−0.95	−0.97	20	−0.97	−0.94	−0.99	26	−0.97	−0.95	−0.98	12
资料来源	柯昌辉等，2013				本书				本书；齐秋菊等，2012			

样号	石宝沟				石家湾				鱼池岭			
	平均值	最大值	最小值	n	平均值	最大值	最小值	n	平均值	最大值	最小值	n
$^{176}Yb/^{177}Hf$	0.058285	0.570860	0.023638	38	0.042462	0.055484	0.024591	17	0.020021	0.052465	0.007003	19
$^{176}Lu/^{177}Hf$	0.001560	0.003317	0.000623	38	0.001225	0.001663	0.000623	17	0.000864	0.002220	0.000366	19
$^{176}Hf/^{177}Hf$	0.282236	0.282446	0.281919	38	0.282180	0.282312	0.282056	17	0.282075	0.282520	0.281327	19
$(^{176}Hf/^{177}Hf)_i$	0.282233	0.282444	0.281973	38	0.282177	0.282309	0.282053	17	0.282068	0.282519	0.281287	19
$\varepsilon_{Hf}(t)$	−15.71	−8.30	−26.90	38	−20.64	−15.97	−25.02	17	−15.35	−0.40	−27.70	19
t_{DM2}/Ga	2.20	2.91	1.73	38	1.94	2.16	1.70	17	2.38	2.92	1.56	19
$f_{Lu/Hf}$	−0.95	−0.90	−0.98	38	−0.96	−0.95	−0.98	17	−0.97	−0.93	−0.99	19
资料来源	杨阳等，2012				赵海杰等，2010				Li et al.，2012			

样号	伏牛山				合峪				娘娘山			
	平均值	最大值	最小值	n	平均值	最大值	最小值	n	平均值	最大值	最小值	n
$^{176}Yb/^{177}Hf$	0.029482	0.080136	0.004973	88	0.024302	0.073615	0.007536	105	0.050188	0.156494	0.017481	25
$^{176}Lu/^{177}Hf$	0.001245	0.003122	0.000313	88	0.001029	0.002622	0.000341	105	0.001851	0.006069	0.000576	25
$^{176}Hf/^{177}Hf$	0.282435	0.282730	0.281904	88	0.282206	0.282593	0.281435	105	0.281864	0.282463	0.281329	25
$(^{176}Hf/^{177}Hf)_i$	0.282432	0.282726	0.281903	88	0.282203	0.282591	0.281417	105	0.281849	0.282460	0.281296	25
$\varepsilon_{Hf}(t)$	−9.46	−0.90	−27.90	88	−15.38	4.10	−25.39	105	−18.78	4.85	−29.74	25
t_{DM2}/Ga	1.77	2.93	1.12	88	1.89	2.85	1.30	105	2.74	3.07	1.70	25
$f_{Lu/Hf}$	−0.96	−0.91	−0.99	88	−0.97	−0.92	−0.99	105	−0.94	−0.82	−0.98	25
资料来源	Gao et al.，2014				本书；Li et al.，2012				高昕宇等，2012			

续表

样号	花山				华山				蓝田			
	平均值	最大值	最小值	n	平均值	最大值	最小值	n	平均值	最大值	最小值	n
$^{176}Yb/^{177}Hf$	0.059934	0.123328	0.028248	36	0.039973	0.098092	0.004997	56	0.022798	0.044410	0.005160	16
$^{176}Lu/^{177}Hf$	0.001297	0.002810	0.000656	36	0.001284	0.004702	0.000238	56	0.000643	0.001199	0.000114	16
$^{176}Hf/^{177}Hf$	0.282248	0.282406	0.281279	36	0.282048	0.282237	0.281387	56	0.282431	0.282605	0.282203	16
$(^{176}Hf/^{177}Hf)_i$	0.282243	0.282403	0.281235	36	0.282042	0.282227	0.281348	56	0.282368	0.282544	0.282184	16
$\varepsilon_{Hf}(t)$	−13.20	−0.90	−17.50	36	−19.79	2.70	−35.20	56	−8.89	−2.70	−16.90	16
t_{DM2}/Ga	2.10	3.02	1.83	36	180.55	2834.00	1.81	56	1.76	2.26	1.37	16
$f_{Lu/Hf}$	−0.96	−0.92	−0.98	36	−0.96	−0.86	−0.99	56	−0.98	−0.96	−1.00	16
资料来源	肖娥等，2012				本书；张兴康等，2015				王晓霞等，2011；刘锐等，2014			

样号	文峪				总计			
	平均值	最大值	最小值	n	平均值	最大值	最小值	n
$^{176}Yb/^{177}Hf$	0.017829	0.033419	0.002811	18	0.046014	0.570860	0.002811	616
$^{176}Lu/^{177}Hf$	0.000736	0.001278	0.000110	18	0.001400	0.011470	0.000110	616
$^{176}Hf/^{177}Hf$	0.281744	0.282344	0.281288	18	0.282190	0.282730	0.281279	616
$(^{176}Hf/^{177}Hf)_i$	0.281727	0.282343	0.281242	18	0.282184	0.282726	0.281235	616
$\varepsilon_{Hf}(t)$	−8.49	7.62	−22.68	18	−15.71	7.62	−35.20	616
t_{DM2}/Ga	2.60	3.12	1.96	18	2.18	3.29	1.12	616
$f_{Lu/Hf}$	−0.98	−0.96	−1.00	18	−0.96	−0.65	−1.00	616
资料来源	高昕宇等，2012							

（四）构造控制特征

秦岭成矿带燕山期花岗岩类的岩浆活动严格受区内不同方向构造系统的叠加复合控制，特别是北东（北东东）向构造与印支期区域北西西（近东西）向造山带的叠加复合对岩体产出的控制尤其显著，从而空间上基本继承了前期的构造岩浆岩带的空间分布特点，但也表现出自身的北东向岩浆空间展布特征，总体表现为北西西向成带，北东向似等间距分段成串密集分布特征。岩体岩石类型也随不同的构造叠加形式存在一定的差异，即北东向断隆与北西西向隆起构造复合部位的岩石类型以偏酸性和偏碱性的花岗岩类为主，如二长花岗岩、花岗岩和花岗斑岩类，如分布于华北地台南缘以及秦岭北缘的诸多燕山期花岗岩类；北东向断隆与北西西向凹陷构造带复合部位的岩石类型则以偏中性的花岗岩类为主，如石英闪长岩、闪长岩、二长岩以及相应的浅成侵入岩类，如分布于东段和西段的南秦岭构造带的各类花岗岩类岩体、岩枝和岩脉等；而北东向断凹与北西西向断陷构造带的叠加复合部位则鲜见花岗岩类出露。

对晚三叠世末—早侏罗世形成的花岗岩类的成岩构造、岩石地球化学和同位素地质的分析表明，它们是在区域近南北向挤压构造应力场逐渐向拉张应力场转变期间岩浆活动的产物。在该应力转变期间，原已形成的北西西向挤压构造带以及相伴的北东向和北西向剪切构造的力学性质均随着主压应力的转变而发生相应的改变，北西西向主干构造由压性向左行滑移的张剪性演化，北东向构造则由纯剪切向剪张性演变，北西向剪切带则由纯剪性向剪压性演变，因此北西西向和北东向的构造带成为侏罗纪早期岩浆作用上升活动的空间，从而造成诸如胭脂坝、东江口等岩体北西西—北东向的弧形形态，以及诸如甘肃"五朵金花"岩体群的形态各异的复式岩体。对晚侏罗世—早白垩世形成的花岗岩类的综合分析显示出它们多为陆内造山阶段地壳伸展减薄地幔物质上涌引起地壳物质熔融并沿北东向断裂系统上侵的，该期构造岩浆活动对先期已形成的花岗岩空间分布格局有叠加和改造作用。该阶段的构造岩浆作用应属于濒西太平洋构造系统。初步认为东部地区燕山期的岩浆活动主要受濒西太平洋构造域的影响和控制，向西这种影响效应有逐渐减弱趋势，在西秦岭则处于更复杂的构造系统控制之中。

总体而言，由于自印支期以后，华北、秦岭、扬子板块已经闭合形成了统一的大陆地块，秦岭地区整个进入陆内构造演化阶段，因此秦岭成矿带侏罗－白垩纪及其以后的花岗岩类均属于板内花岗岩。然而，对于三叠纪末—早侏罗世早期的岩浆活动，由于该时期的岩石类型多以晚期（次）的岩相而与早期的侵入相构成复式岩体，因此前人多将其归入印支期岩浆作用。目前越来越多的岩石学、地球化学以及同位素年代学的资料显示出它与早期岩相之间存在较明显的差异。本书在大量收集、详细分析前人测试成果基础上，通过对典型岩体的实地调查和地化、同位素等分析，综合研究认为，它们应属于中国大陆板内造山作用活动的范畴，是中国东部环太平洋陆内断陷活动的开始，但是由于受到印支末期的碰撞造山作用后的应力松弛阶段引起的岩浆活动的影响，该阶段的岩浆性质具有与印支末期花岗岩的同源性，但有其独特性，多为高硅、富钾，岩石地球化学类型属于过铝质高钾钙碱性系列－钾玄岩系列，它们是区域近南北向挤压构造应力场向拉张应力场转变期末阶段岩浆活动的产物。

三、岩浆活动及其成矿效应

根据大陆碰撞造山作用演化的 *P-T-t* 轨迹，一个完整的碰撞造山事件应包括挤压、挤压向伸展转变和伸展三个演化阶段（Jamieson，1991），也就是陆陆汇聚环境的主碰撞阶段、构造转换环境的晚碰撞阶段以及地壳伸展环境的后碰撞阶段。主碰撞以陆－陆对接和大陆俯冲及其伴随的强烈逆冲推覆、地壳缩短加厚和高压变质为标志，晚碰撞以大陆聚合后的陆内地体沿巨型剪切带发生大规模水平运动为特征，后碰撞则以连续性或幕次式下地壳流动、上地壳伸展和钾质－超钾质岩浆活动为特征（侯增谦，2010）。陈衍景（1998、2002、2006）及侯增谦将碰撞造山作用演化的 *P-T-t* 轨迹与成矿作用相结合，提出大陆造山作用的三阶段成矿模式（图 3-52），认为在挤压阶段或成矿早阶段，浅部构造因受挤压而紧闭，不能成为流体循环的良好通道，而且由于该阶段地热梯度和温度较低，流体循环缺乏足够的热能，因此，早阶段浅部流体活动较弱，成矿流体和金属主要来自深部俯冲板片的变质脱水作用；在造山作用的挤压向伸展转变阶段，即成矿作用的中阶段，造山带处于减压增温的特殊构造体制。依据物理化学理论，单纯的减压或增温均能促进物质的熔融和流体产生，二者复合更能导致整个造山过程中最强烈的流体作用和岩浆作用，也必然引发最强烈的成矿作用。同时，深部产生的大规模流体和岩浆上涌、底劈等为浅部流体活动提供了热能，降低了浅部地壳的刚性程度并使之伸展；减压使固体物质发生弹性回跳而伸展，导致浅层构造伸展扩容，为流体循环提供了良好的路径系统；足够的能量与畅通的路径复合，无疑会引起整个造山过程中最强烈的浅层流体活动。同样，最强的深层流体、岩浆作用与最强的浅层流体活动复合在一起，又必然导致最强烈的流体对流、混合以及岩浆侵入等地质作用和成矿作用。因此会聚造山作用的挤压伸展转变期是大规模成矿时间，是中酸性岩浆发育最有利的地区，也是岩浆控矿系列矿床（含斑岩型、夕卡岩型、爆破角砾岩型、浅成低温热液型等）最有利的地区。陈衍景（2006）进一步建立了矿床、矿田和成矿省等不同尺度的造山型矿床成矿模式（CMF 模式），认为在碰撞初期，俯冲板片下插到仰冲板片之下，其温度、压力必然随俯冲深度增加而增加，顺序发生改造（50～200℃）、变质（＞200℃）和部分熔融（＞600℃），导致俯冲板片内的物质以熔点由低到高的顺序活化迁移，造成仰冲板片顺序出现造山型脉状矿床流体成矿系统、深侵位富硅铝花岗岩浆及其相关亲石元素成矿系统、浅侵位中酸性斑岩–爆破角砾岩带及其相关岩浆流体成矿系统。

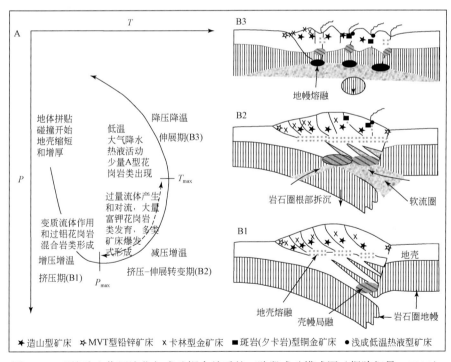

图 3-52　碰撞造山作用演化与成矿耦合关系的三阶段成矿模式图（据陈衍景，2006）

自二叠纪以来到中三叠世，秦岭成矿带由扩张裂解的洋盆演化阶段进入碰撞造山阶段。该时期勉略康有限洋盆北部边缘出现俯冲，同时商丹洋自东而西全面闭合，扬子板块、南秦岭地块以及华北板块叠瓦状依次向北斜向对接碰撞，开始了强烈的陆–陆碰撞（李亚林等，2001；孙晓猛等，2004；张复新等，2004）。该时期岩浆活动较发育，主要岩石组合为石英闪长岩（埃达克质的）－花岗闪长岩组合，从表 3-9 显示出，现地表主要分布于秦岭西段和中段的北秦岭构造岩浆岩带和南秦岭构造岩浆岩带的北亚带，且主要以印支期复式岩体中早阶段侵位的岩相为特征，地球化学特征显示为以准－过铝质钙碱性系列为主，东段由于受到燕山期强烈构造岩浆作用改造而鲜有分布。晚三叠世是本区岩浆作用最强烈阶段，岩体分布广泛，在中、西段及扬子北缘均有出露。该阶段的岩浆岩石组合为花岗闪长岩－二长花岗岩－花岗岩组合，其岩石地球化学特征主要表现为过铝质高钾钙碱性系列－钾玄岩系列，其中很多岩体具有 C 型埃达克岩地化特征。大量的花岗岩类岩石的地球化学和同位素地质的研究表明它们为碰撞造山晚期由挤压环境向伸展环境转化阶段的岩浆活动产物。秦岭地区具环斑结构花岗岩的成岩时代为 217 ～ 210Ma，可能反映出造山晚期出现局部伸展环境（毛景文等，2005c）。自早侏罗世以来本区则可能进入陆内造山阶段，早侏罗世本区仍存在一定规模的岩浆作用，以偏碱性的岩浆活动为主，形成富钾的花岗岩－碱性岩－碳酸岩的岩石组合，如分布于华北地台南缘的含稀土元素、放射性元素的华阳川碳酸岩岩体（181Ma，金云母 K-Ar），胭脂坝钾长花岗岩（180Ma，LA-LCP-MS 锆石 U-Pb），以及小秦岭文峪早期侵入的细粒黑云母二长花岗岩岩相（173Ma，Rb-Sr）。而晚侏罗世—白垩纪则是大规模岩浆作用，是中国东部大陆地壳伸展减薄地幔物质上涌的产物，该时期的构造岩浆作用在成矿带东段表现明显，向西逐渐减弱。可以说秦岭成矿带三叠纪的岩浆作用主要反映的是完整的大陆碰撞造山作用的同碰撞造山挤压环境阶段和晚碰撞挤压－伸展转变环境阶段的产物，而燕山期岩浆作用则是大陆碰撞造山作用的伸展环境阶段的产物。

　　强烈的岩浆活动作用必然伴随有相应的成矿事件发生。大量的地质和找矿成果特别是近些年来的找矿成果显示，秦岭成矿带花岗岩，特别是印支－燕山期花岗岩浆活动花岗岩的成矿作用明显，不仅是已有成矿物质再富集的控制因素之一，也是重要的成矿物质来源。与花岗岩有关的钼钨（铜）多金属矿，主要为斑岩型、接触交代型以及石英脉型，矿化较普遍，其中受北东向构造控制的石英脉的成矿性良好，矿化部位岩体钾长石化、云英岩化普遍，反映岩浆期后热液的成矿作用。此外从岩体向外，存在由高温到低温的钨钼、铜、铅锌、金的矿床分带性。区内已发现众多大型－超大型的钼钨多金属矿床（田）及矿集区。秦岭成矿带是我国金矿的富集带，现已发现了上百个有重要经济价值的大、中、小型金及金－多金属矿床，以及数量更多的矿点和矿化点，为我国重要的金矿资源基地。纵观秦岭地区内生金矿床形成的主体地质作用成矿空间域和时间域，可以看出，尽管金矿床孕育于多种地质构造环境，受多期构造－热事件改造，但最重要的金成矿作用都与印支末期—燕山期构造－岩浆－热液流体作用有密切关系，最重要的工业矿体形成时间也主要集中在印支末期—燕山期（210 ～ 90Ma）。因此，可以将秦岭成矿带中内生金矿床成矿系列都归为与陆内造山过程中构造－岩浆－热液作用有关的金矿成矿系列。

　　区内海底热水喷流沉积－改造型铅锌矿床是秦岭成矿带优势矿种，但大量的找矿勘查证据表明，其铅锌矿成矿具有多阶段成矿作用，而矿质的改造重富集作用均与花岗岩浆活动有直接和间接关系。

　　由于秦岭成矿带中生代时期经历了印支期（中－晚三叠世）同碰撞造山和晚碰撞造山阶段和燕山期（侏罗－白垩纪）的后碰撞造山等构造演化和岩浆作用，岩浆作用的成矿效应及其成矿规律、成因机制也不尽相同，因此有必要分述之。

（一）印支期花岗岩类的成矿效应

对该区内印支期成矿背景的分析研究，结合前人成果综合梳理，秦岭成矿带印支期岩浆作用与成矿的关系主要表现在以下几个方面。

1. 东西成带性明显

由于三叠纪主要反映的是扬子地块和华北地台南北两个陆块同碰撞和晚碰撞阶段的造山作用，因此与其相伴的岩浆活动表现为增温增压挤压阶段（早-中三叠世）和减压增温的挤压-伸展转换阶段的岩浆岩特征。受以上区域构造应力场和岩浆作用的控制，本区金属矿床空间分布呈东西向带状规律明显。其大致表现如下：①沿勉略构造混杂带为与深源浅成 S-I 型花岗岩有关的造山型金成矿带。矿床类型以蚀变岩型和韧性剪切带型为主，典型矿床如大水、阳山、铧厂沟以及宁陕上河坝梯子沟等金矿。②南秦岭构造带南亚带的与 I-S 型花岗岩类有关的以中低温热液脉型金、汞、锑矿床为主，兼有铅锌矿床的金-铅锌-汞锑多金属成矿带，如著名的丁家山-马家山汞锑矿带、公馆汞锑矿、崖湾锑金矿床，构成秦岭-昆仑-西亚汞锑矿带的组成部分。③南秦岭北亚带的与深成 I 型花岗岩类有关的铜（砷）、金成矿带，矿床类型有斑岩型、夕卡岩型以及热液型，如龙德岗、阿芒沙吉等斑岩铜矿、李坝、金山、柴家庄、马鞍桥等金矿床），以及沉积再造型铅锌矿（如厂坝、八方山铅锌矿等）。④北秦岭构造带的与深成 I 型花岗岩类有关的钼、铜、金成矿带，矿床类型以斑岩型、热液脉型为主，如铁沟-兴时沟钼铜矿、平山夕卡岩型钼多金属矿、温泉斑岩钼矿、红铜沟-太阳山一带的斑岩型铜钼矿、八卦庙石英脉型金矿、太白岩体南缘脉型铜-钼矿、湘子岔脉型金矿等。⑤华北地台南缘的与 I-A 型有关的钼、铜、金、铁、铅及稀有、放射性元素成矿带。由于华北地台南缘以往勘查开发的钼多金属矿床多与燕山期花岗岩有关，因此被定为燕山期成矿带。近年来陆续在该花岗岩带发现印支晚期的花岗岩及其有关的矿床，如东桐峪、上宫、前河、北岭、金洞岔、大湖等大型金矿、黄龙铺钼矿、秋树湾铜-钼矿等，与碱性花岗岩和碳酸岩有关的矿床如华阳川大型铀铌铅矿及黄龙铺碳酸岩型钼矿等，因此可以说华北地台南缘成矿带实际为经历多期次岩浆成矿作用的复式成矿带。

2. 花岗岩类成矿专属性明显

区内与印支期岩浆作用有关的主要矿床类型有斑岩型、夕卡岩型、热液型以及伟晶岩型等，与其有关的矿种有铜、钼、钨、金、铅锌以及稀有、放射性元素矿等。现有的找矿勘查成果资料显示，斑岩型和夕卡岩型铜、钼、金矿床成矿以偏中性的花岗岩类为主，主要相关岩性为深成和浅成的闪长岩类-花岗闪长岩，稀有、放射性矿床主要与偏碱性的花岗岩类以及碳酸岩有关，主要岩石组合为霓石花岗岩、正长花岗岩-正长岩-碳酸岩等，接触交代型-热液型金、铜、铅锌等矿床成矿则主要与中晚期的岩浆活动关系密切。

有关花岗岩成矿的专属性，前人已做过大量的研究和探讨，一般而言，源自地壳上部硅铝层重熔和再生作用形成的花岗岩类，与其有关的矿化主要有钨、锡、稀有、放射性矿，其成矿元素以亲氧元素为特征，主要产于构造隆起区；源自地壳深部或上地幔的中酸性-

弱酸性花岗岩类，与其有关的矿化为铜、钼、铅、锌、金、银等，以亲硫元素为特征，主要产于隆凹转换带或区域性断裂带附近。而无论哪种类型的花岗岩类，其深成的和浅成的成矿专属性也有一定差别。秦岭成矿带的花岗岩成矿规律与花岗岩的成矿专属性基本相同。

3. 岩体的改造成矿作用突出

印支期花岗岩的改造成矿作用主要表现在岩浆活动条件下，对先前已有矿床（特别是铅锌矿床）的改造、成矿元素重富集成矿。秦岭成矿带大中型矿床（SEDEX）主要赋存在泥盆系中，近年来又在成矿带东部寒武-奥陶系和志留系发现新的铅锌含矿层位。然而，本书作者实地考察表明，在产于寒武-奥陶系的黄土岭铅锌矿带和厂坝等传统的热水喷流成因矿床深部不断发现有铅锌成矿元素的重新富集与区内印支期的岩浆活动存在密切关系的种种证据（图3-53）。陕西凤太地区的铅锌矿床也发育有受构造-岩浆热事件的叠加改造作用而保留的角砾状、脉状构造、交代溶蚀、填隙结构等大量组构现象（曾令高等，2009）。

(a)黄土岭矿区   (b)厂坝矿区

图 3-53 显示与岩浆热液作用有关的铅锌矿石

4. 印支期成矿受燕山期岩浆成矿作用的改造与叠加明显

印支期形成的各类矿床，受燕山期构造-岩浆成矿作用的影响明显，不仅叠加于印支期东西向成矿带之上，造成三叠纪成矿作用和矿床分布存在局部集中的现象，在同一个成矿带或矿田中，印支期形成的矿床与燕山期形成的矿床并存。例如，小秦岭金矿的主体是燕山期的，但东潼峪、金硐岔、大湖等大型金矿床，以及张家坪、桃园等中-小型金矿则都是印支期的。燕山期岩浆成矿的叠加也造成单一矿床的成矿多期次特征，如八卦庙金矿，主要由印支期成矿作用形成的，矿体呈 NW-SE 向，时间为 222～232Ma，但燕山期（131.91Ma）成矿作用明显叠加于其上，矿化方向变为 NE 向。许家坡金矿的成矿年龄为211～218Ma，但叠加的燕山期成矿年龄为 86Ma。这种叠加作用使矿化强度和成矿规模不断加大。

目前地表矿床分布特征显示，三叠纪矿床、矿点相对在成矿带中段和西段地区分布集中，而东段地区分布零星，造成这种差异性分布的原因，可能是印支运动使秦岭造山带与中国大陆拼合之后，中国东部大陆地壳整体隆升，有些地方隆升速率非常快，很可能使一些印支期的矿床被剥蚀。更重要的是，由于中国东部燕山期成矿作用十分强烈，它不仅叠加在早期的成矿作用之上，而且强烈地改造了印支期及以前的成矿作用所形成的地质体，从而造成印支期矿床分布零星的格局。

（二）燕山期花岗岩类的成矿效应

印支期花岗岩类的成矿作用是中国大陆构造转折期的一种地质效应，是中国东部及东亚中生代大规模成矿作用的开始和先导。而燕山期的成矿作用则是大陆碰撞造山作用的伸展环境阶段花岗岩浆作用的成矿效应。可以说，燕山期成矿作用的大爆发（毛景文等，1999；华仁民和毛景文，1999），实质上是对印支期成矿作用在陆内造山条件下的继承和叠加，印支期成矿作用和燕山期成矿作用一起构成了中国（东部）中生代成矿作用大爆发的完整旋回（卢欣祥，2006）。

1. 钼（钨）多金属矿

区内已发现众多与花岗岩类有关的大型 - 超大型钼钨多金属矿床，矿床类型主要为斑岩型、接触交代型以及脉型，矿化较普遍，空间上现有钼钨多金属矿产出呈东西成带、北东分段跨单元集中分布于秦岭成矿带华北地台南缘、北秦岭构造带以及南秦岭构造带北亚带内。

区内目前已发现主要存在两期与花岗岩侵入有关的钼（钨）多金属成矿作用，即三叠纪末—早侏罗世（210～170Ma）和晚侏罗世—早白垩世（130～150Ma），在成矿带范围以外的东部东秦岭地区（河南省）还存在110Ma左右的成矿期，如与东沟花岗斑岩有关的东沟斑岩钼矿床（魏庆国等，2009）。

早期的成矿岩体岩性以多钾二长花岗（斑）岩、碱性花岗岩以及岩浆碳酸岩为主，如甘肃的江里沟、温泉、陕西宁陕胭脂坝、柞水杨木沟、黄龙铺以及豫陕交界的大湖等矿床，成矿元素组合以 Mo-W 为主，其次为 Mo-Pb 和 Mo-Au。成矿岩体地球化学具有准铝质 - 过铝质钙碱性特征，I-S 型花岗岩类型特征，$Mg^{\#}$ 值在 45～80，绝大多数在 61～77，显示它们为印支末期华北和扬子板块碰撞造山作用引致地壳加厚条件下应力松弛阶段岩浆活动的产物，岩浆物质来源于深部地壳物质的熔融，并有深部基性物质的带入。受燕山期北东向构造岩浆活动影响，其空间主要分布于秦岭北缘的北秦岭构造带和华北地台南缘构造带与北东向岩浆岩带叠加复合的部位，因此显示沿东西向分段集中、沿北东方向呈串珠状成带分布特征。例如，江里沟钼铜矿和铁沟 - 时兴沟钼铜矿主要分布于北东向夏河 - 碌曲 - 玛曲构造岩浆岩带与印支期东西向北秦岭构造岩浆岩带的复合叠加部位，温泉斑岩钼矿则分布于北东向礼县 - 舟曲构造岩浆岩带与印支期东西向北秦岭构造岩浆岩带的复合叠加部位，胭脂坝钼多金属矿集区则位于潼关 - 柞水 - 宁陕北东向构造岩浆岩带与南秦岭东西向构造岩浆岩带的叠加复合部位等，此外河南境内的大湖钼矿床也是位于东西向太华断隆与北东向故县 - 商州岩浆岩带向叠加复合部位。

晚期成矿作用是燕山期成矿带的主要成矿期，东段地区与钼（钨）成矿有关花岗岩体特征为深源浅成的小岩体，且受花岗岩基的控制，一般限制在花岗岩基外围 10km 范围内，成矿岩体均具有斑状结构，以钾长花岗岩类为主，具有三高一低特征（高硅、高钾、富碱及低镁铝含量），岩体侵位深度小于 3km，地球物理资料以及岩体和矿体的地球化学和同位素资料研究显示成矿斑岩的岩浆形成深度大于 30km，成矿物质主要来源于下地壳（魏庆国等，2009，陈衍景等，2000，王晓霞等，1986，卢欣祥等，2002）。成矿元素组合以 Cu-Mo、Mo 为主，次为 Mo-W。魏庆国等（2009）对秦岭成矿带东段（包括河南省境内）的钼矿床成矿时空分布研究表明，大部分钼矿产于黑沟 – 栾川断裂以北，钼矿的分布有从北向南、从西向东钼矿年龄变新的趋势，从南到北还具有斑岩 Cu-Mo 矿、斑岩 Mo 矿、斑岩 Au-Mo 矿的分带现象，与从俯冲带到克拉通边缘斑岩 Cu 矿、斑岩 Cu-Mo 矿、斑岩 Mo 矿依次发育的分带现象相似。该期成岩成矿与燕山期大规模的陆内叠覆造山作用导致的地壳减薄、地幔物质上涌引起下地壳局部熔融形成的岩浆高侵位有关。

由于燕山期岩浆活动受滨太平洋构造体系作用影响明显，在空间上具有呈北东向并跨构造单元的分布特征，向西逐步减弱，因此秦岭成矿带中的该时期的钨钼成矿主要受北东向构造 – 岩浆岩带控制，并在成矿带东段表现尤其明显，其次在燕山期北东向构造岩浆带与印支期近东西向岩浆岩带叠加和改造部位也是钨钼铜矿成矿的有利地段。

2. 金

秦岭成矿带为我国最具金矿找矿潜力和最大的金矿带。中国大陆南西有印度洋板块的碰撞挤压，东缘有太平洋板块的俯冲，致使我国大陆东部中生代花岗岩浆 – 构造活动异常激烈，并导致一系列与之有关的成矿作用，秦岭成矿带也不例外，该期的花岗岩浆和构造活动遍及全区，但由于区域构造应力场的强弱关系，成矿带东部受滨西太平洋构造体系的影响程度大，向西逐渐减弱，西段则逐渐被来自印度洋板块所构成应力场的控制所替代，造成秦岭成矿带东、西段燕山期花岗岩的金成矿效应略有不同。

成矿带东段燕山期花岗岩空间分布受东西向和北东向构造复合控制，呈北东向，改造并叠加在早期东西向构造岩浆岩带之上，因此岩体产出具有较明显的东西成带、北东分段密集特征，并且形成两个群体，一类是沿东西向构造产出的壳熔花岗岩基，主要分布于老牛山 – 华山 – 文峪 – 花山，蟒岭 – 伏牛山及栾川 – 河南西峡一带，岩体组合偏酸性，以花岗岩、二长花岗岩为主，另一类为沿北东向（或北北东向）分布的深熔性中酸性小斑岩体群，多分布于大岩基周围及大岩基之间的断陷区，金与钼的成矿作用分别与这两类花岗岩类有密切成因关系，金矿成矿主要与壳熔花岗岩的活化迁移古老结晶演化中的成矿元素有关（马振东，1990）。在成矿带其他区段，该时期的花岗岩主要与金的成矿作用有关，且主要沿勉略构造带和商丹构造带分布，形成以构造蚀变岩型和韧性剪切带型为主的金矿，统称为造山型金矿。

成矿带中西段（西秦岭）是一个重要的侏罗纪大型金矿集区，发育造山型和卡林型金矿。造山型金矿主要分布在临潭 – 宕昌 – 凤县 – 山阳深大断裂带以北的南秦岭构造带北亚带和商丹断裂带内，而卡林型金矿则密集分布于南秦岭和松潘 – 甘孜造山带的东北部。虽然这两大类金矿的成矿过程有所不同，但时空分布均与燕山期北东向构造 – 岩浆作用有着紧密联系，矿化集中分布于受北东向构造岩浆岩带叠加的部位。例如，分布于南秦岭构造带和商丹断裂带内的金矿集区自西而东有夏河 – 合作金矿集区的早仁道、早子沟金矿，礼 – 岷金矿集区的马坞、李坝、金山金矿，天水麦积矿集区的李子园、柴家庄金矿，凤 – 太矿集区庞家河、八卦庙金矿，周至板房子－沙梁子矿集区的双王、马鞍桥金矿以及柞水丰北一带的矿集区等；沿玛曲－文县－略阳－勉县断裂系及南秦岭分段集中发育的金矿化带自西而东有大水金矿带、拉尔玛－工莫矿集区、九源－坪定矿集区、石鸡坝－阳山金矿带、桦厂沟金矿带、煎茶岭金矿以及黄龙－鹿鸣－羊坪湾金矿带等，主要产于缝合带侧翼大型脆－韧性剪切带中，在晚古生代复理石建造内呈微细浸染状金矿体产出，显示类卡林型金矿特征。

　　区内金矿成矿受地层岩性、构造、岩浆热源等多因素控制，具有"矿源－热（再造）－赋矿空间"三位一体特征。金矿源层（体）如太华群（下岩段）、泥盆系喷流沉积岩系、黑色岩系 Au 的高含量层位及 Au 的地质异常体（如李子园、早子沟地区的闪长玢岩体等）。赋矿空间包括构造空间、构造岩性圈闭。而热源主要为印支－燕山期岩浆作用，它不仅为金元素的活化、迁移提供了热源的物理化学条件，同时也提供了丰富的成矿流体。

　　金成矿多与花岗岩浆作用及其后期热液活动关系密切，它们多分布在岩体周围 2～10km，部分岩枝和岩脉已构成矿体或矿化体，成矿往往与晚期（次）的岩浆侵入活动密切相关。

　　金矿成矿往往晚于与成金有关的花岗岩体的成岩年龄，金主成矿期为印支晚期—燕山期。对西秦岭主要金矿床成因类型综合研究表明，矿床的稳定同位素、微量元素、铅同位素和稀土元素均显示成矿流体与岩浆作用有着密切的关系，其成矿时代多在 197～150Ma，少数金矿成矿更晚，在 56.8～117.5Ma（如拉尔玛金矿）。

第四章　重要含矿层空间分布及区域对比

第一节　前震旦纪主要含矿地层

太华群（Ar₃T）：主要分布在陕西的小秦岭地区。太华群变质程度深，属中深变质的角闪岩相，局部达麻粒岩相，其岩石组合为各种片麻岩、斜长角闪岩，变粒岩及大理岩等，未见底。太华群可分下基底岩系和上基底岩系两部分，下基底岩系主要有呈层状及包体形式产出的以斜长角闪岩、斜长角闪片麻岩为代表的基性喷发表壳岩，以黑云斜长片麻岩、黑云角闪片麻岩为代表的灰色片麻岩，以及以片麻状黑云斜长花岗岩及片麻状黑云石英闪长岩为代表的片麻状花岗岩类，下基底主体岩性为后两种，构成 TTG 杂岩系。上基底岩系主要为黑云长英质片麻岩、石英岩、变粒岩或浅粒岩、大理岩、斜长角闪岩。从目前地层出露情况，以北东向石门-故县北东向一线为界，下基底岩系主要出露于东部地区，而西部地区仅零星出露，大量出露的是太华群上基底岩系。

大量研究资料显示下基底岩系 Au 含量不仅比上基底高，而且变异系数也高，前者金含量最高可达 $37.22×10^{-9}$，最小值为 $0.19×10^{-9}$，均值 $1.15×10^{-9}$，变异系数 3.81，而后者则在 $6.49×10^{-9}～0.35×10^{-9}$，均值 $0.79×10^{-9}$，变异系数 2.29。详尽研究显示，下基底的表壳岩的斜长角闪岩、斜长角闪片麻岩类（原岩为拉斑玄武岩类）金含量较高，而变 TTG 岩系金含量较高主要与它侵入、交代含金量较高的基性表壳岩有关。可以推断，太华群下基底的变基性岩类为小秦岭地区金的矿源层。推测小秦岭地区原始表壳岩-拉斑玄武岩出露的面积远比现在大，只是经 TTG 岩系的交代及后期混合岩化，而使得表壳岩呈似层状、残留包体状等形态产出。

鱼洞子群（Ar₃Yd）：呈微小古陆核残块出露于勉略宁一带的鱼洞子-阁老岭、二里坝-赵家沟以及乐素河等地段，为碧口群的古老基底。鱼洞子群为一套含硅铁建造绿岩系，变质程度达角闪岩相，原岩为海相火山岩-沉积岩系，化学成分富铁、富钠、富硼。其与奥长花岗质、英云闪长质花岗片麻岩等灰色片麻岩（TTG）构成花岗岩-绿岩地体。绿岩组合的下部层位以变质基性岩为主（岩石类型为角闪岩、阳起岩和斜长角闪岩），上部层位以酸性火山岩为主，与下部的变基性岩构成双峰式火山岩系列，绿岩组合顶部为沉积变质的各种片岩和条带状磁铁石英岩。研究表明变基性岩类以岛弧拉斑玄武岩为主，形成环境类似于现代岛弧或活动大陆边缘。

经分析，鱼洞子群的变基性岩类的含金丰度普遍较高，其中斜长角闪岩平均 $5.63×10^{-9}$，部分绿泥角闪片岩可达 $340×10^{-9}$，磁铁石英岩平均金含量为 $152×10^{-9}$，最高达 $300×10^{-9}$，这些特点说明鱼洞子绿岩建造极有可能为碧口地区古老的含金矿源层。尽管鱼洞子群在勉略宁地区仅出露几小块，但它是碧口群的古老基底，因此在该地区地壳较深部，如下部地壳区应是鱼洞子群或是与鱼洞子群时代、岩性、含矿性相同的古老克拉通基底分布区，从这个角度分析，勉略宁地区金矿源层分布是较广泛的。

碧口群（$Pt_{2-3}Bk$）：广泛分布于陕甘川交接的碧口地体。以枫相院－铜钱坝断裂为界可将碧口群划分为阳坝组（南部）和秧田坝组（北部）。阳坝组可进一步划分为三个岩性段。下岩性段在局部地段出露，以变质沉积细碎屑岩为主夹变质火山岩、基性火山碎屑岩；中岩性段主要分布于碧口－玉泉坝断裂带以北地区，以变玄武质熔岩－基性凝灰岩、夹沉积（凝灰质）碎屑岩为主。东部发育火山机构，局部地区见集块玄武岩，为中心式喷发，构成多个喷发－爆发韵律。区内块状硫化铜金矿主要赋存于该岩性段。同位素年龄值在 987～840Ma。上岩性段：主要分布于碧口－玉泉坝断裂带以南地区，由变基性火山岩和变中酸性火山岩以及沉积岩构成。中岩性段基性和酸性火山岩岩石化学表现为较明显的双峰式特征，稀土、微量元素分配特征均具有明显的差别，反映它们的非同源性，中酸性火山岩总体上与壳源岩石配分模式类似，基性火山岩虽与洋岛玄武岩曲线相似但却表现为 Pb 正异常和 Ti 的负异常，具大陆玄武岩特征，反映了中期阶段的岩浆组分来源是以类似洋岛玄武岩的地幔柱部分熔融为主，晚期阶段逐渐转变为地幔柱部分熔融与大陆岩石圈地幔源成分的混染，反映它们是扬子北缘晋宁早期的古大陆裂解事件的产物。

碧口群阳坝组中岩性段"双峰式"火山岩分布范围广（6000km²），厚度大（>3885m），Cu、Zn、Au、Fe 等资源的蕴藏量巨大。对铜厂地区主要岩（矿）石研究表明，细碧岩、辉绿岩等基性火山岩具有较高的铜地球化学背景，是铜厂铜矿成矿的重要物质来源。也是除鱼洞子群金矿源层以外，勉略宁地区又一重要的金矿源层。该地区铜金赋矿层位多［主要有 4 个含铜磁铁石英岩、磁（赤）铁碧玉岩层层位］，因此从矿源层的发育程度而言，碧口地体及其周缘地区为一铜金多金属成矿的良好区段。

第二节 震旦纪含矿层

震旦纪地层主要分布于扬子地台北缘的汉南－大巴山地区以及南秦岭中东段的平利隆起、牛山隆起周缘以及武当隆起西缘的鄂陕交界的郧西－白河－竹县一带，此外沿南秦岭北带的宁陕－镇安－山阳一线和南秦岭南部的文县－康县－略阳－勉县东西向一线也有震旦纪地层出露，其中分布于文县－康县－略阳－勉县一线的震旦纪地层由于多卷入勉略构造带而多呈构造岩块或构造岩片产出。

一、分布特征

1. 扬子地台北缘震旦纪含矿层

扬子地台北缘震旦纪含矿层主要分布于汉南地区宁强、南郑以及镇巴－四川万源一带（图 4-1）。分布于汉南地区的震旦系主要由陡山沱组和灯影组构成，且主要围绕汉南－

米仓山隆起周缘展布。1：25万南江市幅和汉中市幅区域地质调查工作显示，该区震旦纪地层可与上扬子地区震旦系相对比，属上扬子地层分区。该区南华纪—早古生代地层为连续沉积，主体由大陆架浅海－台地相泥质岩、碎屑岩、碳酸盐岩组成，属稳定型沉积。南华纪—震旦纪地层可以与峡东剖面对比，由凝灰质杂砂岩、粉砂硅质板岩（莲沱组）—杂色砾岩、砂岩、板岩（南沱组）—泥质岩、碎屑岩、碳酸盐岩（陡山沱组）—含磷、铅锌白云岩（灯影组）序列组成，反映早期（南华纪）为河湖山麓或冰水沉积，晚期为大陆架滨浅海－浅海台地边缘和台地沉积（徐学义等，2008）。

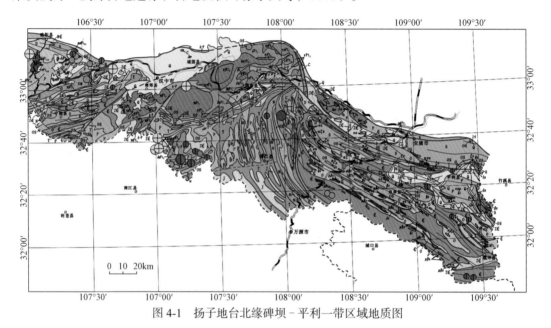

图 4-1　扬子地台北缘碑坝－平利一带区域地质图

就震旦纪而言，该区下震旦统陡山沱组为滨－浅海相碎屑沉积建造，主要为一套灰白、浅灰色长石石英砂岩和含砾长石石英砂岩，成熟度较高，砂岩中发育冲洗交错层理，细粒岩石中具正粒序层理，总体表现出滨岸低能环境的特点。顶部见薄层－纹层状白云质灰岩、泥质泥岩，含硅质薄层条带或团块，颜色变深，横向上见含黄铁矿和菱铁矿结核，反映其形成于水体较深，水动力条件极弱和盆地处于饥饿状态的环境。与上覆灯影组呈平行不整合接触，与下伏南华系的南沱组呈整合－平行不整合接触。由于受汉南－米仓山基底隆起的影响，由隆起区向外，该组地层厚度、岩性岩相变化较大，逐渐由滨海－浅海相沉积相深水复理石沉积演化，构成阶梯式沉积盆地。中子铺、黎坪、宁强等1：5万区域地质调查成果表明（据陕西省地质调查院2013年资料），陡山沱期的沉积中心主要分布于测区西部的阳平关北东向一线，而宁强－三元一带则为沉积盆地的边缘。

灯影组为一套镁质碳酸盐岩，岩性极为稳定，底部滑塌砾屑灰岩呈大小不等的沉积楔状体，超覆于陡山沱组之上，形成下超沉积不整合。上部灰岩中发育滨岸－暴露带的众多沉积构造（帐篷，渗流豆鸟眼）和淡水灰岩，其层序特征反沉积环境具有由台地边缘斜坡—碳酸盐台地—滨岸暴露带逐渐演化迁移的过程。区域上，根据岩性，灯影组可划分为三个岩性段。下段岩性为薄－中厚层藻纹层及纹层状白云岩、砂屑白云岩、微晶白云岩、栉壳状白云岩，代表了由潮下带-潮间带-潮上带组成多个沉积旋回。中段岩性为含砾长石石英砂岩、泥质粉砂岩夹灰黑色中薄层泥岩、硅质岩，反映了潮间-潮上带沉积相。上段为灰色微晶白云岩、藻纹层白云岩、含沥青白云岩和角砾状白云岩、硅质白云岩局部夹硅质岩层，角砾状白云岩中含铅锌矿，基本层序为微晶白云岩-藻纹层白云岩，反映其为台地潮坪-潟湖环境沉积环境。

陈高潮等（2012）对扬子台北缘汉南穹窿周缘不同地点灯影组剖面地层厚度、岩性对比表明（图4-2），灯影期扬子北缘克拉通盆地可能存在一组北东向同生断裂，分别为阳平关东断裂、勉县茨角坝-宁强胡家坝断裂、南郑钢厂-旺苍母家沟西断裂、南江长滩河断裂、南江汇滩断裂。这些同生断裂活动使得灯影期沉积盆地形成台盆-台地相兼盆地格局，造成灯影组岩石特征、沉积微相、地层厚度横向上出现变化。特别是到灯影晚期海侵范围再度扩大，同生断裂的活动，在区内形成三个沉积盆地，分别为宁强胡家坝次级盆地，南郑县钢厂、旺苍母家沟、南江县长滩河之间的钢厂-扬坝次级盆地和南郑县白玉、原坪子、东玉河一带马元次级盆地。次级小盆地内沉积镁质碳酸盐岩中角砾状白云岩、薄层硅质岩夹层多，浅水暴露藻纹层白云岩不发育；而在次级盆地之间的台地相藻纹层白云岩发育。胡家坝次级盆地中角砾状白云岩不发育，白云岩硅化强；钢厂-扬坝次级盆地白云岩硅化强，硅质条带、透镜发育，靠上部白云岩中地沥青化、角砾状白云岩发育，产铅锌矿；马元次级盆地与钢厂-扬坝次级盆地相似。这种在过渡基底之上被北东向同沉积断裂控制形成的灯影组碳酸盐台地-台盆相间的次级盆地常被周围浅水台地分割成相对封闭潮坪环境，沉积了灰色中薄层-厚层硅质白云岩、角砾状白云岩、藻白云岩夹硅质岩薄层或透镜，沿同沉积断裂运移的含矿热液在角砾状白云岩中充填交代。因此灯影组上段封闭-半封闭次级盆地是成矿物质沉积初步聚集的良好场所。

对汉南隆起东南缘白玉-马元铅锌成矿带的勘查表明，该矿带位于碑坝古陆核活化杂岩区，区域基底由中新元古界火地垭群和晋宁澄江期变中酸性侵入岩基性杂岩等构成，火地垭群由中深变质火山碎屑岩夹中基性火山熔岩、大理岩及混合岩组成。盖层由上震旦统—下寒武统被动大陆边缘碳酸盐岩碎屑岩系组成，上震旦统为灯影组，底部有底砾岩，下段为砂岩、含砾砂岩，上段为层纹状藻屑白云岩夹中厚层状白云岩、厚层白云岩、砾屑白云岩、角砾状白云岩、含燧石条带白云岩和薄层白云岩；下寒武统为郭家坝组，底部零星分布有含钴铝土矿层，下段是碳质板岩、含碳粉砂质板岩，上段是粉砂质板岩、泥质板岩、泥灰岩。基底与盖层之间呈不整合接触。上震旦统灯影组上部岩性段的富含有机质的泥质白云岩、白云岩和灰岩是区域上重要的铅锌赋矿层位。隆起西北缘汉中-宁强一带区调成果显示，灯影组下部以中-厚层镁质碳酸盐岩为主，中段为薄层砂质碳酸盐岩与泥质细碎屑岩互层，上部岩性段主要为白云岩、灰色藻纹层白云岩夹硅质条带、石英粉晶白云岩、灰白色厚层硅质粉-细晶白云岩、灰白色中层硅质微晶白云岩夹硅质条带、灰色纹层状含硅质微晶白云岩、深灰色中薄层粉晶灰岩夹硅质条带。并在纸坊坝一带、雷家沟一带的上部岩性段岩性存在具有一定程度的硅化、炭化角砾状白云岩。马元-白玉铅锌成矿带上部岩性段与铅锌矿化有关的围岩蚀变主要有硅化、重晶石化，其次为白云石化、萤石化、地沥青普遍发育。硅化和重晶石化主要以胶结物形式与闪锌矿等同时充填于角砾间及裂隙内，矿化只发生在胶结物中，胶结物为闪锌矿、方铅矿、重晶石、萤石、沥青质及白云岩粉末等。

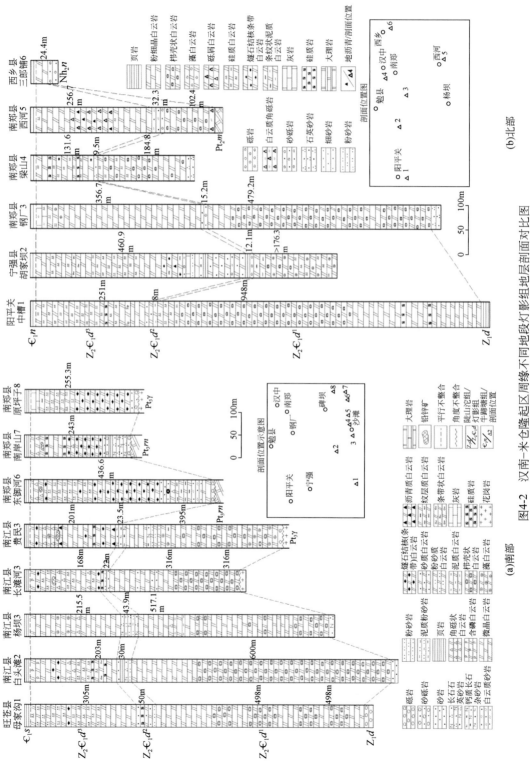

图4-2 汉南-米仓隆起区周缘不同地段灯影组地层剖面对比图

对白云岩角砾无明显的交代现象。沥青充填于白云岩的角砾之间或呈水滴状嵌布于沿洞壁生长的水晶晶簇之间。研究表明，扬子地台北缘基底岩系的铅锌元素背景含量值高，特别是火地垭群锌、铅背景含量高出地壳克拉克值 3 倍以上，澄江期花岗岩中的 Pb、Zn 背景含量较高，高出克拉克值 2～4 倍，寒武系碳质板岩铅锌元素背景含量也高于铅锌元素背景值（表 4-1），白玉－马元铅锌矿床形成的初期应始于震旦纪灯影晚期，基底岩系可能为成矿元素 Pb、Zn 的主要来源；原始铅主要来源于壳幔混合的造山带；硫同位素富集重硫，可能主要来源于海水硫酸盐；矿石中稀土元素富集，轻稀土分异较明显，而重稀土分异不明显；成矿流体推测为热卤水性质，对铅锌矿石中的黄铁矿、闪锌矿、方铅矿、重晶石硫同位素测定表明硫源于震旦系—寒武系或盆地热卤水，铅同位素测定研究指示成矿金属主要来源于震旦系—寒武系。矿石同位素研究揭示了碳来自震旦系—寒武系中的碳酸盐岩。结合相应热液脉石矿物样品中 $\delta^{18}O_{\text{V-SMOW}}$ 平均值为 20.0‰ 的事实，推测矿石中热液方解石和热液白云石应是本地区震旦系—寒武系中碳酸盐岩矿物溶解形成，成矿流体应属于盆地流体系统，可能为源于盖层沉积的中低温盆地卤水，伴随碑坝穹窿构造过程，成矿流体沿灯影组白云岩层间（滑脱或溶塌）构造从盖层沉积中心向隆起边部运动，并发生热液充填为主的成矿作用（王晓虎等，2008）。矿石中沥青的碳同位素组成是典型的沉积有机质来源，锌成矿作用与盆地的有机质有密切关系（李厚民等，2007b）。李智明（2007）研究认为，震旦纪时期扬子北缘处于稳定陆缘台坪环境，热基底产生了大规模的热水循环成矿系统，形成了范围大、层位稳定的低温热液充填型（MVT）矿床。因此可以推断，白玉－马元一带灯影组上部岩性段不仅是重要的铅锌赋矿层位，也是重要的含矿层，且铅锌成矿物质的来源可能具有多源性，既有来自基底岩层，也有部分来源于碳酸盐岩本身。

表 4-1　扬子陆块北缘地层岩石成矿元素丰度表（据李强和王晓虎，2009）

地层岩石名称	岩性（样数）	元素背景含量 /10^{-6}		
		Pb	Zn	Ba
下寒武统郭家坝组	碳质板岩（13）	22	66	1207
上震旦统灯影组	砂岩、白云岩（105）	12	71	163
中－新元古界火地垭群	大理岩（2）	50	300	100
碧口群	变火山岩	18	124	
基底岩系（平均）		19	128	
元古宇花岗岩	花岗岩（2）	30	60	
	含霓石碱性花岗岩	35	325	
	碱性花岗岩	6	45	
地壳克拉克值		15	86	

2. 南秦岭震旦系及含矿层

南秦岭震旦系东、西段均有出露，其中中东段地层较广泛，主要分布于巴山弧形断裂与麻坪河断裂之间的高滩－兵房街、凤凰山－平利隆起和安康牛山隆起周缘以及武当隆起西缘的竹山、白河、郧西一带（图 4-3），其次沿南秦岭北带镇安东川－宁陕旬阳坝一带也分布有震旦纪地层，此外沿洋县－城固北部溢水河脑－党水河－铁河一带以及西段的迭部－降扎等地也有少量分布。

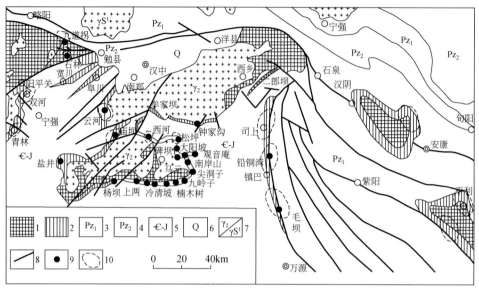

图 4-3　扬子地台周缘震旦纪地层及铅锌矿分布图（据李智明，2007）

1. 前震旦系变质基底；2. 上震旦统灯影组；3. 下古生界；4. 上古生界；5. 寒武－侏罗系；6. 第四系；7. 元古宙 / 印支期花岗岩；8. 区域性断裂；9. 铅锌矿产地；10. 铅锌化探异常

南秦岭中东段地区的南华纪地层主要出露于北大巴山地区，与汉南地块西乡等地同期地层构成同一沉积区，为冰水－滨海－河流相沉积，主要由含砾凝灰质砂岩、凝灰岩夹页岩、少数泥灰岩组成，说明南华纪时期扬子地台北缘存在火山活动。由于该地区南华纪—早古生代由连续以海相正常沉积岩为主的岩石组成，震旦系与寒武系不易划分，多将震旦系和寒武系并为震旦－寒武系。1：25 万安康幅将其自下而上划分为鲁家坪组、箭竹坝组、毛坝关组、八卦庙组和黑水河组五个组级岩石地层单位。鲁家坪组在高滩－兵房街、平利隆起和安康牛山隆起周缘分布稳定，岩性基本一致，唯有安康牛山隆起周缘由于受基底与盖层之间逆冲滑脱断层改造，而多呈断续构造透镜体分布。鲁家坪组与下伏的南沱组呈断层接触，与上覆地层为整合关系。鲁家坪组总体上为一套黑色硅质、碳质泥沉积，形成环境为还原环境。同时硅质岩中多发育纹层状构造，局部含有静海期的沉积磷结核等，反映海水较深、总体反映为深海环境。综合分析认为，鲁家坪组的沉积环境为外陆架深水盆地（缺氧的深海－半深海）沉积。依据岩性可分为三个岩性段，下部岩性段为灰黑色、深灰色或黑色板岩夹多层灰岩、泥质灰岩，向上灰岩增多；中部为黑灰色薄层－块状硅质岩偶夹灰岩；上部由黑灰色碳质板岩和钙质板岩、薄层灰岩组成。对鲁家坪组岩石的岩石薄片鉴定可见火山碎屑，其沉积环境应属准稳定类型。

值得注意的是在鲁家坪组底部有一套灰白色－浅灰色中薄层的泥灰岩、灰岩或白云质灰岩（白云岩），岩性单一，分布相对稳定，在高滩－兵房街小区自西向东逐渐演化为白云质灰岩，而在凤凰山－平利隆起周缘则为灰黑色厚层状白云岩、含碳硅质岩，横向不连续，与基底地层呈断层接触。该套镁质碳酸盐岩沉积组合位于小壳化石层以下，可能相当于灯影组。岩石组合研究分析，该时期的沉积盆地南浅北深，沉积盆地中心在北侧。据成矿元素的测定分析，鲁家坪组 Zn、Zr、Ba、Cr、Yb 等元素含量均高于地壳克拉克值。其中 Zn 元素的含量为克拉克值的 1～5 倍；Zr 元素的含量为克拉克值的 1～3 倍；Ba 元素的含量为克拉克值的 1～30 倍；Cr 元素的含量为克拉克值的 1～8 倍；Yb 元素的含量为克拉克值的 4～10 倍（据陕西省地质调查院 2006 年资料）。该组中、上岩性段为成矿带内重晶石、毒重石的重要赋矿层位，下部岩性段发现有铅锌矿产出，如紫阳毛坝的何家湾铅锌矿床即赋存于鲁家坪组下段中薄层白云质岩、白云质灰岩夹细晶灰岩中，受层间裂隙和北北西向断裂控制，矿体呈似层状、透镜状，矿石为以闪锌矿为主的富锌铅锌矿。在平利隆起周缘的鲁家坪组下段白云岩层锌地球化学异常发育，并发现罗家院子锌矿床。因此可以推断，秦岭成矿带东段除了下-中志留统梅子垭组和泥盆系的铅锌含矿层以外，晚震旦世—早寒武世的鲁家坪组下部岩性段白云岩层也为该区重要的铅锌含矿层。

镇安-宁陕一带的震旦纪地层主要沿小磨岭古隆起南缘分布，向东经山阳，断续延伸到河南境内淅川。其次沿南部的宁陕的甘岔河-平河梁-九间屋一带出露有呈东西向展布的震旦系构造残片。该区缺失南华纪地层，震旦纪地层与小磨岭火山杂岩（北部）和陡岭杂岩（南部）呈断层接触。下震旦统陡山沱组主要岩性为石英砾岩、长石石英砂岩、灰岩、白云质粉砂岩等，厚度几十米到百多米不等，总体表现为河口-滨岸、潮坪-陆棚环境沉积。上震旦统灯影组为一套含藻纹粉-细晶白云岩、砾屑白云岩。对镇安县东洞河岩屋沟剖面观察（图4-4），灯影组下部为灰色薄-纹层状含藻纹泥质粉晶白云岩间互厚层粉晶白云岩、砾屑白云岩。发育藻纹层构造，内夹滞流砾岩；中部浅灰-深灰色藻纹细晶白云岩、粉晶白云岩。藻纹层由波状、丘状、柱状叠层石构成；上部深灰色厚层细晶白云岩、藻纹白云岩；顶部发育栉壳构造。与下伏陡山沱组为整合接触，厚407m。灯影组沉积物由下到上反映了台地生成→暴露、海水由深到浅变化过程，总体为碳酸盐台地（潮下坪-潮间-潮上坪）相沉积。灯影组被下寒武统水沟口组平行不整合覆盖，水沟口组岩性下部为硅质岩夹碳质板岩、粉砂岩，富含磷质结核。上部为砂质灰岩夹硅质岩。水沟口组总体表现为深水滞流盆地相沉积，下部的硅质岩源于火山物质，磷质岩源于大洋底流的上扬，下部岩性段为区内含钒、磷矿化（体）层。值得注意的是在东洞沟到乾佑河一线，水沟口组底部普遍见有白云质角砾岩，其角砾源于下伏白云岩，分选、磨圆差，铁、硅质胶结，向上演化为灰黑色-黑色薄层硅质岩、碳质板岩及碳酸盐岩，反映该地区灯影组沉积之后，曾发生一定的地壳活动，造成局部地段的深水滞留沉积环境，导致富磷、钒、锌、镉、银黑色岩系含矿层的形成。水沟口组之上的石瓮子组表现为滨-浅海潮台地相镁质碳酸盐岩沉积，该套地层下部以浅灰-灰色厚层-块状灰质白云岩为主，局部夹浅灰白色厚层-块状白云岩。中上部以浅灰白-白色厚层-块状白云岩为主，夹（浅）灰色厚层-块状白云岩，局部地段（东川河一带），还发育百余米厚的塌积白云岩，并见拖曳变形特征。总体反映了高水位碳酸盐台地生成-暴露的沉积过程及相对海平面由深变浅的沉积特征。近年来的地质找矿勘查成果显示，石瓮子组为新发现的铅锌含矿层位和赋矿层。目前已在宁陕发现北西西向分布，长约40km的冷水沟-东川铅锌矿化带，铅锌矿化集中分布于小川-东川一带，长约14km，宽40～100m。矿化分布于寒武-奥陶系石瓮子组中上部层位，铅锌矿化带围岩为白-灰白色白云岩。矿体不连续，主要为似层状、透镜状。矿化以铅锌为主，部分地段以菱锌矿为主，局部含铜。矿石具块状、条带状及斑杂状特点。地表风化主要表现为强褐铁矿化。经对黄土岭等典型矿床的实地考察，赋矿岩石热液蚀变普遍，主要有硅化、黄铁矿化、黄铜矿化、透闪石化、碳酸盐化等，硅化、黄铁矿化、黄铜矿化、透闪石化与铅锌矿化关系密切，铅锌富集成矿有可能与邻近或深部隐伏的印支期岩体的侵入活动以及构造活动有关，初步认为矿化成因类型为层控沉积-改造型。目前在小川-东川一带相继发现小川西沟、灰尘沟、朱家沟-安沟、黄土岭、薛沟、大沟、大交沟七个矿化段。矿化可分为两种类型：第一类型产状与石瓮子组主期构造面理基本一致，铅锌矿化分布范围较大，但强度较弱，矿化体一般规模较小，矿化沿走向不连续，第二类主要受北东东向断裂控制，矿体以断层边界为界面与围岩截然分开。矿体品位高、厚度大。据陕西省地质调查院 2011 年资料[1]，该套地层中 Cu、Pb、Zn 元素背景与碳酸盐岩相比较，Cu 元素高出 23～25 倍，Pb 高出 3.3 倍，Zn 高出 6.9 倍，石瓮子组白云岩既是赋矿层，又是含矿层。该区典型矿石结构构造特征如图 4-5 所示。

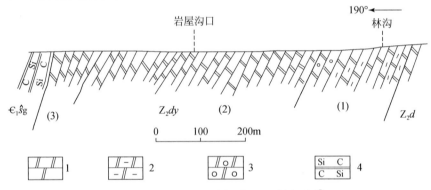

图 4-4 镇安县岩屋沟灯影组地质剖面图[2]

1.白云岩；2.泥质白云岩；3.含砾屑白云岩；4.碳硅质岩

图 4-5 镇安黄土岭石瓮子组的条带状铅锌矿石

①陕西省地质调查院. 2011. 陕西省宁陕-柞水铅锌多金属矿调查（成果汇报）。

②陕西省地质调查院. 2003. 1：25 万镇安幅区域地质调查报告（内部）。

洋县-城固北部溢水河脑-党水河铁河一带，由震旦系灯影组（Zdy）组成（图4-6）。1：20万汉中幅划归寒武-奥陶系，近年来，陕西省地质调查院在1：25万汉中幅区域地质调查研究中，依据岩性组合、地层剖面结构将出露于八里关断裂以南铁河复向形核部，以剥离断层覆于长角坝群之上，以断裂构造伏于鲁家坪硅质岩之下，呈构造岩片出露的一套变质含硅质条带或团块中-厚层大理岩、白云质大理岩解体厘定为震旦系灯影组[1]。该地区主体岩石组合为下部灰色中-厚层状含石墨白云质大理岩、透辉大理岩、中-薄层含硅质条带、结核石墨细晶大理岩，间夹含夕线石、石榴子石黑云石英片岩、钙质片岩、石英二云片岩；上部为细晶白云质大理岩、含石墨白云质大理岩、含硅质条带石墨细晶大理岩。该岩组地层岩性较稳定，主体为一套变质含碳质碳酸盐岩、高镁碳酸盐岩夹少量碎屑岩建造，沉积组合反映为碳酸盐台地潮坪相沉积。其上的鲁家坪组主体为一套富碳硅质建造的深水黑色岩系。由于多期构造叠加，其变形、变质改造强烈，风化面显示发育一组近顺层透入性片理，对岩层构成彻底置换，伴随固态流变构造、分异条带状构造、多级分划性韧性剪切带发育，形成层状无序构造-岩层地质体。

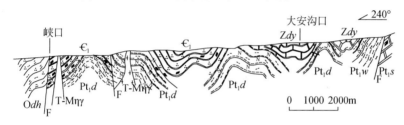

图4-6　陕西省洋县党水河灯影组-鲁家坪组剖面[1]

Pt_1d. 钠长黑云片麻岩；Pt_1w. 含透辉石黑云母糜棱岩；Pt_1s. 含石墨大理岩；Zdy. 碳酸盐岩；$\in_1$. 含石墨石英片岩；Odh. 绢云母石英片岩；$T-M\eta\gamma$. 三叠纪—中生代二长花岗岩脉

降扎地区出露的南华-震旦系主要为白依沟群。关于该套地层归属目前仍有争论，1：25万合作幅区调报告将该群划归为早震旦世，张二朋等（1993）、徐学义等（2008）将其归为南华纪，本书采用后者认识。白依沟群岩性主要为一套代表陆缘裂谷环境的中酸性火山-沉积组合，主要组成岩石为流纹晶屑凝灰岩、含砾凝灰岩及凝灰质砂岩、粉砂质板岩夹少量流纹岩等，具有陆缘火山弧的特征（张二朋等，1993），其上被具有碳质泥质细碎屑岩建造特征的寒武系太阳顶群不整合覆盖，太阳顶群主体为灰褐色含碳绢云母板岩、碳质板岩夹粉砂岩、硅质岩，下部在灰黑色块状硅质岩中夹碳化沥青或石煤层，该套碳质细碎屑岩建造是金、铀、铜、钼、锑、汞、石煤和磷的重要含矿层。从该区带的震旦系岩石组合分析，早震旦世时期，该区火山活动相对比文县-康县-勉县-略阳一带强烈，具有陆缘火山弧特征，而缺少类似扬子地台周缘相对稳定的浅海台地相碳酸盐沉积环境，寒武系表现为裂谷环境的次深水-潟湖相富含有机质的碳硅泥质沉积，因此无论白依沟群还是太阳顶群并不具备MVT型铅锌矿的含矿层形成环境。

---

[1] 陕西省地质调查院. 2004. 1：25万汉中幅区域地质调查报告（内部）。

文县-康县-略阳-勉县一带震旦系主要沿碧口地体北缘以及勉县-略阳-康县构造带分布，由于受构造作用影响，震旦纪地层多呈构造岩块和岩片产出。分布于碧口地块勉略宁三角地区的震旦纪地层仍属上扬子地层区，总体可与汉南碑坝隆起周缘震旦纪地层相对比，而沿勉略构造带分布的文县-康县-略阳一线的震旦纪地层则划分为临江组，向西沿若尔盖地块北缘降扎陆续有下震旦统白依沟群出露。

碧口地块东北端的勉略宁三角地区的下震旦统陡山沱组为一套浅变质的沉积碎屑岩系，上部产磷、锰矿，与灯影组呈整合接触，下与南华系南沱组凝灰质火山碎屑岩和/或陆源碎屑岩呈平行不整合。陡山沱组下部主要为灰色块状变含砾中粗粒长石石英变砂岩、杂砂岩、浅灰色变中-细粒石英砂岩夹少量粉砂质板岩；中部主要为灰-深灰色绢云粉砂质板岩、绢云千枚岩夹浅灰色薄层长石石英细砂岩和粉砂岩条带；上部主要为深灰-灰黑色绢云砂质板岩、薄层泥质灰岩、微晶灰岩，夹灰黑色硅质薄层、条带，产磷锰矿层并与含硅质灰岩密切相伴，局部尚产磷铁矿结核、泥灰岩结核和黄铁矿结核。由于经历较强的构造变形改造，该组地层基本层序、沉积构造、沉积界面多已被破坏。灯影组为一套碳酸盐岩组合，横向上该组岩性及厚度较为稳定，但不同地段中的灰岩、白云岩比例有所变化，具有由陆棚边缘体系域（底部岩层）→海进体系域（下-中部岩层）→高水位体系域（上部岩层）的地层层序。陆续在勉略宁三角地区发现九道拐、道林沟等铅锌矿化点，如产于略阳九道拐附近与震旦系灯影组中断裂构造有关的铅锌矿，赋矿地层为灯影组，岩性及岩性组合为白云质灰岩、泥质白云质灰岩、碎裂白云质灰岩、角砾状白云岩、角砾状白云质灰岩等。矿化主要赋存于断裂构造带内碎裂白云质灰岩、角砾状白云岩、角砾状白云质灰岩等蚀变岩石中。矿化呈细脉浸染状、脉状、透镜状、扁豆状等。但目前尚未找到类似白玉-楠木树等有价值的铅锌矿床。

文县-康县-略阳一线的震旦系沿勉略构造带分布，甘肃省岩石地层确定为临江组（Z-$\in_1 l$）。文县地区该组与南华系以火山碎屑、砂质、沙泥质沉积夹中基性熔岩为特色的关家沟组（$Nh_2 g$）呈整合接触，总体表现出强烈的变形特点。临江组总体可以划分为上、下两个岩性段，下部为灰、深灰色中-薄层状含碳微晶白云岩、灰色厚层状白云岩、绢云石英千枚岩夹硅质岩、砂质灰岩及磷矿层；上部为灰、灰白色厚层、块状微晶白云岩。该组岩石在不同地段，岩性略有差异，但总体为一套硅质-镁质碳酸盐岩建造，上部岩性段白云岩多具花边状构造，含核形石，局地含硅质条带、团块，不显层理，反映为海平面相对较高的封闭环境下的滨海海湾沉积；下部岩性段产磷锰矿层，碳质板岩、变粉砂岩内含巢状、结核状黄铁矿，显示其处于水流不畅的还原环境，为浅海陆棚相沉积。受构造作用，临江组多呈构造岩块或构造岩片产出，边界为断裂或韧性剪切带所限。据磷矿层对比、微古植物化石鉴定和同位素测定等分析，将临江组下部层位划归为晚震旦世，上部层位划为早寒武世（据陕西省地质调查院2006年资料）。

从该区带震旦系沉积相、岩石特征，可以看出其沉积环境与汉南古陆块周缘震旦系沉积环境存在有较明显的差异，该区沉积水体相对较深，处于滞留深水还原-弱还原环境，且沉积环境相对不稳定，区域资料综合研究表明，该区晚震旦世以来为扬子地台被动陆缘裂陷带中有文县-略阳地堑发展起来的次级裂陷构造盆地（张二朋等，1993），它奠定于晋宁期陆缘弧的外带及弧前盆地，基底属过渡壳，主要沉积环境为陆棚边缘内侧浅海-次深水环境，这种沉积环境适合磷、锰等元素的沉积聚集（Yang et al.，2008），对陕西后沟－大坪山一带典型锰矿床的调查研究显示，成矿物质主要来自于扬子地块前震旦纪变质基底物质的风化剥蚀迁移沉积，含矿的碳质岩系具非热水沉积特征（杨钟堂等，2009；乔耿彪等，2011）。

二、含矿层特征及区域对比

从目前地质找矿成果分析，秦岭成矿带 MVT 型铅锌含矿层主要为上震旦统灯影组中上部镁质碳酸盐岩系，其次为上震旦统—下寒武统鲁家坪组以及寒武－奥陶系石瓮子组。前者主要分布于扬子准地台及其周缘，后者则主要分布于南秦岭地区。

沉积岩相古地理、地质构造、矿床学方面的研究资料显示，扬子准地台（上扬子区）在晚震旦世，大致处于湘桂边缘海盆西北侧，其东南侧由于受雪峰山隆起的阻隔，为一个广阔的半封闭状态陆表海台坪浅水环境，这里环境稳定、海水浅、透光性好、蒸发量大、生物繁殖，是藻滩相层纹状藻屑白云岩及厚层白云岩沉积的理想场所，因此灯影组分布稳定、沉积厚度较大，岩性均一，许多原生沉积构造，如水平层理、冲刷面等清晰保留，许多地区无灰岩夹层和方解石的交代残余等，说明了这套巨厚白云岩主体部分为原生或准同生沉积白云岩，为稳定性的碳酸盐台地相沉积。而铅锌含矿层主要位于上部岩性段，主要由中厚层状白云岩、藻纹白云岩以及含硅质岩条带白云岩、角砾状白云岩构成，矿化岩石中的石英、重晶石、萤石等则已被研究证实为热水成因。含矿层的下部多为砂岩、含砾砂岩，上部往往为泥质细碎屑岩建造。但具工业价值的矿床则主要产于碳酸盐台地沉积盆地中相对隆起的部位，少数靠近盆地边缘产出，其围岩沉积环境主要是潮坪潟湖周边的潮间、潮上带或海湾潮坪潟湖。铅锌矿体多产于白云质角砾岩层中，而角砾岩的成因既有溶蚀塌陷的，也有构造作用形成的，部分矿床的角砾岩还见有古岩溶特征，如陕西马元和鄂西冰洞子等铅锌矿床（芮宗瑶等，2004）。因此扬子地台周缘震旦系铅锌含矿层具有四个特征：①岩性为角砾状白云岩；②上部存在低渗透率的泥质岩盖层；③丰富的有机质来源；④存在热液活动的证据。其中灯影组上部岩性段的厚层白云岩及砾屑白云岩则由于刚性强、易产生裂隙化形成构造角砾岩而成为化学活动性强、渗透性好的容矿岩石；藻滩相白云岩则为成矿提供了丰富的有机质来源，含矿层内出现的硅质岩、重晶石则是热卤水活动的证据；位于其上部的下寒武统碳质泥质细碎屑岩建造则构成低渗透率的屏蔽层。

与上扬子地台灯影组含矿层相对比，分布于南秦岭地区的震旦－寒武系多围绕平利－凤凰山、牛山、小磨岭以及佛坪等微古陆块周缘分布，但限于沉积古地理和沉积环境等因素，彼此之间沉积特征不尽相同。例如，分布于平利－凤凰山、牛山的周缘的震旦－寒武系鲁家坪组与下伏的南华系南沱组呈断层接触，而缺失下震旦统，鲁家坪底部出现的岩性单一，分布相对稳定，为一套灰白色－浅灰色中薄层的泥灰岩、灰岩或白云质灰岩（白云岩）。该套碳酸盐岩被含 *Carcothleidal，Comdormorpha，Punctatus* 及 *Protosphaerites ningqiangensis*（Chen）等小壳化石的白云岩层覆盖（张二朋等，1993），可以与灯影组相对比。而沿南秦岭北缘迷魂阵、山阳、淅川分布的震旦纪地层自西向东地层组成和厚度则有明显的变化。陡山沱组在西段镇安迷魂阵为砾岩、石英砂岩夹泥质白云质灰岩，向东则为长石石英砂砾岩、长石石英砂岩、千枚岩夹砂质大理岩，而在山阳、商南一带，陡山沱组下部则为酸性凝灰岩、凝灰质砂岩夹凝灰质千枚岩等，向上逐渐变为白云岩等碳酸盐岩，属于半活动性沉积类型。灯影组则岩性单一，以白云岩、白云质灰岩为主，与上扬子地层分区相比，可相当于扬子区灯影组的中下部。目前铅锌矿化主要赋存于其上的寒武-奥陶系石瓮子组的白云岩中。

沿勉县-略阳-文县-康县分布的震旦系岩石组合则相对复杂，该带南华系以陆棚-浅海陆缘的粗碎屑岩和凝灰质、泥碎屑岩建造为主，并具有冰水沉积，震旦系下统陡山沱组在勉略一带以台地相碳酸盐岩白云岩为主，其次为泥质灰岩夹碳硅质、泥质板岩，在文县一带为浅海深水的碳硅泥质-碳酸盐岩组合，向西在降扎地区的下震旦统白依沟群，以代表陆缘裂谷环境的中酸性火山-沉积组合为主，其上的太阳顶群碳质板岩建造也是陆缘裂谷进一步发展的产物。因此总体趋势分析，震旦纪时期，沿勉县-略阳-康县-文县以及降扎一线处于华南联合古陆缘外侧裂陷构造环境，属于活动沉积类型。

地质调查和科研成果显示，秦岭成矿带在经历了以陆核为基础的陆块形成演化后，于中新元古代形成多陆块裂谷与小洋盆并存共生的复杂构造古地理格局。晋宁运动导致古陆块相互拼合，随新元古代洋盆消减闭合，南部华南陆块形成并与古秦岭地块及华北陆块碰撞拼合，奠定了原始中国古大陆的基本轮廓，构成罗迪尼亚超大陆的组成部分，而这种建立在元古宙过渡性基底结构基础上的中国原始大陆仅处于准稳定状态。秦岭不同地块也不同程度地发生拼合或汇拢，同时又有扩张裂解，块体并未完全拼合统一。南华期仍处于新元古代超大陆由活动向相对稳定的形成转变过程，逐渐形成了由扬子→秦岭→华北渐进式穿时的相对稳定状态和基本稳定的古陆。早震旦世区内除扬子准地台北缘汉南、碧口等穹窿，南秦岭的武当、平利、小磨岭等微古陆块以及北秦岭以北仍处于抬升剥蚀状态以外，其他广泛地区基本承袭了南华纪末期的全区相对稳定的基本统一的构造格局，扬子地块及北缘已与南秦岭海域贯通，接受相似环境的沉积。震旦纪晚期以来，随着原始中国古大陆裂解，扬子北缘被动陆缘沿勉县-略阳-康县-文县一带发生裂陷扩张，秦岭造山带便进入板块构造体制演化阶段，使得扬子地块和南秦岭的沉积环境发生一定的差异，扬子准地台区发育稳定性的滨-浅海台地碳酸盐岩沉积，而南秦岭地区则为逐渐由台地相沉积逐渐向浅海次深水相沉积转变，并在局部地段见有火山凝灰物质沉积，反映了由稳定沉积环境向半稳定沉积环境变化。而勉县-略阳-康县-文县一带发生被动陆缘裂陷，并逐渐向半稳定-活动性沉积环境演化。因此可以说震旦纪是处于经历了一段相对宁静期后构造作用开始活跃、构造体制转变的重要阶段，在这个阶段相应的沉积环境也随所处大地构造位置的不同而有异。扬子准地块及其北缘（包括勉略宁三角地区、汉南以及东部的大巴山弧形断裂以西的地区）属于稳定沉积环境，南秦岭中东部的震旦系属于半稳定沉积环境，而沿勉略构造带分布的震旦系则属于活动性-半稳定环境。扬子准地块及其北缘和南秦岭地区尽管盆地基底起伏差异导致彼此之间沉积微古地理环境、沉积岩相和岩石组合等不尽一致，但区域上总体可以进行对比。而沿勉略构造带分布的震旦系则与其他两者之间存在较大的差异。因此成矿物质的来源、沉积初步聚集程度也随沉积环境的变化而不同，秦岭成矿带震旦系具有形成不同类型矿种的含矿层的良好地质条件。

从目前掌握的资料，铅锌含矿层在震旦系、寒武系均有出露，但以灯影组中上部含矿层为主，主要分布于扬子地台区及其北缘，其次为下寒武统鲁家坪组下部碳酸盐岩层和石瓮子组碳酸盐岩层，主要分布于南秦岭广大地区（图4-7）。铅锌含矿层主要沿大型盆地边缘或盆地内基底隆起边缘分布，含矿岩石以富含微生物的白云岩为主体，而且角砾状（可以是溶蚀坍塌成因抑或后期构造成因的）白云岩层为主要的赋矿空间。磷、锰含矿层主要分布于南秦岭以勉县 - 略阳 - 康县 - 文县等地区的震旦 - 寒武系暗色岩系建造发育的空间时段，其形成构造环境为盆地内基底凹陷次级沉积中心和陆缘裂陷，为半稳定性条件下的陆棚浅海深水 - 次深水滞流沉积环境，岩石组合以含碳的硅 - 泥质 - 碳酸盐岩为主。含矿层铅锌金属物质来源具有多元性特征，既有来自基底变质基性 - 中酸性火山岩系的铅锌元素（深源的），也存在来自震旦系—寒武系盖层的（浅源的）的证据，碳酸盐岩层本身也可能是矿源层。成矿流体主要为由后期基底构造隆升而产生的大规模的海底热水循环系统，循环热水不断地萃取并吸收了变质基底岩系中的有用组分（Pb、Zn 等）及灯影组下部含藻白云岩中的有机质，形成了大量的富有机质含 Pb、Zn、Ba 等成分的热卤水。

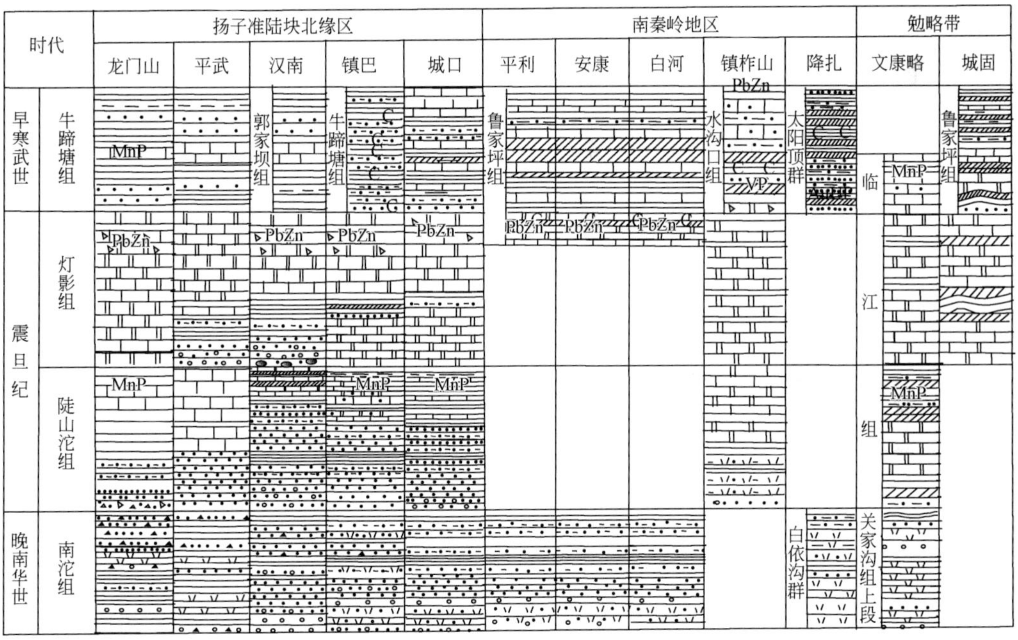

时代		扬子准陆块北缘区					南秦岭地区					勉略带	
		龙门山	平武	汉南	镇巴	城口	平利	安康	白河	镇柞山 PbZn	降扎	文康略	城固

图 4-7　秦岭成矿带震旦系铅锌磷锰含矿层区域对比图

近些年来，在秦岭成矿带扬子地台北缘的陕西南郑地区、湖北竹溪地区灯影组中相继发现众多的铅锌矿（床）点，湖北神农架等地区也新发现有找矿前景的铅锌矿床（点），地质找矿取得重大突破。其中以位于扬子陆块北缘碑坝（杂岩）穹窿周边的马元铅锌矿床为代表，被称为"马元式"铅锌矿。通过对马元铅锌矿的成矿背景研究，从其含矿层的岩石、岩相及上覆下伏岩组的岩性特征综合分析，只有在稳定性和半稳定性沉积环境条件下，才可以满足成矿元素物质的沉积初步聚集。因此从铅锌含矿层这一成矿首要因素考虑，扬子准地块及其北缘应为秦岭成矿带"马元式"铅锌矿成矿的有利地区。

第三节　寒武纪以来重要含矿地层

一、志留纪含矿层

志留纪黑色岩系含矿建造主要分布于南秦岭南亚带广大地区，如甘南的玛曲－迭部－舟曲、陇南地区武都－陕西留坝一带、陕西石泉－安康、北大巴山地区的紫阳－平利一带，其次沿汉南地块和碧口地块之间古生代裂陷盆地－后龙门山地区分布（图4-8）。

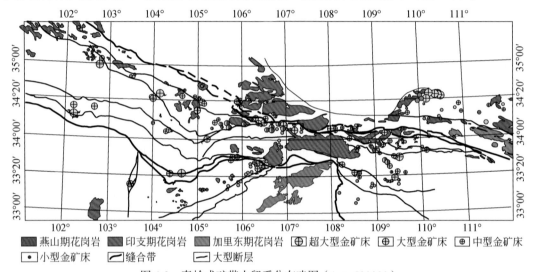

图 4-8　秦岭成矿带志留系分布略图（1：500000）

南秦岭东段：石泉－安康－旬阳（牛山、天竺山地层小区）主要出露大贵坪组（O_3S_1d）、梅子垭组（$S_{1-2}m$）、水洞沟组（$S_{3-4}s$）。紫阳－平利地区出露地层主要有斑鸠关组（O_3S_1b）、竹溪组（S_2z）；高滩－房兵街地区出露斑鸠关组（O_3S_1b）、滔河口组（$S_{1-2}t$）、白崖垭组（$S_{1-2}b$）、陡山沟组（$S_{1-2}d$）与五峡河组（$S_{1-2}w$）。

扬子板块北缘：（东部星子山地区和西部米仓山地区）主要出露龙马溪组（O_3S_1l）、新滩组（S_1x）和罗惹坪组（S_1l）。

南秦岭西段：迭部－舟曲及武都－留坝地区出露地层有迭部组（$S_{1-2}d$）、舟曲组（S_2z）、卓乌阔组（$S_{3-4}zw$），组成白龙江复背斜的核部。受构造作用，常以断裂为边界呈条带状分布。各地区志留纪地层对比如图4-9所示。

后龙门山志留系由茂县群（SM）构成。

（一）晚奥陶世—早志留世地层分布特征

大贵坪组（O_3S_1d）与斑鸠关组（O_3S_1b）属于同物异名，现今统一叫作斑鸠关组，广泛分布于石泉－安康，紫阳－平利、北大巴山地区，岩性组合以黑色碳质板岩、碳硅质板

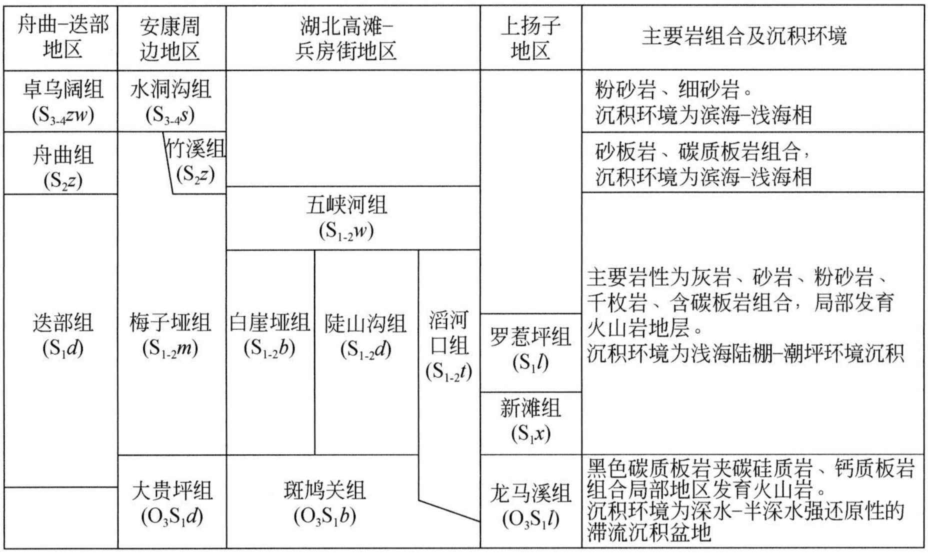

舟曲-迭部地区	安康周边地区	湖北高滩-兵房街地区				上扬子地区	主要岩组合及沉积环境
卓乌阔组 (S$_{3-4}$zw)	水洞沟组 (S$_{3-4}$s)						粉砂岩、细砂岩。沉积环境为滨海-浅海相
舟曲组 (S$_2$z)	竹溪组 (S$_2$z)						砂板岩、碳质板岩组合，沉积环境为滨海-浅海相
迭部组 (S$_1$d)	梅子垭组 (S$_{1-2}$m)	五峡河组 (S$_{1-2}$w)					主要岩性为灰岩、砂岩、粉砂岩、千枚岩、含碳板岩组合，局部发育火山岩地层。沉积环境为浅海陆棚-潮坪环境沉积
		白崖垭组 (S$_{1-2}$b)	陡山沟组 (S$_{1-2}$d)	滔河口组 (S$_{1-2}$t)	罗惹坪组 (S$_1$l)		
					新滩组 (S$_1$x)		
	大贵坪组 (O$_3$S$_1$d)	斑鸠关组 (O$_3$S$_1$b)			龙马溪组 (O$_3$S$_1$l)		黑色碳质板岩夹碳硅质岩、钙质板岩组合局部地区发育火山岩。沉积环境为深水-半深水强还原性的滞流沉积盆地

图 4-9　志留纪地层对比图

岩为主，夹砂岩与火山岩。紫阳一带的斑鸠关组物质组成为碳硅质板岩、钙质板岩夹粗面岩、角砾熔岩、粗面质凝灰岩，富含钒、钴、镍；牛山、天竺山地区的斑鸠关组物质组成则主要为含碳硅质岩、泥质板岩、绢云片岩夹灰岩、砂岩，富含磷、铀、钒。龙马溪组主要分布于扬子块板北缘周边，主要为一套富含笔石的碳质页岩，碳硅质页岩，属半深海-浅海相沉积。新滩组主要分布于宁强一带，此外，勉县、南郑和镇巴等地也有出露。岩石组成主要为一套黄绿色页岩、砂质页岩及薄层粉砂岩。属浅海-濒海相沉积。罗惹坪组分布区域与新滩组相同，岩性组合从下至上有一定的变化趋势，最下部是黄绿色泥岩、页岩夹生物灰岩，中部为黄灰色泥岩、钙质泥岩夹灰岩，最上部为泥岩层。从下至上灰岩从有到无。化石类型也由腕足类、笔石类向珊瑚、腕足类过渡。属浅海-滨海相沉积。

（二）早-中志留世地层分布特征

梅子垭组（S$_{1-2}$m）区内出露最广泛，在白河、旬阳、石泉-安康地区、紫阳-平利等地区都有出露。岩石组合在不同地区稍有差异，紫阳-平利地区以泥质板岩、砂质板岩夹少量灰岩，向东至陕鄂边界地区夹有粗面质火山岩。白河、旬阳、石泉-安康一带岩石组合为千枚岩、二云母石英片岩及粉砂质板岩夹灰岩、硅质岩。分布于红椿坝断裂南侧的北大巴山地区，与梅子垭组同时期的地层称为滔河口组（S$_{1-2}$t），岩性主要有深绿-灰绿色火山角砾岩、熔结角砾岩及凝灰岩，具有溢流熔岩相、火山爆发相、沉火山碎屑岩相等火岩喷发旋回，其显示为大陆裂谷环境。白崖垭组（S$_{1-2}$b）沿红椿坝断裂出露于紫阳-岚皋一带，岩石组合以灰岩、生物碎屑灰岩为主，局部地区下部可见夹有数层辉石玢岩质砂砾岩。陕西省地质矿产局认为滔河口组与白崖垭组岩石组合相同，故将两地层合并（马润华等，1998）。陡山沟组（S$_{1-2}$d）主要分布于紫阳-岚皋一带，岩石组合以厚层-巨厚层的长石、石英粉砂岩、粉砂质细砂岩为主，夹少量板岩。五峡河组（S$_{1-2}$w）下部主要为黑色碳质板岩夹粉砂岩，中、上部主要为灰色粉砂质板岩夹粉砂岩，而且层理比较发育。属于斜坡相沉积。迭部组（$S_{1-2}d$）主要分布在西秦岭迭部－舟曲－陇南－留坝一带，区域上主要为一套深色泥质－细碎屑岩沉积，下部多碳质、有机质泥岩；岩石富含黄铁矿颗粒、细脉及条带，且含铁白云石变斑晶。细碎屑岩中纹层、极薄层、薄层状层理构造发育。含碳板岩中产浮游型笔石和头足类化石。以上沉积特征表明，迭部组形成于封闭的深水停滞的海相盆地环境，属明显的深水还原环境。舟曲组（S_2z）分布范围与迭部组相同，可划分为上下两个岩段，下岩段为一套浅变质类复理石细碎屑岩建造，以中厚层长石石英砂岩为主，属盆地扩张、水体快速变深的盆地斜坡－盆底相深水沉积，是该组地层的标志层，上岩段为一套深水盆地黑色岩系富碳泥质、硅质细碎屑泥质岩建造，以含碳板岩及砂质千枚岩夹硅质岩为主，显示其为盆地扩张、水体快速变深的深水海湾滞流还原环境沉积，舟曲组的微量元素分析结果显示下岩段砂岩的 Ti、Mn、Ni、Co 等元素明显要高于地壳中克拉克平均值，说明其沉积物源区岩石以基性火山岩或基性侵入岩为主体。

（三）晚志留世地层分布特征

晚志留世地层主要出露于南秦岭西段的迭部－舟曲及武都－留坝地区，原定名为白龙江群，现 1∶25 万区调定名为卓乌阔组（$S_{3-4}zw$），其次在东段的乾佑河一带局限分布，为水洞沟组（$S_{3-4}s$）。卓乌阔组分布区域与迭部组、舟曲组相同。岩性以碎屑岩夹硅质岩、碳酸盐岩为主，但东西方向相变较明显，武都以西舟曲－迭部等地区灰岩夹层较多，武都以东地区则泥质千枚岩、板岩、粉砂岩增多，到留坝一带岩性则由下部的硅质条带灰岩、微粒灰岩，夹碳质灰岩千枚岩向上部的粉砂质板岩夹砂岩、千枚岩变化。水洞沟组（$S_{3-4}s$）岩性主体为千枚岩，下部以局部夹含碳千枚岩层的深色千枚岩为主，上部为灰绿、紫灰色的杂色千枚岩夹砂岩。地层由西向东逐渐变厚，而且上部地层中砂岩夹层也由西至东逐步增多。从以含碳千枚岩为主向杂色千枚岩及其中砂岩成分增多的变化趋势可推断中志留世海水较深，到晚志留世海水变浅，且氧化环境较强。

分布于汉南地块和碧口地块之间的志留纪地层为茂县群。与以上地区不同，茂县群为一套浅灰绿、浅灰、灰色绢云粉砂质板岩、绢云千枚岩夹深灰－黑色碳硅质板岩及粉砂岩、长石石英细砂岩，中上部夹砂泥质灰岩，缺少火山沉积。在勉县驿坝、元墩一带的茂县群底部为一套含砾砂岩、杂砂岩，底界面具有大的波状起伏，具切谷充填，属区域性不整合界面。茂县群岩石变质较浅、变形强烈，原始层理和沉积构造受 S_1 和 S_2 面理置换已大部分遭受破坏，呈构造块体夹持于阳平关断裂带和宽川铺断裂带之间。总体表现出东厚西薄的特点。茂县群总体为细碎屑沉积岩组合，局部地段可见残留砂纹层理、浊积粒序层和底冲刷构造。板岩中发育被压扁拉长的原生黄铁矿、菱铁矿结核。地层中碳硅质板岩夹层的出现等特征表明，茂县群为滨岸相较深水还原环境下的局限盆地沉积。

此外，在南秦岭北亚带的西和－成县一带出露的被一些学者划归为元古宇吴家山组变质岩系，近来通过岩石学、同位素年代学的详细研究表明，应属于晚志留世的一套碎屑岩夹少量碳酸盐岩沉积，结合其岩层一般保留层状构造，局部见斜层理和平行纹层等沉积构造特征，应为滨海－浅海陆棚相沉积。吴家山组石英片岩类的微量元素分析结果显示，与"沉积岩的砂岩平均含量"（涂里千和费德波，1961，转引自刘英俊等，1984）相比，其

Mn、Zn、Pb、Co、Ni、V、Ti、Cr 元素含量偏高，其中的 Zn、Cr、Ni 高出 2～6 倍，Mn、Co 分别高出 10 倍和 25 倍；Ga、B、Zr 含量为"平均含量"的 1/3～1/2。Sr/Ba 大于 1，揭示石英片岩类形成于海相沉积环境。

（四）地层含矿性

区域对比表明，晚奥陶世—早志留世的龙马溪组、大贵坪组、斑鸠关组等地层岩性组成相近，以黑色碳质板岩为主，夹碳硅质岩，其形成环境为深水 - 半深水强还原性的滞流沉积盆地；早 - 中志留世南秦岭西段的迭部组、舟曲组，南秦岭东段的梅子垭组、白崖垭组、陡山沟组、滔河口组和上场子地区的新滩组、罗惹坪组等地层岩性主要由灰岩、砂岩、粉砂岩、千枚岩及碳硅质岩、含碳板岩组成，层理发育。指示了一种深海还原盆地—浅海陆棚—大陆斜坡—潮坪沉积环境的演化。晚志留世的卓乌阔组与水洞沟组岩性则主要为砂岩、灰岩组合，显示为滨海 - 浅海相沉积环境。而茂县群则表现为滨岸较深水还原环境下的局限盆地沉积。

早古生代南秦岭总体属扬子地台北缘被动陆缘，沿舟曲 - 迭布 - 安康 - 旬阳一线处于陆缘裂谷向深裂陷盆地过渡的大地构造环境，晚奥陶世—早志留世盆地扩张到最大，火山活动强烈，从而形成一套深水 - 半深水的碳硅泥质岩夹火山岩与次火山岩黑色岩系建造（大贵坪组、梅子垭组，迭部组、舟曲组）。南秦岭东段的梅子垭组（$S_{1-2}m$）总体为一套碎屑岩建造，上部偶夹碳酸盐岩，具进积型地层结构特征。其下部夹少量碳硅质岩系，代表了海侵达到最大海泛期盆地饥饿型深水黑色岩系沉积。该岩组早期海水较深，环境稳定，处于高 Ph 低 Eh 的深水滞流环境，利于碳质质点、硫化物的聚集、胶凝、富集。晚期海水变浅，盐度正常。该组岩石的 Ca、Pb、Tl、Sn、Bi、Ag、Zn、B、Ba、Li、Zr、Th、As、Sb、Cl、Ce、Nb、Y、La 等微量元素高于地壳克拉克值，不仅是赋矿地层，也是含矿层，成矿元素的富集与基底火山岩系地球化学背景、基底边缘深大断裂的长期活动有关，基底深处的热水活动溶滤了基底火山岩系中大量的成矿物质形成含矿热水，沿同生大断裂进入海底发生沉积形成 Au、Pb、Zn 等元素富集的异常地层（梅子垭组矿源层）。分布于牛山隆起北缘外侧及以东的安康市汉阴北部铁佛 - 汉滨一带的志留系梅子垭组，可划分为 5 个岩性段，其中第四岩性段和第二岩性段为主要的金含矿层，其岩性主要为黑云母变斑晶绢云石英片岩、绢云石英片岩、二云母石英片岩、含碳绢云石英片岩、碳质片岩、糜棱片岩，夹碳质粉砂质板岩、碳硅质板岩。区内黄龙硝磺硐、鹿鸣（茅垭子）、长沟、柳坑等金矿均产于该层位。此外，在南秦岭东段的旬阳北部一带的梅子垭组顶部的深灰色粉砂千枚岩、含碳绢云千枚岩夹灰绿色凝灰质砂岩和细砂岩条带地层新近发现黄石板、南沙沟等诸多铅锌矿床，含矿层的岩石类型主要是泥质岩、粉砂岩，而且多为粉砂质板岩、粉砂质千枚岩、泥质粉砂岩过渡类型岩石，矿石主要为层纹条带状闪锌矿、块状方铅矿、致密块状闪锌矿。矿层普遍出现富硅质岩石，并且表现为有层纹特征，矿层附近明显富含有机质。矿层上盘常为绢云粉砂质千枚岩，化学成分正常，有时也可见富硅质岩层，再上为钙质千枚岩、粉砂质千枚岩互层；矿层下盘常见含铁碳酸盐岩、菱铁矿岩，铁元素明显富集。

西段志留系迭部组属封闭的浅海还原沉积环境，主要岩性为黑色碳质硅质板岩夹含碳硅质岩及少量粉砂岩，下部偶夹块状凝灰质粉砂岩，厚度在 496～3935m，舟曲组为半封闭的静水海湾沉积，为一套陆源碎屑岩沉积，岩石的色调较深，呈灰 - 深灰色、灰黑色，下部以中厚层状变砂岩为主，上部主要为板岩，富含碳质和出现硅质岩夹层。微量元素含量分析表明该组沉积物源区岩石以基性火山岩或基性侵入岩为主。卓乌阔组为一套碎屑岩 - 碳盐岩沉积，砂板岩和硅灰岩地层中，至今已发现有铀、金、铜、锌、钼、镍、汞、钒和磷等矿产，其中铀矿在区域上具有代表性层控特征，含铀丰度在本区比其他地层都高，比地壳平均值高出几倍至十几倍。1：20 万卓尼幅区域地球化学调查成果显示，志留系是富集元素种类最多，并且含量相对最高的同生富集层位，其中 Au、Ag、Ba、Cd、Cu、Mo、Ni、Sb、U、Zn 为强富集，Au 元素平均值为 5.76×10^{-9}，高于地壳克拉克值 3.5×10^{-9}，区域浓集克拉克值 2.67，叠加强度 1.10。徽县 - 两当 - 留坝分布于松树坪 - 广金坝东西向断裂以南的志留系浅海相碳酸盐岩夹碎屑岩的黑色岩建造富含 Cu、Fe、Mn、U、Co、Ni 等成矿元素。值得注意的是西段志留系沉积物质具有自东向西逐渐变细，物源逐渐变远特征。

区域对比显示，梅子垭组含矿层在岩性组合上可与西段的迭部组（$S_{1-2}d$）对比，仅火山沉积物质相对减少，梅子垭组下部黑色岩系可与北大巴山区斑鸠关组可对比，显示自东向西区域上的含矿建造和含矿层的可对比性。秦岭成矿带西段西秦岭地区志留系含矿地层的矿质元素含量对比见表 4-2。

表 4-2　迭部组、舟曲组、卓乌阔组及茂县群微量元素含量平均值　（单位：10^{-6}）

地层	岩性	Cu	Zn	Cr	Ni	V	Co	Y	Zr	B	Ba	Sr	Mn	Ti	Ga
迭部组	板岩	40.3	113.8	114.9	36.76	185.8	12.34	28.74	185.8	81.86	3021	97.32	511.2	5213	29.14
舟曲组	板岩（上部）	30.2	49.2	43.0	48.4	447.5	15.57	23.33	143.6	46.8	807.5	131.0	464.2	4278	27.16
	砂岩（下部）	42.2	92.6	63.5	96.6	239.3	22.32	26.91	133.1	41.3	608.2	175.4	306.9	5440	24.85
卓乌阔组	碳酸盐岩	6.88	64.2	17.4	15.64	113.4	4.02	14.0	23.2	7.52	305.6	23.2	<100	0.284	<3.0
茂县群	板岩	29.44	153.3	84.4	42.22	101.11	14.77	28.88	196.6	88.8	877.7	177.7	633.3	3111	14.22
	砂岩	30.0	20.0	20.0	10.0	50.0	8.0	20.0	400.0	50.0	500.0	1000		2000	2
沉积岩的平均含量（涂里千和费德波，1961，转引自刘英俊等，1984）	页岩	45	95	90	68	130	19	26	160	100	580	300	850	4600	19
	砂岩		15	35	2	20	0.3	40	220	35		20	n10	1500	12
	碳酸盐	4	20	11	20	20	0.1	30	19	20	10	610	1100	400	4

扬子北缘的志留纪地层主要有：龙马溪组、新滩组、罗惹坪组及茂县群，因这些地层空间上分布区域大都为扬子地块内部和陆缘凹陷地带，其沉积建造主要表现为滨 - 浅海陆棚相沉积（如新滩组和罗惹坪组）和海陆交互相沉积（茂县群），部分表现为滞流海湾或滞流的深水陆棚环境沉积（龙马溪组）。岩性也以陆源碎屑岩、泥质岩、泥质碳酸盐岩为主，局部时段和空间表现为陆棚滞留海湾或深水还原环境的碳质黑色岩沉积，总体缺乏火山沉积物质。与成矿带其他地区志留系沉积环境相比，扬子北缘的志留系具有相对稳定性沉积特征。

（五）区域含矿层对比

1. 石泉 - 安康及北大巴山地区

晚奥陶世—早志留世时期，商丹洋打开，华北板块与华南板块分离，在华南板块北部边缘南秦岭形成裂谷盆地沉积深水相碳硅质、碳泥质沉积，裂谷盆地由同沉积断裂控制，为不对称箕状盆地。随着沉积作用和沿同沉积断裂上升的热水溶液共同作用形成重晶石、毒重石、钒钼矿，成矿类型为喷流-沉积型。此时期的主要含矿地层为斑鸠关组的黑色岩系。

本地区赋存于晚奥陶世—早志留世黑色岩系中的矿产以钒为主，地层中与钒伴生的有钼、铀、铜、铅、锌、镍、钴、磷、锰、砷等元素，其中钼、铀、镍、磷局部可达边界品位。已发现的钒矿床的围岩地层为条纹状碳质绢云石英片岩和条纹状硅化碳质绢云硅质板岩，顺层产出，为沉积成因。

分布于巴山弧形断裂与月河断裂之间的早古生代中基性火成岩、火山岩与磁铁矿、铜矿及部分稀有金属矿产关系密切。早古生代晚期，随着南秦岭裂解扩张达到顶峰，幔源基性-超基性岩浆和下地壳碱中性岩浆侵入以及潜火山活动，形成三套岩浆岩：①辉长-辉绿岩，形成岩浆分凝性钛磁铁矿和钒钛磁铁矿；②粗面岩-正长（斑）岩，形成铌钽矿；③碱基性-超基性潜火山岩（辉石玢岩、煌斑岩），产热液型铜矿。成矿岩体原始产态多为岩床状水平侵入，与围岩地层一同褶皱变形。

旬阳-甘溪一带的志留系梅子垭组中近年来发现了多个铅锌矿，含矿层位大都在梅子垭组顶部的千枚岩。例如，泗人沟、关子沟、南沙沟主要控矿地层为中志留统的双河镇组（S_2sh）灰绿-深灰色中-厚层生物碎屑灰岩以及少量石英细砂岩和泥质粉砂岩，黄石板铅锌矿床产在下志留统梅子垭组（S_1m）的深灰色粉砂千枚岩、含碳绢云千枚岩夹灰绿色凝灰质砂岩和细砂岩条带中。

石泉-安康一带发育有数条与石泉-安康大断裂平行的韧性剪切带，区内已取得找矿进展的金矿，如黄龙、鹿鸣、羊坪湾等金矿大都与区内韧性剪切带关系密切。汉阴县鹿鸣、安康大河镇、旬阳县楠木沟一线，含矿地层为早古生代洞河组、梅子垭组。主造山期自北向南分层滑脱逆冲推覆的脆韧性剪切带形成的含矿热液在剪切带内含碳的富集成矿。

2. 陇南-留坝地区

陇南-留坝地区早古生代时期，从奥陶纪开始出现裂谷，发育一套裂谷体系的沉积建造和岩浆（火山＋岩浆侵入）建造；志留纪时期基本继承了裂谷建造体系，但存在明显的收缩-再伸展机制。从早志留世的远洋碳硅质岩、泥岩、深水相碳酸盐岩沉积到中志留世逐渐发展为海底斜坡环境，沉积了一套具浊流沉积建造的长石石英杂砂岩、粉砂质板岩等碎屑岩；晚志留世地壳的再次伸展，使沉积环境发生突变，伸展造成海底裂陷和局部岩浆活动。这一时期海底喷流及热流值明显升高、硫化物含量剧增，沉积型的硫化物矿床形成。在短暂的隆升后，海西旋回早期的伸展伴随泥盆纪沉积的开始，碳酸盐台地及边缘活动断裂为铅锌、汞等硫化物矿化的沉积，提供了条件。

分布于鸡峰山-紫柏山一带的志留系白龙江群卓乌阔组中发育有沉积型铁矿化，为褐铁矿。含矿岩系为海相深水沉积碳酸盐岩、硅质岩、硅质团块-条带状灰岩，褐铁矿化赋存于下部硅质灰岩与深灰色含碳板岩过渡带附近。空间上具有明显的层状分布特点，而且层控清楚。白龙江群舟曲组具有陆棚斜坡碎屑流沉积特征，其上为卓乌阔岩的黑色岩系。产于两当县广金坝一带卓乌阔组变质含碳细碎屑岩中的广金金矿，其含矿地层的岩石变质、变形明显，特别是韧性剪切变形非常强烈，岩石普遍片理化、糜棱岩化、千糜岩化。另外，岩石中石英脉、石英细脉发育，金矿化就赋存于强蚀变带中的石英脉及含石英细脉围岩内。在金矿化带的上覆层位含碳、硅质条带、团块粉-细晶灰岩中，沿断裂构造带（先张后压属性）发育褐铁矿矿化。这些矿化的形成，与地史演化中沉积古地理环境的突变和海底含硫化物热流值明显升高有关。因此，鸡峰山-紫柏山多金属成矿带内无论铁矿化还是金、铅锌、汞矿化，其成因类型均属沉积-改造型。

3. 迭部-舟曲-若尔盖地区

在四川若尔盖，甘肃迭部等地分布的志留纪地层中，已有铀、金、铜、锌、镍、汞、钒等被陆续发现，这些矿产多赋存于下志留统的一些层位中，与硅质岩、硅质灰岩、板岩的关系密切。在具有构造和岩浆侵入条件的道藏若由岩体附近金样品位可达 0.34g/t。

拉尔玛大型金矿床虽未在志留系产出，但其产于与志留纪黑色岩系相同大地构造环境的下寒武统黑色碳硅碎屑岩系的碳硅质泥岩中，主要含矿岩性有含硅质团块、条带状粉砂质板岩、含碳绢云母粉砂质板岩、碳质板岩，以及由构造作用形成的角砾岩及碎裂岩等，对本地区志留纪黑色岩系的找矿工作有一定的指导意义。已完成的区域地质调查工作成果也显示在志留纪白龙江群中，有多处铜矿化点及铜矿点。该带为重要的金、铜、铁成矿带。

4. 扬子地块北缘

志留纪地层分布区域大都为扬子地块内部和陆缘的凹陷地带，其沉积建造主要表现为滨-浅海陆棚相沉积（如新滩组和罗惹坪组）和海陆交互相沉积（茂县群），部分表现为滞流海湾或滞流的深水陆棚环境沉积（龙马溪组）。岩性也以陆源碎屑岩、泥质岩、泥质碳酸盐岩为主，局部表现为陆棚滞留海湾或深水还原环境的碳质黑色岩沉积，总体缺乏火山沉积物质。与成矿带其他地区志留系沉积环境相比，扬子北缘的志留系具有相对稳定性沉积特征。这些地层受晚期岩浆、构造作用的影响比较小，与本地区志留系相关的矿产、矿床大都为沉积成因类型的非金属矿藏。

综上所述，可以认为：①志留系主要分布于南秦岭、后龙门山地区，二者沉积大地构造环境的差异性决定了其沉积建造和含矿地层的发育程度。前者沉积环境总体处于扬子地台北缘被动陆缘，沿舟曲-迭布-安康-旬阳一线处于陆缘裂谷向深裂陷盆地相过渡的大地构造环境，晚奥陶世—早志留世盆地扩张到最大，火山活动强烈。从而形成一套深水-半深水的碳硅泥质岩夹火山岩与次火山岩黑色岩系建造（大贵坪组、梅子垭组，迭部组、舟曲组），含矿地层发育且成矿元素含量普遍较高；后者大都为扬子地块内部和陆缘凹陷地带，具有相对稳定性沉积特征，其沉积建造主要表现为滨-浅海陆棚相沉积（如新滩组和罗惹坪组）和海陆交互相沉积（茂县群），部分表现为滞流海湾或滞流的深水陆棚环境沉积（龙马溪组）。岩性也以陆源碎屑岩、泥质岩、泥质碳酸盐岩为主，局部时段和空间表现为陆棚滞留海湾或深水还原环境的碳质黑色岩沉积，总体缺乏火山沉积物质。②分布于南秦岭南亚带的志留系含矿地层，区域上自东而西在岩石组合类型、大地构造环境、矿质元素背景值都具有一定的相似性和可对比性。梅子垭组含矿层在岩性组合上可与西段的迭部组（$S_{1-2}d$）对比，仅火山沉积物质相对减少，梅子垭组下部黑色岩系与北大巴山区斑鸠关组可对比，显示自东向西区域上的含矿建造和含矿层的可对比性。③扬子北缘的志留系受晚期岩浆、构造作用的影响比较小，尽管局部时段和空间表现为陆棚滞留海湾或深水还原环境的碳质黑色岩沉积，总体缺乏火山沉积物质，含矿地层不发育，含矿性较差。已发现相关的矿产、矿床大都为沉积成因类型的非金属矿藏，部分地段仅发育小规模热液脉型矿。因此与南秦岭南亚带的志留系相比，不具备良好的成矿条件和寻找与黑色岩系有关矿产的地区。

二、泥盆系含矿层及区域对比

（一）分布特征

泥盆系主要分布于武山-天水-商南-丹凤断裂以南，文县-玛曲-勉县-略阳断裂以北的广大区域，即前人所划分的中南秦岭区。依据地层的组成及分布，可依据岷县-礼县-凤镇-山阳断裂以及临潭-宕昌-成县-镇安-板岩镇断裂为界，划分为北、中、南三带。北带包括天水-漳县小区及秦岭白云-榨水小区；中带包括西和-成县小区及凤县-镇安小区；南带包括迭部-武都小区和留坝-白河小区。沿扬子北缘分布的文县-康县-略阳泥盆系和东部的高川泥盆系，由于所处的大地构造位置以及其间的相关性，本书将其划分为扬子台缘泥盆系。秦岭成矿带泥盆系分布如图4-10所示。

1. 北带泥盆系

北带泥盆系位于临潭-平南-凤镇-山阳断裂（凤镇-山阳断裂带）与武山-唐藏-商州-丹凤断裂带（商丹断裂带）之间。主要由中、东部的刘岭群和西部的大草滩群和舒家坝群组成。刘岭群分布范围西从周至县西南的黑水源始，向东可延至河南信阳一带。

（1）东段的山阳-柞水盆地：盆地基底为震旦系耀岭河群中-基性火山熔岩，以底砾岩和古风化壳与中泥盆统呈角度不整合接触，反映中泥盆统之前该区曾遭受抬升和强烈剥蚀。盆地内地层主要由厚约万米的中-上泥盆统刘岭群组成。中泥盆统自下而上依次为为牛耳川组、池沟组和青石垭组，上泥盆统为下东沟组和桐峪寺组。牛耳川组主要是陆棚向斜坡过渡的序列，底部有厚度不大的滨岸相砂岩及含砾砂岩，主体为陆棚相的中-厚层砂岩、粉砂岩与泥岩互层。上部为斜坡相的泥岩夹薄-中层粉砂岩、砂岩。池沟组则从快速下沉和堆积形成的底部杂砂岩、砂岩开始，逐渐转化为持续稳定下沉，形成以二峪河地段为沉降中心的总体深水盆地环境。其岩性岩相和沉积厚度变化较大，主要为薄-中层状砂岩、粉砂岩夹泥岩。砂岩粒序清楚，发育平行层理及中型交错层，其总体古流向指向北方。砂岩集中段在剖面上呈透镜状，厚度可达 $400 \sim 500m$，代表一种与三角洲相关的缓坡浊积扇体系。青石垭组与下东沟组为斜坡-盆地体系的薄-中层细砂岩、粉砂岩与泥岩互层。砂岩成层稳定，具粒序与槽模，局部具鲍马序列。该时期持续下沉并因受同生构造的影响，盆地内出现了相对隆起的地段及其相间的次级水下洼地，盆地总体上表现出沉降大于沉积的非补偿性质，区内热水沉积岩石主要形成于该时期，而且地层内有机质含量高。对青石垭组岩石中有机碳分析显示，有机质属腐泥型，其饱和烃含量大于芳香烃，二者比值为 $2.50 \sim 3.73$，（沥青＋胶质）／总烃为 $0.73 \sim 0.39$。其原始成因为海相环境的藻类和细菌类生物；有机转化率平均达 1.55（祁思敬，1993）。桐峪寺组主要为陆棚相的中-

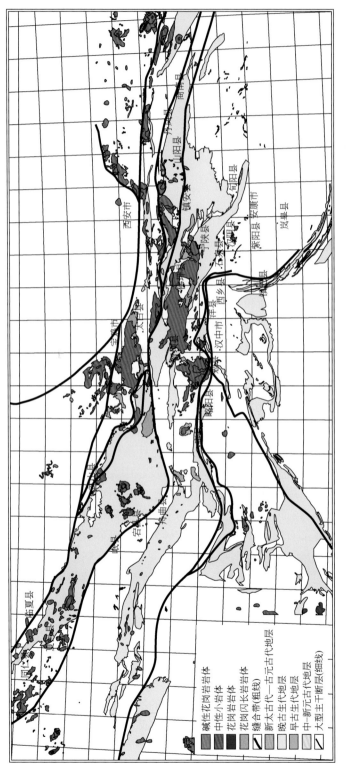

图 4-10　秦岭成矿带泥盆系分布示意图

厚层砂岩、粉砂岩夹砂质灰岩、鲕粒灰岩与粉砂质泥岩。从刘岭群沉积特征表明属陆棚斜坡相沉积，向北具有滩相特征（峒峪寺组上部）。前人曾对该盆地的古流水方向进行了研究、分析（周正国等，1992；孟庆任等，1995），认为该时期的盆地物源主要来自北侧隆起区，也有南侧隆起区的成分，而南部的古基底隆起（小磨岭隆起）又是南部镇安 - 旬阳泥盆纪盆地的物源区，张本仁等（1994）利用地球化学图解判别刘岭群碎屑岩（杂砂岩）的物源和构造环境，也认为凤镇 - 山阳断裂北侧中 - 上泥盆统刘岭群的杂砂岩大部分样品属于 ACM 区（活动大陆边缘），少数属于 PM 区（被动大陆边缘），其沉积物源应主要来自华北克拉通南缘之活动大陆边缘 - 北秦岭。刘岭群存在多个含矿层，为铁、多金属、贵金属的成矿层位，其中青石垭组与下东沟组下部的细碎屑岩 - 碳酸盐岩为铅锌、金的主要含矿层。

（2）中段的凤太 - 板沙地区：沿白家店 - 靖口关 - 核桃坪（商 - 丹）断裂与赵家庄 - 湘子河 - 都督门（山 - 凤断裂）之间断续分布。主要分布有桐峪寺组和大草滩群等上泥盆统。桐峪寺组（D_3t）分布于下白云 - 黄柏塬一带，覆于丹凤岩群之上。该单元呈西宽东窄近东西向展布构造岩片夹持于商丹构造带中，为商丹构造带主要构造物质组成部分，南北被区域大断裂所限。桐峪寺组总体由细粒长石英杂砂岩、粗粉砂岩、粉砂岩、含钙粉砂岩；粉砂岩、粉砂质板岩；粉砂岩、含钙粉砂岩、细晶灰岩等不等厚韵律沉积构成其基本层序。

地层碎屑物下粗上细，上部泥质成分多，反映介质动能早强晚弱，属陆架边缘相复理石沉积韵律性退积型地层剖面结构。变砂岩中的 Au、Cu、Co、Ti，变粒岩中的 Au、Pb、Zr 等微量元素含量高于地壳克拉克值，其余元素低于地壳克拉克值。在太白县靖口地区已发现有具铜金矿化的索家沟铅锌矿点、大沟金矿点，以及周至马鞍桥大型金矿床等。大草滩群（D_3Dc）可划分为上下两段。大草滩群（原 1 ∶ 5 万辛家庄 - 红花铺幅区调报告定为舒家坝群）分布于陕甘交界的庞家河一带，以浅灰 - 浅褐色变质碎屑岩为特征，其下部以变质含砾不等粒石英砂岩为主夹石英砾岩，上部为变质粉砂岩，顶部为绢云母粉砂质板岩，从下到上粒度由粗变细，构成厚度不等的韵律性互层，厚度＞ 709m。该岩段碎屑岩是凤太盆地金矿有利赋矿层位，其中已发现庞家河大型金矿床，西部甘肃境内有金厂湾金矿床。大草滩群上段为一套紫红色浅变质碎屑岩。对唐藏碾子湾大沟剖面的详尽调查研究显示，其下部为具快速堆积的磨拉石建造特点的紫红色复成分砾岩，砾石成分以石英岩、大理岩、绿片岩、变质火山岩、变粉砂岩为主，次为钠长岩、千糜岩等，胶结物为砂泥质。向上则变化为以紫红色薄 - 中厚层状变粉砂岩、粉砂质板岩为主，夹灰、浅灰绿色变细砂岩、变含砾细砂岩及变石英杂砂岩。

（3）西段的漳县 - 天水地区：主要出露上泥盆统大草滩群，呈北西向带状分布于西起甘肃省岷县、漳县、天水，东至陕西凤县唐藏以北地区（图4-11）。在天水地区出露于元古宇秦岭群和下古生界李子园群火山岩系以南，与下伏早古生代地层呈不整合接触关系，之间缺失志留系和下泥盆统，在漳县一带不整合在寒武系、奥陶系之上。其北侧以高桥 - 天水 - 武山 - 漳县断裂与北秦岭构造带的下古生界李子园群等相分隔；南侧以娘娘坝 - 固城 - 大坪断裂与中泥盆统舒家坝群海相地层等接触。对大草滩群碎屑物质来源、形成环境和构造属性长期以来就存在很大的争论，主要有山间磨拉石建造、前陆盆地、伸展盆地和

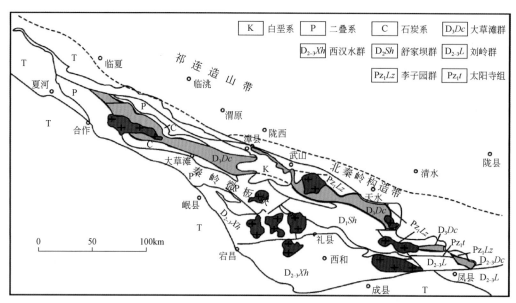

图 4-11　漳县-天水一带大草滩群分布图（据陈义兵等，2010）

弧前盆地等多种不同的观点。大草滩群主要由表现为陆相沉积的杂色砂岩、砾岩、板岩等组成。其下段以厚度约 3200m 的陆相杂色砂岩、砂砾岩石英砂岩夹细砂岩粉砂岩等粗碎屑岩为主，上段为厚约 1850m 的海陆交互相粉砂岩夹砂岩及少量薄层灰岩。根据岩石组合、沉积相、构造变形、形成时代和物源分析等资料综合研究表明，大草滩群河湖相粗粒碎屑岩形成时的大地构造背景是位于安第斯型活动大陆边缘的弧前拉张裂陷盆地，作为北秦岭微陆（＋岩浆弧）与华北大陆西南缘碰撞的沉积响应，是碰撞造山作用以后南部洋壳持续俯冲阶段同火山－岩浆活动的弧前沉积体系，其碎屑沉积物质来源具有明显的多元性，主要来自北秦岭－祁连微陆块元古宙基底，其次为来自古生代洋壳持续俯冲形成的大陆边缘岩浆弧和加里东期碰撞造山带再旋回物质，还有少量来源于华北克拉通西部地块的物质成分。在大草滩群上部，具有呈夹层状产出的含铜砂岩。

由以上北带不同地段的沉积特征分析可以显示，东段从中泥盆世便开始接受沉积直至晚泥盆世，主要显示为一套滨岸陆棚相－斜坡相的碎屑岩－碳酸盐岩沉积建造，局部具有三角洲相的沉积组合，而且向北具有向浅滩相变化趋势，向西晚泥盆世才接受沉积，并且主要沉积一套海陆相的磨拉石沉积建造。反映了秦岭成矿带北带泥盆系的性质及其沉积物来源与北秦岭加里东造山带存在密切关系。

北带泥盆纪的含矿层主要分布于中、晚泥盆世的沉积地层内，且主要与发育热水沉积岩系的细碎屑浊积岩－碳酸盐岩有关，其主要的成矿物质为银、铅锌、金和菱铁矿等，局部地段发育砂岩铜矿化层，而且从东向西，含矿层位有逐渐变新趋势，东段含矿层主要为中泥盆统的青石垭组，成矿元素组合为 Ag-Pb-Zn-Cu-Au，中段的板沙盆地主要含矿地层则为一套富含火山物质的细碎屑－泥质沉积建造的上泥盆统桐峪寺组，成矿元素组合为 Au-As-Sb-Hg，而西段则主要为上泥盆统的大草滩群且以含铜砂岩为特征。

2. 中带泥盆系

中带泥盆系地表呈东西走向带状分布，但不是在统一的盆地中形成的，而是被古陆分隔的几个裂陷盆地的沉积产物。各裂陷盆地具有十分不同的地质背景与充填历史。

（1）东段的镇安－旬阳沉积区，东邻武当元古陆块，南为北大巴山加里东隆起，北、西有迷魂阵、赵川、陡岭、牛山、旬阳坝等中、小型陆岛，西延被佛坪隆滑构造所截，再西与迭部－武都沉积区基本相连。按照泥盆纪地层发育的状况和沉积特征可以镇安－板岩镇断裂为界将其细分为南部的旬阳盆地与北部的镇安盆地两个小区，区域划分上分别属于留坝－白河小区和凤县－镇安小区。二者既有密切的联系，又存在明显的差异。中－下泥盆统主要见于旬阳地区。中泥盆世晚期地层向盆地周缘大规模超覆，镇安地区才开始接受沉积。上泥盆统两地则显示出显著的不同。有关旬阳盆地的泥盆纪地层情况，在南带泥盆系一节进行叙述。

镇安盆地位于凤镇－山阳断裂以南，镇安－板岩镇断裂以北，西以佛坪穹窿为界，向东延伸进入河南，其北有柞－山边缘盆地，其南为旬阳盆地，是陕西地矿局划分的凤县－镇安小区的东部部分。钟建华和张国伟（1997）研究发现，凤县－镇安分区的西段（凤太盆地）与东段（镇安盆地）在中泥盆世具有两个独立的沉降中心，其间被一水下隆起所隔，两侧的岩性岩相均有差异。因此，将凤县－镇安分区作为两个单独盆地考虑。镇安－旬阳沉积区泥盆纪地层区域上可划分为西岔河组（D_1x）、石家沟组（D_2s）、大枫沟组（D_2d）、古道岭组（D_2g）及星红铺组（$D_{2-3}x$）、九里坪组（D_3j）等岩石地层单位。镇安盆地的泥盆系缺少早泥盆世沉积，主要由中泥盆统的大枫沟组和古道岭组以及上泥盆统的星红铺组和九里坪组构成，平行不整合于下伏的寒武－奥陶系石灰岩之上。古道岭组由南向北从以硅质碎屑与碳酸盐岩的混合陆棚体系向潮缘相与扇三角洲相的近岸沉积演化，潮缘相以水道状砂岩，砂砾岩或鲕粒灰岩和核形石的透镜体与薄－中层粉砂岩、泥岩、白云岩的互层组成的旋回沉积为特征，扇三角洲体系以厚层砂岩和砾岩组成的旋回沉积为特征；星红铺组也表现为由南部的陆棚体系的粉砂质泥岩夹薄－中层石灰岩建造，向北部的台地相和斜坡相碳酸盐岩建造相变；九里坪组是一套硅质碎屑浊积岩系，厚度3000～4000m。该盆地内古道岭组碳酸盐建造是沉积型菱铁矿和铅锌矿的主要赋矿地层，星红铺组为金的赋矿层位。

镇安盆地是一个地堑型盆地，经历了由河流相－滨浅海相－缓坡相－半深海盆地相的这样一个演化历程，它的形成与其南部的镇安－板岩断裂密切相关，在其北部可能还有另一条与镇安－板岩断裂相向的正断层，但不是凤镇－山阳断裂，在柞山边缘盆地与镇安盆地之间可能存在一个泥盆纪古陆，该古陆有可能在泥盆纪之后凤镇－山阳断裂在自北向南的推覆过程中，被刘岭群覆盖而"消失"。因此，其南部的镇安－板岩镇断裂及与其北部的另一条推测断裂在泥盆纪时是生长断裂，两者的活动控制了镇安盆地的形成与演化。秦岭成矿带东段泥盆纪盆地演化如图4-12所示。

（2）中段的凤太沉积区，主要分布于赵家庄－湘子河－都督门（山阳－凤镇）断裂以南的广大区域。可分为中泥盆统马槽沟组（D_2m）、古道岭组（D_2g），上泥盆统星红铺组（D_3x）、九里坪组（D_3j）。马槽沟组相当于镇安盆地的大枫沟组，主要分布于马槽沟－

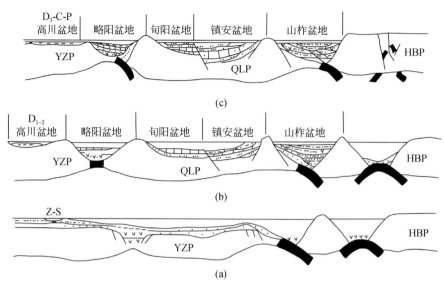

图 4-12　秦岭成矿带东段泥盆纪盆地演化示意图（据钟建华和张国伟，1997）

YZP. 扬子板块；QLP. 秦岭板块；HBP. 华北板块

鲁家山、两河口－二郎坝、殷家沟等地。为一套以碎屑岩为主、钙泥质为辅的浅变质碎屑岩建造，岩性以薄－中厚层变质长石石英杂砂岩、变钙质石英杂砂岩、变石英杂砂岩为主，其次为变质粉砂岩、薄层砂质灰岩，夹有少量砂质绢云千枚岩、钙质绢云千枚岩及铁白云质千枚岩等。与上覆古道岭组灰岩整合过渡接触，大多底部出露不全，仅在东部鲁家山一带可见与下伏前志留系平行不整合接触。厚度大于 506.42m。在该层目前发现的矿产地主要为古迹金矿点，老硐众多，金、银、砷异常发育。矿化类型为金属硫化物石英脉型，主要载金矿物为方铅矿，矿化类型较为特殊。古道岭组主要岩性为中薄层结晶灰岩、含碳生物灰岩、（含）铁白云质灰岩、中厚层结晶灰岩夹少量钙质绢云母千枚岩、铁白云质千枚岩、粉砂质粉晶灰岩等。由于古构造和古地理环境制约，西南部与北东部岩性有所差异。西南部灰岩较纯，生物化石丰富。礁灰岩发育且厚度大，顶部为不稳定碳质千枚岩夹含碳薄层灰岩、含铅锌矿硅质岩或铁白云质硅质岩层。北东部灰岩砂质含量高，局部夹砂质板岩，厚度小，生物化石较丰富。目前区内发现的主要铅锌矿床（点）主要产于其顶部与星红铺组过渡部位的硅质岩中。除 Pb、Zn 主元素外，还伴（共）生有 Au、Ag、Cu、Cd、Hg、Ga 等有益组分。铅锌矿主要分布于西河以西，以东较少见且不具规模。星红铺组在本区分布最广、出露最全，是一套以千枚岩（北东部为砂板岩）为主，夹少量薄层状灰岩的浅变质细碎屑岩建造。可分为三个岩性段：第一部岩性段的下部以含碳钙质千枚岩、碳质绢云母千枚岩及钙质千枚岩为主，夹薄层状（含碳）灰岩；上部以浅灰色铁白云质绢云母千枚岩、铁白云质粉砂质千枚岩为主，夹少量含绿泥铁白云质千枚岩，顶部有不稳定的数米至数十米厚的泥灰岩、条带状灰岩。底部与古道岭组过渡部位是铅锌矿赋矿层位。第二岩性段总体以灰绿色岩石为特征，以浅绿灰色含绿泥石粉砂质千枚岩、绿泥绢云千枚岩、粉砂质绢云母千枚岩为主，夹条带状砂质灰岩，顶部局部为铁白云质千枚岩夹条带状灰岩。第三岩性段总体以含碳暗色建造为特征，顶部为碳质千枚岩夹薄层砂岩，与上覆九里坪组呈渐变过渡。该组地层大致以西坝岩体－空棺－安河寺一线为界，西南部岩石以泥质成分为主，粉砂质相对较少，钙质成分较多，碳酸盐岩多为薄层灰岩和泥质灰岩，绿泥石、铁白云石较普遍，生物化石较多。北东部岩石中砂质、粉砂质成分明显增加，钙质、绿泥石成分减少，变质程度相对较浅，以砂板岩为主。生物化石也明显减少。九里坪组总体为一套砂岩－砂质千枚岩－粉砂质碳酸盐岩的类复理石建造，整合于星红铺组之上，上部未见顶。九里坪（岩）组各类岩石中 Ag、Pb、Zn、Sr 等元素含量普遍高于或接近地壳克拉克值，表明该（岩）组为一成矿元素高背景层（据陕西省地质调查院 2003 年资料）。

此外，分布于瓦房坝－江口断裂南侧的泥盆纪地层，由于受断裂构造影响，层位不稳定，变形变质作用差异明显。目前该套地层分布区未发现矿化现象，岩石的成矿元素背景值很低。

凤太盆地整个泥盆纪的主要沉积相序演化是从中泥盆世的滨浅海相，演化到古道岭组的浅海碳酸盐台地相，然后再演化到星红铺组的半深海浊积岩相，最后演化到九里坪组的浅海三角洲相和河流相。这种相序反映了一个海进海退完整旋回，这与其东部的镇安盆地的由河流相－滨浅海相－缓坡相－半深海盆地相演化明显不同。因此有学者以此为依据，推断镇安盆地与凤太盆地不是一个统一的盆地。

（3）西段的岷－礼－西－成沉积区，该沉积盆地向西可延续到岷县一带，该沉积区内有岷县－礼县和西－成两个次级沉积盆地，相对应的为岷－礼矿集区和西－成矿集区。该盆地内泥盆系出露较齐全，上中下统均有出露。

上泥盆统主要由大草滩群和洞山群构成。大草滩群主要出露于岷县－礼县－凤县（柏林－草滩－杨家寺北西西向断裂）一线以北地区，属北带的漳县－天水地层小区，主要为一套陆相沉积。出露于岷县－礼县－凤县（柏林－草滩－杨家寺北西西向断裂）一线以南地区的洞山群，为一套浅海相沉积碎屑岩和碳酸盐沉积建造，与下伏的中泥盆统呈整合接触。陕西省地质调查院 1：25 万天水幅将原西汉水群划分的双狼沟组（D_3sl）为一套以细碎屑岩为主的沉积，岩性主要由各类板岩组成，下部为灰色含灰质石英细砂岩与板岩互层，局部夹中厚层灰岩及少许泥质灰岩，产腕足类及介形类；上部为灰绿色细砂岩、粉砂岩和粉砂质板岩互层，夹紫红色粉砂质板岩及少量浅灰色薄－中层或扁豆状灰岩。其相当于原来所定名的上泥盆统洞山群。

中泥盆统主体为舒家坝群和西汉水组。区域上舒家坝群主要分布于高桥－麻沿河－崖城一线以北、舒家坝－娘娘坝－固城镇一线以南的地区，呈北西西－南东东向展布的西宽东窄的楔形体，总体上呈南老北新的层序分布，其主要为一套浅变质的具类复理石沉积特征的细碎屑岩及少量碳酸盐岩建造，产珊瑚、腕足类、植物、古孢子及凝源类。未见底，局部见其与上覆大草滩群呈平行不整合接触。1：25 万天水幅区调报告（2003 年）将其定为中泥盆统，并依据岩性组合、沉积特征和沉积环境分析，将舒家坝群划分为下部碎屑岩组和上部灰岩组等两个岩性组。下部碎屑岩组岩性总体上为一套灰绿色、灰色、深灰色泥（页）岩、钙质泥岩、粉砂质泥岩、粉砂岩（以遭受中浅程度的变质，现呈粉砂质板岩、板岩、似千枚岩和变质粉砂岩）不等厚互层的巨厚陆源碎屑岩组成，表现为以浅海陆棚相的陆源碎屑砂泥质浊积岩沉积为特征，上部灰岩组主要为灰色、深灰色泥灰岩、细晶灰岩、条带状细晶灰岩夹灰色钙质泥岩等，表现为海相碳酸盐岩沉积。前人大量古水流测量研究资料（左国朝，1984；晋慧娟和李育慈，1996；杜远生，1997 等），指示古水流方向总体朝南或南西。认为物源来自北部的剥蚀区。舒家坝群下部岩性段为区内金矿赋存地层，容矿岩石以粉砂质板岩、斑点状板岩为主，其次为粉砂岩、含碳粉砂质千枚岩等，如李坝、马坞等金矿床。

西汉水群在礼-岷盆地闰井-洮坪-礼县北东东向断裂以南地区和西和-成县盆地广泛分布。杨雨等（1997）的定义是一套平行不整合于吴家山组之上的类复理石沉积。岩性以板岩或千枚岩、砂岩、粉砂岩为主，夹灰岩。富产珊瑚、腕足类，并产牙形石等。1 ： 25万天水幅将其自下而上划分为安家岔组、黄家沟组、红岭山组和双狼沟组四个组级岩石地层单位，时代主体为中-上泥盆统。其中安家岔组（$D_{1-2}a$）属滨海-浅海相碎屑岩、碳酸岩建造，主要岩性从上到下为砂质千枚岩，生物微晶灰岩，细砂岩、砂质千枚岩与灰色生物碎屑微晶灰岩互层、砂质千枚岩。黄家沟组（D_2h）为一套以碎屑岩为主韵律性很强的类复理石沉积。在其层型剖面上，按其岩石组合特征大体可分为上、下两部分，下部为深灰、黄褐色中厚层中细粒石英砂岩、钙质砂岩、粉砂质板岩、泥质板岩、钙泥质板岩，中夹扁豆状灰岩和泥质条带灰岩，产少量腕足类，未见底，厚度大于205m；上部为灰绿色泥质板岩、钙泥质板岩夹灰质条带或含灰质条带板岩，靠下部夹灰、灰白色泥质条带灰岩，产少量腕足类。红岭山组（$D_{2-3}hl$）分布较广，西起宕昌县扎峪河及岷县新庄，向东经礼县西汉水龙林桥、诸葛寺、西和县洞山、页水河、箭杆山，至成县武家坝、黄渚关，东西长达120km，南北宽13～20km。岩性单调，厚度各地不等，主要由各种灰岩组成，局部偶夹有板岩。灰岩主要为骨架灰岩、黏结灰岩、泥粒灰岩和粒泥灰岩，次为生物灰岩、生屑灰岩、生屑藻粒灰岩、礁灰岩，另外尚有少量泥状灰岩、泥质条带泥状灰岩和泥灰岩。富含牙形石、珊瑚、腕足类、层孔虫及海百合茎。与上下地层均为整合接触。西汉水群的安家岔组、红岭山组细碎屑岩和碳酸盐沉积建造是本区厂坝、毕家山、页水河、代家庄等铅锌矿以及胡麻地和花崖沟等金矿的主要赋矿地层，大量的地质矿产勘查成果显示，含热水沉积的浊积碎屑岩系为金的矿源层，而碳酸盐岩为铅锌的矿源层。

下泥盆统，据中国地质大学（武汉）文成雄等（2011）近年来对西汉水群底部的安家岔组碎屑锆石 LA-ICP-MS U-Pb 年龄测定结果显示，其年龄为 0.42～2.1Ga，峰值出现在0.68～0.82Ga，其锆石最小年龄为 0.41Ga，反映其沉积时间应为早泥盆世。

中带不同沉积区沉积特征表明，该带总体沉积环境相对较一致，除了中段凤太沉积区缺少早泥盆世的沉积地层以外，东段和西段的沉积区泥盆纪地层发育较齐全，且主要以浅海-陆棚潮坪碎屑岩-碳酸盐岩及台地相碳酸盐岩沉积建造为特征，盆地中心局部发育含热水沉积的浊积岩。

秦岭成矿带西段中泥盆世沉积构造环境如图4-13所示。

中带泥盆纪的含矿层相对稳定，主要分布于中泥盆统各组，且东中西各段含矿层均具有极大的相似性和可对比性。中泥盆统古道岭组以及安家岔组是本带菱铁矿和铅锌含矿层，其成矿元素组合为 Zn-Pb 和 Zn-Pb-Cu；而上覆古道岭碳酸盐岩的星红铺组（D_3x）以及西成盆地的西汉水群红岭山组细碎屑岩则主要为含金层，成矿元素组合主要为 Au，其次为Au-Pb-Zn。

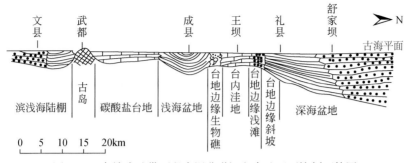

图 4-13　秦岭成矿带西段中泥盆世沉积古地理环境剖面简图

（4）关于吴家山组时代问题讨论。分布于成县吴家山一带的变质岩系备受关注，被称为吴家山群（或吴家山组），但其时代归属存在较大争议。《甘肃区域地质志》（1989年版）将出露于成县严家河至官庄一带的一套浅变质的碎屑岩加碳酸盐岩地层划归为下泥盆统，并将一套片岩类地层划为吴家山组，将其上部的大理岩、白云岩夹片岩层划为清水沟组。1∶20万成县幅地质图中将其划分为下泥盆统。甘肃地质矿产局区调队（1990）[1]进行 1∶20 万成县幅地质图修测时，依据大理岩中所含孢粉及部分生物化石将大理岩部分归为上志留统，但结晶片岩时代仍无确切证据；尔后，在 1994 年实施 1∶5 万黄渚关幅区调填图时，将这套变质岩系进行了新的划分和命名，将结晶片岩命名为林口组（Sl），大理岩命名为海酒山组上段（Sh^a），将介于二者的一套大理岩又含结晶片岩的变质岩命名为海酒山组下段（Sh^b），并认为泥盆系与大理岩之间有一个剥离断层。由于该套岩层内部普遍发育被动剪切流变褶皱、矿物拉伸线理，其变质变形特征不同于本区典型古生界的变质变形特点，因此有的学者（杨志华等，1997）依据对吴家山隆起的黑云母石英片岩获得的 1224.26±28.99Ma（Sm-Nd 全岩等时线年龄），认为吴家山群可能属于元古宇，并将结晶片岩称为官店杂岩，时代置于古元古代；大理岩称作海酒山岩片，时代置于新元古代。但有人认为该年龄不能代表吴家山群的沉积年龄，而可能是碎屑物质与胶结物的混合年龄，而大理岩是西汉水群灰岩热变质形成的，属于泥盆系西汉水群（冯益民等，2002），其中吴家山群的石英角闪片岩的角闪石 Ar-Ar 平均年龄为 249.3±0.3Ma（杨军禄和冯益民，1999），属于晚海西期的二叠纪，认为其代表本区海西晚期构造－热事件发生的时间。因此，对吴家山群沉积时代及结晶片岩是否构成西成地区前泥盆纪的基底岩系尚无确切证据。

近年来，中国地质大学（武汉）在有关基金项目的工作过程中，对出露于成县的吴家山群变质地层的碎屑岩中的碎屑锆石进行了 LA-ICP-MS U-Pb 年龄测定，结果显示碎屑锆石的年龄为 388±6 ～ 2635±19Ma，锆石年龄峰值分段集中在 0.38 ～ 0.50Ga、0.70 ～ 0.84Ga、0.96 ～ 1.02Ga，其余分别零星分散于 1.2 ～ 2.7Ga。其不同的年龄区间分别反映了吴家山群基底或源区在太古宙、元古宙以及早古生代的岩浆－构造热事件。根据吴家山群碎屑锆石年龄谱分布特点，认为其地层沉积的时间应小于碎屑锆石最新年龄，即

---

[1] 甘肃地质矿产局区调队 . 1990 . 1∶20 万成县幅区域地质调查报告。

吴家山群沉积的时间应晚于400Ma，也就是应在晚志留世之后，很可能为早泥盆世（文成雄等，2011）。锆石年代学所提供的证据，与甘肃区调队将其划为上志留统相一致。另对覆盖于其上的安家岔组碎屑锆石LA-ICP-MS U-Pb年龄测定结果显示，年龄为0.42～2.1Ga，峰值出现在0.68~0.82Ga，其锆石最小年龄为0.41Ga，反映其沉积时间应为早泥盆世。

结合以上新的工作成果，本书倾向于将吴家山群重新划归为晚志留世—早泥盆世为宜。

对出露于礼县-闾井一带的吴家山组的归属问题，也存在不同的认识。原1∶20万区调报告将其分别划归为泥盆系舒家坝组，岷县幅1∶25万区调工作依据变质程度和与厂坝前志留系吴家山组变质岩系的对比分析，将中川岩体与闾井岩体之间的地层划为中元古界吴家山组。据作者实地调研，虽然该套岩系的变质程度较高，但总体反映的是以热力变质作用为主，而代表区域动热力作用的塑性变形现象却不发育，而且依据纹层状大理岩、硅质岩、变砂岩以及黑云石英片岩等变质原岩的恢复分析应为一套泥质岩、泥质细碎屑岩、细碎屑岩和薄层碳酸盐岩组合，与中泥盆统舒家坝群下部的碎屑岩岩组相当。因此本书认为现1∶25万岷县幅所划的中元古界吴家山组应归属于中泥盆统舒家坝群。该地区该套地层的变质程度高的原因是与由印支-燕山期花岗岩浆的侵入作用引起的热力变质作用密切相关。

甘肃礼县洮坪一带的吴家山组实测剖面如图4-14所示。

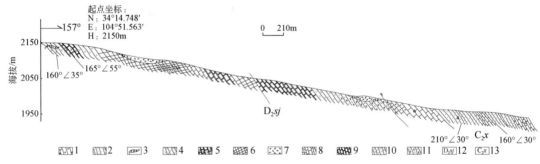

图4-14 甘肃礼县洮坪蔡家沟-小庄里"吴家山组"实测地层剖面

1. 斑点状黑云母片岩；2. 变砂岩；3. 石英脉；4. 黑云母石英片岩；5. 硅化大理岩；6. 角岩化石云母石英片岩；7. 第四纪坡积物；8. 灰岩；9. 大理岩；10. 石英片岩；11. 绢云母石英片岩；12. 中泥盆统石家沟组；13. 中石炭统夏家店组

3. 南带泥盆系

南带泥盆纪地层主要呈带状分布于西秦岭碌曲-迭部-舟曲-徽县（迭部-武都小区）、东秦岭的留坝-白河以及扬子北缘的文县-康县-略阳地区（文县-康县小区）。

留坝-白河沉积小区：泥盆纪地层发育齐全，从下泥盆统到上泥盆统均有出露。以旬阳沉积盆地公馆一带划分的七个岩石地层单位为代表，其自下而上分别为复成分砾岩砂岩（西岔河组 D_1）—白云岩为主（公馆组 D_1）—粒屑灰岩、生物灰岩（石家沟组 D_2）—砂板岩与泥灰岩不等相间（大枫沟组 D_2）—泥砂质灰岩含碳生物碎屑灰岩和含碳泥质细碎屑为主（杨岭沟组 D_{2-3}）—以碎屑岩和不纯灰岩为主（冷水河组 D_3）—含碳泥质细碎屑岩和灰岩为主（南羊山组 D_3-C_1）等，构成一个连续序列组合。其下与志留系为不整合-平行不整合接触，与上部的石炭系袁家沟组为整合接触。旬阳盆地泥盆系为重要的含矿地层，下统西岔河组下部硅质、白云质砾岩为龙王滩、竹桶沟、古墓沟等砂砾岩型铜矿化的赋存层位，公馆组为汞、锑矿床主要赋矿层位，中泥盆统的大枫沟组为区内铅锌的主要含矿层，而上泥盆统的南羊山组，近些年的找矿勘查表明为微细粒浸染型金矿的主要赋矿层位。

旬阳盆地的形成与演化完全受木王-公馆断裂的控制，该断裂自泥盆纪初期便开始发育，沿断裂发育了一些河流沉积，随断裂进一步发育，基底不断沉降，导致旬阳盆地的形成，此后随断裂的继续活动而发生海侵。在早泥盆世，盆地仅局限于木王-公馆断裂以北，进入中泥盆世，海侵才向断裂以南发展，并不断向南超覆，同时海侵还向北发展，使盆地的范围迅速扩大，最终与镇安盆地连为一起。早泥盆世后期海水在向南超覆的过程中也不断向西超覆，直达留坝闸口石一带。旬阳以西的宁陕、留坝以及徽成南部一带，下泥盆统大部分缺失，仅在留坝一带由于发现 *Euryspirifer.sp* 早泥盆世晚期的化石分子而被认为可能有早泥盆世沉积（张二朋等，1993）。地层出露主要为大枫沟组、杨岭沟组（古道岭组）、冷水河组（星红铺组）和南羊山组（九里坪组），由佛坪古岛到边缘向外，一般由海滩相细砂岩、砂质页岩过渡为浅海陆棚相砂页岩、碳酸盐岩，但受后期变质作用较强，多为变砂岩、千枚岩、云母砂岩片岩及结晶灰岩。

迭部-武都沉积区：该区位于若尔盖半隐伏地块北部，地层以迭部-舟曲一带所厘定 5 个岩石地层单位为代表，其序列组合自下而上为灰绿、灰紫色碎屑岩夹灰岩（普通沟组 D_1）—白云岩（尕拉组 D_1）—含铁石英砂岩、页岩夹含磷碳酸盐、局部夹透镜状菱铁矿层（当多组 D_{1-2}）—灰岩夹砂、页岩（下吾拉组 D_2）—灰黑色钙质板岩、碳质页岩夹少量薄层灰岩、生屑微晶灰岩（普莱组 D_2）—灰岩夹钙质粉砂岩（擦阔合组 D_3）—灰岩夹燧石结核灰岩（陡石山组 D_3）—白云岩夹灰岩（益哇沟组 D_3-C_1）。泥盆系下与志留系整合或平行不整合，当多组含磷及赤铁矿层，局部富集成矿。该区沉积总体构成一个海侵沉积序列，形成于陆棚滨-浅海-次深海环境，冯益民等（2003）认为志留纪—早泥盆世地层属冲断型前陆盆地沉积，自当多组沉积开始属伸展型盆地海侵序列。

曹宣铎等（1990）在对南带泥盆系不同地段大量地层剖面的研究认为，该沉积小区内泥盆系从西向东超覆，层位逐渐升高，东西向的相分异显著，反映了古地理变化和地层分布的格局。

从以上南带不同沉积地层小区的泥盆纪沉积岩性特征、相特征的分析，可以看出，尽管由于受到当时沉积古地理环境（如佛坪古陆）的影响，迭部-武都沉积小区存在自西向东的超覆且层位升高，而留坝-白河小区有自东而西的超覆现象，但是总体而言，东西两个沉积区各不同时期的沉积环境和岩相建造仍然可以进行对比，具有一定的相似性。这种相似性反映了它们处在相同的大地构造背景条件下，具有相似的沉积环境和地壳演化背景。

南带东西两段泥盆系发育齐全，含矿层发育，含矿元素组合复杂，主要为汞、锑、铅锌、金等，但优势成矿元素含矿层主要发育于早-中泥盆世各地层中，如迭部-武都的下吾那组（D_2）和当多组（D_{1-2}），旬阳盆地的公馆组（D_1）以及石家沟组到杨岭沟组（D_2），部分地段，如旬阳盆地北侧的丁-马矿带可见上泥盆统的金含矿层，如南羊山组含金层等。

4. 扬子台缘泥盆系

扬子台缘泥盆系主要围绕扬子地台北缘和东北缘分布。可进一步划分为文县-康县-略阳一带沉积小区和高川沉积小区。

文县-康县-略阳沉积小区：该沉积区泥盆系出露较全，厚度较大，下泥盆统的石坊群（D_1）、中泥盆统三河口群（D_{1-2}）以及踏坡群（D_{1-2}）等。石坊群主要分布于文县及其以南到平武一带，主要为一套富含有机质的海湾-沼泽相沉积的细砂岩、粉砂岩、含碳质板岩、含碳硅质板岩、硅质岩及少量泥质灰岩等，下部常夹无烟煤层及磷块岩（甘肃省地质矿产局，1989），依据古生物化石，其应为早泥盆世早、中期，石坊群之上被下-中泥盆统岷堡沟组平行部整合覆盖。早泥盆世中期以后，该区沉积范围明显向北扩展，并沿扬子古陆西北缘向东延伸到汉中、城固一带。由于古地理条件的不同，在文县-平武一带沉积了以下部碎屑岩上部厚-巨厚层状泥质碳酸盐岩为代表的西沟组（D_1）和岷堡组（D_{1-2}）地层，而在文县-康县-略阳一带则沉积了有厚达万余米的（含碳）泥质细碎屑岩和薄层碳酸盐岩组成的三河口群（D_{1-2}），局部地段（从三河口到金家河一带）还夹有多层安山质熔岩及凝灰岩。在南部的从文县东风沟到略阳何家崖则沉积了以砾岩和粗碎屑岩为主的踏坡群（D_{1-2}）。踏坡群底部为一套砾岩和粗砂岩相组合，代表了一种以快速垂向加积过程为特征的冲积扇体系。砾石成分完全可以与其南侧元古宇碧口群岩石类型对比，砾岩分布明显受荷叶坝断裂控制，反映当时荷叶坝断裂为同沉积生长性质；踏坡群下部砾岩和砂岩主要由重力流沉积而成，细粒沉积物则是悬浮沉积的产物或细粒浊积岩相组合分析证明它们代表了一种深水扇三角洲体，指示盆地处于强烈裂陷阶段。古流向资料也明显指示一个由南向北的沉积物搬运过程；踏坡群中部主要由浊积岩组成，代表了由斜坡、坡底裙和盆地平原所组成的一个深水浊积岩体系；踏坡群上部主要由辫状冲积平原、过渡带以及浅海陆棚等不同相带组成，代表一个由数个扇三角洲层序构成的浅水扇三角洲体系，这种叠置现象一是受海平面升降影响，二是主要受盆地边缘断裂周期性活动的控制（孟庆任等，1996）。

分析研究表明，文县-康县-略阳一带的沉积盆地是在扬子板块北缘元古宇或上古生界的基础上，自西而东逐渐裂开的。勉略盆地形成最早，而且可能与西边的南昆仑洋盆相连，因此一开始就显示出深水盆地的特征（三河口群）。盆地南部踏坡群为冲积扇-扇三角洲向浊积扇演化的序列。这些特征不仅反映盆地从裂谷向陆缘演化、盆地规模与水深不断扩大、加深的进程，而且扇积物砾石源自南侧碧口群以及碎屑物自南而北变细的趋势，说明南部已接近盆地边缘。

中、上泥盆世，该区沿扬子北缘文县-康县-略阳一带地层缺失以外，文县-平武一带在岷堡组沉积后经历一段上升隆起剥蚀，继续接受浅海-滨海相的碎屑岩-碳酸盐岩的沉积，上泥盆统全区仅断续零星分布于部分地段。

在勉略一带，由于泥盆系中有数十个超基性岩体而引起重视，国内外不少学者将这些超基性岩体与其他火山岩、硅质岩一起构成勉略蛇绿岩套，并将其作为泥盆纪勉略有限洋盆存在的证据。

找矿勘查显示三河口群浊积岩沉积地层是目前大型-超大型金矿的主要赋存地层。

高川沉积小区：泥盆纪的残形仅保存在石泉县老渔坝-西乡下高川及镇巴观音堂一带，缺失下、中泥盆统，仅有上泥盆统出露，总体厚度不到200m。1：20万紫阳幅将其自下而上划分为铁矿梁组和蟠龙山组。铁矿梁组岩性以石英砂岩、粉砂岩、砂质板岩为主，细碎屑岩常呈黑色，含大量植物、腕足类和珊瑚化石，下部常含黄铁矿，局部可形成豆状赤

（黄）铁矿层，下伏地层为下寒武统白云质灰岩。蟠龙山组下部以中 - 薄层灰岩、瘤状灰岩夹板岩，上部为中 - 厚层泥晶灰岩、燧石结核灰岩、白云质灰岩夹板岩。从高川盆地岩性组合及生物化石特点看，该区应为扬子板块内部裂陷的陆表海盆地，裂陷的规模与强度均较小，但是盆地的充填序列显示早期出现了较严重的潟湖化现象，向上有变细、变深的趋势。曹宣铎等认为该海湾有可能与西缘的龙门山或摩天岭北缘相连，只是海水通道被后期构造活动所消匿。

综上各带泥盆系沉积特征的论述，可明显地反映出，秦岭成矿带泥盆系地层展布及其沉积均受控于伸展构造环境条件的南北向区域拉张下沉 - 断裂开陷作用，形成有强烈下陷断陷（盆地）与相对稳定的断隆（台）相间的沉积构造古地理格局，表现为强烈的南北分异。其北部礼县 - 柞水一线，秦岭地块以相对较高速度向华北陆块之下俯冲，在南秦岭地块前缘形成残留 - 拉分性质的前陆盆地，而南秦岭南部泥盆纪 - 石炭纪正值沿勉略康县扩张，发育蛇绿岩及深水沉积岩系，形成勉略裂谷有限洋盆。在秦岭地块北侧向华北大陆持续俯冲会聚和南侧持续扩张作用下，南秦岭地块内部沿吴家山 - 佛坪 - 小磨岭 - 陡岭一线发生前陆隆升，沿西和 - 凤太 - 镇安和徽县 - 留坝 - 旬阳东西向的广大地区处于拉张裂陷环境，发育晚古生代较完整地层，由碳酸盐岩 - 细碎屑岩组成类复理石建造，夹有多种热水沉积岩，从而形成具明显差别的各类型盆地，发育各具特色的沉积岩系，而各断陷带具有壳断裂性质的边界断裂带（如北缘的凤县 - 商州 - 丹凤断裂带、中部的临潭 - 山阳断裂带、宕昌 - 徽县 - 镇安断裂带、南缘的玛曲 - 勉县断裂带）以及断陷带内部的次级同生断裂为携带成矿物质的深部热流体的上升沉积提供了有利通道和沉积场所，为盆地初始含矿地层的形成奠定了良好的基础。

（二）含矿建造特征及其含矿岩系

秦岭成矿带泥盆系含矿地层分布及对比如图4-15所示。从图4-15可看出，尽管泥盆系矿化现象十分普遍，但对于优势矿种铅锌汞锑金等而言，具有工业意义的矿床仅分布在某些层位中。例如，下泥盆统公馆组（汞锑矿床）、中泥盆统下部和上部（铁铅锌矿床），金矿床则随所处的沉积地区不同，可分布于泥盆系各统相应的层位中。

泥盆纪的各类矿床赋存在海相地层中。按照成矿介质的温度，可划分为冷水沉积和热水沉积，前者为正常海相沉积环境，海水温度一般在70℃，后者水体介质温度则一般都大于70℃。对于秦岭成矿带泥盆纪矿床而言，排除后期变质和改造因素，本区既有冷水沉积条件下的沉积矿床，但更重要的是热水沉积矿床。本区冷水沉积矿床主要为鲕状含铁石英岩赤铁矿、菱铁矿以及砂砾岩型铜矿等，其含矿建造主要为近岸的滩相到滨 - 浅海相碎屑岩建造，主要成矿物质主要来源于古陆的风化剥蚀。此类矿床主要分布于北带泥盆系以及南带泥盆系中 - 下统的滨 - 浅海相粗碎屑岩 - 碳酸盐岩地层中（如当多组和岷堡组）。热水沉积环境条件下的含矿建造主要为细碎屑岩 - 碳酸盐岩建造和浊积碎屑岩建造，但含矿地层则主要分布于由碎屑岩层向碳酸盐岩层过渡或由碳酸盐岩层向碎屑岩层过渡的部位，是沉积环境改变的过渡场（秦岭铅锌矿区划组，1983）。在这种岩相交替部位的含矿岩系中，普遍有硅质岩、石英钠长岩、重晶石岩和绿泥石岩，构成含矿岩系的一个特殊岩相，这种特殊岩相的岩石组合已被大量的岩石学、矿物学、地球化学以及稳定同位素地质学研究证实为海底热水喷流沉积成因的热水沉积岩。

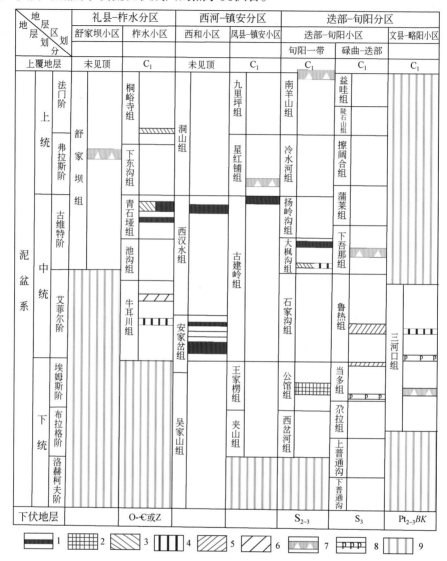

图 4-15　秦岭成矿带泥盆纪含矿地层对比略图

1. 铅锌多金属；2. 汞锑；3. 菱铁矿；4. 磁铁矿；5. 赤铁矿；6. 黄铁矿；7. 金矿；8. 磷块岩；9. 地层缺失

　　泥盆纪秦岭古地理格局已由被动陆缘转变为板内伸展裂陷盆地沉积，对于分布于中带的泥盆系沉积小区而言，它们均为沿北西西向临潭－武山－凤镇－山阳断裂带及其次级同生断裂控制而形成的众多裂陷热水盆地，盆地之间又被基底隆起分割。沿盆地中心形成深水相的含热水沉积的浊积碎屑岩，边部主要为含热水沉积的碳酸盐岩相沉积，研究显示复理石浊积碎屑岩系为金的矿源层，而碳酸盐岩为铅锌的矿源层。由于受基底构造控制，不同沉积盆地之间含矿地层的沉积环境条件存在一定的差异。

1. 北带

东段的柞水－山阳盆地由南（山阳－凤镇断裂）、北（商丹断裂）两条幔型断裂及东、西基底隆起带所限定，山阳－凤镇幔型断裂在中泥盆世表现为同沉积断层。海盆沉降幅度大，沉积物厚度达万米，在山阳二峪河一带厚达 6000m，商南一带达 8000m，显示了地壳急剧下沉、快速沉积补偿及震荡频繁的特征，属于活动－次稳定型建造。由于地壳运动频繁，出现以类复理石为主的沉积建造，形成多个含矿层，且含矿层多位于小旋回顶部碳酸盐岩层向碎屑岩层过渡部位，在含矿地层上下均有热水沉积岩产出。对该矿集区的硅质岩等热水沉积岩石进行的系统硅氧同位素研究显示，成矿盆地喷气温度较高，矿质堆积速度很快，盆地从早到晚逐渐由开放盆地变为封闭盆地，至成矿后期又由封闭变为开放，成矿物质在封闭环境中快速还原形成（李延河等，1997）。方维萱（1999）认为华北板块与扬子板块在早古生代俯冲碰撞形成的断陷盆地，在区域南北向的扩张背景下，由于盆地向东走滑，从而导致了旋转伸展产生了扭裂断陷局部动力学系统，在桐木沟、二峪河、车房沟发育三条北东向的同生断裂，从而在盆地内形成了一系列次级盆地，这些同生断裂导致了伸展体系中含矿热水沿同生断裂上升迁移到次级沉积盆地之中，从而形成了热水沉积盆地。银多金属矿床位于其次级盆地之中较低的洼地，而重晶石、菱铁矿床位于较高的洼地中，二者为次级同生断裂所控制。例如，大西沟菱铁矿－银硐子铅锌铜银矿床产于中泥盆统青石垭组中部，含矿岩系以泥质岩石为主并夹有碳酸盐岩，银铅矿体产于千枚岩与碳酸盐岩的转换部位。目前勘探发现有三个含矿层位：上含矿层为绢云铁白云岩（或白云质灰岩）夹千枚岩，是菱铁矿－重晶石－磁铁矿及层状含铜方铅矿的产出层位；中含矿层以绿泥绢云千枚岩夹菱铁矿条带为主，由下而上为菱铁矿层、重晶石－铜矿层、重晶石菱铁矿产出层位；下含矿层为千枚岩－碳酸盐岩，是菱铁矿、重晶石－磁铁矿体、铜矿体及铅锌银矿产出层位。含矿层顶板为灰黑色碳质绢云绿泥千枚岩夹绢云铁白云岩薄层；底板为绿泥绢云母千枚岩夹结晶灰岩。分析显示，铅银矿石的 $\delta^{34}S$ 为 10‰～31‰，大致相当于泥盆纪海水硫酸盐的 $\delta^{34}S$，反映矿床的同生沉积特征。据大西沟菱铁矿含矿层铷锶等时线年龄值 353±4Ma 和银硐子层状铅锌矿铅同位素模式年龄为 358Ma，并从青石垭组所含腕足类化石组合等方面分析，可以认为矿床的形成与中泥盆世沉积同时代（齐文和侯满堂，2005a）。

中段的板（房子）－沙（河桥）泥盆纪沉积盆地，位于秦岭南、北板块的俯冲对接带，也即商丹断裂带内及其附近。该沉积盆地主要出露上泥盆统桐峪寺组中－低变质的各种成分之千枚岩、变砂岩、碳质片岩和大理岩，原岩为一套泥质细碎屑岩－含泥砂岩－不纯灰岩沉积建造，其中富含火山物质，中、下岩段岩性为（钙质）绢云石英变砂岩、黑云石英千枚岩、（钙质）石英千枚岩、（钙质）千枚岩，反映其为一种受线状物源控制的古地貌相对平缓的浊积斜坡－盆地环境。上岩段岩性变化较大，不同地段岩性组合有异。西段西清水河一带为块状大理岩、不纯（含绢云母、石英、绿泥石）大理岩夹钙质千枚岩、钙质石英变砂岩，代表了碳酸盐陆棚环境沉积特征，中段马鞍桥一带由（钙质）绢云石英千枚岩、钙泥质砂岩、钙质千枚岩、含碳绢云变砂岩、含碳钙质绢云石英千枚岩、碳质绢云石英片岩夹不纯大理岩透镜体构成，反映了其为局部断陷而形成的塌陷斜坡盆地环境；以东地段则为以浊流沉积为主的垂向加积为特征的沉积组合，由泥质砂岩－钙质泥质砂岩－粉砂质泥岩－钙质泥岩叠置组成，则反映了海底缓坡浊积岩近端部分的沉积特征（张复新等，1997）。塌陷斜坡盆地环境形成的变砂岩相－变泥岩相－碳质片岩相的韵律组合，是马鞍桥金矿的主要含矿岩系。区域化探资料显示，上泥盆统桐峪寺组上岩段主要岩性微量金分析为 $4.4×10^{-9}$，高于其他地层单元含金性，是本区区域背景含金性（$3.1×10^{-9}$）的 1.42 倍，而金矿则赋存在上岩段顶部的碳质千糜岩和下伏的二云母石英千枚岩及绢云石英千枚岩中。而马鞍桥矿区外围大黑沟－小王涧范围的塌陷斜坡盆地岩相区的岩石微量金含平均为 $10.2×10^{-9}$，是区域含金背景的 3 倍以上。因此，该有利岩相是本区金矿床成矿物质的提供者，其本身就是含金丰度较高的矿源层。朱赖民等（2009a）对马鞍桥金矿床的详细研究显示，马鞍桥金矿床矿化岩、矿石和其中的硫化物铅同位素组成（$^{206}Pb/^{204}Pb=17.9180～18.4160$，平均值 18.1690；$^{207}Pb/^{204}Pb=15.4970～15.7090$，平均值 15.5629；$^{208}Pb/^{204}Pb=38.0820～385887$，平均值 38.2889）与地层岩石如桐峪寺组绢云母千枚岩和二峪河组浅变质砂岩（$^{206}Pb/^{204}Pb=18.3525～18.3868$，平均值 18.3700；$^{207}Pb/^{204}Pb=15.6137～15.702l$，平均值 15.6579；$^{208}Pb/^{204}Pb=38.3433～38.7048$，平均值 38.5240）接近。矿床不同地质体的碳同位素组成变化很大，其中石英流体包裹体的 $\delta^{13}C$ 为 0.30‰～1.90‰，具有沉积岩中碳酸盐岩的脱气碳的富重碳同位素的特征，显示流体中的碳主要来自沉积地层，含矿带岩石、矿石中有机质含量高，一般有机碳含量为 0.11‰～0.62‰，部分高达 1.99‰～2.18‰，含碳千枚岩中甚至发育碳质夹层。矿石中硫化物的 $\delta^{34}S$ 变化于 0.78‰～11.89‰；蚀变岩的 $\delta^{34}S$ 变化于 4.30‰～12.30‰；石英脉的 $\delta^{34}S$ 变化于 0.60‰～3.28‰；地层岩石如碳质片岩中呈星点状或草莓状产出的硫化物的 $\delta^{34}S$ 变化于 8.64‰～9.98‰。显示矿床成矿流体中的硫也主要来自受改造或变质地层，证明金矿床的成矿物质和成矿流体与地层存在密切的成因关系。

西段的漳县－天水沉积区上泥盆统大草滩群主要为一套海陆相的磨拉石沉积建造，在局部地段存在含铜砂岩层。

2. 中带

东段的镇安盆地为一以凤镇－山阳断裂与镇安－板岩镇断裂为界的次级晚古生代断陷沉积盆地。该盆地向西经东川、江口，可延续到板房子南一带。该盆地与其西邻的凤太盆地一样，缺失早泥盆世沉积，主要发育中－上泥盆统。其中中泥盆统古道岭组碳酸盐建造是沉积型菱铁矿和铅锌矿的主要赋矿地层，星红铺组为金的赋矿层位。二台子金矿床赋存于古道岭组上段中厚层状不纯碳酸盐岩层位中，不纯碳酸盐岩夹互层钙质粉砂岩、粉砂质板岩、含碳泥板岩、泥灰岩薄层，普遍含有星散状成岩黄铁矿。区内与地层整合产出的铁白云石钠长板岩沿二台子矿区通过，含 Au 性较好。作为二台子金矿含矿岩系的重要组成部分——钠长板岩，大多发育于中泥盆统古道岭组上段不纯灰岩与上泥盆统星红铺组泥板岩岩相过渡转换部位，岩石具有韵律层状和条带－层纹状沉积构造，主要矿物钠长石呈等轴他形微细粒镶嵌状，晶粒内部多包含显微针状金红石而表现混浊，岩石中普遍含少量成岩黄铁矿（大部分已重结晶，个别保留草莓状生物假象），显示同生沉积成因特征。岩石学、岩石地球化学研究显示它是海底拉张构造环境和地热活跃区的形成产物，钠长板岩微量元素组成相对富集 Au、As、Sb、Hg、Cu、Co、Ni、Ba，高于上地壳丰度（Taylor and Mclenna，1985）数倍至 2～3 个数量级（表4-3），如此高丰度的成矿元素富集本身表明其岩石形成的特殊性。此外，岩石中 Ba 含量较高是海底热水沉积的重要显示。中段的凤太盆地区为一著名的 Pb-Zb-Au 矿集中区，产有超大型金矿床和一系列大型铅锌矿。位于秦岭造山带南秦岭构造带北部晚古生代裂陷带之中部，青崖沟 - 王家楞生长断裂的伸展作用，以及佛坪隆起和凤县、成县基底隆起的隔挡作用，形成了泥盆纪热水沉积盆地，北部基底为丹凤群火山岩，南部基底为寒武 - 志留系的正常沉积岩。凤太地区印支 - 燕山期岩浆活动强烈。以矿种、容矿岩性岩相、控矿条件等，将凤太地区赋矿层位分为两类。

表 4-3　二台子金矿区含矿岩系钠长板岩微量元素特征　　　（单位：10^{-6}）

岩石	样品数	Au/10^{-9}	AS	Sb	Hg	Ba	Cu	Co	Ni
钠长斑岩	1	1150	416.1	3.23	0.514	2750	85.1	18.9	33
不纯碳酸盐岩	11	136	86.2	5.1	986	1022	95	1.7	89
上地壳丰度（Taylor and Mclenna，1985）		1.8	1.5	0.2	0.08	550	25	10	20

（1）该区铅锌矿床系热水喷流沉积 - 改造型铅锌矿床。铅锌矿赋存于中泥盆统古道岭组碳酸盐岩建造和星红铺组细碎屑岩建造之接触带及其上下。古道岭组上部的薄层灰岩夹白云质灰岩岩性段为铅锌的主要含矿层位。星红铺组中下段为铁白云质千枚岩、铁白云质绢云母千枚岩、钙质千枚岩，以及少量生物碎屑灰岩、泥灰岩等，层位稳定，底部常由薄层含碳质生物碎屑灰岩、碳质千枚岩、硅化灰岩、硅化铁白云质灰岩和硅质岩等硅质热水喷流岩组成，为铅锌矿体的容矿岩石。热水沉积硅质岩具有上部细碎屑岩、中部泥岩、下部碳酸盐岩的沉积层序特征。北西西向同生断层为主要的控矿构造，矿床以铅硐山铅锌矿为典型。对该区西河以西的铅锌赋矿地层的成矿元素含量测定研究表明，区域上与成矿有关的元素含量均很低，表明古道岭组地层没有为成矿提供成矿物质来源，而矿区成矿元素含量很高，说明成矿物质主要来源于深部或基底，成矿与热水喷流沉积和构造 - 岩浆改造关系密切（据西北有色地质勘查局 2011 年资料）。凤太西河以西泥盆系成矿元素含量特征见表 4-4。

表 4-4　凤太盆地西河以西泥盆系成矿元素含量特征表（据西北有色地勘局 2011 年资料）

时代代号	岩性	Cu/10^{-6}		Pb/10^{-6}		Zn/10^{-6}		Au/10^{-6}	Ag/10^{-6}
		区域	矿区	区域	矿区	区域	矿区		
D_3x^1	变碳酸盐类	9	30	8	30	9	100	0.00169	0.0527
	变泥质岩类	25	30	7	30	54	100		
	变碎屑岩类	16	30	11	30	10	100		
D_2g	矿化粉晶灰岩	—	170	—	10000	—	800	0.0053	0.119
	变碳酸盐岩类	8	3～70	9	30～50	4	100		
	变泥质岩类	15	30	12	30～50	19	100		
	变碎屑岩类	23	30	10	30	31	100		
克拉克值（Taylor，1964）		55		12.5		70		0.004	0.07

（2）金矿赋存在上泥盆统星红铺组第一岩性段，该岩性段下部以含碳钙质千枚岩、碳质绢云母千枚岩及钙质千枚岩为主，夹薄层状（含碳）灰岩，局部二者呈互层产出；上部以浅灰色铁白云质绢云母千枚岩、铁白云质粉砂质千枚岩为主，夹少量含绿泥铁白云质千枚岩，顶部有不稳定的几米至几十米厚的泥灰岩、条带状灰岩。底部与古道岭组成断层接触的过渡部位是铅锌矿赋矿层位，中上部是金矿赋矿层位，其中钠质热水喷流岩发育，主要容矿岩性为钠长角砾岩，碳酸盐－钠长角砾岩，钠长板岩，钠长碳酸盐岩，以及异源共存的钙屑－长英质碎屑浊积岩。北东向与北西西向两组构造交汇结点为控矿的主要构造条件，岩浆期后热液蚀变为主要的成矿作用，该类型矿化以八卦庙金矿、双王金矿为典型。对八卦庙金矿的地质勘查表明，上泥盆统星红铺组（D_3x）是含矿地层，容矿岩石为浅变质细碎屑岩类，主要岩性有斑点状粉砂质绢云千枚岩、铁白云石绢云母千枚岩。容矿岩石的岩石化学成分与一般碎屑岩比较，CaO 和有机碳较高。硅质－钠质－铁碳酸盐质热水沉积岩呈白色、灰白色、浅黄色或褐色，隐晶质－微晶结构，层纹－条带状构造。矿物成分以石英、铁白云石、铁方解石、钠长石等为主，占矿物总含量的 80% 以上。次要矿物有绢云母、绿泥石、黑云母、磁黄铁矿、黄铁矿、电气石等。主要岩石类型有铁碳酸盐硅质岩、含铁碳酸盐钠长石硅质岩、石英钠长石岩、石英铁碳酸盐岩，岩石中发育热水沉积韵律，即富硅质纹层或富钠长石纹层－富铁碳酸盐纹层－泥质纹层。西北有色地质勘查局勘查成果显示，星红铺组 Au 背景值为 $3.2×10^{-9}$，各种岩性 Au 背景值差别不大，以铁白云质千枚岩最高（$3.95×10^{-9}$）。蚀变岩明显高于正常沉积岩，高达 $21.27×10^{-9}$（铁白云质千枚岩）和 $29.62×10^{-9}$（钠长板岩等），Ag、Cu、Pb、Zn、As、Sb、Bi、Cd、B 等元素含量也明显偏高。热水沉积岩的岩石组合特征主要反映为中－低温热水沉积。

对凤太矿集区硅质岩等热水沉积岩石的硅氧同位素研究（李延河等，1997）显示出，凤太成矿盆地海底喷气温度相对较低，反映矿质堆积速度较慢，盆地属半封闭－半开放盆地，矿床中的硫由海水硫酸盐在半封闭－半开放的环境中还原形成。与柞水－山盆地成矿环境具有较明显的差异，柞山盆地的温度相对较高，矿质堆积速度很快。

西段的西成盆地是一个以铅锌（银）金为主的多金属矿化集中区，西汉水群的安家岔组、红岭山组细碎屑岩和碳酸盐沉积建造是该区厂坝、毕家山、页水河、代家庄等铅锌矿以及胡麻地、花崖沟、小沟里等金矿的主要赋矿地层，区内 95% 以上的铅锌矿床、矿点产于灰岩、大理岩、白云岩等碳酸盐岩地层中，金矿产于斑点状千枚岩、斑点板岩、含钠长石泥质千枚岩中，而且多赋存在韧脆性剪切带、片理化带或断裂中，含矿围岩均为泥质、砂质、钙质板岩及千枚岩类，碳酸盐岩类不发育。大量的地质矿产勘查成果显示，含热水沉积的浊积碎屑岩系为金的矿源层，而碳酸盐岩为铅锌的矿源层。其中由灰色、灰黑色页岩、泥晶灰岩和粉砂岩组成，底部夹薄层白云岩，水平层理发育，古生物化石稀少为特征的断陷滞流盆地相是厂坝等沉积变质铅锌矿的控制岩相，台地边缘的以块状生物礁灰岩、鲕粒灰岩、生物碎屑灰岩等为特征的生物礁碳酸盐相则为毕家山、邓家山等沉积－改造型铅锌矿的控制岩相。前者由于断陷滞流盆地处于静水弱动力条件之下，良好的封闭条件使得沿生长断裂上涌的含矿热水不外泄，同时使海水能量在盆地外围充分消耗从而造成盆地内部的滞流安静环境，并使盆地底部具有良好的还原条件。含矿热水流入盆地后，由于其密度大于海水，可沿盆地底部缓慢流动而在低洼部位停积形成卤水池，发生金属元素卸载形成有用矿物堆积。同时盆地良好的封闭条件而使成矿热水热量不易散失，从而有利于海水中的 SO_4^{2-} 还原成 S^{2-}，为成矿提供硫源（李建中和高兆奎，1993）。后者鉴于生物礁一则在热水喷溢沉积时作为地球化学障，可造成台地内外物理化学条件的差异，导致有利地球化学场的形成，促进铅锌矿堆积，二则在铅锌矿产形成中起着聚积矿质、提供空间的作用，同时生物礁中有机质还可将 SO_4^{2-} 还原成 S^{2-}，为成矿提供部分硫源，三则礁灰岩的高孔隙度和高渗透率物性条件可以为矿床在改造作用过程中矿液的重富集提供良好的通道。近年来，张均和王长安（2008）对西成－凤太矿集区金－多金属成矿系统的研究，指出金矿表现为"地层＋岩浆岩"的"双源成矿"以及"韧性剪切带＋岩性＋蚀变"三要素控矿特点，认为泥盆系的灰岩、千枚岩、钙质千枚岩及大理岩为含矿层，海西早期，经喷流－沉积作用，形成早期的含金－多金属热水沉积岩，即矿源层。曾令高等提出在晚泥盆世，富金的成矿流体沿同生断裂发生喷流，在次级热水盆地沉积形成初始矿源层的认识。

礼岷盆地位于甘肃省礼县与岷县交界地区，集中分布了李坝、金山、大山等大中型金矿床，赵沟、瓦翁沟、王河、罗坝、崖湾、马泉、庙沟等小型金矿床及数十处金矿点和矿化点。金矿主要产于舒家坝组和西汉水组斑点状粉砂质板岩、变质粉砂岩、粉砂质板岩中。研究表明，舒家坝组下部碎屑岩组岩性总体上为一套灰绿色、灰色、深灰色泥（页）岩、钙质泥岩、粉砂质泥岩、粉砂岩（遭受中浅程度的变质，现呈粉砂质板岩、板岩、似千枚岩和变质粉砂岩）不等厚互层的巨厚陆源碎屑岩组成，表现为浅海陆棚相的陆源碎屑砂泥质浊积岩沉积特征，该套浊积碎屑岩系为金的含矿层。冯建忠等（2003）根据区域上地球化学剖面分析，其 ω（Au）平均为 4.72×10^{-9}，普遍高于南秦岭沉积盖层（1.7×10^{-9}）和南秦岭上地壳（1.3×10^{-9}），而且金含量按砂岩—千枚岩—板岩的顺序逐渐降低，其他多数金属元素含量也相应降低（表 4-5）。砂岩中许多金属元素如 Au、Bi、Hg、Ag、Sr、Ba、Cu、Be、Mn、Ni 含量较高，板岩中金属元素 Au、As、Sb、Bi、Hg、Ag、Sr、Ba、B、Ti、Co、Ni、Cr、V、Pb、Zn、Cu、Be、Mn 含量都较低。区域上，舒家坝组碎屑岩普遍有金矿化现象，在构造破碎带和蚀变带中金矿化强，形成矿点或小型矿床，表明泥盆系细碎屑岩是金矿物质来源之一。

表 4-5　岷县－礼县盆地舒家坝群不同岩性成矿元素含量特征（据冯建忠等，2003）

岩性	样数	质量分数 /10⁻⁹	质量分数 /10⁻⁶									
		Au	As	Sb	Bi	Hg	Ag	Cu	Co	Ni	Pb	Zn
砂岩	3	5.15	62.6	4.9	0.23	0.03	1.02	41.5	16	39	55	31
板岩	10	4.24	35.9	2	0.35	0.02	0.3	27.2	24.4	59.6	35.6	139.2
千枚岩	4	5	76	18.4	0.26	0.03	0.31	27.5	27.5	101	47	134.5
平均值		4.7	41.6	5.21	0.31	0.03	0.51	30.6	22.3	60	42.4	109.3
南秦岭沉积盖层（张本仁等，1989）		1.7					0.11	18	8	22	23	54
南秦岭上地壳（张本仁等，1989）		1.3					0.08	29	13	25	23	62

3. 南带

1）东段旬阳盆地

金含矿层：张复新等（1997）在对南秦岭微细粒浸染型金矿床地质与找矿的研究中，曾对该盆地北部镇安－板岩镇断裂带南侧的丁家山－马家沟汞锑金矿带的金矿源层问题从沉积岩相学、地层主量及微量元素地球化学等进行较详细的研究，指出在局限台盆沉积条件下的具含黄铁矿钙质细碎屑岩相（C1）、平行层理砂岩相（C2）、块状砾屑灰岩（G2）、含黄铁矿和陆源细碎屑的碳酸盐－砾砂－泥质岩相（G3）、泥质岩相（C3）、燧石条带微晶灰岩（M2）、碳酸盐砾砂－泥质岩相（G11）以及钙质泥质岩（C7）等高频叠置或递变组成的组合，特别是当出现 C1 和 G3 组合时，构成该区锑金矿源层。另外在 C1 和 G3 岩相地层中均发现明显的火山凝灰物质，石英、钠长石晶屑以及具有陨石硫特征的成岩黄铁矿普遍出现。

对丁－马矿带冷水河组（D_3l）、南羊山组（D_3C_1n）、袁家沟组（C_1y）、四峡口组（$C_{1-2}s$）等地层的地层微量元素含量分析显示，南羊山组金元素背景值高，离散性好，是该区的金矿源层。对南羊山组沉积成岩黄铁矿的电子探针、微量元素分析，显示黄铁矿 Co 含量为 $720×10^{-6}$ ～ $760×10^{-6}$，Ni 含量为 $200×10^{-6}$ ～ $230×10^{-6}$，具深部成因含金黄铁矿中 Co（$50×10^{-6}$ ～ $500×10^{-6}$）、Ni（$50×10^{-6}$ ～ $700×10^{-6}$）含量特征。一般认为，黄铁矿中 Co 含量大于 $500×10^{-6}$、Co/Ni 值大于 1，显示热液成因特征，而该区成岩黄铁矿的 Co/Ni 值为 3.3 ～ 3.6，反映当时有相对富含 Co 的深部物质随火山－热液活动加入盆地，与 Au 等共同沉淀于黄铁矿中。此外黄铁矿中 Se 含量小于 10^{-5}，S/Se 值为 $8.7×10^{-4}$ ～ $12.5×10^{-4}$，大于 $3×10^{-4}$，具有沉积成因特征；Se/Te 值大于 1，显示高温热液黄铁矿特征，显示该区黄铁矿建造有沉积和热液双重成因特征。黄铁矿主要元素为 Fe、S，显示富硫贫铁（S/TFe 大于 2）。除海绵状、草莓状黄铁矿外，还可见到双球状、球状、胶状成因黄铁矿，显示硫化细菌在黄铁矿形成过程中起了积极作用。上泥盆统南羊山组和下石炭统袁家沟组细碎屑岩－碳酸盐岩高频交替的浊流岩相，普遍含铁、有机碳和钙泥质岩石，既是该区锑金矿床的容矿层，又是提供金等成矿物质的源岩。特别是沉积海盆中台盆岩相带局限范围内，南羊山组和袁家沟组是锑金矿床的矿源层。南羊山组成矿元素含量变化趋势如图 4-16 所示。该区细碎屑岩－碳酸盐岩局限于台盆岩相带，受同生断裂活动控制，沿同生断裂及其附近岩相变化剧烈，且有火山热液活动，该岩相碎屑岩中发现少量石英晶屑等火山凝灰物质，少量草莓状及双连球菌状黄铁矿与之密切伴生，致使该岩相带各类岩石明显富含 Au、As、Hg 等成矿元素。成岩黄铁矿单矿物微量金及微量元素分析结果，含金为 $0.60×10^{-6}$ ～ $1.70×10^{-6}$，使该岩相地层具有含易释放金的矿源层意义。

近来的找矿勘探成果显示，盆地南部杨岭沟组（$D_{2-3}y$）中上部细碎屑浊积岩夹薄碳酸盐岩层也是金的主要赋矿层位。庞庆邦等（2001）研究成果显示，杨岭沟组和大枫沟组均具有较高的金含量，平均值分别 $12.47×10^{-9}$ 和 $8.53×10^{-9}$。远高于区域泥盆系金丰度值（$0.78×10^{-9}$）。根据 1∶5 万区调资料，杨岭沟组 As 元素含量也较高，其中砂岩和千枚岩的 As 含量为 $191.0×10^{-6}$ 和 $99.9×10^{-6}$，分别为区域丰度值（$30.74×10^{-6}$）的 6 倍和 3 倍。对矿石和围岩的微量和稀土元素分析表明，它们之间具有极大的相似性，反映成矿具有"就地取材"特点。

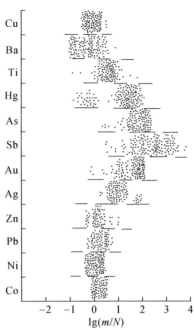

图 4-16　丁－马矿带南羊山组微量元素含量趋势图（据张复新等，1997）

汞锑矿：赋矿层位主要为下泥盆统的公馆组，其次有中泥盆统的石家沟组、大枫沟组和杨岭沟组，上泥盆统的冷水河组和南羊山组也有产出。从统计资料分析，各含矿层位中与汞锑矿化关系密切的岩石为白云岩或白云石化灰岩。区内汞锑矿为海底喷流沉积－构造热液改造型矿床类型，汞锑矿的赋矿围岩为巨厚层的碳酸盐岩，具有地层和断裂联合控矿的特点。依据典型矿床围岩认为汞锑元素有显著富集，并提出泥盆系是矿源层的结论，曹宣铎等也通过综合研究认为泥盆系汞锑矿源层，并认为矿源层不能仅靠汞锑元素的富集与否来确定，还应结合地质构造条件进行具体分析。近来，许多学者对该区汞锑矿床的铅硫稳定同位素地球化学的研究显示，汞锑矿带中矿石铅同位素比值与泥盆系中的沉积成因黄铁矿、汞锑矿含矿围岩白云岩的铅同位素组成均有较大差别，氧同位素分析显示出汞锑流体成分接近原始岩浆水范围，反映汞锑很有可能不是来自围岩而是来自深部（李勇和周宗桂，2003；庞庆邦等，2001），丁抗（1986）对公馆汞锑矿床研究认为该区具有深源 ^{40}Ar 的信息，可能与深部的喷气活动有关，很可能来源于壳幔混合带。

铅锌矿：主要赋矿层位为中泥盆统的石家沟组、大枫沟组和上泥盆统的杨岭沟组，含矿建造为滨海浅滩沉积的碳酸盐岩夹泥质细碎屑岩相，赋矿岩石为礁灰岩、生物碎屑灰岩或微晶灰岩。矿体的直接围岩为细晶灰岩、含碳细晶灰岩、碳质鲕状细晶灰岩、含碳泥质生物细晶灰岩、生物礁灰岩、泥质碎屑岩，围岩中含有机质和丰富的生物化石。齐文和侯满堂（2005a，2005b）对区域 385 件铅锌样品的测试结果分析显示，中泥盆统石家沟组铅平均含量为 $11.12 \times 10^{-6} \sim 12.63 \times 10^{-6}$，略低于区域泥盆系含量和地壳克拉克值；锌平均含量为 $66.85 \times 10^{-6} \sim 92.61 \times 10^{-6}$，高于区域泥盆系含量和地壳克拉克值。中泥盆统大枫沟组铅和锌平均含量分别为 30×10^{-6} 和 172.67×10^{-6}，均高于区域泥盆系含量和地壳克拉克值，对锡铜沟、月河、赵家山、大岭等矿床矿石硫同位素分析表明硫最可能来源于附近泥盆纪地层，铅同位素组成主要反映的是深部"老铅"，即 B 型铅，与该区基底地层特征相一致。综合研究认为富含有机物和生物化石的碳酸盐岩，与铅锌矿成矿物质的沉积环境相同，可同生沉积形成初始矿源层，而碳酸盐岩，特别是生物礁灰岩，由于其活泼的化学性质和刚脆、易碎及孔隙等物理性质，不仅利于矿液运移、交代和聚集，也利于沉积时期矿质聚集，泥质碎屑岩具有对含矿热液的隔挡作用，而且可以构成明显的地球化学场差。由地下热液所携带的矿质运移至此种环境，地球化学场的突然改变，使本来基本处于化学平衡状态的热水溶液失去平衡，此时，所携带的矿物质有可能被释放而脱离溶液，沉淀下来聚集成矿。

陕西宁陕－关口一带的 1 : 5 万区域地质调查成果显示，尽管与东部旬阳沉积中心区的成矿元素含量存在一定的差异，但泥盆系各组地层成矿元素含量仍普遍接近或高于南秦岭上地壳平均值与 Taylor 和 Mclenna（1985）的上地壳丰度值。对余师乡张家坡泥盆系剖面的地化测试分析显示（表4-6），区内古道岭组、汞馆组等铅锌成矿元素含量仍较高，反映了含矿层位的稳定性。值得注意的是，在受东西向断裂带活动影响的西岔河组以及断裂带内的采样分析显示，Pb、Zn、Sb、Hg 和 Ag 等元素含量明显增高，高于地壳丰度值的数倍至十数倍，野外观察表明，成矿元素含量升高的原因是后期石英热液细脉的作用而使得成矿元素活化富集。因此这是良好的找矿线索之一。

表4-6　旬阳盆地西段余师张家坡泥盆系地层剖面成矿元素含量变化表

元素	单位	西岔河组 D_1x	汞馆组 D_1g	石家沟组 D_2s	大枫沟组 D_2d	古道岭组 $D_{2-3}g$	剖面平均值	南秦岭上地壳	上地壳丰度
S	10^{-2}	0.052	0.13	0.29	0.42	0.21	0.22		
V	10^{-6}	40.65	27.5	30	22.6	63.07	36.76	100	60
Cu	10^{-6}	18.7	10.8	6.7	3.45	16.7	11.27	29	25
Zn	10^{-6}	176	50.4	21.98	28.9	53.17	66.09	62	71
Pb	10^{-6}	5	18.1	11.08	11.8	12.5	11.7	23	20
Sb	10^{-6}	0.85	0.72	0.31	0.72	0.27	0.57		0.20
Hg	10^{-9}	24	16.8	10.84	15.35	12.33	15.86		80
Mo	10^{-6}	1.05	2.55	1.34	0.64	0.99	1.31		
Ag	10^{-6}	1.12	0.13	0.1	0.045	0.11	0.3	0.08	0.05
Sn	10^{-6}	1.14	1.05	0.63	0.4	2.04	1.05		
W	10^{-6}	0.91	0.58	0.42	0.29	1.34	0.7		
Au	10^{-9}	0.65	0.81	0.46	0.26	1.54	0.74	1.30	1.8
资料来源		宁陕－关口一带狮子坝幅区调报告，2013						冯建忠等，2005	Taylor and Mclenna，1985

近年来，除了泥盆纪地层的铅锌赋存层以外，还在盆地东段旬阳-白河地区下志留统梅子垭组和中志留统双河镇组含碳细碎屑岩地层中发现与碳硅质岩-重晶石岩-钠长石岩-硅质硫化物岩-铁碳酸盐等热水沉积岩有关的铅锌含矿层，局部层位已富集成工业矿床。对志留系矿石以及硅质岩、钠长岩等岩石地球化学、稳定同位素等详细的研究（薛春纪等，2005），认为其成矿物质具有热水沉积特征，矿石硫来源于深部，Pb 源自盆地基底和盖层沉积，并提出地幔热点导致的岩浆活动为铅锌成矿提供了热动力条件。将该区泥盆系铅锌矿的成矿作用与志留系铅锌成矿进行对比，可以看出它们之间具有极大的相似性，因此，本书认为，它们是在同一伸展构造体制条件下，控盆边界断裂长期持续活动下，成矿物质受深部热流的驱动在合适的沉积建造部位沉积聚集而成的。

2）西段迭部-武都-徽县沉积区

在该狭长的泥盆系地层出露区先后发现有查布、刀扎、沙日、九源、坪定等金矿床及班藏、加勒克、赛当贡巴、桥头、黑多寺、黑多、翠古、翠古磨、洛大、唐尕、高路加、桑巴沟等金矿（化）点，成为西秦岭地区重要的 Au、U、Fe、As、Hg、Sb 成矿带，向东在徽县-两当东西向一线的找矿成果揭示该区金成矿条件良好，为找矿潜力极大的地区，现已自北而南发现和圈定出关圣堡-梨树坪、通天坪-云屏寺和金滩子-香炉沟等三个金矿化带（孙明等，2006）。

该区带西段迭部-武都一带出露古生代-中生代地层，其中志留系卓乌阔组以及泥盆系下吾那组和当多组是主要赋矿地层。卓乌阔组岩性为海相复理石细碎屑-浊积岩建造，以砂-粉砂质含碳板岩、碳质板岩为主富含有机质。泥盆系为滨海相-浅水陆棚台地边缘浅滩相，岩性以灰岩、砂岩及粉砂岩为主。1：20 万卓尼幅区域地球化学调查成果显示，志留系是富集元素种类最多并且含量相对最高的同生富集层位，其中 Au、Ag、Ba、Cd、Cu、Mo、Ni、Sb、U、Zn 为强富集，Au 元素平均值 5.76×10^{-9}，高于地壳克拉克值（3.5×10^{-9}），区域浓集克拉克值 2.67，叠加强度 1.10。泥盆纪地层的富集元素数量相对减少，但 Au、Hg 具有极强分异性，Au 元素平均值为 2.05×10^{-9}，区域浓集克拉克值为 0.59，叠加强度 1.15。鉴于目前所发现的矿床（点）主要沿志留系与泥盆系之间的北西向断裂带分布，部分研究者认为含金丰度较高的志留纪地层是金成矿的主要矿源层，泥盆系高孔隙度易破碎的碎屑岩、碳酸盐岩具有强分异、叠加强度高的特点，产出的矿体规模大，应是主要赋矿层位（田莉莉等，2003，赵向龙和李向东，2011）。然而，对坪定典型金矿床的研究表明，下吾那组岩性为泥质粉砂质板岩夹凝灰质板岩、不纯灰岩、礁灰岩等，灰岩含丰富的腕足、珊瑚、藻类等化石，金矿体主要产于该亚岩段上部凝灰质板岩夹少量生物灰岩层位中。岩石原生晕剖面研究发现含矿的下吾那组第二岩段金平均含量高达 103.4×10^{-9}，大大高于岩石的平均丰度（5×10^{-9}），且丰度变化大，而且下吾那组凝灰质板岩中顺层分布有以单体或群体出现的微草莓球状黄铁矿，表明地层中硫源丰富，为矿床提供金源的可能性很大。硫同位素测定 $\delta^{34}S$ 为 1.8‰~9.6‰，硫源应主要来自地层（谭光裕，1992），而区域上下吾那组含金、砷、汞、锑矿化带东西延伸长度达 100km 以上，规模可观。另外，王晓伟等（2010）对迭部加勒克金矿床的地质特征研究认为，该矿床主要受泥盆纪建造地层、花岗斑岩脉及断裂构造控制。泥盆纪在沉积过程中形成了金的初步富集，在后期的构造热液作用下，地层中的金大量活化转移在有利的断裂成矿部位富集成矿。由此可以看出，该地区除了志留系黑色岩系含矿层以外，中泥盆统下吾那组富含火山沉积物质的细碎屑岩建造也应为不可忽视的含矿层。

徽县–两当–留坝东西向一线，元素地球化学异常密集成带发育，主要矿产有金、汞、锑、铁、锰等。区内除了分布于松树坪–广金坝东西向断裂以南的志留系浅海相碳酸盐岩夹碎屑岩的黑色岩建造富含 Cu、Fe、Mn、U、Co、Ni 等成矿元素以外。分布于松树坪–广金坝东西向断裂以北的泥盆系—石炭系为一套浅海相碎屑岩夹碳酸盐岩建造，其中的含碳岩石普遍含金较高，为形成金矿提供了丰富的矿源层（殷先明，2004），是徽县大河店–留坝县一带汞、锑、金的主要赋矿地层。其中徽县头滩子金矿化主要赋存于下石炭统岷河组第三岩性段的不纯碳酸盐岩夹凝灰岩建造中。在凝灰岩及凝灰质岩石中，金的丰度为 $7 \times 10^{-9} \sim 8 \times 10^{-9}$；在远离含有火山喷发物质的岩层中，金含量则很低（$1.0 \times 10^{-9}$ 左右）。该区地层岩性及火山喷发是金矿化的基本条件（胡晓隆等，2005）。

4. 扬子台缘

文县–康县–略阳一带沉积区出露的泥盆系地层主要为下泥盆统的石坊群、中泥盆统三河口群（D_{1-2}）以及踏坡群（D_{1-2}）等。其中三河口群出露广泛，沉积厚度大，主要岩石建造为裂谷构造环境条件下一套深水盆地和深水陆棚相为主的（含碳）泥质细碎屑岩和薄层碳酸盐岩岩石组合，而且自西向东还存在从结晶灰岩硅质条带灰岩放射虫硅质岩、粉砂岩、板岩夹中基性–中酸性火山岩和火山碎屑岩（塔藏–隆康一带）向变质细碎屑岩、泥质岩和结晶灰岩（中部三河口–文县中路河一带）以及变质细碎屑岩、泥质岩和结晶灰岩为主夹火山岩和火山碎屑岩（东段的略阳–康县一带）相变的特征（杜远生，1995），含矿建造则为含碳泥质细碎屑岩、火山岩夹碳酸盐岩。典型金矿阳山金矿床的研究表明，金矿主要赋矿层位以千枚岩、砂岩和灰岩为主的三河口群第三岩性段的含碳千枚岩层，地层发育灰黑色硅质岩（含碳质和细粒黄铁矿）、含生物碎屑灰岩和鲕粒以及与硅质岩构成互层的灰黑色碳质千枚岩（其中常见有草莓状黄铁矿或细粒黄铁矿的草莓状集合体），阎凤增等（2010）认为与西成盆地的热水沉积地层具有一定的相似性，因此该区中泥盆统也应为一套热水沉积地层。

与西秦岭其他地区相似，阳山金矿区赋存的三河口群千枚岩中金含量也较高，不少研究者都对三河口群的不同岩性的含矿性进行过分析测定，王学明的分析显示其中砂岩（粉砂质）金含量为 7.78×10^{-9}，碳质岩类金含量为 4.52×10^{-9}，泥质岩类金含量为 3.31×10^{-9}，碳酸盐类含量最低，为 2.61×10^{-9}，阎凤增等对发育沉积成因草莓状黄铁矿的纹层状黄铁矿化千枚岩测定显示金含量明显富集（$0.1 \times 10^{-6} \sim 1.5 \times 10^{-6}$），稳定同位素研究显示矿体中既有热液成因的岩浆硫，也存在沉积硫，两者有所混染，认为与岩浆有关热液活动为阳山金矿成矿物质主要来源，而富含碳、硫、金、砷成矿物质的三河口热水沉积则为矿床形成奠定了一定的物质基础，是两者在空间上的耦合结果。

位于东段康县–略阳一带的中泥盆统三河口群由上下两个岩性段组成（表 4-7）。海相基性火山岩（细碧岩）与凝灰质粉砂岩–泥质岩–钙质板岩建造为含矿建造，位于下部岩性段上部的细碧岩系被认为是金的含矿层和矿源层。对陕西略阳铧厂沟金矿床成矿地质特征研究，该矿床为剪切带蚀变岩型金矿床，同位素地球化学及稀土分析显示基性火山岩是金的矿源层。金矿的形成富集与韧性剪切带多期（次）活动密切相关（魏钢锋等，2000）。宗静婷（2004）对成矿岩系细碧岩的成矿元素含量分析，显示矿区细碧岩系金成矿元素普遍较高（表4-8），为该区金含矿层。对矿石和含矿岩石的地质地球化学分析研究对比，反映金主要来源深部地壳和上地幔（张雪亮等，2007）。

表4-7 陕西略阳铧厂沟金矿区地层岩性特征简表

地层时代	岩性分段		原岩	动力变质岩
三河口群 $D_{1-2}Sh$	上部岩性段	2b	中-厚层状结晶灰岩、微晶灰岩	钙质糜棱岩
		2a	石英砂岩、泥质粉砂岩	粉砂质绢云母千枚岩、石英砂岩构造透镜体
	下部岩性段	1c	凝灰质火山岩夹细碧岩	绢云钠长片糜岩、凝灰质绢云千枚岩夹蚀变细碧岩透镜体
		1b	中-厚层状结晶灰岩、生物碎屑岩	钙质糜棱岩
		1a	长石石英砂岩、含碳泥质粉砂岩	硅化长石石英粗糜岩、碳质绢云千枚岩
碧口群 $Pt_{2-3}Bk$			酸性凝灰岩夹基性熔岩及泥灰岩	云母石英片糜岩夹基性熔岩透镜体

表4-8 略阳铧厂沟金矿区细碧岩成矿元素含量特征表

分析对象	$Au/10^{-9}$	$Ag/10^{-6}$	$As/10^{-6}$	$Sb/10^{-6}$	$Ni/10^{-6}$	$Co/10^{-6}$	$Cu/10^{-6}$	$Pb/10^{-6}$	$Zn/10^{-6}$
新鲜细碧岩	18	2.01	7.6	6.1	97	44	38	70	161
片理化细碧岩	29	1.52	5.5	6.2	87	52	96	300	80
蚀变细碧岩	64	0.47	16.2	3.9	24	15	35	250	233
均值	37	1.33	9.77	5.4	69.33	37	56.3	206.67	158

资料来源：宗静婷，2004

因此，文县-康县-略阳一带的金含矿层主要与具有热水沉积特征的浊积岩和中-基性火山沉积作用密切相关，金成矿物质主要来自于地壳深部。而且含矿层位相对较稳定，东、中、西段基本可以对比，尽管中段的阳山金矿带含矿地层未见火山岩，但代表热水沉积的灰黑色碳质硅质岩却较发育。该区在裂谷拉张环境中形成的碳质硅质岩富含金成矿物质，为阳山金矿的矿源层，后期沿断裂带发育岩浆及岩浆热液活动，对矿源层进行改造或再造，从而富集成矿。

（三）区域含矿层及其含矿性对比

通过以上对本成矿带各泥盆纪沉积盆地的含矿地层的分析，可以看出，尽管含矿地层的具体层位随各处具有一定的差异，但泥盆系各带之间沿东西向仍具有一定的对比性。

北带泥盆纪的含矿层主要分布于中、晚泥盆世的沉积地层内，且主要与发育热水沉积岩系的细碎屑浊积岩-碳酸盐岩有关，其主要的成矿物质为银、铅锌、金和菱铁矿等，局部地段发育砂岩铜矿化层，而且从东向西，含矿层位有逐渐变新趋势，东段含矿层主要为中泥盆统的青石垭组，成矿元素组合为 Ag-Pb-Zn-Cu-Au，中段的板沙盆地主要含矿地层则为一套富含火山物质的细碎屑－泥质沉积建造的上泥盆统桐峪寺组，成矿元素组合为Au-As-Sb-Hg，而西段则主要为上泥盆统大草滩群，以含铜砂岩为特征。

中带泥盆纪的含矿层相对稳定，主要分布于中泥盆统各组，且东中西各段含矿层均具有极大的相似性和可对比性。中泥盆统古道岭组以及安家岔组是本带菱铁矿和铅锌含矿层，其成矿元素组合为Zn-Pb和Zn-Pb-Cu；而上覆古道岭碳酸盐岩的星红铺组（D_3x）以及西成盆地的西汉水群红岭山组（D_2）细碎屑岩则主要为含金层，成矿元素组合主要为Au，其次为Au-Pb-Zn。

南带东西两段泥盆系发育齐全，含矿层发育，含矿元素组合复杂，主要为汞、锑、铅锌、金等，但优势成矿元素含矿层主要发育于早－中泥盆世各地层中，如迭部－武都的下吾那组（D_2）和当多组（D_{1-2}），旬阳盆地的公馆组（D_1）以及石家沟组到杨岭沟组（D_2），部分地段，如旬阳盆地北侧的丁－马矿带可见晚泥盆世的金含矿层，如南羊山组含金层等。

扬子台缘泥盆系的主要含矿层为早－中泥盆世的三河口群的下部岩性段的含火山岩及凝灰岩的泥质细碎屑岩、泥质岩和结晶灰岩韵律层，尽管文县－康县－略阳东西火山作用存在一定的差异，东段以中基性火山岩为主，但其含矿层位却大致相当，具有可对比性。其含矿元素组合随含矿地层的物质组分不同而有异，与中基性火山岩有关的含矿层主要为Au-Cu-Pb-Zn和代表深源物质特征的Co-Ni元素（如铧厂沟金矿床），以热水沉积为特征的含矿层则为Au-Hg-As-Zn（如阳山金矿）。

秦岭成矿带含矿地层对比如图4-17所示。

尽管赋存于泥盆系地层的铅锌、金、汞锑等金属矿的成矿作用复杂多样，但矿床的形成无不受到矿源层、热源和构造三大因素控制，其中矿源层的发育程度及其成矿物质的聚集程度无疑是成矿作用的充要条件。前人曾对秦岭成矿带泥盆系的含矿性进行了大量工作和研究（谷晓明等，1993；陈德兴，1992；冯建忠等，2005）。冯建忠等（2005）对各个盆地的金含矿性进行的深入对比研究表明，金在地层中的分布受岩性和沉积环境的控制，泥盆系是该区金成矿的矿源层，其中千枚岩、板岩、片岩、粉砂岩是金矿的重要源岩，而且存在从西到东，自礼岷－文康－西成－凤太－板沙－镇旬－柞山地区金含量有逐渐降低趋势（表4-9）。

图4-18显示出，从北带向南到扬子台缘，泥盆系地层的Au、Pb、Zn、Sb等金属元素含量趋于升高，其中Sb含量增高幅度最大，在扬子台缘区可达到120×10^{-6}，是北带柞山盆地的147倍；扬子台缘Au含量是北带平均值（1.56×10^{-9}）的2.6倍，是中、南带平均值（3.01×10^{-9}）的1.5倍；扬子台缘Zn含量约为北带的1.4倍，尽管低于礼岷盆地含量值，但高出中、南带平均值（80.35）的13%。全区Hg、Ag含量基本相同，扬子台缘的其他元素含量基本接近或低于其他各带。尽管表4-9中所列的南带旬阳盆地的Au含量低，但是该带西段的迭部－武都一带的泥盆系含矿地层的Au含量则普遍显示较高，其中下吾那组第二岩性段Au含量可达103×10^{-9}，大大高于岩石的平均丰度（5×10^{-9}），因此总体看南带泥盆系含矿岩系的Au含量较高，特别是该带西段应值得重视。

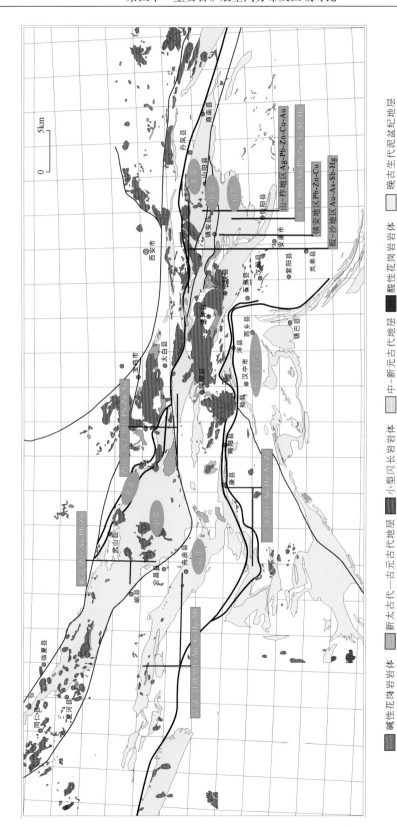

图 4-17　秦岭成矿带泥盆系地层分布及含矿层成矿元素组合特征

表 4-9　秦岭成矿带泥盆纪盆地成矿元素含量变化趋势表（据冯建忠等，2005）

元素	柞山	板沙	镇旬	凤太	西成	礼岷	文康	上地壳	秦岭上地壳	南秦岭沉积盖层
	北带		中、南带				扬子台缘带			
$Au/10^{-9}$	1.29	1.82	1.05	3.1	3.15	4.73	4.05	1.8	0.9	1.7
$As/10^{-6}$	5.45	0.96	3.83	3.72	9.44	41.6	9.35	1.51		
$Sb/10^{-6}$	0.86	0.28	0.67	0.52	2.12	5.21	127	0.2		
$Bi/10^{-6}$	0.39	0.25	0.18	0.37	0.31	0.31	0.37	0.19		
$Hg/10^{-6}$	0.07	0.06	0.09	0.03	0.03	0.03	0.07	0.08		
$Ag/10^{-6}$	0.06	0.09	0.06	0.08	0.21	0.51	0.22	0.05	0.07	0.11
$Sr/10^{-6}$	124	196	323	193	183	212	497	350	216	162
$Ba/10^{-6}$	381	530	161	432	390	584	514	550	507	395
$B/10^{-6}$	38.1	30.5	19.9	22.1	29.3	38.6	60.2			
$Cu/10^{-6}$	19.1	23	16.3	39.6	27.4	30.6	25.7	25	27	18
$Be/10^{-6}$	2.19	2.05	1.28	3.2	1.51	1.68	2.2	3	2	2.1
$Ti/10^{-6}$	3007	3583	1096	3270	2661	4522	2701	3000	4000	3657
$Mn/10^{-6}$	598	648	301	995	507	474	457	602	758	505
$Co/10^{-6}$	13.7	17.9	10.5	22.1	20.2	22.3	21.6	10	13	8
$Ni/10^{-6}$	34	51	34	54	73	60	31	20	24	22
$Cr/10^{-6}$	82	96	69	117	47	45	67	35	54	49
$V/10^{-6}$	95	91	1	160	114	132	139	60	95	90
$Pb/10^{-6}$	22.4	39.4	25.2	25.4	40.8	42.4	35.7	20	28	23
$Zn/10^{-6}$	60.2	73.6	61.6	80.9	69.6	109.3	92.4	71	61	54

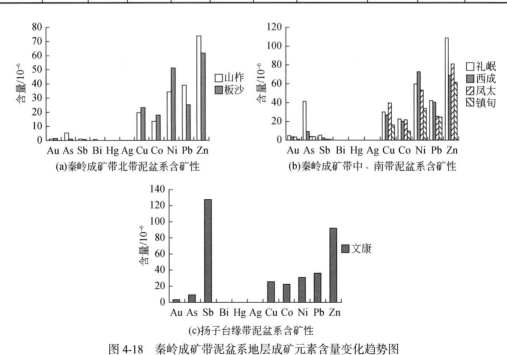

(a)秦岭成矿带北带泥盆系含矿性

(b)秦岭成矿带中、南带泥盆系含矿性

(c)扬子台缘带泥盆系含矿性

图 4-18　秦岭成矿带泥盆系地层成矿元素含量变化趋势图

（四）关于西成、凤太盆地的统一性问题讨论

地质调查、找矿勘查以及地球化学研究资料显示，西成盆地和凤太盆地铅锌矿的成矿特征、含矿地层的岩石组合特征以及含矿元素地球化学特征、盆地基底地层时代和岩性等诸多方面有着极大的可对比性，如凤太盆地的古道岭组碳酸盐岩层和上覆于古道岭碳酸盐岩的星红铺组（D_3x）细碎屑岩分别为铅锌和金矿层，而西汉水群安家岔组、红岭山组（D_{2-3}）的碳酸盐岩层以及双狼沟组（D_3sl）细碎屑岩则分别为西城盆地的铅锌和金矿层，它们的含矿层含矿元素组合近似相同，铅锌含矿层的成矿元素组合为 Zn-Pb 和 Zn-Pb-Cu；金含矿层的成矿元素组合主要为 Au，其次为 Au-Pb-Zn。从西成、凤太盆地泥盆系地层主要成矿元素含量的变化趋势（表4-9）以及与相邻盆地相比，清楚显示出西成和凤太盆地两者有极大的相似性而与其他存在的明显差别。反映了两个盆地具有相同的成矿地球化学背景。

对于分布于中带的泥盆纪沉积盆地而言，它们均为沿北西西向临潭-武山-凤镇-山阳断裂带分布并受其次级同生断裂控制而形成的裂陷热水盆地，盆地之间被基底隆起和断裂带分割，如镇安盆地与凤太盆地之间有元古宙佛坪隆起分割，而凤太与西成之间却未见有古陆隆起存在，而近年来的深部探矿成果资料表明，从西成盆地的洛坝一带向东泥盆系赋矿地层有逐步加深趋势，郭家沟一带的找矿勘查已在徽成断陷盆地中新生代岩层深部下伏泥盆系发现铅锌矿床则显示西成盆地向东延伸的可能性。此外，从成矿规模分析，成县-两当盆地东侧的凤太矿田铅锌矿化从矿田西部的铅硐山向东经八方山、银母寺到大黑沟，已探明的矿床规模为大型-中型-中小型-矿化点，呈递减趋势。成县-两当盆地西侧的西成矿田则以洛坝为起点经厂坝-李家沟-邓家山-毕家山-槐树门沟-周家沟到青羊沟，铅锌矿化也呈向西递减趋势，这种盆地两侧的对称性结构特征表明其间有一定的内在成生联系。因此推断西成盆地和凤太盆地有可能在晚古生代时期为同一个断陷盆地的两个次级热水沉积中心区，随后随着印支-燕山期的大规模碰撞造山和陆内造山构造作用，盆地沿着次级北东东向断裂带逆时针走滑拉张形成徽成拉分盆地，从而将原西成-凤太盆地一分为二，形成现今的地理地貌形态。

总而言之，秦岭成矿带泥盆纪地层沉积严格受到南北向区域拉张下沉-断裂开陷作用的控制，形成有强烈下陷断陷（盆地）与相对稳定的断隆（台）间的沉积构造古地理格局，表现为强烈的南北分异。北部漳县-柞水一线，秦岭地块以相对较高速度向华北陆块之下俯冲，在南秦岭地块前缘形成残留-拉分性质的前陆盆地，而南秦岭南部沿文县-康县-略阳-洋县则强烈裂陷并引发强烈火山活动，逐渐由裂谷向有限洋盆发展。在秦岭板块北侧向华北大陆持续俯冲会聚和南侧持续扩张作用下，造成秦岭板块内部沿吴家山-佛坪-小磨岭-陡岭一线发生前陆隆升，西和-凤太-镇安和迭部-武都-徽县-留坝-旬阳广大地区发生拉伸形成断陷带并构成串珠状展布的沉积中心，发育晚古生代较完整地层，由碳酸盐岩-细碎屑岩组成类复理石建造，夹有多种热水沉积岩，从而形成具明显差别的各盆地类型，发育各具特色的沉积岩系，而各断陷带的具有壳断裂性质的边界断裂带以及断陷带内部的次级同生断裂为携带成矿物质的深部热流体的上升沉积提供了有利通道和沉积场所，为盆地初始含矿地层的形成奠定了良好的基础。

泥盆系含矿建造主要为富含有机质的细碎屑岩－碳酸盐岩建造和浊积碎屑岩建造，但含矿层则主要分布于由碎屑岩层向碳酸盐岩层过渡或由碳酸盐岩层向碎屑岩层过渡的部位。含矿岩系中，普遍有代表海底热水喷流沉积成因的硅质岩、石英钠长岩、重晶石岩和绿泥石岩热水沉积岩组合。

尽管含矿层的具体层位随各处具有一定的差异，但沿东西方向，各带含矿层及其成矿元素特征仍具有一定的对比性。北带的含矿层主要为中泥盆统的青石垭组和上泥盆统的下东沟组（山阳－柞水地区）以及桐峪寺组（板－沙地区），前者成矿元素组合为 Ag-Pb-Zn-Cu-Au，后者为 Au-As-Sb-Hg；中带泥盆纪的含矿层相对稳定，东中西各段含矿层均具有极大的相似性和可对比性。中泥盆统的古道岭组以及西汉水群是菱铁矿和铅锌含矿层，其成矿元素组合为 Zn-Pb 和 Zn-Pb-Cu；而上覆古道岭碳酸盐岩的星红铺组（D_3x）以及西成盆地的西汉水群红岭山组（D_{2-3}）细碎屑岩则主要为含金层，成矿元素组合主要为 Au，其次为 Au-Pb-Zn；南带泥盆系地层发育齐全，含矿层发育，含矿元素组合复杂，但汞、锑、铅锌、金等优势成矿元素含矿层主要发育于早－中泥盆世各地层中，东段局部地区发育晚泥盆世含矿层；扬子台缘主要含矿层为早－中泥盆世的三河口群的下部岩性段的含火山岩及凝灰岩的泥质细碎屑岩、泥质岩和结晶灰岩韵律层，含矿层元素组合随地层的物质组分不同而有异，与中基性火山岩有关的含矿层主要为 Au-Cu-Pb-Zn-Co-Ni 组合，与热水沉积为特征的含矿层则为 Au-Hg-As-Zn 组合（如阳山金矿）；含矿层成矿元素来源具有古陆、沉积、地壳深部等多源性特征，其中后者为本成矿带成矿物质的主要来源，它包括海底火成物质的喷发和溢流作用携带的深部矿质元素，也包括基底地层中的金属离子通过大气降水的渗透回流，形成富金属离子的热卤水经同生断裂喷流作用携带的矿质元素；依据古地理特征、含矿层成矿元素地球化学特征对比以及找矿勘查成果综合分析，推断西成盆地和凤太盆地有可能在晚古生代时期为同一个断陷盆地的两个次级热水沉积中心区，随后由于燕山期大规模陆内造山构造作用，盆地沿着次级北东东向断裂带逆时针走滑拉张形成徽成拉分盆地，从而将原西成－凤太盆地一分为二，与西成和凤太盆地成矿背景相同，成矿作用一致，值得统一部署找矿。

三、三叠系含矿层

三叠系呈面状广泛分布于西秦岭地区，其总体为一套巨厚的冒地槽型陆源碎屑复理石建造，岩性组合为碎屑岩（砂岩和粉砂岩）、泥岩（千枚岩和板岩）及碳酸盐岩（泥灰岩、灰岩和白云岩）。

晚二叠世晚期至早－中三叠世，西秦岭地区在特提斯裂陷作用下，在沿泽库－岷县－宕昌－凤县一线南部形成了裂陷海槽，在盆地南缘（及碳酸盐台地）沉积了下三叠统扎里山组、马热松多组，同时在盆地中或盆地北部沉积了隆务河组，其后沉积了中三叠统郭家山组（仅在盆地南缘）、光盖山组。

从中三叠世拉丁期到晚三叠世，西秦岭地区古构造格局再次发生新的演变，洮河裂陷槽和南坪裂陷槽形成，西秦岭出现解体。特提斯海侵进入西秦岭，形成了巨厚的浊流复理石碎屑沉积；与此同时，南侧的松潘－甘孜地块在特提斯海侵中也被肢解，广泛进入裂陷槽发展时期，同样也以浊流复理石沉积为特征。这一时期一直持续到晚三叠世末期的印支运动。对中－上三叠统浊积岩系的矿物成分、碎屑类型分布形式、常量元素化学成分、微量元素分配类型以及稀土元素分布模式等研究，均表明本区浊积岩系为活动构造背景下的非稳定型沉积建造。

三叠纪含矿地层在本区占有极为重要的地位，各个时期均有出露，岩性以浊积岩为主，据调查，北部的下三叠统隆务河组和中三叠统古浪提组均为斜坡－盆地边缘相砂泥质碎屑流－浊流沉积，不仅是重要的含矿层，也是重要的赋矿层位，如早子沟金矿，南部的下三叠统马热松多组白云岩的金平均背景值仅有 2.2×10^{-9}，但其分异特征明显，变化范围在 $1.5\times10^{-9}\sim13\times10^{-9}$，白云质灰岩的金平均值为 2.9×10^{-9}，变化范围为 $1\times10^{-9}\sim7.5\times10^{-9}$，甘肃玛曲县大水金矿床即产于马热松多组（硅化）白云岩中。若尔盖地块西南的久治、阿坝、马尔康地区的被动陆缘凹陷由巨厚的泥碎屑复理石组成，下三叠统菠茨沟组为 3.29×10^{-9}，中三叠统扎尕山组为 2.85×10^{-9}，上三叠统保侵组为 4.34×10^{-9}，中上三叠统杂谷脑组和新都桥组的金含量最高，金丰度明显高于地壳克拉克值，分别是克拉克值的 2.8 倍和 1.46 倍。从岩石类型看，碎屑岩含金较高，其次为泥质岩，灰岩最低，而且该两组地层中金的离散程度较大，即分布不均匀，变化系数分别为 133%（杂谷脑组）和 124%（新都桥组），有利于金的局部富集，是地层中初始赋金的最佳层位，近年来已发现多处微细浸染型金矿床而为世人所瞩目。而东部的成县－凤县一带的留凤关群（与隆务河群可对比）西坡组灰色薄层状灰岩、泥晶灰岩夹浅灰色－灰色板岩地层中为大型汞锑矿的赋存层位。

此外在三叠纪盆地南北两侧存在众多的大大小小的金异常点，北边的分布于下三叠统隆务河组及中三叠统光盖山组中；南边的分布于下三叠统扎里山组和郭家山组中。因此三叠系浊积岩地层，特别是中上三叠统的浊积岩是西秦岭重要的金等成矿元素富集层。

第五章　区域矿产分布及成矿规律

第一节　区域矿产分布特征

　　秦岭成矿带多旋回、多阶段、多体制的构造演化和成矿作用，导致形成了丰富的矿产资源，据不完全统计，在秦岭地区共发现有色金属矿产地 317 处，其中大型 – 超大型 14 处、中型 24 处、小型 51 处，矿点 228 处；黑色金属矿产地 288 处，其中大型 3 处、中型 10 处、小型 19 处，矿点 256 处；贵金属矿产地 267 处，其中大型 7 处、中型 52 处、小型 28 处，矿点 180 处。地质大调查以来，秦岭成矿带地质和找矿取得了显著的成效，发现大型 – 超大型矿床数十处，中小型矿床 20 余处，矿点近百处，圈定了大量有找矿意义的物、化、遥异常和找矿靶区。特别是"马元式"铅锌矿的发现宣告了沿扬子地台北缘寻找扬子型铅锌矿床的良好远景；旬北地区志留系铅锌矿的发现使得秦岭地区热水沉积型铅锌含矿层的层位从泥盆系向下又拓展了一个新层位，是秦岭成矿带寻找铅锌矿的一个新的找矿方向，具有巨大的找矿潜力；秦岭北缘与中酸性岩浆作用有关的斑岩型钼（钨铜）矿的找矿取得重大进展，相继发现多个矿床（田），充分显示了该带斑岩型钨钼铜多金属矿的巨大找矿潜力。此外，西成铅锌矿田外围地质找矿的重大突破，发现以代家庄为代表的大型铅锌矿床；凤太矿田找矿又有新的进展，为寻找隐伏铜铅锌矿积累了丰富的资料和经验。金等贵金属是本成矿带的优势矿种，地质大调查又提交了以枣子沟、大桥为代表的大型金矿勘查基地以及一批新发现的（金银）矿产地。良好的成矿地质条件及找矿突破进一步显示了金、铅锌、钼钨、铁、铜等优势矿产具有巨大的找矿潜力。目前秦岭成矿带的微细浸染型金矿属世界第二大金矿带，发现多个超大型金矿床（阳山、寨上、大水、大桥、枣子沟、金龙山超大型金矿等），保守估计金资源量可达 1500t 以上；一直是我国最重要的铅锌、汞锑资源基地之一，厂坝铅锌矿很可能成为最大的铅锌矿田；钼资源量占我国 60% 以上，镇安西部钨矿已显示出巨大的找矿潜力，可见秦岭成矿带已成为中国名副其实的"金腰带"和"聚宝盆"。

　　现已初步查明的主要矿产包括：与太古宙沉积建造相关的铁铜矿等；与元古宙火山岩浆活动有关的铜、镍、金、银矿；与震旦纪碳酸盐沉积有关的铅锌、磷、锰矿产；与早古生代黑色碳硅质岩建造相关的磷、钒、铀、金和与基性杂岩有关钒钛磁铁矿床；与泥盆纪热水沉积 – 岩浆热液改造作用相关的铅、锌、汞、锑、金矿床；与印支期—燕山期构造岩浆活动有关的金、铅、锌、铜、钨、钼、汞、锑矿床，以及与碱性花岗岩类和碳酸岩有关的铷铌钽等稀有矿床以及铀矿。在已探明的矿床中，金、铅、锌、银、铜、汞、锑、钼等矿种具有比较明显的优势。

铅锌赋矿层位多为泥盆系、志留系及震旦系，以泥盆系热水喷流沉积型最为重要，大型、超大型矿床多属该类，主要有西成、凤太、镇旬铅锌矿田。目前仅西成和凤太盆地铅锌资源量累计已达 2000 万 t。近年来在西成矿田的西延地段评价的代家庄铅锌矿床，规模可达大型，沿西成盆地东南缘的徽成断陷盆地内的钻探发现三叠系之下的泥盆系的郭家沟铅锌矿，已获铅锌资源量近 300 万 t，矿带仍有向东延伸态势。显示了凤太盆地与西成盆地为同一泥盆纪热水盆地的可能性，进一步揭示了在徽成-凤太拉伸断陷盆地深部具有良好铅锌找矿前景。

金矿为秦岭成矿带的优势矿种，主要受构造-岩浆岩带控制，具有追随区域性大断裂分布并与印支燕山期中酸性侵入岩密切伴生的特点。金矿类型主要有石英脉型、构造蚀变岩型、微细浸染型、韧性剪切带型和斑岩型等。近年来找金工作取得了重大突破，先后发现了一系列以微细浸染型和构造蚀变岩型为主要类型的大型、超大型金矿床，如陕西夏家店金矿、金龙山金矿、甘肃阳山金矿、大桥金矿、寨上-马坞金矿等。

钼钨矿集中分布于秦岭成矿带北缘，主要类型为斑岩型，近年在西秦岭先后发现了温泉、江里沟等斑岩型钼钨（铜）矿和一系列找矿线索，在南秦岭的镇安-宁陕交界地区发现月河坪、西沟、桂林沟等一批钼矿床（点）及镇安西部钨矿田。在小秦岭金矿集区发现良好的钼矿化，个别矿床钼资源量可达到中型规模，在金堆城钼矿床以西，新勘查发现华县西沟钼矿床，伴生银、铅，矿床规模达到大型，进一步证实秦岭成矿带具有巨大的钼钨找矿潜力。

铜矿的类型以火山岩块状硫化物型为主，其次有斑岩-夕卡岩型，主要分布在眉（县）-户（县）、勉（县）-略（阳）-宁（强）、同仁-合作、山（阳）-柞（水）4 个地区。特别是在陕西山阳-柞水-冷水沟斑岩型铜矿的评价，为在秦岭地区寻找该类型铜矿奠定了基础并指明了方向。勉略地区除铜厂铜矿以外，在其西延地段发现徐家坝铜矿床，结合阳坝、筏子坝等铜多金属矿床的勘查和评价，进一步显示了碧口地体具有良好的块状硫化物铜矿成矿条件和一定的铜资源潜力。

汞矿与锑矿多共生，以低温热液型为主，矿床分布受地层-构造控制明显，主要分布于南秦岭南亚带，横贯秦岭成矿带东西的三叠纪裂陷盆地，为秦岭成矿带重要的汞锑金多金属成矿带，其中的泥质细碎屑浊流沉积岩系不仅是区内重要的矿源层，也是重要的赋矿岩系，目前已发现早仁道、崖湾、公馆、青铜沟等大型、超大型汞锑金矿床数十处和众多矿产地，构成了秦岭名副其实的"金腰带"，近年找矿实践证明其找矿潜力巨大。

锰、磷矿与中元古代海相中-基性火山沉积作用及与震旦-寒武纪海相沉积作用有关，已发现沟岭子、何家崖、胡家湾、后沟-大坪山、黎家营、天台山、麻柳坝等锰矿床，构成长达 230 余千米的南秦岭锰成矿带，为我国重要的锰成矿远景区带之一。

秦岭地区潜力评价优势矿种资源预测如下：金，4895.7 t；铅，2655.29 万 t；锌，1219.74 万 t；钼，1071.0 万 t；铜，634.50 万 t；钨，71.28 万 t；锑，45.63 万 t（据全国矿产资源潜力评价资料）。金、铅锌、汞锑、钨钼等优势矿产尚具有巨大的找矿潜力。已相继在秦岭成矿带西段发现多个超大型金矿床（阳山、寨上、大水、大桥、枣子沟、金龙山等大型、超大型金矿），形成了千吨金矿集区，有望成为世界级的金矿带；铅锌、汞锑一直是我国最重要的资源基地之一，西成很可能成为最大的铅锌矿田，小秦岭钼资源量占我国 60% 以上，汞锑资源量也位居亚洲之首。目前通过工作已圈定出以甘肃岷县寨上－马坞地区金矿、甘肃崖湾－大桥地区金锑矿、陕西石泉－旬阳金矿、甘肃省石鸡坝－阳山等为代表的国家级整装勘查区，以西成－凤太铅锌金铜、夏河－合作地区金铜钨钼、筏子坝－阳坝金铜以及小秦岭地区金为代表的 4 个重点勘查区和以牧户关－蟒岭西钼钨铅锌铜、大水及其外围金等为代表的 18 个找矿远景区段。总之秦岭成矿带以其独特的地理位置和巨量的有色金属、贵金属资源潜力以及丰富的铀、铷等稀有元素资源，在我国国民经济建设、国家安全保障建设和可持续发展等诸多方面将发挥重要的不可替代的作用。

第二节　主要优势矿种成矿类型及成矿规律

大多数内生矿床的形成有三个主要因素，即成矿物质来源，成矿环境和成矿作用。成矿物质来源是成矿的物质基础；成矿环境是成矿必须具备的条件；成矿作用则是成矿物质在一定环境条件下富集而形成矿床的机制和过程。成矿作用体现物质运动形式，决定着矿床这一特殊事物的本质特征，也是认识这一事物的最重要依据。对于区内金、铅锌、汞锑、钼钨、铜等优势矿种而言，鉴于秦岭成矿带长期复杂的地质演化及其成矿作用，就单一矿种而言，也存在不同的成矿作用，因此矿床类型复杂。但它们的成矿作用无不受到地层（含矿层）、热源（岩浆的或热液的）、储矿空间（构造）等成矿条件的制约。因此有必要对不同成矿类型的典型矿床解剖，揭示不同矿的成矿规律，进而指导找矿。

一、金矿

（一）与海相火山－沉积建造有关金矿床

1. 小秦岭地区金矿

小秦岭地区西起陕西蓝田－华县，东至河南灵宝地区。东西长约 125km，南北宽 15 ～ 20km。该地区已探明黄金储量数百吨，远景资源量上千吨，是中国目前第二大黄金产地。

该区地处华北古陆核南缘的活动带，南以铁炉子－黑沟断裂与北秦岭加里东造山带相邻，北以太要－故县断裂与渭河断陷相接，东西两侧均为新生代裂陷盆地所围限，形成了一突起山地。其内可划分为两个三级构造单元：北部的太华群出露区即北部太华隆起和南部的元古宙盖层出露区即金堆城－卢氏凹陷。其间为横贯全区引张型的小河－朱阳断裂系。小秦岭成矿远景区地质构造特征如图 5-1 所示。

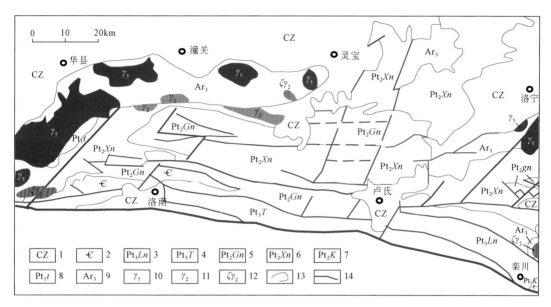

图 5-1　小秦岭－熊耳山地区地质构造简图

1. 新生界：砂砾及红层。2. 寒武系：灰岩、页岩。3. 栾川群：碎屑－碳酸盐岩。4. 陶湾群：大理岩夹片岩、火山岩。5. 硅镁质碳酸盐岩。6. 熊耳群：玄武岩、流纹岩。7. 宽坪群：石英绢云片岩及斜长角闪岩。8. 铁洞沟组：片岩、石英岩、磁铁石英岩及磁铁绢云母片岩。9. 太华群：片麻岩及片麻状花岗岩、斜长角闪岩。10. 燕山期二长花岗岩。11. 前长城纪二长花岗岩。12. 前长城纪正长花岗岩。13. 地质界线。14. 断层

地层及含金性：依据岩石变形－变质程度等，可将该区岩层划分为基底和盖层，基底岩系为太华群，其他为盖层。盖层包括滨海相变质碎屑岩建造的铁洞沟组（Pt_1t）、以具有双峰式火山岩特征的陆相喷发火山岩为主伴河湖相喷发火山岩的变质绿片岩相的熊耳群、滨海－浅滩－潮坪沉寂的碎屑沉积建造的高山河群、三角洲相－滨海－浅海相碎屑岩－碳酸盐沉积的官道口群以及以含碳泥质细碎屑岩建造为特征的栾川群。由熊耳群到栾川群的地层结构显示出该区早期的裂谷伸展构造环境特征。基底岩系太华群地层变质程度深，属中深变质的角闪岩相，局部达麻粒岩相，可分下基底岩系和上基底岩系两部分，下基底岩系主体为黑云斜长片麻岩、黑云角闪片麻岩、片麻状黑云斜长花岗岩及片麻状黑云石英闪长岩，原岩为 TTG 岩浆杂岩，上基底岩系主要为黑云长英质片麻岩、石英岩、变粒岩或浅粒岩、大理岩、斜长角闪岩。大量研究资料显示下基底岩系为金矿源层，金的最高含量为 37.22×10^{-9}，最小值为 0.19×10^{-9}，平均值为 1.15×10^{-9}，变异系数为 3.81。其中原岩为大洋拉斑玄武岩（镁铁质火山岩）和大洋－岛弧玄武岩的斜长角闪岩类基性表壳岩含金较高，其他变 TTG 岩系含金较高主要与其侵入、交代含金较高的基性表壳岩有关。从目前太华群地层出露情况，以北东向石门－故县北东向一线为界，下基底岩系主要出露于东部地区，而西部地区仅零星出露，大量出露的是太华群上基底岩系。

岩浆岩：岩浆活动频繁强烈，阜平期、吕梁期、晋宁期、加里东期、海西期、燕山期和喜马拉雅期岩浆岩均有出露，岩石类型以花岗岩为主，并发育基性岩和碱性岩，产状有

岩基、岩枝、岩脉（岩墙）等，其中岩浆活动相对强烈而出露较广泛的有太古宙、中元古代、中生代三期。

太古宙以基性、超基性岩浆活动和灰色片麻岩套（TTG 岩系）为主，基性岩主要以脉状和小岩株状产出，岩脉规模不大但数量众多，主要有辉绿岩、辉长辉绿岩、辉长辉绿玢岩和辉长玢岩以及煌斑岩脉等，灰色片麻岩具有奥长花岗岩、英云闪长岩和花岗闪长岩等组合。

中元古代主要为中基性岩浆喷出和 A 型花岗岩侵入，基性火山岩的喷发形成了广泛分布的熊耳群火山岩系，包括熔岩、次火山岩及火山碎屑岩，已取得的熊耳群年龄为 1800 ～ 1600Ma，与其相伴的 A 型花岗岩有张家坪、桂家峪（1780Ma）、龙王撞，还有较多的花岗伟晶岩（1975Ma）。

中生代岩浆活动强烈，印支期、燕山期均有出露。前者以钾长花岗岩、正长斑岩、霓霞正长岩和火成碳酸岩等偏碱性岩 - 碳酸岩 - 中酸性岩类为主，部分为二长花岗岩类。受断裂控制，呈岩脉、岩株分布于石门 - 马超营断裂以北地区，西从陕西境内的黄龙铺始，经华阳川、黄水庵、东铜峪，向东成带延入河南境内到嵩县磨沟一带。例如，黄龙铺、华阳川、黄水庵以及东铜峪金矿和大湖金钼矿床的赋矿围岩的粗粒钾长花岗斑岩或伟晶岩等，同位素年龄测定显示它们多形成于印支末期（220 ～ 200Ma），中酸性岩类具有高钾钙碱性或碱性系列地化特征，可与 A 型花岗岩类比，是深源的碱性花岗岩石，碳酸岩类为深源物质。碱性岩体普遍发育侵位裂隙和顶蚀构造，表明其形成与区域伸展构造环境有关，与该区铌钽铷等稀有、贵金属以及钼成矿关系密切，如与黄龙铺碳酸岩有关的脉型钼矿床的辉钼矿成矿年龄测定为 211Ma（Re-Os）（黄典豪等，1994）；燕山期的花岗岩类广泛分布，呈巨大岩基和小岩体（岩株、岩枝），岩基主要产于基底岩系中，如老牛山、华山、文峪、娘娘山、合峪等岩体，以黑云二长花岗岩和黑云母花岗岩为主，属于 S 型花岗岩，岩浆物质来源可能与太华群有关，是太华群古老变质岩系的重熔产物。小岩体则主要产于盖层岩系，以 I 型花岗岩为主，岩浆物质来源于下部地壳并有地幔物质的加入。燕山期花岗岩浆作用与区内金成矿关系密切。

此外，脉岩广泛发育是本区的特色，有花岗伟晶岩、辉绿岩、辉绿玢岩、正长斑岩及煌斑岩等脉岩，多数金矿床的形成都与脉岩有关。小秦岭金矿田（陕西段）脉岩分布状况如图 5-2 所示。区内金地球化学异常及已知金矿床（脉）均围绕花岗岩体分布。有关燕山期花岗岩的岩石地球化学及 Pb、S 等同位素地球化学研究表明，区内金形成与燕山期花岗岩浆活动有密切关系，区内花岗岩是由富含金的太华群（及变 TTG 岩系）和下地壳物质重熔产生的壳幔质重熔岩浆形成，金主要富集在岩浆期后溶液中，并参与成矿，因此本区岩浆活动不仅为成矿元素活化提供热源，而且提供了携带成矿物质迁移的介质。

对成金关系密切的娘娘山、文峪及华山等岩体的岩石化学资料分析，从东向西，岩体的 Na_2O+K_2O 含量呈 8.47 → 8.41 → 8.80 逐步升高趋势，A/CNK 由在河南境内的平均值 0.955，向陕西境内的 1.00 变化。华山岩体还保留有顶部混染相的二长花岗岩，其中有大量围岩残留体现象，表明华山花岗岩体的剥蚀程度相对小秦岭东段较浅。

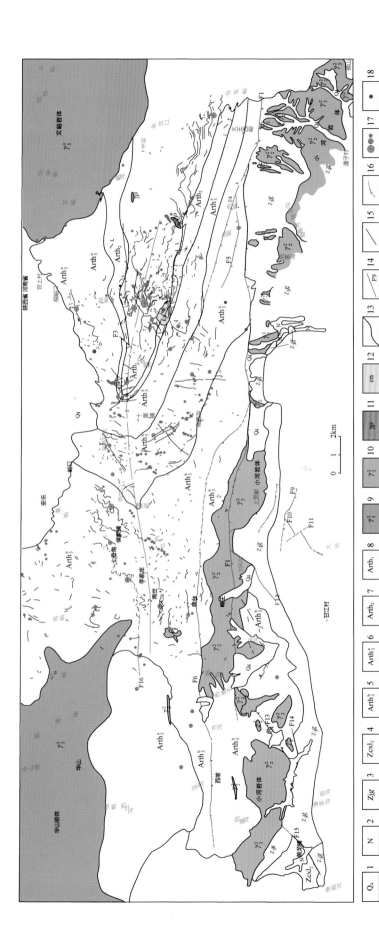

图 5-2 小秦岭地区含金石英脉分布图

1. 第四系黄土, 黏土; 2. 古近系-新近系钙质黏土胶结砂砾岩; 3. 蓟县系高山河组石英岩; 4. 长城系熊耳群安山玢岩夹凝灰质板岩; 5. 太华群上亚群上段安山玢岩夹凝灰质板岩; 6. 太华群上亚群下段黑云母斜长片麻岩, 斜长角闪岩夹镁铁碴石英岩; 7. 太华群中亚群石英岩, 大理岩, 斜长角闪片麻岩; 8. 太华群下亚群混合岩, 混合岩化斜长片麻岩; 9. 黑云母迁状花岗岩; 10. 片麻状黑云母二长花岗岩; 11. 花岗伟晶岩; 12. 石英正长斑岩; 13. 地质界线; 14. 断层; 15. 含金石英脉; 16. 背斜轴及倾伏向; 17. 金矿床（大中小型）; 18. 磁铁矿床

图例:

Q₄	N	Zjg	ZcxI₂	Arth³₃	Arth³₃	Arth₂	Arth₁	γ³₂	γ³₂	γ²	$γρ$	εm			F9		•
1	2	3	4	5	6	7	8	9	10	11	12	13	14	15	16	17	18

0 1 2km

构造：本区南北两条边界断裂带（南侧的铁炉子－黑沟－栾川断裂带和北侧的太要－故县断裂）是两条中生代反向逆冲推覆带。剖面上上述两条逆冲推覆带构成一个大型的不对称扇形逆冲推覆构造带，在平面上组成近东西向的狭长带状构造，它受到华北古板块南缘的边缘构造带控制。晚中生代以来的构造叠加，使得本区表现为近东西向与北东向两组构造相互交织的格子状区域构造格架，显示为隆起和拗陷间隔分布的构造特征，沿东西走向自西而东依次发育骊山、小秦岭、崤山、熊耳山等太古宙变质核杂岩隆起，并沿变质核杂岩南北两侧形成拆离构造，拆离断层系的下盘通常发育几米到上百米的糜棱岩带（主要由糜棱岩化片麻岩、长英质糜棱岩和绢英质糜棱岩等组成），糜棱岩面理的倾向大致与杂岩体边界的走向垂直。毛景文等（2005c）对武家山、庄里沟和柳沟等地糜棱岩带的调查和年代学研究表明，其伸展运动的主要活动时间为221～216Ma，而在太古宙变质核杂岩隆起区之间则依次发育有蓝田－渭南、朱阳－灵宝、卢氏－洛宁等一系列呈北东向展布的中新生代断陷盆地，北东向断裂主要表现为逆时针剪切滑移特征，其主要成生于早白垩世。以上构造格架显示出，本区中生代以来在东西向基本构造格架的基础上，经历过起码两期伸展作用，早期开始于秦岭碰撞造山作用后期的松弛调整阶段，该时期由于地壳加厚、重力势能差增大和挤压应力减弱而发生同造山伸展作用，也即本区中生代早期的伸展作用。在经历上述演化阶段以后，小秦岭进入陆内区域伸展构造体制演化期，也即本区晚期伸展作用。该次伸展作用主要是因深部物质的上涌而导致伸展隆升。

金成矿特征具体如下：

小秦岭区内金矿类型主要有蚀变（千糜）岩型、石英脉型、构造蚀变岩型等，不同类型金矿的成矿时代、赋存规律存在一定差异。

（1）成矿时代的差异性：蚀变（千糜）岩型金矿形成时代，潼峪 f5 蚀变千糜岩型金矿年龄为237Ma，近期不少研究者对小秦岭、熊耳山地区的许多大型矿床如上宫蚀变岩型金矿（222Ma，$^{40}Ar/^{39}Ar$），北岭（292Ma，$^{40}Ar/^{39}Ar$），庙岭蚀变岩型金矿（245Ma，$^{40}Ar/^{39}Ar$），东桐峪（208.2Ma，Rb-Sr），15 号脉（237.54Ma），张家坪（湘子岔，208Ma，$^{40}Ar/^{39}Ar$）、桃园（211Ma，K-Ar）以及毛堂（222Ma，$^{40}Ar/^{39}Ar$）等金矿床进行研究。金成矿年龄值在208～245Ma，与本区印支末期的碱性花岗岩－碳酸盐－中酸性岩的成岩时代相接近或稍晚，这些特征表明本区金成矿作用起始于碰撞造山作用的晚期(印支末期)，主要形成规模不大的蚀变（千糜）岩型金矿。

石英脉型和构造破碎蚀变岩型为本区主要金矿类型，且矿床规模大，其成矿作用主要发生在燕山期（132～115Ma），与中国东部大规模成矿作用时代相一致。由此表明，小秦岭和熊耳地区金成矿作用始于印支末期而盛于燕山期。

（2）分区性：隆起区产出有蚀变千糜岩型和石英脉型金矿，凹陷区紧邻隆起区边缘的盖层拆离带部位产出蚀变碎裂岩型金矿。

（3）分层性：隆起区下基底岩系控制赋存于张剪性脆韧性剪切带中的蚀变千糜岩型和石英脉型金矿，其空间产出的连续性好、规模大、矿石品位高。而上基底岩系控制赋存于剪滑型脆韧性剪切带中的蚀变千糜岩型和石英脉型金矿，其产出广泛，但规模相对较小，品位相对较低。凹陷区的下盖层底部拆离带控制产于剪张性和层滑性脆性剪切带中的蚀变碎裂岩型金。

（4）分带性：金矿主要围绕文峪等燕山期花岗岩基周边 2～7km，表明燕山期岩体对金矿形成的控制作用。

（5）本区控矿构造密集分布，以东西向、北东向、南北向、北西向成带产出，其中规模较大的东西向断裂（糜棱岩带）为主要控矿构造，其中又以褶皱旁侧向南倾、倾角中等的滑脱构造成矿最好。区内金矿多数成矿带呈近东西向延展，在各矿带中还不同程度出现一些矿体的密集区，显示集群性的特点。

（6）成矿具有多阶段特征，其一般经历了黄铁矿石英阶段（典型元素组合为 Si、Fe、S）—石英黄铁矿阶段（Si、Fe、S、Au、Ag）—石英多金属硫化物阶段（Si、Fe、S、Cu、Pb、Zn、Au、Ag）—碳酸盐阶段（Ca、Si、C、Fe）。表明区内金矿床是多作用、多阶段、多成因长期复杂演化的结果。

成矿规律具体如下：

新太古界太华群下基底镁铁质、长英质火山喷发岩及与其时间相近的花岗岩（TTG岩系）侵入携带地幔物质上升使得金等元素初步聚集成矿源层。

自元古宙到中生代，经历多次构造作用，发生区域变质、混合岩化、岩浆活动，形成区域构造和韧性剪切带，在此期间，主要是矿源层中易释放的金活化、迁移、再分配，并在有利部位初步富集，形成蚀变（千糜）岩型金矿床。

燕山期发生强烈的构造岩浆活动，重熔花岗岩基岩浆热液大量形成，同时在先期已有的韧性剪切带发育叠加后期的脆性剪切构造，岩浆热液驱动地层中初步富集和未富集的金重新活化、运移，并在脆性剪切带中富集成矿。

2. 玉泉坝金矿

玉泉坝金矿位于碧口地块青木川－八海河韧性剪切带的中西部（图 5-3）。矿区出露的地层为碧口群阳坝组。区域上，碧口群阳坝组可划分为上、中、下三个岩段，下岩段为一套变质正常沉积碎屑岩夹少量火山碎屑岩、变质酸性熔岩。西部以浅灰色石英变粒岩，绢云石英片岩为主，夹钠长绿帘绿泥阳起片岩（变玄武岩）、钠长绢云片岩（变酸性凝灰岩）、长英质变粒岩、变石英砂岩及少量含铁石英岩、碧玉、硅质岩。东部变为凝灰质片岩夹含铁石英岩、变凝灰质砂砾岩、钙质绢云片岩。中岩段为一套以变基性火山岩为主的火山沉积岩系。西部为杂色变玄武岩、变中基性凝灰岩、绿片岩夹灰绿色凝灰质板岩、粉砂质板岩及少量绿泥千枚岩、变石英砂。至黑水徐家坝及以东，变基性熔岩增多，基性熔岩（玄武岩）具枕状及气孔、杏仁构造，为基性火山集块岩类。上岩段为一套变中酸性火山岩夹变基性火山岩及少量正常沉积碎屑岩。在徐家坝以东，主要为绢云钠长片岩、绢云石英片岩（原岩为酸性凝灰岩）。向东至封都庙，以变中酸性凝灰岩、凝灰质片岩为主。至东沟坝全为浅灰－灰白色变中酸性火山岩，总体显示由西南向北东，变基性火山岩夹层锐减。将阳坝组形成时代定为青白口纪。玉泉坝矿区则主要出露中部岩性段中－基性火山岩。对阳坝组基性火山岩的地球化学分析，显示它们具有大陆裂谷型拉斑玄武岩特征（徐学义等，2002；夏林圻等，1996b），且反映了中期阶段的岩浆组分来源是以类似洋岛玄武岩的地幔柱部分熔融为主，晚期阶段逐渐转变为地幔柱部分熔融与大陆岩石圈地幔源成分的混染。反映它们是扬子北缘晋宁早期的古大陆裂解事件的产物。本书采用 Sugisaki（1976））提出的方法，在对不同岩性段基性火山岩石英指数（θ）计算基础上，对裂解扩张速度进行了估算，其中下岩性段的扩张速度为 1cm/a，中、上岩性段分别为 0.5～0.7cm/a 和 0.6～0.9cm/a，基本近于一致（表5-1），也与前人对本区西乡群基性火山岩计算所取得的数据（0.56cm/a）基本一致（万天丰，2004）。区内发育韧性剪切带，呈北东-南西向展布，在区内形成了多条次一级强应变带，控制了石英脉贯入和矿化的富集。

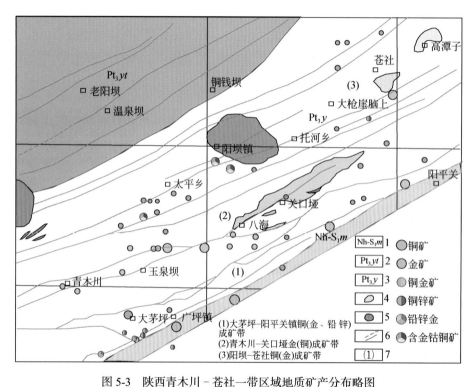

图 5-3　陕西青木川-苍社一带区域地质矿产分布略图

1.南华-志留系；2.碧口群秩田坝组；3.碧口群阳坝组；4.闪长岩类；5.二长花岗岩；
6.断裂、韧性剪切带；7.成矿带及编号

表 5-1　碧口群阳坝组构造裂解速度测算表

火山层位	基性火山岩主要氧化物组分含量 /%					石英指数 θ	板块运动速度 /（cm/a）
	SiO_2	Al_2O_3	Na_2O	K_2O	P_2O_5		
上岩性段	51.69	13.30	4.60	0.28	0.14	23.9	-0.70
	51.57	16.84	5.11	0.18	0.30	27.6	-0.60
	54.15	16.46	4.35	0.45	0.17	32.3	-0.90
	55.10	16.14	6.30	0.37	0.15	23.8	-0.60

续表

火山层位	基性火山岩主要氧化物组分含量 /%					石英指数 θ	板块运动速度 / (cm/a)
	SiO$_2$	Al$_2$O$_3$	Na$_2$O	K$_2$O	P$_2$O$_5$		
中岩性段	54.01	17.51	5.31	0.98	0.51	27.7	-0.70
	48.54	16.48	4.50	0.41	0.77	26.6	-0.50
	54.57	14.97	4.70	0.4	0.69	28.9	-0.50
下岩性段	48.48	15.90	1.26	0.36	0.32	41.2	-1.00

注：采用徐学义等（2002）的资料，选取其中的基性火山岩样品的分析数据进行计算

矿化产于韧性剪切带中，有磁铁石英岩型和绿片岩型两种，矿体与围岩无明显界线，常呈渐变过渡，以分析结果圈定矿体。矿石矿物主要为黄铁矿，少量磁黄铁矿、磁铁矿等。黄铁矿呈微细浸染状和自形粗粒状分布，两者都含金。

对该金矿韧性剪切带的观察和研究，总结出矿化严格受韧性剪切带中的强劈理化带控制，强劈理化带矿化好，形成矿体，弱劈理化带形成矿化（图5-4）。本区韧性断层十分发育，有的剪切带达到数千米宽，形成强、弱应变带相间分布的格局，主要表现为对地层原始层理的改造与置换的强度差异。原始的地层层理 S_0 走向是 NNW 向的，受到由南向北的挤压，形成透入性 S_1 流劈理、岩石的糜棱岩化及各种顶厚褶皱、无根褶皱等（图5-5），晚期的新生面理 S_2（NEE 向）对 S_1 发生劈理置换，在强变形带，褶皱发育为紧密或等斜褶皱，S_2 与 S_1 面理重合，则矿化较强。在弱变形带，发育的是中常褶皱，后期的 S_2 劈理化使其均一化，因此只具有弱矿化，不能形成矿体。因此可以根据早期褶皱的翼间角来判断变形强度及矿化的强弱，翼间角越小则矿化越强。

区域上，碧口群海相火山岩建造是该区金矿的矿源层，特别是中基性火山岩、中酸性火山岩等是目前发现金矿床最多的岩性层。1：20 万区域化探资料表明，碧口地体富集 Au、Fe、Ti 等元素，贫 Be、Bi、F、Li、Th 等元素，其中碧口群中 Au 为富集、强分异、强叠加型，具有同生聚积和后期叠加兼备，以后生叠加为主（王鹏，2013）。中-新元古代碧口古陆块经历了从裂解到碰撞的完整构造作用演化。早期处于裂陷扩张构造环境，来自地幔和深部地壳的铜金等成矿物质通过大量的玄武质岩浆-火山作用进入浅部直接成矿或分散富集于相关含矿岩系内，为本区内生金属矿床的形成奠定了成矿物质基础。碧口群阳坝组具多喷发-爆发韵律特征，深部成矿物质来源丰富，勘查成果表明含矿层主要为基性火山岩（中岩性段）以及基性火山岩与正常沉积岩交互韵律组合层（上岩性段）。而晚期大量侵入的闪长岩，不仅再一次将深部的成矿物质带到浅层地壳，而且为碧口群含矿层的改造、富集提供了热源。因此本区成矿物质来源丰富，且具有多阶段性，具有形成不同类型海相火山岩铜多金属矿的基础条件。

勉略宁金铜成矿远景区具有大量的矿质来源——碧口群阳坝组基性火山岩，热源驱动——晋宁期和印支期岩体发育，有利的赋矿空间——韧脆性剪切带，因此找矿潜力巨大。玉泉坝矿床分布于青木川-八海-关口垭推覆断裂控制的青木川-八海口-玉泉坝-太阳岭金-铜成矿远景区内，该带已发现有樟木垭、井田坝、庄房里、鸡头山、小燕子沟、旧

图 5-4　弱变形带早期 S_1 面理

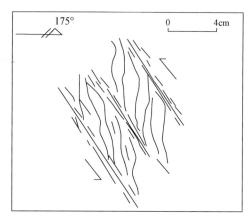

图 5-5　韧性剪切带素描图

房梁、关口垭等金和铜－金矿点。化探金异常断续分布长达 60km 以上而且强度大，有航磁线状异常分布，找矿有利度值大于 0.60，近来宁强青木川剪切带型金矿找矿取得了新进展，小燕子沟、玉泉坝、旧房梁等处分别获得 19.5t、10t 和 15t 的金资源量。

3. 柴家庄金矿

该矿床位于天水市娘娘坝镇，大地构造位置属商丹构造带西段李子园区域性反"S"形构造的李子园背形转折部位。已查明金资源量 5.16t，矿床平均品位 21.74g/t。

区内出露地层主要有古元古界秦岭群（Pt_1Q），下古生界李子园群（Pz_1Lz）、泥盆系（D）、白垩系（K）等；含矿建造为李子园群 b 组第二岩性段酸－基性"双峰式"变质火山岩，其中基性火山岩（斜长角闪片岩）富含金元素（$10\times10^{-9}\sim13\times10^{-9}$），为成矿提供了重要的物质来源。

岩浆侵入活动主要在印支－燕山期，形成了柴家庄二长花岗岩体和各种脉岩。二长花岗岩体呈不规则港湾状岩株、分叉状岩枝产出。与岩体接触带围岩均发生不同程度的角岩化、硅化及混合岩化等变质蚀变现象，蚀变带宽数十米。脉岩主要有花岗伟晶岩脉、闪长细晶岩脉、闪长岩脉、闪长玢岩脉、煌斑岩脉等，以闪长细晶岩脉与金矿化关系密切，有的细晶岩脉直接构成金矿体。石英脉为区内的重要含金地质体，区内已发现具有一定规模石英脉 27 条，多分布在外接触带 500m 范围之内，其中烟灰色碎裂状石英脉与金矿关系密切，常分布于控矿断裂破碎带中，碎裂程度越高，含金性越好（图 5-6）。

矿区总体构造形态为一倾向北西的复式单斜构造，其间发育次级小型褶皱，变形强烈；断裂构造极为发育，大体可分为 NNW 向、NNE 向和近 EW 向 3 组。金矿受 NNE 向、NNW 向断裂破碎带控制：①NNW 向断裂，具有多期次活动特征，表现为早期具压扭性质，晚期具张扭性质，以韧性－脆性变形为特征，带内构造片理化作用强烈，热液蚀变发育，并有闪长细晶岩脉及含金石英脉分布，为控矿构造。②NE 向断裂，一般早期为张扭性，晚期具压扭性质，具明显的多期活动性。空间上多条断裂平行展布，常形成较为密集的断裂挤压带，带内岩石常具多种不同程度的蚀变，并发育有含金石英脉。是区内主要的控矿、容矿构造。③近 EW 向断裂，为一组成矿后断裂，对矿体具破坏作用。

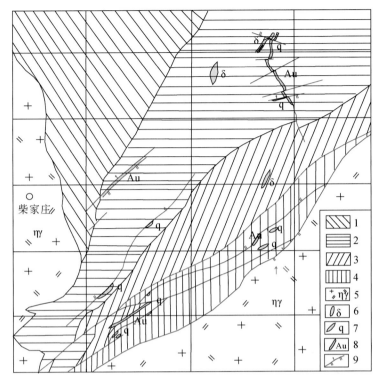

图 5-6 柴家庄金矿区地质图

1. 二岩段 4 层；2. 二岩段 3 层；3. 二岩段 2 层；4. 二岩段 1 层；5. 黑云母二长花岗岩；
6. 闪长岩脉；7. 石英脉；8. 金矿体；9. 断层

该矿床南北长 2400m，东西宽 1000m，划分为 4 个矿化蚀变带，除 II 矿带外，I、III、IV 矿带共圈定工业金矿体 10 个，其中 I_{1-1}、III_1、IV_1 为主要矿体，主要赋存于 I、III、IV 矿带中，矿体控制长度 15～380m，平均厚度 0.27～5.07m，厚度变化不稳定；品位变化不均匀，平均品位一般 3.91×10^{-6}～37.92×10^{-6}，单样最高 208.64×10^{-6}，最低 1.02×10^{-6}，伴生银 8.12×10^{-6}～26.12×10^{-6}，铜 0.22%～0.94%。矿体严格受 NNE 及 NNW 向断裂控制，常以脉状、次为透镜状形态赋存于断裂破碎带中，与围岩界线清晰，产状与断裂产状基本一致，在走向和倾向上具舒缓波状特点。

矿石自然类型可划分为石英脉型和蚀变岩型两类，以石英脉型为主，次为构造蚀变岩型。矿石中矿物成分较为简单，主要有银金矿、自然金、黄铁矿、黄铜矿、方铅矿，少量闪锌矿、磁铁矿、毒砂、辉铜矿、铜蓝、孔雀石等；脉石矿物以石英为主，次为绢云母、绿泥石，少量长石、高岭石、方解石等。矿石具自形、半自形和他形不等粒粒状结构，交代、穿插、溶蚀、包含及碎裂结构，鳞片粒状变晶结构；不均匀浸染状、细脉状、团块状、角砾状构造，氧化矿石常见蜂窝状构造。

围岩蚀变较为发育，柴家庄岩体的港湾状外接触带的围岩中，形成各种角岩化岩石，主要有褐铁矿化、绢云母化、硅化、黄铁矿化、黄铜矿化、方铅矿化、碳酸岩化、绿泥石化。其中绢云母化、褐铁矿化、硅化主要发生于矿体及近矿围岩中，远离矿体则迅速减弱。黄铁矿化、黄铜矿化、方铅矿化为金矿化不同阶段的产物，也是金的主要载体，蚀变强度与矿化程度呈正消长关系。碳酸盐化、绿泥石化广布于围岩中，但在断裂破碎带及近矿围岩中表现较强，可能为热液活动的产物，但与金矿化无直接关系。

目前还没有同位素测年资料确定柴家庄金矿床的成矿时代，但柴家庄花岗岩体同位素年龄为 198～206Ma（K-Ar 法测定黑云母），成矿作用发生在其后；依据与矿体密切的北北东向断裂截穿花岗岩岩体及白垩纪以前的地层，断裂带内发育多期脉岩，由此推断柴家庄金矿主成矿时代应为印支期末—燕山早期。

矿化温度 172.2～181.5℃，显示成金温度较低。成矿深度小于 2km，成矿压力在 500×10^{-5}Pa 以下。矿石 δ^{34}S 变化范围为 4.90‰～7.82‰，平均 6.32‰，小于 10‰，极差较小（2.92‰），显示热液硫特点，说明矿质来源与岩浆有一定的成因联系。含金石英脉氧同位素 δ^{18}O 变化范围为 9.52‰～11.63‰，平均 10.38‰，极差小（2.11‰），与小秦岭金矿含金石英脉（δ^{18}O 为 10.1‰）接近，说明石英脉型金矿床的成矿热液以岩浆水为主，并有一定数量的变质混合水、大气降水参与成矿。

另据 1：1 万土壤测量成果，柴家庄岩体 Au 元素平均值为 56×10^{-9}，为地壳丰度的 14 倍，地层 Au 元素平均值为 67×10^{-9}，为地壳丰度的 17 倍。由此可看出，柴家庄金矿形成的条件为：①火山岩与柴家庄岩体提供了物源；②变质作用和岩体侵入提供了热源；③大气降水参与了成矿作用；④断裂裂隙提供了含矿热液运移的通道和沉淀储积的空间。

（二）与岩浆热液活动作用有关金矿

1. 宁陕丰富东沟金矿

宁陕县丰富东沟金矿位于东江口复式岩体中（图 5-7）。本区主要发育两期岩体：早期为黑云二长花岗岩 + 深源暗色包体（海西期），为东江口岩体的主体岩性；晚期为闪长（玢）岩、隐爆角砾岩、安山玢岩（印支末期），为成矿岩体。闪长（玢）岩侵入二长花岗岩中，在岩体顶部形成隐爆角砾岩，角砾主要由角闪石、斜长石组成，基质主要由黑云母斜长石组成。

金矿主要赋存于与闪长（玢）岩体的外侧接触带的二长花岗岩中，矿化主要受不规则环状缓倾斜断层、裂隙控制。含矿岩石主要为黄铁绢英岩、黄铁矿化蚀变花岗岩、黄铁矿化黄铜矿化石英脉。矿石矿物主要为黄铁矿，其次为黄铜矿、方铅矿、少量辉铜矿、铜蓝等；脉石矿物有石英、长石、绢云母、绿泥石、少量绿帘石、萤石等。围岩蚀变在石英脉周围分布，主要有硅化、黄铁-绢英岩化、青磐岩化、钾化等。

通过对该区隐爆角砾岩的调研，发现存在一个侵入岩筒构造。围岩是似斑状二长花岗岩，岩筒内部具分带现象（图 5-8），从内到外，依次出现灰黑色细粒隐爆角砾岩、灰色中细粒似斑状闪长岩、灰黑色粗晶闪长岩，与围岩二长花岗岩接触面附近见少量安山玢岩。表明该岩体是以热气球膨胀模式上升到近地表而就位，成岩物质可能来自深部。据了解，闪长玢岩体普遍具有含金性，从粗晶闪长岩→中细粒闪长岩→隐爆角砾岩，含金量增高。因此，该金矿与晚期的深源浅成的闪长（玢）岩关切，结合矿化及围岩蚀变特征，初步认为属于斑岩型金矿床。

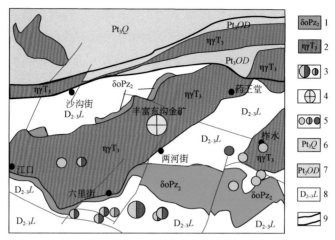

图 5-7 宁陕丰富东沟金矿位置图

1. 晚古生代石英闪长岩；2. 晚三叠世二长花岗岩；3. 中型及小型铅锌矿；4. 金矿床；5. 小型钼、钼铜、钨矿床；
6. 古元古界秦岭群；7. 新元古界丹凤群；8. 中下泥盆统刘岭群；9. 商丹缝合带

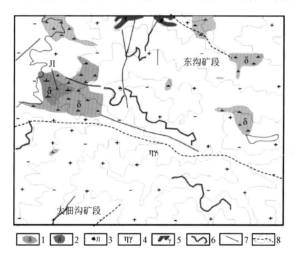

图 5-8 宁陕丰富东沟金矿矿区地质图

1. 细粒闪长岩；2. 粗晶闪长岩；3. 隐爆角砾岩；4. 二长花岗岩；5. 花岗岩；6. 含金石英脉；7. 断层；8. 等高线及道路

　　总结该区此类型金矿的找矿标志：岩体区低缓金异常、由闪长岩引起的磁异常、隐爆角砾岩筒构造、缓倾斜石英脉。磁异常不仅反映了本区现存闪长岩的分布特征，还指示了一些隐伏岩体的存在，还有很大的找矿潜力。

2. 凤县老湾沟金矿

　　凤县地区白垩系盆地北部商丹构造带附近是凤县重要的金矿矿集区，产有庞家河、佐家庄、吴家沟等金矿床，这些矿床分布于凤县印支期岩体周围泥盆系中，呈石英脉－构造蚀变岩产出。前人研究表明，它们具有早期预富集和热液叠加成矿的特征。近年来，在凤县唐藏镇唐藏岩体中新发现老湾沟金矿点。

　　老湾沟金矿赋存于唐藏岩体内部（图 5-9），唐藏岩体主体岩性为海西期石英闪长岩，侵入丹凤群中，前人从中解体出燕山期的岩体。在老湾沟地段发现 7 条 NW 走向的含金构造挤压破碎带，其中已落实 3 条金矿化带（Ⅳ、Ⅴ、Ⅵ），并在 3 条矿化带上圈定 3 个金矿（化）体。矿化发育在唐藏石英闪长岩体内接触带，含矿岩石为中细粒石英闪长岩，局部为花岗闪长岩，矿化类型为构造破碎蚀变岩型金矿化，蚀变有硅化、黄铁绢英岩化、黄铁矿化、碳酸盐化等，矿化与黄铁矿化关系密切。金矿化即产于碎裂岩化蚀变石英闪长岩中，以微细黄铁矿化为标志。

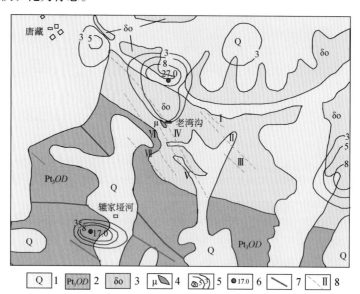

图 5-9　陕西凤县老湾沟金矿地质及金矿化带分布简图（据白兆华等 2013 年资料改编）

1.第四系冲积、坡积物；2.丹凤群 b 岩组绢云绿泥纳长片岩、变晶糜棱岩夹凝灰岩、千枚岩、大理岩；3.石英闪长岩、闪长岩；4.辉绿岩脉；5.水系沉积物金异常晕（×10⁻⁹）；6.水系沉积物金高值点含量（×10⁻⁹）；7.断裂；8.金矿化带及其编号

　　Ⅰ、Ⅱ、Ⅲ号含金构造带分布在老湾沟地段的雪峪沟，出露于唐藏岩体内，构造带长 $250 \sim 800m$、宽 $1 \sim 2m$，金品位在 $0.2 \times 10^{-6} \sim 3.24 \times 10^{-6}$，产状 $40° \sim 60° \angle 75°$。Ⅳ、Ⅴ、Ⅵ、Ⅶ号 4 条含金构造破碎带分布在老湾沟，构造带长 $200 \sim 2000m$、一般宽 $1 \sim 5m$，最宽处达 10 余米，呈近似于平行排列，沿走向和倾向均呈舒缓状，具膨胀、收缩、分支、复合特征。在含矿构造带上、下盘或构造带中有斜长玢岩脉、细粒花岗岩脉、中基性岩脉、石英细脉网脉充填，展布与构造方向基本一致，其中与金矿化关系密切的是含硫化物的石英细脉、网脉。矿区金矿体严格受构造破碎带控制，随着构造产状变化而呈透镜状、囊状出现，具膨胀、收缩特征，显示金矿化与构造活动关系密切。早期形成的岩体受构造岩浆作用，造成较强的构造变形和蚀变，石英闪长岩等发生糜棱岩化、碎裂岩化作用明显。

　　矿石类型为黄铁绢英岩化碎裂石英闪长岩型和氧化型矿。矿石金属矿物主要有黄铁矿、褐铁矿，次要矿物有赤铁矿、方铅矿、闪锌矿，主要载金矿物为黄铁矿、褐铁矿。黄铁矿呈铜黄色，主要为五角十二面体，其次有立方体和少量不规则晶体，粒径一般为 $0.001 \sim 0.01mm$，少量为 $0.15 \sim 0.25mm$，大部分呈浸染状分布在矿石中，少部分呈黄铁矿细（网）脉产出，金以浸染状分布于黄铁矿之中。褐铁矿呈棕褐色，为黄铁矿氧化产物，时有残留黄铁矿假象，也有风化淋蚀的空洞。氧化淋滤作用造成金淋失，地表金矿品位不高，深部可能品位增高。脉石矿物主要为石英、钾长石、斜长石、角闪石、黑云母，次要矿物为绿帘石、榍石。

含矿岩体岩石由斜长石（45%～55%）、钾微斜长石（10%～15%）、石英（10%～20%）、黑云母（5%～10%）、原岩岩屑（5%～7%）组成，半自形结构，变余凝灰结构。斜长石环带构造发育，可见环带中心碎屑核的残留，表明斜长石是由碎屑核增生过程中形成的（图5-10，图5-11）；石英他形粒状，常呈聚晶团块存在，有的团块可以看出是由碎屑石英转变而来。岩屑可见绢云母化、少量帘石化，还见蚀变基性岩屑发生黑云母化和绿泥石化，表明含矿岩体的原岩可能是中酸性和中基性的凝灰岩。岩体岩石地球化学分析表明它们均显示为变火山岩的部分熔融（图5-12）。

图5-10 岩体中碎屑核

图5-11 岩体中斜长石增生环带构造

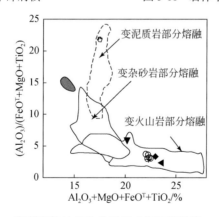

图5-12 唐藏岩体地球化学图解（据陈隽璐等，2008a）

矿相学观察表明，主要金属矿物为黄铁矿、毒砂。黄铁矿有两期：早期微细粒状，呈浸染状分布；晚期为中细粒自形立方体或五角十二面体，主要分布于蚀变黑云母解理缝中或其周围，表明矿化与黑云母化关系密切。因此，唐藏岩体是火山岩部分熔融形成的，成岩同时带来了深部的含金物质，在后期热液改造作用下富集成矿，目前对于叠加改造的机制尚不清楚，但可以肯定的是唐藏岩体对老湾沟金矿的形成起了很大的作用。

3. 煎茶岭金矿床

煎茶岭金矿床区域上处在秦岭造山带与扬子板块之间、摩天岭微地块东端的勉（县）-略（阳）-宁（强）三角区。三角区北部边界（NW向）以略-勉构造混杂岩带与南秦岭拼合，南部（NE 向）通过汉江逆冲断裂带与扬子地块相接。矿区以新太古界渔洞子群、中－新元古界何家岩群和震旦系为主体，分别构成结晶基底、过渡层和浅变质盖层。矿区及其周边地层经多期多阶段变形变质作用，均已构造重建，现存的主导面理 S_2、S_3 呈 NWW 向展布。自南向北由震旦系不同岩组和渔洞子群组成的断头崖向斜、九道拐向斜、官地梁向斜、西渠沟背斜等，构成了何家岩复式背斜的主体。断裂构造表现为与主导面理方向一致的 NWW 向或近 EW 向逆冲断层组合，发育在超基性岩体与震旦系白云岩接触部位的 F4 断裂带（组）是金矿的主要控矿构造。

煎茶岭岩体是一个以超基性岩为主，其间有花岗斑岩、花岗细晶岩产出的复式岩体。平面呈薯状，面积约 $5km^2$（图 5-13）。其北界与白云岩接触带产有煎茶岭金矿外，岩体内在晚期侵位的花岗斑岩北缘产有低品位大型镍矿床。

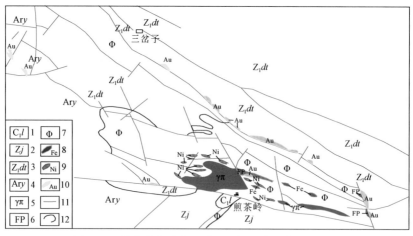

图 5-13　煎茶岭金矿床地质图（据王瑞廷等，2009）

1. 下石炭统略阳组灰岩；2. 震旦系九道拐组碳酸盐岩；3. 震旦系断头崖组白云岩、砾岩、板岩及灰岩；4. 新太古界鱼洞子群片岩、混合岩、片麻岩、变粒岩；5. 花岗斑岩；6. 钠长斑岩；7. 超基性岩；8. 铁矿体；9. 镍矿体；10. 金矿体；11. 断层；12. 地质界线

发育在超基性岩体与碳酸盐岩接触部位的矿化蚀变岩带是煎茶岭金矿床的重要特征之一。蚀变带长数千米，宽 1～30m，已控制延深大于 800m，其形态似板状，空间连续性、稳定性较好。蚀变体上盘以 F4 为边界，界面相对平直清晰，与围岩（白云岩）界线清楚。蚀变体下盘为蚀变超基性岩（滑石菱镁片岩、叶蛇纹岩、石英菱镁片岩等），与岩体接触界面凸凹不平，成分上呈过渡关系。

蚀变白云岩带中的 I 号主矿体，长 1800m，厚 3.2m，似板状或透镜状，金品位变化在 $1×10^{-6}$～$135×10^{-6}$。矿体总体向北陡倾，局部向南，走向上舒缓波状。矿体厚度沿走向变化较垂向变化小，其变化系数分别为 80% 和 106%。在矿体的倾斜方向，其倾角由陡变缓部位是富矿产出区间，陡或南倾时，含金相对较低或无。这种特征是煎茶岭金矿床评价预测贫、富矿块或无矿地段的重要标志。矿石矿物组分为蛇纹石、滑石等。

煎茶岭金矿矿床成矿早期以自形半自形粒状结构为特征，中期以微、细粒自形－半自形结构、增生环带结构、交代蚕蚀结构为主。矿石构造主要为浸染状构造、细脉状构造以及胶状构造等。

综合研究表明，该矿床严格受韧性剪切带和花岗斑岩的控制，近矿围岩蚀变强烈；矿石以交代结构为特征，细脉状构造发育。矿石中金属硫化物明显晚于超基性岩，而与其发生蚀变的时间相近，同时由于矿体附近的钠长斑岩发生强烈的围岩蚀变，因此成矿作用也晚于钠长斑岩。矿石微量元素和稀土元素表现出明显的双重性，在继承超基性岩特征的同时，又与矿区中酸性岩存在密切的联系。矿石明显地富集重硫，其 $\delta^{34}S$ 无论是变化范围还是平均值均远离镁铁 - 超镁铁质岩石，而与矿区中酸性岩中黄铁矿的硫同位素具有很好的一致性，说明矿床应是由热液作用形成的，成因类型属岩浆热液改造型矿床。金属矿物为黄铁矿、白铁矿、褐铁矿；脉石矿物有白云石、石英、叶蛇纹石。花岗斑岩中锆石 U-Pb 的年龄测定为 216±4Ma（王宗起等，2009），因此该金矿成矿时代应属印支晚期。

4. 阳山金矿床

阳山金矿床位于甘肃省文县，地处勉略构造带。勉略构造带为一个以逆冲推覆断裂构造为格架的巨型复合构造带，在其构造演化过程中，发生了复杂的变质、变形构造作用并对金矿成矿产生重要影响。金矿床受其中的文县弧形构造控制，属于文县 - 康县金锑成矿区带。

矿区出露地层主要为下泥盆统三河口群桥头组的下岩段，呈近东西向展布，为一套碎屑岩夹碳酸盐岩、硅质岩建造，其中主要含矿层岩性是破碎蚀变绢云千枚岩与薄层状灰岩不等厚互层。泥盆系三河口群是本区的主要赋矿地层，其中砂质类岩石金含量最高（7.78×10⁻⁹）；其次为碳质岩类，含金 4.52×10⁻⁹；再次为泥质岩类，含金 3.31×10⁻⁹；碳酸盐岩含金最低，为 2.61×10⁻⁹（王学明等，1999）。

矿区褶皱及断裂构造均十分发育，规模较大的褶曲有葛条湾 - 草坪梁复背斜，全长 10km，宽约 1km，在安坝一带两翼出露较全。断裂构造主要为横贯全区的安昌河 - 观音坝断裂带，阳山金矿沿该断裂带分布，NEE 走向，总体北倾，倾角为 50°～70°（图 5-14）。断裂带由一系列次级断裂组成，是矿区最重要的导矿、容矿构造，控制着矿体和岩脉（体）的产出。

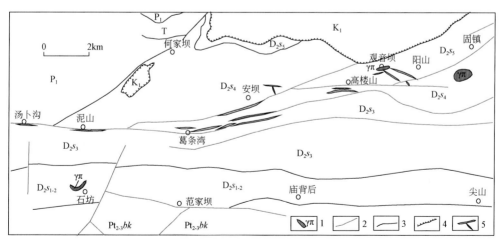

图 5-14　甘肃省文县阳山金矿带地质简图（据雷时斌等，2010 改编）

K_1. 下白垩统；T. 三叠系；P_1. 下二叠统；D_2s_5. 中泥盆统三河口群五段灰岩；D_2s_4. 中泥盆统三河口群四段千枚岩夹薄层灰岩；D_2s_3. 中泥盆统三河口群三段灰岩、砂质千枚岩；D_2s_{1-2}. 中泥盆统三河口群一、二段砂岩、板岩；$Pt_{2-3}bk$. 中 - 新元古界碧口群灰岩 - 变质砂岩；1. 花岗斑岩；2. 断层；3. 推测断层；4. 不整合界线；5. 金矿（化）体

矿区内岩浆活动以印支-燕山期中酸性岩脉（锆石 SHRIMP U-Pb，171～209Ma）（雷时斌等，2010）为主，主要为斜长花岗斑岩脉、云英斑岩脉、花岗细晶岩脉。其中斜长花岗斑岩脉分布范围广、规模较大，常呈脉状及复脉产于破碎带中，与金矿体相伴，具绢云母化、黄铁矿化、碎裂岩化和糜棱岩化，局部蚀变强烈，构成金矿体，显示该类脉岩与金矿化关系密切，是矿区重要的找矿标志。岩浆侵位的热动力条件是该区金成矿的一个重要成矿条件。

根据 1：5 万水系沉积物测量的化探资料分析，金异常在区域上显示如下特征：①金异常主要分布在中泥盆统地层中；②断裂构造对金异常的分布有明显的控制作用；③大多数金异常分布于花岗岩类岩脉及岩体外侧的一定距离范围内，并具有航磁正异常；④金异常与 As、Sb 异常重叠性较好；⑤异常范围广、强度大，多数浓集中心均发现了金矿（化）体。

阳山金矿带全长约 20km，共分为阳山、高楼山、安坝、葛条湾 4 个矿段以及张家山、泥山、汤卜沟 3 个成矿远景区段。目前已发现含金矿脉 89 条，控制的金资源量超过300t，其中以安坝矿段 305 号脉群规模最大。

安坝矿段 305 号脉群目前共发现 19 条矿脉，均产于下泥盆统桥头组的下岩段地层中，矿脉受安昌河-观音坝断裂及其次级断层的控制（图 5-15）。脉群规模大，矿化连续性好，矿脉产状 150°～170°∠45°～65°。地表控制长度近 3200m。工程见矿标高最高 2192m，最低1557m，控制最大斜深 390m，平均厚度 5.58m，Au 平均品位 7.06×10^{-6}，最高 47.70×10^{-6}。

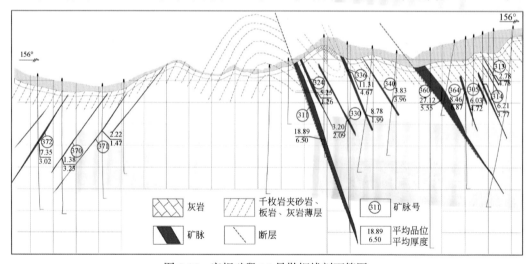

图 5-15 安坝矿段 17 号勘探线剖面简图

矿石可分为原生矿石和氧化矿石，氧化带深度 5～30m。原生矿石又分为蚀变砂岩型、蚀变千枚岩型、蚀变灰岩型和蚀变斜长花岗斑岩脉型 4 种类型。矿石中金属矿物主要有自然金、银金矿、毒砂、黄铁矿、辉锑矿等，其中自然金主要以显微-次显微金形式包裹于毒砂、褐铁矿和黏土矿物中；非金属矿物主要有石英、绢云母、黏土类矿物、方解石、白云石、长石等。

矿石呈变余斑状结构、花岗结构、霏细结构、变晶结构、隐晶结构，块状构造、脉状构造、浸染状构造、角砾状构造、千枚状构造（图 5-16）。围岩蚀变类型主要有硅化、绢云母化、黄铁矿化、毒砂化、碳酸盐化、褐铁矿化及高岭土化。与矿化关系密切的主要有硅化、黄铁矿化。

  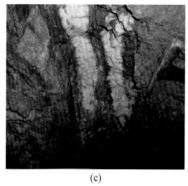

　　　　　(a)　　　　　　　　　　　　　　　(b)　　　　　　　　　　　　　　　(c)

图 5-16　阳山金矿石照片

（a）黑色碳质毒砂 - 黄铁矿化碳质千枚岩，稀疏浸染状构造；（b）灰黑色黄铁矿化钙质千枚岩，黄铁矿为稀疏浸染状分布；（c）辉锑矿化石英脉型矿石，辉锑矿为团块状分布

　　据矿床野外及室内岩矿鉴定，将阳山金矿的成矿期次划分为两期：成岩期、热液期。成岩期：主要为沿千枚理浸染状分布草莓状黄铁矿和部分的胶状黄铁矿。在斜长花岗岩中和灰岩中没有发现此种类型黄铁矿，该期形成的黄铁矿不含金。热液期：根据矿物共生组合和矿脉之间的相互穿插关系将热液期分为 4 个阶段，分别黄铁矿 - 石英阶段（Ⅰ）、石英 - 毒砂 - 黄铁矿阶段（Ⅱ）、石英 - 黄铁矿 - 辉锑矿多金属硫化物阶段（Ⅲ）、石英 - 方解石阶段（Ⅳ）。金矿化的主成矿阶段是热液期第Ⅱ、第Ⅲ阶段，这些成矿作用阶段奠定了阳山金矿的基础，构成了阳山金矿的主体。热液第Ⅱ、第Ⅲ阶段的矿化作用无论是从空间上还是时间上都与斜长花岗斑岩脉的侵入作用密切相关。

　　从近年来岩浆岩侵入年龄测试结果看，阳山金矿花岗质岩石年龄测定结果均在 $220 \sim 210$ Ma，结合矿床在空间上与斜长花岗斑岩（石英 ^{40}Ar/^{39}Ar 年龄，195.31 ± 0.86 Ma；LA-ICP-MS 锆石 U-Pb，214.8 ± 6.8 Ma）空间关系密切，与西秦岭地区的长英质岩浆活动主要集中在 $220 \sim 200$ Ma 的时间吻合。

　　矿床成因探讨：阳山金矿矿体在空间上与斜长花岗斑岩关系密切，主要产于斜长花岗斑岩脉上下盘或其附近（数米范围）的断层破碎带中。从氢氧同位素分析结果看，阳山金矿床以及西秦岭地区金矿床成矿流体以岩浆水为主（图 5-17）。黄铁矿硫同位素分析表明矿区存在两种硫源，即地层中的沉积硫和岩浆硫，二者硫同位素组成差别较大，毒砂和辉锑矿测试则主要显示岩浆硫特征，表明阳山金矿矿体中的硫主要为岩浆硫。碳同位素分析结果也表明金成矿与岩浆岩作用有关并可能混入了沉积碳。而同位素年代学分析结果表明，矿区不仅存在晚三叠世斜长花岗斑岩脉，还存在早白垩世以及早古近纪隐伏岩浆岩体，但成矿作用宏观上并未显示出多期次特征，所以即使有多期岩浆热液活动，本区并未产生叠加可能，后期岩浆作用对成矿作用的影响还需进一步研究。

5. 鹿儿坝金矿

　　鹿儿坝金矿位于南秦岭泽库前陆盆地之洮河复式向斜北翼，是产于中三叠统浅海相碎屑岩 - 碳酸盐岩沉积建造中的一个典型矿床。本区自加里东运动以来是一个长期构造活动的 EW 向海槽，接受了一套浅海相碎屑岩、碳酸盐岩沉积。三叠纪末的印支运动使地层发生强烈褶皱，形成巨大的 NW 向洮河复式向斜，构成区内的主体构造。向斜的主要地层为

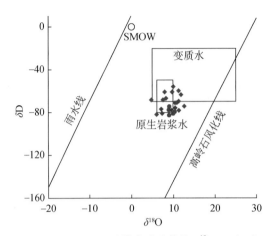

图 5-17　阳山金矿带成矿流体的 $\delta^{18}O$-δD 组成

三叠系，局部可见二叠系、白垩系及古近系－新近系。

矿区除第四系外，主要出露的地层为中三叠统光盖山组，为一套浅变质的浅海相中细粒碎屑岩、碳酸盐岩沉积建造，总体呈 NW 向展布。依据岩性、岩石组合由北向南分为 A、B、C、D、E 五个岩性层，每个岩性层均赋存有金矿体，即砂质板岩（A），褐红色、紫红色粉砂质板岩夹中厚层状细砂岩（B），砂岩夹板岩（C），板岩（D），砂岩（E）。容矿岩石为长英质砂岩、粉砂岩及粉砂质板岩等。

矿区位于洮河复向斜北翼，地层总体呈走向 NW、倾向 SW，呈单斜分布，其中在板岩及薄层状粉砂岩、砂岩中发育次一级平行分布形态复杂多样的小型紧闭褶曲和挠曲；矿区断裂构造较发育，按走向分为近 EW 向、NW 向、NNE 向 3 组。近 EW 向构造在矿区最为发育，不但数量多、分布广，而且规模也较大。该组断裂走向 270°～280°，多数南倾，倾角 70°～80°，断面一般较平直，镜面、擦痕、阶步明显，属左行压扭性断裂。该组断层往往集结成束，且常具分支复合现象，构成矿区 3 条宽 100～300m，长度大于 4.5km 的断裂带，沿断裂带常形成 1～10m 的断裂破碎带，已知几十个金矿体均赋存于该组断裂破碎带中，是矿区最主要控矿构造；NW 向断裂属近 EW 向断裂的次级派生断裂，在两组构造交汇部位，矿体膨大变富，该组断裂一般规模不大，是本区次要控矿构造；NNE 向构造不发育，属成矿后期断裂。

矿区岩浆活动微弱，仅沿断裂构造带形成数条宽 2～5m，长 20～200m 的花岗闪长玢岩脉，脉岩产状多与近 EW 向的断裂构造一致，具分支复合、尖灭再现特点，且向深部有变宽之趋势，是印支构造岩浆旋回的产物。

矿区东西长 5km，南北宽 1.5km，由北向南分为三个矿带，矿体集中分布于 I、II、III 矿带的近 EW 向断裂破碎带中。矿区共圈出金矿体 22 个，矿体形态多呈似层状、透镜状及脉状，有膨缩、尖灭再现或尖灭侧现现象，矿体与围岩界线较清楚，矿体产状 180°～190°∠75°～80°，矿体控制长度 40～1214m，厚度 0.94～6.98m，倾斜延深大于 300m，金平均品位 $1.43×10^{-6}$～$11.07×10^{-6}$。其中矿区最大的 I-1 金矿体呈似层状赋存于 F6 断裂破碎带中，长 1214m，厚 1.58～4.74m，斜深大于 300m，金平均品位 $4.25×10^{-6}$，矿体产状 180°∠75°；II-1 呈似层状赋存于 F13 断裂破碎带，长 340m，平均厚度 3.39m，斜深大于 240m，金平均品位 2.88×10^{-6}，矿体产状 190° ∠ 75°。

矿石矿物主要为黄铁矿、毒砂、磁铁矿、自然金、辉锑矿、闪锌矿等；脉石矿物主要有石英、长石、方解石、白云石、绢云母、重晶石等。矿石结构主要有压碎结构、自形晶粒状结构、半自形 – 他形粒状结构、草莓状结构、包含结构、交代残余结构；构造主要为浸染状、碎裂状、角砾状、细脉状、团块状构造。

矿石中 SiO_2 明显高于围岩（砂岩、砂板岩、板岩），Al_2O_3、CaO、K_2O+Na_2O 低于围岩，这表明成矿过程中，发生 Si 元素的带入和 Al、Ca、K、Na 等元素的带出作用，同时也揭示了硅化蚀变是金矿化的主要蚀变，交代作用是金成矿的主要作用。

矿化蚀变受断裂破碎带控制，蚀变类型主要有硅化、毒砂化、黄铁矿化、碳酸盐化、绢云母化、高岭土化等；矿区围岩蚀变的水平分带比较明显，常以碎裂蚀变岩带为中心，细脉状交代围岩带比较对称地分布在其上下盘。蚀变带的岩石蚀变强度与其含金性呈正相关关系，即由蚀变碎裂带向外，金含量由高到低呈有规律的变化。

对矿石黄铁矿 $\delta^{34}S$ 值进行了测试，硫同位素变化范围为 5.4‰ ～ 9.4‰，平均值 7.5‰，硫同位素显示有较多的沉积岩中的硫参与成矿，这与该区岩浆活动较弱，成矿围岩主要为砂岩、粉砂岩特征较为一致，显示其硫可能是来自岩浆和沉积岩混合。

鹿儿坝矿区石英脉中石英的 $\delta^{18}O_{V-SMOW}$ 值为 10.12‰，δD_{V-SMOW} 值为 105%，在氢 – 氧同位素图解上（图 5-18），远离原生岩浆水和变质流体者变化范围，靠近高岭石风化线，显示出原生岩浆水和建造流体的混合流体特征，即区域成矿流体是岩浆流体和岩体所驱动的建造流体共同参与的结果，这一点与上面硫同位素测试结果所显示出的硫来源于沉积岩与岩浆来源混合的特征是一致的。

对矿区方解石中的流体包裹体测试结果显示，均一温度范围在 105 ～ 150℃（图 5-19），盐度 W_{NaCl} 为 6.88% ～ 9.21%，温度曲线呈单峰状。表明其成矿温度较低。表明鹿儿坝为低温中低盐度热液型金矿床。

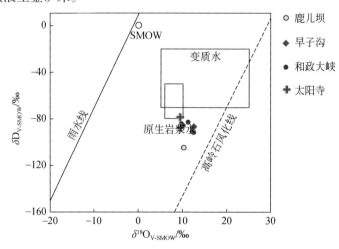

图 5-18　金矿石石英氢氧同位素组成图

鹿儿坝金矿区矿石铅同位素组成的变化不大，$^{206}Pb/^{204}Pb$ 在 18.1361 ～ 18.4847，平均值为 18.2792；$^{207}Pb/^{204}Pb$ 在 15.6042 ～ 15.6619，平均值为 15.6414；$^{208}Pb/^{204}Pb$ 在 38.3828 ～ 38.6954，

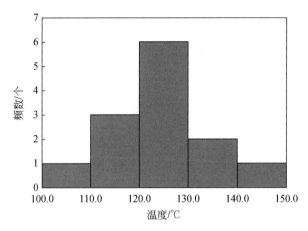

图 5-19　金矿床流体包裹体均一温度直方图

平均值为 38.5023，在 $^{207}Pb/^{204}Pb-^{206}Pb/^{204}Pb$ 图解中（图 5-20），数据投点主要分布于地幔铅、下地壳铅和造山带铅之间，矿石铅同位素的复杂性暗示其是一种来源于地幔和地壳的混合铅。与前人对西秦岭金矿区矿石铅同位素的研究结果基本一致。

本区与矿化有关的岩浆岩为闪长玢岩，矿区总体岩浆活动微弱，仅沿断裂构造带形成数条宽 2～5m，长 20～200m 的花岗闪长玢岩脉，脉岩产状多与近 EW 向的断裂构造一致，具分支复合、尖灭再现特点，且向深部有变宽之趋势。矿体主要产于闪长玢岩内部及其附近的断裂破碎带中，岩石蚀变较强。镜下可见岩石呈斑状结构，块状构造，斑晶为长板状 - 短柱状斜长石（30%～50%）、石英（1%～5%），黑云母（1%）矿物粒径 0.5～1.0mm。基质为细粒 - 隐晶质结构，由显微长板状斜长石（50%～60%）和粒状石英（1%～5%）及微量星散状黄铁矿组成。长石、黑云母、角闪石均发生较强的高岭石化、绢云母化、碳酸盐化、黄铁矿化。

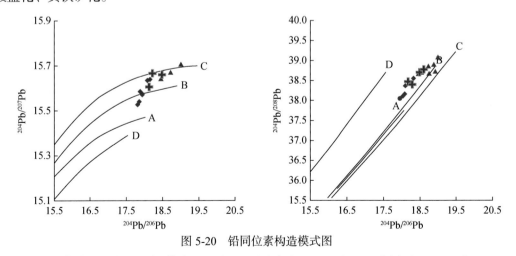

图 5-20　铅同位素构造模式图

A. 地幔（mantle）；B. 造山带（orogene）；C. 上地壳（upper crust）；D. 下地壳（lower crust）

有关鹿儿坝金矿床成因，前人曾做过研究，有构造蚀变岩型中低温热液矿床（吴烈善等，1998）、岩浆型（司国强等，2000）以及卡林 - 类卡林型（陈衍景等，2004）。通过对矿床野外产出特征的观察，初步认为该矿床类型应为与闪长玢岩有关的斑岩型 - 蚀变岩型金矿床，与李子园碎石子金矿床地质特征具有一定的相似性，仅成矿围岩有一定差异。本区矿体主要产于破碎带中，受构造控制明显，矿化破碎带中的矿体特征与本区矿化蚀变闪长玢岩脉上部破碎带中的矿床地质特征一致，推断其下部可能有闪长玢岩脉（体）存在，深部钻孔验证了此推断，在破碎带深部 700m 钻孔处见到矿化蚀变闪长玢岩脉（体）。由此可见，未见闪长玢岩的破碎带下部均有隐伏闪长玢岩脉（体）存在，深部具有寻找与闪长玢岩有关的斑岩型 - 蚀变岩型金矿的较大潜力。尽管目前还没有获得准确成矿年代学数据，根据区域构造运动及区域闪长玢岩年代学资料，闪长玢岩主要形成于印支期末期，而脉岩与金成矿关系密切，因此推断矿床的成矿时代为印支期末期。印支期之后，由于区域构造运动，早期形成的矿体遭受了后期的构造破坏。

综上所述，鹿儿坝金矿床为与闪长玢岩有关的斑岩型 - 蚀变岩型金矿床，部分闪长玢岩即矿体，矿体及岩脉均受近东西向次级构造的控制。

总结以上与中酸性侵入岩有关的金矿床的成矿地质特征，反映了岩体对基底矿源层的部分熔融，金矿控矿条件即"矿源、热再造、赋矿空间"模式，寻找深源浅成或基底矿源层部分熔融的中酸性岩体对于金矿找矿具有重要的意义。

（三）与海底热水沉积 - 浊积岩有关金矿

1. 凤县八卦庙金矿

凤县八卦庙金矿地处陕西省凤县以东，位于秦祁昆造山系南秦岭弧盆系凤县 - 镇安陆缘斜坡带凤太矿田，矿床位于八卦庙 - 小梨园金矿化异常带，受长沟 - 滴水岩沟复背斜南翼逆断层下盘 NWW 向脆 - 韧性剪切带（八卦庙 - 小梨园 - 羊肠沟）与 NE 向断裂密集带（八卦庙 - 沈家湾）交汇部位控制；含矿层位为 D_3x_1 上部，含矿岩石为铁白云质粉砂质千枚岩夹粉砂质灰岩或粉砂岩。已查明金资源储量为 40.5t，平均品位 Au 为 3.5×10^{-6}。属破碎 - 蚀变岩型大型金矿床。

矿区出露地层主要为中泥盆统古道岭组上岩段、上泥盆统星红铺组。中泥盆统古道岭组组成岩性为结晶灰岩及含碳、含生物碎屑灰岩。上泥盆统星红铺组为一套浅变质黏土岩夹（互）碳酸盐岩和碎屑岩层。黏土岩以千枚岩或板岩为主，碳酸盐岩以灰岩为主，碎屑岩为砂岩或粉砂岩。其沉积环境由东向西为潮坪相 - 浅海陆棚相沉积。整合覆于古道岭组之上，厚 1762m。其中上泥盆统星红铺组下岩段的上岩性层（$D_3x_1^2$）为赋矿层，个别矿体赋存于上泥盆统星红铺组中岩段的上岩性层（$D_3x_2^2$）。下岩段上岩性层主要为含铁白云石粉砂质千枚岩、斑点状铁白云石千枚岩夹条带状灰岩，局部地段为钙质粉砂岩，乃矿区的主要含矿层。

矿区褶皱构造为一系列轴向南东的斜列式褶皱组成，轴线方向 102°～130°。断裂构造主要有两组断裂。一组为 3 条高角度逆断层，走向大致与地层走向一致，形成时间早（印支期），规模大，为矿区的主要控矿构造，走向北西 110°～140°，倾向北北东，倾角 60°～85°；另一组为 4 条正 - 平移断层组成，规模小，形成较晚（燕山期），对成矿起叠加富集作用，走向北东 28°～65°，倾向北西，倾角一般为 75° 左右。

成矿构造 F12 断裂斜穿矿区，近东西向延长，长大于 20km，产在星红铺组下岩段下岩性层（$D_3x_1^1$）与上岩性层（$D_3x_1^2$）之间，矿区以外有斜切地层现象。在西河的两河口附近该断层使古道岭组上岩段灰岩缺失，下岩段砂岩直接与星红铺组千枚岩接触，断层倾向 $20° \sim 45°$，倾角 $70° \sim 85°$，上盘上升，下盘下降，是高角度逆断层。沿断层带广泛发育有揉皱和挠曲，并充填有大量石英脉。在断层下盘千枚岩中发育有 $100 \sim 300m$ 宽的斑点状千枚岩；在镜下偶见糜棱岩化的千枚岩，石香肠、细颈构造广泛发育，是一典型的韧性剪切带，其宽度 $100 \sim 400m$，长度大于 $600m$，金矿体就赋存在该带中。

矿区岩浆岩不发育，仅有零星的石英脉、钠长岩脉出露。

该矿床已圈定 10 条金矿体，其中 4 条矿体规模较大。矿体总体呈似层状、透镜状、鞍状出现，沿走向或倾向分支复合、膨缩明显。III 2 号矿体是矿区最大矿体，矿体长 527m，厚度 27.4m，最大斜深 502m。矿体形态呈层状，产状 45° ∠ $70° \sim 85°$，平均金品位 3.08×10^{-6}。金属矿物有黄铁矿、磁黄铁矿；次要金属矿物有黄铜矿、闪锌矿、方铅矿、磁铁矿等；微量金属矿物有斑铜矿、黝铜矿、铜蓝、毒砂等；脉石矿物主要为石英、绢云母和铁白云石，次为钠长石、绿泥石、方解石、菱铁矿等。金矿物种类单一，仅为自然金一种，主要以细粒－显微金赋存于石英及黄铁矿、磁黄铁矿晶粒间或矿物的裂隙中，其中粒间金占 $60\% \sim 90\%$；自然金以中细粒为主，约占 80%。矿石中有害杂质含量低，矿石结构有半自形、自形、他形粒状、共边结构、包含结构、残余结构、假象结构、残余结构、碎裂结构。矿石构造主要为浸染状、角砾状构造、团块状构造，其次为脉状、网脉状和胶状构造、皱纹状构造等。

矿区内围岩蚀变普遍，主要发育有硅化、绢云母化，其次为黄铁矿化、磁黄铁矿化、绿泥石化、黑云母化、碳酸盐化、钠长石化。

金矿体成群出现，总体上呈似层状、透镜状、鞍状，沿走向或倾向分支复合、膨缩明显。矿体总体产状受脆－韧性剪切带的控制。已圈定的 4 条主要金矿体长 $375 \sim 1195m$，平均厚度 $0.75 \sim 70.50m$，最大斜深 705m，单矿体平均品位 $3.60 \times 10^{-6} \sim 8.38 \times 10^{-6}$，其中 III 3 号矿体规模最大，矿体长 470m，斜深 705m，平均水平厚度 19.31m，矿体品位 $3.26 \times 10^{-6} \sim 7.06 \times 10^{-6}$，平均 6.07×10^{-6}，该矿体占矿床储量的 59.28%。

矿床成因类型为构造蚀变岩型金矿床。

对八卦庙及其外围的丝毛岭、石地沟、庙儿岭等金矿（化）点调查评价研究，该区金矿具有以下成矿规律。

（1）区内金矿化异常带的展布受褶皱翼部（尤其是倒转翼）规模较大的逆冲断层下盘北西西向脆－韧性剪切带控制；金矿床（点）的定位受金矿化异常带与北东向断裂密集带交汇部位控制，所以异常和矿点也具有近东西向成带、北东向成行的分布特征。

（2）已知金矿床（点）主要赋存于上泥盆统星红铺组千枚岩中。含矿岩石主要为浅变质的泥质碎屑岩，浅变质后为铁白云质粉砂质千枚岩、斑点状粉砂质千枚岩夹粉砂质灰岩或粉砂岩。

（3）充填于北东向断裂密集带中的岩浆气液型石英脉对金矿床（点）的成矿具叠加富集作用。

找矿标志具体如下：

构造：逆冲断层下盘的北西西向脆－韧性剪切带与北东向断裂密集带的交汇部位。

地层、岩相标志：中泥盆统古道岭组（D_2g）顶部和上泥盆统星红铺组两个岩性段（D_3x_1、D_3x_3）上部 4 个含矿层位的含矿岩相主要为浅变质的泥质碎屑岩（铁白云质千枚岩）和条带状碳酸盐岩建造。

围岩蚀变标志：硅化、绢云母化、铁碳酸盐化、黄铁矿化、磁黄铁矿化、褪色化等。

地球化学标志：异常元素组合为 Au-Ag-（Hg）-As-（Sb）-Zn-（Bi）-Pb-（Cu）。

凤太地区位于南秦岭构造带北亚带，古构造环境为晚古生代构造裂陷沉降带中的热水沉积盆地；八卦庙及其周缘位于盆地的北半部次级热水沉积盆地，在中、上泥盆统浅变质泥质碎屑岩和碳酸盐岩形成多层热水沉积含矿建造。星红铺组第三岩性段（D_3x_3）含碳砂质千枚岩、含碳灰岩和第一岩性段（D_3x_1）的上部铁白云质粉砂质千枚岩为主要的金含矿层，古道岭组灰岩上部与 D_3x_1 碳质千枚岩之过渡部位是本区铅锌（铜）矿的主要含矿层位，从而为该区的金以及铅锌（铜）的成矿奠定了基础。而印支-燕山期的构造-岩浆活动为含矿建造的改造、叠加、富集成矿提供了动热条件，褶皱和断层构造则为矿质活化、运移及重新富集定位提供了空间。铅同位素模式年龄测定成矿年龄为 210Ma，成矿时代为印支末期。

2. 合作市枣子沟金矿床

合作市枣子沟金矿床地处南秦岭构造带南亚带西段，属西秦岭印支断褶带之新堡-力士山复背斜南翼。该背斜为不对称褶皱，地层倾角南缓北陡，核部为下石炭统，翼部为二叠系、三叠系。以岷县-合作断裂带为界，北跨中秦岭前陆盆地构造区，南跨泽库前陆盆地构造区。南部泽库地层区主要由三叠系沉积建造组成。

矿区出露地层为下三叠统隆务河群石英砂岩、粉砂岩、粉砂质板岩、泥质板岩。地层总体走向北西，为一单斜构造，局部扭曲变形，平面上呈反"S"形。三叠系金丰度明显高于地壳克拉克值，是克拉克值的 2 倍。区内中-酸性侵入岩脉发育，主要有石英闪长玢岩、黑云母石英闪长玢岩及辉绿玢岩等中酸性岩脉，呈长条状、囊状、枝杈状产出。矿区断层十分发育，大致可分为东西、北西、北西西、南北、北北东、北东向。

枣子沟金矿化带主要受北东、北西、近南北向三组断裂构造的严格控制，金矿化产于板岩、蚀变闪长玢岩及蚀变闪长玢岩与板岩的接触破碎带上（图5-21）。该矿床的特点是金锑共生，金矿体规模较大，形态完整，延伸稳定，矿化比较均匀；锑矿化连续性差，矿体多呈断续的脉状、鸡窝状夹杂在金矿体中间。矿（化）体均赋存于断裂破碎带内，矿体产状和断裂基本一致。

目前在该矿区内共圈定出大小金矿体 30 余条，矿体形态多呈板状、长条状、脉状、透镜状。其中 Au1 号工业主矿体赋存于北东向的 F1 断层破碎带内，并严格受控于此断裂，矿体产状 310°～330°∠82°～87°，地表延长大于 1000m，斜深 120～400m，平均厚度 4.28m，平均金品位 7.90×10⁻⁶。该矿体形态总体完整，产状及延伸均较稳定，局部出现膨大缩小或分支复合现象。主要含矿岩石为蚀变构造角砾岩、蚀变石英闪长玢岩、褐铁矿化砂板岩等。矿体和围岩有较为明显的界线，呈突变接触关系。

矿石结构主要为自形-半自形粒状、柱状结构、他形粒状结构、包含结构、变余斑状结构、碎斑结构、变余泥质结构、熔蚀结构等。矿石构造主要为细脉浸染状构造、条带状构造、角砾状构造及块状构造等。矿石中主要金属矿物有黄铁矿、毒砂、辉锑矿、磁铁矿、磁黄铁矿、赤铁矿、褐铁矿、闪锌矿、自然金等；脉石矿物为绢云母-水云母、高岭土、

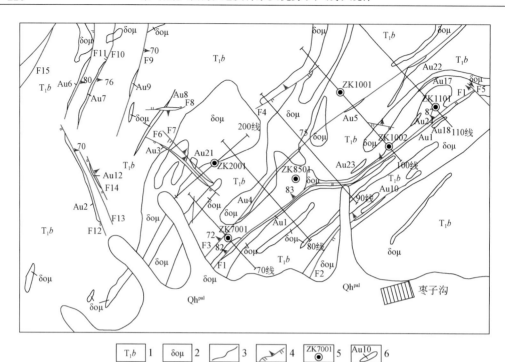

图 5-21 枣子沟金矿地质及 85 勘探线剖面图（据甘肃省地质调查院 2010 年资料）

1. 下三叠统上岩组；2. 石英闪长玢岩；3. 地质界线；4. 断层；5. 钻孔；6. 金矿体

长石、石英、方解石、黑云母、角闪石等。主要载金矿物为黄铁矿，次有毒砂及其他金属硫化物、石英、绢云母、碳酸盐矿物等。

　　近矿围岩蚀变严格受断裂破碎带控制，以中低温热液蚀变为特征，矿化和蚀变在空间上紧密共生，蚀变具多阶段性。热液矿化蚀变可划分为 4 个阶段：Ⅰ 为黄铁矿－石英阶段；Ⅱ 为黄铁矿－金银系列矿物－绢云母、绿泥石阶段；Ⅲ 为多金属硫化物矿物－金银系列矿物－石英－碳酸盐矿物阶段；Ⅳ 为黄铁矿细脉阶段。其中 Ⅱ、Ⅲ 为主成矿阶段。

　　岩浆活动对成矿控制作用表现在三个方面：一是为成矿提供热源和物源，二是为成矿提供了流体（矿化剂），另外，岩脉本身的冷缩裂隙等又为金矿床形成提供了有利空间。大量研究表明，岩浆活动是成矿作用的主要热源，也只有岩浆活动才能供给这样巨大的能量场。流体是成矿必不可少的重要组分，只有流体才能萃取矿源层中的成矿物质，只有流体才能使矿质源源不断地输送到容矿的空间部位，因此岩体与成矿的关系十分密切，如果没有岩体的侵入，矿源层的矿质虽然丰富也难以形成矿床。

　　枣子沟金矿床与断裂关系最为密切，所有矿体均产于断裂破碎带中，严格受断裂控制。矿区发育的北东、北西向两组断裂构造是主要的导矿、容矿构造。

　　据矿石硫（黄铁矿）同位素分析，$\delta^{34}S$ 在 -4.33 ～ -11.50，表明矿石硫主要来源于岩浆期后热液。为了解对比岩矿石稀土元素组成特征，在矿区分别对岩脉、矿体和矿体底板采集了稀土元素测试分析样，从其稀土元素组成、特征参数统计值及稀土元素配分曲线可以看出矿体及底板的稀土配分曲线和 δEu、δCe 值与岩脉非常接近，成矿流体富含稀土、特别是轻稀土元素富集，说明成矿物质来源与岩浆活动有关。

研究认为，三叠系隆务河群为一套浊积岩系，为金矿成矿提供矿源。印支末期—燕山早期中酸性侵入岩为地壳加厚背景条件下形成的富含丰富流体的埃达克质岩体，为成矿物质的活化提供了热源和丰富的成矿流体，夏河–岷县北西西向区域性逆冲推覆断裂为最重要控矿构造，其次级断裂构造北东和北西向共轭断裂为主要容矿构造。枣子沟金矿为一个典型的构造蚀变岩型金矿，成矿时代为燕山期。

3. 镇安金龙山金矿

镇安金龙山金矿地处陕西省镇安县，位于南秦岭弧盆系宁陕–旬阳板内陆表海，金鸡岭复式向斜北翼之次一级褶皱松–枣背斜南翼，北面紧邻镇安–板岩镇大断裂。已查明金资源储量为 24.8t，平均品位 Au 为 $1.8 \times 10^{-6} \sim 2.5 \times 10^{-6}$。

矿区内地层出露呈近东西向分布，主要为上古生界的泥盆系和石炭系。主要含金地层为铁山组（D_3C_1t）、袁家沟组（$C_{1-2}y$）和四峡口组（$C_{1-2}s$）。铁山组下段为含生物鲕粒粉晶灰岩夹石英砂岩、泥质粉砂岩，上段为中厚层白云质长石石英砂岩夹砂屑灰岩、角砾状灰岩、生物碎屑灰岩；袁家沟组为含燧石灰岩，局部为块状、砾状灰岩。四峡口组为含碳绢云母板岩、粉砂质板岩夹砂岩、灰岩、砾岩（图 5-22）。

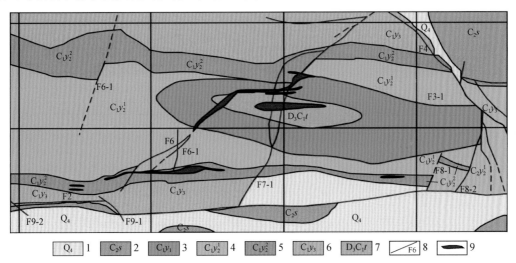

图 5-22　金龙山金矿区地质矿产图

1. 全新统；2. 中石炭统四峡口组；3. 下石炭统袁家沟组第一岩性段；4. 下石炭统袁家沟组第一岩性段第一岩性层；
5. 下石炭统袁家沟组第二岩性段第二岩性层；6. 下石炭统袁家沟组第三岩性段；7. 泥盆系铁山组；8. 断层

金龙山矿区的构造是由几个东西向展布的短轴背斜组成的剪切褶皱带为主体，叠加后期小型弧形构造。各个短轴背斜因所处弧形构造中位置不同呈现不同的形变特征，进一步递进形变发育次级北西、北东、南北、东西向断裂，而且次级断裂叠加在早期东西向剪切带上构成复杂的构造格局。区内金矿（化）体受褶皱控制，矿（化）体分布于背斜的核部。近东西向断裂、北东向断裂和北西向断裂是矿区主要的含矿构造。近东西向断裂长 100～2000m，宽几米到几十米，北倾，倾角大于 60°。当断层发育于脆性地层区段时多表现为脆性，发育于粉砂岩与页岩互层中则构成剪切带；北东向断裂一般长几百米至上千米，带宽几米至几十米，多成群成带分布，走向 20°～60°，倾向北西，倾角

70°～85°，断裂带两侧次级断裂及羽状裂隙也较发育；北西向断裂规模较小，且多与锑矿化关系密切，走向300°～340°，一般倾向北东，倾角60°～80°。

矿床从东向西划分为金龙山、腰俭、丘陵、古楼山四个矿段，共发现蚀变矿（化）体34条，工业矿体26条。金龙山矿段内共发现8条，长96～290m，宽2.0～21.0m，平均厚度6.18m，平均金品位5.20×10^{-6}。腰俭矿段内发现蚀变破碎带8条，圈定矿体5条，长140～370m，平均厚度2.70m，平均金品位3.17×10^{-6}。丘陵矿段内发现蚀变破碎带13条，圈定矿体14条，长180～974m，厚度0.72～7.86m，平均金品位4.36×10^{-6}。古楼山矿段内发现蚀变破碎带4条，圈定矿体3条，以北西向为主，长度200～700m，蚀变破碎带宽3.00～13.00m，平均金品位2.88×10^{-6}。

按照矿体赋存层位，将矿体分为矿源层中的矿体和盖层中的矿体两类。矿源层中的矿体指赋存于南羊山组中的各个方向构造带中的矿体。其中东西向矿体主要分布于弧顶部位，北东向矿体分布于金龙山矿段和丘岭矿段，是矿区内主要的富矿体，矿体受北东向断裂构造带和地层控制，并且与近东西向的矿体斜交。北西向矿体主要位于弧形构造西翼，矿体受北西向断裂控制，分支复合特征明显，次级断裂叠加复合部位矿体厚度增大、矿化好、品位高。南北向矿体在各个矿段中均发育。盖层中的矿体是指赋存于矿源层之上的盖层袁家沟组微晶灰岩中构造带内的矿体，严格受北东向压扭性断裂带控制，沿走向、倾向上具分支复合现象；矿化带以灰岩角砾为主，胶结物为石英、方解石、黄铁矿、褐铁矿等。

金属矿物主要为自然金、砷黄铁矿、黄铁矿、褐铁矿、毒砂、辉锑矿等。脉矿物主要为石英、铁白云石、方解石等。矿石结构以半自形-自形粒状、他形粒状、交代残余结构为主。矿石构造以稀疏浸染状、细脉-浸染状、条带状、角砾状构造为主，次为蜂窝状构造。原生矿石的主要类型有：黄铁矿型金矿石、毒砂-黄铁矿型金矿石，辉锑矿-黄铁矿型金矿石和辉锑矿-毒砂-黄铁矿型金矿石；氧化矿石主要为褐铁矿型金矿石。

围岩蚀变主要为硅化、方解石化，次为重晶石化、地开石化、黄铁矿化、毒砂化，次生蚀变为褐铁矿化、高岭土化。

中国黄金集团公司对陕西镇安米粮地区丁（家山）-马（鹿坪）金矿带的金龙山、东沟的勘探证明，上泥盆统顶部南羊山组类复理石建造的灰岩-粉砂岩-页岩岩相段是微细浸染型金矿床的含矿层位，容矿地层以泥盆系为主，其上覆的下石炭统袁家沟组浅海陆源碎屑建造及浅海相碳酸盐岩建造也是容矿地层。受区域南北向挤压应力影响，金矿主要赋存在与东西向背斜褶皱轴部斜交的北东向陡立的构造带以及北西向裂隙带的石英脉中。

初步认为：本区主要控矿构造为一直立背斜（图5-23），轴面走向为近东西向，控制着泥盆系及石炭系的分布，泥盆系的层理面与直立背斜轴面平行，该背斜在受南北向应力挤压过程中，在背斜核部形成一系列平行的北东向平行的断层带，是101、103、103-1等金矿体的主要容矿构造，背斜受应力作用导致背斜核部紧闭，使得北东向平行的断层延伸不大，抵至石炭统灰岩层时，构造尖灭或发散。背斜核部泥盆系在局部近东西向劈理较发育并斜交北东向构造，造成北东向矿体分支复合现象较多。

旬阳交阳沟金矿与镇安丁马矿带分别位于区域金鸡岭向斜的南北两翼，其含金地层均为中-上泥盆统的泥质-细碎屑岩-碳酸盐沉积岩系，为本区微细浸染型金矿的矿源层，而金矿富集则受到沿区域东西向褶皱构造的次级北东向和北西向断裂切割泥盆系含矿岩系而贯入的石英脉控制，特别是北东向断裂中的石英脉金成矿相对较好。

（四）与黑色岩系有关金矿床

1. 石泉－汉阴一带金矿

该地区相继发现并初步评价了黄龙、鹿鸣、烂木沟、水田坪、酒店、长沟、吴家湾、柳坑、白果树、刘家沟、黑龙洞、岩屋沟等十余处金矿床、矿点，显示出区内巨大的找矿潜力。这些金矿床（点）均与志留系梅子垭组浅变质的含碳黑色岩系有关，且受韧性剪切带控制。其中汉阴县黄龙金矿床为其典型代表。

汉阴县黄龙金矿地处陕西省汉阴县，位于秦祁昆造山系南秦岭裂谷带白水江－神河陆缘裂陷带。已查明金资源储量 5t，平均品位 Au 为 $1.81 \times 10^{-6} \sim 2.53 \times 10^{-6}$。属变质碎屑岩中的热液型小型金矿床。

矿区内出露地层为中－下志留统梅子垭组，分为七个岩性段，第四岩性段为黄龙金矿床赋存层位（图 5-23）。岩性以中至厚层变砂岩为主，夹碳质石英片岩、薄层硅质岩、石英绢云母片岩等，底部夹透镜状薄层结晶灰岩，中部在 99m 范围内富含黄铁矿，一般含量在 2% ～ 5%，局部达 8% ～ 9%，顶部为一层含黑云母变斑绢云石英片岩。第四岩性段上部（$S_1m_4^{2-2}$ 下部至 $S_1m_4^{2-3}$ 上部）层位较为稳定，含金丰度高，岩性为含碳绢云母石英片岩及含碳黑云母变斑晶绢云母石英片岩。矿体的形成皆取决于该岩性中劈理化带的发育强度，劈理化带中常有石英微脉及细脉浸染状的黄铁矿－磁黄铁矿沿劈理充填分布，劈理化带中岩石普遍产生中等强度的硅化、绢云化、黄铁矿化。区内断裂以韧性剪切断裂为主，脆性断裂次之，韧性剪切断裂规模较大，呈北西西向，长 10km，宽度 100 ～ 300m，韧性剪切带附近叠加大型断裂构造，内部叠加有不同规模的层间破碎带、断裂带。区内与金矿化密切相关的韧性剪切断裂带有范家沟－东沟剪切带及黄龙－鹿鸣－孙家庄剪切带。

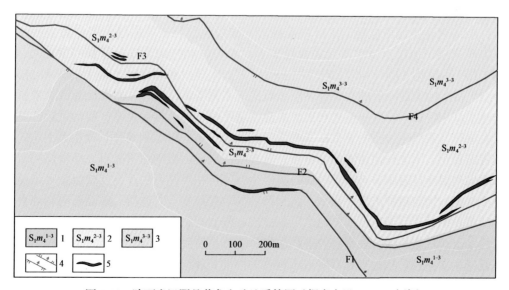

图 5-23　陕西省汉阴县黄龙金矿地质简图（据李会民，1997 改编）

1. 二云母石英片岩；2. 含碳绢云片岩；3. 石英片岩；4. 断裂及编号；5. 金矿体

目前共圈定出 11 个金矿体，其中硝磺硐矿段 8 个，金沟矿段 3 个，长 100～876m，一般厚度 1～6m，控制延深数十米至百余米。矿体呈似层状－层状，产状与围岩一致，呈渐变过渡接触。走向 310°～340°，倾向北东，倾角 40°～70°。由于劈理化带发育程度，两矿段矿体的延展和延深略有不同，硝磺硐矿段矿体规模较小且连续性差。金沟矿段矿体产出规整，连续性较佳。

金属矿物主要为黄铁矿、磁黄铁矿、钛铁矿、赤铁矿和少量自然金及银金矿等。脉石矿物主要为石英、绢云母、黑云母、石榴子石及少量碳质、绿泥石、绿帘石、碳酸盐矿物等。矿石结构主要为自形－半自形－他形粒状结构，以及鳞片粒状变晶结构、变斑状结构、板条状结构、包含结构、次生交代和交代残余结构。矿石构造主要为条带状浸染状构造、片状构造、散染状构造、细脉浸染状构造、粒间浸染构造、稀散似斑状构造。矿石的自然类型为浸染状黄铁矿绢云母石英片岩型和浸染状磁黄铁矿绢云母石英片岩型。围岩蚀变主要为硅化、钾化、黄铁矿化、碳酸盐化、绿泥石化等。

研究认为，下志留统本区为一近东西向展布的狭长而深陷的海槽，大量接受南北两侧古老地块或火山岩的陆源碎屑，沉积了一套黑色岩系建造。这些陆源碎屑搬运到海湾后，在还原环境的介质中，H_2S 及碳质的吸附作用，使金迁移、富集于梅子垭组高碳质、富含黄铁矿的地层内，形成初始的矿源层。在印支－燕山期造山运动的作用下，区域变形变质作用发育，形成一套浅变质的绿片岩相变质建造，同时形成一组北西西向强烈的走向逆断层及其旁侧次一级断裂及劈理化带。热液（变质热液及岩浆热液）的作用使初始的矿源层进一步活化、迁移、富集，金沉淀于劈理化带的劈理及小裂隙中，形成工业矿体。

2. 夏家店金矿

夏家店金矿产于黑色岩系，矿床形成以地层物质为基础，控矿构造为脆－韧性性质，构造强烈具多次叠加特点，构造与矿化具多期多阶段特征。

夏家店金矿含矿岩系为下寒武统水沟口组，其下部岩性为厚层块状紫红色重晶石－硅板岩；中部为含碳泥质硅板岩－硅质泥板岩－碳质泥板岩互层夹黏土岩，含金性好，为主要容矿岩层，地层主要矿质元素含量如下：Au 为 $130×10^{-8}$，Ag 为 $1035×10^{-6}$，As 为 $1500×10^{-6}$，Cu 为 $1900×10^{-6}$，Zn 为 $1600×10^{-6}$，Ni 为 $1800×10^{-6}$，是 Taylor 和 Mclenna（1985）得到的上地壳值的几十倍甚至数百倍。张复新等（2009）研究认为该岩系具有明显的热水沉积特征：①硅质板岩与下伏震旦层呈平行不整合接触关系，使得过渡性基底构造突发沉降导致黑色岩系的发育；②硅质石英和泥质绢云母结晶细微、颗粒大小均匀，沿层位走向稳定，不含任何热液蚀变迹象；③含有沉积成因微细粒重晶石，呈纹层相对集中分布或均匀散布硅岩中，与沉积硅质石英混生；④沉积重晶石的存在反映沉积环境盐度与矿化度较高，钡与硫的出现是热水－热泉活动的直接产物；⑤硅质、重晶石与相当含量的莓球状黄铁矿共生一起，证实其热水沉积成因；⑥岩石稀土含量低，稀土标准化模式与南秦岭热水沉积硅岩相似，表明它们是高盐度海底热水喷流沉积的产物。

夏家店金矿控矿构造是在秦岭造山过程的南北挤压应力作用下，前期在褶皱变形基础上，再经倒转和紧闭，引发岩系内薄弱带（碳－泥－硅质板岩薄互层）上叠加近东西向脆－韧性剪切构造变形。该早期剪切变形强烈，沿层间片理化（S_1）极其发育，进而的剪切出现 S-C 组构，S_1、S_2 的交汇处发育不同尺度的剪切构造透镜体，偶见压力影构造，剪切熔蚀作用也可见及。大量含矿的微细浸染－脉状硅化作用应是岩层内构造热液作用分异的结果。中期脆性断裂主要表现为一次角砾岩化和二次角砾岩化，角砾岩化仍叠加于片理化硅质板岩及含碳泥质板岩之上，胶结物由铁碳酸盐矿物组成。晚期拉张脆性断裂构造裂隙中充填石英－方解石及重晶石脉体。

工业矿体由Ⅰ号和Ⅱ号带组成，呈大小不一的扁豆状体，矿体两端尖灭处多有分叉，完全受含矿层位有利岩性及褶皱剪切构造控制。Ⅰ-1号矿体矿化较好，矿体产状与F4断层大体一致，矿体倾向290°～315°，倾角50°～63°，长200m，厚1.0～16.6m，平均厚9.2m。矿体形态呈透镜状、扁豆状，总体向南西倾伏，倾伏角70°。Au品位平均为3.88×10^{-6}，最高达30.90×10^{-6}。金矿化蚀变矿物主要为黄铁矿化、白铁矿化、硅化、铁白云石化、铁方解石化，氧化导致金进一步次生富集。Ⅰ-2号矿体呈扁豆状、透镜状，地表长450m，最大垂深240m，平均厚1.69～5.57m。倾向310°～330°，倾角50°～55°，Au品位为1.82×10^{-6}～8.64×10^{-6}。Ⅱ-1号矿体，控制长300m以上，深部（50m）由PD3、PD5坑控制也见矿良好。矿体产状325°∠53°～356°∠43°，北东—近东西走向。矿体受揉皱－剪切破碎带控制呈扁豆状。Au品位为3.14×10^{-6}～1.34×10^{-6}。矿石类型为片理化－碎裂泥质硅板型、含石英脉－碎裂泥质硅板岩型金矿石及含金石英细脉型。

根据含矿建造形成、后期控矿构造叠加，以及其表生氧化作用，将多期构造与耦合的热液脉动活动按成矿生成顺序划分为：沉积成岩成矿预富集期，构造－热液期，表生氧化－次生富集成矿期。

值得注意的是，最新的勘查成果表明，在夏家店周缘地区的苏岭沟以及刘家峡一带，发现除了赋存于水沟口组的金矿体以外，还发现赋存于泥盆系西岔河组砂砾岩地层中的金矿体，它们均受北东向断裂构造控制（图5-24），倾向延深可达350m，地表长度在

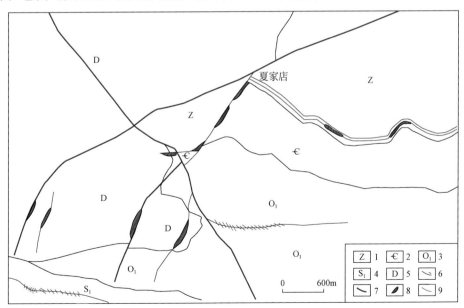

图5-24 陕西山阳中村－夏家店一带金矿分布略图（据西北有色地质勘查局713总队2015年资料改编）

1. 上震旦统陡山沱组和灯影组；2. 寒武系；3. 下奥陶统；4. 下志留统；5. 泥盆系；
6. 断裂构造；7. 韧性剪切带；8. 金矿体；9. 金矿化带

160～240m，平均品位在 $1.9×10^{-9}$～$2.4×10^{-9}$，而且在穿切奥陶系和志留系的近东西向断裂带中发现金矿化体。该地区的这种金矿产出特征进一步说明该区金矿成矿的多期次特征，而且成矿作用始终受到南北挤压应力场作用的控制，从金矿赋存的地层为泥盆系以及不同方向构造的金矿化规模的综合分析，认为夏家店地区的金矿成矿可能与印支期的陆陆碰撞造山作用有关。

（五）与复式金源有关矿床

甘肃西和大桥金矿床矿区处于南秦岭褶皱带与中秦岭褶皱带的过渡部位，窑上－石峡大断裂带上。出露的地层主要有中－上石炭统、三叠系、古近系，地层总体呈一枢纽北东倾伏的缓倾斜背斜褶皱，主要断裂为北东向。矿体受地层严格控制，产出于三叠系下岩组硅质角砾岩中（图5-25）。

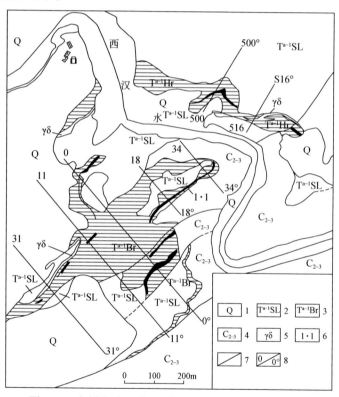

图5-25　大桥金矿地质图（据甘肃省地质调查院资料）

1.第四系；2.板岩夹灰岩；3.硅质角砾岩；4.中厚层灰岩；5.花岗闪长岩；6.矿体及编号；7.断层；8.勘探线及编号

硅质角砾岩层位稳定，沉积特征明显，与顶底板围岩界线清楚，倾向北西，向北东缓倾伏，大桥金矿区硅质角砾岩普遍含金，品位一般为 $0.1×10^{-6}$～$3×10^{-6}$。硅质角砾岩层走向延伸大于600m，厚度一般 10～30m，最大厚度超过70m；岩性主要为硅质角砾岩和复成分角砾岩，局部夹纹层状硅质岩、板岩等。上覆岩石主要为板岩和薄层灰岩，与硅质角砾岩呈整合接触关系；下伏岩石为中厚层灰岩，与硅质角砾岩呈断层接触关系。

大桥金矿床金矿体均赋存在三叠系下部建造层硅质角砾岩中。硅质岩破碎强烈，多呈碎裂或角砾状结构，角砾、基质都由硅质岩组成，具重结晶现象。金品位与硅质角砾岩成分成熟度为正相关，与其碎屑粒度呈负相关关系。细硅质角砾岩型金矿石是矿区最主要的矿石类型。矿区见 12 条（黑云母）花岗闪长岩脉，多呈透镜状顺层产出（刘月高等，2011），同位素年龄为 117～123Ma。

大桥金矿区共圈出 87 条金矿化体，以西汉水为界，北部为北矿段，南部为南矿段，金矿化体多分布于南矿段，其中工业矿体达 47 条。矿体均赋存于硅质角砾岩中，严格受硅质角砾岩控制，矿体呈似层状、板状、透镜状，少数呈分支状。其中除 I-1-4、I-11-12、I-16、I-18、II-1-5、II-7、II-9、II-11、III-1-3 等 18 条矿体外，其余均为隐伏矿体。最主要的工业矿体为 I-1，规模最大。

金矿体主体呈北北东向展布，分布于组合异常的中心，均顺层产出，产状与硅质角砾岩层基本一致，沿走向和倾向具膨大缩小、分支复合现象。赋存于硅质角砾岩层中的金矿体由于受地形切割和断层破坏，在地表被分割成数条矿体。

矿体总的形态为一向北东倾伏的很宽缓的复式背斜构造。沿北东方向，矿体延伸变化较小，产状较为稳定。沿北西方向，次级小褶皱较发育，单矿体沿北西方向在剖面上呈有规律的褶皱起伏形态。

I-1（工业）矿体特征：I-1 矿体走向延伸长 1080m，倾向延伸 40～355m，尚未完全控制。矿体形态为似层状、层状，矿体连续性较好。产状随次级褶皱变化而变化；矿体总体走向 50°，倾向 320°，平均厚度为 17.31m，一般为 0.82～63.08m，矿体厚度变化较稳定，厚度变化系数为 74%；矿体单工程品位一般为 $1.2×10^{-6}～7.37×10^{-6}$，平均品位 $2.44×10^{-6}$，品位变化系数 47%，品位变化属均匀。矿体自 26 线至 63 线底板逐渐抬升，向北东倾伏，向南西扬起。

本区与金共生的硫化物主要为黄铁矿，黄铁矿的硫同位素分析结果见表 5-2，其 $\delta^{34}S$ 值变化范围不大，为 -3.6‰～-8.3‰，塔式效应明显，分馏较充分，具有生物硫与岩浆硫混合的特征。黄铁矿铅同位素 $^{208}Pb/^{204}Pb$ 值变化范围为 38.29～39.756，平均 38.45，$^{207}Pb/^{204}Pb$ 值为 15.62～15.73，平均 15.68，$^{206}Pb/^{204}Pb$ 值为 18.148～20.621，平均 19.48。在 $^{207}Pb/^{204}Pb$-$^{206}Pb/^{204}Pb$、$^{208}Pb/^{204}Pb$-$^{206}Pb/^{204}Pb$ 图解中（图 5-26 和图 5-27），数据投点主要分布于造山带铅和上地壳铅、洋岛火山岩铅之间的范围，显示其来源的复杂性。综合其他稳定同位素特征，本书认为其来源主要与热水成因有关。

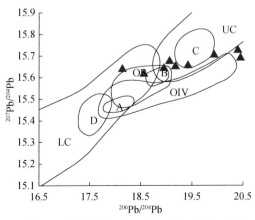

图 5-26　铅同位素 $^{207}Pb/^{204}Pb$-$^{206}Pb/^{204}Pb$ 图解

LC. 下地壳；UC. 上地壳；OIV. 洋岛火山岩；OR. 造山带；A，B，C，D 分别为各区域中样品相对集中区

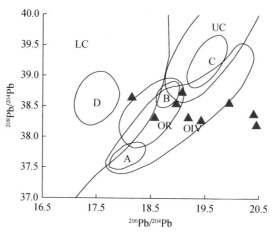

图 5-27　铅同位素 $^{208}Pb/^{204}Pb$-$^{206}Pb/^{204}Pb$ 图解

图中各字母含义同图 5-26

表 5-2　硫同位素分析结果

样品原号	岩性	检测结果 /‰
DQ005	黄铁矿	-8.3
DQ006	黄铁矿	-7.9
DQ013	黄铁矿	-7.7
DQ015	黄铁矿	-7.4
DQ017	黄铁矿	-7.5
DQ018	黄铁矿	-7
DQ019	黄铁矿	-6.4
DQ025	黄铁矿	-7.5
DQ027	黄铁矿	-3.6
DQ028	黄铁矿	-4.7

注：测试单位为核工业北京地质研究院

　　结合大桥金矿矿床地质、地球化学特征综合分析，认为早期矿体与花岗斑岩关系密切，后期与热水沉积有关，复式角砾显示具有多期持续成矿作用，后期与温泉有关。

二、铅锌矿

1. 厂坝-李家沟铅锌矿床

　　该矿床位于甘肃省成县。大地构造位置处于南秦岭构造带北亚带西威矿田。区内地层以泥盆系分布最广，次为三叠系、侏罗系、古近系和新近系以及零星分布的第四系。含矿地层主要为下泥盆统安家岔组（D_1a）灰绿、黄绿、黄褐色粉砂岩、粉砂质绢云千枚岩、钙质绢云千枚岩夹粉砂岩、泥岩、泥质生物灰岩等。属陆棚碎屑滨海环境之前滨砂泥岩建造组合。

　　该区褶皱构造发育，以东西向展布的吴家山背斜为骨架，对区内地层、矿带的分布起主要控制作用。断裂构造以东西向为主，北东-北北东向次之。东西向断裂规模较大者有人土山-江洛断裂、黄渚关断裂等。该组断裂以压性为主兼具扭性和多期活动的特点，明显地继承了前泥盆纪东西向断裂或至少是同沉积断裂构造。

区内中酸性侵入岩发育，近年来取得的 LA-ICP-MS 锆石 U-Pb 测年数据显示主要为印支期晚期，如糜署岭二长花岗岩（213Ma～214.5Ma）（李佐臣等，2013）、厂坝二云母花岗岩（213Ma）（王天刚等，2010）、黄渚关花岗岩（214～213Ma）（王天刚等，2010）等。岩石多具似斑状结构，蚀变较弱，围岩夕卡岩化不发育，角岩化带较窄。

矿区内出露地层主要为下泥盆统安家岔组（D_1a），呈北西西向展布，按岩性组合及含矿层特征，安家岔组分为焦沟层（D_1a_2）和厂坝层（D_1a_1），两者为整合接触关系。区内安家岔组系西汉水群下部层位，其上依次为和家沟组、红岭山组和双狼沟组。安家岔组属滨海-浅海相碎屑岩、碳酸岩建造，从上到下主要岩性为砂质千枚岩，生物微晶灰岩，细砂岩、砂质千枚岩与灰色生物碎屑微晶灰岩互层、砂质千枚岩。西汉水群底部的安家岔组碎屑锆石 LA-ICP-MS U-Pb 年龄测定结果显示，其年龄为 0.42～2.1Ga，峰值出现在 0.68～0.82Ga，其锆石最小年龄为 0.41Ga，反映其沉积时间应为早泥盆世。地质矿产勘查成果显示碳酸盐岩为铅锌的矿源层，其中由灰-灰黑色页岩、泥晶灰岩和粉砂岩组成、底部夹薄层白云岩、水平层理发育、古生物化石稀少为特征的断陷滞流盆地相——安家岔组是厂坝等沉积变质铅锌矿的控制岩相。断陷滞流盆地处于静水弱动力条件之下，良好的封闭条件使得沿生长断裂上涌的含矿热水不外泄，同时使海水能量在盆地外围充分消耗从而造成盆地内部的滞流安静环境，并使盆地底部具有良好的还原条件。含矿热水流入盆地后，由于其密度大于海水，可沿盆地底部缓慢流动而在低洼部位停积形成卤水池，发生金属元素卸载形成有用矿物堆积。同时盆地良好的封闭条件使得成矿热水热量不易散失，从而有利于海水中的 SO_4^{2-} 还原成 S^{2-}，为成矿提供硫源。

厂坝矿区受吴家山复式背斜北东翼的二级构造干渔廊向斜的控制（图 5-28）。干渔廊向斜其北翼位于矿区南侧，区内向斜轴部紧闭，由焦沟层（D_2a_2）组成，轴面向北倒转，两翼岩层近于等斜，由厂坝层（D_2a_1）组成。矿区内断裂构造发育，主要断裂构造有两组，即走向断层组（为走向近东西的层间压扭性断层）和横向断层（是北东向为主的横向压扭性-张扭性断层）。走向断层多分布在两种不同岩性的接触部位或小角度斜切岩层，常见于白云岩底部与大理岩接触部位，是矿区主干断裂。

黄渚关岩体西部辉石闪长岩中透辉石夕卡岩中含铜、钡、铁矿化，东部闪长岩边部有铜、镍矿化，南部花岗闪长岩的派生岩脉中有铅锌矿化；厂坝花岗岩外接触带有 W、Mo、Be 等矿化。

厂坝-李家沟铅锌矿床含矿层延长大于 2200m。厂坝矿段有矿体 51 个，主矿体三个，均产于黑云母片岩和大理岩中（图 5-29）。矿体呈层状、似层状、透镜状，与围岩整合产出，走向北西 60°～80°，倾向南西，倾角 40° 至直立。矿体沿走向有分支、复合、膨缩的特征。以厂Ⅰ、厂Ⅱ号矿体规模最大，主矿体平均品位为 Zn 5.16%，Pb 1.38%，Zn/Pb 值 3.74；李家沟矿段共有矿体 95 个，以李Ⅰ、李Ⅲ 2 矿体规模大，主矿体平均品位为 Zn 8%，Pb 1.29%，Zn/Pb 值 6.2。

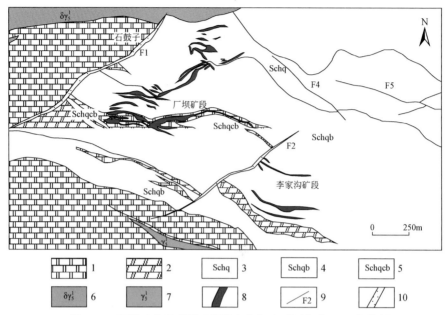

图 5-28　厂坝矿床地质图（据甘肃有色地质调查院 2013 年资料）

1.大理岩；2.白云岩；3.石英片岩；4.黑云母石英片岩；5.黑云母石英方解片岩；6.花岗闪长岩；
7.二云母花岗岩；8.矿体；9.断层；10.断层角砾带

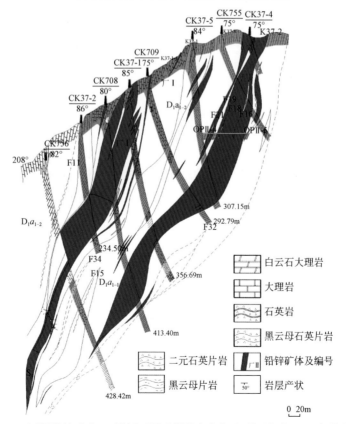

图 5-29　厂坝铅锌矿床 37 线剖面图（据甘肃有色地质调查院 2013 年资料）

无论是大理岩中的矿体还是片岩中的矿体，自然电位法均获得了较好的异常。片岩中的矿体上方的异常的规模、形态与矿体群的展布范围基本吻合；大理岩中的矿体上方的异常较片岩中的异常强度小，也不太规则，但仍然反映了铅锌矿体，电位异常中心及梯度异常零点，均对应矿体深部的厚大部位。

原生矿石类型为铅锌矿石、锌矿石两种类型。产于片岩中的矿石金属矿物主要为闪锌矿、黄铁矿、方铅矿，次为磁黄铁矿，黄铜矿等。脉石矿物主要为石英、白云母，次为斜长石、微斜长石、黑云母等。产于大理岩中的矿石的金属矿物主要为闪锌矿、黄铁矿，次为方铅矿、磁黄铁矿、毒砂等。脉石矿物主要为方解石、石英、斜长石等。

矿石结构有莓球状、针状、半自形粒状、他形粒状、球粒状、交代文象、交代残余、包溶、乳滴、蠕虫、骸晶、固溶体分离、晶内、碎裂等结构。矿石构造主要为条纹－条带状、块状构造，其次有浸染状、隐晶质条纹状、块状、褶曲揉皱状、似片麻状、胶结角砾状、脉状、网脉状、多孔疏松状等构造。

与成矿作用有关系的近矿围岩蚀变微弱，未能形成大规模的蚀变体（带），往往只局限在矿体本身。主要有硅化、碳酸盐化、绢云母化。

综合研究显示，印支晚期的岩浆活动对泥盆纪形成的矿层或矿坯发生了强烈的叠加和改造作用，属层控－热液型铅锌矿床。

2. 徽县郭家沟铅锌矿

徽县郭家沟铅锌矿是在洛坝铅锌矿东延地段 2010 年发现的隐伏铅锌矿床，矿区位于西成矿田东端，属于洛坝铅锌矿区的东延。大地构造位置处于秦岭褶皱系西秦岭海西褶皱带东段。其北为秦岭加里东褶皱带，南接秦岭印支褶皱带。洛坝背斜轴走向近东西，在洛坝矿区中间隆起，向东西两端倾伏。向东延伸至郭家沟一带，多呈隐伏宽缓的背斜构造，区域内断裂构造发育，以东西向为主，区域性深大断裂即人土山－洛坝断裂和黄渚关断裂从该区域内的中间通过，控制着区域内地层的展布与矿产的分布。糜署岭花岗闪长岩岩基在成矿带的北侧出露，呈东西延长的椭圆状，面积 $492km^2$，受东西向大断裂束控制，为中深成相中等剥蚀状。洛坝铅锌矿、郭家沟铅锌矿则产于花岗闪长岩岩基的东南接触带外侧，接触带蚀变明显，以角岩化和简单夕卡岩化为主。为铅锌矿的改造富集起了一定的作用。岩脉主要出现在深部钻孔当中，顺层或切层产出。主要为花岗闪长岩脉，岩石呈灰白色，斑状结构，块状构造，主要矿物有石英、斜长石、钾长石、角闪石；蚀变矿物有白云母及方解石等；次生矿物主要有绢云母、黏土黑云母、绿泥石等；金属矿物主要为少量星点状黄铁矿。与围岩呈侵入接触，边缘相可见微细粒冷凝边，围岩也受烘烤和硅化。

矿区内已控制的铅锌矿体主要产于上部（$D_2a_{2-2}^b$）绢云绿泥千枚岩层中夹的厚层灰岩层透镜体及深部隐伏背斜构造的核部（$D_2a_{2-2}^a$）与（$D_2a_{2-2}^b$）地层接触部位的厚层结晶灰岩一侧。矿体在纵剖面上即走向上呈层状、似层状、扁豆状产出，在横剖面上呈似层状、月牙状产出，与地层产状一致，随构造形态的变化而变化（图 5-30）。矿体倾角较缓，在平面上沿走向、倾向均具波浪起伏特征。赋矿岩石为硅化灰岩，顶底板围岩为千枚岩、灰岩。矿体走向大致为 100° 方向，倾向随构造形态改变而变化，但多数倾向东北，倾角较缓，一般为 3°～45°，有些地方接近水平。随着背斜构造由中部分别向东西两端缓慢倾伏，矿体埋深也随之加深。大多数矿体出现在标高 450～842m，均为盲矿体，埋深较大，一般都超过 300m。

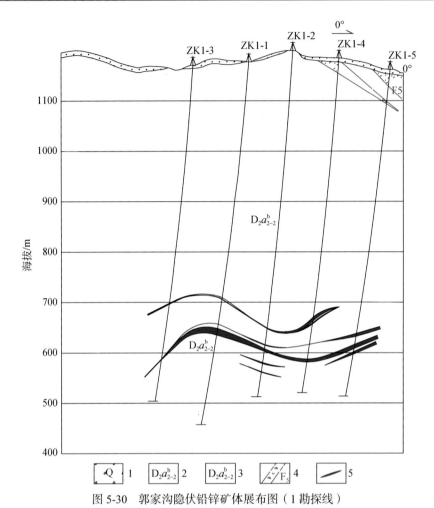

图 5-30　郭家沟隐伏铅锌矿体展布图（1 勘探线）

1. 第四系黄土及残坡积物；2. 中泥盆统安家岔组焦沟层上段泥质细碎屑岩；3. 中泥盆统安家岔组焦沟层
下段灰岩夹泥质碎屑岩；4. 断层破碎带；5. 铅锌矿体

　　根据矿体产出高度、产出部位及矿体围岩特征的不同，可将所圈定矿体按照分布规律划分为三个含矿层。即产于标高在 646 ～ 842m 的绢云绿泥千枚岩中的含矿层，编为 I 号；产于标高在 450 ～ 665m 的绢云绿泥千枚岩与厚层灰岩接触带的含矿层，编为 II 号；产于标高在 490 ～ 620m 的背斜鞍部灰岩中的含矿层，编为 III 号。I 号含矿层东西长已控制 1456m，南北宽已控制 450m，含矿层向北缓倾斜，倾角为 2° ～ 42°，沿走向上和倾向上有波浪起伏特征。圈出 7 个矿体，矿体一般长度为 100 ～ 190m，宽度一般为 100m，厚度一般为 1.20 ～ 1.50m。赋存层位为 $D_2a_{2-2}^b$ 的绢云绿泥千枚岩，含矿岩性为千枚岩中夹的灰岩夹层，含矿岩石具有硅化蚀变。II 号含矿层内共圈出 13 个矿体，含矿层东西已控制长度为 1300m，南北已控制 450m。圈定出的一般矿体长度为 100 ～ 350m，宽度为 100 ～ 110m，厚度为 1.00 ～ 3.13m，其中 II -1 号矿体为主矿体，长度 1300m，平均宽度 244m，平均厚度 4.18m。含矿层位于隐伏背斜的鞍部及两翼转折端部位的绢云绿泥千枚岩 $D_2a_{2-2}^b$ 与厚层灰岩 $D_2a_{2-2}^a$ 接触带部位。主矿体在含矿层内沿背斜长轴方向近东西分布，矿体形态有马鞍状、似层状、扁豆状。主矿体受层间接触带的控制，主要分布在背斜核部及两翼转折部位，小矿体与主矿体平行分布，大多出现在背斜核部附近，背斜的形态变化直接影响着含矿层的分布。该层的含矿岩性为硅化灰岩及绢云绿泥千枚岩。含矿层位置标高在 450 ~ 665m。Ⅲ号含矿层内共圈出 2 条矿体，该含矿层东西走向已控制长度约 600m，南北宽已控制近 140m，厚度 2.10m。含矿层位于背斜核部的 $D_2a_{2-2}^a$ 的厚层结晶灰岩、生物灰岩层中，含矿岩性为硅化灰岩。含矿层沿背斜长轴方向分布，位于背斜的鞍部，走向近东西，向两翼延伸较小。围岩蚀变较强，主要为硅化。

各主矿体为硅化灰岩型硫化铅锌矿石，有共同的结构构造特征，后期改造特征显著。原生结构有呈莓球状或团块状的微 - 细粒菱铁矿、黄铁矿、闪锌矿及方铅矿等；后生结构有半自形或他形粒状结构、填隙结构、固溶体分离结构、交代溶蚀结构、交代生物结构、碎裂结构等。

矿床矿石类型按矿物共生组合可分为：锌矿石、铅矿石、铅锌矿石，但以铅锌矿石为主，各种矿石中均或多或少含有黄铁矿。脉石矿物主要有石英、方解石，偶尔含铁碳酸盐或菱铁矿。矿区围岩蚀变主要为硅化、铁白云石菱铁矿化和方解石化，前两种与成矿关系密切。

根据上述地质特征的分析，该矿床的形成机理是：由地壳深部向上循环的热水流经早古生代地层，并萃取了硫、硅、铅、锌、铁、镁等，沿深大断裂上升呈线性喷流到沉积凹地内，形成原始沉积铅锌矿源层，在长期区域和其他的变质作用过程中，经地下高温热水溶液（可能有地下水、原生水等热水）溶解其中的铅锌等元素，并作短距离运移，在构造有利部位充填沉淀或交代重结晶形成了后期改造矿床，因此沉积和改造是本区矿床形成的两个基本成矿因素。通过综合研究，本书认为成矿时代属印支晚期，为层控 - 热液型大型铅锌矿床。

该矿床目前规模达大型，控制含矿层东西长 1400m，南北宽 450m，发现矿体 22 条。含矿层位继续向东延伸，扩大矿床规模的可能性较大。

3. 马元铅锌矿

马元铅锌矿矿集区位于川陕交界的南郑县白玉乡，位于扬子地台北缘碑坝古陆核活化杂岩区。基底由中 - 新元古界火地垭群中、深变质火山碎屑岩系，以及晋宁 - 澄江期中酸性侵入岩、基性杂岩等构成，盖层由角度不整合于基底之上的上震旦统—下寒武统浅海相碳酸盐岩 - 碎屑岩系构成。铅锌矿赋存于上震旦统灯影组白云岩中。区内发现铅锌矿床（点）20 多处，铜矿（化）点 5 处，钴矿点 2 处，铁矿点 1 处（图 5-31）。

矿区出露地层主要有中 - 新元古界火地垭群、震旦系和寒武系。其中火地垭群位于碑坝隆起中心部位，震旦系和寒武系地层出露于隆起的周边。中 - 新元古界火地垭群由杂岩、麻窝子组、上两组和铁船山组组成，岩性主要为中、深变质火山碎屑岩夹中基性火山熔岩、大理岩，下部有混合岩。上震旦统主要为灯影组，直接不整合沉积在火地垭群或侵入岩之上，岩性为硅质白云岩、藻屑白云岩、砂质白云岩、砂岩等。依据化石及岩性组合，将其分为上、下两段。

灯影组下段（Z_2dn_1）：不整合于火地垭群及澄江期侵入岩之上。岩性为砂砾岩、葡萄状藻屑白云岩、条纹状藻屑白云岩、块状白云岩及角砾状白云岩。

灯影组上段（Z_2dn_2）：平行不整合于下段之上，可分第一、第二两个岩性层。第一岩性层（Z_2dn_{2-1}）以中厚层状砾屑白云岩为主，间夹薄层状藻屑白云岩，普遍含沥青等有机物。为铅锌矿赋矿层位。第二岩性层（Z_2dn_{2-2}）岩性为硅质白云岩、含碳、泥质白

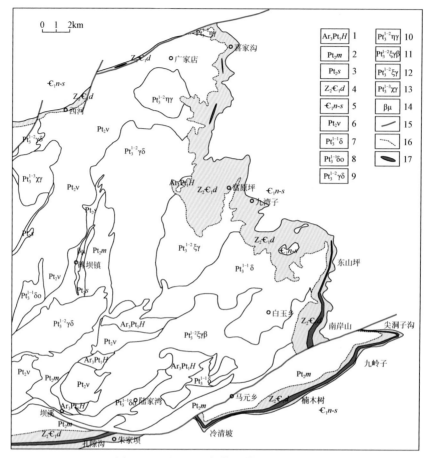

图 5-31 马元地区铅锌矿带地质示意图

1. 后河杂岩；2. 麻窝子组；3. 西乡群；4. 灯影组；5. 祁家沟组；6. 角闪辉长岩；7. 辉石闪长岩；8. 石英闪长岩；9. 花岗闪长岩；10. 二长花岗岩；11. 黑云钾长花岗岩；12. 钾长花岗岩；13. 霓石花岗岩；14. 辉绿岩；15. 断层；16. 不整合；17. 铅锌矿带

云岩和微粒结晶灰岩等；上部含硅质条带和团块，并含胶磷矿，顶部产软舌螺。该段厚189～384m。灯影组上段是重要的含矿层位。

灯影组下段沉积厚度和岩相变化表现为南厚北薄，小河到红崖子之间缺失；贵民至汇滩，沉积最厚，除下贫藻层缺失外，富藻层和上贫藻层都有沉积。灯影组上段沉积厚度和岩相无明显变化，以富含硅质条带或团块为其特征，其中，上部具铅锌矿化，顶部含磷；底部往往有砂岩、砾岩沉积。小河至红崖子灯影组上段角度不整合于火地垭群、澄江期侵入岩之上。该地层顶部含磷层中，盛产软舌螺化石。

寒武系为滨海－浅海相的砂岩、页岩，厚522～678m。平行不整合于震旦系之上。

区内总体为一穹窿构造，其核部由中－新元古界火地垭群及晋宁－澄江期侵入体构成，翼部为上震旦统—下寒武统。翼部地层往往发育宽缓的复式向斜构造。灯影组含矿地层构成这一穹窿翼部宽缓复式向斜构造的底部地层单元。含矿层位明显受穹窿翼部宽缓复式向斜构造控制。

区内断裂构造发育，控矿断裂主要沿震旦系灯影组上段第一岩性层角砾状白云岩层顺层产出，其形成的构造角砾岩特征以张性特征为主，角砾成分为上段第一岩性层角砾状白云岩，胶结物以围岩碎屑为主，胶结物中普遍具闪锌矿化、方铅矿化、重晶石化、零星黄铁矿化，而角砾中很少出现矿化现象。翼部灯影组上段第一岩性层厚层白云岩内形成的层间控矿断裂随着地层的褶皱而发生褶曲，并沿穹窿周边分布。成矿后的破矿断裂以马元－朱家坝逆掩断裂为主，呈北东东向横贯矿区南部，基底岩系被逆冲而局部叠加在翼部的含矿层位（Z_2dn）之上。在灯影组含矿地层内主要发育斜切及横切地层的平移断层，对含矿角砾岩带及矿体定位有一定程度破坏。

马元铅锌矿产于碑坝穹窿周缘震旦系灯影组白云岩中，已发现长度超过60km，宽10～200m的矿化带。矿化带可分为南、东、北三个铅锌矿（化）带，位于张家沟西－楠木树－尖硐子沟一带的南矿化带长度大于20km，宽20～120m，已圈出了多条铅锌矿体。麻地坪－刘家坪南岸山一带的中矿化带长大于30km，宽20～200m，地表已发现多条铅锌矿体。大沟北－麻地坪一带的北矿化带长大于10km，宽10～100m。区内共圈出了40多条铅锌矿体，矿体100～2560m，厚0.80～13.14m，锌品位1.05%～13.09%，铅品位0.60%～4.12%。主矿体长2560m，厚1.46～32.53m，平均厚13.14m，锌品位1.28%～11.48%，平均4.47%。其中南矿化带勘查工作程度相对较高，其可分为以下几个矿段。

楠木树矿段：地表矿化角砾岩带呈北东东向展布，长大于3000m，宽60～230m。共圈出5条锌矿体，3条铅锌矿体，2条铅矿体。矿体长100～2560m，厚度0.80～13.14m，锌品位1.05%～13.09%，铅品位0.60%～4.12%。楠木树1号锌矿体（图5-32），地表长2560m，厚1.46～32.53m，平均厚约7.60m，最厚28.40m，锌品位1.45%～11.42%，平均4.47%。矿体呈似层状、透镜状，具膨大狭缩、分支复合特点。钻探发现深部存在盲矿体。

九岭子矿段：位于楠木树矿段东侧，地表含矿角砾岩带长大于4300m，宽100～300m。圈出了12条锌矿体，5条铅矿体。矿体长110～1650m，厚度0.80～10.01m，锌品位1.52%～10.82%，铅品位0.55%～3.54%。

冷青坡矿段：位于楠木树矿段西侧浦家沟－冷青坡－大院里，长大于6km，宽30～250m，目前圈出锌矿体3条，铅锌矿体5条，铅矿体1条。矿体长100～780m，厚度0.80～1.70m，锌品位2.31%～5.60%，铅品位3.21%～7.54%，最高29.14%。

孔溪沟矿段：处于南矿带西端，地表发现矿化角砾岩带长大于6km，宽60～250m的铅锌矿化角砾岩带，圈出5条铅锌矿体，长一般440～1685m，平均厚2.31～5.92m，平均锌品位2.04%～6.10%。

尖硐子矿段：位于南矿带东端，含矿角砾岩带近东西向展布，长2600m，宽20～60m，圈出2条铅锌矿体。矿体长580m和200m，厚1.53～5.30m，锌品位1.30%～9.40%；铅品位2.77%～3.31%。

矿石矿物主要有闪锌矿、菱锌矿、方铅矿，少量黄铁矿、辉银矿。脉石矿物有白云石、方解石、石英、重晶石、萤石、沥青等。矿石结构自形、半自形中细粒结构，次有他形粒状结构。矿石构造以角砾状为主，其次有块状、条带状、脉状、浸染状、网脉状、斑团（点）状。

围岩蚀变：围岩蚀变局部有发育，蚀变类型有白云岩化、弱硅化、重晶石化、碳化，少量萤石化蚀变，地沥青普遍发育。

研究表明，扬子地台北缘基底岩系的铅锌元素背景含量值高，特别是火地垭群锌、

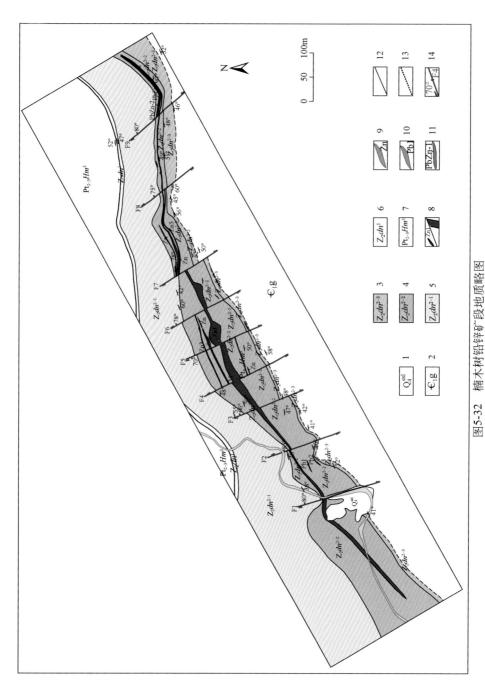

图5-32 楠木树铅锌矿矿段地质略图

1.第四系全新统残坡积层；2.下寒武统郭家坝组：碳质板岩、含碳粉砂质板岩。3.上震旦统灯影组上段第三岩性层：含燧石条带状白云岩、薄层白云岩，有铅锌矿化。4.上震旦统灯影组上段第二岩性层：厚层状白云岩，铅锌矿化层位。5.上震旦统灯影组上段第一岩性层：层纹状藻屑白云岩夹中厚层白云岩，有铅锌矿化。6.上震旦统灯影组下段：砂岩、含砾砂岩夹薄层白云岩，底部见底砾岩。7.中新元古界火地垭群麻窝子组上段：大理岩。8.锌矿体及编号；9.锌矿化体；10.铅锌矿体及编号；11.铅锌矿化体；12.角度不整合界线；13.平行不整合界线；14.实测平移断层及编号。

铅背景含量高出地壳克拉克值 3 倍以上，澄江期花岗岩中的 Pb、Zn 背景含量较高，高出克拉克值 2～4 倍，寒武系碳质板岩铅锌元素背景含量也高于铅锌元素背景值（见第四章表 4-1）。马元铅锌矿床形成的初期应始于震旦纪灯影晚期，基底岩系可能为成矿元素 Pb、Zn 的主要来源；矿石稀土元素富集，轻稀土分异较明显，而重稀土分异不明显；对铅锌矿石组成矿物硫、铅、碳同位素测定研究揭示矿质元素来自震旦系—寒武系中的碳酸盐岩，结合相应热液脉石矿物样品中 $\delta^{18}O_{\text{V-SMOW}}$ 平均值为 20.0‰ 的事实，推测矿石中热液方解石和热液白云石应是震旦系—寒武系中碳酸盐岩矿物溶解形成，成矿流体属盆地流体系统，可能为源于盖层沉积的中低温盆地卤水，矿石中沥青的碳同位素组成是典型的沉积有机质来源，锌成矿作用与盆地的有机质有密切关系（李厚民等，2007b）。震旦纪时期扬子北缘处于稳定陆缘台坪环境，热基底产生了大规模的热水循环成矿系统，形成了范围大、层位稳定的低温热液充填型（MVT）矿床。因此可以推断，白玉－马元一带灯影组上部岩性段不仅是重要的铅锌赋矿层位，也是重要的含矿层，且铅锌成矿物质的来源可能具有多源性，既有来自基底变质基性－中酸性火山岩系的铅锌元素（深源的），也存在来自震旦系—寒武系盖层的（浅源的）的证据，碳酸盐岩层本身也可能是矿源层。成矿流体主要为由后期基底构造隆升而产生的大规模的海底热水循环系统，循环热水不断地萃取并吸收了变质基底岩系中的有用组分（Pb、Zn 等）及灯影组下部含藻白云岩中的有机质，形成了大量的富有机质含 Pb、Zn、Ba 等成分的热卤水。

　　总结马元铅锌矿的成矿特征，可以看出，以马元为代表的"马元式"铅锌矿的成矿规律有以下特征：①稳定性和半稳定性沉积环境；②丰富且多源性的成矿物质来源；③岩性为角砾状白云岩，且富含有机质，其上部存在低渗透率的泥质岩盖层；④存在热液活动；⑤具有造成层间滑脱的构造动力。灯影组上部岩性段的厚层白云岩及砾屑白云岩则由于刚性强、易产生裂隙化形成构造角砾岩而成为化学活动性强、渗透性好的容矿岩石；藻滩相白云岩则为成矿提供了丰富的有机质来源，含矿层内出现的硅质岩、重晶石则是热卤水活动的证据；位于其上部的下寒武统碳质泥质细碎屑岩建造则构成低渗透率的屏蔽层，印支期形成的穹窿构造导致其周缘含矿地层的滑脱岩石破碎提供了含矿物质的沉积而重新富集。因此，马元铅锌矿成矿即具有 MVT 型特征，也显示出独有的特色，可称为类 MVT 型。

三、钼（钨）多金属矿

1. 镇安县桂林沟钼矿

　　该矿对于南秦岭北东向岩浆岩带中部，四海坪岩体北缘，区内出露地层主要为古元古界陡岭群、新元古界耀岭河群、震旦系灯影组和陡山沱组、寒武系—奥陶系石瓮子组、泥盆系石家沟组和大枫沟组以及第四系全新统。古元古界陡岭群为区内主要赋矿围岩，主要岩性为灰色黑云石英片岩、二云石英片岩、石榴子石黑云石英片岩夹浅粒岩、变粒岩，岩石多具变余糜棱结构，片状构造，反映了岩石遭受过强烈的剪切构造变形。

　　区内褶皱构造及断裂构造发育，节理发育。褶皱主要为由陡岭群和灯影组地层构成一复式背形构造，二者间的韧性断层也卷入褶皱变形中，其南翼被四海坪岩体所侵吞，北翼被大橡沟垴断裂所破坏。断裂构造主要为北东、北西向断裂，其次为走向近南北横切地层的走滑断裂、韧性断层。区内北东向、北西向、近南北向节理发育，钼矿（化）脉均沿此充填分布，含矿热液追踪先期形成的节理，迁移、沉淀、富集，形成充填型脉型钼矿床。

区内出露四海坪岩株（系胭脂坝岩体的向北延伸部分），呈北东向展布的舌状形态，由南而北切入北部陡岭群中，北部出露边界在桂林沟北坡。岩株岩性以似斑状黑云二长花岗为主，中细粒自形结构，块状构造，主要矿物成分：斜长石 20%～25%、钾长石 40%～50%、石英 35%～40%、黑云母 5%±；岩石化学成分属铝过饱和型，属钙碱性系列，具高硅、富碱特点。对四海坪岩株中部财神庙附近采集的中粒二长花岗岩 LA-ICP-MS 锆石 U-Pb 测年获取的结果大都在 186～207Ma，平均年龄为 199.6±2.3Ma，对月河坪一带的黑云母钾长花岗岩采用相同方法测定，获得 227Ma 和 180Ma 两个年龄峰值，其中 170～191Ma 的锆石颗粒数量为 14 个，占全部锆石总数（35 个）的 40%，220～227Ma 的锆石颗粒数为 15 个，占总数的 43%，骆金诚等（2010）对胭脂坝北部月河坪一带黑云母花岗岩的锆石测年数据显示出，16 件锆石的年龄值均在 187～213Ma，其中在 187～196Ma 的锆石数量为 6 件，占总测试锆石数量的 38%，200～206Ma 的为 7 件，占总数的 43%，大于 206Ma 的锆石仅占 19%（图 3-30），据此本书认为 180Ma 左右的年龄峰值应为胭脂坝黑云母钾长花岗岩的成岩时代，而 220～227Ma 的锆石则可能是被俘获的较早岩浆活动阶段形成的岩浆锆石。说明胭脂坝岩体及其周缘的月河坪岩枝、四海坪岩体均为秦岭成矿带燕山期早期同源岩浆活动的产物。

脉岩主要有花岗细晶岩脉、钾长岩脉、石英岩脉等，脉体规模一般宽 0.2～1m，长度数十米至数百米，在四海坪岩体及各时地层围岩中均有分布。脉岩的分布与构造节理有关，主要沿三组构造面侵入，以北东向为主，其次为近南北向、北西向。

岩体与围岩接触带内外蚀变分带清楚，由岩体内部逐渐向外，渐次为岩体（未蚀变）→岩体（钾化、硅化）→岩体（云英岩化、硅化）→夕卡岩化、角岩化、硅化、绢云母化→透闪石化→地层。硅化主要产于岩体的内外接触带，由呈细脉状、网脉状的石英脉组成，绢云母化产于陡岭群黑云石英片岩中，由黑云母退变质而成。其中云英岩化、硅化、夕卡岩化、绢云母化为强蚀变带，与钼矿成矿关系密切。

矿床特征：区内脉岩与钼矿化关系密切，多数脉体本身就是钼矿（化）体。区内已发现的钼矿化体主要为钼矿化石英脉、钼矿化花岗细晶岩脉、钼矿化钾长岩脉，脉岩两侧的蚀变岩亦有钼矿的富集。

共圈定大小 21 条钼矿（化）体，均为盲矿体，地表均未出露矿体，分布在长 700m、宽约 250m 的范围内。总体走向呈北东向，各矿体间多呈相互平行排布。矿（化）体追踪浅层次脆性构造分布，与围岩层理大角度相交。矿（化）体产出受断层节理控制，沿断裂、节理充填钼矿化石英脉（含云英岩化石英脉、长石石英脉）、细晶花岗岩脉，构成脉型矿（化）体。矿（化）体形态主要呈脉状、似层状、透镜状。一部分沿走向及倾向有肿缩现象，矿（化）体分支复合、尖灭再现现象明显；一部分矿（化）体中由呈雁列式分布的小脉体及其蚀变岩构成。主矿（化）体形态总体上表现较为规整，厚度稳定，呈似板状，延伸也较大。

矿（化）体产出受断层节理控制，沿断裂、节理充填钼矿化石英脉（含云英岩化石英脉、长石石英脉）、细晶花岗岩脉，构成脉型矿（化）体。稀疏单脉或稀疏细脉形成脉型矿体。节理、裂隙及脉体发育地段近矿围岩蚀变，多形成蚀变岩型矿（化）体。受脉体密

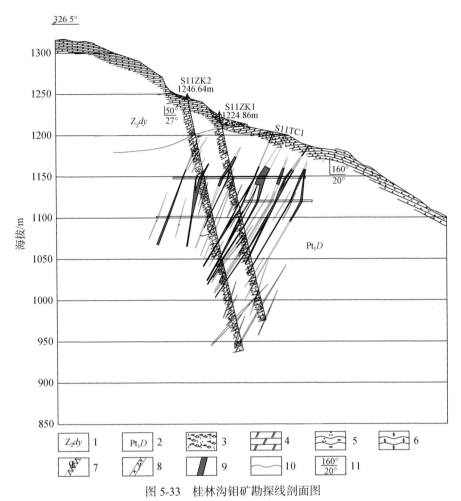

图 5-33　桂林沟钼矿勘探线剖面图

1. 震旦系灯影组；2. 古元古界陡岭群；3. 第四系残坡积；4. 白云质大理岩；5. 二云石英片岩；6. 方解石片岩；7. 细晶花岗岩脉；8. 石英脉；9. 钼矿体；10. 韧性断裂；11. 产状

集带控制（图 5-33），脉体的密集程度决定了矿化蚀变的强度。

富矿主要分布在各种脉体外接触带 1 ～ 5cm，常见辉钼矿细脉和团块，脉体内也常见细脉状、团块状、斑点状富矿，一般 0.2% ～ 0.5%，部分可达 0.5% ～ 2%。矿体品位与脉体规模有一定联系，即大脉矿贫，小脉矿富；同一矿体厚大部位矿贫，变薄处矿富。

矿体形态主要呈脉状、似层状，沿走向及倾向有肿缩现象，矿体分支复合、尖灭再现现象明显；主矿体形态总体上表现较为规整，厚度稳定，呈似板状，延伸也较大。深部控制长 32.3 ～ 594.8m，控制斜深 16 ～ 238.83m，厚度 0.15 ～ 8.38m。

矿石类型为石英脉型辉钼矿石、云英岩型、细晶花岗岩型。主要有用矿物是辉钼矿，其次有内生作用生成的黄铁矿和磁铁矿。脉石矿物主要有石英和白云母，其次有少量斜长石、钾长石，黑云母、绿泥石等。矿石主要为伟晶结构、叶片状、放射状结构、交代结构与碎裂结构，矿石构造为星点状、浸染状构造、团块状构造、条带状构造。

部分近脉围岩沿片理硅化、辉钼矿化、黄铁矿化。近脉围岩多硅化、辉钼矿化、黄铁矿化，局部见钠长石化、绿帘石化、透闪石化、萤石化、电气石化。

对采自桂林沟矿区与钼矿化有关的伟晶状花岗岩脉进行了 LA-ICP-MS 锆石 U-Pb 年龄测定，在所测定的 35 个锆石中，剔除误差较大的数据外，其余 28 个数据中，$^{206}Pb/^{238}U$ 年龄值在 173～200Ma 的锆石数量占测定总数的 40%，其他数值较分散，因此反映该伟晶状花岗岩脉形成于 173～200Ma，其平均年龄为 190±11Ma，与张红等（2015）对桂林沟钼矿测定的 6 件辉钼矿样品 Re-Os 年龄（195.5±5.0Ma）相接近，但略晚于本书对杨泗中粗粒黑云母二长花岗岩所测定的锆石 U-Pb 成岩年龄（199.6±2.3Ma），与伟晶状花岗岩脉的成岩年龄在误差范围内基本一致。说明桂林沟钼矿成矿于早侏罗世早期。

矿区内钼矿化与热液活动密切相关，含钼热液沿断裂及节理系统迁移、富集，在北东向及近南北、北西向节理裂隙构造域中富集成矿，形成脉型钼矿化体。矿体顶底板围岩具云英岩化、硅化、绢云母化、钠长石化、钾长石化等蚀变。多数云英岩化蚀变岩形成钼矿化体，云英岩化是区内重要的、直接的找矿标志。钼矿化体石英脉中含大量的白云母及少量的高温矿物电气石，表明其属于中高温热液。含钼中高温热液的来源最大的可能是与深部隐伏的酸性岩体有关。

矿床成因类型：与岩浆活动有关的热液型矿床。

2. 温泉钼矿床

温泉钼矿床位于甘肃省天水市武山县，大地构造位置上处于商丹缝合带西端南侧，西秦岭、北秦岭和祁连造山带的交汇部位。与成矿有关的温泉岩体出露于温泉乡和甘谷县古坡乡境，地表轮廓似圆形，北东侧侵入由斜长角闪片岩、大理岩、绿帘绿泥片岩、绢云石英片岩、黑云石英片岩和钙质片岩等组成的下古生界李子园群中，南侧侵入上泥盆统大草滩群碎屑沉积岩中，岩性以中粒似斑状二长花岗岩为主（常含大小不一的暗色微粒包体），其次为细粒黑云二长花岗斑岩、细粒黑云母二长花岗岩。对中粒似斑状二长花岗岩、细粒黑云二长花岗斑岩和暗色微粒包体的锆石进行 LA-ICP-MS 锆石 U-Pb 定年，温泉岩体的结晶年龄为 219±2.4～217±2Ma，属印支晚期。地球化学岩浆显示岩浆物质起源于新元古代—晚中元古代新生地壳的部分熔融，并有少量新元古代大陆岩石圈地幔部分熔融产生的镁铁质岩浆加入。

温泉岩体中构造发育，断裂构造和节理裂隙控制了钼矿体的产出。矿区断裂构造走向以近南北向、北东向和北西向为主，主要由一系列平行断裂和次级断裂构成，多属压扭性。断裂带及其两侧的岩石破碎强烈，断层泥中由于含有微细鳞片状和细粉末状的辉钼矿呈现灰黑色。规模较大的断裂带内多出现岩石角砾和岩屑，角砾裂隙中充填有脉状和薄膜状辉钼矿。

温泉含矿岩体内的节理构造发育，多数为节理面平直且延伸较远的剪节理。矿区节理具多期次特征，常相互交切穿插成网脉状。原生节理可分为四组：近南北走向，倾向东，∠45°～80°；北东走向，倾向 300°～330°，∠45～75°；北西走向，倾向 30°～70°，∠45°～80°；近东西走向，倾向近北或东，∠65°～80°。其中南北走向和北东走向的节理最为发育，其内常充填富含辉钼矿的烟灰色-深灰黑色细石英脉。各向连通性较好的节理相互截切交汇，一般节理越密集的部位矿化也越强烈。

温泉钼矿产于温泉杂岩体中（图 5-34）。矿区现已发现 4 个矿化带、42 处钼矿（化）点和 34 条矿体。矿体呈似层状和不规则脉状，走向 340°～355°，倾角 30°～75°，在深部各矿体连成一体（图 5-35）。矿体的形态产状受断裂和节理构造控制，辉钼矿-石英脉主要充填于破碎蚀变带和各向原生节理中（韩海涛等，2008；朱赖民等，2009c）。矿石中 Mo 品位为 0.03%～3.99%，平均品位为 0.05%。

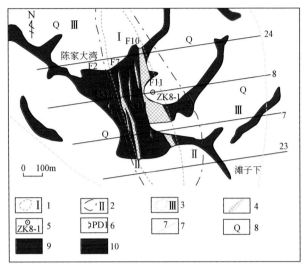

图 5-34　矿床围岩蚀变分带（据韩海涛等，2008 改编）

1.砖红色浊沸石化蚀变带；2.强硅化蚀变带；3.弱硅化蚀变带；4.矿（化）体；5.钻孔及编号；6.坑道及编号；
7.勘探线及编号；8.第四系残坡积物及黄土层；9.中粒似斑状二长花岗岩；10.细粒黑云母二长花岗斑岩

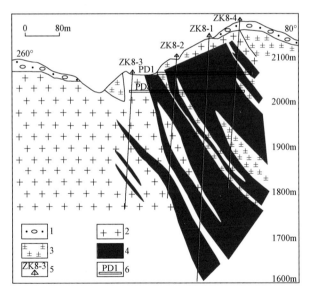

图 5-35　矿床 8 线地质剖面图（据甘肃省有色地质勘查局天水总队 2010 年资料）

1.第四系黄土及残坡积物；2.中粒似斑状二长花岗岩；3.细粒黑云母二长花岗斑岩；4.钼矿体；
5.钻孔位置及编号；6.坑道位置及编号

　　矿石的主要金属矿物包括辉钼矿、黄铁矿、黄铜矿和少量的斑铜矿、黝铜矿、闪锌矿和方铅矿；脉石矿物包括石英、方解石、钾长石、斜长石、黑云母、绢云母、绿泥石、绿帘石、磷灰石和玉髓等。遭受风化的矿石中可见辉铜矿、铜蓝、孔雀石和褐铁矿等表生矿物。

辉钼矿常与黄铁矿和黄铜矿共生，呈半自形－自形片状、鳞片状、聚片状和板条状
［图 5-36（a）、（c）、（e）］，偶呈团块状或放射状集合体［图 5-36（d）］。黄铜矿、
黄铁矿、方铅矿、闪锌矿主要呈他形－自形粒状和粒状集合体产出。岩浆作用阶段形成的
石英主要呈他形粒状充填于钾长石和斜长石颗粒之间；钾长石主要呈他形－半自形粒状和
板条状，常与石英和斜长石紧密共生，少数发生高岭土化；斜长石呈他形粒状，与石英和
钾长石共生，部分发生绢云母化。热液作用阶段形成的脉石矿物，如钾长石、石英和方解
石一般呈细脉状及网脉状分布于花岗岩的裂隙之中。

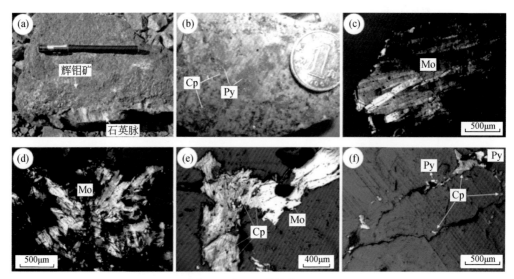

图 5-36   温泉钼矿床矿石结构构造及矿相学特征

（a）细粒二长花岗斑岩中的辉钼矿－石英脉；（b）中粒似斑状二长花岗岩中浸染状的黄铜矿和黄铁矿；（c）片状的
辉钼矿（光片）；（d）放射状的辉钼矿集合体（光片）；（e）黄铜矿与辉钼矿共生，辉钼矿呈扭曲的细长片状（光片）；
（f）石英脉中沿裂隙分布的黄铁矿和黄铜矿（光片）。Mo. 辉钼矿；Cp. 黄铜矿；Py. 黄铁矿

矿石结构类型主要有片状和鳞片状结构、集合体状结构、他形－自形粒状结构、交代
结构、不等粒结构，矿石的构造主要有细脉状、网脉状和浸染状。

矿床围岩蚀变强烈而复杂，主要类型包括钾化和硅化，其次有红色泥化、沸石化、
绢云母化、高岭土化、绿泥石化、绿帘石化、孔雀石化和碳酸盐化等，其中以硅化、红
色泥化和沸石化最为发育。钾化、硅化、沸石化、红色泥化、黄铁矿化和孔雀石化等是
主要的找矿标志。韩海涛等（2008）研究将围岩蚀变由内向外大致可分为砖红色沸石化
蚀变带（Ⅰ）、强硅化蚀变带（Ⅱ）以及弱硅化蚀变带（Ⅲ）三个带，Mo 元素富集矿化
程度由内向外逐渐减弱。

成矿作用可划分为四个阶段，各阶段的矿化作用如图 5-37 所示。

对温泉钼矿区 5 件热液石英和方解石样品的稀土元素分析显示，石英和方解石均富集
轻稀土，亏损重稀土，具有中等负 Eu 异常配分特征。但石英的 REE 含量较低，$\sum$ REE 在
$2.34 \times 10^{-6} \sim 43.3 \times 10^{-6}$，轻重稀土分异显著，LREE/HREE 为 $11.3 \sim 17.1$，（La/Yb）$_N$ 为
$17.0 \sim 19.1$，Eu/Eu* 为 $0.53 \sim 0.86$，Ce/Ce* 为 $0.92 \sim 1.19$，与赋矿花岗岩配分参数特征一致。
而方解石则具有高的 REE 含量（$316 \times 10^{-6} \sim 326 \times 10^{-6}$），LREE/HREE 为 $18.2 \sim 18.5$，

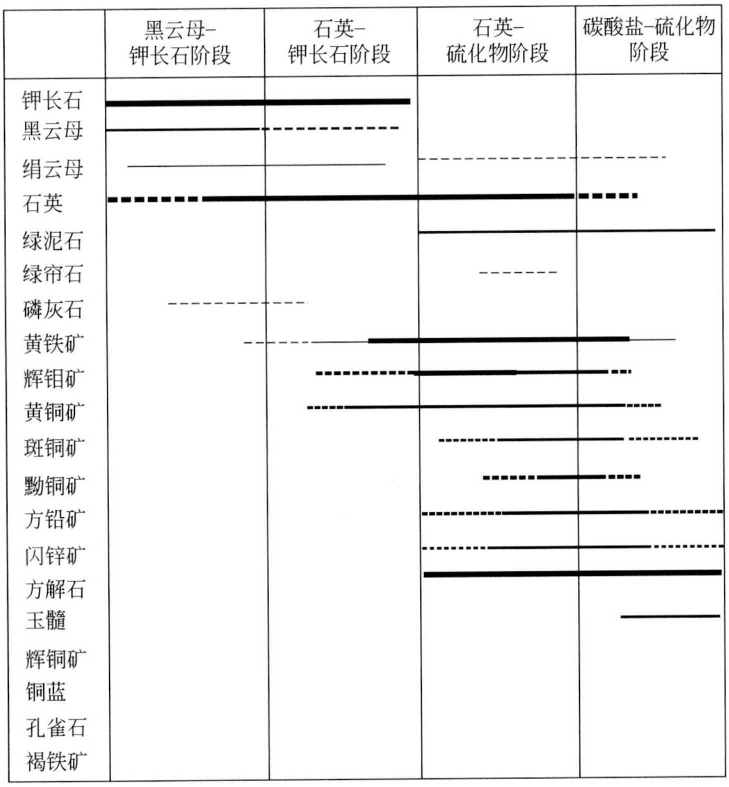

	黑云母-钾长石阶段	石英-钾长石阶段	石英-硫化物阶段	碳酸盐-硫化物阶段
钾长石				
黑云母				
绢云母				
石英				
绿泥石				
绿帘石				
磷灰石				
黄铁矿				
辉钼矿				
黄铜矿				
斑铜矿				
黝铜矿				
方铅矿				
闪锌矿				
方解石				
玉髓				
辉铜矿				
铜蓝				
孔雀石				
褐铁矿				

图 5-37　温泉钼矿床成矿阶段划分

（La/Yb）$_N$ 为 40.3 ~ 41.5，Eu/Eu* 为 0.72 ~ 0.73，Ce/Ce* 为 0.81 ~ 0.82。

含矿石英脉具有较高的成矿元素含量，其稀土元素的配分模式和特征参数［如 δEu、LREE/HREE 和（La/Yb）$_N$］均与赋矿花岗岩基本一致，因此其稀土元素组成特征可以指示成矿流体的来源，表明成矿流体主要来源于温泉岩体在冷凝结晶的过程中分异出的岩浆热液流体。

对石英－硫化物阶段的石英中的流体包裹体测温结果显示（表 5-3 和图 5-38），流体包裹体的均一温度峰值为 240 ~ 300℃，盐度为 2.4 ~ 9.6 wt%NaCl$_{eq}$；包裹体气相成分主要为 H_2O（97.33 ~ 99.76 mol%），并含有少量 CO_2（0.23 ~ 2.60 mol%）；阳离子以 Na$^+$ 为主，阴离子主要为 Cl$^-$ 和 SO_4^{2-}，表明温泉钼矿床成矿流体为中高温、中低盐度的 NaCl-H_2O 体系。

表 5-3　温泉钼矿床石英－硫化物阶段石英中的流体包裹体显微测温结果

样品编号	包裹体类型	数量	气相 /vol%	T_h/℃	$T_{m,\ ice}$/℃	盐度 /（wt% NaCl$_{eq}$）
W-28	两相水溶液	59	10 ~ 80	171 ~ 346	−6.1 ~ −2.5	4.2 ~ 9.3
W-8	两相水溶液	32	10 ~ 50	170 ~ 304	−6.3 ~ −1.5	2.6 ~ 9.6
W-8-1	两相水溶液	19	10 ~ 60	189 ~ 349	−5.0 ~ −1.4	2.4 ~ 7.9

温泉钼矿床与温泉印支期花岗岩体有直接的成因联系。已有研究表明，形成于不同构造背景（如大陆内部或岛弧环境）的岩浆热液成矿系统具有不同的流体包裹体组成。陈衍景和李诺（2009）对中国大陆内部近 60 个岩浆热液矿床进行了流体包裹体的成分统计，

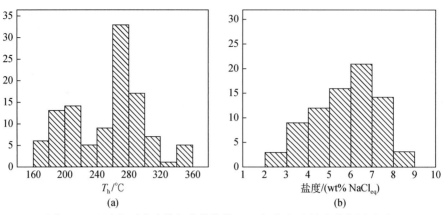

图 5-38　温泉钼矿床流体包裹体的均一温度（a）和盐度直方图（b）

发现陆内岩浆热液矿床的流体包裹体液相成分以 F⁻、Cl⁻、SO_4^{2-}、K⁺、Na⁺ 和 Ca²⁺ 为主，并含有少量 HCO_3^-、Mg²⁺ 等，以富 K⁺ 和 F⁻ 为主要特征；气相成分以 H_2O 和 CO_2 为主，并含有一定量的 CH_4、H_2、CO、N_2 和 H_2S 等；因此，富 CO_2、K⁺ 和 F⁻ 可以作为中国大陆内部岩浆热液矿床区别于岛弧内同类矿床的标志。温泉钼矿床中石英和方解石中群体包裹体的液相成分以 K⁺、Na⁺、Ca²⁺、Mg²⁺、F⁻、Cl⁻ 和 SO_4^{2-} 为主，气相成分以 H_2O 和 CO_2 为主，与中国大陆内部岩浆热液矿床相似。在 F⁻/Cl⁻-Ca²⁺/Mg²⁺、F⁻/Cl⁻-K⁺/Na⁺ 和 CO_2/H_2O-CH_4/H_2 图解上，温泉钼矿床的群体流体包裹体成分分布投点均位于中国大陆内部浆控热液矿床范围内，因此，温泉钼矿床具有中国大陆内部浆控热液矿床的成矿流体特点，指示其属于大陆碰撞环境下形成的岩浆热液矿床。

温泉钼矿床中碳－氢－硫同位素测定结果见表 5-4。含矿方解石的 $\delta^{13}C_{PDB}$ 变化范围为 -8.3‰～-7.9‰，平均值为 -8.1‰，其变化范围与深源碳的同位素组成基本一致，指示成矿流体的碳主要来源于赋矿的温泉岩体。热液方解石样品的 $\delta^{18}O_{SMOW}$ 值分别为 15.9‰ 和 16.4‰，平均为 16.2‰。在 $\delta^{18}O_{SMOW}$-$\delta^{13}C_{PDB}$ 图解上，热液方解石落在花岗岩低温蚀变的右端，暗示成矿流体主要来自温泉岩体在冷凝结晶过程中分异作用。

表 5-4　温泉钼矿床的硫、碳和氧同位素组成

编号	样品	$\delta^{34}S_{CDT}$/‰	$\delta^{13}C_{PDB}$/‰	$\delta^{18}O_{SMOW}$/‰
M-1	矿化石英脉中的辉钼矿	5.5		
W9-1	矿化石英脉中的辉钼矿	5.7		
W18-1	矿化石英脉中的辉钼矿	5.6		
W20-2	矿化石英脉中的辉钼矿	5.5		
W-21	矿化石英脉中的辉钼矿	5.6		
W-24	矿化石英脉中的辉钼矿	5.6		
YX-3	矿化细石英脉中的黄铁矿	5.6		
YX-6	矿化细石英脉中的黄铁矿	5.5		
W24-1	矿化细石英脉中的黄铁矿	5.0		
W20-1	矿化细石英脉中的黄铁矿	5.6		

续表

编号	样品	$\delta^{34}S_{CDT}$/‰	$\delta^{13}C_{PDB}$/‰	$\delta^{18}O_{SMOW}$/‰
WQ14-M1	矿化石英脉中的薄膜状辉钼矿	11.2		
WQ14-M3	矿化石英脉中的薄膜状辉钼矿	9.0		
WQ14-M4	矿化石英脉中的薄膜状辉钼矿	7.5		
WQ14-M5	矿化石英脉中的薄膜状辉钼矿	11.7		
WQ14-M7	矿化石英脉中的薄膜状辉钼矿	9.6		
WQ14-M8	矿化石英脉中的薄膜状辉钼矿	6.1		
WQ14-M10	矿化石英脉中的薄膜状辉钼矿	5.8		
WQ14-M12	矿石-石英-钾长石脉中的聚片状辉钼矿	5.4		
WQ14-M13	石英脉中的浸染状辉钼矿	5.0		
WQ14-G2-1	石英脉中的浸染状黄铁矿	5.4		
Q-2	热液方解石		-8.3	16.4
Q-3	热液方解石		-7.9	15.9

含矿石英的氢氧同位素分析，其 δD_{SMOW} 和 $\delta^{18}O_{SMOW}$ 范围分别为 -68‰～ -96‰和 8.0‰～ 9.5‰。根据石英-水的氧同位素分馏方程（$1000\ln\alpha_{Quartz-H_2O}=3.38\times10^6 T^{-2}-3.4$）计算得到成矿流体的 $\delta^{18}O_{H_2O}$ 为 -0.9‰～ 0.6‰。该值远低于正常的岩浆热液流体或与火成岩达到同位素平衡时流体的 $\delta^{18}O_{H_2O}$ 值，暗示成矿流体中可能加入了大气降水或者与围岩发生了低程度的水岩反应。在 δD-$\delta^{18}O_{H_2O}$ 图上（图5-39），石英脉的 δD 和 $\delta^{18}O_{H_2O}$ 值投在岩浆水与大气降水之间，更接近岩浆水区域，表明成矿流体以岩浆水为主，但有大气降水的混入。

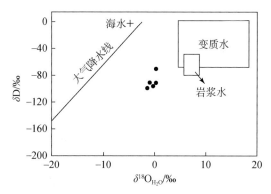

图5-39　温泉钼矿床 $\delta^{18}O_{H_2O}$-δD 图解

温泉钼矿床中黄铁矿和辉钼矿的硫同位素组成非常均一，15件硫化物的 $\delta^{34}S_{CDT}$ 为 5.0‰～ 5.7‰，平均值为5.5‰。已有研究表明，当岩浆热液流体与花岗岩岩浆（$\delta^{34}S_{CDT}=0.0‰$）达到硫同位素平衡时，其 $\delta^{34}S_{CDT}$ 约为5.0‰（Ohmoto and Rye，1979），这与温泉钼矿床中金属硫化物的 $\delta^{34}S_{CDT}$ 的平均值基本一致，表明温泉钼矿床中的硫主要来自温泉岩体在冷凝结晶过程中分异出的岩浆热液流体。$\delta^{34}S_{CDT}$ 值（7.5‰～ 11.2‰）偏高的样品表明，流体在上升的过程中受到了地层硫的混染。

对赋矿花岗岩中的钾长石、含矿石英脉和金属硫化物的铅同位素分析研究表明，花岗岩中的钾长石具有相对均一的 Pb 同位素组成，13 件样品的 $^{206}Pb/^{204}Pb$ 平均值为 18.084；$^{207}Pb/^{204}Pb$ 平均值为 15.548；$^{208}Pb/^{204}Pb$ 平均值为 38.159；在 $^{208}Pb/^{204}Pb-^{206}Pb/^{204}Pb$ 和 $^{207}Pb/^{204}Pb-^{206}Pb/^{204}Pb$ 图解上（图5-40）落于华南板块花岗岩范围内，表明两者的源岩具有相似的铅同位素组成。3 件含矿石英脉的 $^{206}Pb/^{204}Pb$ 平均值为 18.410，$^{207}Pb/^{204}Pb$ 平均值为 15.575，$^{208}Pb/^{204}Pb$ 平均值为 38.088。2 件黄铁矿样品的 $^{206}Pb/^{204}Pb$ 平均值为 17.991，$^{207}Pb/^{204}Pb$ 平均值为 15.631，$^{208}Pb/^{204}Pb$ 平均值为 38.326。14 件辉钼矿样品的 $^{206}Pb/^{204}Pb$ 平均值为 18.830，$^{207}Pb/^{204}Pb$ 平均值为 15.605，$^{208}Pb/^{204}Pb$ 平均值为 38.367。

在图5-40中，温泉钼矿床中多数热液矿物落于地壳和造山带的铅演化线之间，表明矿床中的铅主要来源于造山带和地壳的混合。此外，部分热液矿物，如石英和黄铁矿的铅同位素组成与赋矿的温泉花岗岩基本一致，表明矿床中的铅主要来源于温泉岩体在冷凝结晶过程中释放的岩浆热液流体。但一部分热液矿物，如辉钼矿含有高的放射性成因的铅，并主要落于上地壳演化线附近，表明成矿流体在演化过程中可能混入了上地壳来源的铅，这导致辉钼矿含有高的放射性成因的铅。这反映了温泉钼矿床成矿物质来源于花岗岩浆气水热液，成矿与印支期花岗质岩浆结晶分异过程中产生的岩浆热液活动密切相关。

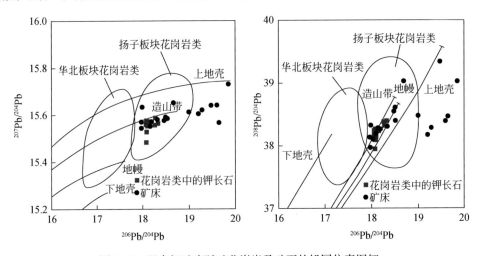

图 5-40　温泉钼矿床赋矿花岗岩及矿石的铅同位素图解

辉钼矿样品的 Re-Os 同位素测试结果，按 $t=1/\ln(1+^{187}Os/^{187}Re)$ 计算，采用（^{187}Re 衰变常数 $=1.666×10^{-11}a^{-1}$）其模式年龄为 212.7～215.1Ma，加权平均值为 214.1±1.1Ma（图5-41）。应用 ISOPLOT 程序求得的等时线年龄为 214.4±7.1Ma（MSWD=0.77），与加权平均年龄在误差范围内一致。

以上表明，温泉花岗岩起源于元古宙新生地壳的部分熔融，并有少量新元古代形成的大陆岩石圈地幔部分熔融产生的镁铁质岩浆加入，两者混合形成大量的MMEs。因此，温泉钼矿床成岩成矿过程大致为：勉略有限洋盆在晚三叠世向北俯冲闭合后，华南和华北板块沿勉略缝合带发生全面的陆-陆碰撞造山作用；俯冲的勉略洋壳在较浅的深度发生断离

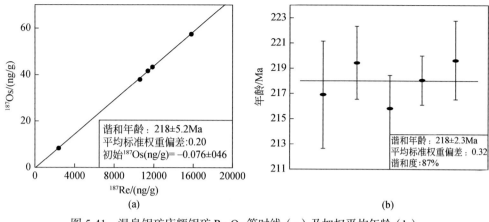

图 5-41　温泉钼矿床辉钼矿 Re-Os 等时线（a）及加权平均年龄（b）

造成局部软流圈上涌，产生的热异常导致秦岭造山带下的大陆岩石圈地幔部分熔融形成少量基性岩浆，同时也导致秦岭造山带的基性下地壳发生部分熔融形成花岗质熔体；幔源岩浆在上升过程中与壳源岩浆发生混合形成了大量 MMEs，同时两端元岩浆之间的物质交换使壳源岩浆中的 Mg# 及 Cr、Ni 和 Mo 含量显著升高，形成了富含成矿元素的岩浆；岩浆侵位后的冷凝结晶过程中释放出大量富含 Mo 的成矿流体，并沿岩体内部的断裂、节理及裂隙充填交代形成温泉钼矿床。

3. 八里坡钼矿床

八里坡钼矿床位于东秦岭钼矿带西部，地处华北陆块南缘与秦岭造山带相接的地带，中生代以前为华北地台的组成部分，具有典型的克拉通边缘特征，中新生代经历了秦岭造山带的陆内造山运动，成为秦岭造山带的北缘组成部分。区内结晶基底为新太古界太华群深变质岩系，主要由 TTG 片麻岩、斜长角闪岩和石榴二辉麻粒岩以及大理岩和磁铁石英岩等组成，变质作用达高角闪岩相和麻粒岩相。由于受板块边界深断裂和秦岭褶皱带长期活动的影响，构造形态复杂，断裂与褶皱均较发育，区域构造格架为近东西向与北北东向两组构造相互交织成的格子状。区内断裂以近东西向最为发育，其次为北北东向，近东西向断裂与北北东向断裂交汇部位常常控制燕山期中酸性小侵入体的分布。东秦岭地区以产出有多个大型－超大型钼矿而闻名，而且矿床的形成与燕山期花岗岩关系密切。

矿区出露岩层主要为熊耳群火山岩（安山岩、变质安山岩），南部出露有少量的古元古界铁洞沟组石英岩（图 5-42）。八里坡花岗岩体呈葫芦状沿北东方向延伸，北东段宽度小，向南西逐渐变大，面积约 0.4km²。产状北陡南缓，向北东侧伏。岩体为（黑云母）二长花岗斑岩，可分两个岩相带，二者为渐变过渡关系。中心相岩石为灰白、淡肉红色，中粒似斑状、斑状花岗结构，块状构造。主要成分为石英（30%～40%）、斜长石（钠－更长石，25%～45%）、钾长石（微斜长石，15%～25%，局部可见有正长石），次有少量的黑云母，多见黄铁矿呈细粒星散状分布。斑晶主要为钾长石，一般 0.5～0.3cm，个别达 1.5～1cm；边缘相岩石呈灰白色，中－细粒花岗结构，局部为似斑状结构，块状构造。主要矿物为石英（50% 左右），斜长石（40% 左右），次有少量的黑云母，岩石中普遍发育有绢云母化及黄铁矿化，局部可见绿泥石化。

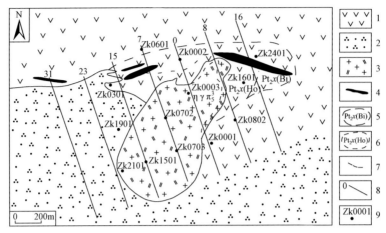

图 5-42　八里坡钼矿床地质图（据袁海潮等，2009）

1. 中元古界熊耳群火山岩；2. 古元古界铁洞沟组石英岩；3. 二长花岗斑岩；4. 矿化蚀变带；5. 黑云母化；
6. 角岩化；7. 过渡界线；8. 勘探线；9. 钻孔

八里坡钼矿床产于花岗斑岩体内部及外接触带。多见后期形成的石英脉、石英－辉钼矿细脉、石英－黄铁矿－辉钼矿细脉，偶见钾长石－石英脉、石英－黄铁矿－萤石脉，脉体一般厚 20～40cm，少量厚 5～10cm，个别厚大于 1m。脉体中普遍见有黄铁矿化，多见有辉钼矿化，偶见有方铅矿化及黑钨矿化。矿床的围岩蚀变由中心向边缘大致可分为强蚀变带和弱蚀变带。强蚀变带矿化较强，主要蚀变类型有钾长石化、硅化，绢云母化次之，硅化多呈细脉状、网脉状分布，脉体中多伴生有黄铁矿、辉钼矿，偶见黑钨矿，弱蚀变带主要蚀变类型为硅化、绢云母化，绿帘石化，钾长石化次之。硅化多呈细粒状、局部脉状分布，绢云母多沿粒间及解理面交代，局部形成黄铁绢英岩化或高岭土化。岩体外接触带不明显，主要为硅化－绢云母化－角岩化蚀变带及黑云母－绿泥石化蚀变带。

岩体的岩石化学数据显示：SiO_2 一般大于 70%，$K_2O>Na_2O$，$Na_2O+K_2O>6\%$，$K_2O/Na_2O<1$，具有高硅、富碱、富钠的特征；里特曼指数范围为 1.8～3.3，岩体属于高钾钙碱性系列。岩体中石英包裹体测温结果显示，该矿床中含矿石英脉的气液包裹体具有高的成矿温度和高盐度特征，并且显示出从岩体北东到南西，均一温度峰值与平均温度都逐渐升高，平均盐度也有增大的趋势，暗示岩体南西方向深部成矿潜力更大。

该斑岩体的 LA-ICP-MS 锆石 U-Pb 年龄为 155.9±2.3Ma（焦建刚等，2009），属燕山期，与邻近的金堆城斑岩体相较，略早于金堆城岩体。

八里坡岩体的相关数据特征，总体上与以铜为主的成矿岩体表现一致或介于铜钼成矿特征，与金堆城比较，主量元素相似，但是金堆城岩体更富钾，$K_2O/Na_2O>1$，八里坡岩体相对富钠，$K_2O/Na_2O<1$。因此，八里坡岩体有成铜钼多金属矿床的潜力。

4. 黄龙铺钼矿

黄龙铺钼矿田是小秦岭地区的大型钼矿床之一，位于华北地台块南缘的华熊地块。华熊地块的早前寒武纪基底包括太古宙—古元古代的太华群片麻岩系和绿片岩相变质的铁铜沟组山间磨拉石建造，盖层自下而上依次为熊耳群火山岩建造、官道口群和栾川群浅变质含碳碎屑岩碳酸盐岩硅质岩建造。盖层与基底构造层呈角度不整合关系。矿田内发育深达上地幔的断裂构造，断裂带走向为 300°～330°，宽达 1～3km。矿田长约 6km，受北西向断裂带控制，包括了垣头、文公岭、大石沟、石家湾、桃园和二道河等矿床或矿点（图 5-43）。其中，大石沟、石家湾和桃园规模较大。成矿元素以钼为主，次为稀土、铅和钨。除文公岭和石家湾Ⅰ矿体外，钼矿体均产于碳酸岩脉内。

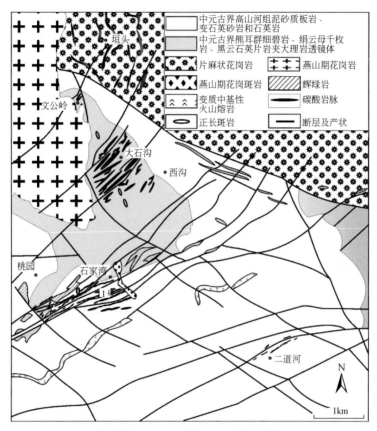

图 5-43 黄龙铺钼矿田地质简图（引自许成等，2009）

大石沟矿床矿体由相互平行的北东向碳酸岩岩脉组成，受北西和北东向断裂控制，单脉最长达 500m，粗脉形态较规则，而细脉则构成网脉，产于熊耳群火山岩和高山河组石英砂岩、绢云母板岩内。矿脉两侧的围岩蚀变有黑云母化、绿帘石化、黄铁矿化、碳酸盐化、硬石膏化和沸石化。矿物成分主要为方解石、石英、天青石、微斜长石、黄铁矿、方铅矿、辉钼矿、氟碳铈矿、独居石，金红石、铌钛铀矿和铅铀钛铁矿，勘查显示为钼铅矿床，伴生稀土。该矿床辉钼矿产出方式有稀疏或稠密浸染状、薄膜状以及星点状，辉钼矿 Re-Os 年龄为 220Ma（黄典豪等，1994）。

桃园矿床主要赋矿围岩是官道口群高山河组石英砂岩夹绢云板岩，次为熊耳群火山岩，北西向与北东向断裂构成的"构造框"，矿体由碳酸岩岩脉组成，脉体形态不规则，呈北东—北北东走向，单脉长几米至 80m。已圈定的矿体中最长者约 800m，最小者不足百米。矿物成分主要包括方解石、石英、钾长石、天青石、萤石、黄铁矿、黄铜矿、辉钼矿，方铅矿和氟碳铈矿。Mo 品位为 0.041%～0.096%。

石家湾矿区解理、裂隙发育，有印支期辉绿岩、正长斑岩、含钼碳酸岩脉及燕山期二长花岗斑岩复式岩体、云煌岩脉、斜长细晶岩脉。根据赋矿岩体的不同，可划分出两个矿体。Ⅱ号矿体由碳酸岩脉组成，长达1km，为桃园矿体的东延部分，总体走向为北东—北东东，其赋矿围岩和矿化特征均与桃园矿床一致，为碳酸盐型钼铅矿床；Ⅰ号矿体产于燕山期的花岗斑岩外接触带，受北东和北西向断裂复合控制，为斑岩型钼矿。赋矿地层主体为高山河组石英砂岩，矿物成分主要为石英、钾长石、黄铁矿、黄铜矿、云母、方解石、萤石、辉钼矿，Mo的平均品位为0.071%。斑岩体为成矿岩体。从早期到晚期，成矿元素Mo、Cu、Zn、Pb含量剧增，晚期钾长花岗斑岩中Mo和Cu含量分别是早期黑云石英闪长岩相应元素的20.93倍和5.54倍。赵海杰等（2010）研究表明，石家湾花岗斑岩具有高硅（SiO_2 70.52%～73.04%）、富碱（K_2O+Na_2O 为8.13%～9.12%）、准铝质（A/CNK为0.99～1.13）特点，富集轻稀土元素，中等Eu负异常（δEu=0.65～0.7），微量元素以富集Rb、Ba、U元素而亏损P、Ti、Ta、Nb为特征，属于Ⅰ型花岗岩。较高的Sr初始比值（0.7073～0.7077）及较低的$\varepsilon_{Nd}(t)$值（-14.8～-16.0），$^{176}Hf/^{177}Hf$值变化于0.282056～0.282312，ε_{Hf}（141Ma）值为-25.01～-15.97，平均值为-20.64，LA-ICP-MS锆石U-Pb年龄为141.44Ma，综合认为花岗斑岩物质是以地壳物质为主并混有幔质成分。朱赖民等（2008a）采用LA-ICP-MS法测得金堆城含钼斑岩与老牛山黑云二长花岗岩的锆石U-Pb年龄分别为140.95±0.45Ma和146.35±0.55Ma，与石家湾钾长花岗斑岩的年龄相近，结合相似的地球化学特征，说明三者很可能为同期同源岩浆活动的产物。同时与该矿床曾获得的辉钼矿的Re-Os年龄138±8Ma（黄典豪等，1994）相近，表明钼矿化是岩体侵位后的产物。

由此可知，黄龙铺矿田至少发生过两期岩浆侵入事件，每次都伴有不同程度的钼矿化作用。第一期为三叠纪地幔来源的碳酸岩岩浆活动，年龄约220Ma，形成脉状碳酸岩型钼铅矿床并伴稀土矿，如黄龙铺、桃园及石家湾Ⅱ号矿体等；第二期为晚侏罗世—早白垩世岩浆活动，形成壳幔混源（Ⅰ型）的石家湾、金堆城花岗斑岩和老牛山花岗岩（140～146Ma），构成斑岩型钼矿床的成矿岩体，如石家湾钼Ⅰ号矿体、金堆城钼矿等，该期也是东秦岭地区最主要的钼矿化期，大量的研究资料揭示早白垩世东秦岭甚至是中国东部地区处于陆内伸展构造背景，而广泛的岩浆侵入和相应的钼矿化作用正是拉张事件的产物。

5. 商州潘河钼钨矿

潘河钼钨矿，也称南台钼矿，位于商州区北宽坪乡。该矿床位于蟒岭燕山期黑云母二长花岗岩基的西部。大地构造位置属华北板块南缘与秦岭大别山地块向华北板块俯冲消减带北秦岭蟒西矿田，该钼钨矿钼平均品位0.079%，钼矿体平均厚度6.40m，资源量已达中型。

矿区出露地层为长城系宽坪群，由一套中等变质的绿片岩类岩石与大理岩类岩石交互组成，间夹硅质岩和花岗斑岩脉，产状平缓。矿区北东向断裂构造相当发育，主要为北东走向、倾角陡立的小断裂构造，多组断裂近似平行。该组断裂系由深部岩体上侵，地层受到向上的应力而在受力强烈部位的脆性岩层裂开形成，这些断裂应在成矿前期或者同期形成，矿源来自矿区北东的下伏岩体，北东向的断裂为含矿气液进入各个地层提供了通道。

矿区范围内有酸性浅成侵入活动和爆发角砾岩的产出。以后堡子角砾岩筒为中心，在其倾向内侧，沿水平方向（由北向南）或垂直方向（由下至上）化探异常具有Mo、W、

Cu、Pb、Zn、Ag、As、Sb（Sb仅在西叉佛岭、银厂沟石英斑岩体下盘局部可见）的分带现象，与此异常对应的矿化为钼钨矿（化）-磁铁矿（化）-磁黄铁矿（化）-铜、铅、锌矿（化）。大体有由中高温向低温过渡的关系。

　　矿区除潘河河谷有零星矿体出露以外，其余矿体主要为盲矿体，埋藏较深（图5-44），大多分布于400～1130m。矿体呈似层状，扁平透镜状。共圈定六个钼钨矿体，一般长200～150m，延深300～760m，厚2.7～7.4m。金属矿物主要为辉钼矿、白钨矿，次为黄铁矿、黄铜矿，少量磁铁矿、方铅矿、闪锌矿。辉钼矿主要呈片状、浸染分布或呈薄膜状、脉壁状分布于大理岩、片岩、石英斑岩裂隙面及石英脉中。黄铁矿、黄铜矿呈星点状、细脉状、浸染状分布，含量较低，偶见方铅矿化。蚀变以透闪石、透辉石化、硅化、碳酸盐化为主，其次为方解石化。钻孔中揭露的钼矿体真厚度为2～30m，单工程单矿体最大厚度58m，单工程平均品位钼0.103%。

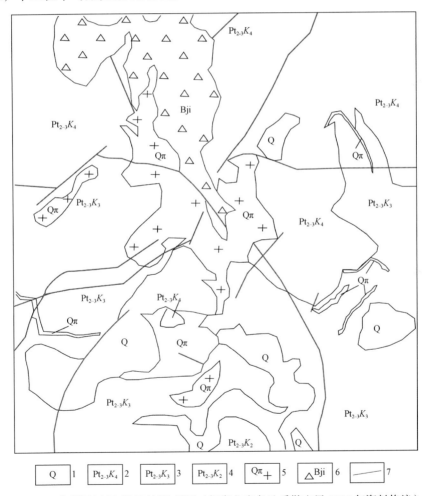

图5-44　商州潘河钼矿区区域地质图（据湖北有色地质勘查局2010年资料修编）

1.第四系；2.二岩性段黑云母钠长石英片岩夹大理岩；3.三岩性段二云石英片岩、黑云母钠长石英片岩；
4.四岩性段大理岩、石英岩、石英片岩；5.花岗斑岩、石英斑岩；6.爆破角砾岩；7.断层

对辉钼矿与花岗斑岩脉产出关系研究发现，钼矿体大多产在花岗斑岩脉的附近，有钼矿的地段附近必然有花岗斑岩脉，且钼矿体厚度较大的一般能找到相对应厚度稍大的花岗斑岩脉。斑岩型钼矿床的成矿母岩为花岗斑岩，全岩 SiO_2 一般大于70%，全碱（Na_2O+K_2O）大于8%，K_2O 大于5%，MgO、FeO、TiO_2、MnO 等氧化物质量分数偏低，总体呈高硅富钾而贫钙低镁的特征（焦健刚等，2007）。斑岩平均成分为 SiO_2 73.97%、TiO_2 0.05%、Al_2O_3 13.19%、Fe_2O_3 1.0%、FeO 0.66%、MnO 0.09%、MgO 0.4%、CaO 0.8%、Na_2O 2.49%、K_2O 6.87%，符合斑岩型钼矿成矿母岩特征，显示花岗斑岩脉与钼矿关系密切。然而有斑岩脉的部位不一定有钼矿，从剖面图上看，上部地层中斑岩脉比较发育，矿体相对较少，由于浅部围岩没有良好的密闭成矿空间而形成不了矿体，或者由于埋藏较浅，形成矿体后容易经风化淋滤等地质作用而流失掉。

矿区深部存在一隐伏白岗岩体。该岩体具有沿北东方向由北而南自深部向浅部的上侵特征（图3-36），表明岩浆活动严格受北东向张扭性断裂和南北向张性断裂控制。白岗岩体宽度约300m，目前走向上控制长度约900m。白岗岩体走向为N25° E。另外在不同的岩性段中见有厚度不等的花岗斑岩脉，平均厚度2～4m，多为高硅富钾的浅成岩脉。化探资料显示，Cu、Pb、Zn、Ag、As、Sb 矿化元素与 W、Mo、Fe 矿化元素组在空间关系上清楚反映以爆破角砾岩为中心的侧向分布特征。从白岗岩体与钼矿体的分布，可以看出潘河钼矿床的形成与白岗岩体的关系密切。

矿床成因类型为次火山期后热液充填与后期热液改造复合型钼矿床，广义上归为斑岩外接触带型钼矿床。

6. 清岩沟镍－钼矿床

清岩沟镍－钼矿床为一与黑色岩系有关的镍－钼矿。矿区位于洛南县大荆镇以北的清岩沟，矿床赋存于华北地台南缘铁炉子断裂北侧的下奥陶统庙湾组黑色岩系中。庙湾组黑色岩系沉积构造环境为北秦岭商－丹古洋盆北部火山岛弧北侧活动陆缘的边缘海沉积，沉积海盆中同沉积构造活跃且强烈，物质来源具壳－幔多源的混杂性，沉积了富含金属硫化物的碳－泥质岩系。原岩由含硫铁质碳质泥岩、泥质粉砂－细砂岩、含铁质碳质粉砂－细砂岩质泥岩及碳质碳酸盐岩夹互层组成。黑色岩系不同岩石成矿元素含量见表5-5。黑色岩系中 Mo、Ni 不属同一来源，Mo 为亲上地壳元素，与成熟度极高的长英质岩石密切共生，而 Ni 为地幔岩富集元素，本区岩石建造中不缺乏这两种元素，均通过沉积作用从各自的富集地质单元聚合一起，并以类质同象赋存于黄铁矿和吸附及配合于碳－泥质中。

表5-5　洛南－栾川一带奥陶系黑色岩系成矿微量元素含量（据张复新等，2009）

岩性	成矿元素含量 /10^{-6}					
	Mo	Ni	V	Cu	Ti	Ba
碳质绢云石英千枚岩	18	68	291	523	5157	3618
含碳硅质岩千枚岩	254	25	184	22	4217	413
碳质千枚岩	132	103	155	82	3834	399
含碳砂泥质千枚岩	119	101	1297	184	3374	8
含碳硅质千枚岩	135	40	96	19	3454	823
上地壳（Taylor and Mclenna，1985）	1.5	20	60	25		

矿体赋存于绢云碳质千枚岩段再经韧－脆性剪切变形叠加的地层与构造联合控制的容矿带中，具明显的层控与构造－热液叠加成矿的特征。镍－钼矿（化）体或就位于绢云碳质千枚岩的强烈揉皱变形及膨胀部位，或就位于几组断裂交叉地段，或就位于构造透镜体化的灰质白云岩与韧－脆性剪切变形的绢云碳质千枚岩段的接触带中及其两侧部位。构造破碎强烈部位的镍－钼矿化明显增强。矿化热液活动发育且具多阶段矿化和蚀变，形成早期辉钼矿－石墨矿化阶段，稍晚的磁黄铁矿－黄铁矿－镍黄铁矿－毒砂组合阶段以及中晚期阶段的黄铜矿－闪锌矿－方铅矿组合阶段，伴随较强烈的钾长石化、硅化、白云石化、绿泥石化及方解石化。镍、钼矿化常见共生特征。矿石类型有碳质千枚岩型、白云岩型和细晶大理岩型镍－钼。目前该矿床已划分出 3 个镍－钼矿化带，主要矿体赋存于 Ⅰ、Ⅲ 号矿化带中。Ⅰ 号矿化带长度约 900m，圈出 4 条镍－钼矿体。Ⅰ-1 号和 Ⅰ-2 号矿体规模较大，长度分别为 896m 和 762m，厚度分别为 0.67～5.06m 和 0.91～4.46m，钼品位分别为 0.05%～0.21% 和 0.034%～0.42%。两矿体镍平均品位为 0.131%。镍－钼矿体连续性较好，有分支复合现象，但厚度和品位变化较大，向深部延伸较稳定。Ⅲ 号矿化带位于 Ⅰ 号矿化带北部，矿化带长 1250m，北东东向展布，圈定出的 3 条钼矿体大体相互平行。其中 Ⅲ-1 号钼矿体地表呈舒缓波状延伸，长度大于 640m，矿体厚度 0.93～2.81m，钼品位 0.054%～0.136%。

矿床镍－钼矿化经历了沉积（矿质预聚集）－变质（初步富集）－构造变形叠加－热液活动改造（改造重富集）而形成，因此属于以黑色岩系为容矿的层控型沉积－叠加－改造的后生热液成因矿床（张复新等，2009）。

四、铜多金属矿

（一）与海底火山活动有关喷流沉积的块状硫化物（VHMS 型）铜多金属矿

1. 筏子坝铜金矿

筏子坝铜金矿处于碧口地块的阳坝－碧口火山岩铜矿带西段，其建造－构造环境属扬子板块北缘裂谷带。区域上出露地层为碧口群阳坝组中岩段火山－沉积岩系，构造位于碧口－阳坝复式背斜南翼，构造线呈近 EW 向展布，岩层呈 EW—NEE 向展布，表现为一向北倒转、向南陡倾的单斜层，倾角一般 60°～85°，沿走向局部北倾，层间韧性剪切构造发育。矿区南部发育晋宁期石英闪长岩、辉长闪长岩（坪头山岩体）。区内 NEE 向深大断裂、韧性剪切带发育（图 5-45）。

区内主要发育近 NE 向片理，与区域构造应力有关。而成矿作用与此结构面密切相关，矿化体基本受其控制。片理产状：200°∠70° 左右。

矿区均为火山－沉积变质岩。变质作用主要为区域变质作用，次为火山热液自变质作用，总体形成绿片岩系。主要变质矿物为绿帘石、绿泥石、绢云母、石英、白云母、钠长石、阳起石等，近矿围岩具有绿泥石化、绿帘石化、绢云母化和碳酸岩化等蚀变现象，近矿地段硅化强烈。

赋矿层位于碧口群阳坝组中段火山－沉积岩系的基性火山岩与正常沉积岩交互韵律组合层内，铜矿体赋存于变细碧岩及凝灰岩向绢云石英片岩的过渡带中。含矿层为磁铁石英

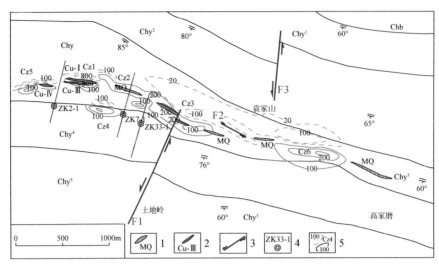

图 5-45　筏子坝铜金矿矿区地质图

Chy⁵. 绿泥石英片岩；Chy⁴. 斑点状绢云绿泥石英片岩；Chy³. 绿帘绿泥片岩夹绿泥片岩；Chy². 斑点状绢云石英片岩；Chy¹. 绿帘绿泥片岩；Chb. 斑点状绢云石英片岩；1. 磁铁石英岩；2. 铜矿体及编号；3. 断层位置及编号；4. 钻孔位置及编号；5. 磁异常位置及编号

岩类，包括磁铁石英岩、含铜磁铁石英岩等，其中主要含矿岩石是含铜锌金磁铁石英岩、磁（赤）铁碧玉岩层。含铜磁铁石英岩多与块状黄铁矿、黄铜矿相伴产出，并呈过渡关系，其特征是含条带状、浸染状黄铁矿、黄铜矿矿物。该矿床铜矿带长 3600m，矿体与具中等变质程度而强烈变形的变质火山岩围岩整合产出，走向上呈断续展布的条带状、似层状，并有尖灭再现及尖灭侧现的特征。

矿区共圈出 3 个矿体，4 个矿化体。碧口群中该类型的矿体一般特征是延深大于延长，深、长之比为 2.6～5，推测向深部矿化有增强趋势。

矿石类型有三种，含铜磁铁石英岩型、块状黄铁黄铜矿和含铜绿片岩型，前两者与围岩界线清晰，为主要类型；矿石按氧化程度分为硫化矿石及氧化矿石，硫化矿石为主要类型，氧化矿石只局限于氧化带。

矿石矿物原生矿物为磁铁矿、黄铁矿及黄铜矿，少见赤铁矿（镜铁矿），辉铜矿、斑铜矿、黝铜矿、方铅矿、闪锌矿等；氧化矿物为褐铁矿、孔雀石蓝铜矿等；脉石矿物主要有石英、碧玉、长石、绿泥石、绿帘石、绢云母、阳起石等。

矿石构造复杂多样，其中含铜磁铁石英岩内脉石矿物石英多为变余层纹状、条带状，矿石矿物磁铁矿呈条带状，稠密浸染状分布，黄铁矿呈条纹状、脉状、侵染状、团块状分布，黄铜矿与黄铁矿共生，呈细脉状、网脉状、稀疏浸染状、团块状分布，次生矿物蓝铜矿、孔雀石呈薄膜状斑点状星散产出。

含铜磁铁石英岩型磁铁矿呈自形、半自形粒状，大部分与石英共生；黄铁矿主要为半自形粒状集合体，与磁铁矿或黄铜矿等金属矿物共生；黄铜矿呈他形充填于磁铁矿或黄铁矿颗粒间，常见黄铜矿交代磁铁矿、黄铁矿，黄铁矿有交代磁铁矿等现象。含铜磁铁石英岩金属矿物生成顺序为磁铁矿、黄铁矿、黄铜矿。块状黄铁矿、黄铜矿矿石主要为他形粒状结构，其中黄铁矿呈他形粒状，其边缘呈港湾状，部分呈浑圆的孤岛状。粒度 0.5～2mm，均匀分布。黄铜矿呈不规则状，交代黄铁矿，并包绕其周围，少数呈沿裂隙交代的脉状。黝铜矿呈他形粒状，粒度 0.05 ~ 0.5mm，多数散布于黄铜矿中。其矿物生成顺序为黄铁矿、石英、黄铜矿、黝铜矿。含铜绿片岩型矿石的细碧岩、细碧质凝灰岩多为粒状（花岗）鳞片变晶结构，绿泥石呈鳞片状变晶头尾相接平行定向分布，并呈条带状聚集，阳起石呈纤状平等分布于其间隙内，绿帘石及石英质变晶在岩石中呈不均匀分布，黄铜矿大致呈条带状分布，在其边缘偶见孔雀石。

上述结构反映出矿体多种多样的形成作用（高温下的重结晶压力作用、交代作用等），为分析矿体的形成过程提供了一定依据。

矿体主要赋存于火山喷气形成的化学沉积岩（碧玉岩）及其变质产物磁铁石英岩和绿片岩中，近矿围岩具有绿泥石化、绿帘石化、绢云母化及碳酸盐化等蚀变现象，并具有不同程度的硅化，接近矿体地段硅化尤为强烈。

矿区南部发育晋宁期石英闪长岩、辉长闪长岩（坪头山岩体），该区众多铜矿床（点）围绕北倾的坪头山岩体北部密集展布。岩浆活动可能对铜锌金磁铁石英岩同生矿源层富集改造、再造成矿提供了物源及热动力条件。

2.铜厂铜矿

该矿床位于略阳县铜厂一带。大地构造属摩天岭古陆块碧口古岛弧构造带。矿区主要出露中元古界碧口群和铜厂岩体。铜厂岩体侵入碧口群阳坝组中岩性段内，由辉石闪长岩（南）、闪长岩（中）、石英闪长岩（北）等相带构成复式岩体（图 5-46），并由南向北超覆，由早期的偏基性向晚期的偏酸性演化；岩体线理构造发育，依据流线产状，反映出岩浆由东南向北西方向和南西方向上侵定位。岩体遭受后期改造作用，片理化现象强烈。

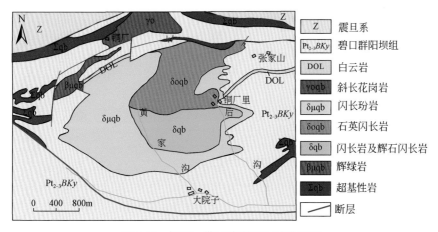

图 5-46 铜厂一带区域成矿地质背景图

对铜厂岩体的岩石地球化学研究，该岩体具有低钾－钙碱性特征，属 I 型花岗岩，与阳坝组基性火山岩系——细碧岩地球化学特征相似，推断岩浆物质以碧口群火山岩部分重熔的再生岩浆为主。同位素测年资料表明成岩时代在 840 ~ 824Ma，属晋宁晚期活动陆缘碰撞后隆升环境的岩浆活动产物。

　　碧口群阳坝组变质火山－沉积岩为本矿床主要含矿和赋矿层位。区域上阳坝组富含铜、铁、金、银、钴等多金属元素，铜等金属地球化学异常明显，而且阳坝组分布有铜、铁、金多金属的矿产，因此阳坝组是本区火山沉积作用形成的富含铜、铁、金、银、钴等多金属的初始矿源层。

　　铜厂铜矿化产于碧口群阳坝组变质火山－沉积岩中，共圈出 15 条铜矿体和 15 条含铜黄铁矿体，呈似层状、透镜状，主矿体长 1.1km，平均厚 3～82m，上盘为钙质板岩，下盘为厚层白云岩，小矿体分布于主矿体南侧，平行排列，长小于 10m，厚 0.5～2m。赋矿岩石主要有三大类，分别为中酸性侵入岩（石英闪长岩、片理化石英闪长岩）、中基性火山岩（细碧岩、片理化细碧岩、角斑岩、斜长绿帘岩）、沉积岩（白云岩）。矿石矿物主要为磁铁矿、黄铜矿、雌黄铁矿等，脉石矿物以蛇纹石、滑石、透辉石、绿泥石为主，具稠密浸染状、斑杂状构造。

　　矿体受构造控制明显（图 5-47），表现为东西向的片理化带、糜棱岩带、构造角砾岩带三种方式。矿体在上述三种不同构造带中均有产出。对构造及矿化特征研究表明，构造带具有片理化带、糜棱岩带、构造角砾岩带多种构造形式，且具有早期韧性变形变质和晚期脆性断裂构造叠加特点。早期韧性变形变质带中铜矿化及蚀变较普遍，而晚期脆性断裂中铜矿化更强烈并富集形成工业铜矿体（图 5-48）。

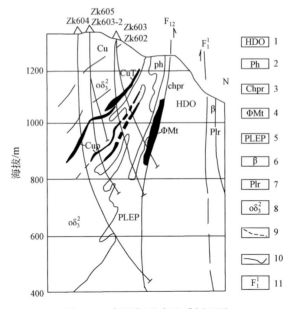

图 5-47　铜厂铜矿床地质剖面图

1.厚层白云岩; 2.千枚岩; 3.绿泥透闪岩; 4.蛇纹岩型磁铁矿体; 5.斜长角闪岩; 6.细碧岩; 7.斜长花岗岩; 8.石英闪长岩;
9.铜矿（化）体及编号; 10.地质界线; 11 断层

　　对矿床磁铁矿氧同位素测定结果 $\delta^{18}O$ 变化范围为 1.32‰～5.92‰，变化幅度 4.6‰，$\delta^{18}O$ 值集中在 2‰～4.4‰；其中蛇纹石型磁铁矿型矿石为 3.65‰，碳酸盐型磁铁矿石为 3.42‰，两者相近；矿石中硫同位素测定结果 $\delta^{34}S$ 变化范围为 1.7‰～20.0‰，变化幅度较大，多数集中在 8.5‰～12.0‰，明显富含重硫，塔式反应明显，推测硫为深源，并有海水硫

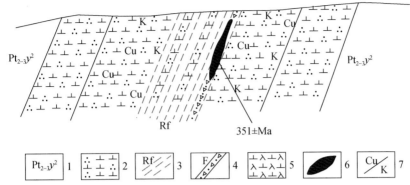

图 5-48 铜矿体受早期片理化带、晚期脆性断裂构造控制（据平硐Ⅰ-9号铜矿体）

1.阳坝组；2.石英闪长岩；3.韧性剪切带；4.脆性断层；5.闪长斑岩；6.铜矿体；7.黄铜矿化/钾化

的混入，即围岩内硫化物中的硫在成矿作用中加入成矿热液。由于铜厂矿床中的铜矿和磁铁矿为共生矿，其成因有相同之处，因此认为，铜厂铜矿的硫为深源，并有海水硫的混入。

成矿具有多期性，闪长岩成岩过程中伴有以铜、钼、铁为主的多金属矿化，闪长岩内的浸染状辉钼矿、闪长岩外接触带上发育的蛇纹岩中的磁铁矿及夕卡岩型是有力证据之一，为岩浆活动形成铁矿、辉钼矿及铜矿化的反映；断裂构造带内的脉状硫化物黄铜矿成矿年龄较晚，黄铜矿成矿是断裂构造作用形成铜矿（化）的结果。依据石英闪长岩与铜矿的地质特征及其他成矿流体地球化学特征，本书认为铜厂铜矿成矿过程经历了早期火山（沉积）作用（Ⅰ阶段）、同源中酸岩浆岩作用成岩阶段（Ⅱ阶段）以及晚期动力变质作用形成的构造成矿阶段（Ⅲ阶段）。

铜厂铁铜矿床成因历来有不同认识，对铁矿床而言：最初认为是高中温热液铁矿或接触交代型铁矿床，以后通过一些单位对矿床的研究提出了不同看法：如陕西省冶金地质勘探公司1978年认为矿床为次火山热液型矿床；原地质矿产部西安地质矿产研究所1992年认为成矿与火山作用及变质作用有关，属于火山沉积－变质型矿床。对铜矿而言：原地质矿产部秦巴科研项目1987年第二轮科研第07课题组认为铜矿形成与铜厂石英闪长岩岩浆期后热液有关，称其为岩浆期后热液－动力改造型铜矿床；原地质矿产部西安地质矿产研究所1992年认为铜矿与铁矿成因相同，为中－新元古代火山－沉积型矿床；秦巴第二轮科研09课题则认为铁矿与铜矿是同一成因形成的，既与闪长岩无关，也与碧口群内的火山岩无关，成矿时代晚于中－新元古代，而且比寒武纪还要新，可能与超基性岩有关。以上看法有一点是一致的，即铁铜矿床的成因相同。本书认为：铜厂的铁矿和铜矿具有相同成因，均与铜厂石英闪长岩有关，它们是同一母（岩）所生的共生异体矿床，铁铜成矿的物质来源于岩浆和碧口群火山沉积岩。铜厂石英闪长岩属陆壳重熔型中酸性岩，岩浆本身富钠、贫钾，铁铜丰度值较高，在重熔上侵过程中又大量汲取了碧口群中的成矿物质，形成了富含铁铜等元素的岩浆热液，在岩浆分异结晶的晚期，由于温度、压力的变化而向岩体边部聚集并产生铁铜分离，分别进入各自的有利空间以充填、交代方式成矿，并对围岩产生不同温度的蚀变。同时，碧口群火山沉积岩受构造改造，也形成铜矿体。

成矿具有多期性：碧口群火山沉积（现划分的阳坝组是其组成部分，下同）形成富含铁、铜、金多金属的矿源层，石英闪长岩形成铁（铜）矿及铜、钼矿化，动力变质作用（早期韧性变形变质作用和晚期的脆性变形变质作用）改造碧口群火山沉积及石英闪长岩，以构造热液形式进行填充（为主）、交代，形成铜厂铜矿。

综上所述，本矿床的成因属于与碧口群火山沉积岩、铜厂石英闪长岩有关的火山沉积（岩浆岩）–改造型（铁）铜矿床。

（二）与岩浆作用有关铜多金属矿

1. 德乌鲁斑岩铜矿

德乌鲁夕卡岩铜矿床位于甘肃省合作市境内的德乌鲁杂岩体西南缘。区域上该地位于南秦岭构造带西段之新堡－力士山复背斜南翼，夏河－合作断裂带的北侧。新堡－力士山复背斜为不对称褶皱，地层倾角南缓北陡，核部为下石炭统（C_1），翼部为二叠系（P）、三叠系（T），石炭系为浅滨海碎屑岩和碳酸盐岩沉积；二叠系为浅海陆源碎屑岩夹碳酸盐岩及火山岩沉积；三叠系为海相具陆源复理石韵律碎屑岩及碳酸盐岩沉积；侏罗系为陆相火山岩沉积。其中下石炭统、下二叠统、下三叠统为区域主要的含矿地层。德乌鲁铜矿、阿姨山铜砷矿及老豆村金矿等均产于下二叠统。德乌鲁杂岩体呈不规则小岩株状产出，由花岗闪长岩和石英闪长斑岩等岩石单元构成，德乌鲁花岗闪长岩中的暗色微粒包体较发育。岩体的岩石地球化学特征研究表明其属于偏基性的中－高钾钙碱性准铝质－弱过铝质 I 型花岗岩类型。Sr-Nd 同位素组成反映德乌鲁杂岩体岩浆源区主要为富钾的基性下地壳，并存在幔源物质加入，在岩浆侵位过程中发生壳幔岩浆混合作用。暗色微粒包体可能起源于受板片流体或熔体交代的地幔橄榄岩的部分熔融，岩体的微量元素与世界花岗闪长岩相比，以 Cu、Pb、Sr、V、Cr、Ni、Ga 相对富集为特征，其他微量元素显示均有不同程度的亏损，表明花岗闪长岩的 Cu 含量背景高。LA-ICP-MS 锆石 U-Pb 定年结果表明，德乌鲁杂岩体石英闪长岩和石英闪长斑岩的侵位时代分别为 238.6±1.5Ma 和 247.6±1.3Ma（靳晓野等，2013），结合区域地质背景，德乌鲁杂岩体属于印支早期活动大陆边缘与俯冲构造背景相关的弧岩浆活动产物，可能与古特提斯洋洋盆闭合过程中洋壳向北俯冲有关。

矿区主要为二叠系石关组的浅海陆源碎屑岩夹碳酸盐岩沉积地层，地层总体走向为北西向，与区域构造线方向一致，按岩性可分为三个岩性层，其中的碳酸盐岩夹砂砾质灰岩为工业矿体主要赋存岩石。构造以断裂为主，在近侵入体接触带附近，小型褶曲及断裂发育，以层间滑动断裂为主，次为平推断裂。层间断裂多沿岩层与侵入体接触带或岩层层面间发育；平推断裂以北东向为主，仅局部可见。在近岩体处受侵入体影响，两侧有众多微断裂和以北东－北北东向为主的节理发育，并有岩脉侵入，是富集形成良好矿化的重要地段。

岩体与围岩接触为陡倾斜。夕卡岩化和矿化主要与后期花岗闪长斑岩和石英闪长岩有关。甘肃省地质矿产局第三地质勘查院勘查成果显示（刘升有，2015），该矿床矿体（矿化）均集中于侵入体岩脉穿插较复杂地段，富矿带均产于侵入体内凹地段或岩枝伸出地段。已控制矿带长达 800m，宽 10～100m，矿体 23 个。其中，含铜夕卡岩 9 个、长英角岩 14 个。含铜夕卡岩带地表仅在矿带中部出露，深部在东矿带以裂隙充填的铜、砷、金长英角岩矿化为主，矿体呈脉状，Cu 品位较低；西矿带以含黄铜矿、斑铜矿、磁硫铁矿的夕卡岩型为主，交代作用显著，多为小扁豆状及囊状矿体，形状不规则，多为致密块状矿石，Cu 品位较高（图 5-49）。

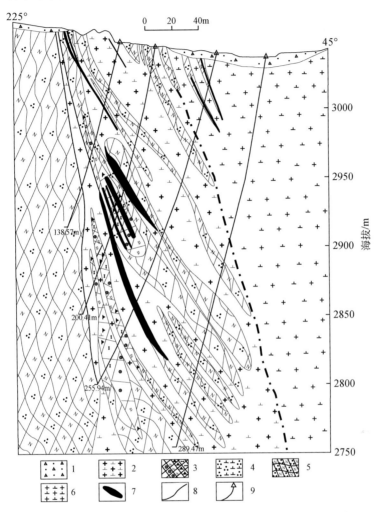

图 5-49　德乌鲁铜矿Ⅴ号勘探线地质剖面图（据刘升有，2015）

1. 残坡积砂砾石及黏土；2. 侏罗纪花岗闪长斑岩（脉）；3. 含铜符山石、透辉石、石榴子石夕卡岩；
4. 侏罗纪微晶石英闪长岩；5. 长英角岩；6. 侏罗纪粗粒花岗闪长岩；7. 铜矿体及编号；8. 岩相界线；9. 钻孔

　　矿石类型为夕卡岩型和裂隙充填的脉状矿石。矿石结构、构造多样，有块状构造、浸染状构造、斑点状构造、胶结构造、同心圆状构造、脉状构造等，结构有交代充填结构、溶蚀结构、交代残余结构、共边结构、乳浊状结构、叶片状结构、自形晶粒状结构等。矿石矿物主要为黄铜矿、磁黄铁矿，其次为毒砂，斑铜矿，伴生矿物有黄铁矿、白铁矿、闪锌矿、斑铜矿、黝铜矿、方铅矿等；其中磁黄铁矿与黄铁矿、毒砂与白铁矿、黄铜矿与斑铜矿、黝铜矿、闪锌矿、方铅矿等常相伴共生产出；氧化次生矿物为孔雀石，其次为蓝铜矿、褐铁矿；脉石矿物以石英、长石及夕卡岩的透辉石、钙铝榴石、方解石为主，次为符山石、硅灰石、绿泥石、绿帘石等。

　　矿石有用组分 Cu 含量为 0.23% ～ 2.29%，As 含量为 0.1% ～ 1.6%，Au 平均品位为

4.0×10^{-6}，Ag 为 10.16×10^{-6}，均达工业矿体或综合利用要求。Zn 也有部分富集，达地壳克拉克值的 2.5 倍。矿石微量元素多数接近或低于地壳克拉克值，成矿元素 Cu、As 同 Mo、Sn、Bi 为高温成矿元素组合明显富集，说明矿质来源主要与花岗岩类形成的岩浆热液有关。矿石温、压测试表明夕卡岩型铜矿形成温度为 650 ～ 300℃，压力为 $3 \times 10^7 \sim 3 \times 10^8 Pa$，属中 – 低温热液夕卡岩型矿床（刘明强，2012），与花岗岩和成矿热液有关的蚀变作用强烈，蚀变分带比较清楚，矿化和矿体主要赋存于外接触带的黑云母磁铁长英角岩、夕卡岩带以及以透辉石为主含石榴子石的夕卡岩 – 长英角岩带内，前者内部花岗闪长斑岩及石英闪长斑岩岩脉发育；后者内含未交代完全的夕卡岩化大理岩包裹体，为含磁黄铁矿、黄铜矿、斑铜矿、毒砂等，是重要含矿围岩；其他如以石榴子石为主的夕卡岩、石英角岩带等仅见少量星散状黄铜矿产出。

依据矿床特征、矿石结构构造、矿物共生组合以及交代关系，可将德乌鲁夕卡岩型矿床成矿划分为早、晚 2 个成矿阶段。早期为高温气成热液阶段，以形成夕卡岩化及石英 – 铁氧化物为特征，仅含少量星散状黄铜矿；晚期为硫化物矿化阶段，按矿物共生关系矿化阶段又可分 2 个亚期：①硫化物期，形成的矿物主要为黄铜矿、磁黄铁矿、斑铜矿等；②脉石英期。

2. 夏河县龙得岗铜矿

夏河县龙得岗铜矿床位于西秦岭印支断褶带北部，双朋喜 – 新堡复背斜的次级褶皱加吾力吉背斜的西南翼。区内出露地层主要为下三叠统江里沟组和中侏罗统郎木寺组，地层总体走向与区域构造线方向一致，呈 NW—NNW 向展布。区域构造线呈 NW 向，早期构造控制着年木耳杂岩体的产状和分布，晚期构造主要为一组呈 NW 向的压扭性结构面构造。矿区范围内表现为一单斜构造，主体展布呈 NW—NNW 走向，倾向 SW，层间褶皱、压扭性断裂及其近 SN 向张扭性断裂十分发育。断裂构造对成矿起着十分重要的控制作用，矿体主要产于近 EW 向和近 SN 向两组扭裂面与 NW 向构造交汇部位；由下三叠统地层组成的单斜、层间褶皱和压扭性断裂，伴生的近 SN 向张扭性断裂、近 EW 向压扭性断裂及相应的节理裂隙等，均为控矿构造。

区内岩浆活动频繁，岩浆岩发育，年木耳岩体即由不同期次侵入的岩浆构成的杂岩体，由石英闪长岩、二长花岗岩、石英辉长岩、花岗闪长岩、花岗斑岩、石英闪长玢岩及次英安岩组成，石英闪长岩和二长花岗岩是杂岩体的主体，形成于印支期，其他岩石形成于燕山早期。侵入岩总体受同一构造体系不同序次的控制，其岩浆活动时间相近，空间上密切共生，各类岩石的矿物成分、化学成分及岩相变化等与同源岩浆演化规律符合，表明杂岩体为同源岩浆由不同分异阶段而形成。

矿区位于双朋喜 – 新堡复背斜的次级褶皱加吾力吉背斜西南翼，矿区范围内表现为一单斜构造，主体展布呈 NW—NNW 走向，倾向 SW，层间褶皱、压扭性断裂及其近 SN 向张扭性断裂十分发育；近 EW 向压扭性断裂和偶见的 NE 向张扭性断裂在地表呈隐蔽状态，多见于深部，已多为闪长玢岩脉充填。

矿区一带岩浆活动强烈，矿区岩浆岩为年木耳岩浆侵入杂岩体的一部分（西部），岩体侵入明显受区域断裂带控制，区内分布的侵入体有石英闪长岩、二长花岗岩、次英安岩及闪长玢岩脉等，由同源岩浆不同分异阶段脉动侵入形成，分布于矿区东部。石英闪长岩和二长花岗岩是杂岩体的主体，形成于印支期，其同位素年龄测定为218.1Ma。

区内脉岩主要有闪长玢岩脉和花岗岩脉两种，多见于深部，脉宽0.1～2m。斑状及微粒结构，半自形细粒结构，块状构造。岩石普遍发生微弱蚀变。偶见金属硫化物黄铁矿、毒砂等。叠加脉岩主要有电气石石英脉和方解石脉。

全矿区共发现矿体51个，其中地表矿体5个，其余均为盲矿体，且多为单工程控制。按不同矿石类型统计有铜矿体29个，含砷铜矿9个，铜砷矿体4个，砷矿体2个，锡矿体5个，铝矿体1个，钨矿体1个。其中7、28、30和43号矿体是矿区内主要矿体，它们占全区铜储量82.9%。

矿体埋深一般在100～300m（相当海拔为3601～3708m），最深大于300m。矿体产状多倾向北东或北北东，少数倾向南西；倾角在25°～45°，少数大于45°或小于25°。

矿体形态复杂，规模小，多呈透镜状、不规则饼状、脉状、囊状、串珠状，一般厚2～5m（视厚，以下同），最厚20m；沿倾向及走向一般十几米至几十米，个别矿体（7号）沿走向长175m，斜深大于300m。矿石品位Cu 0.41%～0.77%，最高1.23%，最低0.30%；As 3.00%～4.00%，最高10.91%；Sn 0.26%～0.83%，最低0.71%；Bi 0.73%。个别矿体产于石英脉中。

矿石可划分为斑点浸染状黄铁矿、黄铜矿铜矿石，斑点-细脉浸染状黄铁矿、黄铜矿、毒砂含砷铜矿石、铜砷矿石，细脉浸染状黄铁矿、毒砂砷矿石，石英脉型铜矿石、锡矿石四类，其中以铜矿石、含砷铜矿石为矿区内主要矿石类型，石英脉型在区内少见。

矿石的工业类型有氧化矿石、混合矿石和原生矿石。以原生矿石为主，氧化矿石、混合矿石较少，仅见于地表氧化带中，主要为黄铁矿、黄铜矿氧化分解为褐铁矿、铜蓝、孔雀石等。

矿石常见金属矿物主要为黄铁矿、毒砂、黄铜矿，次为磁黄铁矿、黄锡矿、辉铋矿、自然铋、闪锌矿、白铁矿、褐铁矿、孔雀石，少见黝铜矿、斑铜矿、辉铜矿、自然金等。脉石矿物主要为石英、长石、黑云母、角闪石、电气石等，次为绢云母、绿泥石、方解石、高岭石等。

矿石结构主要有粒状结构、交代结构、乳滴状结构和碎裂结构，其中以粒状结构为主，交代结构比较少见，乳浊状及碎裂结构仅偶尔可见。根据金属矿物在矿石中相互排列方式，矿石构造可划分为斑点-浸染状构造、细脉-浸染状构造、脉状构造和蜂窝状构造四种类型。

矿区围岩蚀变主要为热接触变质和热液蚀变。除上述主要蚀变外，尚偶见高岭土化、泥化等蚀变，分布局限，与成矿关系不大。

据甘肃省地矿局地质力学区测队1980年对角砾岩中的硫化物爆裂测温和硫同位素测定，毒砂为360～375℃，黄铜矿为310℃，黄铁矿为290～310℃，结合矿物共生组合和生成顺序认为，白钨矿、锡石、毒砂为高温热液阶段形成，黄铁矿、黄铜矿等金属硫化物为高-中温热液阶段形成。稳定硫同位素$\delta^{34}S$接近于陨铁硫，$\delta^{34}S$为-2.5‰～-5.0‰，$^{32}S/^{34}S$为22.279～22.330，说明硫来源于近上地幔。

综合矿床地质特征、矿物共生关系、矿石矿物结构构造特征及产出状态和穿插交代关系，将成矿过程主要划分为残余岩浆期、热液成矿期和表生期，成矿作用主要发生在热液成矿期。

3. 池沟斑岩铜矿

池沟矿区位于山阳县城西约 25km 处，是柞 - 山盆地内一斑岩型铜矿点，近年来，西北有色地质勘查局在池沟地区采用物、化探及深部钻探验证，以 0.2% 为边界品位在岩体及围岩中控制到了斜厚 80～100m 厚大铜矿体，矿化呈细脉浸染状分布，围岩蚀变规模较大，岩体及其周边不同程度地发育钾化、黄铁绢英岩化、青磐岩化及角岩化，显示有良好的找矿潜力。

池沟地区位于南秦岭构造带北亚带东段，凤镇 - 山阳大断裂近北侧。区域出露的地层主要为中 - 上泥盆统，岩性为一套浅变质海相细碎屑岩 - 碳酸盐岩建造，沉积韵律层发育。中泥盆统由牛耳川组（D_2n）、池沟组（D_2ch）、青石垭组（D_2q）组成。其中，池沟组中局部夹少量变质安山凝灰岩成分，是本区斑岩型铜钼矿和构造蚀变岩型金矿的赋矿层位。该区小斑岩体广泛发育，共出露有 7 个小岩体，多呈不规则状小岩株或岩枝产出，构成北东向串珠状分布的岩体群，均侵位于泥盆系池沟组中，与围岩呈锯齿状侵入或断层接触关系。岩石类型多为石英闪长岩和石英闪长玢岩，次为二长花岗斑岩，具（似）斑状特征。其中仅 I 号岩体为二长花岗斑岩体，地表形态呈近东西向的椭圆状，空间上总体呈一北倾的陡立的岩株。岩石具斑状结构，斑晶为钾长石、斜长石、黑云母、角闪石，基质为石英、钾长石、斜长石。该岩体的侵位受北东向断裂和近东西向层间断裂的联合控制，与成矿关系最为密切。岩体群均属浅成 - 超浅成相中酸性岩浆岩，岩体性质为高钾钙碱性系列，属 I 型花岗岩。对池沟岩体群不同岩性岩石的 LA-CIP-MS 锆石 U-Pb 年龄测定，显示石英闪长岩为 146±1～149±1.5Ma（谢桂青等，2012；本项目 2015 年资料），石英闪长玢岩为 141.94±0.99Ma，二长花岗斑岩为 146±1Ma（本书项目 2015 年资料），其总体在 140～149Ma，反映岩体属燕山期的产物。矿石辉钼矿的 Re-Os 等时线年龄为 148±2Ma（张西社等，2011），反映斑岩体的形成与成矿同步，二者关系密切。

本区位于红岩寺 - 黑山街复式向斜构造南翼，总体为单斜构造。岩层走向近东西向，倾向北，中到高倾角。区内断裂以北东向隐伏断裂和近东西向断裂为主，次为北北东向、北东向小断裂。北东向隐伏断裂控制了小斑岩体群的总体展布，是主要的控岩断裂。北东向断裂和近东西向断裂的交汇部位控制了各小岩体的就位。隐伏北东向基底断裂为区域性断裂。在池沟地区大致隐伏于小池沟口 - 白沙沟口一线，向北东延伸到下官坊一带，沿其串珠状分布有池沟、原子街、下官坊中酸性岩体群。该断裂是区域上燕山期岩浆活动的控岩断裂。

池沟岩体及围岩蚀变较强烈，主要为角岩化、钾硅酸盐化（钾长石＋黑云母）、绢英岩化（石英＋绢云母＋白云母＋金红石）、青磐岩化（绿帘石＋绿泥石＋透辉石＋阳起石＋透闪石＋碳酸盐＋黄铁矿），次为高岭土化、夕卡岩化（透辉石＋绿帘石＋石榴子石＋阳起石＋方柱石）。其中，角岩化、钾硅酸盐化、绢英岩化、高岭土化及青磐岩化主要分布岩体中或外接触带附近，与斑岩型铜、钼矿化关系密切。

金属矿化有 Cu、Mo、Au，均与燕山期岩浆活动有关。根据成矿作用、矿化特征、含矿建造特征可进一步分为：斑岩型铜矿、斑岩型钼矿、夕卡岩型铜矿和构造蚀变岩型金矿 4 种。斑岩型铜矿主要位于池沟北东向岩体群近西侧，赋存于池沟 III、IV 号石英闪长岩体之小分支及其围岩角岩中，矿化以黄铜矿为主，局部见辉钼矿化，黄铜矿和辉钼矿在矿石中呈细脉浸染状分布。斑岩型钼矿位于池沟地区Ⅰ号岩体北侧，赋存于黑云二长花岗斑岩体内及旁侧围岩黑云母角岩及角岩化砂岩裂隙中，为隐伏矿。夕卡岩型铜矿位于池沟地区中部付桑沟一带，大体顺层产出，断续赋存多个小规模铜矿体。带中岩石碎裂化、片理化较强，蚀变表现为夕卡岩化、褐铁矿化、孔雀石化等。构造蚀变岩型金矿位于池沟北东向斑岩体群北东端白沙沟地段，产于岩体围岩透辉石角岩中，受构造蚀变带控制，已发现5条金矿体，按走向分为北西组和北东两组，以金矿化为主。

对已控制的Ⅳ号石英闪长岩体上部岩枝和Ⅲ号石英闪长玢岩的矿化现象显示，矿化形成于岩枝及其附近围岩，绿帘石化、钾化、硅化较强，黄铜矿或呈细脉浸染状，或呈细脉状沿裂隙围绕岩枝及其接触围岩分布。其中沿Ⅳ号岩体岩枝所圈定的铜矿体斜厚 $80 \sim 100m$，平均品位 0.21×10^{-2}，显示良好的深部找矿潜力（刘凯等，2014）。

矿石构造类型主要有：块状、浸染状、细脉浸染状、网脉状、脉状和晶洞状构造等，其中黄铜矿主要呈浸染状、细脉浸染状分布。

矿石金属矿物有黄铜矿、黄铁矿、磁黄铁矿、赤铁矿、辉钼矿等；脉石矿物有长石、石英、角闪石、黑云母、绢云母、绿泥石、绿帘石、方解石、金红石、硬石膏等。

池沟地区为 Cu、Mo、Au 多金属矿集小区，其成矿与壳幔同熔型中-酸性高钾钙碱性岩浆活动有关，成岩成矿与我国斑岩型矿床主成矿期一致，发生于燕山期。围绕区内Ⅰ号斑岩体具有钾化（钾长石+黑云母）、绢英岩化、青磐岩化及角岩化等典型蚀变，围岩为碳酸盐岩时则出现夕卡岩化。Ⅰ号岩体中以钾化为主，围岩中以角岩化、青磐岩化为主。钼矿化与钾化关系密切，铜矿化与青磐岩化叠加钾化关系密切。由Ⅰ号斑岩体往外依次出现钼、铜、金的地球化学异常分带性及 Mo、Cu、Au 矿化的分带性，构成斑岩-夕卡岩-构造蚀变岩型钼铜金矿成矿系列，表现出明显的斑岩成矿的特征。

秦岭成矿带除了以上所述的与岩浆作用有关的典型铜矿床以外，区内还分布有阿芒沙吉、龙德岗等斑岩铜矿，太白岩体南缘脉型铜金矿床、铁沟-兴时沟铜钼矿床，其中斑岩型矿床的矿化程度较其他类型的好，就目前的找矿勘查成果而言，成矿规模均较小。但仍是今后秦岭成矿带铜矿找矿工作中值得重视的。

（三）与黑色岩系有关铜多金属矿

与黑色岩系有关铜多金属矿为秦岭成矿带内新近发现的一种铜矿类型矿床。其典型矿床为姚沟铜矿床。

姚沟铜矿位于旬阳县以东 23km 处，区域上位于南秦岭印支褶皱带与北大巴山褶皱造山带衔接部位的南秦岭构造带之旬阳-白河滑脱逆冲推覆褶皱带内，构造线总体方向为北西西向，褶皱和断裂构造发育，区域地层主要为志留系梅子垭组（S_1m），分为上、中、下三个岩性段。姚沟矿区主要出露下志留统梅子垭组上段（S_1m^c），少量为下志留统梅子垭组中段（S_1m^b）。与矿化关系最为密切的是发育在梅子垭组中的韧性断层及顺层断层，以硅化、黄铁矿化、磁黄铁矿化与铜矿关系最为密切。

目前矿区已圈定南北两个矿化带，矿化带内共发现矿（化）体30条（Ⅰ矿化带18条，Ⅱ矿化带12条），规模较大的且有工业价值的有6条矿体。经估算，姚沟铜矿详查范围获得资源储量矿石量 564.58 万 t，铜金属量 8.02 万 t，铜品位 1.42×10^{-2}，其中，控制的内蕴经济资源量（332）矿石量 170.89 万 t，铜金属量 17539.13t，铜品位 1.03×10^{-2}；推断的内蕴经济资源量（333）矿石量 393.69 万 t，铜金属量 62700.22t，铜品位 1.59×10^{-2}。共获得伴生银资源量 9.50t，平均品位 1.68×10^{-6}，伴生硫资源量 13.86 万 t，平均品位 2.46×10^{-2}。姚沟一带区域地质同矿化带展布如图 5-50 所示。

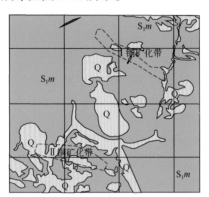

图 5-50 陕西旬阳姚沟一带铜矿化带分布图

Q. 第四系；S_1m. 志留系梅子垭组

K1 矿体产于绢云母千枚岩中，呈似层状产出（图 5-51），走向长度为 600m，产状 $190° \sim 210°$，$\angle 30° \sim 40°$，总体产状 $190° \angle 30°$。控制矿体长 500m，沿倾斜方向控制矿体最大延深 127m。矿体在中心部位厚度达 5.63m，向矿体边部各工程中矿体厚度变薄，矿体厚度一般 $1.03 \sim 5.63m$，平均 2.66m，厚度较稳定；铜品位为 $0.30 \times 10^{-2} \sim 8.20 \times 10^{-2}$，矿体平均品位 0.94×10^{-2}。有用组分分布均匀。

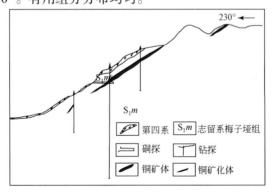

图 5-51 姚沟 I 矿化带 K1 矿体（据中国建筑材料工业地质勘查中心陕西总队 2015 年资料改编）

K2 矿体位于 K1 矿体的下部，为盲矿体。矿体呈似层状，倾向 $190° \sim 210°$，倾角 $20° \sim 30°$。矿体头部埋深 236m，控制矿体长 200m，沿倾斜方向控制矿体最大延深 76m。矿体厚度 $1.00 \sim 10.56m$，平均 6.62m，厚度较稳定。铜品位为 $0.33 \times 10^{-2} \sim 3.30 \times 10^{-2}$，矿体平均品位 0.90×10^{-2}，品位变化系数为 83.68，有用组分分布均匀。

对已圈定的铜矿体综合分析可以反映出，矿体总体倾向 $180° \sim 210°$，倾角 $30° \sim 40°$；矿体呈似层状、透镜状，与地层产状基本相同；矿体形态规则，不具有分支复合现象。

矿石矿物以黄铜矿为主，次为斑铜矿。共生矿物有黄铁矿、磁黄铁矿，可见少量闪锌矿、方铅矿。氧化矿石主要为孔雀石、铜蓝，次为蓝铜矿。脉石矿物以石英为主，其次为绢云母、绿泥石、长石、白云石、方解石和少量黄铁矿等。

各矿体中主要有用组分为 Cu，全矿床平均品位为 1.42×10^{-2}。主要伴生有益组分为 Ag、S，据组合分析，Ag 品位为 $0.80 \times 10^{-6} \sim 3.58 \times 10^{-6}$，全矿平均品位 1.68×10^{-6}；S 品位为 $1.59 \times 10^{-2} \sim 3.65 \times 10^{-2}$，全矿平均品位 2.45×10^{-2}，达到了综合评价参考指标，可综合回收利用。

矿石结构主要有他形粒状结构、半自形－自形粒状结构、包含结构及交代穿插结构。矿石构造主要有浸染状构造、网脉状构造、脉状构造等。

矿石的自然类型主要为原生硫化矿石，仅局部地表见少量氧化、半氧化矿石；矿石的工业类型为原生硫化铜矿石。主矿组分铜主要赋存于黄铜矿中，据物相分析，矿石中硫化相铜占 98.35%，氧化相铜占 0.21%，结合相铜占 1.44%。氧化铜相仅在地表发育，向深部延伸约 0.5m 后，主要为原生硫化矿石。

其成矿作用特征为：①成矿作用与韧性断裂有直接的关系。硅化、褐铁矿化集中分布在韧性断裂带。由于原生硫化矿极易氧化，见少量原生矿及铜蓝矿化点，大部分已褐铁矿化。②成矿脉体顺地层产出或小角度斜交，交角小于 5°。③铜化探异常与韧性剪切构造带具有密切相关性，多个铜异常浓集中心处均有韧性断裂带通过，明显显示出韧性剪切带的控矿。因此认为矿床成因是受顺层断裂控制的沉积变质改造型铜矿。

姚沟铜矿的发现，为秦岭成矿带铜矿找矿开辟了新的思路。

五、汞锑

1. 崖湾锑矿

崖湾锑矿床处于秦岭东西构造带西延部位，位于武都弧形构造前弧东翼。区域内地层自中志留统至第四系皆有分布：其中以志留系、泥盆系、三叠系、白垩系及古近系和新近系分布较为广泛，其他时代地层皆为零星出露。侏罗系以前属海相沉积，以碳酸盐岩和碎屑岩建造为主，沉积厚度大，层厚多在 200 ～ 500m，岩石种类多；包括灰岩、砂岩及页岩等。自侏罗系以后转为陆相沉积。区内构造运动强烈，断裂发育，且具有长期活动的特征。主要断裂北有朱家坝－人头山大断裂，南有沈家院－秦家坝大断裂。区域构造线为北西－南东，形成弧形转折点。再加上褶皱运动发育，为本区成矿创造了良好条件。区内火成岩不甚发育，仅见有印支期花岗闪长岩，分布于魏家庄、逊子湾等地，呈岩株、岩脉状产出。长英岩脉及玢岩脉等，为该期晚期岩脉。锑矿可能与印支期花岗闪长岩有关。

崖湾锑矿床的含矿岩系为中生界下三叠统马热松多组第三岩性段（Tm^{1-5}）薄层灰岩夹中厚层灰岩，灰－灰白色，细晶质致密块状构造，层理较清楚。局部因方解石化重结晶作用使层理消失。柔性褶皱较发育，岩石中有脉状或网脉状方解石细脉发育。局部夹板岩扁豆体。锑矿体赋存于灰岩与板岩的层间裂隙中，矿体上盘为板岩，下盘为灰岩。矿体一般呈似层状及脉状、透镜状及扁豆状，其形态较复杂，沿走向、倾向都存在分支、复合、膨缩及尖灭再现现象。矿区为一单斜构造，岩层均向 NW 倾斜，倾角 30°～80°。次一级褶皱构造发育，多表现为表层褶曲，形成各种小褶皱，如扭曲、挠曲等。区内断裂构造发育，就其性质言，可分为逆断层、正断层和平推断层；按产状则可分为走向断层和横断层两类；前者为成矿前断裂，多为容矿控矿构造。后者为成矿后断层，对矿体有一定破坏影响。区内火成岩分布较少，仅见一些长英岩脉。

崖湾锑矿全矿床有用工业矿体共 42 个，其中较大矿体有 4 个，（包括 6、1、7、38 号矿体）。单个矿体长度为 50～1000m，厚度为 2.28～9.03m，品位为 1.93%～2.98%，平均品位为 2.86%。锑矿体产于灰岩中，矿体规模和产状与断裂、岩性有密切关系。6 号矿体赋存于灰岩与板岩层间断裂中；矿体上盘为板岩，下盘为灰岩，界线明显，矿化体中矿体界线是根据化验资料圈定的。矿体产状变化较大，总的方向为 NE30°～85°。倾向 NW，倾角 55°～70°，在浅部（标高 1600m 以上），倾角较陡，达 60°～65°，中部（1500m 标高）倾角则较缓，一般为 56° 左右，向深部（1500m 标高以下）倾角则有变陡，达 70°～80°，剖面形态呈舒缓 "S" 形。在灰岩其他平行断裂中，有平行矿体产出，但规模都较小，延深、延长都不大。矿化体中的矿体呈脉状，透镜状及扁豆状。产状与矿化体一致，围岩界线清楚。区内主矿体（6 号矿体），长度 1000m，厚度 5.95m，深度 500m。矿体形态复杂，不管沿走向或倾向来看，都存在分支、复合、膨缩、尖灭、再现等现象。

锑矿石金属矿物以辉锑矿为主，黄铁矿、白铁矿次之。非金属矿物有石英、方解石、萤石、玉髓、绢云母等，次生氧化矿物有锑赭石、黄锑华、褐铁矿、高岭土等。

矿石结构可分为四类八种。第一类从溶液中结晶的结构，有自形、半自形、他形粒状结构；第二类交代作用形成的结构，有骸晶状、残余状结构；第三类因压力作用形成的结构，有压碎、揉皱结构；第四类为结晶体内部结构，有聚片双晶结构。其中，以第一、第二类分布较广。

矿床中所见到的矿石构造共有 10 余种类型，其中以角砾状、浸染状最普遍，次有块状、团块状、脉状、条带状、束状及放射状等构造，而晶洞状、土状、粉末状、皮壳状等构造仅见于个别地段。

矿床围岩蚀变的种类较为简单，分布也不广泛。蚀变宽度大致与矿化带相当，主要蚀变包括硅化、方解石化、黄铁矿化和萤石化等。

2. 旬阳县青铜沟汞锑矿

旬阳县青铜沟汞锑矿地处陕西省安康市旬阳县，位于南秦岭弧盆系宁陕－旬阳板内陆表海。已查明汞金属资源储量为 0.48 万 t，锑金属资源储量为 2.57 万 t，平均品位汞 1.509%、锑 2.74%。属碳酸盐地层中热液型中型锑矿床。

区内出露地层从老到新为中－上志留统浅海相千枚岩夹砂岩；下泥盆统砂岩、砂砾岩、白云岩、灰岩、夹千枚岩；中泥盆统泥质灰岩、白云质灰岩、生物灰岩，夹钙质砂岩；下石炭统燧石条带灰岩；中石炭统黑色页岩、灰岩、砂岩；上石炭统黑灰色灰岩。赋矿围岩主要为下泥盆统公馆组白云岩，其次是中泥盆统石家沟组灰岩（图 5-52）。

矿区褶皱构造、断裂构造发育。以公馆－回龙复背斜和南羊山断层（Fn）、罗－柳断层（FL）为主构成了基本构造格架。褶皱主要由仁河－双河镇复背斜脊线空间上起伏形成的公馆鞍部以东的公馆－回龙复背斜和以西的深沟复背斜以及北翼次级褶皱光头山向斜、

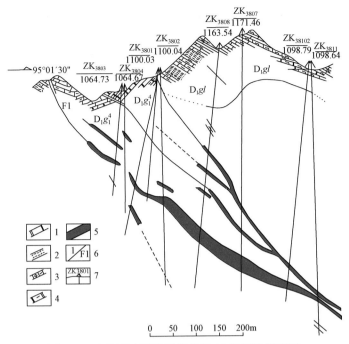

图 5-52　旬阳县青铜沟汞锑矿床 38 勘探线剖面图

1.白云岩；2.千枚岩；3.泥质结晶灰岩；4.黏土质白云岩；5.汞锑矿体；6.断层；7.钻孔

梯子沟－犁耙沟向斜组成。断裂以走向压性、压扭性质的断层为主，与其相伴生的斜、横向扭性、张性或复合性质的断层广泛发育，组成了复杂的断裂系统。构造以东西向 F3 断层为主，在其两侧次级斜、横向及同组断层断裂颇为发育。矿床除受地层，岩性因素的制约外，主要受 F3 断层两侧次级斜、横向及同组断裂控制。

根据矿床地质特征、成矿控制条件和含矿体所处的构造位置，将矿床划分为：朝阳寨（Ⅰ号）、王家沟（Ⅱ号）、鹰嘴石－铁山寨（Ⅲ号）三个含矿带（段）。含矿带含（盲）矿体多集中分布在Ⅰ、Ⅱ号含矿带东段，其中以 HT21、HT24（含 HT24 支）规模最大，其储量分别占矿床汞锑总储量的 73% 和 68%。含（盲）矿体沿断裂分布的规律十分明显，矿体直接产在断裂破碎蚀变带内，呈连续或断续的脉状、透镜状、豆荚状等形态产出，产状与控矿断裂产状一致，与硅化关系最为密切。除个别含（盲）矿体产状比较平缓外，其余皆属陡倾斜断裂型含矿体。

矿石自然类型基本为单一原生矿石，偶含有微量的黑辰砂、红锑矿、锑华等氧化矿物或氢氧化物。根据矿床矿石中有用矿物组合相对含量及可能的工业用途，大致可分为单汞矿石、汞锑矿石和单锑矿石。

矿石有用矿物以辰砂为主，次为辉锑矿。脉石矿物以石英为主，次为白云石、重晶石、方解石，局部含少量发荧光的白云石。另外，微量矿物有黄铁矿、磁黄铁矿，偶尔见有黑辰砂、闪锌矿、方铅矿、黄铜矿、铜蓝、银黝铜矿及褐铁矿、红锑矿、锑华等。矿石结构类型有他形晶结构、半自形-自形晶结构、包含结构、交代结构（包括交代净边结构）和穿插交代结构、晶体内部的双晶结构、糜棱结构。矿石构造类型有浸染状构造（包括稀疏浸染状构造、稠密浸染状构造、细脉浸染状构造）、脉状构造、条带状构造、块状构造、星（点）散状构造、角砾状构造等。矿石主要有用组分为 Hg、Sb 元素，伴生微量元素有 Cu、Pb、Zn、As 以及放射性 U 元素。

围岩蚀变以强硅化为主，其次为碳酸盐化、重晶石化、角砾化。以强硅化与矿化关系最为密切。

矿区基本构造格架是在印支期和燕山期两构造运动期间形成的，含矿体均赋存于印支－燕山期断裂中，经辉锑矿中微量铅的测定，其模式年龄为 105.1Ma（Doe 值）、101.5Ma（Stacey），表明矿床主要成矿时期为燕山期。

六、主要优势矿成矿规律

总结以上各优势矿的典型矿床成矿特征，可以将其区域成矿规律分类综合、归纳如下。

（一）金矿

1. 区域分带特征

根据秦岭区域构造展布与金矿床分布特点可划分出以下四个成矿亚带。

（1）小秦岭金矿带：新太古界太华群下基底镁铁质、长英质火山喷发岩及与其时间相近的花岗岩（TTG 岩系）是矿源层；自元古宙到中生代的多期次的区域变质、混合岩化、岩浆活动和构造形成韧性剪切带，在此期间，矿源层中易释放的金活化、迁移、再分配，并在有利部位初步富集，形成蚀变（千糜）岩型金矿床；燕山期发生强烈的构造岩浆活动，重熔花岗岩基岩浆热液大量形成，同时在先期已有的韧性剪切带发育叠加后期的脆性剪切构造，岩浆热液驱动地层中初步富集和未富集的金重新活化、运移，并在脆性剪切带中富集成矿。

（2）北成矿亚带：该亚带北以渭河断裂、南以临潭－凤县断裂为界，东起陕西凤县附近，西至甘肃礼县、岷县一带，主要沿礼县－山阳区域大断裂分布。该亚带以泥盆系层控铅、锌矿床著称。矿带中除铅锌矿床外，产出寨上、双王、八卦庙、马鞍桥、李坝、李子园、太阳寺、罗坝、二台子、崖湾里、金山、马泉、庞家河、安家岔、金马等众多卡林－类卡林型金矿床和金矿点。一些矿区花岗岩类较发育。金矿床和铅锌矿床虽然大都产于泥盆系及早期变质地层中，但在金矿化富集的地段，铅锌矿化较弱；反之在铅锌矿化较强的地段则金矿化较弱。矿床早期成矿受印支期－燕山期逆冲推覆构造作用、岩浆作用、地层等的多重控制，而且还存在多期成矿作用的叠加现象，如对李子园地区存在两期金成矿作用不同程度的叠加导致成矿作用强烈（刘云华等，2011）。

（3）中成矿亚带（又称白龙江成矿亚带）：该亚带位于临潭－凤县断裂与玛曲－略阳断裂之间，西起碌曲，经迭部、舟曲，东延至凤县、镇安。该亚带以寒武－奥陶系、泥盆系黑色岩系（碳质硅岩、碳质板岩、碳质灰岩）及其过渡性岩石（硅灰泥岩等）中的层控金－锑多金属矿床最为引人注目，如岷县鹿儿坝、枣子沟、大峡、拉尔玛、邛莫、九源、坪定、黑多寺等矿床。该成矿亚带几乎与研究区内 Hg-Sb（-U-Ba）矿带在空间上重合。

在矿石中常出现大量含砷黄铁矿、毒砂、辉锑矿等矿物，有时可见显微自然金。

（4）南成矿亚带（包括松潘－甘孜成矿区、摩天岭成矿区）：该亚带北以玛曲－略阳断裂、南以阿坝－黑水断裂为界，南东端起自勉县，经文县、九寨沟、若尔盖，北西延至玛曲，且有向青海延伸的趋势。该亚带以三叠系浊积碎屑岩、碳酸盐岩中金矿床为特征，如阳山、马脑壳、巴西、忠曲、联合村－新关、大水、团结、八顿、东北寨、桥桥上、哲波山、水神沟、石鸡坝、甲勿池等金矿床。矿石中As、Sb含量很高，出现大量含砷黄铁矿、针状毒砂、雄黄、雌黄、自然砷、辉锑矿等低温矿物组合，但显微自然金极为少见。

2. 成矿时代的多期性

金的成矿过程贯穿了与秦岭构造演化相伴随的印支期的碰撞造山运动和印支期后的广泛的陆内造山伸展塌陷阶段。统计表明秦岭地区的金矿成矿明显存在3个峰值期：230～170Ma的晚三叠世—早侏罗世、130～100Ma的早白垩世和60Ma以来的古近纪－新近纪，显示出金的成矿具有多期多阶段的复合叠加成矿的特点。例如，阳山超大型金矿床中与成矿有关的斜长花岗斑岩、矿石中热液矿物石英、黄铁矿以及石英细脉中锆石进行了K-Ar、^{40}Ar-^{39}Ar和U-Pb SHRIMP同位素年龄测定，获得200.9～190.7Ma、126.9±3.2Ma、51.2±1.3Ma三组同位素年龄数据，说明中生代以来我国几次重要的构造岩浆活动对阳山金矿的形成均有重要影响（袁士松等，2008）。寨上金矿床中石英、绢云母$^{40}Ar/^{39}Ar$定年表明，成矿作用可能存在3个成矿高峰期，即220～170Ma、130Ma前后和50Ma左右（路彦明等，2006）。李子园地区金矿存在两期成矿作用，早期226Ma左右，晚期206Ma左右（刘云华等，2011）；马脑壳金矿床构造变形分析及流体包裹体研究表明，矿区先后经历了印支、燕山及喜马拉雅等多期次构造运动的强烈影响，除地层岩石普遍发生浅变质作用外，还形成了遍布全区、形态各异及规模大小不同的各种构造形迹（王可勇等，2004；肖力等，2008）；八卦庙金矿床的形成时间跨度也较大，为232.56～209Ma和131.91Ma；大水金矿区花岗闪长岩中黑云母的^{40}Ar-^{39}Ar法得到的年龄为240～220Ma（赵彦庆等，2003）、蚀变岩脉K-Ar法得到的年龄大约为190Ma、碧玉中的流体包裹体Rb-Sr等时线法得到的年龄为181.8～141.0Ma、蚀变硅化赤铁矿Rb-Sr等时线年龄为182±16Ma（赵彦庆等，2003；王平安等，1997）；通过对拉尔玛、邛莫金矿床中蚀变英安岩、石英绢云母脉的K-Ar法，含金石英脉的$^{40}Ar/^{39}Ar$法及流体包裹体Rb-Sr等时线法，热液矿物的Pb-Pb等时线法和矿石U-Pb法年龄的测定，也获得三组同位素年龄数据：242～183Ma、169～137Ma和79～47Ma（刘家军等，1998；杨俊龙和余必胜，1997）。因此，秦岭构造演化多阶段及多种构造体制的转化，导致了该区多期构造热事件和成矿作用的发生，为金的大规模富集成矿创造了条件。由于不同时期构造体制不同，所形成的含矿建造、成矿作用及矿床组合既具多样性，又显统一性。金在成矿时间和作用强度上有变化、空间上有重叠，显示出金的成矿是一个在复合造山体制下形成的复合成矿系统（姚书振等，2002）。

本书研究还发现，虽然区域成矿年龄主要集中于220～200Ma，但在加里东－海西期，同样存在金的成矿作用，印支期强烈的构造－岩浆－流体作用，对早期形成的金矿进行了不同程度的叠加改造，因而成矿年龄主要表现出印支期和燕山期的成矿年龄。

3. 矿源、热再造、赋矿空间三位一体

作为一典型的复合型大陆造山带，秦岭造山带在印支期完成板块拼合造山作用的中新生代以来，并未进入平静的构造演化状态，而是发生了强烈的没有大洋参与的陆内造山作用（张国伟等，2011），表现最明显的就是印支-燕山期的构造岩浆事件，使得秦岭中生代大范围矿质活化释放出巨量的金属（尤其是金）在有利空间就位成矿，形成众多的金矿田，被誉为中国的"金腰带"。

作者在对秦岭成矿带文峪、中川等金矿田控矿因素、时空分布进行调查研究发现，往往一个金矿田（如小秦岭文峪矿田）的矿床围绕一个中酸性岩体外围一定范围分布，成岩年龄与成矿期时代相当（或稍晚），成矿流体以岩浆热液为主。进一步研究认为：秦岭地区金矿与中生代中酸性岩关系密切，岩浆源区（金矿源层、体）活化重熔为中酸性岩过程中释放出的金是主要的金来源，岩浆作用既是金矿质活化迁移最主要热动力条件，也是主要的成矿热源，中酸性岩上部外围一定范围是矿体就位的有利空间。就此提出"矿源、热再造、赋矿空间三位一体"——秦岭成矿带金矿田控矿新模式（图 5-53）。

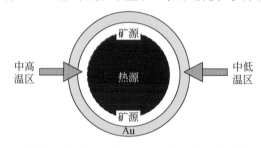

图 5-53　"矿源、热再造、赋矿空间三位一体"控矿模式示意图

金矿源（层）体：受构造岩浆热事件作用，能释放出 Au 的地质体。能形成金矿源的那些地质体往往是构造岩浆热事件前金丰度较高（高于形成的中酸性岩）的地质体，而不一定是赋矿围岩，但在岩体上部外围中高温带原始金丰度较高的赋矿围岩金含量与岩体的均一化，也是围岩活化参与成矿的指示。理论上，岩浆源区（金矿源（层）体）活化重熔为中酸性岩，Au 丰度平均降低 1×10^{-9}，可释放出金 $2.6t/km^3$；可见金矿源（层）体 Au 丰度越高，成岩后中酸性岩 Au 丰度越低，活化的空间（岩体及其中高温带围岩）规模越大，活化释放出的 Au 越多，成矿潜力就越大。

秦岭地区印支-燕山期中酸性岩原岩有太华群、耀岭河群、碧口群等，其金丰度一般为 $2 \times 10^{-9} \sim 16 \times 10^{-9}$，具有良好的金源，而中酸性岩体金丰度一般为 $1.2 \times 10^{-9} \sim 1.7 \times 10^{-9}$，因此，秦岭成矿带具有良好的成金背景条件。以中川矿集区为例：中川岩体为印支晚期地壳重熔型二长花岗岩，其周围 $1 \sim 5km$ 金矿密集产出，金矿床形成年龄与岩体相当，成矿流体主要来源于岩浆（张作衡等，2004）。岩体出露面积 $216km^2$，体积 $>1000km^3$，Au 平均含量 1.2×10^{-9}，矿源区可能为吴家山组变质岩系（Au 平均含量 3.2×10^{-9}）。推算矿源层重熔活化形成中川岩体过程中至少可释放出金 5000t，若有 1/10 的金成矿，至少有 500t 的金资源潜力，该矿田已累计探明资源量约 150t，尚有较大的找矿潜力。可见，金矿源（层）体重熔形成一定规模中酸性岩过程中释放的 Au 往往是巨量的，金矿源（层）体

Au 丰度越高，中酸性岩 Au 丰度越低，受构造热事件作用释放的 Au 总量越多，成矿潜力就越大，金矿源（层）体是金矿成矿及其潜力的重要条件。秦岭成矿带金矿源（层）体丰富，构造岩浆热事件普遍，金成矿潜力巨大。查明金矿源（层）体特征及其活化机制是金资源潜力预测和勘查选区的重要依据。大量的区域岩石地球化学调查和研究表明秦岭成矿带多数海相火山－沉积岩建造的金元素含量接近或超过地壳同类岩石的丰度值，太华群变质绿岩系现已被确认为是小秦岭金矿集区的金矿源层；南秦岭早古生代的黑色岩系和晚古生代的复理石浊积岩建造也是金等元素的重要含矿层，其中以志留系和泥盆系为代表，含矿层相对稳定。

热源再造：Au 地球化学特征显示为中低温热液元素，在中高温（高于 Au 活化超临界温度）条件下金矿源（层）体活化，而在中低温场有利空间卸载、富集成矿。热源（岩浆作用）是 Au 活化、迁移形成金矿的主要驱动力。热源再造就是为金矿源（层）体 Au 活化提供热动力的成矿地质作用（包括岩浆作用、变质作用、韧性剪切作用、地温场、地球化学障等）。秦岭地区印支－燕山期的构造岩浆事件强烈，形成的众多中酸性岩体为秦岭大规模矿质活化、形成巨量金属矿产提供了良好的热动力条件。同位素地球化学显示，秦岭地区典型金矿床的成矿物质来源于壳幔混源，岩浆水、变质水、天水（主要是岩浆热液）提供了成矿流体（图 5-54）。

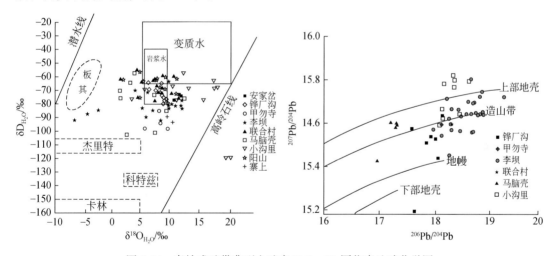

图 5-54　秦岭成矿带典型金矿床 H-O、Pb 同位素地球化学图

构造热体制转换可驱动深部流体活动（大规模侧向运移或向上运动），导致壳幔物质活化，控制流体循环和水岩作用过程形成热液矿床（席先武等，2003）。关于构造热体制转换、中酸性岩体的大小形态、成岩过程的时间等与金矿成矿潜力的研究有待进一步深化。

赋矿空间：金矿源（层）体重熔或受热活化往往可伴随巨量的富金成矿流体产生，而这种成矿流体在运移过程中能否成矿、成大矿，其有利的赋矿条件（空间、渗透、圈闭、温压、构造封闭与开放条件周期性变化等）至关重要。中酸性岩上部外围一定范围（中低温带）是矿体就位的有利空间——金矿的潜力区。

矿集区内已知的有以下几种。①线性构造：断层、韧脆性剪切带等是金矿运移、就位的有利空间。②弧形构造（包括褶皱核部）：往往能形成负压区，是金矿富集的有利部位。③环形构造：特别是与岩浆系统相伴的环形构造往往是控制矿田的构造系统。④岩性、构造圈闭：高渗透岩层为储集层（如砂岩）和低渗透岩层为盖层（如泥质岩）的二元结构，对金矿就位可提供良好的岩性圈闭空间。区域上，那些北西西—近东西向主干构造带、韧性剪切带与后期北东向、北西向等脆性、韧脆性断裂构造相复合部位即金良好的赋矿空间。

总之，秦岭成矿带金矿源（层）体丰富、构造岩浆作用强烈（印支－燕山期中酸性岩分布广泛），金成矿背景良好、资源潜力巨大。应完善和深化秦岭成矿带金矿田"矿源、热再造、赋矿空间三位一体"控矿模式，拓展以印支－燕山期构造岩浆作用特色的矿源、热再造机制、机理研究，关注"环形构造＋周缘环形化探异常"（环内不显示异常）区隐伏整装金矿田找矿工作。

（二）铅锌

区内铅锌矿成矿多具时控性、层控性、岩性控制性以及多阶段、多期次复杂成矿性特征，而且成矿后的印支－燕山期的构造－岩浆热液的改造成矿作用普遍存在，具有明显的"层控热液"特征。铅锌矿的控矿条件和成矿规律也体现了"矿源、热再造、赋矿空间三位一体"模型。

矿源：中－新元古代，碧口裂谷－洋盆－岛弧体系形成的岛弧火山岩活动为喷流沉积型（VHMS）铜、铅、锌、金等多金属矿床成矿携带来深部的成矿物质，震旦纪晚期在扬子板块北缘的稳定沉积环境下形成与碳酸盐岩有关的铅锌含矿层，为"马元式"沉积－改造型铅锌矿成矿奠定了物质条件，而泥盆纪南秦岭微板内的一系列裂陷盆地内发生的大规模热水喷流沉积为秦岭成矿带大型－超大型铅锌矿的形成带来了巨量成矿物质，不仅在泥盆系，而且在泥盆纪拉伸盆地的基底岩系如寒武－奥陶系和志留系等也发现与热水沉积有关的铅锌矿床。

热源：印支晚期—燕山期的构造－岩浆热液作用改造前期已形成的矿床，从而使得区内铅锌成矿大多具有多期多阶段的复杂成矿作用特点。西成－凤太矿集区内，已知的大型、超大型矿床的周围都出露印支期花岗岩，在矿区内经常见穿矿中酸性岩脉（或岩墙）切割错移铅锌矿体，但两侧往往控制有厚富矿段的出现，推测为一继承性断裂或沉积期热水通道，或后期岩浆通道，并叠加岩浆热液的局部改造富集作用。例如，二里河铅锌矿石黄铁矿的 Re-Os 等时线年龄为 226±17Ma，初始的 $^{187}Os/^{188}Os$ 为 0.624，暗示有深部物质参与（胡乔青等，2012）。而矿区内矿体附近的闪长玢岩和花岗斑岩锆石 U-Pb 谐和年龄为 217.9±4.5Ma（王瑞廷等，2012），表明二里河铅锌矿的形成与印支晚期的岩浆活动密切相关，是秦岭造山带印支期大规模构造岩浆活动和成矿作用的重要记录。

赋矿空间：矿床的空间分布受区域构造的控制，矿体往往就位于构造有利部位。例如，凤太矿田铅锌矿床（点）既受 NWW 向构造控制，也受 NE 向构造控制，具有一定规模的铅锌矿床都产于 NWW 向背斜与 NE 向隆起的叠加部位。因此，区内铅锌矿床（点）具有格子状分布的特征，且铅锌矿床具有明显的 NWW 向分带性。所有矿体则均产于泥盆系地层中的灰岩和千枚岩界面附近，断裂及背斜构造对矿体定位起着重要的作用。背斜的核部宽缓位置为最理想剥离空间，这一部位上的灰岩和硅化灰岩容易破碎，形成许多裂隙和空隙。上有泥岩（千枚岩）作遮挡层，下有孔隙度高，便于溶液活动的少许生物灰岩，成为最理想的成矿场所。而马元铅锌矿体则赋存于因地壳隆升引起的层间构造滑移造成的角砾岩化白云岩层内，当然白云岩角砾的形成除了构造原因外，还有成岩过程中的塌陷，属复成因角砾。

因此，除了碧口地块和北秦岭为海底火山喷流型铅锌矿的良好成矿远景区带以外，广大南秦岭地区古生代断陷盆地区仍是热水喷流沉积型铅锌矿的良好的成矿远景区。

（三）钼（钨）铜多金属矿

（1）区内钼（钨）铜多金属矿成矿多期特征：可以确定，秦岭成矿带内存在三期钼成矿作用，即印支晚期（220～215Ma）、印支期末—早侏罗世早期（200～180Ma）和晚侏罗世—早白垩世（144～135Ma）。印支晚期钼矿床主要分布于北秦岭以及华北地台南缘的小秦岭地区，如江里沟、温泉、黄龙铺等钼矿和钼铅矿；晚侏罗世—早白垩世主要见于成矿带东段的北秦岭构造带和华北台南缘的小秦岭地区。印支期末—早侏罗世早期的钼矿成矿则是近年来发现确定的，目前主要分布于南秦岭构造带中东段的镇安－宁陕一带地区。秦岭成矿带早古生代黑色岩系中发现的钼（钒）矿，则是区内新发现的类型，值得重视。

（2）钨钼矿化主要与印支晚期—燕山期构造－中酸性岩浆作用有关。印支期岩体为板块构造体制下碰撞造山构造后应力减压松弛阶段的产物，其物质来源为下地壳物质部分熔融，并有深部地幔物质参与，而以黄龙铺石家湾为代表的与岩浆碳酸岩有关的钼铅矿则更多地代表了深部地幔物质的成因。燕山期岩体主要属于陆内叠覆造山作用有关伸展环境的岩浆作用结果，早侏罗世早期（200～180Ma）的钼成矿作用则是本区陆内叠覆走滑造山初期走滑伸展构造环境岩浆成岩成矿作用的代表，而侏罗－白垩纪时期的成矿则是燕山期大规模岩浆活动的结果。印支期钼矿成矿岩体，除了碳酸岩钼铅矿外，其他均以高硅、高碱、富钾为特征，SiO_2 一般在 70% 以上，多数 >71%，K_2O+Na_2O 在 7% 以上，多数 >8%，$K_2O>Na_2O$，CaO、MgO、TFeO 较一般花岗岩略低。燕山期花岗成矿岩体多为小岩体，且受花岗岩基的控制，成矿母岩均具有斑状结构，为钾长花岗岩类，具有三高一低特征（高酸性、高钾、高碱及低镁铝含量），岩体侵位深度小于 3km。岩石类型有闪长玢岩、石英二长斑岩、黑云（二云）二长花岗岩、花岗斑岩、白云母花岗岩等。

（3）成岩成矿构造控制明显。矿带展布与地壳深部磁性变质结晶基底块体关系密切，主要受那些顶面和底面均隆起的上升磁性变质结晶基底块体及其边界深大断裂带的控制。

印支期成矿岩体呈北西西向区域构造线方向分布于北秦岭构造带和华北台南缘，而燕山期钼成岩成矿作用则明显受到区域北东向构造带与北西西—近东西向主干构造带的叠加复合控制。因此总体观察，秦岭成矿带钼钨矿床分布具有东西向成带、北东向等间距成串集中分布于秦岭各构造带的规律。

矿床矿体产出明显受断裂、裂隙构造控制。对南秦岭和西秦岭多个钼钨矿点的调查发现，石英脉型钼钨矿以 NE 向构造为主，如大竹山沟钼矿产于一组 325°∠55° 的石英脉大脉带中，江口街北钨矿点矿化石英脉产状为 125°～140°∠66°～85°；产于岩体中的斑岩型钼矿受网脉状节理充填的石英脉控制，如温泉钼矿，通过节理统计，其主应力方向为北东向或近南北向；产于岩体接触带的夕卡岩型矿化往往叠加有北东和北西向的石英脉型矿化岩体周边形成广泛的透辉石透闪石夕卡岩带，似层状，其中辉钼矿化呈星点状分布，北东向的后期构造破碎蚀变对前期的夕卡岩矿化进一步改造富集形成构造石英脉型富矿体——工业矿体。可见北东向构造对成矿的控制作用十分明显。

（4）成矿类型为多为斑岩型、夕卡岩型、石英脉型，成矿具有多期次叠加特征，即在同一矿区不同类型矿化的叠加现象，富矿部位往往是不同类型成矿作用相叠加的部位。

（四）铜

秦岭成矿带主要铜矿类型为块状硫化物型，其次有斑岩-夕卡岩型。块状硫化物型主要为海底火山喷流沉积（VHMS）型铜矿和岛弧火山岩浆侵入作用有关铜矿。前者与元古宇碧口群基性火山喷发-沉积作用密切相关，成矿带呈北东东向展布，如大茅坪铜矿（Cu-Zn）、银厂沟铜多金属矿（Zn-Cu），筏子坝铜矿（Cu-Zn）和阳坝铜矿［Cu（Co）为主］。后者与下古生界二郎坪群（云架山群和斜峪关群、草滩沟群）中一套海相中基性火山沉积建造（细碧质熔岩、角斑岩、石英角斑岩及相应的凝灰岩）有关，如凤县老厂、眉县铜峪、户县东流水、南召水洞岭铜锌矿床，其区域分布介于南侧秦岭群杂岩北界断裂和北侧宽坪群南界断裂，呈断续透镜状东西向延伸数百公里，两者构成秦岭成矿带南、北两个主要的块状硫化物铜的成矿远景区带。斑岩型铜矿主要见于山阳县池沟一带以及甘肃夏河-合作一带。从秦岭成矿带的组成特征分析，印支期岩体是成矿带内最为发育的中酸性岩体，该期岩体属板块构造体制板内碰撞导致地壳加厚条件下的产物，岩体中普遍含有暗色基性岩包体，前人研究多认为属下地壳源区，该期岩浆活动应对成斑岩型铜矿有利。

值得注意，作者对碧口群阳坝组火山-沉积岩系中发育的典型铜（金）矿床实地调查发现，其代表性的铜矿床（如阳坝、筏子坝等）主要产于变基性火山岩与变沉积岩交界部位，少量产出于其围岩，矿体多呈透镜状、脉状，有细碧岩型铜矿化、磁铁石英岩型铜矿化、绿片岩型铜矿化、凝灰岩型铜矿化、角斑岩型铜矿化等不同的矿石类型，显示非层控的特点，而受构造-岩浆活动控制更为明显，铜厂、关口垭等铜矿床产出于闪长岩体内部或接触带中。综合研究表明，碧口地区铜金矿床具有如下特点：①位于板块边缘（扬子地块北缘）裂谷构造环境，碧口群阳坝组基性火山岩中金、铜等成矿物质背景值高，是良好的矿源层；②成矿作用与晋宁期中性侵入岩关系密切、受韧性剪切带构造控制；③热液成因，角砾、脉体及交代结构发育；④一般含有大量铁氧化物矿物，部分矿床硫化物含量较高；⑤有用元素组合为 Cu、Au、Fe、Ag、Co、Ni、Pb、Zn 等。以上特征与铁氧化物铜金矿床（IOCG型）相似，初步认为碧口地区铜矿类型为 IOCG 型。从碧口地区铜矿成矿特征，该类矿床也主要受"矿源、热再造、赋矿空间三位一体"控矿模式控制，由中-新元古代中基性火山岩提供铜金铁等物源，由晋宁期酸性侵入体提供热源和流体驱动力，在构造有利部位流体混合成矿。因此应属 VMS-（岩浆热液及构造）改造型。

目前已有成矿特征和找矿成果显示出，除了与其他矿（如钼钨矿）伴生的铜矿以外，本区铜矿成矿主要与海相中基性火山-沉积作用以及岩浆作用和构造作用密切相关，其矿质来源以来自地壳深部的幔源物质为主，因此本区铜矿找矿勘查部署为：磁性变质结晶基底边缘＋区域性深大断裂带＋中－基性海相火山－沉积建造以及深源浅成斑岩体。此外与志留纪碳质黑色岩系有关的断裂控制的沉积变质改造型铜矿（如姚沟铜矿床）也是今后应该重视的。

第三节 地质构造演化对成矿作用的控制

一、大陆地壳早期演化阶段的成矿控制作用

该阶段包括古陆核形成（太古宙），以及古陆块相互作用、增生、发展演化进一步汇聚成古联合大陆的形成(中－新元古代)等复杂历史。古陆块是在陆核的基础上形成发展的，陆核形成之后，伴随着地球上水圈的出现，就出现表壳沉积岩——孔兹岩系，而陆核之间的汇聚过程，可能存在着原始的洋陆相互作用。这一时期相当于新太古代晚期－古元古代。表壳岩（孔兹岩系）、花岗－绿岩建造、古老的 TTG 岩套、BIF 建造都出现在这一时期。因此就全球范围而言这一时期是绿岩型金矿、砾岩型金矿、BIF 型铁矿的主要成矿期，可能还伴随有与古老的 TTG 岩套相关的铜多金属矿。秦岭成矿带内分布于华北地台南缘小秦岭地区的新太古界太华群和分布于扬子台北缘的鱼洞子群是这个时期的产物。区域上太华群可分下基底岩系和上基底岩系两部分，下基底岩系主体为黑云斜长片麻岩、黑云角闪片麻岩、片麻状黑云斜长花岗岩及片麻状黑云石英闪长岩，原岩为 TTG 岩浆杂岩，具有奥长花岗岩、英云闪长岩和花岗闪长岩等组合；上基底岩系主要为黑云长英质片麻岩、石英岩、变粒岩或浅粒岩、大理岩、斜长角闪岩。大量研究资料表明太华群下基底岩系为金矿源层，其中可能含有古老的绿岩型金矿。经过多年的开采研究，基本查明小秦岭金矿的成矿控矿因素，即太华群下基底岩系为金的主要矿源层；燕山期构造岩浆活动为热动力源，脆韧性构造带为赋矿空间。分布于略阳一带的鱼洞子群（2657±9Ma）由斜长角闪岩、花岗片麻岩构成花岗－绿岩微古陆核组成部分，其中赋存的鱼洞子铁矿属于 BIF 型，可能与古老的弧火山作用相关。

古元代—中－新元古代是陆块增生发展和汇聚演化阶段，新元古代早期随着强烈的晋宁运动，增生古陆块之间的汇聚而导致古中国联合大陆的形成。在这漫长的古陆壳增生、汇聚演化时期，总体以伸展体制为主，以裂谷与小洋盆兼杂并存为特色，大量的幔源物质以壳幔相互作用的底侵作用和扩张裂谷喷发方式垂向涌入地壳，形成秦岭中面状广布的中－新元古界双峰火山岩系和壳下基性岩浆的板底垫托，使地壳明显垂向加积增厚，同时扩张形成与多陆块间列混生的多个小洋盆，形成多陆块裂谷与小洋盆并存共生的复杂构造古地理格局，这复杂的构造格局，必然有洋陆相互作用形成的古老的弧火山岩和岩浆弧，这是形成铜多金属矿产的理想构造环境。秦岭成矿带碧口地区、汉南一带是寻找铜多金属矿产值得关注的区带。碧口地区与鱼洞子群相依的陈家坝群（2200Ma）和大安群（1624～1836Ma）、中－新元古代碧口群以及相关的花岗岩类岩浆活动分别是古陆块增

生发展阶段和联合古陆拼合阶段的产物。研究显示，碧口地体为一经历复杂多次的裂解、拼合作用，从古陆核演化发展成为独具结构的微古陆块。中元古代晚期（1000Ma 左右）以来，本区又经历了一次较大规模的裂解、拼合事件。早期碧口古陆块内或陆缘以 0.5 ～ 0.9cm/a 的速度发生强烈的裂解并在局部地段存在向洋盆发展趋势，发生以大陆拉斑玄武岩质为主的火山活动，形成双峰式喷溢 - 沉积海相火山岩地层——阳坝组。此后，随着晋宁晚期的古陆块的拼合造陆运动，本区进入俯冲造山并最终与扬子古陆块拼接，而成为扬子北缘的一个组成部分，而侵入阳坝组的呈线性分布的中酸性岩体则是本区由裂解向会聚构造环境转变的岩浆活动效应。早期处于裂陷扩张构造环境，来自地幔和深部地壳的铜金等成矿物质通过大量的玄武质岩浆 - 火山作用进入浅部直接成矿或分散富集于相关含矿岩系内，为本区内生金属矿床的形成奠定了成矿物质基础。碧口群阳坝组具多喷发 - 爆发韵律特征，深部成矿物质来源丰富，勘查成果表明含矿层主要为基性火山岩（中岩性段）以及基性火山岩与正常沉积岩交互韵律组合层（上岩性段）。而晚期大量侵入的闪长岩，不仅再一次将深部的成矿物质带到浅层地壳，而且为碧口群含矿层的改造、富集提供了热源。因此本区成矿物质来源丰富，且具有多阶段性，具有形成不同类型海相火山岩铜多金属矿的基础条件。

二、新元古代—古生代—中生代初期板块构造演化阶段的成矿控制作用

晋宁运动是新元古代罗迪尼亚超大陆形成的一次主要地质事件，古陆块相互拼合，随新元古代洋盆消减闭合，南部华南陆块形成并与古秦岭地块及华北陆块碰撞拼合，奠定了原始中国古大陆的基本轮廓，构成罗迪尼亚超大陆的组成部分。这种建立在元古宙过渡性基底结构基础上的中国原始大陆仅处于准稳定状态。秦岭不同地块也不同程度地发生拼合或汇拢，同时又有扩张裂解，块体并未完全拼合统一。南华期仍属新元古代超大陆由活动向相对稳定的形成转变过程，早震旦世区内除扬子准地台北缘汉南、碧口等穹窿、南秦岭的武当、平利、小磨岭等微古陆块以及北秦岭以北仍处于抬升剥蚀状态以外，其他广泛地区基本承袭了南华纪末期的全区相对稳定的构造格局，扬子地块及北缘已与南秦岭海域贯通，接受相似环境的沉积。震旦纪晚期以来，随着原始中国古大陆裂解，秦岭造山带便进入板块构造体制演化阶段。该板块构造演化阶段，秦岭造山带一直处于统一的深部地幔动力学机制下，以华北、扬子及中后期分裂出来的秦岭三个板块之间的长期相互作用为主导，经历早古生代华北与扬子两板块沿商丹带，晚古生代华北、扬子及秦岭三板块沿商丹和勉略两缝合带的侧向运动与相互作用的漫长复杂反复的俯冲碰撞演化历程，形成秦岭三板块沿二缝合带碰撞造山的基本格局，成为秦岭造山带形成演化的主造山期。其中，商丹蛇绿岩带和勉略构造混杂岩带分别代表秦岭自新元古代和泥盆纪发展起来的两个有限洋盆。商丹带北侧的北秦岭为华北古陆板块的大陆边缘，发育岛弧和弧后火山 - 沉积岩套和岛弧花岗岩 - 基性侵入岩类。秦岭微板块在晚古生代之前是华南准稳定大陆北缘被动陆缘的一部分，接受寒武 - 志留纪连续的浅海陆棚相碳硅质 - 泥质细碎屑岩夹碳酸盐岩沉积，加里东运动，随着商丹洋沿商丹构造带的俯冲消减，导致扬子板块北缘被动陆缘沿勉略 - 巴山一线的断陷盆地基础上进一步发生扩张裂解，并向勉略有限洋盆发展，逐渐从扬子板块北缘解离而形成独立的南秦岭微板块。因此该时期的成矿背景复杂但规律性较强。既有

稳定地台和被动陆缘沉积环境下的成矿背景，也有陆缘裂陷构造条件下的成矿背景，同时也存在活动陆缘背景下的火山岛弧和弧后盆地火山－沉积。成矿地质背景不同，成矿元素沉积环境不一，造成含矿建造及含矿地层及含矿元素种类复杂、多样且多层性。北秦岭地区出露的斜峪关群（Pz_1X）和二郎坪群（Pz_1E）火山岩建造，尽管对其形成的环境有争议，但持弧后盆地之说的占主导，大多数专家、学者对火山岩的研究表明属于弧火山岩或弧后盆地火山岩。在该火山岩系中已发现有铜矿床和矿化赋存，是秦岭成矿带除碧口群与中基性火山岩有关的铜矿以外又一重要的赋矿层。南秦岭广泛出露的早古生代碳质黑色岩系是 Au、V、U、Cd、Pb、Ag、Mo、P 等元素的含矿层，是秦岭成矿带高地球化学背景区和化探异常密集发育区，现已勘探发现多个重要的矿产地，无疑也是重要成矿远景区带。秦岭微板块内拉伸裂陷形成的呈东西串珠状分布的泥盆纪热水沉积盆地的碳酸盐岩建造和细碎屑岩－浊积岩建造则分别是铅锌和金成矿元素沉积聚集的良好场所，位于扬子稳定地台及其北缘的微古陆周缘分布的灯影组及鲁家坪组底部等层位的滨－浅海陆棚相富有机质白云岩建造则是 MVT 型铅锌矿的含矿和赋矿层，因此从成矿作用角度考虑，可以说该地质演化阶段则是秦岭成矿带重要的成矿元素初步蕴积期，它为中新生代秦岭成矿带大规模的成矿作用奠定了坚实的物质基础。该时期形成金属主要包括：①北秦岭新元古代—早古生代与岛弧－弧后基性火山作用有关的 VHMS 矿床（如铜峪铜矿床）；②南秦岭晚古生代与热水沉积有关的 SEDEX 型铅锌矿床（如黄石板、泗人沟、关子沟、南沙沟、厂坝－李家沟、铅硐山、八方山等铅－锌矿）；③晚古生代与勉略有限洋盆扩张有关的超镁铁岩矿床（如三岔子铬铁矿和鞍子山铬铁矿床等）；④扬子地台及其北缘的沉积－改造铅锌矿（如马元、白玉、何家湾、罗家院子、冰洞山等铅锌）。后者成矿机理与 MVT 型铅锌矿相似，但另具特点，被学者称为扬子型铅锌矿。

三、中－新生代的陆内叠覆造山阶段的成矿作用控制

中－新生代是秦岭造山带构造体制发生转换的关键时期。中生代早期三叠纪发生的以强烈的板块陆－陆碰撞造山为主要特色的印支运动，造就了秦岭三块夹两带的基本构造格架，而引发广泛而强烈的花岗质岩浆作用，大量的研究成果表明，它们多显示为早期的同碰撞造山环境，逐渐晚期的碰撞造山期后伸展环境的岩浆活动产物，而且岩浆性质也从早期的中性向中酸性乃至碱性变化，代表了构造环境由挤压向伸展转变的开始。该期构造岩浆作用效应极为明显，是秦岭成矿带大规模成矿作用的开端，区内不同时空的已有含矿层都不同程度地遭受到构造、岩浆作用的影响和改造而富集成矿，同时岩浆活动携带的地壳深部成矿物质上侵进入地壳表层，形成与岩浆热液有关的新矿床。秦岭造山带主造山期后的陆－陆碰撞时期，伴随扬子板块沿勉略带向南秦岭板块之下的俯冲和勉略洋盆闭合，原有的断裂构造进一步复活，广泛发育与陆内俯冲有关的多级别、多规模的逆冲推覆构造，并在逆冲推覆构造两侧的局部拉张裂陷盆地和板块缝合带的前陆逆冲断裂带中，形成与浅成低温热液改造作用有关的矿床，造就了本区大规模低温热液成矿系统。例如，卡林－类卡林型金矿床（如阳山、八卦庙、马鞍桥和金龙山等金矿床）；浅成低温热液改造型汞－锑矿床（如公馆、青铜沟汞－锑矿）。

燕山期以来，中国大陆受到太平洋板块、印度板块和欧亚板块内西伯利亚地块三个构造动力学系统制约，本区受特提斯构造域和太平洋构造域构造动力影响，构造体系从古生代东西向构造格局转变到中生代早期的北东向构造格局，由从近南北向挤压为主向伸展为主的转变，同时受两个构造域系统此弱彼强的影响，造成成矿带东段和西段的构造表象和岩浆作用强度存在一定的差异。在中－新生代新的地幔动力学系统中，中国东部地幔流动形式与方向发生向太平洋的近南北向物理场结构与状态的调整转换，引起秦岭岩石圈地幔拆沉作用，流变减薄，软流圈急剧抬升，幔源物质和热流体上涌，发生强烈壳幔物质交换，中下地壳加热，部分熔融，强烈伸展流变，造成显著的岩石圈去根作用。岩石圈不同程度减薄，岩石圈拆沉作用引发软流圈上隆抬升，东秦岭受板片断离作用和壳幔边界附近发生的基性岩浆底侵作用影响，加厚的下地壳物质发生熔融形成花岗质岩浆，并沿构造薄弱带上升到浅层次侵位形成与同熔型花岗岩或斑岩有关的陆内构造－岩浆活动有关的热液矿床。西段受太平洋构造域构造动力影响逐渐减弱，而喜马拉雅板块碰撞造山动力学体系的影响逐渐加强，造山带深部结构出现从东部的北东，近南北至西部的北北西的复合变化。而中－上地壳并未经过充分的流变调整，岩浆作用相对较弱，地表以小岩体、岩株、岩脉为主，且在与印支期近东西向构造岩浆岩带向复合叠加的部位成群集中分布，在成矿作用效应上主要表现为对印支期已成矿床的进一步改造作用和与浅成花岗质岩脉有关的中低温热液型矿床。例如，礼坝、金山、阳山、格尔柯以及马脑壳、巴西等诸多金矿床均都存在燕山期—喜马拉雅期构造岩浆活动的成矿控制效应的证据。因此可以说，印支期花岗岩类的成矿作用是中国大陆构造转折期的一种地质效应，是中国东部及东亚中生代大规模成矿作用的开始和先导，而燕山期则是大陆伸展环境条件下构造岩浆成矿作用的高峰。印支期成矿作用和燕山期成矿作用一起构成了中国（东部）中生代大规模成矿作用的完整旋回。

不同大地构造演化阶段成矿作用及矿床类型见表 5-6。

表5-6 秦岭造山带大地构造演化阶段成矿作用特征表

演化阶段	成矿作用方式	构造环境	赋矿建造	成矿类型	成矿元素	典型矿床
大陆地壳早期演化阶段 / 古陆核形成发展	太古宙海底火山-沉积成矿作用	古秦岭海底火山	大华群、鱼洞子群变质岩	BIF型铁矿、绿岩型金矿	Fe、Ti、V等	鱼洞子铁矿
大陆地壳早期演化阶段 / 古陆块增生发展、汇聚演化及中国大陆原始大陆的形成	中-新元古代与海底火山喷流沉积作用有关的成矿	北秦岭中-新元古代裂陷槽、南秦岭裂谷-有限洋盆	碧口群、武当群、宽坪群等裂谷型变质火山岩	VHMS型铜及多金属矿；银多金属矿	Cu、Zn、Pb、Au、Ag等	陵子坝铜矿、商州龙庙铜矿等；银洞沟银矿等
大陆地壳早期演化阶段 / 古陆块增生发展、汇聚演化及中国大陆原始大陆的形成	与基性-超基性岩浆侵入有关的成矿	蛇绿构造混杂岩带	蚀变超基性-基性岩	岩浆型镍、铬矿	Ni、Cr、Cu、Fe等	松树沟铬铁矿、煎茶岭镍矿等
大陆地壳早期演化阶段 / 古陆块增生发展、汇聚演化及中国大陆原始大陆的形成	与岛弧火山活动有关的成矿及岩浆侵入有关的成矿	碧口微陆块边缘岛弧带	石英闪长岩类岩的接触	岩浆热液型铁-铜矿	Cu、Fe	铜厂铜铁矿等
大陆地壳早期演化阶段 / 古陆块增生发展、汇聚演化及中国大陆原始大陆的形成	与岛弧火山活动有关的成矿及岩浆侵入有关的成矿	碧口微陆块边缘岛弧带	酸性火山岩	黑矿型铅锌银矿	Pb、Zn、Au、Ag、Cu、S、Ba	东沟钼多金属矿、二里坝硫铁矿等
大陆地壳早期演化阶段 / 中国原始古大陆的裂解	震旦纪与碳酸盐岩有关的复合成矿	被动大陆边缘碳酸盐盆地	灯影组、陡山沱组白云岩	沉积-改造(MVT)型铅锌	Zn、Pb、Ba	白玉-马元锌铅矿
板块构造演化阶段 / 洋、陆板块俯冲拼合	早古生代与海相火山热液作用有关的成矿作用	北秦岭二郎坪弧后盆地	二郎坪群、斜峪关群火山-沉积岩系	VHMS型铜锌多金属矿；金银矿	Zn、Pb、Cu、Au、Ag、Fe	眉县铜峪铜矿；户县东涧水铜矿
板块构造演化阶段 / 洋、陆板块俯冲拼合	与海底热水-沉积作用有关的成矿作用	南秦岭早古生代陆内断陷裂陷槽	寒武系碳硅泥质黑色岩	金、铀钒元素富集	Au、U、V、Mo、铂族元素	拉儿玛、邓家庄金矿，夏家店钒钼矿
板块构造演化阶段 / 洋、陆板块俯冲拼合	与海底热水-沉积作用有关的成矿作用	南秦岭早古生代陆内断陷裂陷槽	志留系碎屑岩建造及碳硅质黑色岩建造	SEDEX型铅锌矿	Zn、Pb、Ag、Au	南沙沟、泗人沟铅锌矿等
板块构造演化阶段 / 洋、陆板块俯冲拼合	晚古生代与海底热液及岩浆作用有关的成矿作用	秦岭微板块内断陷盆地	泥盆系细碎屑岩、碳酸盐岩和热水沉积岩	SEDEX型铅锌(铜)矿、沉积改造多金属矿；金顶富集	Pb、Zn、Cu、Fe(Au、Ag、Hg、Sb)	厂坝-李家沟锌铅矿等、代家庄铅锌矿等、大西沟铁矿、八卦庙金矿等；
板块构造演化阶段 / 洋、陆板块俯冲拼合	与基性-超基性岩浆作用有关的成矿作用	勉略古生代残留-有限洋盆	蚀变的基性、超基性岩	岩浆型铬矿；岩浆熔离-火山热液过渡型铜矿	Cr、Cu、Co、Zn	三岔子、鞍子山铬铁矿等
板块构造演化阶段 / 板内伸展	与浊积岩系有关的成矿作用	南秦岭三叠纪裂陷盆地	细碎屑岩、浊积岩-碳酸盐岩	金等富集矿；金等元素的预富集	Au、Ag、Hg、Sb、	马脑壳金矿
陆内叠覆造山阶段 / 陆陆板块碰撞造山	与岩浆作用有关的成矿	同碰撞及碰撞后应力松弛环境	中-中酸性-偏碱性岗岩类及其围岩、岩浆碳酸岩	斑岩型、夕卡型、石英脉型、伟晶岩型，已有矿床的叠加改造类型等	Mo(W、Cu、Fe、Pb)、Au以及铀、铌等稀有及放射性矿	龙脖岗铜矿、温泉钼矿、桂林沟钼矿、兴时沟铜钼矿、华阳川铀铌铅矿、黄龙铺碳酸岩铌铅矿等
陆内叠覆造山阶段 / 中-新生代碰撞造山及陆内叠覆造山山阶段	中生代与碰撞造山及陆内构造-岩浆热液活动有关的成矿系统	陆内构造-岩浆活动带	碎屑岩、碳酸盐岩、岩浆岩、变质岩	微细浸染型、石英脉型金矿系列；热液浸染承锑成矿(铜)系列；斑岩型钼(铜)、银及多金属矿等	Au、Ag、Pb、Zn、Hg、Sb、W、Mo、Cu等	马鞍桥、大水、双王金矿、公馆汞锑矿等；金堆城、潘河钼矿、池沟铜矿等；青铜沟铅矿、土地沟、池沟铜矿等

第六章　秦岭成矿带成矿系列及成矿区带划分

第一节　成矿区带划分

一、划分依据

　　矿床的形成是一定地质发展阶段多种地质因素联合作用的结果，其中含矿地质体（如含矿地层或/和岩体）及其成矿物质来源为基本要素，导矿通道、赋矿空间以及促使矿质运移的载矿体的性质则是成矿作用的重要控制因素。秦岭成矿带漫长的地质演化，多旋回、多阶段、多体制的地质、构造、岩浆作用的发展演化，为本区成矿作用提供了良好的矿源、热源和赋矿空间等成矿条件。

　　对秦岭成矿带不同发展演化阶段成矿背景及成矿条件、特别是显生宙以来震旦-寒武纪、志留纪、泥盆纪等时代主要含矿层的区域对比以及对印支-燕山期构造岩浆作用成矿效应等详细的分析探讨，清楚地显示出区内主成矿元素金、银、铅、锌、铜、汞、锑等，虽然从元古宙到新生代都有不同程度的富集，但大型-超大型矿床集中发育在海西期与印支期末—燕山期，显示海西期与印支期末—燕山期是成矿大爆发期。古生代裂陷期是重要的成矿元素初步蕴积期，它为中新生代秦岭成矿带大规模的成矿作用奠定了坚实的物质基础，特别是泥盆纪与海底大规模热流体作用，对以铅锌为主的多种元素富集成矿起着重要的控制作用，寒武-奥陶系铅锌矿床的新发现以及志留系中与热水沉积有关的中-大型铅锌矿床的发现表明，与海底大规模热流体作用有关的初始成矿作用从加里东晚期—海西早期即已拉开了序幕。反映区域深部热结构发生了重大变化，使地壳浅部逐步升温，促使大规模热流体的形成及大规模成矿作用发生；印支期末—燕山期强烈的陆内造山作用诱发了大规模的岩浆、流体活动，导致大规模成矿作用的发生，区内不同时空的已有含矿层都不同程度遭受到构造、岩浆作用的影响和改造，而富集成矿，同时岩浆活动携带的地壳深部成矿物质上侵进入地壳表层，形成与岩浆热液有关的新矿床。更值得注意的是，由区域重、磁等所反映的本区深部磁性变质结晶基底的块状形态以及其所反映的北东向和北西向相交的网络状构造格局、大规模的造山运动作用所形成的不同级序的褶皱和断裂构造，特别是萌生于印支晚期而发育于燕山期的北东向构造以及叠加复合于区内已有北西西—近东西向主干构造带的节点部位，对燕山期的大规模成矿作用提供了良好的储矿空间，从而造成秦岭成矿带"北西西向成带、北东向串珠状成群密集分布"这一独特的区域矿产分布特征。因此上述的深部基底和表壳构造特征、不同时代的矿源层分布特征、岩浆作用及不同类型岩体，尤其是中新生代花岗岩类的分布特征等都将是本次秦岭成矿带成矿区带及重要成矿远景区带划分的依据。

二、划分方案

陕西、甘肃两省过去虽然划分了各自的成矿区带，但划分方案有差别，导致它们的衔接即东西秦岭之间存在一些不对应问题，另外，前期的成矿带划分以含矿建造为主开展，但秦岭成矿带内生矿床主要是与中生代岩浆构造作用更为密切，因此本书以中生代岩浆构造作用为主线，结合赋矿建造，通过全面总结、系统研究，划分了秦岭成矿带各级成矿区带，更客观地反映了各区带的特征。

秦岭成矿带Ⅰ、Ⅱ、Ⅲ级成矿区带是在全国统一划分方案（徐志刚等，2008）的基础上，根据区内成矿地质背景对Ⅲ级成矿区带略作修改而成。由于全国矿产资源潜力评价项目成矿规律组在1∶500万地质图上进行成矿单元划分，推广到各大区及省级应用后，Ⅲ级成矿单元（成矿区带）界线显示出许多不合理之处，因此本书以新编制的"秦岭成矿带地质矿产图（1∶50万）"为基础，对该区成矿区带界线进行修正。成矿单元名称及编号尽量沿用徐志刚和陈毓川（2008）的方法，但个别随界线修正的同时名称有所修改，涉及秦岭成矿带的Ⅰ级成矿域3个，Ⅱ级成矿省3个，Ⅲ级成矿区带6个。Ⅳ级成矿区带是在Ⅲ级成矿区带内依据沉积相、叠加构造-岩浆时间特征再划分，全省共划分Ⅳ级成矿带21个。Ⅴ级成矿区带是在Ⅳ级成矿带基础上根据成矿远景区沉积特征、燕山期构造岩浆改造、矿产分布特征等划分，共划分Ⅴ级成矿区32个（此处从略）（表6-1和图6-1）。

以上各级成矿单元的划分过程，实际上突出了板块构造体制，忽略了晚期地质构造作用。Ⅳ级成矿单元（成矿亚带）在各Ⅲ级区带内，以明显的地层、构造和岩浆带及相关的成矿作用为标志来划分，具体地区具体分析。Ⅳ级成矿区带的编号：Ⅳ级标志＋所属Ⅲ级区带号＋Ⅳ级序号（表6-1），如Ⅳ-28①、Ⅳ-28②。在各成矿亚区带内往往具有主导的成矿地质环境、地质演化历史及与之相应的区域成矿作用，其内各类矿床组合有规律地集中分布。

三、北东向叠加成矿（带）

秦岭成矿带地处古亚洲、特提斯和环（滨）太平洋三大构造域交切、复合地段，这一地区在中生代印支构造运动碰撞造山后，受来自西南的印度板块和东部的太平洋板块活动的影响很大，表现为以印支-燕山-喜马拉雅期陆内造山、断陷盆地形成以及岩浆活动为主（张二朋等，1993）。尤其是受印支-燕山期太平洋板块活动的影响，形成了一系列自西向东逐渐加强的北东向构造-岩浆活动带（图6-2），对于金及多金属矿产的形成与改造有着重要的控制和影响作用（杜玉良等，2003）。

前人对秦岭成矿带印支-燕山期成矿这一问题早有认识（朱俊亭等，1992；陈毓川等，1997；王平安等，1997；杜玉良等，2003，毛景文等，2009），认为秦岭-祁连构造带中发育的印支-燕山期北东向构造-岩浆活动带，是滨太平洋活动带向我国大陆西部活动的延伸，其地质构造与成矿作用也是逐渐过渡的；许多迹象表明，该期构造不仅控制了印支-

表 6-1　秦岭地区成矿区带划分一览表

II级（成矿省）	III级（成矿带）	IV级成矿亚带
华北（陆块）成矿省（II-14）	III-63 华北陆块南缘（小秦岭）Fe-Cu-Au-Mo-W-Pb-Zn-铝土矿-萤石-硫铁矿-红柱石-金红石成矿带	IV-63-①太华台拱 Au-U-Pb-Fe-W-石墨蛭石成矿亚带
		IV-63-②金堆城-楼房村 Mo-Fe-Cu-Pb-黄铁矿成矿亚带
		IV-63-③牧护关-蟒岭 Pb-Zn-Mo-W-Fe-Cu 成矿亚带
秦岭-大别（造山带）成矿省（II-7）	III-23 北秦岭 Au-Cu-Mo-Sb-石墨-蓝晶石-红柱石-蓝石棉-金红石成矿带	IV-23-①铜峪-东流水 Cu-Pb-Zn 成矿亚带
		IV-23-②天水-黄牛铺-大白-首阳山 Au-Cu-Pb-Zn-Mo-W-Sn 红柱石夕线石石墨成矿亚带
		IV-23-③丹凤-商南 Sb-Fe-Cr-稀有金属-白云母-石墨成矿亚带
	III-66 南秦岭东段 Au-Pb-Zn-Fe-Hg-Sb-RM-REE-V-蓝石棉-重晶石成矿带	IV-66-①柞水-山阳 Ag-Fe-Cu-Pb-Zn-Au 成矿亚带
		IV-66-②镇安-旬阳 Au-Hg-Sb-Pb-Zn-Cu 成矿亚带
		IV-66-③石泉-汉阴 Au-Fe-Cu-重晶石-石煤成矿亚带
		IV-66-④紫阳-镇坪 Fe-V-Ti-Mo-Ni-Zn-重晶石-石煤成矿亚带
		IV-66-⑤宁陕-杵水 Mo-W-Pb-Zn-Au-Cu-Fe-成矿亚带
		IV-66-⑥佛坪稀有金属成矿亚带
		IV-66-⑦武当隆起西缘 Ag-Pb-Zn-Au-稀有金属-黄铁矿-石煤-重晶石成矿亚带
	III-28 南秦岭西段 Pb-Zn-Cu（Fe）-Au-Hg-Sb 成矿带	IV-28-①夏河-西和-凤县-黄柏塬 Pb-Zn-Cu（Fe）-Au（Ag）-Mo-Sb-Hg 成矿亚带
		IV-28-②碌曲-岷县-辉县 Au-Sb-Hg-Pb-Zn-Ag-Fe 成矿亚带
		IV-28-③玛曲-舟曲-留坝 Au-Fe-Mn-Cu-Sb-Hg-As-Se-磷-硫铁矿成矿亚带
		IV-28-④玛曲（西倾山）Au-Fe 成矿亚带
		IV-28-⑤勉略蛇绿杂岩 Cu-Ni-Au-Fe-Mn-Pb-Zn-P-Cr 成矿亚带
上扬子成矿省（II-15）（上扬子成矿亚省II-15B）	III-29 摩天岭-碧口 Cu-Au-Fe-Ni-Mn 成矿带	IV-29-①碧口-阳坝（摩天岭隆起）Fe-Au-Ag-Pb-Zn-Au-Cu（Co）-S-石棉成矿亚带
	III-73 龙门山-大巴山（陆缘拗陷）Fe-Cu-Pb-Zn-Mn-V-P-S-重晶石-铝土矿成矿带	IV-73-①宁强-镇巴 Fe-Pb-Zn-Cu-Au-石膏-煤成矿亚带
		IV-73-②青川-宽川铺 Au-Cu-Pb-Zn 成矿亚带

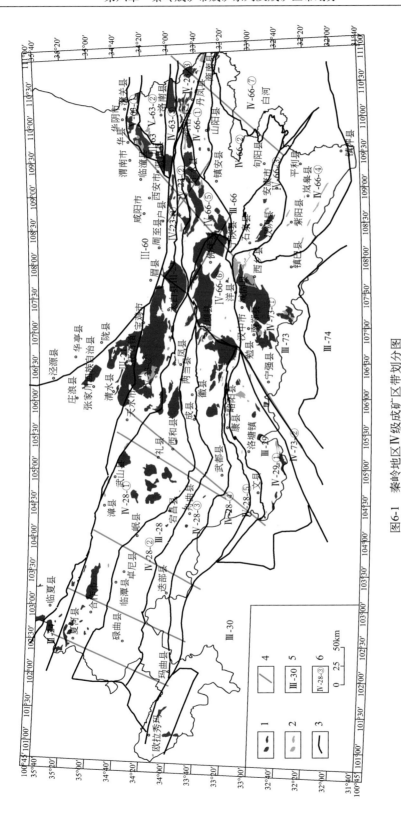

图6-1　秦岭地区Ⅳ级成矿区带划分图

1.中酸性侵入岩；2.中基性侵入岩；3.成矿区划边界；4.叠加构造燕山期；5.Ⅲ级区划编号；6.Ⅳ级区划编号

燕山期金等矿产的分布，而且对于古生代及其以前形成的矿产有着一定的叠加改造作用，是秦岭造山带金等大型－超大型矿床形成的重要影响因素（杜玉良等，2003）。

在前人研究基础上，作者发现北东向叠加成矿作用普遍，且有强弱相间的特征，本书在对本区北东向构造以及与其相关的岩浆作用特征深入调查研究并厘定划分出五个北东向构造岩浆岩带的基础上，初步划出了 5 个北东向强成矿叠加带，从西向东依次为合作－玛曲叠加带、武山－舟曲叠加带、宝鸡－康县叠加带、华阴－宁陕－汉南叠加带、商洛－安康叠加带。其中，华阴－宁陕－汉南叠加带是一个重要的成矿和找矿可能突破的远景区带。其主要依据如下。

（1）该带中存在多期次岩浆侵入活动，如在汉南隆起中既有晋宁期汉南花岗杂岩（1100～730Ma），又有印支期（237Ma）侵入的钾长花岗岩，其外围有印支期辉长岩产出；向北宁陕－柞水－老牛山岩带上主要为印支－燕山期侵入体。

（2）带内主要岩体长轴方向呈北东向展布，有的岩体呈"L"形产出，表明带内岩浆侵入和就位主要受北东向断裂构造控制，局部受 EW 构造影响，显示可能有控制岩浆活动的深大断裂存在。这与地球物理资料显示该带存在北东深大断裂的推断一致。

（3）该带中，实地调查发现的石英脉型钼矿床的矿体大多呈北东向展布，如桂林沟钼矿、潘河钼矿床、杨木沟钼矿床、月河坪钼矿、角鹿岔钼钨矿等，表明北东向构造对成矿有明显的控制作用。

（4）以该带为界，其西以发育印支期岩体和矿床为主，其东以发育燕山期侵入体和矿床为主，带内二者共存，表明该带可能是印支期以来东西秦岭重要的构造－岩浆－成矿转换带。

（5）北东向构造－岩浆－成矿带也应是找矿突破的远景带。该带北、中段已形成多个矿集区（田）如金堆城钼矿集区、洛源钼矿集区、柞水南钼金铅锌矿集区和宁陕北钼矿集区等，在这些矿集区中以斑岩型、夕卡岩型以及热液脉型矿床为主，也发育受剪切带控制的金矿床。近年来不断有新发现，矿种包括钼金铅锌钨及稀有稀土元素矿床，说明该带有很大的找矿潜力。

第二节　成矿系列和成矿谱系

一、成矿系列

秦岭造山带是一个多旋回复合大陆碰撞造山带。构造演化阶段及多种构造体制的转化，导致了秦岭及邻区多期构造热事件和成矿作用的发生，形成了多个构造成矿旋回，为金属元素的大规模富集成矿创造了条件。由于不同时期构造体制不同，所形成的含矿建造、成矿作用及矿床组合具有多样性。根据构造、建造、成矿作用及矿床组合特征分析，秦岭造山带及邻区内生金属矿床主要受如下几个主要的成矿事件控制：①太古宙海底火山－沉积成矿作用；②中－新元古代与海底、岛弧火山及岩浆侵入活动有关的成矿作用；③震旦纪与碳酸盐岩有关的成矿作用；④早古生代与海相火山热液作用有关的成矿作用；⑤海西期与海底热液及岩浆作用有关的成矿作用；⑥印支期与浊积岩系有关的成矿作用；⑦中生代与碰撞造山及陆内构造－岩浆活动有关的成矿系统等。这些不同的成矿作用在矿床类型上有选择，在成矿时间和作用强度上有变化、空间上有重叠，显示复合成矿的特点。

　　成矿系列"是在一定地质时期和一定地质环境中，在一定的主导地质成矿作用下形成的时间、空间和成因上有密切联系，但其具体生成条件有差别的一组（两个以上）矿床类型的组合"（程裕淇，1983），是与同一建造有成因联系的各种矿床类型构成的四维整体。

　　矿床成矿系列组合以地质作用为划分依据，即沉积作用、岩浆作用、变质作用、热液作用与风化作用，每一种地质作用伴有相应的成矿作用，在不同的地质时期与不同的地质构造单元形成各种矿床成矿系列，这些矿床成矿系列都归之于与该地质作用有关的矿床成矿系列组合。

　　矿床成矿亚系列，为矿床成矿系列范围内的二级构造单元内，具有不同成矿阶段形成的各具一定特色的矿床组合，而各亚系列之间具有成因联系，并具有明显的共性。

　　根据成矿时代、成矿构造背景、矿石建造和成矿作用，按照成矿作用与不同地质作用之间的关系（翟裕生1992），结合姚书振等关于秦岭成矿系列的研究成果，将秦岭地区主要的铜、钼、铅、锌、银、金、汞、锑等矿床划分为21个成矿系列、33个成矿亚系列和若干矿床式（表6-2）。

二、成矿谱系

　　秦岭成矿带矿产资源丰富，成矿具有多样性。现已查明矿产百余种，已发现金属矿床数百处，在已探明的矿床中，金、铅锌、银、汞、锑、钼钨、铜等矿种具有比较明显的优势。其中绝大多数与内生成矿作用有关。按照目前探明的金属储量来看，秦岭金矿床的产出主要受构造－岩浆带控制，优势的金矿类型主要为构造蚀变岩型与石英脉型，集中发育在西秦岭及小秦岭、南秦岭地区。铅锌矿床以泥盆系热水喷流沉积改造型最为重要，大型、超大型矿床多属该类，火山－喷流沉积型、次火山热液型及密西西比河谷型铅锌矿床在秦岭也占据一定的地位。此外，还有冲积砂金矿床发育。汞矿与锑矿多共生，以低温热液型为主，矿床分布受地层－构造控制明显。铜矿主要类型为火山喷流沉积岩型、次火山热液型。银多与 Cu、Pb、Zn、Au、As 等伴（共）生，独立银矿主要集中于东秦岭，以斑岩型或火山热液型为主。此外，还有岩浆型铜镍硫化物矿床、铬铁矿矿床及 BIF 铁矿床型等。近年来随着区域基础地质与区域成矿学研究日益深入，大型－超大型金矿、以银为主的独立银矿床的相继发现，一些新的含矿层位及新矿床类型的确定，显示该区仍具有相当可观的找矿潜力。

　　关于秦岭成矿带金、铅锌、银、汞、锑、钼钨、铜等矿种内生矿床成矿系列研究的最终成果除用成矿系列表（表6-2）列述外，通常还采用矿床成矿谱系图的形式来表述，具体做法是将成矿单元作为横坐标，成矿旋回的历史顺序和成矿地质环境变化顺序作为纵坐标，中间列出与成矿旋回和成矿地质环境相对应出现的矿床成矿系列，构成矿床成矿谱系图（图6-2）。

表 6-2　秦岭成矿带成矿系列表

成矿系列组合	成矿系列	成矿亚系列	矿床式	重要矿床（点）
与基性－超基性岩浆作用有关的矿床成矿系列组合	与基性－超基性岩有关的铬镍钴铜棉蛇纹岩（含镁橄榄石）矿床成矿系列	富镁质超基性岩中的铬铁矿（镁橄榄石）成矿亚系列	松树沟式	商南松树沟铬铁矿矿床
	与基性岩有关的铁钛磷灰石矿床成矿系列	辉石岩－辉绿岩中的钛磁铁矿磷灰石成矿亚系列	九子沟式	凤县九子沟磷矿
	与基性岩有关的钒钛磁铁矿矿床成矿系列		毕机沟式	洋县毕机沟钒钛磁铁矿床
	与基性岩有关的铜镍矿床成矿系列		余家山式	西乡县乔家山铜镍（钴）矿、西乡县余家山铜镍（钴）矿
	与海相中基性－中酸性火山岩有关的铜镍铅锌重晶石金银矿床成矿系列		大兴式	白河县玉皇山大兴银金矿
			南沟式	商州龙庙南沟铅锌矿
			二里坝式	宁强二里坝硫铁矿矿床
与中酸性岩浆作用有关的矿床成矿系列组合		印支期与中酸性岩浆活动有关的钼矿床成矿亚系列	桂林沟式	镇安桂林沟钼矿床
	印支－燕山期与中酸性－酸性岩有关的钼钨铁铜多金属矿床成矿系列	燕山期与浅成－超浅成花岗斑岩、石英斑岩、爆破角砾岩有关的钼钨矿床成矿亚系列	金堆城式	华县金堆城钼矿床
		西秦岭北带与岩浆岩有关的钼、钨、锡矿床成矿亚系列	温泉式	温泉斑岩型钼矿床
		与中浅成花岗闪长岩、石英闪长岩、斜长花岗岩、花岗斑岩有关的铁铜矿床成矿亚系列	铜厂式	略阳铜厂铜矿床
		西秦岭中部与印支期中酸性－中基性花岗岩有关的 W、Sn 多金属矿床成矿亚系列	雪花山式	岷县雪花山钨锡矿床
		西秦岭与中酸性岩有关的 Cu 多金属矿床成矿亚系列	龙得岗式	龙得岗、德乌鲁、阿姨山、牛木耳铜矿床
	燕山期潼关地区与岩浆热液有关的金多金属矿床成矿系列	小秦岭潼关地区燕山期与构造－岩浆活动有关的金多金属矿床成矿亚系列	小秦岭式金矿	潼关桐峪金矿矿床 Q8、潼关县大王西峪金矿床
	商丹－勉略构造带与构造－岩浆活动有关的金矿床成矿系列	商丹板块对接带与构造－岩浆活动有关的金矿床成矿亚系列	金牛坪式、八卦庙式、马鞍桥式、柴家庄式	凤县庞家河大型金矿床、八卦庙大型金矿、周至马鞍桥大型金矿床、金牛坪金矿、柴家庄金矿
		勉略构造带内结合带与岩浆热液有关的金矿床成矿亚系列	煎茶岭式、铧厂沟式	略阳煎茶岭金矿床、略阳铧厂沟金矿床

续表

成矿系列组合	成矿系列	成矿亚系列	矿床式	重要矿床（点）
与中酸性岩浆作用有关的矿床成矿系列组合	南秦岭与构造-岩浆活动有关的金矿床成矿系列	南秦岭北部印支-燕山期与碱性碳酸岩有关的金矿床成矿亚系列	双王式、东沟坝式	太白双王金矿床、镇安县二台子金矿床、东沟坝金银矿
		南秦岭南部黑色岩系中印支-燕山期岩浆活动及韧性剪切带有关的金矿床成矿亚系列	黄龙式	黄龙金矿、鹿鸣金矿
	西秦岭与印支-燕山期中酸性岩浆岩作用有关的Au、Ag多金属矿床成矿系列	西秦岭中带与印支-燕山期中酸性二长花岗岩有关的Au、Ag多金属矿床成矿亚系列	寨上式	李坝金矿床、锁龙金矿床、金山、泉水金矿床、寨上金矿床
		文县、康县地区印支-燕山期与中酸性岩浆热液作用有关的Au-Cu-Sn-W-Fe矿床成矿亚系列	阳山式	阳山金矿床、岸门口金矿床
		西秦岭南带黑色岩系中与含金热液作用有关的Au多金属矿床成矿亚系列	拉尔玛式	拉尔玛金矿床
	西秦岭三叠纪与印支-燕山期岩浆热液作用有关的Au-Hg-As-Sb-Ag-PbZn矿床成矿系列	西倾山地区与印支-燕山期中酸性浅成-超浅成岩浆侵入有关的金矿床成矿亚系列	大水式	大水金矿床
		中西段燕山期浅成中酸性侵入岩及低温热液作用有关的Au、Ag、Pb、Zn矿床成矿亚系列	枣子沟式	枣子沟金矿
		中西段中生代（三叠纪，次为三叠纪）碳酸盐岩、碎屑岩与中低温热液作用有关的Hg-Sb-Au矿床成矿亚系列	鹿儿坝式、大桥式	鹿儿坝金锑矿床、大桥金矿床
与火山作用有关的矿床成矿系列组合	与海相火山岩有关的Cu（钴锌金）Fe、Mn、Au、钒矿床成矿系列	碧口-阳坝地区中-新元古代与变质火山热液有关的Cu（钴锌金）Fe、Mn、Au矿床成矿亚系列	筏子坝式	阳坝铜矿床、筏子坝铜矿床
		西秦岭晚古生代中晚期与火山次火山碎屑岩有关的Pb、Zn、Ag矿床成矿亚系列	下拉地式	下拉地铅锌矿床
		眉县-户县地区与海相中基性火山岩有关的铜锌矿床成矿亚系列	铜峪式铜矿床	眉县铜峪铜矿床
与变质作用有关的矿床成矿系列组合	太古-元古宇中受变质铁锰矿床成矿系列	太古宇中受变质-沉积变质有关的铁矿床成矿亚系列		略阳鱼洞子铁矿床、潼关大要铁矿床
		中-新元古界中与火山沉积-变质作用有关的铁锰矿床成矿亚系列		宁强黎家营锰矿床、紫阳届家锰矿
与表生作用有关的矿床成矿系列组合	与表生作用有关的褐铁矿床成矿系列	与表生作用有关的褐铁矿床成矿亚系列	包家山式	徽县包家沟褐铁矿点

续表

成矿系列组合	成矿系列	成矿亚系列	矿床式	重要矿床（点）
与沉积作用有关的矿床成矿系列组合	现代河流中的冲－洪积砂金矿床成矿系列	河床、河漫滩、低阶地砂金矿床成矿亚系列	恒口式、碧口式	安康市恒口砂金矿床、文县碧口砂金矿床、康县岸门口河砂金矿点、西和县六巷乡六巷河砂金矿床
	晚古生代复理石建造中的菱铁矿－银多金属矿床成矿系列	南秦岭铁铅锌银铜重晶石成矿亚系列	大西沟式	柞水大西沟菱铁矿矿床、大西沟重晶石矿床、银硐子银多金属矿床
	震旦纪－早古生代铁锰重晶石磷矿床成矿系列	早古生代与沉积作用有关的 Fe、Mn 矿床成矿亚系列		成县南康锰矿床
		震旦系－奥陶系中的钒钼重晶石黄铁矿石煤矿床成矿亚系列	东风沟式、獐子坪式	东风沟重晶石矿床、山阳县中村－过凤楼钡矿床、平利县獐子坪重晶石矿床
		晚震旦世－早寒武世锰磷矿床成矿亚系列	天台山式、何家岩式	汉中天台山锰磷矿床、何家岩磷矿床
	层控－热液型铅锌铜矿床成矿系列	西成－凤太大盆地泥盆纪与喷流、热液改造作用有关的 Pb、Zn、Cu 矿床成矿亚系列	厂坝式、铅硐山式	厂坝、邓家山、毕家山铅锌矿床、凤县铅硐山铅锌矿床
		旬阳北部志留－泥盆纪与喷流、热液改造作用有关的 Pb、Zn、Cu 矿床成矿亚系列	南沙式	旬阳县洞人沟铅锌矿床、洛坝铅锌矿床、旬阳县南沙沟铅锌矿床
与复合作用有关的矿床成矿系列组合	与热水渗滤作用有关的汞锑矿床成矿系列		蔡凹式、青铜沟式	旬阳县公馆－青铜沟汞锑矿床、丹凤蔡凹锑矿
	与热水渗滤作用有关的金的矿床成矿系列		金龙山式、惠家沟式、夏家店式、黄龙式	镇安县金龙山金矿、旬阳惠家沟金矿、山阳夏店金矿、汉阴黄龙金矿床
	与热水渗滤作用有关的铅锌矿床成矿系列	与震旦纪热水渗滤沉积作用有关的铅锌矿床成矿亚系列	马元式	南郑县马元铅锌矿床

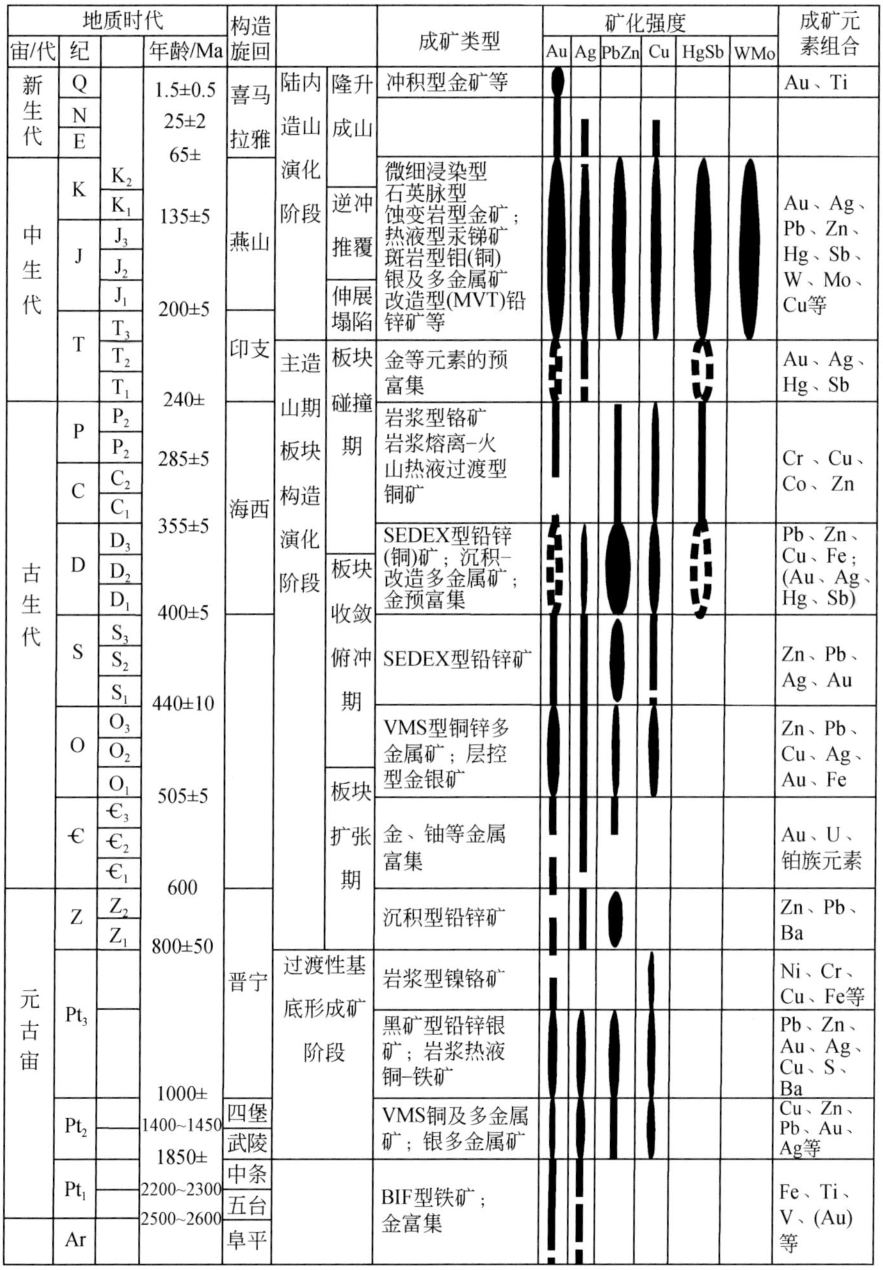

地质时代			构造旋回		成矿类型	矿化强度						成矿元素组合
宙/代	纪	年龄/Ma				Au	Ag	PbZn	Cu	HgSb	WMo	
新生代	Q	1.5±0.5	喜马拉雅	陆内造山演化阶段	隆升成山	冲积型金矿等						Au、Ti
	N	25±2										
	E	65±										
中生代	K（K₂，K₁）	135±5	燕山		逆冲推覆	微细浸染型石英脉型蚀变岩型金矿；热液型汞锑矿斑岩型钼（铜）银及多金属矿改造型（MVT）铅锌矿等						Au、Ag、Pb、Zn、Hg、Sb、W、Mo、Cu等
	J（J₃，J₂，J₁）	200±5			伸展塌陷							
	T（T₃，T₂，T₁）	240±	印支	主造山期板块构造演化阶段	板块碰撞期	金等元素的预富集						Au、Ag、Hg、Sb
古生代	P（P₂，P₂）	285±5	海西			岩浆型铬矿岩浆熔离-火山热液过渡型铜矿						Cr、Cu、Co、Zn
	C（C₂，C₁）	355±5			板块收敛俯冲期	SEDEX型铅锌（铜）矿；沉积-改造多金属矿；金预富集						Pb、Zn、Cu、Fe；(Au、Ag、Hg、Sb)
	D（D₃，D₂，D₁）	400±5				SEDEX型铅锌矿						Zn、Pb、Ag、Au
	S（S₃，S₂，S₁）	440±10				VMS型铜锌多金属矿；层控型金银矿						Zn、Pb、Cu、Ag、Au、Fe
	O（O₃，O₂，O₁）	505±5			板块扩张期	金、铀等金属富集						Au、U、铂族元素
	€（€₃，€₂，€₁）	600										
元古宙	Z（Z₂，Z₁）	800±50	晋宁	过渡性基底形成阶段		沉积型铅锌矿						Zn、Pb、Ba
	Pt₃	1000±				岩浆型镍铬矿						Ni、Cr、Cu、Fe等
						黑矿型铅锌银矿；岩浆热液铜-铁矿						Pb、Zn、Au、Ag、Cu、S、Ba
	Pt₂	1400~1450	四堡武陵			VMS铜及多金属矿；银多金属矿						Cu、Zn、Pb、Au、Ag等
	Pt₁	1850±，2200~2300	中条五台			BIF型铁矿；金富集						Fe、Ti、V、(Au)等
	Ar	2500~2600	阜平									

图 6-2　秦岭造山带区域金属成矿谱系（据姚书振等，2006）

在前人（姚书振等，2006）研究基础上，结合潜力评价成果，根据对区域成矿年代、成矿环境、矿床类型、成矿主元素组合及聚集矿强度的综合研究，建立秦岭造山带金、银、铅、锌、铜、汞锑、钼钨矿等具有比较明显优势矿种的成矿谱系，分别以成矿时代（成矿期）和Ⅲ级成矿区带为依据，对区内主要成矿谱系进行了初步总结，见表6-3、表6-4。

表 6-3　秦岭成矿带成矿谱系表

| 成矿时代 | | | 构造阶段（旋回、期/运动） | III-63 华北陆块南缘成矿带 | III-66A 北秦岭成矿带 | III-66B 南秦岭成矿带 | III-28 西秦岭成矿带 | III-73 龙门山-大巴山成矿带 |
宙	代	纪						
显生宙	新生代	第四纪	喜马拉雅			现代河流中的冲-洪积砂金矿床成矿系列	现代河流中的冲-洪积砂金矿床成矿系列	现代河流中的冲-洪积砂金矿床成矿系列
		新近纪					与表生作用有关的褐铁矿床成矿亚系列	
		古近纪						
	中生代	白垩纪	燕山	与中酸性浅成-超浅成（斑岩）有关的钼铁铜矿床成矿系列 燕山期与变质-岩浆热液有关的金多金属矿床成矿系列 与陆壳重熔型花岗岩有关的钨矿床成矿系列	商丹板块对接带与变质有关的金矿床成矿系列 与热水渗滤作用有关的汞锑矿床成矿系列	南秦岭北部印支-燕山期与碱性碳酸性岩有关的金矿床成矿系列 与热水渗滤作用有关的金矿床成矿系列 商丹板块对接带与变质热液有关的金矿床成矿系列		
		侏罗纪	印支-燕山			印支-燕山期与中酸性-酸性岩有关的钼钨铁铜金矿床成矿系列 与热水渗滤作用有关的汞锑矿床成矿系列 与热水渗滤作用有关的金矿床成矿系列	印支-燕山期中酸性岩浆侵入作用有关的 Au-Hg-Sb 多金属矿床成矿系列	印支-燕山期与中酸性-酸性岩浆作用有关的钼钨铁铜金矿床成矿系列
		三叠纪	印支	与碳酸岩有关的钼铅铀铌铁稀土元素矿床成矿系列		加里东-印支期与中性-酸性花岗岩类有关的铁铜金钨萤石矿床成矿系列、受区域改造的沉积黄铁矿矿床成矿系列	层控-热液型铅锌矿成矿系列、三叠纪与印支-燕山期岩浆-热液作用有关的 Au-Hg-As-Sb-Ag-PbZn 矿床成矿系列	

续表

成矿时代 宙	代	纪	构造阶段（旋回、期/运动）	III-63 华北陆块南缘成矿带	III-66A 北秦岭成矿带	III-66B 南秦岭成矿带	III-28 西秦岭成矿带	III-73 龙门山－大巴山成矿带
显生宙	古生代	二叠纪	海西			海底喷流沉积－热液改造铅锌铜矿成矿系列		勉略板内结合带与岩浆热液有关的金矿成矿系列
		石炭纪	海西	鄂尔多斯盆地晚古生代残积－沉积铁铝锰硫铁矿成矿系列				与浅海相沉积有关的煤、铝黄铁矿、黏土高岭土矿成矿系列
		泥盆纪				海底热液喷流－沉积铅锌矿成矿系列	与沉积作用有关的铁锰矿床系列	
						与镁铁质超基性岩有关的铬矿、蛇纹石矿成矿系列		
						复理石建造中的菱铁矿、银多金属矿成矿系列		
		志留纪	加里东		与花岗伟晶岩有关的稀有金属白云母宝玉石矿成矿系列	海底喷流沉积－热液改造铅锌铜矿、下志留统中的重晶石铀矿成矿系列		与海相中基性－中酸性火山岩有关的金银铅锌重晶石矿成矿系列
		奥陶纪				海底喷流沉积－热液改造铅锌铜矿成矿系列		
		寒武纪				寒武系—奥陶系磷块岩、重晶石钒钼铀黄铁矿成矿系列		
元古宙	新元古代	震旦纪						
		南华纪	兴凯					新元古代超基性岩浆熔离－热液改造镍矿成矿系列（钴）
		青白口纪						

续表

成矿时代			构造阶段（旋回、期/运动）	III-63 华北陆块南缘成矿带	III-66A 北秦岭成矿带	III-66B 南秦岭成矿带	III-28 西秦岭成矿带	III-73 龙门山—大巴山成矿带
宙	代	纪						
元古宙	中元古代	蓟县纪	晋宁（扬子）	与海相中基性-中酸性火山岩有关的金银铅锌重晶石矿床成矿系列		与基性-超基性岩有关的铬铜镍钴（含镁橄榄石）矿床成矿系列		碎屑岩-碳酸盐岩中的铁锰磷矿床成矿系列
						与海相中基性-中酸性火山岩有关的金银铅锌重晶石矿床成矿系列		与热水渗滤作用有关的铅锌矿床成矿系列
								与基性岩有关的钒钛磁铁矿床成矿系列
								与基性岩有关的铜镍矿床成矿系列
	古元古代	长城纪	吕梁					（太古宇—）元古宇变质铁锰矿床成矿系列
		滹沱纪						
太古宙	新太古代		阜平					太古宇（—元古宇）中受变质铁锰矿床成矿系列

表 6-4　秦岭成矿带重要成矿远景区一览表

重点成矿区带	重要成矿远景区
Ⅲ-63 华北陆块南缘 Fe-Cu-Au-Mo-W-Pb-Zn 铝土矿-硫铁矿-萤石-煤成矿带	潼关-商洛金钼成矿远景区
Ⅲ-23 北秦岭 Au-Cu-Mo-Sb-石墨-蓝晶石-红柱石-金红石成矿带	天水-唐藏金铜铅锌成矿远景区
Ⅲ-66 南秦岭 Au-Pb-Zn-Fe-Hg-Sb-RM-REE-V-蓝石棉-重晶石成矿带	板房子-旬阳坝-柞水金铅锌钨成矿远景区
	山阳-柞水-旬阳金铅锌铜铁银成矿远景区
	安康北部金成矿远景区
Ⅲ-28 西秦岭 Pb-Zn-Cu（Fe）-Au-Hg-Sb 成矿带	夏河-玛曲金铜成矿远景区
	迭部-武都-礼县铅锌金银成矿远景区
	西成-凤太铅锌金铜成矿远景区
	徽县-留坝金汞锑成矿远景
Ⅲ-29 摩天岭-碧口 Cu-Au-Fe-Ni-Mn 成矿带	文康-勉略宁-碧口金铜铅锌成矿远景区
Ⅲ-73 龙门山-大巴山（陆缘拗陷）Fe-Cu-Pb-Zn-Mn-V-P-S-重晶石-铝土矿成矿带	汉南-碑坝铅锌金成矿远景区

第三节　成矿远景区和重点勘查区

一、成矿远景区

秦岭成矿带成矿远景区是在Ⅲ级成矿区带中圈定的。成矿远景区是在成矿预测或区域地质矿产调查、矿产普查的基础上，根据成矿规律的研究结果而推测圈定的进一步开展基础调查、矿产评价的有利区。通过对秦岭地区各区带成矿地质背景的分析、矿产分布规律的研究，结合物化遥信息，在前人研究成果基础上，在Ⅲ级成矿区带中进行了成矿区远景区圈定，圈定了 11 个成矿远景区（表 6-4）作为重点勘查区圈定目标区，也是下一轮调查、矿产调查工作潜力区。

二、重点勘查区（整装勘查区）

重点勘查区以实现地质找矿突破为目标，主要针对有形成大型或超大型矿床前景的矿产地开展调查、勘查评价工作。重点勘查区在部署基础地质与研究工作的同时，突出以找矿为目的的调查评价工作。整装勘查区是指被国家或省、市列为重点勘查，快速实现找矿突破的重中之重的重点勘查区。

重点勘查区是在 11 个重要成矿远景区的基础上、结合潜力评价成果的进一步细化。主要选择成矿地质背景有利、物化探异常良好、矿（化）点等成矿信息众多、具有寻找大型以上矿床潜力的勘查区。选择国家急缺矿种和秦岭成矿带优势的矿种 Au、Pb、Zn、W、Mo、Ag、Hg、Sb 等。一个重点勘查区可以包括多矿种、多类型矿产。既要关注老矿山的外围及深部的找矿工作，特别是大型或超大型矿床外围以及重要的矿集区，又要考虑有远景的新区的找矿前期工作。重视印支－燕山期构造岩浆成矿作用——北东向叠加成矿；重视隐伏半隐伏岩体周边热晕成矿的事实，考虑成矿分带性及缺位找矿的潜力区。整装勘查区是被列为重中之重的重点勘查区。

在秦岭地区做了细致的成矿预测工作，其圈定的 85 个预测区（其中 A 类 28 个，B 类 25 个、C 类 32 个）也是本次重点勘查区圈定的主要依据，在此，将其成果简要列表（表 6-5），供参考。

按照上述原则，在秦岭成矿带Ⅲ级成矿区带基础上圈定的 11 个成矿远景区中，对 85 个预测区合理归并、取舍，圈定了 32 个重点勘查区（图 6-3 和表 6-6），作为后续工作的优先勘查部署区。

在重点勘查区选择近期能够实现勘查突破、能提交 1 处超大型矿床规模的重要矿床或矿集区，开展整装勘查工作。主要通过较系统的地表与深部探矿工程控制，结合大比例尺地质、物化探勘查等方法手段，以矿床中主要矿体的详查、矿（化）带的普查以及外围延伸地段开展的预查等工作，扩大矿床规模与找矿远景。通过整装勘查，集中力量尽快查明重要矿床的规模、资源量及资源勘查开发前景，为提交优势与战略性矿产资源开发基地奠定基础。

整装勘查区的优选：①重点考虑国家急缺矿种及省内优势矿种，有形成超大型规模以上勘查前景、能形成近期开发利用资源基地的矿床点及成矿地质条件类似、分布相对集中的矿集区；②重要矿集区或危机矿山的深部及外围，显示仍有巨大找矿潜力矿区；③当前有重大发现和勘查进展的重要矿床可开展整装勘查工作。成矿条件好，找矿信息丰富，有望形成大型规模以上的矿产地可作为重点普查区部署工作。

根据成矿地质条件、找矿潜力以及近期找矿工作进展、矿权设置等，在秦岭成矿带设置了 4 个整装勘查区。其中 2011 年国家首批设置了 3 个国家级整装勘查区，分别为：甘肃省寨上－马坞金矿整装勘查区、甘肃省崖湾－大桥金矿整装勘查区、陕西省小秦岭深部金矿及外围整装勘查区，2012 年又设置了陕西省石泉－汉阴金矿整装勘查区。

在此基础上，本书进一步优选了 8 个重点勘查区作为备选的整装勘查区，作为提交矿产资源勘查开发基地的重点勘查地段。分别为：石鸡坝－阳山金重点勘查区、夏河－合作金铜钼钨砷锑重点勘查区、大水及其外围金重点勘查区、柴家庄－庞家河金铜钼钨重点勘查区、金龙山－西坡岭金汞锑重点勘查区、西和－成县铅锌金铜重点勘查区、凤县－太白铅锌金铜重点勘查区、勉略宁三角区金铜铁镍铅锌重点勘查区。

秦岭成矿带 32 个重点勘查区地质特征及勘查的主攻矿种和矿床类型见表 6-7。

表 6-5　秦岭成矿带成矿预测区特征一览表

序号	成矿带	编号	名称	级别	主攻类型	主攻矿种	地质条件	预期成果
1	Ⅲ-28	Ⅲ-28-1A	甘肃省龙得岗铜矿勘查区	A	斑岩型	Cu	控矿侵入岩：三叠纪石英闪长岩和一长花岗岩；侏罗纪次英安岩（爆破斑岩）和花岗闪长岩等。控矿构造：观音大庄-力土山断裂带和夏河-合作断裂带；矿体主要产于近东西向和近南北向两组租裂面与北西向构造交汇部位	大型铜矿床1处；中小型铜矿床1处；铜矿点2处
2	Ⅲ-28	Ⅲ-28-2A	甘肃省阿姨山金铜硫矿勘查区	A	破碎蚀变岩型、侵入岩型、岩浆热液型	Au、Cu、S	赋矿地层：燕山早期岩浆活动侵入体内回或浅海岩枝伸出与一叠系石关夹组的浅海陆源碎屑岩夹碳酸盐岩沉积地层。控矿侵入岩：中酸性岩体。控矿构造：夏河-合作构造带是容矿导矿构造和派生的北东向次级断裂及侵入体的北西向深大断裂带控制	大型金、铜矿床1处；中小型金、铜、硫矿床各1处
3	Ⅲ-28	Ⅲ-28-3A	甘肃省枣子沟金铜锑矿勘查区	A	破碎蚀变岩型、夕卡岩型热液型	Au、Cu、Sb	赋矿地层：中下三叠统板岩；中上三叠统的长石石英砂岩。控矿侵入岩：燕山期石英闪长岩、黑云闪长玢岩。控矿构造：夏河-合作区域性大断裂和其NW、SN、NE、NEE向次级构造为主要的容矿、容矿构造。Cu的地质特征同Ⅲ-28-4德乌鲁Au、Fe、Cu综合预测区	大型金矿床1处；中小型金、锑矿床各1处；铜矿点2处
4	Ⅲ-28	Ⅲ-28-4A	甘肃省德乌鲁金铁矿勘查区	A	破碎蚀变岩型、夕卡岩型	Au、Fe、Cu	赋矿地层：燕山早期岩浆活动侵入体内回或浅海岩枝伸出与一叠系石关夹组的浅海陆源碎屑岩夹碳酸盐岩沉积地层。控矿侵入岩：中酸性岩体。控矿构造：夏河-合作构造带是容矿导矿构造和派生的北东向次级断裂及侵入体的北西向深大断裂带控制	大型金、铜矿床各1处；中小型金、铁矿床各1处
5	Ⅲ-28	Ⅲ-28-5A	甘肃省下拉地金铅锌矿勘查区	A	海相火山岩型、破碎蚀变岩型	Au、Pb、Zn	赋矿地层：以下石炭统（巴都组）为主（海相火山-沉积建造，其次为海相沉积碎屑岩地层，其次为海相火山岩建造。控矿侵入岩：海西期中基性岩入岩。控矿构造：以火山为主的复合构造，包括火山口构造、沉积建造。Au的地质特征同Ⅲ-28-8寨上Au、Pb、Zn综合预测区	大型铅、锌矿床1处；中小型金、铅、锌矿床1处
6	Ⅲ-28	Ⅲ-28-6A	甘肃省寨上金铅锌矿勘查区	A	海相火山岩型	Au、Pb、Zn	赋矿地层：中泥盆统红岭山组、下二叠统十里墩的C、Fe、Ca质细碎屑岩-不纯碳酸盐岩韵律沉积建造。控矿侵入岩：中酸性脉岩。控矿构造：北西向断裂破碎带、摺皱构造系统及低序次断裂、节理建造。Pb、Zn的地质特征同Ⅲ-28-20代家庄Pb、Zn综合预测区	大型金矿床1处；金、铅、锌矿点各2处
7	Ⅲ-28	Ⅲ-28-7A	甘肃省李坝坝金钨铅锌矿勘查区	A	岩浆热液型、沉积改造型	Au、W、Zn	赋矿地层：中二叠统大山山组、下石炭组的砾岩、吴家坝印支期-燕山早期复式岗岩侵入体。控矿侵入岩：煌斑岩等中酸性脉岩；以海西晚期中酸性岩体为主。控矿构造：北西向断裂破碎带及低序次断裂、节理裂隙带、片理带。W的地质特征同Ⅲ-28-13金山Au、W、Sn综合预测区	大型金矿床1处；中小型金、钨、铅、锌矿床各1处；矿点各1处

续表

序号	成矿带	编号	名称	级别	主攻类型	主攻矿种	地质条件	预期成果
8	Ⅲ-28	Ⅲ-28-8A	甘肃省大庄沟金矿勘查区	A	破碎蚀变岩型	Au	赋矿地层：下古生界李子园群的第二岩性段与第一岩性段接触的蚀变韧性剪切破碎带中。控矿构造：印支期末－北山早期花岗岩类岩侵入岩。矿体主要赋存于北北东、北西向压扭性断裂破碎带及片理化带、裂隙带中	大型金矿床1处；小型金矿床点2处；中矿
9	Ⅲ-28	Ⅲ-28-9A	甘肃省金山金钨锡矿勘查区	A	岩浆热液型	Au、W、Sn	赋矿地层：产于印支期侵入岩体内接触带沿裂隙充填的矿化石英脉。控矿构造：印支期黑云母花岗岩、二云母花岗岩、花岗闪长岩等酸性侵入岩。中秦岭大型脆性逆冲断裂带及吴家山逆冲韧性剪切构造。Au的地质特征同Ⅲ-28-12李季坝Au、W、Pb、Zn综合预测区	大型金矿床1处；小型金、钨、锡矿床各1处
10	Ⅲ-28	Ⅲ-28-10A	甘肃省拉尔玛金铁矿勘查区	A	微细浸染型、沉积型	Au、Fe	赋矿地层：寒武系太阳顶群。岩浆岩不发育，多呈脉岩产出，岩性主要为石英闪长岩、花岗闪长岩。控矿构造：白龙江复背斜轴部及近EW向的深大断裂起到了导矿和控矿作用。Fe的地质特征同Ⅲ-28-15格尔括合Fe综合预测区	大型金矿床1处；中小型金、铁矿床各1处
11	Ⅲ-28	Ⅲ-28-11A	甘肃省花崖沟金银矿勘查区	A	破碎蚀变岩型	Au、Ag	赋矿地层：龙潭构造地质体b岩段，泥盆系黄家沟组。下古生界太阳顶群、白崖山中细粒、似斑状－长花岗岩，东西向韧－脆性剪切断裂破碎带及其次级断裂。节理裂隙带，礼县－高桥逆冲断裂夹持的逆冲岩片。礼县子镇韧性剪切带	大型金、银矿床各1处；中小型金、银矿床各1处
12	Ⅲ-28	Ⅲ-28-12A	甘肃省洛大－角弓金铁矿勘查区	A	微细浸染型、沉积再造型	Au、Fe	赋矿地层：中泥盆统下吾那组、志留系造部组、舟曲组、卓乌阔组。控矿岩石：Au、印支期花岗闪长岩、石英闪长岩、花岗斑岩。控矿构造：Au、北西向大断裂派生的北西向、北东向次级断裂及破碎蚀变带	大型金、铁矿床各1处；中小型金、铁矿床各2处
13	Ⅲ-28	Ⅲ-28-13A	甘肃省代家庄铅锌矿勘查区	A	沉积－改造型	Pb、Zn	赋矿地层：泥盆系黄家沟组、红岭山组；双狼沟组。控矿构造：矿体均受北西向断裂构造及尼玛沟复背斜、双猫梁背斜、又仁沟－沙地沟－古郎沟北复式复向斜、刘家坪－鹊子林背斜、马坞复式紧闭向斜向的控制	大型铅、锌矿床各1处；中小型铅、锌矿床各1处
14	Ⅲ-28	Ⅲ-28-14A	甘肃省大水金矿勘查区	A	破碎蚀变岩型	Au	赋矿地层：二叠系灰岩、白云质灰岩及依罗系灰质砾岩。控矿岩体及其派生的大量脉岩（忠曲扎扎、忠曲向格尔括合）为NW走向的忠曲、格尔括合三大岩体及其派生的大量脉岩为主的复合构造，是矿的复合构造	大型金矿床1处；中小型金矿床1处

续表

序号	成矿带	编号	名称	级别	主攻类型	主攻矿种	地质条件	预期成果
15	III-28	III-28-15A	甘肃省邓家山－厂坝银铅锌矿勘查区	A	喷流沉积改造型、沉积－改造型	Ag、Pb、Zn	赋矿地层：中泥盆统安家岔组；泥盆系碎屑岩－碳酸盐岩建造。控矿岩脉：厂坝，为厂坝二长斜长花岗岩，为斜长花岗岩脉。控矿构造：厂坝，吴家山背斜，人土山－江洛断裂，黄家山背斜背斜褶皱部的结晶灰岩与千枚岩接触带及东西向断裂构造	大型铅锌矿床1处；中小型铅、锌、银矿床各1处，矿点各2处
16	III-28	III-28-16A	甘肃省大桥金锑矿勘查区	A	微细浸染型、碳酸盐岩中热液型	Au、Sb	赋矿地层：主要为三叠系，其次有泥盆系、石炭系、二叠系、志留系；下三叠统马热松多组。控矿侵入岩：印支－燕山早期的花岗闪长岩、石英闪长岩，辉石闪长岩；控矿构造：Au、北东向和北西向区域性断裂及次级断裂张性边及拐弯处；容矿构造的交汇处及拐弯处	大型金、锑矿床1处；中小型金、锑矿床各1处，铁矿床各2处
17	III-28	III-28-17A	甘肃省头滩子金铁矿勘查区	A	破蚀变岩型、淋滤型	Au、Fe	赋矿地层：上石炭统岷河组，中泥盆统古道岭组，二叠统草乌阔组及上志留统白龙江群十里墩岩组；控矿岩脉：印支期石英闪长脉。控矿构造：近东西向区域断裂带及与北东向、北西向或环状断裂复合部位。草乌阔组碳酸盐岩与板岩顺层张性断裂带	大型金矿1处；中小型金、铁矿床各1处
18	III-28	III-28-18A	甘肃省金家坪金铁锰矿勘查区	A	破碎蚀变岩型、沉积－改造型、淋滤型	Au、Fe、Mn	赋矿地层：锰铁赋存于晚志留统白龙江群乌科组第二、第四岩段的灰岩、硅质岩。控矿构造：近东西向大型逆断层－滑脱断裂及NW、NE向正、逆断裂	大型锰矿床1处；中小型金、铁、锰矿床各1处
19	III-28	III-28-19A	青海省同德县穆黑沟－石藏寺金锑矿勘查区	A	破碎蚀变岩型	Au、Sb	大地构造位于泽库前陆盆地构造单元；地层主要有下－中三叠统隆务河组和中三叠统古浪堤组；区内岩浆活动微弱，只有零星出露的闪长岩体，黑云母斜长石英脉及石英脉产出；区内褶皱紧密，断裂发育，断裂近南北向，北西向	新发现金矿床1处，锑矿床1处，钨矿产地1处
20	III-28	III-28-20B	甘肃省卡加沙格铁硫矿勘查区	B	夕卡岩型、岩浆热液型	Fe、S	赋矿地层：Fe、石炭系巴都组为主的夕卡岩、大理岩，次为二叠系建造。S、与二叠系大关山组碎屑岩夹碳酸盐岩地层有密切关系。控矿侵入岩：Fe、燕山早期中酸性岩体。S、印支期细粒闪长岩体为主要的控矿岩体。控矿构造：Fe、岩浆侵入构造和大理岩同破碎带	中型铁矿床1处；硫矿床各1处
21	III-28	III-28-21B	甘肃省尼克江克铜矿勘查区	B	侵入岩型、夕卡岩型	Fe、Cu	赋矿地层：上泥盆统大草滩群、下石炭统巴都组，燕山期分布于区内的中下二叠统大关山组等岩组。控矿侵入岩：石英闪长岩、花岗闪长斑岩等。控矿构造：多序次断裂交汇系统位为各容矿系统预测区。该矿质地特征同III-28-3卡加沙格Fe、硫综合预测区	中型铜矿床1处；铁、铜矿床各1处

续表

序号	成矿带	编号	名称	级别	主攻类型	主攻矿种	地质条件	预期成果
22	Ⅲ-28	Ⅲ-28-22B	甘肃省温泉-店子林场钼矿勘查区	B	斑岩型	Mo	赋矿地层：下古生界李子园群。控矿侵入岩：加里东期（石英）闪长岩、（斜长）花岗岩、超基性岩；海西期侵入岩；印支期侵入岩。燕山期酸性花岗岩及变基性橄玄岩。控矿构造：李子园-关子镇韧性逆冲剪切带	中型钼矿床1处；矿点1处
23	Ⅲ-28	Ⅲ-28-23B	甘肃省赛日矢银矿勘查区	B	热液型	Ag	赋矿地层：中三叠统光盖山组。控矿侵入岩：区内岩浆活动频繁，为燕山中-晚期，多系脉状产出。控矿构造：临覃-凤县区域大断裂和光盖山-成县区域大断裂大断裂的控制作用使区内形成走向近于东西或近东西向的规模不等的断层破碎带	中型银矿床1处；小型银矿床1处
24	Ⅲ-28	Ⅲ-28-24B	甘肃省鹿儿坝金锑矿勘查区	B	破碎蚀变岩型	Au、Sb	赋矿地层：下泥盆统桥头头组；中三叠统光盖山组。控矿侵入岩：Au，印支期-燕山期的蚀变斜长花岗斑岩脉。Sb，印支期一长石云岩。控矿构造：Au，北西向断裂之次级近东西向断裂及低序次断裂，节理裂隙带。Sb，主要为近东西向一南东东向的断裂构造错动带	中型金矿床1处；小型金、锑矿点各1处，点各2处
25	Ⅲ-28	Ⅲ-28-25B	甘肃省水眼头金锑重晶石矿勘查区	B	微细浸染型、碳酸盐岩中热液型、热液型	Au、Sb、重晶石	赋矿地层：中三叠统光盖山组；泥盆系西汉水群安家岔组。控矿侵入岩：印支晚期花岗闪长岩。赋存于硅化石英细砂岩、粉砂岩断层裂隙和褶曲中。北西西向断裂及裂隙形态为紧密线状向北倾的复杂单斜构造。Au的地质特征同Ⅲ-28-9鹿儿坝Au、Sb预测区	中型金矿床1处；小型金、锑、重晶石矿床各1处
26	Ⅲ-28	Ⅲ-28-26B	甘肃省谭家河砂金矿勘查区	B	砂金型	Au	赋矿地层：第四系全新统冲积层	中型砂金矿1处；砂金矿点2处
27	Ⅲ-28	Ⅲ-28-27B	青海省共和县当家寺铜铅锌多金属矿勘查区	B	夕卡岩型、海相火山沉积型、云英岩型、斑岩型	Pb、Cu、W、Zn	该区黄跨宗务隆山-沟里-冈察陆缘裂谷构造单元和泽库前陆盆地构造单元；中-三叠统隆务河组，地层为下-中三叠统临夏组；岩浆活动主要为中支期闪长岩的侵入；近南北向和北西向小断裂及裂隙发育；已发现2处铜矿点，1处铜铅锌矿点	新发现铜矿床1处、铅锌矿产地1处、钨矿产地1处
28	Ⅲ-28	Ⅲ-28-29A	陕西省勉县-略阳构造蚀变岩混杂带多金属矿勘查区	A	构造蚀变岩型、超基性岩镍硫化物型	Cr、Au、P、Mn、Ni、S、Fe	勘查区出露泥盆系一石炭系略阳组（D₃C₁）的蚀变细碧岩以中-新元古界郭口群火山岩为主，是一套由中酸性海相火山碎屑岩、碎屑凝灰岩夹砂岩、凝灰质板岩、白云岩组成的浅海相细碧角斑岩系	金新增储量20t，镍新增储量20万t
29	Ⅲ-28	Ⅲ-28-30B	甘肃省草门口金矿勘查区	B	砂矿型	Au	赋矿地层：第四系全新统冲积层的现代河流冲积砂砾石。控矿地质：现代河流或河漫滩	中型金矿床1处；小型金矿点各1处

续表

序号	成矿带	编号	名称	级别	主攻类型	主攻矿种	地质条件	预期成果
30	Ⅲ-28	Ⅲ-28-28B	青海省兴海县吉浪滩-泽库县多铅锌银多金属矿勘查区	B	破碎蚀变岩型、夕卡岩型、云英岩型、热液型	Au、Pb、Zn、Sb、Ag	大地构造位于泽库早前陆盆地构造单元；地层主要为下三叠统隆务河组和三叠系古浪堤组。侵入岩有印支期花岗闪长岩体，断裂构造较为发育，为北东向断裂、近东西向断裂、北西向断裂。已发现1处砷矿床，1处金锑矿床，1处金矿床，1处砷锑矿床，1处金矿产地	新发现金矿床1处、铜矿产地1处，铅锌矿床1处、锑矿产地1处，银矿产地1处、钨矿产地1处
31	Ⅲ-63	Ⅲ-63-1A	陕西省小秦岭金矿整装勘查区	A	石英脉型	Au、REE	主要出露地层为太古宇太华群深变质岩系斜长（角闪）片麻岩类、斜长角闪岩类、混合岩类等，近东西向的大华复背斜和矿田南北向条走向断裂断裂（大夫峪-太要断裂）组成该区构造背架。区内岩浆活动频繁，以酸性岩为主，多呈岩枝、岩基状产出，中基性岩次之，碱性岩、岩墙状产出。金元素化系异常发育	金矿新增储量100t
32	Ⅲ-63	Ⅲ-63-2A	陕西省华县金堆镇钼铁多金属矿整装勘查区	A	斑岩型、接触交代型、石英脉型	Mo、W、REE、Fe	出露地层主要为太古宇熊耳群和高山河群，长城系熊耳群圈闭环、蓟县系白术沟组和奥陶系马家沟组、赵老峪组并存；区内主要有燕山晚期花岗岩和奥陶系罗圈组和震旦系有燕罗纪花岗岩和太华杂岩侵入	钼矿新增储量50万t
33	Ⅲ-63	Ⅲ-63-3B	陕西省蓝田县厚镇王山镇一带金矿多金属勘查区	B	构造蚀变岩型	Au、Mo、W、REE	勘查区出露地层主要为太古宇太华群、蓟县系白术沟组，零星出露震旦系罗圈组和赵老峪岩层；区内主要有燕罗纪花岗岩和太华杂岩侵入	新发现金、钼、钨等矿产地3～5处
34	Ⅲ-63	Ⅲ-63-4B	陕西省商州牧护关一带铅锌多金属矿勘查区	B	火山碎屑岩型	Mo、W、Pb、Cu、Zn	勘查区内主要出露地层中元古界，广东坪组（宽坪群），秦岭沟组、铁铜沟组等；零星出露有太华杂岩出露	新发现铅锌、钨、铜矿产地2～3处
35	Ⅲ-63	Ⅲ-63-5C	陕西省洛南县崎头山-蟒岭一带钼铜多金属勘查区	C	热液脉型、夕卡岩型、热液充填型	Mo、W、Pb、Cu、Zn、萤石	区内出露地层主要为中生界，四岔口组（宽坪群）、广东坪组（宽坪群）；有少量中侏罗世二长花岗岩侵入	可供进一步开展普查工作的铅锌、铜、钼等矿种勘查区块3～5处
36	Ⅲ-23	Ⅲ-23-1C	陕西省云台山金矿勘查区	C	构造蚀变岩型	W、Cr、Au、Ni	区内出露地层主要为下古生界二郎坪群（包括庙子江河组、安坪组），晚古生代闪长岩，晚古生代角闪岩	可供进一步开展普查工作的金、镍矿勘查区区块2～3处
37	Ⅲ-23	Ⅲ-23-2C	陕西省商州秦王山钼铜矿勘查区	C	热液脉型	Mo、W、萤石	区内出露有秦岭构造岩浆岩带三叠纪岩体，三叠纪是秦岭构造强烈活动期，花岗岩出露面积大，集中分布在商州以西地区	可供进一步开展普查工作的钼、钨矿等矿种勘查区块2～3处

续表

序号	成矿带	编号	名称	级别	主攻类型	主攻矿种	地质条件	预期成果
38	Ⅲ-23	Ⅲ-23-3C	陕西省商南县铬矿勘查区	C	蛇绿岩型、基性铜镍硫化物型	Cr, Li, Ni	勘查区出露地层有古元界秦岭群、新元古界丹群。侵入岩系及中生界白垩系以北地区，超基性-基性、超基性-中基性岩均有发育，以新元古代形成的基性-中基性杂岩、超基性铁镁岩体和黑云二长花岗岩为主，少量古生代中酸性侵入体	可供进一步开展普查工作的铬、镍等矿勘查代区块2~3处
39	Ⅲ-23	Ⅲ-23-4C	陕西省太白县-周至-户县黑虎嘴一带金铜多金属勘查区	C	构造蚀变岩型、海相火山沉积-改造型、花岗伟晶岩型	Cr, Au, Ni, Cu, Li	区内出露地层主要为中新生界的周家湾组、古生代的二郎坪群、干佑沟组、文家山组、古元古界秦岭群上岩房组、雁岭沟群、郭庄组。主要出露二叠系侵入岩	新发现矿产地
40	Ⅲ-23	Ⅲ-23-5C	陕西省洛南高多山锑矿勘查区	C	碳酸盐岩型热液型	Sb	区内出露地层主要有泥盆系二郎坪群、粉笔沟组并层；古元古界秦岭群（包括上岩坊组、雁岭沟组、郭庄组）。侵入岩有志留纪混合（二长）花岗岩、志留系闪长岩出露	可供进一步工作的锑矿勘查区块1~2处
41	Ⅲ-23	Ⅲ-23-6C	陕西省宁陕广货街-核桃坪钼矿勘查区	C	热液淋滤型	Mo	区内主要出露体罗纪侵入岩、二长花岗岩武岩体、钼矿成矿地质建造为二长花岗岩复杂岩体，区内矿质简单，勘查区范围较小，构造简单	新发现矿产地
42	Ⅲ-23	Ⅲ-23-7C	陕西省凤县龙口镇磷镍矿勘查区	C	岩浆型	P, Ni	区所见地层主要为古生界的丹凤群、罗汉寺群、草滩沟群、大草滩群、舒家坝组及元古宇的秦岭群和少量的中生界东河群	可供进一步开展普查工作的磷、镍等矿勘查代区块1~2处
43	Ⅲ-66	Ⅲ-66-1A	陕西省白地区大白地泥盆系铅锌金矿整装勘查区	A	碳酸盐岩型、热液型	Au, Pb, Cu, Zn, Ag	主要出露中-上泥盆统大枫沟组、古道岭组、星红铺组和九里坪组碎屑岩、碳酸盐岩沉积-热水沉积建造	铅锌新增储量100万t，金新增储量30t
44	Ⅲ-66	Ⅲ-66-2A	陕西省安康北部志留系金矿勘查区	A	构造蚀变岩型、海相沉积型	Au, Pb, Zn, Ag, 重晶石	勘查区主要出露以志留系为主的下古生界深海-浅海相硅质岩、细碎屑岩沉积建造	金新增储量30t
45	Ⅲ-66	Ⅲ-66-3B	陕西省柞水-山阳多金属勘查区	B	沉积-改造型、夕卡岩型	Fe, Cu, Zn, Ag, 重晶石	北部（凤镇山阳断裂以北）出露地层主要为中泥盆统牛耳川组、池沟组和青石垭组，上统下东沟组、桐峪寺组和青石建造。南部（凤镇山阳断裂以南）出露地层主要为上古生界泥盆系、石炭系，泥盆系岩石组合为一套滨海海相细碎屑岩	新发现铅锌、铜等矿产地3~5处

续表

序号	成矿带	编号	名称	级别	主攻类型	主攻矿种	地质条件	预期成果
46	Ⅲ-66	Ⅲ-66-4B	陕西省镇安西部金钼铅锌银多金属矿勘查区	B	沉积改造型、热液型	Au、Mo、Pb、Zn、Ag	地层从中元古界到新生界（缺失白垩系、新近系）均有出露。区域总体构造格局呈近东西向展布，区内断裂构造以区域叠藏-商南、凤镇-山阳叠瓦式构造格局为主体，形成一系列由北向南逆冲的叠瓦式构造格局。它们控制了本区泥盆系的分布，岩浆活动和各类矿床对矿床化的形成有重要的影响	新发现金，铅锌，钼等矿产地4~6处
47	Ⅲ-66	Ⅲ-66-5B	陕西省旬阳北地区部金汞锑矿勘查区	B	微细浸染型、热液型	Au、Pb、Sb、Ag	勘查区内出露石炭系袁家沟组、四峡口组；志留系水洞沟组；泥盆系石家沟组、大枫沟组、古道岭组、星红铺组并层、西岔河组、公馆组、白崖亚组、古道岭组并层、陡山沟组、五峡河组并层	新发现金，锑等矿产地3~5处
48	Ⅲ-66	Ⅲ-66-6B	陕西省旬阳-蜀河金铅锌矿勘查区	B	沉积-改造型	Au、Pb、Zn、Ag	区内主要出露下古生界志留系次稳定性陆缘裂陷盆地-滨海潮坪相沉积建造，上古生界泥盆系-石炭系浅海陆棚相-台地相碎屑岩-碳酸盐岩沉积建造	新发现金，铅锌等矿产地2~4处
49	Ⅲ-66	Ⅲ-66-7B	陕西省紫阳-岚皋铜矿勘查区	B	沉积变质型、岩浆岩型、海相火山岩型、海相沉积型	S、Fe、Cu、重晶石	勘查区内出露有寒旦系-寒武系陡山沱组、灯影组并层、鲁家坪组、箭竹坝组并层、鲁家坪组、毛坝关组；奥陶系高桥组、权河口组并层、白崖亚组、五峡河组并层；侏罗系勉县群（包括堰塘组、龙安沟组、洪水组）	新发现硫，铜矿产地4~6处
50	Ⅲ-66	Ⅲ-66-8C	陕西省周至县板房子一带金矿勘查区	C	构造蚀变岩型	Au、Cu	区内出露地层有侏罗系延安组；石炭系响岩峪寺组、青石亚组、池沟组；泥盆系；古生界二郎坪群等	可供进一步开展普查工作的金，铜等矿种区块2~3处
51	Ⅲ-66	Ⅲ-66-9C	陕西省凤县温江寺-留坝庙台子金铝铅锌矿勘查区	C	沉积改造型	Au、Pb、Zn、Ag、Cr	勘查区主要出露泥盆系，有石家沟组、大枫沟组、古道岭组、星红铺组并层、西岔河组；泥盆-石炭系铁山组、九里坪组、侵入岩有古生代闪长岩、晚古生代闪长岩、英闪岩岩等	可供进一步开展普查工作的金，铅锌，铬等矿种勘查区块3~5处
52	Ⅲ-66	Ⅲ-66-10C	陕西省镇安县铁厂铺一带金锑矿勘查区	C	微细浸染型、碳酸盐岩中沉积改造型	Au、Pb、Sb、Ag、S	勘查区地层从中元古界到新生界（缺失白垩系、新近系）均有出露。金锑矿以含矿层为碎屑岩建造和灰岩建造，有2处小型锑矿床，4处矿（化）点出现，累计探明量为5987t	可供进一步开展普查工作的金，锑等矿种勘查区块2~3处

续表

序号	成矿带	编号	名称	级别	主攻类型	主攻矿种	地质条件	预期成果
53	Ⅲ-66	Ⅲ-66-11C	陕西省山阳银花河地区金铅锌矿勘查区	C	构造蚀变岩型	Au、P、Zn、Ag、Sb	区内地层从中元古界到新生界（缺失白垩系和新近系）均有出露，下寒武系统水沟口组含碳硅泥岩建造是赋金、银、钒、钼矿的主要赋存层位，金、钒性性段为本矿段主要赋存层位，中上泥盆统古道岭组为灰岩中，下岩性段是二台子角砾岩型金矿的含矿层位。区内出现一处小型矿床和2处矿点，累计探明量1862.99kg	可供进一步开展普查工作的金、铅锌等矿种勘查区块2～3处
54	Ⅲ-66	Ⅲ-66-12C	陕西省镇安县青铜关一带铅锌银矿勘查区	C	碳酸盐岩-细碎屑岩型	Zn、Pb、Ag、S	区内出露地层有下寒武统水沟口组、泥盆系上统铁山组；泥盆系统石家沟组、大枫沟组、古道岭组、星红铺组并层；上泥盆系星红铺组并层；石炭系四峡口组、石炭系四峡口组	可供进一步开展普查工作的铅锌、银等矿种勘查区块2～3处
55	Ⅲ-66	Ⅲ-66-13C	陕西省宁陕县桥顶山金钼矿勘查区	C	破碎蚀变岩型	Au、Mo、Zn	勘查区出露地层系西岔河组、公馆并层，石家沟组；大枫沟组、古道岭组、星红铺组并层；有三叠纪花岗岩侵入	可供进一步开展普查工作的金、钼等矿种勘查区块2～3处
56	Ⅲ-66	Ⅲ-66-14C	陕西省安康市汉滨区叶坪镇铅锌矿勘查区	C	碳酸盐岩-细碎屑岩型	Zn	铅锌矿广产于中泥盆统大枫沟组上段含碳泥质灰岩、珊瑚生物灰岩中	可供进一步开展普查工作的铅锌矿勘查区块2～3处
57	Ⅲ-66	Ⅲ-66-15C	陕西省白河县玉皇山银矿勘查区	C	热液型	Ag	勘查区内出露地层有中元古界武当（岩）群杨坪组，震旦系耀岭河群，主要赋矿岩性为石英角斑质凝灰岩、石英角斑岩，部分赋存于变质粉砂岩内	可供进一步开展普查工作的银的勘查区块1～3处
58	Ⅲ-66	Ⅲ-66-16C	陕西省安康市小沟口金矿勘查区	C	沉积再造型	Au	勘查区主要出露奥陶-志留系梅子垭组，志留系斑鸠关组、岩性为深灰色绢云母板岩、含碳绢云母板岩、绿泥绢云英片岩	可供进一步开展普查工作的金的勘查区块1～3处
59	Ⅲ-66	Ⅲ-66-17C	陕西省山阳县扁担山附近铅银矿勘查区	C	沉积改造型	Pb、Ag	勘查区主要出露奥陶系白龙洞组、青白口系耀岭河群；侵入岩早古生代辉绿岩、寒武系灯影组、震旦系岳家坪组，辉绿岩	可供进一步开展普查工作的铅锌银矿勘查区块1～2处
60	Ⅲ-66	Ⅲ-66-18C	陕西省周至县板房子铅锌银矿勘查区	C	碳酸盐岩-细碎屑岩型	Pb、Zn、Ag	勘查区内主要出露中上泥盆统古道岭组、为中厚层状灰岩、含粉砂质绢云母灰岩，赋矿地层为灰岩、礁灰岩，生屑灰岩，含少量钙质千枚岩，含粉砂质绢云千枚岩	可供进一步开展普查工作的金铅锌、银矿等矿种勘查区块2～3处

续表

序号	成矿带	编号	名称	级别	主攻类型	主攻矿种	地质条件	预期成果
61	Ⅲ-66	Ⅲ-66-19C	陕西省栈房一带金矿勘查区	C	破碎蚀变岩型	Au	区内出露地层主要泥盆系青石垭组、池沟组、古道岭组、桐峪寺组；金矿成矿地质建造为桐峪寺组浅变质的浅海-滨海泥质、粉砂质沉积夹碳酸盐岩、碳质沉积	可供进一步开展普查工作的金、矿勘查区块1~3处
62	Ⅲ-29	Ⅲ-29-1A	甘肃省阳坝铜矿勘查区	A	海相火山岩型	Cu	赋矿地层：中基性火山熔岩及凝灰岩夹陆源碎屑岩建造。控矿构造：裂隙式多中心喷发的古火山机构，火山岛弧与弧后盆地交接处	大型铜矿床1处、中小型铜矿床各1处；矿点2处
63	Ⅲ-29	Ⅲ-29-2A	甘肃省阳山一口头金锰重晶石矿勘查区	A	破碎蚀变岩型、沉积-改造型	Au、Mn、重晶石	赋矿地层：下泥盆统桥头组、碧口群秧田坝组、震旦系临江组、寒武系干沟组。控矿构造：碧口群侵入岩长花岗斑岩、中酸性岩脉岩。控矿构造：近北东向大型逆断层带及其派生的次级断层破碎带。北东向压扭性断层破碎带及片理化带、裂隙带中	大型金、锰矿床1处；中小型金、锰、重晶石矿床各1处；矿点各2处
64	Ⅲ-29	Ⅲ-29-3A	甘肃省筏子坝金铜矿勘查区	A	砂矿型、海相火山岩型	Au、Cu	赋矿地层：Au，第四系全新统冲积层的现代河流冲积砂砾石。Cu，火山岩：玄武岩，流纹岩。控矿地质：Au，控矿地貌：现代河流河床、河漫滩。Cu，裂隙式多中心喷发的古火山机构	大型金矿床1处、中小型金、铜矿床各1处
65	Ⅲ-29	Ⅲ-29-4B	陕西省勉略宁地区铁铜镍金矿勘查区	B	超基性岩型、蚀变岩型、沉积变质型、基性火山岩型	Cr、Au、P、Mn、Ni、S、Pb、Cu	区域出露的地层太古宇鱼洞子群、元古宇何家岩群、大安群、碧口群及郭家沟组、东沟坝组、雪花太坪组、断头崖组，上古生界泥盆系荷叶坝组、石炭系略阳组。二叠系吴家坪系	新发现铜、金、镍等矿产地4~6处
66	Ⅲ-73	Ⅲ-73-1C	陕西省镇巴县硫河口硫矿勘查区	C	沉积变质型	S	该预测工作区侵入岩不发育，有寒武-奥陶系牛蹄塘组、石牌组、清虚洞组、西王庙组、娄山关组并层；奥陶系高桥组、权河口组并层，泥盆系铁矿梁组	可供进一步开展普查工作的硫铁矿勘查区块1~3处
67	Ⅲ-73	Ⅲ-73-2C	陕西省镇巴县杨家河一带锰矿勘查区	C	海相沉积型	Mn、Al	区内主要出露地层三叠系须家河组；二叠系梁山组、阳新组并层，吴家岩层，大隆组并层；奥陶新滩组并层，奥陶系大堡组、大湾组、湄潭组并层，南沱组并层，陡山沱组	可供进一步开展普查工作的锰、铝矿矿种勘查区块2~3处
68	Ⅲ-73	Ⅲ-73-3C	陕西省洋县桑溪沟铁矿勘查区	C	岩浆岩体型	Fe	区内主要出露基性岩、岩浆岩系有新元古代辉长岩、辉长-苏长岩、后河杂岩、单斜辉石岩建造。铁矿成矿地质建造为辉长岩建造为辉长苏长岩	可供进一步开展普查工作的铁的矿勘查区块2~3处

续表

序号	成矿带	编号	名称	级别	主攻类型	主攻矿种	地质条件	预期成果
69	Ⅲ-73	Ⅲ-73-4C	陕西省西乡县高家园铺镍矿普查勘查区	C	基性铜-镍硫化物型	Ni	镍矿赋存于晋宁期（中-新元古代）基性杂岩体之中，其岩性主要为辉石苏长岩、中细粒辉斑橄榄苏长岩、角闪辉长岩、中粗粒辉长岩）等	可供进一步开展普查工作的镍矿勘查区块1～3处
70	Ⅲ-73	Ⅲ-73-5C	陕西省镇巴县三元铺铝土矿勘查区	C	沉积型	Al	勘查区出露地层有侏罗系白田坝组；三叠系须家河组、嘉陵江组、雷口坡组、大冶组并层，二叠系吴家坪组、梁山组、阳新组并层	可供进一步开展普查工作的铝土矿勘查区块1～3处
71	Ⅲ-73	Ⅲ-73-6C	陕西省宁强县红庙铅锌矿勘查区	C	碳酸盐岩-细碎屑岩型	Pb、Zn	出露地层较全，从寒武纪-中生代地层都有。铅锌矿含矿层为上震旦系灯影组角砾状白云岩、碎裂状白云岩，层纹状白云岩	可供进一步开展普查工作的铅锌矿勘查区块2～3处
72	Ⅲ-73	Ⅲ-73-7C	陕西省勉县胡家坝-铁厂沟铅锌矿勘查区	C	碳酸盐岩-细碎屑岩型	Pb、Zn	区内出露地层较全，震旦系-三叠系均有发育。含矿地层为上震旦系灯影组白云质灰岩，局部夹硅质团块或缝石条带	可供进一步开展普查工作的铅锌矿勘查区块2～3处
73	Ⅲ-73	Ⅲ-73-8C	陕西省城固县襄城磷锰矿勘查区	C	海相沉积型	P、Mn	区内锰矿（含矿）为震旦系下统陡山陀组，为一套碳质千枚岩-碎屑岩-碳酸盐含锰（磷）建造	可供进一步开展普查工作的锰、磷矿勘查区块2～3处
74	Ⅲ-73	Ⅲ-73-9C	陕西省宁强县干河镇金铅锌多金属矿勘查区	C	海相火山型	Au、Pb、Cu、Zn	勘查区出露地层主要有志留系茂县群上岩组；震旦-寒武系灯影组、南沱组、南沱组并层；震旦系莲沱组（碧口群）。侵入岩主要有晚古生代石英闪长岩	可供进一步开展普查工作的金、铜、铅锌等勘查区块3～5处
75	Ⅲ-73	Ⅲ-29-10B	陕西省南郑二郎坝-朱家坝地区铅锌矿勘查区	B	碳酸盐岩-细碎屑岩型	Pb、Zn	勘查区主要出露震旦-寒武系；侵入岩有早古生代超基性岩、新元古代闪长岩，后河荣岩系等；含矿地层为上震旦统灯影组硅质白云灰岩，局部夹硅质团块或缝石条带	新发现铅锌矿矿产地2～3处

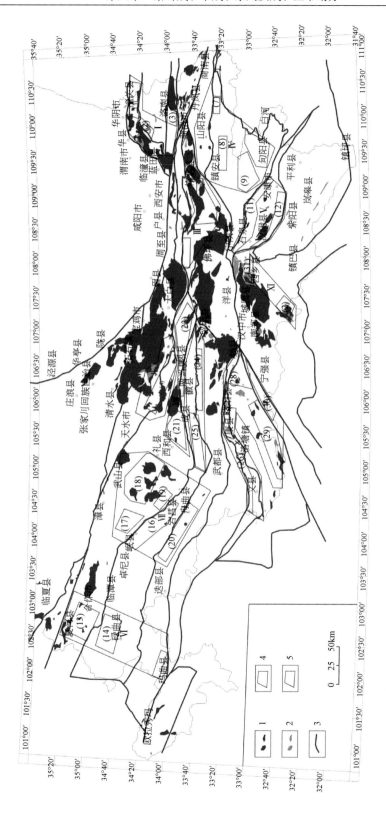

图 6-3　秦岭成矿带成矿区划-成矿远景区-重点勘查区分布图

1.中酸性侵入岩；2.中基性侵入岩；3.成矿区划边界；4.成矿远景区及其编号；5.重点勘查区及其编号

表 6-6　秦岭成矿带重点勘查区一览表

成矿区带	主要成矿远景区	重点勘查区	备注
Ⅲ-63 华北陆块南缘 Fe-Cu-Au-Mo-W-Pb-Zn 铝土矿－硫铁矿－萤石－煤成矿带	潼关－商洛金钼成矿远景区	潼关－华阴金铜铅锌重点勘查区	整装勘查区
		蟒岭岩体西缘钼钨铅铜重点勘查区	
		洛缘－金堆城钼钨金重点勘查区	
Ⅲ-23 北秦岭 Au-Cu-Mo-Sb-石墨－蓝晶石－红柱石－金红石成矿带	天水－唐藏金铜铅锌成矿远景区	柴家庄－庞家河金铜钼钨重点勘查区	备选整装勘查区
Ⅲ-66 南秦岭 Au-Pb-Zn-Fe-Hg-Sb-RM-REE-V-蓝石棉－重晶石成矿带	板房子－旬阳坝－柞水金铅锌钨钼成矿远景区	板房子－王家河金铅锌重点勘查区	
		旬阳坝－柞水钨钼金铅锌重点勘查区	
	山阳－柞水－旬阳金铅锌铜铁银成矿远景区	山阳王家坪－夏家店金钒重点勘查区	
		金龙山－西坡岭金汞锑重点勘查区	备选整装勘查区
		小河－公馆金汞锑重点勘查区	
		旬阳蜀河－长沙沟铜铅锌重点勘查区	
	安康北部金成矿远景区	石泉－汉阴金重点勘查区	整装勘查区
		后柳－石转金金铜重点勘查区	
Ⅲ-28 西秦岭 Pb-Zn-Cu（Fe）-Au-Hg-Sb 成矿带	夏河－玛曲金铜成矿远景区	夏河－合作金铜钨钼砷锑重点勘查区	备选整装勘查区
		碌曲－阿拉金汞锑重点勘查区	
		大水及其外围金重点勘查区	备选整装勘查区
	迭部－武都－礼县铅锌金银铜成矿远景区	临潭－鹿儿坝金汞锑重点勘查区	
		寨上－闾井金铜锑重点勘查区	整装勘查区
		锁龙－李坝金金铀钨铜铅锌重点勘查区	
		代家庄铅锌铜重点勘查区	
		腊子口－舟曲金汞锑铁重点勘查区	
	西成－凤太铅锌金铜成矿远景区	西和－成县铅锌金铜重点勘查区	备选整装勘查区
		徽县－两当铅锌重点勘查区	
		凤县－太白铅锌金铜重点勘查区	备选整装勘查区
	徽县－留坝金汞锑成矿远景	大河店－留坝金汞锑重点勘查区	
		崖湾－大桥金汞锑重点勘查区	整装勘查区
Ⅲ-29 摩天岭－碧口 Cu-Au-Fe-Ni-Mn 成矿带	文康－勉略宁－碧口金铜铅锌成矿远景区	石鸡坝－阳山金重点勘查区	备选整装勘查区
		康县岸门口－铧厂沟金重点勘查区	
		勉略宁三角区金铜铁镍铅锌重点勘查区	备选整装勘查区
		宽川铺－大安金铅锌铜重点勘查区	
		筏子坝－阳坝金铜重点勘查区	
Ⅲ-73 龙门山－大巴山（陆缘拗陷）Fe-Cu-Pb-Zn-Mn-V-P-S-重晶石－铝土矿成矿带	汉南－碑坝金铅锌成矿远景区	马踪滩－白勉峡金重点勘查区	
		马元－白玉铅锌重点勘查区	

表 6-7 秦岭成矿带重点勘查区地质特征简表

序号	勘查区名称	主要地质矿产特征	代表性矿床	主攻矿种及类型
1	潼关 - 华阴金铜铅锌重点勘查区	产于太华群组成的背斜和东西向、北东向断裂交汇部位，成矿与构造及变质、热液作用关系密切，太华群是矿源层，燕山期岩浆活动是主要热动力	潼峪金矿	石英脉型、构造蚀变岩型金矿
2	蟒岭岩体西缘钼钨铅锌铜重点勘查区	位于蟒岭、牧护关花岗岩夹持的宽坪群分布区、成矿与区域性断裂旁侧的次级断裂及花岗岩关系密切	南台钼矿	接触交代型、斑岩型、中温热液型钨钼铅锌矿
3	洛缘 - 金堆城钼钨金重点勘查区	出露地层有中新元古界长城系熊耳群和高山河群、蓟县系官道口群、青白口系栾川群和震旦系。区内燕山期中酸性侵入岩体分布广、数量多，钨钼成矿与小岩体关系密切	金堆城钼矿	斑岩型、夕卡岩型钨钼矿
4	板房子 - 王家河金铅锌重点勘查区	位于商丹构造带，出露地层为秦岭群及二郎坪群，岩浆岩十分发育。金矿化主要产于岩体外接触带韧脆性剪切带中	金牛坪金矿	韧性剪切带型金矿
5	旬阳坝 - 柞水钨钼金铅锌重点勘查区	位于东江口 - 柞水岩体一带，主要出露印支期二长花岗岩基，钨钼成矿与燕山期叠加的 NE 向断裂带密切相关，铅锌成矿与泥盆系有关，金矿主要受断层带控制	桂林沟钼矿	夕卡岩 - 石英脉型钼钨矿，构造蚀变岩型金矿，层控 - 热液型铅锌矿
6	山阳王家坪 - 夏家店金钒重点勘查区	位于山阳盆地大西沟 - 桐木沟一带，出露地层为泥盆系牛耳川组、池沟组、青石垭组、桐峪寺组浅变质细碎屑岩夹碳酸盐岩系，分布有燕山期小岩体群，与成矿关系密切	夏家店金矿	斑岩型、夕卡岩型、热液脉型、构造蚀变岩型金铜铅锌矿
7	金龙山 - 西坡岭金汞锑重点勘查区	位于镇旬盆地金鸡岭复式向斜北翼，赋矿地层主要为泥盆系南羊山组和石炭系袁家沟组，东西向韧性剪切变形构造和北东向、北西向断裂构造为主要控矿构造	金龙山金矿	微细粒浸染型、构造蚀变岩型金矿
8	小河 - 公馆金汞锑重点勘查区	位于镇旬盆地金鸡岭复式向斜南翼，赋矿地层主要为泥盆系南羊山组和石炭系袁家沟组，东西向韧性剪切变形构造和北东向、北西向断裂构造为主要控矿构造	青铜关汞锑矿	微细粒浸染型、构造蚀变岩型金矿
9	旬阳蜀河 - 长沙沟铜铅锌重点勘查区	位于镇旬盆地南部志留系地层分布区，铅锌矿、铜矿既受特定层位控制，又受层间断层控制	泗人沟铅锌矿	层控 - 热液型铅锌、铜矿
10	石泉 - 汉阴金重点勘查区	赋矿地层为志留系梅子垭组含碳绢云母石英片岩建造，北西西向劈理化带构造为控矿构造，印支期花岗岩体与成矿关系密切	黄龙金矿	韧性剪切带型金矿
11	后柳 - 石转金金铜重点勘查区	牛山隆起南坡，基底武当群、耀岭河群与震旦 - 志留系盖层之间以及盖层层间发育众多断裂构造，沿断裂带金异常十分发育		构造蚀变岩型金矿
12	柴家庄 - 庞家河金铜钼钨重点勘查区	位于商丹构造带中，受韧脆性剪切带控制，成矿与热液活动、变质作用、构造运动有关	柴家庄金矿	石英脉型、构造蚀变岩型、微细浸染型金矿

序号	勘查区名称	主要地质矿产特征	代表性矿床	主攻矿种及类型
13	夏河－合作金铜钼钨砷锑重点勘查区	赋矿地层主要为三叠系隆务河群细碎屑岩夹灰岩，构造线呈 NWW 向展布，密集发育燕山期小岩体。金矿化与小岩体、断层关系密切	枣子沟金矿	斑岩型、夕卡岩型、构造蚀变岩型金铜矿
14	碌曲－阿拉金汞锑重点勘查区	位于夏河－岷县、碌曲－成县两条区域性断裂之间，主要出露三叠系隆务河群细碎屑岩夹灰岩，构造线呈 NWW 向展布，有小岩体发育。为西秦岭剥蚀程度较浅地区，有金矿找矿前景		构造蚀变岩型金矿
15	大水及其外围金重点勘查区	位于西倾山隆起带南缘，赋矿地层为二叠系和三叠系碳酸盐岩，印支和燕山期中酸性岩体及其派生的大量脉岩为矿床形成提供了丰富的成矿物质来源，控矿构造为玛曲－略阳断裂、大水弧形构造及其次级断裂	大水金矿	构造蚀变岩型金矿
16	临潭－鹿儿坝金汞锑重点勘查区	位于碌曲－成县逆冲推覆构造带上，成矿受 NW 向夏河－岷县－宕昌断裂及其次级断裂控制，赋矿地层为三叠系光盖山组碎屑岩、碳酸盐岩建造，Au、Sb 异常成带状发育	鹿儿坝金矿	构造蚀变岩型金矿
17	寨上－闾井金铜铅锌重点勘查区	赋矿地层主要为泥盆－二叠系细碎屑岩夹灰岩，为矿源层。岩浆岩不发育，但各类岩枝岩脉较为发育，为成矿提供热源。近 EW 向、NW 向、NE 向断裂发育为赋矿空间	寨上金矿	构造蚀变岩型金矿
18	锁龙－李坝金铀钨铜铅锌重点勘查区	赋矿地层主要为泥盆－二叠系细碎屑岩夹灰岩，为矿源层。岩浆岩发育，以海西晚期—燕山早期之复合花岗岩基为主，形成著名的"五朵金花"花岗岩体群，为成矿提供热源。近 EW 向、NW 向、NE 向断裂发育为赋矿空间	李坝金矿	岩浆热液型金矿、铅锌铜矿
19	代家庄铅锌铜重点勘查区	赋矿地层为泥盆系黄家沟组，铅锌矿受特定地层、岩性控制，同时又有热液改造富集	代家庄铅锌矿	层控-热液型铅锌、铜矿
20	腊子口－舟曲金汞锑铁重点勘查区	玛曲－略阳大断裂带控制区域地质构造发展，白龙江复式背斜两翼发育的次级挤压破碎带及构造裂隙为区内重要的控矿构造，主要赋矿地层为中泥盆统下吾那组浅海陆源碎屑岩－碳酸盐岩沉积建造，岩浆活动不强烈	坪定金矿	微细粒浸染型
21	西和－成县铅锌金铜重点勘查区	泥盆系安家岔组热水沉积岩系为金、铅锌提供矿源，受印支－燕山期中酸性侵入岩的再造或改造富集成矿	厂坝铅锌矿	层控-热液型铅锌、铜矿，构造蚀变岩性金矿
22	徽县－两当铅锌重点勘查区	泥盆系安家岔组热水沉积岩系为金、铅锌提供矿源，受印支－燕山期中酸性侵入岩的再造或改造富集成矿	郭家沟铅锌矿	层控-热液型铅锌矿
23	凤县－太白铅锌金铜重点勘查区	泥盆系古道岭组和星红铺组热水沉积岩系为金、铅锌提供矿源，受印支－燕山期中酸性侵入岩的再造或改造富集成矿	铅硐山铅锌矿	层控-热液型铅锌、铜矿，构造蚀变岩性金矿
24	大河店－留坝金汞锑重点勘查区	出露地层主要为志留系白龙江群和三叠系留凤关群，位于几组构造的交汇部位，岩浆活动发育，特别是岩枝岩脉普遍出露，金汞锑等异常强度高	广金坝金矿	构造蚀变岩型金矿

续表

序号	勘查区名称	主要地质矿产特征	代表性矿床	主攻矿种及类型
25	崖湾－大桥金汞锑重点勘查区	位于碌曲－成县逆冲推覆构造带上，成矿受 NW 向夏河－岷县－宕昌断裂及其次级断裂控制，赋矿地层为三叠纪光盖山组碎屑岩、碳酸盐岩建造，Au、Sb 异常成带状发育	大桥金矿	构造蚀变岩型金矿
26	石鸡坝－阳山金重点勘查区	位于勉略构造带文县－康县段，发育前寒武系—石炭系，金矿主要赋存于泥盆系三河口组中，控矿构造为近北东向大型逆断层及其派生的次级断裂、节理裂隙带，蚀变斜长花岗斑岩脉与矿化可能有一定关系	阳山金矿	构造蚀变岩型金矿
27	康县岸门口－铧厂沟金重点勘查区	位于勉略构造带康县－略阳段，发育前寒武系—石炭系，金矿主要赋存于泥盆系三河口组中，控矿构造为近东西向断层及其派生的次级断裂、节理裂隙带	铧厂沟金矿	构造蚀变岩型金矿
28	勉略宁三角区金铜铁镍铅锌重点勘查区	该区地跨陕甘川三省，为南秦岭造山带南缘和扬子板块北缘之间一特殊的楔形三角块体，地层出露齐全，岩浆活动频繁，构造演化复杂，形成多期多阶段的矿产资源，主要有与太古宇鱼洞子群有关的 BIF 型铁矿、中－新元古代与海底基性火山喷发作用、酸性岩浆侵入活动有关的铜、金、铁、铅锌等矿产等	煎茶岭金镍矿	构造蚀变岩型金矿
29	宽川铺－大安金铅锌铜重点勘查区	夹持于汉江断裂和宽川铺断裂之间的狭长地段。出露地层主要为寒武系、奥陶系、志留系，为一套粉砂岩、千枚岩、白云质灰岩。NE、NW 向次级断裂与金等矿化关系密切，金矿化赋存于沿破碎蚀变带产出的石英脉中	黄泥坪金矿	石英脉－构造蚀变岩型金矿
30	筏子坝－阳坝金铜重点勘查区	赋矿地层为中－新元古界碧口群阳坝组，为一套绿片岩相浅变质沉积岩夹火山岩建造，矿化赋存在喷发旋回晚期变质中基性－基性火山岩层向沉积岩层过渡部位。区内有多条大致平行的区域性韧性剪切带，纵贯碧口隆起。侵入岩较发育，主要为海西早期石英闪长岩基、印支期二长花岗岩、花岗闪长岩株、燕山期酸性脉岩	筏子坝铜矿	火山岩型铜金矿
31	马踪滩－白勉峡金重点勘查区	位于西乡白龙塘－白勉峡近 NW 向断裂带中，金矿主要受该断裂的次级断裂控制	秋树坪金矿	构造蚀变岩型金矿
32	马元－白玉铅锌重点勘查区	位于碑坝隆起周缘，受震旦系灯影组地层控制，铅锌矿赋存于灯影组碎裂白云岩中，层间挤压破碎带是主要控矿构造	马元铅锌矿	MVT 型铅锌矿

第四节　成矿区带成矿背景各论

一、华北成矿省

该成矿省在秦岭成矿带范围中仅包括一个华北陆块南缘（小秦岭）三级成矿带，呈近东西向横亘于陕西、河南两省，长约300km，宽70km，南以铁炉子－栾川断裂为界，与北秦岭成矿带衔接，北以小秦岭山前断裂为界，与汾渭新生代地堑相邻，是一个受隆起发展和深断裂控制的构造岩浆带。基底由中深变质的太华群组成，中生代（主要是燕山期）以来的岩浆活动使得本区活化，形成以金、钼为主的优势矿种，以及铁、铅锌、钨、铀、稀有金属等矿产。

华北陆块南缘（小秦岭）成矿带（Ⅲ-63）位于山西省东部，向东延伸入河南省境内，北以山前断裂为界，南以铁炉子－栾川断裂为界，与北秦岭成矿带衔接，与汾渭新生代地堑相邻。区内以往地质工作程度较高，前人在基础性调查、矿产勘查、调查研究等方面做了深入的工作。区内地层由基底和盖层组成，基底为太古宇太华群片麻岩和古元古界铁铜沟组石英岩，盖层为长城系—寒武－奥陶系，包括中－新元古界熊耳群、高山河群、官道口群、寒武－奥陶系，为稳定型陆表海碎屑岩－碳酸盐岩。从基底到盖层的演化，经历了多次不同规模，不同性质的构造运动。阜平、中条构造－热事件使结晶基底形成并最终固结。加里东运动使本区再度抬升，并长期处于剥蚀状态。印支－燕山期的构造－热事件使地块"活化"，在滨西太平洋构造域的叠加作用下，导致碱性－碳酸岩和中酸性－酸性岩浆岩侵入，伴随着强烈的滑脱及推覆构造活动，形成了本区特有的斜方网格构造格局，成为以金、钼为主的成矿有利地区。

区内构造复杂，表现为一系列近东西向的褶皱、断裂带、挤压片理化带。太华群组成了区内的大型复背斜，轴向总体近东西，在此基础上叠加了北东向的褶皱和断裂。主要断裂有华山山前断裂、金堆城断裂、石门断裂、眉底－灵口街断裂、铁炉子－三要断裂等，以脆韧性为主体。褶皱构造主要有东坪－黄龙铺背斜、金堆城南－路家街－瓦窑沟复向斜、石门背斜、楼村复向斜、陶湾构造过渡带褶皱束。

区内新太古代、元古宙至白垩纪岩浆岩体均可见到，且类型多种多样，岩浆侵入活动主要表现为燕山晚期成带成群分布的花岗斑岩及中酸性小岩株，局部地区尚见有基性岩脉或碱性岩侵入。

重力场特征：重力场具有背景高、起伏大、形态复杂、局部异常丰富的基本特征，总体呈北高南低态势。华县－潼关－洛南地区，重力场明显高于外围地区，重力高反映了古生界和太古宇隆起，重力低反映中酸性侵入岩。洛南县南侧，重力场呈椭圆形重力低，与中酸性侵入岩关系密切。

磁异常特征：航磁异常整体表现为南、北正磁异常带及中东部负磁场区域，异常带由多个磁异常组成，大部分磁异常走向近东西呈椭圆状及串珠带状。分为北部升高的正磁异常带、金堆城－西坡负异常带、坝源－洛源－麻坪街正异常区、洛南－大荆负异常带，在北部异常带升高背景上出现一些局部异常与已知铁岔铁矿、太要铁矿床相对应。

地球化学特征：Au、Mo、Cu、Pb、Zn在地质体中呈强烈富集后生型，且具有多期构造热液叠加的特征。对应的综合异常强度高、规模大，显示主成矿元素特征。

遥感影像特征：小秦岭地区影纹粗大，山势都陡峻，其余地区影纹相对细碎，高差较小。带内断裂、褶皱构造发育，多数形迹清晰。金堆城断裂以北断裂构造不发育，但与花岗岩有关的环形构造发育，形成一系列北东向展布的环形构造带，反映了强烈的岩浆活动。荞麦山－金堆城一带以及荞岭西部地区环形构造发育，推测与深部岩浆活动有关，也是羟基异常带。铁染异常主要分布在大荆－洛南－景村一带，与断裂或洛河冲积带来的冲洪积物有关。

重砂异常特征：金铅锌铜钼矿物异常主要分布于北东向青岗坪大断裂或花岗岩与太华群、熊耳群接触带附近，钨矿物异常主要分布于花岗岩出露区。共圈定 4 个与金、钼、钨、锑、铅锌有关的重砂异常带。

可进一步划分为 2 个次级成矿带。

1. 太华台拱 Au–U–Pb–Fe–W– 石墨蛭石成矿亚带（Ⅳ–63– ①）

该区位于陕豫隆起北部，为一长期隆起区，由太古宇太华群和古元古界铁铜沟组及花岗岩组成。区内花岗岩分布较广，多呈面积较大的岩基，既有太古宙—元古宙的古侵入体（片麻岩套），又有燕山早期的花岗岩体。区内构造复杂，表现为一系列近东西向的褶皱、断裂带、挤压片理化带。太华群组成了区内的大型复背斜，轴向总体近东西，在此基础上叠加了北东向的褶皱和断裂。太华群是陕西境内重要的赋金地层，小秦岭金矿田中几个大中型石英脉型金矿床多分布于太华群的大月坪组之中。区内另一类型的金矿为构造蚀变岩型，如洛南葫芦沟金矿床和蓝田湘子岔金矿床，它们产于断裂带中，呈脉状或脉群平行排列或斜列。小秦岭金成矿物质金、硫、铅、碳等主要来自已成地壳的以幔源物质为主的太华群及其以下地壳，成矿流体是岩浆水、大气降水的多源混合热液。金矿床在成因上应属于中低温重熔岩浆期后热液型金矿，金矿的形成与太华群地层长期变质、变形关系密切。晚燕山期花岗岩的侵入，为金的进一步活化、迁移提供了热动力和负压容矿构造条件，最终导致金的富集成矿。

位于华阴市华阳川的铀铌铅矿床，产于太华群中，受北西向华阳川断裂控制，铀、铌、铅等元素赋存于分布在构造带内的伟晶岩脉、方解石－石英脉、重晶石－石英－方解石脉和方解石脉中，构成以铀、铅为主伴生铌、镉、钡、锶、稀土的大型多元素低品位综合矿床。分布于潼关立峪蛭石矿床和潼关一带的晶质石墨矿床，产于太华群板石山组的深变质岩系中，为变质作用形成的大型矿床。

2. 金堆城 – 楼房村 Mo–Fe–Cu–Pb– 黄铁矿成矿亚带（Ⅳ–63– ②）

该区位于太华台拱之南，为一拗陷区。是华北著名的东秦岭钼矿带的组成部分。出露地层有中新元古界长城系熊耳群和高山河群、蓟县系官道口群、青白口系栾川群和震旦系。区内中生代侵入岩发育，中酸性岩体分布广、数量多。按其产出地质构造环境、产状、规模及成因分为大岩基和小岩体两类，前者如老牛山、华山等岩体，它们可能与黑钨矿成矿有关；后者则成群、成带分布，如金堆城岩体、黑山岩体群（6 个岩体）、木龙沟岩体群（6 个岩体）、永坪岩体、长岭岩体等，具有明显的等距性。这些岩体或岩体群除形成斑岩型钼矿床外，还与铁（木龙沟）、铁铜（黑山）、铜钼（永坪）、钾长石（长岭）等矿产成矿关系密切，洛南石门马家沟钼矿位于区内。

区内金属矿产有金、钼、铁及以铅、锌为主的多金属矿床，其中钼矿为斑岩型矿床，代表性矿床有金堆城、黄龙铺等；金为中低温热液矿床，代表性矿床有桐峪金矿床。东秦岭钼矿形成时代局限于 $221.5 \pm 0.3 \sim 132.4 \pm 2.0 \mathrm{Ma}$，除黄龙铺钼矿形成于 $221.5 \pm 0.3 \mathrm{Ma}$ 外，东秦岭地区的其他钼矿床形成时代集中于 $144.8 \pm 2.1 \sim 132.4 \pm 2.0 \mathrm{Ma}$（李永峰等，2005）。

二、秦岭 – 大别造山带成矿省

该成矿省位于秦祁昆中央山系中东段的陕西南部、甘肃南部和青海东南部地区，是长期分隔中国华北与扬子两大陆块的分界线。经历了太古宙 – 古元古代原始陆核形成、中 – 新元古代原始陆壳裂解与拼合、古生代 – 中三叠世俯冲碰撞、晚三叠世—白垩纪陆内造山、新生代隆升 5 个构造演化阶段，物质组成和结构构造复杂。成矿时代具有多阶段成矿的特点，除新生代没有形成矿产外，从太古代到中生代都有形成，以印支 – 燕山期内生成矿作用为主，形成铁、铜、铅锌、金、银、锑、钨、钼、锰、磷、稀土、重晶石、萤石等矿产。该成矿省可划分为 3 个成矿带和 7 个Ⅳ级矿带。

（一）北秦岭成矿带（Ⅲ-66A）

该带呈近东西向横亘于陕西、甘肃中部地区，北以铁炉子 – 栾川断裂为界，与华北南缘成矿带及山西隆断成矿带衔接，南以商丹断裂为界，与南秦岭相接，包括北秦岭岩浆弧及商丹蛇绿混杂带，断裂及岩浆活动发育。北秦岭活动陆缘，在秦岭群雁岭沟组大理岩中产有与热液有关的锑矿，在宽坪群中产有与火山岩有关的铅锌矿，与火山岩、岩体有关的铁、铜矿；在商丹断裂带中，产有与基性、超基性岩有关的铬铁矿、镍矿、磷矿等，以及与岩浆岩有关的金矿、钼矿、钨矿、萤石矿等。

北秦岭成矿带包括北秦岭岩浆弧及商丹蛇绿混杂带，地层区划属北秦岭地层分区及商丹蛇绿混杂带。北秦岭岩浆弧是在陆内裂谷和陆缘海盆基础上发育而成的。经历了多期构造活动的复杂区，前人将其称为秦岭地轴，区内的主要地（岩）层多为绿片岩相以上的变质级别，层序已经难以恢复。岩浆岩极为发育，主要分布在唐藏 – 太白 – 周至地区。岩体在新元古代—中生代，从超基性—酸性均有出露。区内断裂构造发育，多数具有长期活动的性质，控制着区内的地层展布、沉积盆地的分布以及沉积作用。商丹蛇绿混杂带被认为是华北与扬子两大板块在三叠纪晚期发生强烈叠覆造山作用的主缝合线。带内不同时代、不同成因、不同来源的岩块、岩体以剪切带或断裂为界无序叠置。

重力异常特征：重力场呈东高西低态势，剩余异常呈高低相间的椭圆形异常，推测重力高由元古宇地层引起，重力低主要是中酸性侵入岩的反映。

磁异常特征：该成矿区带航磁异常磁场分区属于秦岭区异常带的太白 – 商州异常带子区；在航磁图上可见串珠状异常和明显的异常分区，在化极图上表现为北部正值和南部负值的分区界线，也是正负磁场的分界，航磁异常与化极异常特征基本一致。

化探异常特征：该成矿带元素含量相对于全区元素背景值而言，Cr、Au、Mo、Sb、Sr、P 相对富集；B 元素相对亏损；其余元素均呈背景型。分布 Au、Ag、Sb、Cu、Pb、Zn、W、Mo、P、Mn、Ba、Cr、Ni、Li、Y 矿种综合异常 123 个。其中 Au、Ag、Cu、Mo、Pb、Sb 异常规模大、强度高，三级浓度分带清楚，这些异常多数是甲类矿致异常。

自然重砂特征：全区共圈定 386 个，其中金矿物 40 个，铅矿物 88 个，铜矿物 55 个，辉钼矿 11 个，辉锑矿 3 个，钨矿物 141 个，萤石 13 个，黄铁矿 20 个，辰砂 14 个，重晶石 1 个。成矿带东部分布有锑矿物、稀有金属矿产或异常，除钨异常外，同时还分布有辉锑矿、稀土异常。

区内矿点、矿化点广泛分布，已知矿种有铜、锌、锰、铁、铅、锑、铬、钼、钨、镍、锂等金属矿产 20 余种；晶质石墨、夕线石、红柱石、磷灰石、透辉石、黄铁矿、萤石及云母、镁橄榄石等非金属矿产 15 种，共发现矿床 40 余处。其中包括分布于李子园－太阳寺一带与中酸性岩浆活动有关的矿床，如大店沟金矿、柴家庄金矿等；与重熔混合岩化有关的花岗伟晶岩型矿床，如丹凤峦庄的白云母矿床；产于商丹结合带中与超基性－基性岩有关的矿床；如金盆铜镍矿、凤县九子沟磷灰石矿床等；分布于商丹板块结合带中构造蚀变岩型金矿，如周至马鞍桥金矿等。

可进一步划分 3 个成矿亚带。

1. 铜峪－东流水 Cu-Pb-Zn 成矿亚带（Ⅳ-23-①）

该区出露的地层为新元古界宽坪群，下古生界草滩沟群—斜峪关群—云架山群—二郎坪群。二郎坪群主要为一套火山－沉积岩系，化石时代为奥陶纪—志留纪（张国伟等，2001）；宽坪群主要由一套变质变形达绿片岩相－低角闪岩相的基性火山岩、碎屑岩和碳酸盐岩组成，形成时代为中－新元古代（986～1753Ma）（张国伟等，2001；何世平等，2007），奥陶系为浅变质碎屑岩、火山岩。区内海西期和印支期花岗岩发育，为铜铅锌矿床的形成和再富集提供了条件。区内矿产以铜、铅锌、金为主。典型矿床为东铜峪海相火山岩型铜矿床。

2. 天水－黄牛铺－太白－首阳山 Au-Cu-Pb-Zn-Mo-W-Sn 红柱石夕线石石墨成矿亚带（Ⅳ-23-②）

该区出露的地层主要为古元古界秦岭群、新元古界丹凤群，以及商丹缝合带板块残片，秦岭群为一套中深变质的火山－沉积岩，丹凤群为一套变质基性火山岩。现有的研究证明丹凤群是位于原商丹板块主缝合带中，遭受多期断裂构造强烈改造，包括不同时代、不同性质、不同来源的构造岩块的构造混杂拼合组合体。研究认为，就是由于它是一个板块俯冲碰撞的蛇绿岩构造混杂带又叠加后期多次断裂构造混杂，使之混杂包容、复合叠加、变质变形构造重新组合而不易区分所致。关于丹凤蛇绿岩的形成时代，在该蛇绿岩带发现放射虫化石（O-S），可以确定该岩体形成于古生代（崔智林等，1995）。与此相关的矿产有基性－超基性岩岩浆型铬铁矿（松树沟）等。苏犁等（2004）对石榴辉石岩利用 SHRIMP 锆石 U-Pb 定年方法得到结果为 501 ± 10Ma，变质辉长岩年龄为 490 ± 10Ma。松树沟岩体在地幔推动作用下上升到岩石圈地幔或下地壳，并赋存于其中一段时间，而后与围岩一起抬升而出露地面，在此过程中岩石经历了变形过程。区内有加里东期、海西期和印支期花岗岩发育，西部天水－板房子一带地层活化强烈，发育大面积的印支期的花岗岩，形成众多的与矿源－再造－富集空间有关的金、铜多金属矿床。东部首阳山一带活化较弱，岩体不发育，金等矿产也较少。与动力变质作用有关的石墨、夕线石、红柱石矿分布于秦岭群中，成矿受沉积建造与区域变质作用控制，矿床类型主要为沉积变质型，寺沟红柱石矿床、庚家河石墨矿床为代表矿床。区内矿产以金、银、铜、铅锌、红柱石、夕线石、石墨、磷为主。区内典型矿床有天水市柴家庄金矿、花石山金矿、碎石子金矿、周至县马鞍桥金矿、金牛坪金矿等。

3. 丹凤 – 商南 Sb–Fe–Cr– 稀有金属 – 白云母 – 石墨成矿亚带（Ⅳ–23– ③）

该区分布古元古界秦岭群、早古生代侵入岩体和花岗伟晶岩脉。秦岭群为一套中深变质杂岩，主体由片麻岩、角闪岩和大理岩组成，变质程度主要为角闪岩相，局部达麻粒岩相，其形成年龄为 2226 ～ 1987Ma（张宗清等，1996），经历新元古代（1000 ～ 800Ma）和早古生代的变质变形（陈丹玲等，2004；张国伟等，2001）。花岗伟晶岩脉侵入秦岭群深变质岩系及片麻状黑云二长花岗岩中，呈脉状及岩墙状产出，与围岩界线清楚。位于商丹断裂以北 – 玉皇庙一带，铁炉子 – 三要断裂以南的三角莆区域内，区内矿产以铜、镍及稀有金属为主，区内矿体与加里东期富水基性杂岩体、花岗伟晶岩脉有关。产有岩浆分异型商南县金盆镍钴铜矿（伴生铂族元素）、花岗伟晶岩型锂矿，在北部商州、丹凤一带有热液型锑矿，如丹凤蔡凹锑矿。

（二）南秦岭成矿带（Ⅲ -66B）

南秦岭成矿带位于武山 – 天水 – 商南 – 丹凤断裂以南，文县 – 玛曲 – 勉 – 略断裂以北，包括佛坪隆起及以东的广大区域，属区内主要的地层分布区。南秦岭成矿带呈东西向横亘于陕西省南部，其所处大地构造单元为秦岭弧盆系之南秦岭弧盆系和南秦岭裂谷带。

构成秦岭造山带大部分的南秦岭造山带是在中 – 新元古代古老基底或隆起的基础上发育起来的中 – 晚古生代裂陷盆地沉积。其间以佛坪隆起分为东西两大沉陷盆地（车自成等，2002），即旬（旬阳）– 镇（镇安）和合作 – 礼县盆地，两盆地均以热水沉积型铅锌、汞锑及金银成矿系列为其主要特征。旬（旬阳）– 镇（镇安）盆地属于南秦岭地区，合作 – 礼县盆地属于西秦岭地区。上古生界属海相陆源碎屑 – 碳酸盐岩建造，由碎屑岩及碳酸盐岩组成，是重要的铅锌、金、汞、锑多金属含矿岩系。该成矿带金属矿产以金、铅锌、汞锑、铁、钒等为主，非金属矿产也较普遍。

1. 柞水 – 山阳 Ag–Fe–Cu–Pb–Zn–Au 成矿亚带（Ⅳ–66– ①）

该区处于商南 – 丹凤断裂与凤镇 – 山阳断裂间，属于南秦岭古生代褶皱带，出露上泥盆统池沟组、青石垭组、下东沟组和下石炭统二峪河组，为一套泥岩、碎屑岩及少量碳酸盐岩沉积的复理石建造，被认为是晚古生代的北秦岭岛弧弧前盆地（王宗起等，2009），盆地产有丰富的金、铅、锌和铜矿床（王瑞廷等，2008）。上泥盆统青石垭组发育三种类型矿床，分别为以银洞子矿床为代表的典型热水喷流沉积改造型银铅锌矿床、以穆家庄矿床为代表的典型热水喷流沉积 – 热液改造型铜矿床（王瑞廷等，2008）和大西沟矿床为代表的海底喷流沉积型铁矿床。区内岩浆侵入活动北强南弱，沿商丹加里东结合带的南侧有大面积的深成重熔花岗岩，主要有柞水岩体、东江口岩体群和晚古生代石英闪长岩。另外，在池沟、土地沟、马阴沟、白沙沟、小河口等地多处发育小岩体，这些岩体与细碎屑岩和碳酸盐岩侵入接触，岩体铜、钼、铁矿化普遍，在小河口形成小型夕卡岩型铜矿床（张本仁等，1989），其余皆为矿点。

区内矿产以铅、锌、银、铜、铁、重晶石、磷为主。该区有大西沟铁矿、柞水银洞子银铅矿、韭菜沟金矿、穆家庄铜矿、小河口铜矿、桐木沟锌矿等。

2. 镇安 – 旬阳 Au–Hg–Sb–Pb–Zn–Cu 成矿亚带（Ⅳ–66– ②）

该区主体是一个受控于武当古陆西缘和南北向同生断裂而发展起来的南北向盆地，即镇（安）旬（阳）盆地，总体为一浅海陆棚区。下古生界的寒武系、奥陶系分布于东段的武当古陆边缘，区内出露地层主要为泥盆系和志留系，是成矿带内分布最广、面积最大的地层。泥盆系平行不整合或超覆于下伏的志留系之上，其上沉积有石炭系、二叠系和三叠系。侵入岩几乎没有较大岩体出露。区内矿产以汞、锑、金、铅、锌为主，并有铁、钼、铜、（白）钨、滑石、石墨、白云母、蓝石棉、金红石、磷等，分别产于不同时代的地层中。主要矿床有：锡铜沟铅锌矿、金龙山金矿床（大型）、西坡岭 – 丁家山汞锑矿床。金龙山金矿产于上泥盆统南羊山组和下石炭统袁家沟组中，赋矿岩石为粉砂岩 – 页岩、页岩 – 碳酸盐岩组成的韵律层，又表明矿体受韧性剪切带控制并伴随有微弱的岩石蚀变（杨永春等，2011）。旬北地区志留系铅锌矿床产于细碎屑岩中，矿体呈层状、似层状及透镜状，与地层整合产出，产状与围岩一致，并与围岩发生同步褶曲。矿石以单锌矿石为主，其次为铅锌混合矿石，单独的铅矿石比较少见。本区铅锌矿床属热水沉积 – 改造成因，成矿金属物质主要来源于盆下基底岩石和地层深部，硫来源于海水硫酸盐还原硫，成矿流体主要为下渗海水。旬北地区志留系铅锌矿的发现使得秦岭地区热水沉积型铅锌含矿层的层位从泥盆系又向下拓展了一个新层位，是秦岭成矿带寻找铅锌矿的一个新的找矿方向，具有巨大的找矿潜力。

3. 紫阳 – 镇坪 Fe–V–Ti–Mo–Ni–Zn– 重晶石 – 石煤成矿亚带（Ⅳ–66– ④）

该区分布有平利变质核杂岩区出露的武当群（Pt_2）及耀岭河群地层，它们组成了本区的构造基底。地层主要是一套早古生代（Z–S）含锰、磷、铅锌、重晶石等沉积矿产的黑色岩系沉积，并广泛发育有加里东期含钛磁铁矿的碱性 – 基性超基性岩墙状侵入体。区内褶皱和断裂发育。以瓦房坝 – 曾家坝断裂为界将区内的矿产分为南北两条矿带。北带为安康 – 平利重晶石成矿带，以沉积型重晶石矿床为主，并有金红石、黄铁矿等，它们大致分布在牛山和平利变质核杂岩区周边的寒武 – 志留系中；南带为紫阳（高桥）– 镇坪（双坪）铁钛（钛磁铁矿）、磷灰石成矿带，以产于基性岩中的钛磁铁矿和磷灰石为主。黑色岩系地层中发现有沉积型钼矿点。

4. 宁陕 – 柞水 Mo–W–Pb–Zn–Au–Cu–Fe– 成矿亚带（Ⅳ–66– ⑤）

本书研究发现区内华阴 – 宁陕 – 汉南一线，是一个重要的构造 – 岩浆 – 成矿转换带。主要依据有：该带中存在多期次岩浆侵入活动，带内主要岩体长轴方向呈 NE 向展布，有的岩体呈 L 形产出，表明带内岩浆侵入和就位主要受 NE 向断裂构造控制，局部受 EW 构造影响，显示可能有控制岩浆活动的深大断裂存在。这与地球物理资料显示该带存在 NE 深大断裂的推断一致。该带近年发现的石英脉型钼矿床的矿体大多呈 NE 向展布，如桂林沟钼、杨木沟钼矿床、月河坪钼矿等。表明 NE 向构造对成矿有明显的控制作用。以该带为界，其西以发育印支期岩体和矿床为主，其东以发育燕山期侵入体和矿床为主，带内二者共存。表明该带可能是印支期以来东西秦岭重要的构造 – 岩浆 – 成矿转换带。据此，以该带为界，新划分了宁陕 – 柞水 Mo–W–Pb–Zn–Au–Cu–Fe– 成矿亚带。

该区出露地层既有陡岭群、耀岭河群基底，又有震旦系—泥盆系盖层，靠近佛坪隆起，变质程度较高。有印支期的花岗岩广泛发育，岩体内及边部发育与印支期岩浆活动有关的钨钼矿床，泥盆系中有热液型铅锌矿、蚀变岩型金矿等矿床分布，近年来的找矿取得了一些新发现，表明该区成矿潜力巨大。

5. 佛坪稀有金属成矿带（Ⅳ-66-⑥）

该区为佛坪隆起区，位于东、西秦岭结合部位，是中央造山系与贺兰-龙门-川滇南北构造带的交接点，以前寒武纪基底岩系穹状出露和大规模印支期岩浆侵入为其主要特征。佛坪地区岩石建造可划分为隆起核部的结晶基底、过渡基底、外围盖层及海西-印支期中-酸性侵入体。结晶基底杂岩主要出露于佛坪县城和其北龙草坪一带，前者主要是一套石榴黑云斜长片麻岩-刚玉黑云钾长片麻岩-斜长角闪岩组合，即佛坪群，后者则为角闪斜长片麻岩-黑云斜长片麻岩组合。盖层岩系为古生代变沉积岩系，从寒武系到石炭系都有不同程度的出露，并呈近东西向展布，主要分布于西岔河以南。该区侵入岩体广泛出露，主要为海西期英云闪长岩（285Ma，Rb-Sr等时线年龄）（朱铭，1995）和印支期二长花岗岩。

6. 武当隆起西缘 Ag-Pb-Zn-Au- 稀有金属 - 黄铁矿 - 石煤 - 重晶石成矿亚带（Ⅳ-66-⑦）

该区为武当隆起区的西部边缘，武当隆起主体位于湖北省，以大面积出露的前寒武纪基底岩系穹状出露，主要为中-新元古界武当群、新元古界耀岭河群，武当群为一套变质火山-沉积岩系，耀岭河群为一套变基性火山岩夹碎屑岩、大理岩。武当隆起西缘夹持于房竹断裂和两郧断裂之间，区内主要是一套早古生代（Z-S）含锰、磷、铅锌、重晶石等沉积矿产的黑色岩系沉积。以及印支-燕山期的热液活化作用，在隆起边部形成银金铅锌矿产。

（三）西秦岭 Pb-Zn-Au-Hg-Sb-Cu（Fe）成矿带（Ⅲ-28）

西秦岭成矿带北西以青海南山-漳县-天水-宝鸡断裂与祁连构造带相连，南部以玛沁-玛曲-迭部-武都-略阳断裂与特提斯喜马拉雅构造域松潘-甘孜构造带毗邻，西至北西向鄂拉山断裂与东昆仑、柴北缘构造带相接，东至成（县）-徽（县）盆地与东秦岭相接（牛翠祎等，2009）。总体为一呈近 EW-NWW 向展布的、自北而南以多层次叠瓦状复合逆冲推覆构造为骨架、向南突出的巨型弧形复合断裂构造带。西秦岭经历了超大陆裂解、秦-祁-昆古大洋形成、俯冲碰撞造山、板内伸展和陆内叠覆造山等多个时期的构造运动变革和复杂的地壳演化历程，构成独特而复杂的岩石圈组成和结构（杨恒书等，1996），是一个典型的碰撞-陆内复合型造山带。西秦岭地区矿产十分丰富，尤以金、铅锌和汞锑矿床著称。

1. 夏河-西和-凤县-黄柏塬 Pb-Zn-Cu（Fe）-Au（Ag）-Mo-Sb-Hg 成矿亚带（Ⅳ-28-①）

该区分布在秦祁结合部位，为南秦岭晚古生代裂陷海槽中的一个次级盆地。出露地层主要为泥盆系、石炭系、二叠系，岩性以碳酸盐岩为主，中夹火山岩、火山碎屑岩、碎屑岩和灰岩、生物礁灰岩、砂板岩及砂岩等。泥盆系为碳酸盐岩-碎屑岩建造，是金、多金属及汞锑等矿产的赋矿岩系。地质构造发育，燕山期、海西期中酸性岩浆岩十分发育，形成大的岩体、岩基、岩群和岩脉。区内矿产以铅、锌、金为主，并有铜、银、锑、钼、铀矿产，矿产主要有热水沉积型铅锌矿和构造蚀变岩型金矿等，代表性矿床有厂坝铅锌矿、八卦庙金矿等。中泥盆统和中石炭统是最主要的铅锌含矿层位。赋存于泥盆系碳酸盐岩中SEDEX型铅锌矿并构成西成矿田,在其西延下拉地-代家庄一带产有窑沟、下拉地、代家庄、半沟等铅锌矿床。在岷礼东部"中川岩体群"外围,赋存有李坝、金山、马泉、锁龙大等金矿床多处;西段有枣子沟大型金床和答浪沟、也赫杰等金矿分布。区内尚产有与印支期—燕山期花岗岩有关的钼、钨、锡、铀矿,热液型铜及多金属矿点(刘建宏等,2006)。

2. 碌曲–岷县–徽县 Au–Sb–Hg–Pb–Zn–Ag–Fe 成矿亚带(Ⅳ–28–②)

该区内出露地层主要为三叠系,为一套浊积碎屑岩。构造线呈NWW向展布,岩浆岩不甚发育,出露一些燕山期小岩体。带内发现的矿产主要是金、锑、汞、铁矿等。该亚带以寒武-奥陶系、泥盆系、三叠系黑色岩系(碳质硅岩、碳质板岩、碳质灰岩)及其过渡性岩石(硅灰泥岩等)中的层控金-锑多金属矿床最为引人注目,如鹿儿坝金锑、甘寨金矿等。与燕山期石英闪长斑岩体有关的矿床有早仁道斑岩型金锑矿床、龙得岗斑岩型铜砷矿。与三叠系碳酸盐建造有关的代表性矿床有:崖湾、大草滩、水眼头、银硐梁等锑矿床,西和大桥微细浸染型金矿床,赋存于三叠系硅质角砾岩中,但成矿与晚期的热液改造关系密切。

3. 玛曲–舟曲–留坝 Au–Fe–Mn–Cu–Sb–Hg–As–Se–磷–硫铁矿成矿亚带(Ⅳ–28–③)

该区北以青海河北-甘肃尕海-扎列卡-官亭镇-成县-徽县断裂带为界,南以莫尔藏阿尼-结格杂干-花草坡-汉王镇区域性大断裂带为界。主要出露地层为下寒武统、志留系、泥盆系、石炭系、二叠系和三叠系。震旦系、寒武系太阳顶群至志留系白龙江群半深海黑色碎屑岩夹硅质岩。寒武系太阳顶群和志留系白龙江群含金背景值较高,是金矿的矿源及赋矿层位。区内NWW向区域断裂发育,沿断裂带零星分布有印支-燕山期中酸性小岩株或岩脉。带内发现的矿产主要是金、铁、锰、铜、磷、硫铁矿等。

金银矿主要产于中泥盆统下吾那组和中三叠统光盖山组和马热松多组的砂板岩、碳酸盐岩建造中,多伴生有砷矿(雄黄、雌黄)锑矿、汞矿。主要集中分布在青稞崖、赛日欠、桑坝沟及黑峪沟-舟曲一带。与碳硅质板岩、硅质板岩及部分脉岩有关的代表性矿床有:坪定、拉尔玛(含铂)微细浸染型金矿床,其突出特点为金汞锑砷共生,表现为低温成矿作用特征,其成矿时代为印支-燕山期。迭部县刀扎金矿产在下志留统砂板岩与中泥盆统古道岭组灰岩接触带的逆冲滑脱断裂构造带上,受构造带控制,属构造蚀变岩型。铁矿成矿类型以淋滤型和沉积型为主。

4. 玛曲(西倾山)Au–Fe 成矿亚带(Ⅳ–28–④)

该区北以莫尔藏阿尼-结格杂干-花草坡-汉王镇区域性大断裂带为界,南以玛沁-玛曲-九寨沟大断裂为界与阿尼玛卿褶皱带毗邻(南昆仑结合带二级构造单元北分界线)。隶属西倾山-南秦岭陆缘裂谷带南部,出露地层主要为上古生界、中生界浅海相碳酸盐岩建造、细碎屑岩建造,赋矿层位主要为中、下三叠统及二叠系。区内总体呈复背斜构造,区域性断裂发育,主要集中在西倾山背斜轴部和大水-忠曲复背斜的南翼,构造线总体呈NWW向。岩浆活动较不发育,以海西-燕山期小侵入体为主。

5. 勉略蛇绿杂岩 Cu–Ni–Au–Fe–Mn–Pb–Zn–P–Cr 成矿亚带(Ⅳ–28–⑤)

该区位于摩天岭地块与南秦岭印支褶皱带相互拼接的混杂地带。与勉略蛇绿混杂岩带相吻合。出露地层有前寒武系(原碧口群)、泥盆系、石炭系、二叠系、三叠系、侏罗系和第四系等。区内岩浆活动较弱，未见较大岩体的分布，以小侵入体为主，有印支期二长花岗岩、花岗岩小岩株产出。

区内矿产以金、铁、锰、磷为主，金矿广泛分布于全区，主要有赋存于碧口群绿岩带中的石英脉型金矿、文-康断裂带及白水-燕子砭断裂带上的构造蚀变岩型金矿，代表性矿床有：阳山、石鸡坝构造蚀变岩型金矿，形成时代为燕山期。铁矿以康县孙家院铁矿为代表，成矿类型属沉积型，形成时代为海西早期。产于上震旦统陡山沱组中的沉积型锰、磷矿床，分布于略阳何家岩、金家河、勉县茶店以及汉中市天台山。与磷矿共生的有含磷岩系中的高磷锰矿（软锰矿、碳酸锰）和整合在含磷岩系之上的厚层状白云岩矿床。与基性岩-超基性岩有关的铬镍（钴、铜）铁、石棉矿床。岩带分布于略阳三岔子—留坝青桥铺，是含铬铁矿，如三岔子、大茅台、峡口驿、舒坪、安子山、蚂蟥沟等。

超基性岩受酸性岩侵入再造有关的煎茶岭镍矿位于勉略构造混杂岩带中偏东段，出露新元古界碧口群绿色变质火山岩和震旦系断头崖组碳酸盐岩建造，新元古代超基性岩侵入其中，其由主岩体和南北两个分支岩体构成。由于后期强烈的构造、岩浆和热液活动，岩体发生了彻底的蚀变，主岩体主要由蛇纹岩、滑镁岩和菱镁岩等蚀变超基性岩组成，其M/F值为 8.45～11.96，属镁质超基性岩（王瑞廷等，2005），矿床受韧性剪切带和花岗斑岩控制。煎茶岭镍矿产于超基性岩体中，已探明矿体均成群、成带聚集在花岗斑岩周围。矿体多呈透镜状产出，产状与 NWW 向韧性剪切带一致。

三、扬子成矿省

扬子成矿省主体位于华南，本书研究范围仅限于扬子地块西北缘，大地构造位置属上扬子地块台缘拗陷区，包括四川盆地北部的汉南-米仓山地区，西部的龙门山造山带和碧口地块，东部的大巴山褶皱冲断带，一同构成位于秦岭造山带和四川盆地稳定克拉通之间的前陆褶皱冲断带，是造山带与盆地的过渡带。

扬子地层区位于玛曲-文县-勉县-略阳缝合带以南区域。元古宇出露有碧口群、铁船山组、刘家坪组和西乡群等。震旦系可进一步划分为陡山沱组和灯影组。陡山沱组下部以碎屑岩为主，上部以碳酸盐岩为主。灯影组主要由中至厚层状白云质灰岩、含硅质白云岩组成。与震旦系有成生联系的矿产为磷、锰、铅、锌及白云岩等。寒武-奥陶系以灰绿色页岩、灰岩、泥质灰岩、碳质页岩为主。志留系划分为下统龙马溪组、崔家沟组、王家湾组，中统宁强群，缺失上统；下统以黑色、黄绿色、灰色页岩为主，夹粉砂岩、细砂岩，中统主要由蓝灰、绿灰色页岩和粉砂岩组成。泥盆系仅在高川小区出露，为灰黑色含黄铁矿石英砂岩、含黄铁矿石英岩或二者互层，夹赤铁矿层。石炭系分布在高川小区，以灰岩、泥质灰岩、白云质灰岩为主。二叠系西部以灰岩、生物碎屑灰岩为主，下部为泥（页）岩、黏土岩，夹煤层及赤铁矿；东部为灰黑色泥岩、泥灰岩，夹石煤。三叠系出露大冶组，为一套泥质碳酸盐岩-膏盐沉积，为石膏矿的主要层位，含煤和赤铁矿结核。

（一）摩天岭 – 碧口 Cu-Au-Fe-Ni-Mn 成矿带（Ⅲ -29）

碧口 – 阳坝（摩天岭隆起）Fe–Au–Ag–Pb–Zn–Cu（Co）–S– 石棉 – 重晶石成矿亚带（Ⅳ–29– ①）

该区地跨陕甘川三省，为南秦岭造山带南缘和扬子板块北缘之间一特殊的楔形三角块体，具长期演化的历史，它以广泛分布前寒武纪变质火山岩为特征。地层可分为基底岩系和沉积盖层岩系两大部分。基底岩系主要由中 - 新元古界碧口群组成，局部为新太古界鱼洞子群及震旦系。碧口群是一个构造 - 岩石地层单位，其中橄榄岩及辉绿岩体、糜棱岩发育，区域变质为绿片岩相。盖层岩系主要为震旦系、泥盆系、石炭系的浅变质沉积岩系。岩浆活动强烈而广泛，不同时代、不同岩性均有产出，主要有超基性岩体、辉绿岩体（脉）、闪长岩体、钠长岩脉、花岗岩体等，普遍产出于基底与盖层之中。区内复杂的地质构造演化，形成多期多阶段的矿产资源，主要有与太古宇鱼洞子群有关的 BIF 型铁矿，中 - 新元古代与海底基性火山喷发作用、酸性岩浆侵入活动有关的铜、金、铁、铅锌等矿产等。

主要有产于古元古界鱼洞子群中基性火山岩中的沉积变质型鱼洞子等铁矿床，该矿床的斜长角闪岩锆石 U-Pb 年龄 $2657\pm9Ma$（秦克令等，1992），磁铁石英岩锆石 U-Pb 年龄 $2645\pm25Ma$（王洪亮等，2011）。锰矿主要有产于下震旦统陡山沱组海相火山喷发沉积 - 陆源碎屑 - 碳酸盐岩中的黎家营海相火山岩型锰矿和产于震旦系陡山沱组浅海陆棚相沉积的细碎屑岩 - 碳酸盐含铁锰建造和临江组滨海台地相富镁碳酸盐建造中的沟岭子海相沉积型锰矿。金银矿床主要集中分布于摩天岭地体的南部的平武 - 青川 - 勉县一带，具层控特点，其矿源来自摩天岭隆起蚀源区（彭大明，2003），如略阳东沟坝铅锌金银矿床、甘肃文县口头坝破碎蚀变岩型金矿、文县碧口砂金矿。与花岗岩类侵入岩有关的铁、铜矿床，主要矿床有略阳铜厂铁铜矿、宁强白崖沟铁矿、略阳柳树坪铁矿等，它们的共同特点是产于花岗岩侵入体外接触带的碳酸盐岩中，围岩有强烈蚀变，以夕卡岩化为主。筏子坝、阳坝海相火山岩型铜矿产于蓟县系中浅变质火山岩和浅变质细碎屑沉积岩夹含铜磁铁石英岩建造中，受裂隙式多中心喷发的古火山机构控制。产于超基性岩中的石棉矿床是本区具有特色的矿种之一，具石棉矿化的超基性岩体较多，主要有煎茶岭、黑木林、王家山、杨家山等，组成一条北东向石棉矿带。

（二）龙门山 – 大巴山（陆缘拗陷）Fe-Cu-Pb-Zn-Mn-V-P-S- 重晶石 – 铝土矿成矿带（Ⅲ -73）

该区位于勉略缝合带以南区域，元古宇出露有铁船山组、刘家坪组和西乡群等。震旦系可进一步划分为陡山沱组和灯影组。陡山沱组下部以碎屑岩为主，上部以碳酸盐岩为主。灯影组主要由中至厚层状白云质灰岩、含硅质白云岩组成。与震旦系有成生联系的矿产为磷、锰、铅、锌及白云岩等。寒武 - 奥陶系以灰绿色页岩、灰岩、泥质灰岩、碳质页岩为主。志留系划分为下统龙马溪组、崔家沟组、王家湾组，中统宁强群，缺失上统；下统以黑色、黄绿色、灰色页岩为主，夹粉砂岩、细砂岩，中统主要由蓝灰、绿灰色页岩和粉砂岩组成。泥盆系仅在高川小区出露，为灰黑色含黄铁矿石英砂岩、含黄铁矿石英岩或二者互层，夹赤铁矿层。石炭系分布在高川小区，以灰岩、泥质灰岩、白云质灰岩为主。二叠系西部以灰岩、生物碎屑灰岩为主，下部为泥（页）岩、黏土岩，夹煤层及赤铁矿；东部为灰黑色泥岩、泥灰岩，夹石煤。三叠系出露大冶组，为一套泥质碳酸盐岩－膏盐沉积，为石膏矿的主要层位，含煤和赤铁矿结核。

1. 宁强－镇巴 Fe–Pb–Zn–Cu–P－石膏－煤成矿亚带（Ⅳ-73-③）

该区内的矿产皆为沉积、沉积改造作用形成，主要有产于上震旦统陡山沱组中的锰、磷矿及下寒武统中的磷矿，如紫阳县屈家山锰矿、西乡司上锰矿、镇巴渔渡坝磷矿、南郑朱家坝磷矿、阳平关磷矿等；产于上震旦统灯影组中的沉积－改造型铅锌矿（南郑马元－白玉、云河－庙坝）；产于上震旦统灯影组与下寒武统底部不整合面上的沉积型钴土矿（南郑九岭子）；产于上泥盆统蟠龙山组中的"宁乡式"铁矿（镇巴观音堂、西乡毛垭子）；产于上泥盆统三岔沟组中的黄铁矿（镇巴兴隆场、西乡五里坝）；产于下二叠统茅口组中的海泡石－蒙脱石黏土矿（宁强关口垭）；产于二叠系中的铝土矿和耐火黏土（西乡峡口）；产于三叠系中的石膏矿（西乡瓦刀子及镇巴南部）；产于上三叠统须家河组和下侏罗统中的菱铁矿和煤矿（镇巴响洞子）；产于古近系和新近系—第四系中的膨润土矿床（洋县、西乡）。

2. 青川－宽川铺 Au–Cu–Pb–Zn 成矿亚带（Ⅳ-73-②）

该区处于扬子板块西北缘，勉略宁三角区的南部，夹持于汉江断裂和宽川铺断裂之间的狭长地段。出露地层主要为寒武系、奥陶系、志留系，为一套粉砂岩、千枚岩、白云质灰岩。已发现赋存有金、铅锌、铜等多金属矿产。区内主构造线呈近 EW 向展布，次级断裂构造较为发育，其中 NE、NW 向断裂与金等矿化关系密切。区内岩浆岩不发育，在各地层中见石英脉，沿破碎蚀变带石英脉极其发育，多具铁染，较大的石英脉及其下盘蚀变岩有金矿化。

据陕西省核工业地质局二一四大队近期工作，在该区宁强县黄泥坪新发现小型金矿床，该金矿受控于"三横一纵"的"丰"字形构造，三横即发育于寒武系、奥陶系、志留系近 EW 向层间挤压破碎带中的三条金矿化带，一纵即以汉树沟平移断层为代表的 SN 向断裂金矿化带。金矿化赋存于断层破碎带中的石英脉或蚀变岩中。目前在黄泥坪－南沙沟地区依照"三横一纵"模型新发现多处矿化体，整个矿带东西达 50km，通过勘查，有望找到中大型金矿床。

第五节　秦岭成矿带主要矿种资源潜力分析

根据陕西省和甘肃省矿产资源潜力评价项目预测成果，本书对秦岭成矿带主攻矿种（金、铅锌、钨钼、铜）的预测结果进行了综合整理。仅秦岭成矿带金、铅锌、钨、钼、铜等主攻矿种 67 个预测区预测资源量结果（表 6-8）显示，这些矿种的资源量巨大，且目前探明资源量（除钨外）仅占预测资源量 1/10，就这些围绕已知矿床的预测区尚有很大的资源量提升空间，大型－超大型矿床深边部及其外围仍然是探求新增资源量的主要空间。

表 6-8　秦岭成矿带主要优势矿种资源量预测表

矿种及计量单位	陕西				甘肃				合计			
	评价区数量	3341	3342	3343	评价区数量	3341	3342	3343	评价区数量	3341	3342	3343
金 /kg	11	1929695	739927	55809	18	1458667	766146	1709946	29	3388362	1506073	2265755
锌*/t	8	13545200	514400	37380200	5	40908300	5460200	3248000	13	55453500	5972100	40628200
铅*/t		2365000	77800	5360700		9024100	112400	664500		11389100	1202200	6025200
铜 /t	7	954702	627459	312909	2	431600	52200	44800	9	1386302	679659	357709
钼 /t	6	185485	324692	1295290	4	501307		98691	10	686792	324692	1393981
钨 /t	2	35032		115979	4	455	794	409	6	35487	794	116388

* 新增资源量

近年来，随着勘查程度、认识水平的不断提高，在上述 67 个预测区之外，找矿新成果不断涌现：如龙门山构造带大安岩体外围黄泥坪中型金矿等的发现，显示该区资源潜力较大；中酸性岩体中弱异常区丰富的东沟金矿、碎石子金矿等，有一定潜力；西成－凤太（洛坝以东）郭家沟铅锌矿已经探求资源量 300 万 t，其东延潜力巨大；由于潜力评价对陕西宁陕－柞水－镇安钨钼多金属矿找矿远景区和甘肃教场坝－碌碡坝钨钼金多金属找矿远景区未涉及，预测资源量明显偏低。近年来的工作显示其中均有大中型钨矿（东阳、月河、雪坪沟等）产出，秦岭钨矿预测资源量可能会突破 50 万 t。这些成果显示秦岭成矿带金、铅锌、钨、钼、铜等主攻矿种尚有巨大的找矿空间。

第七章 关键地区区域成岩成矿作用解剖

第一节 选区及依据

在综合研究基础上，本书优选陕西镇安宁陕交界的杨泗地区作为关键地区进行1：5万解剖性区域地质矿产调查。选择依据如下：

（1）调查区地处蓝田－宁陕北东向构造岩浆岩带与东西向构造岩浆岩带的交汇部位，区内古元古代—泥盆纪的地层发育较齐全、印支－燕山期岩浆岩分布广泛、多期次活动的北西向构造与北东向构造交织发育，成矿背景良好，具有形成大中型矿集区的条件，资源潜力巨大，被称为"第二个金堆城"，目前已经被设置为陕西省省级整装勘查区。

（2）区内的胭脂坝岩体、四海坪岩体大规模出露与围岩接触带产出了月河坪、大西沟、深潭沟、杨泗、东阳、棋盘沟等钼（钨）矿床。显示这些岩体的接触带为钼（钨）矿的主要控矿因素。

（3）区域上北东向构造岩浆作用的构造控制明显。现有的研究成果显示，大致以蓝田－宁陕北东向构造岩浆岩带为界，该带以西，受控于东西向构造岩浆岩带的印支期花岗岩极其发育（245～210Ma），该岩带以东则以燕山期花岗岩为主体，而该岩带内的花岗岩的成岩时代，以往资料认为以燕山期为主，但目前越来越多的成果表明其中存在印支期的年龄时段，如一直被认为是侏罗纪形成的老牛山岩体，近来的详细调查研究表明，实为一个由晚三叠世（印支期，227±1～207.9±0.7Ma）岩枝、岩株和晚侏罗世（燕山期，152±1～146±1Ma）主岩体构成的复式杂岩体，本调查区内的胭脂坝岩体也为一既有印支期也有燕山期岩浆活动的复式岩体，由此看来该构造岩浆岩带是一复杂的构造岩浆岩带，它既有印支期造山作用的痕迹，也有燕山构造作用表征，能否将蓝田－宁陕北东向构造带的成生时期追溯到印支期，那么该带的岩浆作用的构造属性及其控制因素就值得深入探讨。选择胭脂坝岩体及其相邻的懒板凳、四海坪等岩体发育的地区进行解剖调查，不仅对深入了解该构造岩浆岩带的岩浆作用控制因素具有重要意义，而且对秦岭成矿带内其他北东向构造岩浆岩带的构造岩浆作用的研究具有借鉴意义，有利于提升秦岭成矿带陆内造山作用的构造环境、时间界限、岩浆作用特征等方面的认识。

（4）控矿花岗质岩浆作用特征及其演化。以往的花岗岩锆石U-Pb同位素测年资料显示，蓝田－宁陕北东向构造岩浆岩带的花岗岩类的成岩年龄大致可主要划分为227～210Ma和160～146Ma两个时段，而200～170Ma时段的岩体少有出露。227～210Ma和160～146Ma两个时段分别代表了印支期和燕山期的主体岩浆活动作用时代，而200～170Ma时段则被多数人认为是秦岭成矿带岩浆活动的间歇期。但近年来已有不少有关胭脂坝及其周缘岩体的同位素测年成果，发现一批 207～180Ma 的花岗岩类成岩年龄（张宗清等，2003；骆金诚，2010；Dong et al.，2012），显示了蓝田－宁陕北东向构造岩浆岩带的花岗岩类的成岩除了 227～210Ma、160～146Ma 两个重要时段以外，仍然存在早侏罗世早期的岩浆活动（207～180Ma）。本书对秦岭成矿带内花岗岩年代学研究的最新成果综合分析表明，在 200～180Ma 时段形成的花岗岩类在东江口、柞水、老牛山、蟒岭以及西秦岭"五朵金花"岩体群、甘南玛曲一带的岩体中都有出现。这一期次的岩浆活动与秦岭成矿带陆内叠覆造山作用密切相关。本书的研究表明胭脂坝岩体的岩性组合、矿物组合特征和主量、微量、稀土等地球化学特征都与典型的板块构造体制下形成的花岗岩如华阳、五龙、东江口等有明显的区别。前人研究认为胭脂坝岩体 Sr-Nd-Pb 等同位素特征及 Nd 模式年龄均显示其与耀岭河群古老岩系有一定的亲缘性，其岩浆源自耀岭河群的重熔。但也有其他研究成果提出陡岭群、武当群为其源岩的不同观点。杨泗地区发育陡岭群、耀岭河群等古老基底岩系。所以，对杨泗地区进一步的工作可以对 200～180Ma 这一期次岩浆活动物质源区有一个更深层次的认识。同时对该地区与岩浆作用有关钼矿床的成矿年龄测定显示，成矿也多在 190Ma 左右，反映该区燕山初期存在一期钼（钨）多金属成矿作用，为秦岭成矿带东段燕山期存在多期钼（钨）多金属成矿作用提供了证据。

（5）1：50 万重力异常显示：胭脂坝岩体与四海坪岩体之间为重力低异常，初步推断其间广大范围可能存在隐伏岩体，胭脂坝岩体与四海坪岩体可能为该隐伏岩体的 2 个岩枝。其间广大的浅埋藏岩体区有可能为寻找隐伏的接触交代型钼（钨）矿提供了找矿空间（图 7-1）。

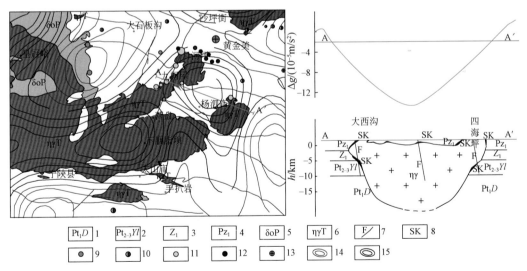

图 7-1　胭脂坝－四海坪重力异常图及其正演推断剖面图

1.陡岭群；2.耀岭河群；3.下震旦统；4.下古生界；5.石英闪长岩；6.二长花岗岩；7.断裂构造；8.夕卡岩、角岩；9.铜矿床（点）；10.铅锌矿床（点）；11.钼矿床（点）；12.钨矿床（点）；13.金矿床（点）；14.重力等值线（＋）；15.重力等值线（－）

（6）1：20 万地球化学图（Na$_2$O、Bi、Th 等）显示，在腰竹岭－杨泗一带约 30km^2

地层区范围具有和岩体接触带相似的地球化学分布特征，可能是隐伏岩体成分叠加的反映。1∶20万化探异常图（W、Mo等）显示，除已知矿床外，沿岩体接触带具有W、Mo等原始组合异常，可见，出露的岩体接触带上仍然需要进一步的调查。

（7）近年来，华北地块南缘钨钼金多金属矿成矿带找矿工作进展较大，特别是钨矿的找矿具有较大突破，对该区控矿条件的细致解剖，为找矿突破及面上相似区域调查评价提供示范。

第二节　区域成矿地质背景

一、区域地质背景

本区位于南秦岭造山带印支期滑脱－推覆带与燕山期滨太平洋陆内造山带滨西太平洋大陆边缘活动带宁陕－柞水北东向构造岩浆带交汇的构造结部位。地层区划属华南地层大区东秦岭－大别山地层区迭部－旬阳地层分区天竺山地层小区，区内分布的岩浆岩属五龙－胭脂坝构造岩浆岩带。

区内出露中－新元古界褶皱基底岩系（包括元古宇陡岭群、耀岭河群、小磨岭杂岩）和震旦系—中三叠统沉积盖层（包括震旦系陡山沱组、灯影组，寒武系水沟口组、寒武－奥陶系石瓮子组，奥陶系白龙洞组、两岔口组，志留系大贵坪组、梅子垭组，泥盆系大枫沟组、古道岭组、星红铺组及九里坪组、牛耳川组、池沟组、青石垭组及桐峪寺组）。沉积盖层岩性主要为一套浅变质的碳酸盐岩、碎屑岩组合。

区域构造线方向总体为北西西向。构造变形强烈，褶皱断裂发育。区内岩石主要遭受了三期构造变形。第一期发生于主造山期前，属伸展体制下顺层剪切、固态流变构造变形；第二期发生于印支主造山期，属挤压体制下逆冲推覆构造变形，总体构造线方向北西西向；第三期发生于燕山期陆内造山阶段，属挤压体制下逆冲推覆、剪切走滑构造变形，构造线方向北北东，具逆时针扭动。

侵入岩发育，主要发育于海西期、印支期、燕山期，其中以印支期为主。空间上主要分布于宁陕县城一带和江口一带，分别构成宁陕岩体群和江口岩体群。主要为似斑状黑云二长花岗岩及少量钾长花岗岩。岩石化学成分属铝过饱和型，属钙碱性系列，具高硅、富碱特征。脉岩极为发育，主要有花岗细晶岩脉、花岗闪长岩脉、花岗伟晶岩脉及二云母钾长花岗岩脉、钾长岩脉等。脉体规模一般宽1～5m，长数十米，规模最大者宽20～30m，长大于100m；杂乱分布于岩体及围岩中，有时见伟晶岩脉沿几组节理呈网脉状分布。区内钼矿化与脉岩关系密切。

区域地层均遭受不同程度变质，发育不同类型的变质岩，以区域变质岩为主，遍及全区；动力变质岩与区内不同层次、不同规模和性质的断裂带相伴；接触变质岩沿侵入体周围分布，形成宽窄不等的接触变质带。

二、区域地球物理、地球化学特征

区域上，由南东至北西布格异常总体有由强变弱的变化趋势，西北部江口-沙坪一带和南西部月和坪存在一个重力低值区，与区域岩浆岩分布极其吻合，很好地反映了北部江口岩体、小磨岭岩体和南部懒板凳岩枝、四海坪岩体的分布特征。

各地质单元统计结果表明，Au 元素在韧性剪切带中呈极强富集型、极强变异型、极强叠加型分布；Pb、Zn、Cu、Ag 元素在寒武-奥陶系石瓮子组中呈极强富集型、极强变异型、极强叠加型分布；Mo、W 元素在印支期中酸性侵入岩体的内外接触带中呈极强富集型、极强变异型、极强叠加型分布。

1：20 万化探扫面资料显示：金异常大致沿凤镇-山阳断裂呈北西向分布在工作区中部，铜银铅锌异常主要分布在工作区北部三川成矿带上，钼钨异常主要分布在宁陕岩体、东江口岩体内外接触带部位。1：5 万化探扫面资料显示：在宁陕岩体和东江口岩体内外接触带部位，钨钼异常分带特征明显，沿发财沟-黄金美-小竹山沟呈北东向展布。钨钼异常大致沿冷水沟-碾子沟-小竹山沟呈东西向展布，反映了本区北西向与北东向构造叠加特征。金异常主要沿冷水沟-沙坪街-太白庙一线呈北东向分布，向东异常范围扩大，以金为主的各元素异常套合好、强度高、规模大。

三、区域矿产特征

区域上矿产较丰富，矿（化）点较多；主要矿产为钨钼、金、铅锌等。矿化类型主要有三种。一是产于印支期岩体中或边部的钨钼矿，主要受岩体内外接触带，以及 NE 向构造石英脉控制。区域钼矿成矿地质建造为二长花岗岩复式岩体和上震旦统灯影组白云质碳酸盐岩，已发现宁陕县新铺钼矿、镇安桂林沟钼矿、宁陕县月河坪钼矿等多处矿床。近来在东阳-月河台一带钨矿找矿取得突破，在石瓮子组碳酸盐岩地层中发现热液脉型钨矿，受 NNE 向断裂控制，在矿体深部发现隐伏的酸性侵入岩，矿体呈似层状，规模大，品位高，30 条矿体共探获钨资源量约 8 万 t，2015 年陕西省地质调查院在月河台一带钻探验证，发现厚大钨矿体；二是产于泥盆纪中的金矿，一般受小岩体（岩脉）及 EW 和 NE 向叠加构造控制，如太白庙金矿；三是泥盆系中的铅锌矿，主要受层位、岩性及叠加改造富集控制。区内铅锌矿产于中泥盆统大枫沟组上段含碳泥质灰岩、珊瑚生物灰岩中，成矿主要受走向与地层一致、倾向相反的挤压破碎带控制，区内出现宁陕县小川西沟铅锌矿、镇安东川朱家沟铅锌矿床（点）。

第三节　调查区地质特征

一、地层

依据陕西省综合地层区划，本区属华南地层大区南秦岭-大别山地层区迭部-旬阳分区天竺山地层小区。依据路线调查和实测剖面测制，结合前人 1 ：20 万东江口幅和 1 ：5 万栗扎坪幅区域地质调查成果资料，可以大致将测区地层划分为 2 个构造岩石地层单元（元古宇陡岭群、耀岭河群）和 9 个地层单元（震旦系陡山沱组、震旦系灯影组、寒武系水沟口组、寒武-奥陶系石瓮子组、志留系大贵坪组、泥盆系石家沟组、泥盆系大枫沟组、泥盆系古道岭组以及第四系）。

陡岭群（Pt$_1$D）：主要呈构造岩片状近东西向分布于杨泗-王家屋场一带和吊楼沟到毛栗树凹一带，向西可延展到九间屋一带。其岩性主要为一套黑云石英片岩、阳起石英片岩、二云母石英片岩，岩石中普遍含有十字石和石榴子石等变质矿物，颜色灰色-灰白色调。岩石具变余糜棱结构，片状构造，长英质等浅色矿物常见"眼球状"构造，"S"形构造及"δ"构造，反映其早期曾经历右行剪切构造变形作用。片理产状主体倾向南，倾角陡倾，在 75°～88°，沿甘岔河道所见其中石英脉发育，与片理斜交的、垂直的和与片理近平行的均有发育，沿片理方向发育的石英脉塑性变形明显。其与耀岭河群呈构造接触（图 7-2）。初步原岩恢复显示，其主要为一套以长石石英砂岩为主的陆源沉积泥质碎屑岩系。

图 7-2　陡岭群及其与耀岭河群的接触关系（D082 地质点）

据 1 ：25 万镇安幅资料，陡岭群同位素测年获得 1878±256Ma，2096～2440Ma，1840±10～2020±13Ma（U-Pb）（张宗清等，1996），陕西地质勘查局 1996 年在 1 ：5 万栗扎坪幅区调工作中对响潭沟陡岭群含十字石石榴子石二云斜长石英片岩的 Sm-Nd 测年获得 2121Ma 的数据，将陡岭群划归为古元古代。本次工作采用前人划分法，将其时代划归古元古代。

陡岭群主要为古元古代结晶基底杂岩系。原岩以陆源碎屑岩、泥质岩为主夹火山岩。综合研究证明陡岭群与秦岭群岩石组合和年代可以对比。但地球化学示踪显示两者有显著差别（张本仁等，1996；张宏飞等，1996），而且陡岭群与秦岭群都有类似于扬子地区的高 Pb 同位素比值特征，显示同属扬子地区，但前者低于后者，又表明两者之间也有差别（张国伟等，2001）。在构造归属上，陡岭群变质杂岩应属于南秦岭内部的一个块体。

耀岭河群（Pt$_3$Yl）：呈强烈变形的构造岩片近东西向分布于杨泗镇一带，与陡岭群呈构造接触。耀岭河群岩性以变质中-基性火山岩为主加硅质岩条带和细碎屑岩，色调为灰绿色。主要岩性为绿泥阳起片岩、钠长绿帘阳起片岩、硅质岩及长英质片岩等。耀岭河群岩石普遍糜棱岩化（图7-3），早期发育顺层掩卧褶皱和顺层轴面劈理（S_1），在083地质点见晚期叠加直立的向型褶皱，褶皱轴面总体走向80°，伴生稀疏的轴面劈理（S_2）。该点耀岭河群叠褶厚度约35m，在083点被晚期北东20°断裂断错。断裂东沿东西向河道伴随陡岭群呈构造岩片延伸约120m。

图7-3 耀岭河群岩石的褶皱变形特征

1：5万旬阳坝幅（陕西区域地质矿产研究院1996年资料）在本区获Sm-Nd全岩模式年龄1287Ma，东邻地区获Rb-Sr等时年龄1058±48Ma（李靠社，1990），依据同位素测年资料，可将其划为新元古代。

以上变质构造-岩石地层单元构成测区内变质基底，向西断续与佛坪杂岩体相连，向东与小磨岭火山杂岩（变质中性-中酸性火山岩、火山熔岩）对应，从而构成区域东西向的元古宙古陆隆起的一部分。

震旦系主要出露晚震旦世地层。

陡山沱组（Z_1d）：呈条带状岩片分布于杨泗以西到懒板凳一带，岩性为灰黄色中薄层状长石石英变粒岩。未见与灯影组的直接接触关系，与下伏的变质基底呈断层接触。

灯影组（Z_2dy）：沿桂林沟脑和李家坪一带，向东、向西呈带状分布于测区中北部。岩性主要为青灰色和灰白色的中层-中薄层硅质白云质灰岩或白云岩。该地层总体低倾角向北倾，在局部地段构成以水口沟组地层为核心的向形褶皱构造。

早古生代地层主要有下寒武统水口沟组、寒武-奥陶系石瓮子组和下志留统大贵坪组。

水口沟组（ϵs）：主要沿李家坪、漆树凹一带山梁分布，近东西向展布。厚度5～5m，长约1.9km，此外在西部九间屋西有零星分布。该组平行不整合或以断层与灯影组接触，与上覆石瓮子组呈整合接触。该组主要岩性为深灰-黑色碳质、硅质板岩，夹碳质片岩，在漆树凹沟脑一带夹少量含碳白云岩及含碳细晶灰岩等。该地层富含钒、硫铁矿，在李家坪及大橡沟脑一带见有钒矿化。该地层具有深水还原环境下低速沉积的特征，为海侵期和最大海泛期全球缺氧事件下的远洋深水沉积。

石瓮子组（$\epsilon\text{-}Os$）：分布在图区中部古山礅-木王林场北西西向一带和北部一带，

呈近东西向和北西西向不规则带状展布。岩性以浅灰-灰色中-厚层状白云质大理岩、浅灰白色厚层-块状中-细粒白云岩等为主,局部地段白云岩中见细粒黄铁矿呈星点状或微层带状产出。

　　该套地层在测区出露面积较大,厚度较大,产状总体南倾,局部向北倾,倾角一般在70°以上,受后期构造作用影响,岩层节理、劈理发育,多处呈碎裂块状。该岩层总体反映了高水位碳酸盐台地生成-暴露的沉积过程及相对海平面由深变浅的沉积特征。区域上,该地层富含铜、铅、锌、铁,部分富集成矿。图 7-4 和图 7-5 分别显示了发育节理和劈理化强烈的白云岩地表现象。

图 7-4　节理发育的石瓮子白云岩　　　　图 7-5　强烈劈理化的石瓮子白云岩

　　大贵坪组（S_1d）：主要沿北西西向分布于古山磴到四海坪一带,向东沿四海坪岩体西南缘延伸到文家街,西部被胭脂坝岩体侵位。大贵坪组主要由一套碳质的泥质细碎屑岩、碳酸盐岩和碳硅质岩组成,主要岩性为深灰-黑色碳质硅质岩、碳质绢云母千枚岩夹薄层灰质大理岩等,局部夹白云岩层。大贵坪组与石瓮子组白云岩呈不整合或断层接触,与石家沟组呈断层接触,在黄龙沟、杨泗庙等地的断层接触部位常见大贵坪组白云岩石的溶蚀现象,如钙华、岩溶洞等,并有岩溶泉水溢出。在与二长花岗岩岩体接触部位见有硅化、角岩化现象。在木王林场场部到四海坪一带,由于受构造作用影响,岩层糜棱岩化、片理化现象强烈（图 7-6）,片理产状呈直立状,倾向多向南倾,多在 170°～190° 变化,局部倾向北。

图 7-6　四海坪大贵坪组碳硅质岩及碳质千枚岩

晚古生代地层主要为中泥盆世浅变质地层。

石家沟组（D₂s）： 呈北西西向分布于测区中部。主要由镁质碳酸盐岩和薄层泥质及泥质细碎屑岩组成。主要岩性为灰白色薄－中层到厚层的白云岩、条带状大理岩、含白云母大理岩，夹薄层浅变质长石石英细砂岩和千枚岩。由于受到构造作用，岩层层间紧闭褶皱发育，碳酸盐岩条带塑性变形发育，依据小构造现象判断，沿木王到杨泗一线，地层发生自南而北的逆掩推覆，局部岩层发生倒转。此外局部地段大理岩和白云岩受热变质作用影响，透闪石化强烈。石家沟组的岩性及其变形现象见图7-7。

(a)条带状大理岩　　　　　　　(b)岩层的褶皱变形(D029地质点)

(c)白云岩　　　　　　　(d)透闪石化白云石大理岩

图 7-7　石家沟组的岩性及其变形现象

大枫沟组（D₂d）： 主要呈北西西向分布于测区南部的古山蹬到四海坪一带，此外测区中部沿断裂带呈近东西向断续分布于腰竹岭到凉风岩一带，向东在黄石板桂林沟口仍可见及。该地层主要由一套含泥质的细碎屑岩组成，下部为浅灰（绿）色中薄层（绢云母）粉砂岩，中部以浅灰白色中厚层状长英质角岩，夹（互）浅灰绿色中厚层状石英细砂岩为主，局部夹中厚层状粉砂岩；上部为浅灰色厚－块状石英细粉砂岩，局部夹浅紫灰色泥质薄层粉砂岩。大枫沟组主要岩性如图7-8（a）、（b）所示。

大枫沟组与其上的古道岭组呈整合接触，受后期构造作用，沿界面发生滑移而呈构造接触，五郎沟路线考察该套地层呈东西向背形褶皱，褶皱向西倾伏。该地层沉积环境为滨岸－三角洲相，水动力条件较强，物源丰富，沉积物较远，近源混合型，成分、结构、成熟度均较低。

(a)茨沟大枫沟组千糜状变长石石英砂岩

(b)韧性变形的大枫沟组变长石石英砂岩

(c)大枫沟组背形褶皱

(d)大枫沟组与古道岭组的接触界线

图 7-8　大枫沟组岩性及形变现象

　　古道岭组（Dgd）：分布于测区南部，呈北西西向带状展布，整合于大枫沟组之上，在茨沟与大贵坪组呈断层接触。其主要岩性可划分为两段，下段为青灰－灰色薄－中、厚层条带状白云质大理岩、厚层状大理岩段以及上段的白色厚层状细晶白云岩段。甘沟古道岭组白色厚层白云岩为测区主要的建材矿产地，西部东平沟一带古道岭组白云质大理岩也是滑石矿产的产出地层。在甘沟可见古道岭地层与胭脂坝岩体呈断层接触，且硅化、角岩化（图 7-9）。

(a)古道岭组与岩体分界

(b)青灰色薄层条带状大理岩

(c)白色厚层细粒白云岩　　　　　　　　　(d)含黄铁矿化白云岩

图 7-9　古道岭组岩性及其与岩体的接触特征

第四系（Q）：主要为沿河道分布的全新世的河流冲、洪积物。局部地段发育坡积物。由于测区内地表径流多呈近东西向和北北东向，因此第四系地层也呈现网状分布特征。

二、岩浆岩

测区内主要出露胭脂坝岩体以及四海坪岩体。据 1∶5 万区域地质调查研究，本区岩浆侵入先后依次可划分为小水河单元（细粒黑云母二长花岗岩）、田湾单元（中细粒黑云母二长花岗岩）、鹰嘴石单元（似斑状中粗粒黑云母二长花岗岩）和九间屋单元（似斑状中粗粒黑云母钾长花岗岩）。其中田湾单元和鹰嘴石单元为测区内主要单元，九间屋单元主要呈岩枝或岩株侵位于上述各单元内。其次区内发育伟晶岩脉、花岗岩脉以及石英岩脉等。

1. 岩石特征

四海坪岩体属鹰嘴石单元，岩体形态呈北东向展布的近似菱形椭圆状，图内出露面积约 25km²。岩体周缘以不规则形式侵位于陡岭群、寒武－奥陶系石瓮子组以及泥盆系大枫沟组和石家沟组浅变质地层中。岩性以浅灰色黑云母二长花岗岩为主，按粒度可划分为中粗粒似斑状黑云母二长花岗岩和中粒黑云母二长花岗岩等，在与围岩接触的内接触带可局部分布有细粒黑云母二长花岗岩及细粒花岗岩，沿其北部边缘岩枝、岩脉发育，岩体内部有后期的花岗岩脉、伟晶岩脉穿切。

四海坪岩体北部主体岩性为中粗粒黑云母二长花岗岩，向边缘钾长石含量有逐渐增高趋势，相变为中粗粒似斑状多钾黑云母二长花岗岩（或称钾长花岗岩）。但未观察到二者之间的侵入关系（图 7-10）。然而在黑云母钾长花岗岩相带却观察到花岗质伟晶岩脉呈345°方向，低倾角侵入其中的先后侵入关系（如 124 地质点观察现象），此外还见到细粒正长岩脉沿裂隙贯入。

该处石家沟组地层主要由灰白色薄－中层到厚层的白云岩、条带状大理岩、含白云母大理岩，夹薄层浅变质长石石英细砂岩和千枚岩等组成，在岩体与石家沟组接触部位，围岩常见硅化、角岩化现象，且花岗岩细脉和石英碳酸岩细脉发育。围岩地层岩性受岩浆活

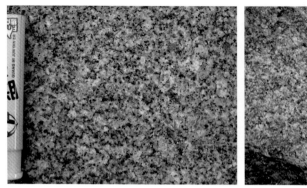 

(a)黑云母二长花岗岩相　　　　　　　　　　(b)多钾黑云母二长花岗岩相

图 7-10　四海坪岩体北部边缘的多钾二长花岗岩相

动作用影响，原岩泥质细碎屑岩变质为绢云母石英片岩。受后期构造影响，接触带附近岩石劈片理化强烈。

此外，在临近泗海坪岩体约 500m 范围内，发育有多条花岗岩脉和石英脉穿插侵入围岩地层，构成岩脉密集分布带。脉体走向主要为北东 20°～60° 方向，次为北西 310°～330° 方向，并有一定的蚀变。花岗岩枝多呈浅灰白色调，细粒花岗结构，与主岩明显不同的是其中黑云母含量较低（5% 左右），石英含量 20%～25%，长石总量大于 65%，为黑云母花岗岩。其中一条花岗岩枝宽 2m，呈 190° 方向延伸达 50 余米，然后西段变为 300° 方向延伸达十余米，总体呈反 "S" 形态产出。同时沿河道也有岩株出露，岩性为粗粒多钾黑云母二长花岗岩，而且粗粒多钾黑云母二长花岗岩内还发育有晚期的正长岩细脉贯入。该岩枝南北总体宽达 35m，受后期构造影响，与围岩接触处多为断层滑移。花岗岩枝的露头及其岩性和结构构造如图 7-11 所示。

(a)　　　　　　　　　　　　　　　(b)

图 7-11　黄石板附近发育的花岗岩枝（a）及其岩性和结构构造（b）

图 7-12 为侵入云母石英片岩中的花岗岩脉形态及其分布方位野外素描。显示岩脉沿北西西方向和北西—北北西方向呈锯齿状的侵入分布状况。

对财神庙-杨泗剖面详细观察统计，除了发育在张家坪和黄龙沟口东一带较大的两个花岗岩脉体以外，沿剖面观察到花岗岩脉、伟晶岩脉以及石英脉有 18 条之多，其宽度在

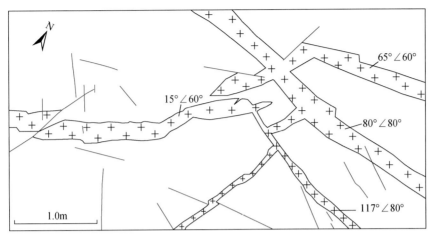

图 7-12　四海坪岩体北缘侵位于围岩的花岗岩脉（D338 地质点）

2m 到十几厘米之间，且成群分布。其展布方位有北北东向（10°～20°）、北东向（40°～60°）、北西西向（280°～290°）和北西向（310°～330°）等（图 7-13），其中优势方位为北西向和北东向两组。初步的应力分析显示出区域近南北向构造应力场特征，且近东西向构造具有逆时针滑移所形成的张性力学性质，而北东向一组则显示张扭性特征，北西向构造则表现为压扭性特征。与杨泗主岩体侵位成岩所显示的区域构造应力场特征一致。脉体岩性也逐渐随与杨泗岩体距离的远近而有所变化，由近到远逐渐从以花岗岩脉为主变化为以石英脉为主，脉体规模也相应变小，脉体方向有以北东、北北东向为主向以北西向为主的变化趋势。这种趋势在大橡沟以及漆树凹沟剖面也有表现。区内桂林沟钼矿的产出主要与离岩体较远部位发育的石英脉有关。

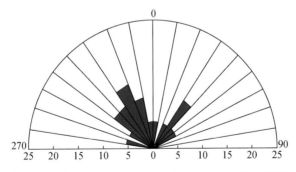

图 7-13　张家坪一线花岗岩脉、石英脉走向分布趋势图

　　胭脂坝岩体测区主要出露胭脂坝岩体北部岩相，岩体在大西沟到月河坪一带呈北东向岩枝延伸（也将其称为懒板凳岩枝）。对穿越切岩体的剖面调查研究表明，胭脂坝岩体主岩性为灰白色黑云母二长花岗岩（鹰嘴石单元），向边部逐渐变化为中粗粒似斑状黑云母二长花岗岩。局部偶见闪长质包体，包体与寄主岩石界线不清晰。岩体边界呈不规则枝权状与围岩接触，在茨沟剖面可见到围岩地层呈巨型块体被岩体包裹，围岩块体边界发育不同程度的接触热蚀变现象。受后期构造作用，岩体与围岩多表现为断层接触。岩体接触带发育，内接触带为浅色蚀变花岗岩及细晶花岗岩，带宽窄不一，路线观察为 10～39m，

外接触带地层多为硅化、夕卡岩化和角岩化，宽度在数米到20m不等，夕卡岩中可见有黄铁矿化，表面多已褐铁矿化。外接触带内常见有浅色细晶花岗岩脉侵入，宽度一般在几十厘米到几米，并伴随有石英脉侵入。北沟剖面所见胭脂坝岩体与泥盆系大枫沟组长石石英细碎屑岩接触带的强烈硅化现象，而距接触面不远处，即发育宽度约4m的细晶花岗岩脉侵入围岩之现象。因此，胭脂坝主岩体北部岩性从内向外存在中粒黑云母二长花岗岩—中－粗粒似斑状黑云母二长花岗岩—浅色细晶黑云母（二长）花岗岩的变化趋势。

在茨沟见到黑云母钾长花岗岩枝（九间屋单元）侵入黑云母二长花岗岩主岩体，宽度为25m，整体呈北西西向展布，与主岩为侵入关系。该岩石呈肉红色调，粗粒状花岗结构、似斑状结构，块状构造，目估钾长石含量大于55%（钾长花岗岩枝地表出露形态及其岩性如图7-14所示）。

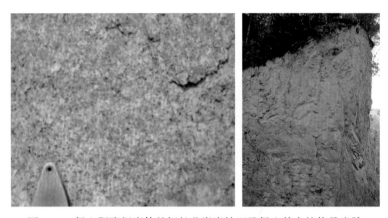

图7-14　侵入胭脂坝岩体的钾长花岗岩枝以及侵入其内的伟晶岩脉

受后期构造作用影响，岩石破碎强烈，裂隙发育，沿裂隙还见有钾质细脉贯入，钾质细脉宽度一般在厘米级之间变化。该钾长花岗岩枝岩性与作者在西部大西沟所观察到的侵入月河坪岩体的钾长花岗岩相同，均为继二长花岗岩主岩体侵位后的另一期岩浆活动的产物。1：5万栗扎坪幅将该岩枝归入九间屋单元，并依据同位素测年资料（140Ma、177Ma）划为侏罗纪。但依据作者对大西沟附近所采集的钾长花岗岩的锆石LA-ICP-MS的同位素测年资料，其峰值年龄为227Ma和180Ma，推断该期钾长花岗岩的成岩时代为早侏罗世早期。

岩体中常见有伟晶岩脉侵入。D040地质点所见具有代表性，该点伟晶岩脉发育，倾向为20°～65°，倾角在30°～65°，其中20°∠30°一组脉壁相对不平整，延伸相对较长，且有追踪其他方向裂隙充填特征，而45°～65°倾向的一组则相对平直、稳定，倾角在54°～66°，反映了各自充填的裂隙性质存在一定的差异。它们均遭受到后期近东西向剪切构造裂隙的切割破坏，逆时针切错脉体。其间关系如图7-15所示。此外，在五郎沟剖面见到侵入古道岭组薄层大理岩中的黑云母花岗岩脉，该岩脉具有追踪其他方向充填贯入特征，总体呈锯齿状沿北东65°～75°方向延伸，高角度截切地层。反映了北东50°～60°裂隙的张扭性力学性质特征（图7-16）。在黄石板等几处地方见到侵入古道岭组和石家沟组地层的浅色花岗岩脉，其长石含量大于65%，石英25%～30%，黑云母5%

左右，细粒－中粒花岗结构。花岗岩脉宽度在几十厘米到几米等，延伸一般较长，黄石板所见的花岗岩枝宽约 2m，延伸超过 50m，围岩均发生一定程度的硅化现象。

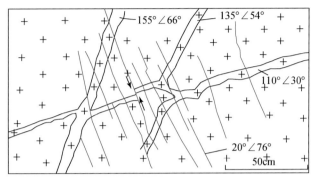

图 7-15　胭脂坝岩体内伟晶岩脉及其与裂隙关系素描

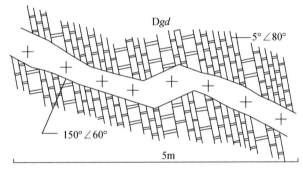

图 7-16　侵入古道岭组薄层大理岩中的细晶黑云母花岗岩

2. 岩浆侵位顺序及成岩时代

测区发育中粒黑云二长花岗岩、中－粗粒似斑状黑云母二长花岗岩、黑云母钾长（多钾）花岗岩，以及广泛发育的中细粒黑云母花岗岩脉，伟晶花岗岩脉、正长花岗岩脉、正长岩脉以及石英脉等。依据各类岩浆侵入体之间的相互切割关系，其岩浆活动顺序大致可划分为黑云母二长花岗岩（主体）—钾长花岗岩类及其相关岩浆热液活动（石英脉、中－细粒黑云母花岗岩脉等）—后期岩脉侵入（正长岩脉、花岗岩脉和石英脉等），其中前人对胭脂坝岩体的主体岩相黑云母二长花岗岩经同位素测年表明为 210Ma 左右，由此测区内其他岩石单元均不早于晚三叠世。

目前已有不少有关胭脂坝及其周缘岩体的同位素测年成果（表 7-1），结合本书对四海坪岩枝、月河坪岩枝的测试结果综合分析研究，认为 200 ～ 180Ma 的年龄值应为胭脂坝黑云母钾长花岗岩的成岩时代，而 220 ～ 227Ma 的锆石则可能是被俘获的较早岩浆活动阶段形成的岩浆锆石，代表了胭脂坝岩体早期阶段的岩浆侵入成岩过程。对采自大橡沟－桂林沟一带的伟晶状花岗岩脉的锆石 U-Pb 年龄分析表明，尽管年龄数据比较凌乱，但剔除误差较大的数据，仍能显示出其优势年龄在 173 ～ 204Ma。结合前人对该岩体南端二长花岗岩的锆石 U-Pb 年龄测定获得的 210.8Ma 的测年数据以及胭脂坝岩体有吞蚀老城岩体现象等综合分析，说明胭脂坝岩体是秦岭成矿带燕山期早期岩浆活动的典型代表，是由板块构造体制向板内造山构造体制转换时期的岩浆活动产物，进一步证实胭脂坝岩体岩浆是先沿东西向构造由西而东侵入，而后在燕山早期又沿北东向构造由南而北逐步上侵最终定位。

表 7-1　胭脂坝岩体同位素测年数据表

岩体名称	采样位置	样品定名	测试方法	测试结果 /Ma	资料来源
胭脂坝岩体	宁陕县城东	二长花岗岩	U-Pb 锆石 SHRIMP	210±5.0	Jiang et al.，2010
	月河坪	黑云母花岗岩	U-Pb 锆石 LA-ICP-MS	199.6±4.1	骆金诚等，2010
	火地塘	黑云母二长花岗岩	黑云母 $^{40}Ar/^{39}Ar$	184.88±0.88	张宗清等，2006
	108°25.611′E，33°18.864′N	黑云母花岗岩	U-Pb 锆石 LA-ICP-MS	201.6±1.2	Dong et al.，2011
	懒板凳	黑云母二长花岗岩	U-Pb 锆石 LA-ICP-MS	172.8±2.8	陕西省地质调查院成果交流
	四海坪	黑云母二长花岗岩	U-Pb 锆石 LA-ICP-MS	168.11±0.46	
	大西沟	黑云母钾长花岗岩	U-Pb 锆石 LA-ICP-MS	197±14	本书

3. 岩浆活动的构造控制作用

岩体：从胭脂坝、月河坪和四海坪岩体的形态和展布特征看，它们均沿着北东方向延伸，特别是月河坪岩枝呈不规则状的边界形态沿北东向展布，这反映了岩体侵位时的北东方向存在偏张性条件的透入性构造空间。岩体的磁组构测定研究显示（图 3-32），胭脂坝岩体的北东延伸部分，磁面理主要是向西、西南或者北西倾，与岩体边界基本一致，可能暗示该岩体存在一个北东向的线状岩浆上升侵位区域，岩体的岩浆中心都位于岩体的西部，岩浆扩展具有由西向东流动趋势（陶威等，2014），这也进一步印证了本区岩浆活动受东西向构造和北东向构造控制，自西向东沿东西向断裂构造上侵定位，而后继续顺北东向构造空间侵位冷却成岩。

岩枝、岩脉：区内广泛发育的花岗岩枝和岩脉是本区晚期岩浆活动的证据，据岩枝、岩脉的产出状态分析，可了解当时控岩构造特征及其所反映的应力场特征。

D044 地质点为四海坪岩体西南边缘内部的岩体岩脉控制观察点。其主体岩性为似斑状中粒黑云母二长花岗岩。该点发育密集分布的花岗岩脉和伟晶岩脉。侵入的岩脉体计有四组方向，各组岩脉体形态、规模、脉体密度等均有较明显的差异。图 7-17 分别显示了 30°～45° 和 75°～80° 方向组脉体形态特征。

对大约 10m² 范围内的脉体测量统计，其脉体展布趋势如图 7-18（a）所示。玫瑰图清楚地显示出该地质点的脉体主体分布趋势为北东 15°～25° 和 35°～45°。

各组脉体特征：①北东 60°～75° 组。不发育，但脉体相对较宽，一般在 15～30cm，脉体形态呈波状延伸，脉体内可见到菱形的主岩碎块包体，包体大小不等。反映该组脉体充填在张性构造空间。脉体岩性为粗粒正长花岗岩。②南北向组。所测面积范围内仅见 1 条。脉体相对较为平直，脉宽度相对稳定，在 10～15cm。与北东 80° 组近于垂直。③北

(a)北东30°~45°方向组脉体形态　　　　　　　(b)北东15°~80°方向组脉体形态

图 7-17　D044 地质点脉体形态

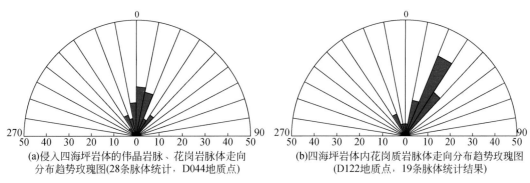

(a)侵入四海坪岩体的伟晶岩脉、花岗岩脉体走向　　　(b)四海坪岩体内花岗质岩脉体走向分布趋势玫瑰图
分布趋势玫瑰图(28条脉体统计，D044地质点)　　　　(D122地质点，19条脉体统计结果)

图 7-18　侵入四海坪主岩体的花岗岩脉走向玫瑰图（D044 地质点和 D122 地质点）

东 15°～30° 组。发育，脉体宽度变化较大，一般在 5～25cm，脉壁相对规则，较为平直。该组方向的细脉体主要为石英岩，较宽大的脉体主要为细晶岩和正长花岗岩。该组脉体切割了其他脉体组，石英细脉局部可见有右行雁列现象，反映该组方向的裂隙具有左行扭动力学性质。④ 40°～45° 组。最发育，在 5m 范围内发育 11 条，即平均 2 条/m，一般在 5～25cm。该方向裂隙具扭张特征，主要为黑云母正长花岗岩和伟晶岩。

在 D122 点所见侵入岩体的岩脉产状与 044 点基本相似［图 7-18（b）］。该点存在两组方向的岩脉，即 20°～30° 和 350°～10° 方向，其中 20°～30° 方向占优势，总体显示了北东 20°～40° 方向的延伸。

在对两点岩脉产状的赤平极射极点等密图投点基础上，进行优势产状提取并进行空间引力场分析，显示了该两个地质点脉岩是处于相似的构造应力场条件下，二者的空间应力场方向分别如下：σ_1 为 6°，σ_2 为 272°，σ_3 为 96°；σ_1 为 14°，σ_2 为 10°，σ_3 为 284°，即最大主压应力方向为北东 5°～15°，主张应力方向为 96°～105°（图 3-33）。

在对测区内胭脂坝岩体和四海坪岩体实地考察基础上，对岩体就位的构造解析分析研究，表明其岩浆侵位具有沿东西向和北东向断裂复合控制特点。印支末期，本区在南北向大规模挤压碰撞造山作用下，沿着佛坪古老地块隆起东西两侧张应力构造部位，岩浆上侵，并在东侧形成西岔河、五龙、老城等岩浆岩单元，此后随着东西向构造发生逆时针的剪切滑移，使得该区发育了一系列北东向张扭性断裂，花岗质岩浆在两组断裂交汇处上侵，首先沿东西向断裂侵入,形成胭脂坝南部二长花岗岩,而后岩浆沿北东向张扭性断裂由南往北上侵就位,最终形成具有追踪特征的胭脂坝岩体和四海坪岩体及月河坪岩枝。岩体定位后,在南北向挤压构造应力场的持续作用下,继续沿以北东向断裂为主体的构造空间上侵贯入形成广泛发育的花岗岩脉、热液脉,并发生硅化、钾化,从而构成现今胭脂坝岩体形态。岩体侵位构造解析如图 3-34 所示。

4. 岩体的侵入深度和剥蚀程度

侵入深度:从其呈大的复式深成岩体、岩石的粒状结构、似斑状结构以及发育的各种花岗质岩脉等综合分析,其侵入深度为中带。

剥蚀程度:从侵入体与围岩呈不规则枝杈状侵入接触,侵入体内发育有较大规模的围岩捕房体及顶垂体,各单元间呈脉动式接触,接触面呈极不规则状,晚期单元的侵入体一般面积较小等综合推断,其剥蚀程度较浅。

依据实地调查在四海坪与月河坪岩枝之间的古生代地层覆盖区大量发育花岗岩脉、伟晶状花岗岩岩脉,并在桂林沟口、杨泗等处见有透闪石化大理岩热蚀变岩石,结合本测区恰好位于重力低区段判断,在四海坪和月河坪岩枝之间的深部存在埋藏深度较浅的隐伏岩体。

5. 花岗岩成因

胭脂坝母岩体、月河坪、四海坪岩枝的主微量及稀土元素特征分析结果显示,它们岩性组成相同或相近,都具有富硅、铝、碱等,亏损 B、Nb、Ta、Zr、P、Ti 等高场强元素,同时也亏损 LREE,轻重稀土分异不明显,REE 配分模式平坦等共同特征。它们三者在 Zr/Hf、Sr/Eu、Y/Ho、Eu*/Eu 等指示岩浆源区的地球化学组合特征方面都具有很相近的数值,而只是岩浆分异程度高低不同,晚阶段(180～200Ma)岩石单元相比较早阶段(210～217Ma)的岩石单元有更高的岩浆分异程度。综合上述结果显示测区三个岩体来源于同一岩浆源区的概率极大。岩浆物质来源于下地壳物质的熔融,属地壳重熔花岗岩。本区花岗岩地球化学特征如图 7-19 所示。

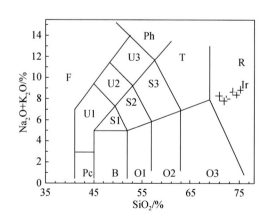
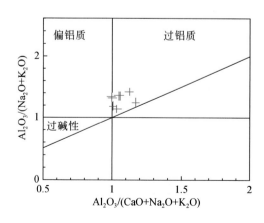

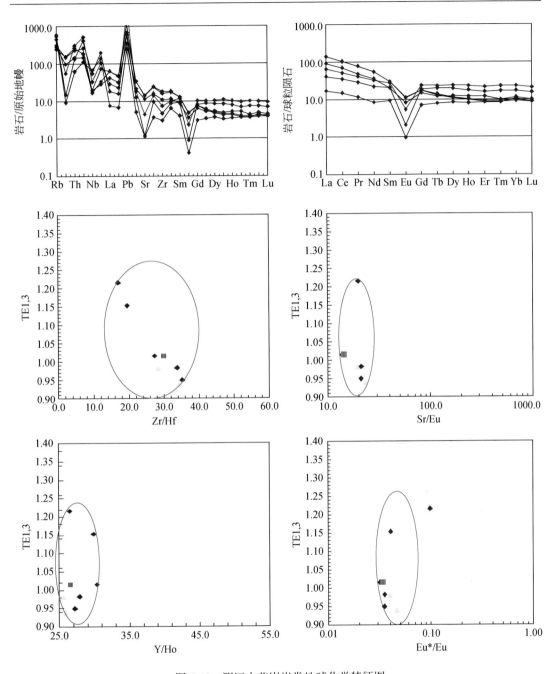

图 7-19 测区内花岗岩类地球化学特征图

三、构造特征

测区大地构造位置位于扬子板块北部被动大陆边缘的南秦岭前陆盆地（南秦岭构造带南亚带北部）。地处区域印支期北西西—近东西向构造岩浆岩带与北东向构造带的复合部位。测区经历了长期的地质构造演化，褶皱、断裂构造复杂多样。

1. 褶皱构造

区内褶皱构造表现为以东西—北西西向由陡岭群为主体的古陆隆起为核的复式裙状褶皱为主，后经历大规模逆冲、走滑而构成残缺不全的次级破背、向斜形态。古陆核以北的主要次级裙状褶皱构造有漆树洼破向斜，古陆核以南的次级裙状褶皱构造主要有腰竹岭－黄龙沟破向斜、席家梁－双河湾破背斜、古山蹬－四海坪次级破向斜等。其形成时代主要为印支期。各主要褶皱构造特征见表7-2。

表7-2 测区内主要褶皱构造特征表

褶皱	褶皱特征	规模	矿化情况
漆树凹破向斜	向斜轴部位寒武系水沟口组，北翼地层为震旦系灯影组，南翼地层为震旦系灯影组、耀岭河群等。由于断层破坏褶皱残缺不全，北翼产状355°～15°∠45°～60°，南翼产状195°∠35°～60°	长度大于10km	水口组地层见钒矿化
腰竹岭－黄龙沟破向斜	卷入地层为泥盆系石家沟组、大枫沟组地层，背部以断层与陡岭、耀岭河等变质岩系相触。褶皱南翼西段产状较陡，倾角大于70°，倾向190°，并局部地层倒转。东段黄龙沟一带总体产状为190°，倾角20°	大于20km	在花岗岩脉和石英脉贯入部位可见金、钼等矿化
席家梁－双河湾破背斜	主要由石瓮子白云岩地层构成，总体产状为190°∠70°～75°。受后期构造作用岩性破碎。南翼地层为志留系大贵坪组	大于25km	优质化工建材原料
古山蹬－四海坪破向斜	向斜槽部地层为泥盆系古道岭组白云岩段，翼部为古道岭组灰岩段、大枫沟组、石家沟组以及志留系大贵坪组。西段南翼大贵坪组有出露，而中段和东段因岩体侵入破坏缺失。受自南而北的逆冲推覆构造作用，原始向斜构造形态改造显著，特别是东段茨沟口到四海坪一带产状近乎直立，总体产状为200°～215°∠78°～85°，西段相对破坏改造程度相对较弱，产状为190°∠55°～70°	大于23km	变形强烈部位以及石英脉发育部位褐铁矿化明显，与岩体接触部位岩层有角岩化、夕卡岩化现象，局部黄铁矿化。西段槽部的古道岭组有滑石矿点
五郎沟－朱家沟背斜	属古山蹬－四海坪破向斜构造中的次级褶皱。核部地层为石家沟组，翼部为大枫沟组、古道岭组，北翼，西部在五郎沟一带封闭，东部在朱家沟一带封闭	10km	

2. 断裂构造

断裂构造主要有近东西向、北西西向和北东向断裂。

主要的近东西向断裂构造如下。

（1）发财沟－硝硐湾－毛栗树凹断裂：测区内长度为12km，断裂总体产状为东西走向，倾向10°～20°，倾角在40°～70°，断裂带宽数十米，带内发育糜棱岩。该断裂为区内陡岭群和耀岭河群等变质基底岩系的北部边界，断裂北侧为震旦系灯影组地层。该断裂具有多期次活动特征，早期为剥离滑脱断裂，后期具逆冲兼走滑性质。

（2）凉风岩－王家老屋场断裂：东西向韧脆性断裂，西部在河池沟脑逐渐转变为北西向并被月河坪岩枝吞噬改造，向东经原杨泗乡到窑包。该断裂总体产状为$185°\sim195°\angle60°\sim70°$，局部地方向北倾，倾角陡。测区内长度在20km以上。断裂带宽十数米。该断裂南侧主要涉及地层为泥盆系大枫沟组和石家沟组，而北侧则主要为呈构造岩片产出的陡岭群和耀岭河群变质地层，沿断层新地层逆冲推覆在古老变质岩片之上，反映了该断裂后期的逆冲推覆性质。断裂南侧石家沟组发育的窗棂构造以及石家沟组的杆状褶曲（图7-20和图7-21）均显示泥盆纪地层曾发生过南北向的挤压缩短作用。实验证明，窗棂构造是岩层受到顺层强烈缩短引起纵弯失稳形成的，也有人把外貌与一排棂柱相似的褶皱构造称为褶皱式窗棂构造。这些主断裂旁侧的次级构造样式均反映了凉风岩－王家老屋场断裂后期曾发生过自南而北的水平挤压逆冲构造作用。

图7-20　张家坪一带石家沟组的窗棂构造

图7-21　大枫沟组地层发育的杆状褶皱

以上两条断裂组成测区内变质基底的边界断裂构造，构成东西向断裂束，断裂成生时间长，具有多阶段、多期次的演化过程，早期为拉伸滑脱性质，后期则演化为逆冲推覆和剪切性质。

（3）杨泗庙断裂：北西西向断裂，区内延伸长度10km，向东北四海坪岩体破坏。该断裂为石瓮子组白云岩与石家沟组的界面断裂，断层碎裂岩发育，断层产状为$15°\sim20°$，倾角$50°\sim60°$，向东在黄龙沟内D335地质点可见，该断层产状则逐渐变缓，倾向向南（$190°\angle32°$）。沿断层带在杨四庙、黄龙沟等多处地方发育有白云岩层的岩溶作用而形成的钙华、溶洞等，且有断层泉水溢流。显然，该断层后期活动具有偏张性力学性质特征。

（4）古山登－四海坪断裂：北西西向脆－韧性断层，西段被胭脂坝岩体侵入破坏，向东与文家山相接，在四海坪到柏杨坪一带被四海坪岩体侵入破坏。测区内长度约15km。该断裂也是寒武－奥陶系石瓮子组白云岩与志留系大贵坪组碳质岩的分界断裂。断裂产状$170°\sim200°\angle80°\sim87°$，断面呈舒缓波状，断裂带宽数十米到百余米，带内发育碳质糜棱岩和硅化绢云母石英片岩，岩石变形强烈，片理发育，硅化强烈，带内局部地段石英脉发育，脉体走向与片理平行或斜交，脉体旁侧岩石褐铁矿化明显。北侧近断裂的白云岩劈、片理化现象明显。

主要的北东向断裂如下。

（1）九间屋－庙梁断裂：北北东向脆性断层。北从九间屋始，向南经古山蹬，沿东平河延伸斜贯测区西部，到胭脂坝，测区内全长约 11km。该断裂总体产状为 110°∠80～85°，发育宽数十米的破碎带，主要为断层角砾岩、碎裂岩等。断面平直，水平阶步和擦痕发育。该断层切割破坏了中生代以前的所有地质体，并控制了第四纪河流的走向延展，可见该断层为第四系的构造产物。依据断层两侧的地层分布和断面阶步、擦痕判断，该断裂为左行剪切走滑，具有张扭性力学性质，其左行滑移错位断距达 500m。

（2）南水沟－木王林场断裂：北北东向脆性断裂。斜贯测区中部，测区内长度大于12km。向南沿正河延伸至田湾。断层产状为 100°～110°∠80°～88°，该断面平直，断裂带宽度约 2km。该断层整齐切割破坏了中生代以前的所有地质体，并控制了南水沟、茨沟河以及正河等第四纪河流的展布。断面水平、近水平的擦痕、阶步等构造现象发育，且有铁质动力薄膜（图 7-22），依据擦痕和断层两侧地层的对比，显示断层以左行剪切滑移为主，其水平断错超过 100m。

图 7-22　穿切石家沟组白云质大理岩北北东向断层面的近水平擦痕，显示为左行滑移

除以上北北东向主干断裂之外，在四海坪岩体北部和西部还观察到北北东向的节理密集带。节理密度可达 4 条 /m，产状 120°∠85°，它们穿切岩体和地层，常见石英脉、长石－石英脉、细晶花岗岩脉或伟晶岩脉等充填其中，近脉有硅化、绢云母化等蚀变和辉钼矿化。该断层为左行剪切张性断层。

3. 节理构造

区内节理构造极为发育。涉及所有地质体。对不同地段不同岩性内发育的共轭剪切节理构造的测量统计、分析，显示其形成的主压应力方向为 355°～5°，主张应力方向为85°～95°。与前述对花岗岩脉的引力场分析研究结果基本一致，说明该测区自燕山运动以来长期处于南北向挤压构造应力场作用之下。典型地段节理构造应力分析如图 7-23 所示。

4. 区域地质构造演化

依据测区内构造特征，结合区域构造特征综合分析，本区大体经历了以下构造演化历史。

前晋宁期古－中元古代阶段：为扬子古陆增生阶段。古元古代，在扬子古陆核北部边缘形成具有海相细碎屑岩沉积特征的陡岭群，区内缺乏中元古代地层单元，表明在该时期

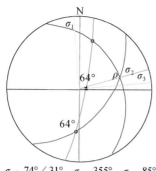

σ_2：74°∠31°，σ_1：355°，σ_3：85°

杨泗地区石家沟组大理岩
节理形成构造应力场
（028地质点，28个节理统计）

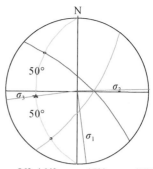

σ_2：86°∠64°，σ_1：173°，σ_3：263°

杨泗地区石家沟组条带状大理岩
节理的应力分析图
（D067地质点，24个节理统计）

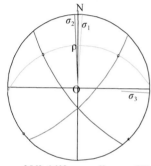

σ_2：356°∠60°，σ_1：4°，σ_3：94°

大枫沟组长石石英片岩的节理
显示的应力场（289点）

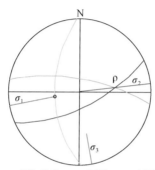

σ_2：84°∠36°，σ_1：260°，σ_3：170°

石家沟组白云质大理岩节理应力图
（杨泗镇黄龙沟剖面335地质点）

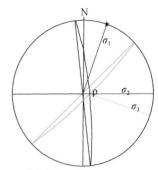

σ_2：91°∠80°，σ_1：18°，σ_3：118°

木王一带白云岩节理形成应力图
（102地质点，44个节理统计）

图 7-23　不同地段各类地层岩石节理构造应力分析图

可能发生挤压褶皱构造作用，陡岭群发生强烈的塑性变形，并伴随有中高温角闪岩相变质作用，从而形成扬子古陆的基底构造层。

晋宁期：新元古代早期为陆缘裂谷阶段，该时期由于裂谷作用引发的岩浆喷溢，形成耀岭河群细碧－角斑岩岩系的基性海相火山沉积岩系。晋宁运动使得耀岭河群发生褶皱变形，并伴有低绿片岩相的区域低温动力变质作用，裂谷闭合，形成扬子古陆的过渡性基底构造层。晋宁运动以后，经历一段时期的剥蚀作用，晚震旦世地壳下沉，进入相对平静的沉积阶段，形成滨海－浅海相的碎屑岩－碳酸盐岩建造的灯影组地层。

早古生代：早古生代早期，扬子地台北缘整体处于北东陆缘裂陷拉伸构造环境。在拉张作用下，本区于寒武纪早期沉积了一套富集磷钒等矿质元素的斜坡－深海相碳质岩、硅质岩系。之后随着扬子板块向北的俯冲作用，区内海平面变浅，相继沉积了台地－潮坪相的含生物镁质碳酸盐岩岩系，以及浅海陆棚相的泥质岩类及碳酸盐类地层（本区断失）。直到早志留世，俯冲作用导致的区域性的由北而南的掀斜作用，导致沿以佛坪杂岩和陡岭群、耀岭河群为代表的古陆一线南北出现一定的沉积差异，北部隆起而缺失大贵坪组，而南侧则仍处伸展环境而沉积一套缺氧滞流的深水碳质硅质岩类及深色碳酸盐地层，直到中志留世晚期全区隆升。

晚古生代：本区处于南秦岭构造带的前陆盆地，泥盆纪时期，连续沉积了以生物灰岩、大理岩为代表的浅海－滨海台地相的造礁碳酸盐岩（如石家沟组、古道岭组），间夹以长石石英砂质细碎屑岩为代表的浅海陆棚相碎屑岩建造（大风沟组）。石瓮子组白云岩与石家沟组地层接触处发育的溶洞和钟乳石现象以及泥盆系地层中众多的石香肠、揉皱、拉伸线理等小构造特征显示，该套地层形成后，曾经历过区域伸展拉张构造作用。尽管测区内未见完整古生代中晚期的地层出露，但据周缘尤其是东部地区的地质调查成果证实，从石炭纪到中三叠世，区域上基本处于较稳定的环境，反映当时的构造环境主体仍属区域拉张环境，但本区石炭纪—中三叠世地层的缺失，以及西部邻区局部地段存在岩浆活动现象，说明当时的构造环境从伸展环境向挤压造山环境的转变。区内所出现的近东西向的褶皱构造当属该时期南北向挤压作用的结果。

区内和邻近地区岩浆作用特征及各类花岗岩类的成岩时代测年资料显示，自晚三叠世以来，本区构造作用逐渐增强，并发生强烈的花岗质岩浆活动，形成碰撞造山型和后碰撞造山型花岗岩，显示大规模印支板块碰撞造山作用的结束，并进入新的陆内造山构造作用阶段。

中生代中期以来，本区基本处于陆内走滑叠覆造山阶段，早侏罗世早期由于受印支末期造山后伸展作用的影响，仍存在一定的岩浆活动（205～180Ma）。该时期的岩浆活动特征与印支晚期花岗岩（225～210Ma）存在一定的差异，也与燕山期大规模岩浆活动（150～130Ma）的花岗岩存在较明显的差异，它应代表了陆内造山作用早期的拉张伸展构造条件下的岩浆活动的产物，该时期在东西向走滑构造作用影响下，近东西向和北东向构造处于相对张性条件下，因此花岗岩浆得以从这些构造空间上升侵位而形成区内现存的岩体构造形态样式。挽近时期，区内地壳在南北向区域挤压构造应力场的作用下，产生广泛的节理裂隙构造，并沿北北东方向发生明显的左行滑移活动，它不仅切割改造了前期所有的地质体，也控制了测区地表径流的方向，控制了现今的地质地貌。

四、物化探特征

（一）地球物理特征

1∶50 万重力异常为显著的重力低，位于调查区中央，浑圆状、强度高，面积约 100km^2。胭脂坝岩体与四海坪岩体之间为重力低异常，初步推断其间广大范围可能存在隐伏岩体，胭脂坝岩体与四海坪岩体可能为该隐伏岩体的 2 个岩枝。1∶20 万航磁异常区内有 M108 异常，面积 20km^2，强度较高，沿四海坪岩体外接触带向西到黄石板以西分布，前人解释为变质地层引起。但其他部位的变质地层却没有形成异常，值得注意。

（二）地球化学特征

1. 元素分布特征

胭脂坝岩体的地球化学特征为富硅（70.09%～73.35%）、富碱（$Na_2O+K_2O=$ 7.49%～8.59%）、A/CNK=1.01～1.08、里特曼指数 σ=2.07～2.62、钾大于钠（$K_2O/$

Na$_2$O=1.12～1.39）和高 CaO/Na$_2$O 值（>0.3），微量元素主要富集 Rb、Th、U、K，亏损 Nb、Ta、Sr、Ba、P 和 Ti，稀土总量 129.98×10^{-6}～189.97×10^{-6}，轻稀土富集（LREE/HREE=8.00～10.73），（La/Yb）$_N$=8.62～15.68，Eu 亏损明显（δEu=0.41～0.50）。这些特征表明该岩体属于高钾钙碱性系列，为准铝－弱过铝质壳源 S 型花岗岩。结合对区域地质背景的全面分析，表明可能是印支运动晚期的造山作用造成本区地壳加厚，之后在伸展、减薄的背景下，地壳中部深度的变质砂屑质岩石，通过黑云母脱水发生部分熔融而形成的产物（骆金诚等，2010）。

1 : 20 万 K$_2$O、Al$_2$O$_3$ 地球化学图显示，本区岩体具有高钾富铝特征，其含量梯度带正好与岩体接触带吻合。黄石板一带的黑云二长花岗岩岩体 Na$_2$O、Bi、La 等地球化学图显示在腰竹岭－杨泗一带约 30km^2 地层区范围具有和岩体接触带相似的地球化学元素分布特征，可能有隐伏岩体叠加。

2. 化探异常特征

W、Mo 元素异常强度较高，主要分布在岩体的内外接触带，多与已有钨钼矿对应较好，Cu 元素异常强度较弱，分布与 W、Mo 元素异常基本一致；Au、As、Sb 元素异常强度较弱，但套合较好，总体分布较零散，集中在岩体的外接触带分布。

第四节　矿产特征及成矿潜力

一、矿产分布特征

调查区主要矿产为钼矿、钒矿和滑石矿。已发现并勘查的矿床有大西沟钼矿、深潭沟钼矿、桂林沟钼矿及东平沟滑石矿。

钼矿主要产于印支期黑云母二长花岗岩与地层的内外接触带中，其中大西沟钼矿矿化赋存于岩体与古道岭组灰岩的外接触带的夕卡岩带中，深潭沟钼矿矿化主要赋存于岩体与陡岭群黑云石英片岩的内接触带中，桂林沟钼矿产于四海坪岩体与陡岭群的内外接触带中，矿化富集于石英脉、岩脉密集带中。区内钼矿为与印支期岩浆热液有关的钼矿床。

钒矿赋存于寒武系水沟口组（$\epsilon_1 s$）中，岩性主要为碳质板岩、碳质硅质岩、含碳灰岩等，在震旦系灯影组和寒武－奥陶系石瓮子组地层之间断续状产出。钒矿产于碳硅质板岩中，该层一般厚 2～10m，普遍具有钒矿化，自西向东在河池沟、漆树洼、松树坡三个不同位置采取拣块样分析，获得其中 V$_2$O$_5$ 含量分布为 0.40%，0.26%，0.50%。表明本区寒武系水沟口组碳质岩是一条钒矿化带。

滑石矿赋存于胭脂坝岩体外接触带古道岭组与大枫沟组层间接触带的透闪石化白云质大理岩中，由透闪石化进一步蚀变而成，受层间断裂控制。

二、典型矿床

有关区内铁、铜、钒等其他矿种的地质特征，栗扎坪幅1：5万区域地质调查报告已有一定的论述。本书以钼矿为重点，对其矿床地质特征及其成矿作用进行分析研究总结。测区内钼矿床的主要矿产特征见表7-3。

表 7-3　测区钼（钨）矿床点矿床地质特征表

编号	矿床（点）	矿床地质特征	规模	成因类型
1	深潭沟钼矿床	矿化赋存于黑云母二长花岗岩与新元古界陡岭组黑云母石英片岩的接触带，岩床上、下盘均发育有10m宽夕卡岩带，矿化严格受花岗岩内接触带控制，圈定4条矿体，长70m，宽0.8～2m，金属矿物主要为辉钼矿，少量黄铁矿、黄铜矿等	小型	内接触带型
2	大西沟钼矿床	赋存于胭脂坝黑云母二长花岗岩与奥陶系白龙洞组条纹条带状生物灰岩内、外接触带内，有5条矿体，长约500m，宽1m。金属矿物主要为辉钼矿，少量白钨矿、黄铁矿、磁黄铁矿等	小型	夕卡岩型
3	桂林沟钼矿床	矿化赋存于四海坪黑云母二长花岗岩与新元古界陡岭组黑云母石英片岩、灯影组白云岩的内、外接触带，主要分布于外接触带中的石英脉、花岗细晶岩脉中，圈出21条钼矿（化）体，分布于毛栗树凹-松树坡成矿带范围内，主要金属矿物为辉钼矿、黄铁矿，其次为磁铁矿、方铅矿、闪锌矿、黄铜矿、赤铁矿	小型	内外接触带热液脉型
4	月河坪钼矿床	已知的含钼或未见钼的透辉石夕卡岩集中分布在黑云母花岗岩的外接触带，个别分布在内接触带的捕房体中。矿石主要金属矿物为辉钼矿、黄铁矿及少量磁黄铁矿、方铅矿、闪锌矿等	小型	夕卡岩型
5	东阳钨矿	钼钨矿主要赋存在懒板凳岩枝北东部内外接触带。矿化产于夕卡岩以及外接触带北北东向石英脉中。花岗岩的裂隙中钼钨矿化体呈脉状和透镜状产出，矿体延伸和出露较稳定，其产状与裂隙产状基本一致	中型	夕卡岩型、石英脉型
6	棋盘沟钨矿	矿位于懒板凳岩枝北东部外接触带。属石英脉型、云英岩化蚀变岩型多型共生钨矿。北北东向石英脉矿有4条，圈定矿体4条，长260～570m，厚0.22～1.12m，钨品位0.15%～27%。断裂带中云英岩化蚀变岩矿，圈定矿体1条，长350m，平均厚度0.87m，WO_3品位0.15%～12.22%，平均品位2.17%	小型	夕卡岩型、石英脉型

1. 大西沟钼（钨）矿

该矿床位于懒板凳岩枝西外接触带。含矿体为花岗岩脉和夕卡岩以及北东向节理裂隙。

矿区出露地层为寒武-奥陶系石瓮子组。区内构造以断裂为主，有北西、早期北东向、晚期北东向三组断裂，其中前二组属控岩、控矿、容矿断裂，第三组属成矿后断裂。此外，区内北东向节理裂隙发育，特别是在含矿岩脉中极为发育，属重要的容矿构造。

区内岩浆岩发育，主要为印支期胭脂坝超单元田湾单元细粒黑云二长花岗岩和鹰嘴石单元细粒斑状黑云钾长花岗岩，属宁陕岩体懒板凳岩枝，大面积出露。区内脉岩发育，主要为花岗岩脉（墙），岩石类型均为钾长花岗岩。脉岩广泛分布于矿区中、南部，长数米到数百米，宽数厘米到30m。

区内接触热变质作用和接触交代变质作用发育，呈带状展布，前者带宽10～150m，主要有各类角岩（钙硅质角岩、长英质角岩）、角岩化岩石（角岩化变泥质石英粉砂岩等）、大理岩，后者主要发育于岩脉与碳酸盐岩的内外接触带，主要矿物组合为符山石、透辉石、透闪石，可划为三个岩相带：含符山石透辉石夕卡岩、含符山石透闪石夕卡岩带，带宽 $10 \sim 200m$；符山石透闪石透辉石夕卡岩、符山石透闪石夕卡岩带，带宽 $30 \sim 100m$；含符山石透闪石透辉石夕卡岩夹大理岩带，带宽大于 $30m$。

区内围岩蚀变主要为钾化、绢云母化、绿泥石化、萤石化、黏土化等。其中以钾化最为发育，其与矿化的关系也最为密切。发育在内接触带岩墙中的钾化带宽度可达 $1 \sim 7m$。

矿床产于宁陕岩体懒板凳岩枝外接触带控岩断裂带内之夕卡岩化钾化花岗岩墙的内、外接触带中。目前已圈定钼矿体三条，钼矿化体四个，矿体长 400 余米，厚度 $1.18 \sim 8.62m$。钼品位一般 $0.05\% \sim 3.60\%$，矿体平均钼品位 $0.164\% \sim 0.82\%$。矿床平均钼品位 0.698%。钨品位 $0.003\% \sim 0.11\%$，平均 $0.038\% \sim 0.043\%$。矿石主要金属矿物为辉钼矿、白钨矿，脉石矿物为微斜长石、条纹长石、石英、钠长石、透辉石、符山石、透闪石、方解石等。矿石具自形片状、鳞片状结构、不均匀稀疏浸染状、致密浸染状、细脉状构造。

矿床类型应为与印支期岩浆热液有关的夕卡岩型、岩脉浸染型、裂隙充填型多型共生钼钨矿床。

2. 桂林沟钼矿

区内出露地层主要为古元古界陡岭群、新元古界耀岭河群、震旦系灯影组、陡山沱组、寒武系—奥陶系石瓮子组、泥盆系石家沟组、泥盆系大枫沟组及第四系全新统。古元古界陡岭群为区内主要赋矿围岩，主要岩性为灰色黑云石英片岩、二云石英片岩、石榴子石黑云石英片岩夹浅粒岩、变粒岩；岩石多具变余糜棱结构，片状构造，反映了岩石遭受过强烈的剪切构造变形。

区内褶皱构造及断裂构造发育，节理很发育。褶皱主要为古元古界陡岭群和震旦系灯影组地层构成一复式背形构造，二者间的韧性断层也卷入褶皱变形中，其南翼被四海坪岩体所侵吞，北翼被大橡沟垴断裂所破坏。断裂构造主要为走向北东、北西断裂，其次为走向近南北横切地层的走滑断裂、韧性断层。区内节理发育，钼矿（化）脉沿此充填分布，含矿热液追踪先期形成的节理，迁移、沉淀、富集，形成充填型脉型钼矿床，主要有北东向、北西向、近南北向三组。

岩浆岩为四海坪岩体的部分，岩体出露面积约 $1.53km^2$，为一舌状形态，舌状体由南而北楔入北部陡岭群中，北部出露边界在桂林沟北坡。岩性以似斑状黑云二长花岗岩为主，中细粒自形结构，块状构造，主要矿物成分：斜长石 $20\% \sim 25\%$、钾长石 $40\% \sim 50\%$、石英 $35\% \sim 40\%$、黑云母 5% 左右；岩石化学成分属铝过饱和型，属钙碱性系列，具高硅、富碱特点。

脉岩主要有花岗细晶岩脉、钾长岩脉、石英岩脉等，脉体规模一般宽 $0.2 \sim 1m$，长度数十米到数百米不等，在四海坪岩体及各时地层围岩中均有分布。脉岩的分布与构造节理有关，主要沿三组构造面侵入，以北东向为主，其次为近南北向、北西向。

区内脉岩与钼矿化关系密切，多数脉体本身就是钼矿（化）体。根据区内已发现的钼矿化体，主要为钼矿化石英脉、钼矿化花岗细晶岩脉、钼矿化钾长岩脉；脉岩两侧的蚀变岩亦有钼矿的富集。

共圈定大小 21 条钼矿（化）体，均为盲矿体，地表均未出露矿体，分布在长700m、宽约 250m 的范围内。总体走向呈北东向，各矿体间多呈相互平行排布。矿（化）体追踪浅层次脆性构造分布，与围岩层理大角度相交。矿（化）体产出受断层节理控制，沿断裂、节理充填钼矿化石英脉（含云英岩化石英脉、长石石英脉）、细晶花岗岩脉，构成脉型矿（化）体。矿（化）体形态主要呈脉状、似层状、透镜状。一部分沿走向及倾向有肿缩现象，矿（化）体分支复合、尖灭再现现象明显；一部分矿（化）体由呈雁列式分布的小脉体及其蚀变岩构成。主矿（化）体形态总体上表现较为规整，厚度稳定，呈似板状，延伸也较大。

矿（化）体产出受断层节理控制，沿断裂、节理充填钼矿化石英脉（含云英岩化石英脉、长石石英脉）、细晶花岗岩脉，构成脉型矿（化）体。稀疏单脉或稀疏细脉形成脉型矿体。节理、裂隙及脉体发育近矿围岩蚀变地段，多形成蚀变岩型矿（化）体。

富矿主要分布在各种脉体外接触带 1 ～ 5cm 范围，常见辉钼矿细脉和团块，脉体内也常见细脉状、团块状、斑点状富矿，一般 0.2% ～ 0.5%，部分可达 0.5% ～ 2%。矿体品位与脉体规模有一定联系，即大脉矿贫，小脉矿富；同一矿体厚大部位矿贫，变薄处矿富。

矿体形态主要呈脉状、似层状，沿走向及倾向有肿缩现象，矿体分支复合、尖灭再现现象明显；主矿体形态总体上表现较为规整，厚度稳定，呈似板状，延伸也较大。深部控制长 32.3 ～ 594.8m，控制斜深部 16 ～ 238.83m，厚度 0.15 ～ 8.38m。

矿石类型为石英脉型辉钼矿石、云英岩型、细晶花岗岩型。主要有用矿物是辉钼矿，其次有内生作用生成的黄铁矿和磁铁矿。脉石矿物主要有石英和白云母，其次有少量斜长石、钾长石、黑云母、绿泥石等。矿石主要为伟晶结构、叶片状、放射状结构、交代结构与碎裂结构，矿石构造为星点状、浸染状构造、团块状构造、条带状构造。

部分近脉围岩沿片理硅化、辉钼矿化、黄铁矿化。近脉围岩多硅化、辉钼矿化、黄铁矿化，局部见钠长石化、绿帘石化、透闪石化、萤石化、电气石化。

本书对采自桂林沟矿区与钼矿化有关的伟晶状花岗岩脉的锆石进行了 U-Pb 年龄测定，在所测定的 35 个锆石中，剔除误差较大的数据外，其余 28 个数据中，$^{206}Pb/^{238}U$ 年龄值在173 ～ 200Ma 的锆石数量占测定总数的 40%，其他数值较分散，因此反映该伟晶状花岗岩脉形成于 173 ～ 200Ma，其平均年龄为 190±11Ma。

张红等（2015）对桂林沟钼矿测定的 6 件辉钼矿样品 Re-Os 年龄（195.5±5.0Ma）相接近。略晚于本书对杨泗中粗粒黑云母二长花岗岩所测定的锆石 U-Pb 成岩年龄（199.6±2.3Ma），与伟晶状花岗岩脉的成岩年龄在误差范围内基本一致。说明桂林沟钼矿成矿于早侏罗世早期。

矿床属于岩浆活动有关的热液型矿床。

三、矿化蚀变分带

本区总体为中 - 深层次构造，岩石普遍遭受区域变质作用，灰岩和白云岩发生了大理岩化，大部分碎屑岩表现为片岩、变粒岩。另外，在区域变质基础上叠加了局部的热变质，如在岩体外接触带有夕卡岩化、角岩化、透闪石化、滑石化、硅化、绢云母化等，内接触带有云英岩化、钾化、硅化等。夕卡岩化主要产于印支期黑云母二长花岗岩（岩枝、岩脉）与碳酸盐岩的外接触带，分布于茨沟沟脑、干沟沟脑、竹园坪－张家坪一带以及大西沟－戴家湾地区，主要岩石类型为透辉石、石榴子石、符山石夕卡岩。角岩化分布普遍，主要产于印支期黑云母二长花岗岩与陡岭群、陡山沱组、大枫沟组等的碎屑岩（变砂岩、变粒岩、片岩）的接触带。透闪石化主要产于灯影组、石瓮子组、古道岭组的碳酸盐岩地层中，常离岩体有一定的距离，呈带状沿断裂带发育，指示有热液活动迹象。滑石化在东平沟梁出露，产于胭脂坝岩体与古道岭组白云质灰岩的接触带，由透闪石化进一步蚀变而成。硅化主要产于岩体的内外接触带，由呈细脉状、网脉状的石英脉组成，绢云母化产于陡岭群黑云石英片岩中，由黑云母退变质而成，与钼矿成矿关系密切。云英岩化、硅化位于岩体的内接触带，与钼矿成矿关系密切。

以岩体为中心，常呈现以下的蚀变分带现象：岩体（未蚀变）→岩体（钾化、硅化）→岩体（云英岩化、硅化）→夕卡岩化、角岩化、硅化、绢云母化→透闪石化→地层。其中云英岩化、硅化、夕卡岩化、绢云母化为强蚀变带，与钼矿成矿关系密切。透闪石化为中蚀变带，可能指示有隐伏岩体。

四、成矿控制因素

本区钼矿矿化主要赋存于印支期二长花岗岩与围岩地层的内外接触带中。矿体为产于夕卡岩带中或沿节理构造充填的脉型钼矿床。其成矿主要有两个重要的因素：其一是与岩浆事件有关的热液活动；其二是导矿、容矿构造的形成。而热液活动是关键性的因素。

区内成矿前构造的形成是充填式脉型钼矿的前提，为热液活动提供了有利的空间。而其构造的形成，受区内多期构造应力的叠加，其一是岩浆活动前的区域构造运动形成的浅层次的构造形迹（区域性的节理等）；其二是侵入岩体顶上带张应力作用形成的张性节理带。构造是多期次叠加，而含矿热液的充填是同期的，这在野外矿体宏观特征上表现明显，即不同产状的矿脉之间无相互穿插关系，也无成分上的差异。

（1）矿区内的钼矿（化）体主要沿北东向或近南北向（北北东向）节理分布。构造控矿特征明显。钼矿化花岗细晶岩脉及石英脉多沿此组节理侵入，具间隔成带分布特征。

（2）矿区内钼矿化与热液活动密切相关，含钼热液沿断裂及节理系统迁移、富集，在北东向及近南北、北西向节理裂隙构造域中富集成矿，形成脉型钼矿化体。矿体顶底板围岩具云英岩化、硅化、绢云母化、钠长石化、钾长石化等蚀变。多数云英岩化蚀变岩形成钼矿化体，云英岩化是区内重要的、直接的找矿标志。从钼矿化体石英脉中含大量的白云母及少量的高温矿物电气石，表明其属于中高温热液。含钼中高温热液的来源最大的可能是与深部隐伏的酸性岩体有关。

（3）桂林沟钼矿产于四海坪二长花岗岩体与围岩的内、外接触带的石英脉和花岗岩脉中，受脉体密集带控制。脉体的密集程度决定了矿化蚀变的强度。

五、成矿潜力分析

关于懒板凳岩枝、四海坪岩体的外接触带，其下是否有隐伏岩体、埋深程度等问题的分析如下。

（1）1∶50万重力异常：为显著的重力低，位于调查区中央。浑圆状、强度高，面积约100km²。胭脂坝岩体与四海坪岩体之间为重力低异常（图5-5），初步推断其间广大范围可能存在隐伏岩体，胭脂坝岩体与四海坪岩体可能为该隐伏岩体的两个岩枝。

（2）遥感解译显示，本区存在多个环形构造，可能为隐伏岩体引起。其中四海坪岩体为由南向北侵入的岩体，其北部存在隐伏岩体及浅埋藏区。

（3）填图工作在懒板凳岩枝、四海坪岩体之间的地层区发现多处由热液引起的透闪石化蚀变，指示了深部可能存在隐伏岩体。

（4）具零星找矿实践资料，在懒板凳岩枝外接触带有数个钻孔已打到隐伏花岗岩体，在四海坪岩体北东外接触带（岩体平距5km以外）也有数个钻孔已打到隐伏花岗岩体，在其东外接触带（岩体平距10km以外）于地下200m处见到了钨矿化。这些找矿实践进一步证实了隐伏岩体确实存在。

依据隐伏岩体预测理论，结合本区接触变质晕、接触交代变质岩（夕卡岩、云英岩、钾化岩等）、岩脉群、石英脉群的种类及发育程度、化探异常的分带特点、已知矿产地的矿化类型等资料推断，本区之西段、中段，隐伏岩体埋深应在1000m以内，相对来说，中段埋深最浅，西段次之，东段最深。由此可见，本区有巨大的找矿想象空间，资源潜力巨大。找矿前景极为良好。

近年来，在陕西月河乡东阳-月河台一带钨矿找矿取得突破。西北有色地质勘查局在石瓮子组碳酸盐岩地层中发现热液脉型钨矿，受NNE向断裂控制，在矿体深部发现隐伏的酸性侵入岩，矿体呈似层状，规模大，品位高，30条矿体共探获钨资源量约8万t。陕西地质调查院在月河台一带钻探验证，发现厚大钨矿体。

综上所述，本区成矿地质背景优越，成矿条件有利，找矿标志显著，资源潜力巨大，找矿前景极为乐观。通过进一步工作，有望使该地区成为又一个重要的以钨钼为主的钨多金属矿产资源工业基地。

第八章　区域找矿方向及部署建议

第一节　找矿方向

秦岭成矿带具有良好的成矿地质背景和成矿地质条件，产出了众多的大型－超大型矿床，金、铅锌、钨钼、铜等优势矿种仍显示有巨大的找矿潜力，勘查工作部署应优先考虑这些矿种，在其重要成矿远景区、重点勘查区、大型－超大型矿床的深部及外围部署工作。从倡导绿色勘查出发，大型－超大型矿床的深部找矿显得尤其重要。

一、金矿找矿方向

秦岭成矿带金矿的主要控矿条件是：矿源层（体）提供物质来源，热源（岩浆）提供流体和热动力，构造提供赋矿空间，即矿源、热再造、赋矿空间三位一体。从矿源层角度来说，前寒武系绿岩建造、震旦－志留系黑色岩系，泥盆系热水沉积建造、三叠系浊积岩建造是金的矿源层，它们总体与区域构造线方向一致呈 NWW 向展布，因此决定了金矿床的分布呈 NWW 向带状展布。从热源角度来看，印支－燕山期岩浆活动是主要的热源，该期岩浆活动总体叠加了一组 NE 向的构造，因此，使得区域金矿床又具有沿 NE 向等间距跨带成串、密集的分布特点。从区域构造的角度来看，印支－燕山期构造体制转换期，形成的各种控岩构造也是控矿构造，秦岭各个成矿带或多或少都卷入了这次运动，发生了活化，但华北、扬子板块从边缘到内部则活化减弱。因此各个成矿带，包括华北、扬子板块边缘都可能形成金矿床。

根据内生金矿控矿因素组合分析，结合 Au 及低－中温元素组合异常分布特征等，圈定出 14 个金成矿远景区，其中包含甘肃岷县寨上－马坞金矿整装勘查区、甘肃崖湾－大桥金锑矿整装勘查区和陕西小秦岭金矿整装勘查区、陕西石泉－汉阴金矿整装勘查区 4 个国家级整装勘查区（图 8-1）。今后应重视三叠系构造破碎蚀变岩型、志留系黑色岩系型金矿及与泥盆系热水沉积建造有关的层控热液型金矿的找矿工作部署。除 4 个国家级整装勘查区外，重点重视以下区域：①夏河－合作矿集区；②李子园矿集区；③大水矿集区；④舟曲远景区；⑤金龙山－公馆矿集区；⑥周至马鞍桥－商州杨斜矿集区；⑦凤－太矿集区；⑧留坝北部矿集区。

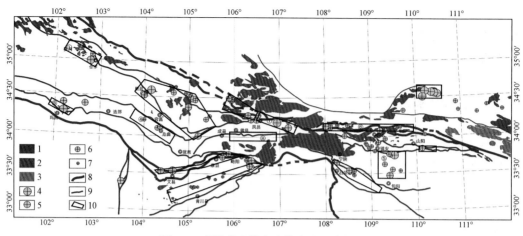

图 8-1 秦岭成矿带金矿勘查选区建议图

1.燕山期花岗岩；2.印支期花岗岩；3.加里东期花岗岩；4.超大型金矿床；5.大型金矿床；6.中型金矿床；7.小型金矿床；
8.板块缝合带；9.大型断层；10.金矿勘查选区

二、钨钼矿找矿方向

秦岭成矿带的钼钨矿以斑岩型、夕卡岩型、石英脉型为主，主要产出于华北地块南缘、北秦岭，近年来，除了在金堆城钨钼矿集区、蟒岭西部钨钼矿集区的钨钼矿深部边部及外围取得了找矿突破外，在西秦岭、南秦岭北部不断有新发现，但总体向西、向南矿化减弱。钨钼成矿主要受印支－燕山期壳源花岗岩叠加北东向构造的控制，北东向的构造岩浆带即秦岭成矿带北缘的钼钨成矿远景区带，与印支－燕山期岩体的叠加即最有利的成矿部位，秦岭钼钨矿床（点）、W、Mo 元素异常呈北东向等间距成串、集中分布，自西向东划分为4 个北东向钼（钨）成矿带，据此提出钨钼找矿的工作应部署在4 个构造岩浆带上（图 8-2）。

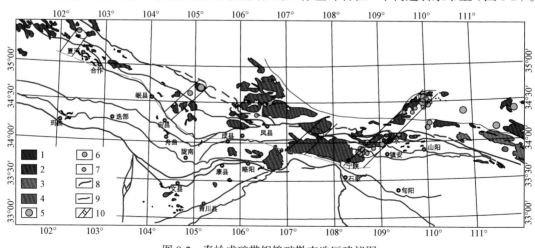

图 8-2 秦岭成矿带钼钨矿勘查选区建议图

1.燕山期花岗岩；2.印支期花岗岩；3.加里东期花岗岩；4.元古宙杂岩体；5.超大、大型钼矿床；
6.中型钼矿床；7.小型钼矿床；8.板块缝合带；9.大型断层；10.钼矿勘查选区

其中陕西宁陕－柞水NE向构造岩浆岩带是最具钨钼成矿潜力的一个带，近年来，陕西省地质勘查基金项目等在镇安西部已经取得了钨矿的找矿突破；甘肃武山温泉－礼县雪坪沟NE向构造岩浆岩带也是最具钨钼成矿潜力的一个带，值得进一步工作。

三、铅锌矿找矿方向

秦岭成矿带中铅锌矿主要赋存在凤太、西成、镇旬等古生界盆地中，赋矿地层有泥盆系、志留系、寒武－奥陶系及灯影组等，与碳酸盐岩地层、硅钙面关系密切，均为层（岩）控热液型，应重视对层（岩）控热液型铅锌矿的找矿工作。故将秦岭成矿带铅锌找矿工作部署如下（图8-3）：①凤太－西成、代家庄－下拉地一带等应作为统一的成矿带考虑部署工作，扩大找矿成果，应特别重视西成和凤太矿田之间的新生代覆盖区的铅锌矿找矿；②重视志留系、寒武－奥陶系中的铅锌矿找矿工作（旬阳北部、小川－东川成矿区）；③应进一步扩展马元MVT型铅锌矿找矿视野，争取在扬子台北缘的陕西宁强、西乡一带取得找矿突破；④一些大中型铅锌矿的深部、外围仍然具有较大的找矿潜力，如厂坝铅锌矿深部。

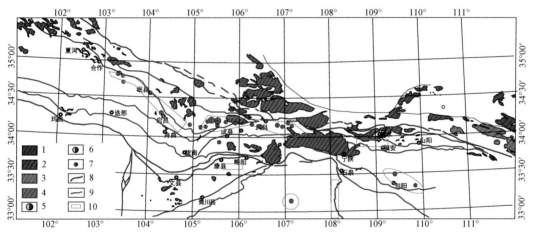

图8-3 秦岭成矿带铅锌矿勘查选区建议图

1.燕山期花岗岩；2.印支期花岗岩；3.加里东期花岗岩；4.元古宙杂岩体；5.超大型铅锌矿床；
6.大型钼矿床；7.中小型钼矿床；8.板块缝合带；9.大型断层；10.铅锌矿勘查选区

四、铜矿找矿方向

秦岭成矿带铜矿床（点）不少，但缺少大中型铜矿床，可以说，铜是秦岭成矿带多年来探索而一直未取得找矿重大突破的矿种，关于铜矿的找矿方向是值得探讨的问题。目前秦岭成矿带有一定规模的铜矿床（点）主要与中基性火山岩有关（如北秦岭的二郎坪群中的铜峪、西洛峪、东流水等，勉略带碧口群中基性火山岩中的铜厂、筏子坝、徐家沟等），因此建议继续在上述地区加强找铜工作和项目部署（图8-4），力争有所突破。近年来，陕西山阳北部"类斑岩型铜矿"、旬阳南部棕溪姚沟"石英脉型"或"层控热液型铜矿"

找矿工作有一定进展，值得进一步探索。

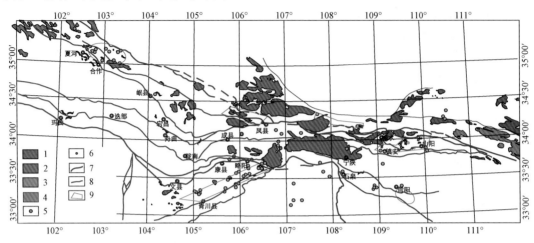

图 8-4　秦岭成矿带铜矿勘查选区建议图

1.燕山期花岗岩；2.印支期花岗岩；3.加里东期花岗岩；4.元古宙杂岩体；5.中型铜矿床；
6.小型铜矿床；7.板块缝合带；8.大型断层；9.铜矿勘查选区

第二节　找矿工作部署建议

　　在重要的成矿远景区选择近期有望实现重大找矿突破、能提交一处以上大型‑超大型矿床的重要矿床田或矿集区，开展整装勘查工作。主要通过较系统的地表与深部探矿工程控制与大比例尺地质、物化探勘查等方法手段，以矿床点、矿化带、主要矿体为对象开展普查工作。在矿化带延伸地段及矿床点外围开展预查工作，扩大矿床点规模与找矿远景；适当选择重点矿床矿区主要矿体进行详查工作，为矿产资源开发提供基础资料。通过整装勘查，集中力量尽快查明重要矿床点的规模、资源储量及资源勘查开发前景等，为提交优势与战略性矿产资源开发基地奠定基础。因此主要针对区内优选出的整装勘查区提出找矿工作部署建议。

一、国家级整装勘查区

1. 小秦岭（陕西）金矿田深部及外围金矿整装勘查

　　勘查区位于陕西省渭南市的潼关县、华阴市，商洛市的洛南县。西起华阴市的黄蒲峪，东至豫陕交界的西峪河，南以分布于蜂王、大王西峪口的巡马道为界，北到小秦岭山前。东西长 27～34km，南北宽 14.7km，面积约 450km^2。

　　小秦岭金矿田处于秦岭东西向复杂构造带与新华夏系第三隆起带交接部位。成矿地质背景主要是多种地质因素的复合，即赋矿地层为多期变质变形的太古宇太华群深变质岩系；

控矿构造为东西向构造叠加北东向构造形成的斜网格状断裂系统，多期的构造－热事件使Au 元素多次活化迁移富集成矿。

陕西小秦岭金矿田自 1965 年发现以来，开展了较大规模的勘查工作通过 1∶5 万普查填图，确定了矿田范围和矿脉密集区，在密集区进行了 1∶1 万矿脉填图，对有工业远景的矿脉陆续进行评价和勘探，至目前共发现含金石英脉 670 余条。对这些脉体全部做过踏勘检查或初步普查工作，其中完成详查工作的 26 条，结束勘探的 12 条，提交大型、中型、小型矿床多处，累计黄金储量 75000kg。依托找到的矿产基地，先后建设了西潼峪金矿、东桐峪金矿、潼关小口金矿、秦河金矿、蒲峪金矿、华山金矿、火龙关金矿、驾鹿金矿等矿山企业，促进了地方经济的发展，取得了较好的社会效益。通过几十年的规模化勘查和开发，小秦岭主矿区地表和近地表的资源已基本枯竭，区内主要矿区已全部进入攻深找盲阶段。为了充分合理地利用和保护资源，减少盲目开发、盲目探矿、重复勘查，提高投资回报率，必须对区内的成矿规律和模式进行研究探讨和总结，有机合理地规划部署区内勘查开发层次及布局。结合现有的工程分布状况，全方位、深层次地进行勘查开发。

工作目标：系统开展整装勘查区的矿产评价工作，扩大小秦岭金矿资源量规模；重点以桐峪金矿金矿区为支撑，加大深部探矿力度，继续开展整装勘查区外围异常查证，力争发现有进一步工作价值的新矿脉，扩大矿区远景规模。主攻矿种为金、（钼）等。主攻类型为石英脉型、构造蚀变岩型金矿，斑岩－夕卡岩型钼铜矿。

工作部署建议具体如下。

将勘查区划分为五个成矿有利工作区：①鸡架山一带中深部探矿工作区（面积 24km²）；②善车峪－嵩岔峪前山一带中深部探矿工作区（面积 20km²）；③潼峪－浦峪中浅山一带中深部探矿工作区（面积 28km²）；④善车峪－麻峪中山一带中深部探矿工作区（面积 10km²）；⑤大王西峪－仙峪后山小秦岭梁脊附近一带探矿工作区（面积 144km²）。对以上优选的找矿预测区，充分利用已有的探采工程，开展地质、物化探等测量工作，施工深部探矿工程，提交金资源量和大型以上矿产资源勘查地。

通过编制遥感解译图、航磁异常图、重力测量成果图、激电测量成果图、地球化学成果图等综合信息系列图件，对有关的多种信息进行综合分析评价，结合金矿探采成果对比研究，系统全面总结矿田浅中部金矿成矿规律及控矿条件研究，初步建立成矿模型和找矿模型，提出进一步找矿标志，初步优选出矿田中深部找矿预测区。

对初步拟定的工作程度相对较高，中浅部工程较为密集的鸡架山一带中深部、善车峪－嵩岔峪前山一带中深部、善车峪－麻峪中山一带中深部探矿工作区开展勘查工作。全面检查确定重点普查评价的中深部矿化富集地段，对已有的中深部探矿工程进行详细观察研究、地质编录和采样试验；回访调查矿山，系统收集研究矿山中深部探采的坑道资料和钻探资料，按 50～100m 为段高编制区内大比例尺水平中段矿脉地质图和主要矿脉垂直纵投影图，借此初步优选出有希望的中深部找矿预测地段，如鸡架山地区的中深部。然后，对该找矿预测地段中深延于相应中段的金矿脉，如 Q8、Q12、Q14、Q8501、Q25、Q161，运用地物化等多种先进技术手段，配合少量探矿工程施工，并结合其他已有探矿工程，进行全面检查，估算金预测的资源量（334）。经矿脉中深部检查结果与浅中部特征对比研究，修正各方向组金矿的成矿规律，完善找矿模型，并据此确定进一步重点普查评价的矿化富集地段。

潼峪－浦峪中浅山一带中深部区，由于其地表由一组较平缓的含矿构造带（如Q401、Q505）加上其上的地层如同盖子一样盖在上面，使其深部的含矿断裂构造的形迹在地表没有出露或出露不明显，给找矿增加很大难度，可以用物探［可控音频大地电磁剖面测量（CSAMT）］的方法对它们实行探查，加上相应的地化和工程手段，以便扩大区内的找矿领域和储量。

大王西峪－仙峪后山小秦岭梁脊附近一带地区，以一组近东西走向南倾的矿脉为区内的主要含矿构造（代表矿脉有 Q556、Q63、Q195、Q2820、Q285、Q236、Q2122、Q2144等），近南北向次之。由于工作程度相对比较低，可首先采用大比例尺物探扫面、地质检测、土壤测量等方法圈出异常，再结合现有的探采矿工程，运用地、物、化等多种先进技术手段再次查证，配合少量探矿工程（槽、坑、钻探）施工，进行全面检查，估算金预测的资源量（334）。进一步完善找矿模型，明确找矿标志，确定下一步重点普查评价面上的矿化富集区和深部的富集地段。

对于四个深部探矿区，可辅以二维地震的方法对其矿脉（体）的延深情况进行探查。可与其他物探方法相互印证。

对区内的大型韧性剪切带如 Q3051、Q91164（石墨带）的深部采用多方法物探测深、地质研究、深钻验证等手段研究区内的蚀变岩型金矿问题，为寻找新类型开辟蹊径。

区内大月坪组的埋藏深度问题关系到含矿构造及矿体的延深情况，区内的隐伏岩体关系到区内金矿的成因和矿密区的分布情况，用 2000m 以上的深钻对之探查具有十分重要的意义。

2. 甘肃省寨上－马坞金矿整装勘查

勘查区位于秦岭成矿带定西地区岷县境内，大地构造位置为秦岭褶皱系的礼县－柞水北淮阳海西褶皱带西部的新寺－大草滩复背斜以及南秦岭印支褶皱带的洮河复式向斜内，中川、柏家庄、闾井、碌碡坝、教场坝及温泉"六朵金花"的西侧，其成矿地质条件优越。主要出露泥盆系－三叠系地层，其中泥盆系、二叠系和三叠系内的细碎屑岩夹碳酸盐岩建造为该区主要赋矿层位；褶皱及断裂构造发育，并以北西西向为主，是主要的储矿构造；在该区东缘分布大面积印支期—燕山期中酸性侵入岩，呈岩基和岩体形式出现，以地壳重熔深成型和同熔型为主，并与该区成矿关系密切。勘查区自北向南可划分出 3 个成矿区，分别为寨上－桦林沟金、钨、锑多金属成矿区（寨上金矿区），半沟－闾井铅、锌、锰、铁多金属成矿区（半沟铅锌矿）及鹿儿坝金、锑成矿区（鹿儿坝金锑矿）。该区为西秦岭地区重要的金及多金属集中区。

该区先后开展 1∶20 万区域矿产地质调查、1∶20 万水系沉积物测量、1∶50 万～1∶100万区域航磁和重力测量、1∶25 万遥感地质解译与蚀变提取工作全面覆盖、岷县幅和申都幅 1∶5 万区域地质调查等工作。已完成 1∶5 万水系沉积物测量、1∶1 万高精度遥感地质解译、1∶5 万地质矿查调查等部分工作。

该区以金、锑、铅锌等为主的矿产评价和勘查工作起始较早，进入 20 世纪 90 年代后，随着矿产开发，先后发现了寨上特大型金矿、鹿儿坝大型金锑矿、半沟中型铅锌矿等。截至 2014 年，寨上金矿区已发现金矿脉 30 条，圈定 26 个金矿体，圈定钨矿体 15 条，初步探获金资源量累计 91.5t，钨资源量 7683t；鹿儿坝金锑矿床中金矿体与锑矿体产出位置基本一致，目前发现 17 个金矿体，探获金资源量 7t。

然而，寨上金矿探获的金资源量仅占寨上金钨成矿带的 1/4 左右，且控制矿体最高标高为 2900m，最低控矿标高为 2330m，而矿区多数矿体的控矿标高在 2800～2600m，2600m 以下应有较大找矿空间；另外，现找矿勘查主要集中在寨上、王足路和扎麻树三个矿段进行，只是该成矿带的一小部分，大部分矿体在走向上未封闭，矿脉两侧尚有找到新矿脉的空间，故该成矿带有较好的找矿空间，找矿潜力巨大。半沟铅锌成矿带和鹿儿坝金锑成矿带区内金级多金属矿点分布众多，现已发现的矿床工作程度也普遍比较低，其中鹿儿坝金锑矿由于投入资金不足，多数矿体控制深度相对较浅，根据各方面资料显示，其深部有较大的找矿潜力。

该区地球化学特征表现明显，1：20 万综合异常分布范围广、强度大且多沿成矿带分布，在部分异常中已发现了金、锑、铅锌等矿床（点）。另外，该区金矿脉与断裂构造密切相关，均赋存于破碎带内，电性反映为低阻，金矿化与金属硫化物呈正相关，故矿脉物性表现为低阻高极化特点，其中寨上矿区共圈定电阻率异常 20 处，极化率异常 33 处，部分异常经工程验证，见到较好的含矿地质体，但多处异常未进行验证，找矿潜力较大。该区在开展矿点评价和矿点调查工作已发现有一批矿点，如多纳金矿点、秦许金矿点及众多的锑矿点，通过对已发现的矿点开展地质工作有望发现新的矿产地。

工作目标：系统开展寨上与鹿儿坝矿区金矿体深部的普查及详查评价工作，同时对整装勘查区进行预查和普查工作，扩大资源储量。重点开展寨上矿区寨上矿段详查和王足路矿段、扎麻树矿段普查工作；开展鹿儿坝Ⅰ、Ⅱ号矿带的普查工作；开展半沟铅锌矿带预查工作。力争该区金及多金属找矿有所突破。主攻矿种为金，兼顾钨、铅、锌、锑。主攻类型为微细浸染型、构造蚀变岩型金矿床，沉积喷流型（SEDEX）铅锌矿床。

总体工作部署建议具体如下。以二叠系、三叠系、泥盆系浅变质细碎屑岩-碳酸盐岩建造中寻找微细浸染型、构造蚀变岩型金矿床和临潭-岷县-宕昌深大断裂北侧泥盆系碳酸盐岩建造中寻找沉积喷流型（SEDEX）铅锌矿床为目标。以寨上、鹿儿坝为重点，兼顾其他矿区及面上工作的原则，重点开展寨上矿区寨上矿段详查和王足路、扎麻树矿段普查工作，开展鹿儿坝Ⅰ、Ⅱ号矿带的普查工作，对勘查区内 1：20 万及 1：5 万水系异常进行查证，对已发现矿点进行检查。

3. 甘肃省崖湾-大桥金锑矿整装勘查

勘查区位于甘肃陇南地区，面积约 6000km²。大地构造位于南秦岭构造带南亚带与北东向武山-舟曲构造岩浆岩带的复合部位，北部为夏河-岷县-宕昌断裂带，南部为碌曲-两当断裂带。主体为一套三叠纪碎屑岩、碳酸盐岩建造，属西秦岭重要的汞锑金成矿带中段岷县-崖湾金汞锑成矿远景区。该区与成矿有关的地层主要为三叠系，分布于叶冻湾-大桥一带，呈狭长的弧形带状展布，北界与中泥盆统西汉水群呈断层（夏河-岷县-宕昌断裂带）接触，南侧与下石炭统和二叠系均呈断层（碌曲-两当断裂带）接触。区内岩浆岩不发育（零星出露）。

矿产以金锑为主。已发现有崖湾大型锑矿及大草滩、水源头等小型锑矿，鹿儿坝、多纳、大沟寨金矿床（点）。近两年来又发现了大桥金矿、上坝金矿、郭家沟金矿等一批有价值的金矿床（点）。

大桥金矿床主要受层位（硅质角砾岩层）控制。走向延长大于5km，目前控制不到1km，该含矿层位在外围西南方向仍有较好的化探异常分布，而且发现相应的矿化层位；倾向延伸大于1km，目前控制不到0.5km。已在不到1km²范围内开展工作提交金资源量大于20t。该矿区面积约10km²，同时在该矿区的西侧，矿调工作圈出与大桥金矿相类似的化探异常，面积达8km²，也是非常具有找矿前景的地区。区内预测金资源量250t。因此，金矿找矿潜力很大，有望为国家提交1处大型–超大型金矿产基地。

工作目标：全面收集并研究该区已有成果资料，通过系统开展1∶5万矿产远景调查，大致查明区内成矿地质条件、矿化特征及矿产分布规律，圈定物化探异常和矿化有利地段；以大桥金矿为重点，以钻探为主要手段，对矿区进行全面评价，扩大矿床规模。研究大桥金矿的控矿因素、成矿规律和矿床成因，建立矿床模型，指导区域找矿；配合工程验证，全面开展区内矿（化）点、异常检查和评价，并提交整装勘查成果。主攻矿种为金、锑。主攻类型为层控型金矿和破碎带型锑矿。

总体工作部署具体建议如下。

（1）通过开展相关地区1∶5万矿产远景调查，基本查明区内地层、构造、岩浆岩的分布规律和成矿作用。

（2）以大桥金矿等新发现矿床的普查评价为模型，指导区内金、锑矿产的找矿和勘查。

（3）对崖湾锑矿、上坝金矿及魏家庄、小金厂、白马山等矿（点）床进行评价或补充勘查。

（4）对矿调新发现的异常和矿化线索进行追踪检查，不断发现新的矿产地。

（5）对区内资源潜力进行整体评价。

二、备选整装勘查区部署建议

1. 陕西省石泉县–汉阴地区金矿整装勘查

勘查区位于陕西省安康北部的石泉–汉阴地区，西起石泉县羊坪湾、东止旬阳县神河，东西跨越3县1区20个乡镇。面积约1957.67km²。

成矿地质背景：勘查区位于南秦岭白水江–神河陆缘裂陷带东段，出露地层主要为志留系梅子垭组，含矿地层主要为一套碳硅质板岩与含碳石英片岩，为金的矿源层；区内断裂较为发育，北西向断裂为控矿构造；发育有印支期的中酸性侵入岩脉体（群），与成矿关系密切；已发现黄龙、鹿鸣、酒奠、阳坪湾、长沟等中小型金矿床多处；安康北部古生代地层形成了以Au、Pb、Zn为主的大规模地球化学异常场，这是石泉–汉阴–旬阳–白河多金属成矿带形成的重要有利条件。地球化学异常场的形成与基底火山岩系地球化学背景、基底边缘深大断裂的长期活动有关。基底深处的热水活动溶滤了基底火山岩系中大量的成矿物质形成含矿热水，沿着同生大断裂进入海底发生沉积形成了Au、Pb、Zn等元素富集的异常地层（矿源层），甚至直接形成热水沉积型矿床。

金矿化特征：区内已探（查）明的矿床主要有月河大中小型砂金矿床；黄龙、鹿鸣、八庙沟、范家沟、沈坝、羊坪湾、烂木沟七处中小型岩金矿床。

黄龙金矿床位于汉阴县黄龙乡，东起金沟，西至硝磺硐。大地构造位置为南秦岭裂谷带的白水江-神河陆缘裂陷带。矿区内出露地层为中-下志留统梅子垭组，分为七个岩性段，第五岩性段为黄龙金矿赋存层位。岩性以中至厚层变砂岩为主，夹碳质石英片岩、薄层硅质岩、石英绢云母片岩等，底部夹透镜状薄层结晶灰岩，中部在99m范围内富含黄铁矿，一般含量在2%～5%，局部达8%～9%，顶部为一层含黑云母变斑晶绢云石英片岩。其中第五岩性段上部（$S_1m_5^{2-2}$下部至$S_1m_5^{2-3}$上部）层位较为稳定，含金丰度高，岩性为含碳绢云母石英片岩及含碳黑云母变斑晶绢云母石英片岩。工业矿体的形成皆取决于该岩性中劈理化带的发育强度，劈理化带中常见呈石英微脉及细脉浸染状的黄铁矿-磁黄铁矿沿劈理充填分布，劈理化带中岩石普遍产生中等强度的硅化、绢云母化、黄铁矿化等。区内断裂较发育，以韧性剪切断裂为主，脆性断裂次之，韧性剪切断裂规模较大，呈北西西向，长10km，宽度100～300m，韧性剪切带附近叠加大型断裂构造，内部叠加有不同规模的层间破碎带、断裂带。区内与金矿化密切相关的韧性剪切断裂带有范家沟-东沟剪切带及黄龙-鹿鸣-孙家庄剪切带。

找矿潜力分析：该区域内的金矿床的容矿地层为下志留统梅子垭组一套浅变质泥质细碎屑岩，含矿岩性以黑云母变斑晶绢云石英片岩、含碳绢云石英片岩为主。矿化受层位和韧性剪切带双重因素控制，矿床类型属韧性剪切带型金矿床，成矿类型好。

对该金矿带已发现的矿体进行资源量估算，共获得金资源量约35t。据统计，区内已完成详查的矿床，其控制深度多在300m以内（黄龙金矿控制矿体斜深55～355m；羊坪湾金矿控制矿体最大斜深220m；烂木沟金矿控制矿体最大斜深472.6m；沈坝金矿控制矿体最大斜深270m）。该区金矿受韧性剪切带控制，矿体在控矿剪切带内具尖灭再现、尖灭侧现的分布规律，已知矿区深部仍有较大的资源前景，通过对控矿剪切带斜深500～1000m范围进行探索，可获得可观的资源量。

预测黄龙金矿区资源总量为13594kg，其中已查明资源量4825.87kg，延深355m；深部预测延深645m，预测资源量8768.13kg，矿区深部有较大资源前景。

除已完成详查的矿床外，近几年陆续在汉阴县长沟、金斗坡、吴家湾、酒店、黑龙洞及汉滨区柳坑、白果树等地圈出数十条金矿体，这些矿体大多缺乏中深部工程控制，资源量有较大的增长空间。勘查区内大部分地段工作程度仍很低，通过工作极有可能发现金矿体，圈出新的成矿区段。特别是汉滨区流芳到旬阳县早阳一带，含矿地层、控矿构造、化探异常三位一体，显示出良好的成矿前景。勘查区内资源潜力大，成矿预测显示远景金资源量超过200t。

2. 甘肃省文县石鸡坝-阳山金矿整装勘查

勘查区位于甘肃省陇南地区，行政区划隶属于文县、武都区和康县，西起文县石坊乡、经堡子坝乡、桥头乡向东至武都月照乡，整体呈北东东向长条状，面积1950km²。

地质矿产特征：构造上位于勉略构造带与宝鸡-凤县-康县-文县北东向构造带斜接叠加复合部位。出露地层自南向北有新元古界碧口群秧田坝组、南华系关子沟组、震旦-

寒武系临江组、下泥盆统三河口组。下泥盆统三河口组是该区重要的赋矿层位，阳山金矿和铧厂沟金矿皆赋存于三河口地层中。断裂呈 NE 向展布，叠加有后期 NW 向断裂，岩体不发育。该区 As、Sb 异常与 Au 异常套合性好，As、Sb 异常浓度大、异常值高，具有良好的金矿找矿前景。

阳山金矿区北东东向断裂发育，构成一系列近于平行的断裂带。金矿床即位于安昌河-观音坝断裂带中，该断裂呈 NEE 走向，向北倾，倾角 50°～70°。断裂带内褶皱较为发育，而且在褶皱翼部有一系列次级层间剪切带或断裂伴生，其产状与地层产状近于一致，金矿体主要赋存于次级层间剪切带或断裂中。主要容矿围岩为泥盆系三河口群热水沉积碳硅泥岩；NEE 向安昌河-观音坝断裂带次级层间断裂控矿；出露斜长花岗斑岩脉等少量钙碱性系列小岩株和岩脉，金矿体一般产于其内外接触带附近。

阳山金矿带西起汤卜沟，东至固镇，全长约 20km，矿带共分为阳山、高楼山、安坝、葛条湾 4 个矿段以及张家山、泥山、汤卜沟 3 个成矿远景区段。目前已发现含金矿脉 89 条，控制的金资源量（332+333+334）超过 300t，其中以安坝矿段 305 号脉群规模最大。305 号脉总体走向为 NE-SW 向，地表控制长度近 3200m。由于黄土覆盖较厚，矿脉在地表只断续出露。工程见矿标高最高 2192m，最低 1557m，控制最大斜深 390m，控制垂高 635m；矿脉产状 150°～70°∠45°～65°，平均厚度 5.58m，Au 平均品位 7.06×10^{-6}，最高 47.70×10^{-6}。

矿石类型以黄铁矿化蚀变千枚岩、斜长花岗斑岩型矿石为主。矿物成分中金属矿物主要有自然金、银金矿、毒砂、黄铁矿、辉锑矿、褐铁矿等。主要载金矿物为细粒黄铁矿和毒砂。自然金以包裹金为主（75.46%）粒度一般 2～3μm 或更小。元素组合有 Au 及 Sb、Ag、Cu、Pb、Zn 等。

矿化蚀变以硅化、绢云母化、黏土化、碳酸盐化为主，次为黄铁矿化、毒砂化、褐铁矿化等。成矿时代石英 ^{40}Ar-^{39}Ar 年龄 195.31±0.86Ma，斜长花岗斑岩的 K-Ar 年龄平均为 189.4Ma。成因类型为低温热液型（微细浸染型）。

金成矿潜力分析：阳山金矿带是指位于西秦岭地区南部碧口微板块（古陆）北侧边缘、南秦岭南缘的勉略缝合带内以阳山金矿床为核心的成矿带，是我国西部地区最重要的金成矿带之一，带内先后发现了塘坝、水洞沟、阳山、联合村、甲勿池等多个大型-超大型金矿床。目前，累计探明的金资源量已超过 500t，仅阳山金矿床的资源量就超过 300t。随着勘查程度的不断深入，单个矿床规模还在不断扩大，整个矿带远景资源量有望达到 1000t，而成为我国重要的金矿产资源基地。甘肃文县阳山金矿是西秦岭金矿的代表性矿床之一，由武警黄金部队在 1997 年发现，至 2012 年年底，探求的（332+333）资源量已近 300t，平均品位为 5.64×10^{-6}。充分展示出碧口地块周缘，特别是阳山金矿带曾发生过大规模成矿作用过程，并具有巨大的成矿和找矿潜力。

工作部署建议：建议设立整装勘查区，系统评价提交金资源量，并查明主控矿因素。

3. 陕西省宁陕-柞水钼钨多金属矿整装勘查

勘查区位于陕西省宁陕-柞水一带。

地质矿产特征：该勘查区位于秦岭北缘钼钨多金属成矿带宁陕-柞水北东向构造岩浆

岩带与南秦岭构造带南亚带复合部位，出露地层主要为中-上泥盆统古道岭组、大枫沟组、牛耳川组、星红铺组、池沟组、青石垭组。岩浆岩十分发育，出露印支晚期-燕山早期宁陕岩体胭脂坝岩枝，东江口、柞水等岩基，主要控矿构造为燕山期的北东—北北东向构造，北东—北北东向构造与印支-燕山期中酸性侵入岩叠加部位是该区钼钨成矿的有利部位。该区已发现宁陕大西沟、大竹山沟、柞水杨木沟等钼钨矿床。

宁陕地区位于南秦岭近东西向的印支构造岩浆岩带与柞水-宁陕北东向构造岩浆岩带交切复合部位。晋宁运动以来，随着沿北部商丹一线的裂解，该区作为扬子板块北部被动大陆边缘，经历了洋陆俯冲碰撞、海陆碰撞造山和陆内逆冲滑移叠覆造山构造演化历史，特别是印支和燕山期的构造岩浆活动，奠定了该区现今的构造、岩浆分布格局。区内近东西向和北东向构造发育，近东西向构造为该区的基础构造，北东向构造形成相对较晚，以断裂构造为主，多与东西向构造为截切复合关系。综合磁性变质结晶基底的形态分析，表明宁陕一带位于汉中-佛坪北东向磁性基底隆起区的东部边缘，显示该区所处的柞水-宁陕北东向构造带极有可能为一深切地壳的大断裂构造带，该断裂构成深部岩浆流体上升的良好通道，是钼铜金等矿的有利成矿地区。

宁陕及其周缘地区跨越东江口岩、宁陕以及柞水等岩体群，以印支期花岗岩类为主，燕山期次之。前者岩石类型以二长花岗岩、花岗岩为主，其次为石英闪长岩、花岗闪长岩，岩体规模大，呈近东西向展布且具多阶段侵入特征，岩体多呈复式岩体群。早期侵入的以石英闪长岩、花岗闪长岩等为主，晚期侵入的则以二长花岗岩为主，似斑状、斑状结构发育，部分岩体发育环斑结构，岩体内基性-超基性岩包体发育，包体与寄主岩石界线清晰。后者以燕山早期的岩浆作用为主，在区域上呈北东向带状分布，呈岩基产出的花岗岩类岩石偏酸性，以花岗岩、二长花岗岩为主，而中酸性小斑岩体主要为二长花岗斑岩、花岗闪长斑岩、闪长玢岩和石英闪长玢岩等。该时期的花岗岩浆活动除表现为承启印支晚期岩浆作用、构成北东向展布的侵入岩相单元以外（如胭脂坝岩体、东江口岩体），还表现为沿穿切印支期岩体的北东向断裂带贯入的花岗岩脉和热液脉体。

对区内印支期花岗岩的主微量、稀土等地球化学及同位素特征研究表明，其平均 $^{206}Pb/^{204}Pb=17.530$、$^{207}Pb/^{204}Pb=15.439$、$^{208}Pb/^{204}Pb=37.527$，$(^{87}Sr/^{86}Sr)_i$ 为 $0.7046 \sim 0.7065$，$\varepsilon_{Nd}(t)$ 为 $-2.41 \sim -8.84$，显示印支晚期形成的岩体（如宁陕、东江口岩体群等）代表了秦岭造山带古生代板块构造体制下的下部地壳物质部分熔融的产物，其源区为地壳深部，属 I 型花岗岩；燕山期以来形成的花岗岩基为地壳重熔 S 型，往往与钨矿化有关，与钼成矿密切相关的花岗斑岩则主要与中生代陆内造山地壳增厚、熔融，继之伸展减薄引起岩浆侵入有关，为深源浅成侵入的 I 型花岗岩。

由于燕山期的岩浆活动主要受濒西太平洋构造域的影响和控制，同时受到印支期形成大地构造单元及构造岩浆岩带的制约，因此燕山期岩体的空间展布具有东西成带、北东向成串的近等间距分段集中的空间分布特点。

从该区构造和花岗岩体的展布以及地壳深部构造分析，宁陕及其周缘存在与花岗岩有关的良好的钼铜金成矿地质条件。

宁陕地区地处华阴-柞水-宁陕北东向构造岩浆岩带的南部，带内的胭脂坝岩体位于宁陕岩体群东段，属其组成部分，岩体呈北东向展布，成岩年龄为印支末期—燕山早期

（216～184Ma），岩石类型有二长花岗岩、正长（和/或钾长）花岗岩，岩体内部沿北东向断裂贯入的花岗岩脉、热液脉普遍发育，主微量、稀土地球化学特征显示其为I型花岗岩，同位素地球化学特征也与该区钼成矿花岗岩的平均值相近，所以宁胭脂坝岩体具有良好的钼成矿潜力。

秦岭成矿带北缘印支-燕山期岩浆岩带是一个跨单元的巨型钼（钨）成矿带。除华北地台南缘的金堆城、黄龙铺、大石沟、北秦岭潘河等超大型大型钼（钨）矿床外，近年在南秦岭陆续发现了温泉、广货街、曹坪、沙河湾、雪坪沟、江口、大竹山沟、月河坪、大西沟、深潭沟、杨木沟等一批大、中、小型钼（钨）矿床（点），南秦岭成矿带钼（钨）找矿取得重要进展。

秦岭钼钨矿床（点）呈北东向等间距成串集中分布，自西向东划分为五个北东向钼（钨）成矿带，其中金堆城-胭脂坝成矿带是最具成矿潜力的一个，该带自北向南依次分布有金堆城-黄龙铺、蟒岭西、曹坪-沙河湾、东江口、胭脂坝五个钼（钨）矿集区。其中东江口、胭脂坝两个矿集区位于安康北部宁陕地区，显示宁陕一带钼（钨）的巨大找矿潜力。

东江口矿集区：已发现近等间距分布的江口街、大竹山沟、小竹山沟等钼（钨）矿床（点），矿化类型以石英脉型为主，钼（钨）矿化石英脉沿花岗岩基中的NE向断裂带展布，成矿时代（年龄测试中）明显晚于印支末期的东江口岩体成岩时代。

胭脂坝矿集区：已发现月河坪、深潭沟、大西沟、东阳、杨泗等钼钨矿床，矿化类型以接触交代型为主，叠加了NE向石英脉型矿化，显示两期矿化特征。胭脂坝岩体北东部呈手指状、枝杈状侵入围岩地层中，形成接触交代型矿化。围岩不同，矿化也有差异。岩体与古道岭组灰岩接触，主要在外接触带成矿，如月河坪钼矿（Re-Os 193Ma）；与陡岭群石英片岩接触则在内接触带成矿，如深潭沟钼矿。大西沟钼矿中发现石英脉型矿化穿切夕卡岩型矿化的现象，辉钼矿化石英脉呈NE向展布。

工作部署建议：主攻矿种为钼钨银矿，主攻类型为夕卡岩-斑岩型、石英脉型。

以考虑华阴-柞水-宁陕北东向构造岩浆岩带的综合成矿潜力为目标，以钼钨的重大突破为核心进行公益性项目部署；以宁陕一带的胭脂坝钼钨找矿潜力区为重点，以月河坪钼矿外围勘查为支撑，整体考虑胭脂坝岩体的勘查部署。

据区域重力资料分析和野外调查证实，月河坪、四海坪二长花岗岩岩体为同一岩基的两个岩枝，岩基中心位于两个岩枝中间的基底隆起带中，推断岩基埋藏较浅。整个岩基面积可达300km² 以上，进一步找矿的空间较大。具体勘查思路如下。

（1）部署公益性1∶5万矿产地质调查项目，查证胭脂坝岩体周边的热接触变质蚀变带的空间分布规律、性质及规模，进一步发现新的矿点、矿化线索，缩小找矿靶区，槽探圈定、钻探验证，提交新发现矿产地。

（2）加大地球物理、地球化学勘查力度。胭脂坝岩体平面上呈枝杈状、港湾状分布，接触带复杂多变，同时区域重磁资料的研究分析表明，目前胭脂坝岩体出露于地表的小岩枝均属同一岩基的组成部分，推测宁陕胭脂坝岩体可能为一枝杈状的侵入体，在宁陕胭脂坝带的小岩枝之间的覆盖区之下存在大面积的岩体接触带，该接触带是极为有利的成矿地段，通过部署1∶5万岩石地球化学、高精度磁测量结合重力剖面测量圈定夕卡岩带、角岩带（区）的浅埋藏区；进一步利用电、磁法寻找浅埋藏区的有利矿化地段。

（3）系统的钻探工程勘查，将胭脂坝岩体作为一个整体，系统部署勘查工作，实现钼（钨）的找矿突破。

4. 甘肃夏河－合作地区金铜铁矿整装勘查

勘查区位于青藏高原东缘的秦岭成矿带甘南藏族自治州合作市及夏河县境内，工作区东西长约 90km，南北宽约 50km，总面积约 4500km²。

地质矿产特征：该区处于夏河－碌曲－玛曲北东向构造带与北西西向南秦岭构造带北亚带叠加复合部位。区内褶皱、断裂构造极为发育，岩浆活动强烈，铁、铜、金矿床（点）及其异常广布，构成了重要的铁、铜、金等多金属成矿带。区内出露地层为石炭系、二叠系、三叠系、侏罗系、白垩系、古近系和新近系及第四系。地层总体展布方向为 NW 向，与区域构造线的方向一致。区内已知的铁、铜、金等矿床（点），主要产在夏河－合作断裂带附近的石炭系、二叠系和三叠系中。

矿床（点）的展布严格受区域大断裂带的控制，区域深大断裂带一般为导矿构造，但在区内某些地段（答浪沟金矿）为容矿构造。反映了北东、北西等多组断裂的交汇或与环形构造所产生的次级放射状断裂及侵入岩体（脉）有关的成矿特征，并且异常与已知矿（床）点相对应，证明区内的地质构造为成矿、控矿的重要因素，是寻找浅成热液型多金属矿产的重点地区之一。该区线－环构造及各类遥感异常十分发育，在 TM 影像上该区具有热隆构造的特征，遥感异常影像特征比较明显，对综合分析成矿条件有较好的间接指示作用。

该区岩浆活动较频繁，侵入岩普遍发育，以印支晚期—燕山早期的中酸性－酸性岩浆岩为主。区内热液活动强烈，具显著的断裂控矿特征。

区内共有 20 个航磁异常，主要呈北北西走向，集中分布于东西两段。电法工作共发现各类电法异常 233 个。布格重力异常从属于青藏高原重力梯级带，呈有规律地同向扭曲，反映青藏高原北侧幔坡带特征。金矿床（点）分布于发生明显变化的重力梯度带和正布格重力异常区内，并与规模小强度低的磁异常关系比较密切。

1：20 万化探扫面在夏河－合作一带共圈定 7 个综合异常，其中 Au 异常 35 个（异常下限 $5×10^{-9}$）。异常多沿断裂带集中分布，异常元素套合程度好，异常强度高、面积大、分布广，主要集中在夏河－合作断裂以北一带，其次集中于夏河－合作断裂以南的桑科－枣子沟一带；而 Cu、Pb、Zn 三种元素异常重合性较好，异常面积较小，分布范围局限，主要集中分布在夏河－合作断裂以北的北西一带，异常分带十分清楚。另外在该区的侵入体周围多见异常集中分布。1：20 万化探异常中的相当一部分已被证实为矿致异常，在异常区已发现多处金、铜、砷、锑等矿床（点）。

各元素集中区分布特征也与 NW 向展布的多组深大断裂分布相一致，从南到北元素组合具有明显的分带性，即 Cu、As、W、Sn → Pb、Zn、Ag、Au、As → Au、Sb、As、Hg 组合，从而显示区内各元素集中区由中高温元素组合向中低温元素组合过渡演化的总体趋势。Au、Ag、As、Sb 等元素的富集与花岗闪长岩关系密切，区内所出露的该类岩体（脉）都是找矿标志之一。

工作部署建议具体如下。

主攻矿种为铁、铜、金多金属矿。铁、铜矿的主要成矿类型为接触交代（充填）-热液型、夕卡岩型和斑岩型，金矿的主要成矿类型为中低温热液型、构造蚀变岩型和石英脉型。

该区自20世纪70年代开展普查找矿工作以来，虽然先后发现了几十处以铁、铜、金为主的多金属矿床点和矿化线索，但目前仅有美仁铁矿，德乌鲁、阿姨山铜矿，枣子沟金矿等个别矿床点的工作程度达到了普查，而其他矿床点的工作程度均低，相当一部分矿点由于受资金、社会环境等因素制约未能开展大面积的勘查工作。通过综合分析对比该区带的地层、构造、岩浆岩、物化异常及遥感信息，认为夏河-合作一带找矿潜力巨大，资源远景可观，因此建议：①设立重点整装勘查区块，集中优势开展整装勘查，以取得找矿勘查工作的重大突破。②对该区带已知矿床点开展系统普、详查工作，对已发现的矿体进行走向和倾向上的工程追索、控制，扩大资源量，提高矿体的工程控制程度。③对于区内其他成矿有利地段开展普查工作，利用大比例尺地质填图和物化探等手段圈定矿化集中区，再通过异常查证发现矿体，运用地表山地工程和重型工程进行追索控制，提交可供开发的矿产资源基地，进一步扩大区域远景资源量。

5. 甘肃大水及外围金矿整装勘查

勘查区位于甘、青、川"金三角"区，行政隶属秦岭成矿带玛曲县和碌曲县管辖。勘查区面积514km²。该区的区域构造位置处于南秦岭构造带南亚带白龙江逆冲断裂带与北东向夏河-碌曲-玛曲构造带叠加复合部位，南以玛曲-略阳断裂为界，与甘孜-松潘褶皱带相接。

区内金矿床产出于白龙江逆冲带南缘西倾山隆起带格尔括合褶皱束北西，赋矿地层为碳酸盐岩建造、碎屑岩，围岩时代二叠纪—白垩纪，主要成矿时代为燕山期，金矿和矿化异常沿区域性断裂方向展布，分布集中，成群集结呈串珠状，构成类卡林型金矿带。

自1990年开始金矿勘查以来，目前已发现的金矿床（点）有6处，如大水金矿（又称格尔柯金矿）、贡北金矿、忠曲金矿、辛曲金矿、恰若金矿点、格尔托金矿点。已探获金资源量超过120t。然而，地质勘查工作主要是针对矿区，矿床控制深度仅300m左右；外围工作程度非常低，仅通过踏勘发现了一些线索，受资金限制等因素影响，没有展开系统的大面积勘查工作。

格尔柯金矿累计提交金资源储量约90t，尤其通过秦岭成矿带玛曲县格尔柯金矿危机矿山接替资源勘查项目的实施，找矿取得较大突破，部分钻探成果显示矿体延深达800m。预计随着勘查深度的加大，其资源储量将会有大幅提升。贡北金矿通过几年来矿山生产探矿及危机矿山接替资源勘查项目的实施，金资源量增加，已成为中型金矿，经钻探工程控制矿体延深达200m以上。忠曲金矿、辛曲金矿在开发过程中控制矿体延深300m，且矿体规模有变大、品位有增高的趋势，显示深部找矿潜力巨大。区内控矿构造带延伸稳定，忠格扎拉一带、大水军牧场一带化探异常发育，预示着外围具有良好的找矿前景。

工作部署建议：总体思路——继续突破深部，逐步扩大外围。细分具体如下。

（1）对格尔柯金矿68～87线范围3530m标高以下和97～110线范围3490m标高以下300m的空间内，贡北金矿160～180线范围3500m标高以下300m的空间内，格尔托金矿点75～80线范围3678m标高以下400m空间内，以及忠曲金矿在3874m中段及以下 200m 空间内，系统地利用钻探控制；对辛曲金矿 192～208 线在目前矿山工程分布中段以下 300m 的空间进行控制，扩大矿区资源储量；对格尔珂金矿 Au2、Au20 号矿体重点矿体，贡北金矿 Au3、Au6 号矿体，可施工钻孔控制地下 1000m 范围内矿体规模、品位及变化情况。

同时对格尔珂金矿和贡北金矿结合部位、格尔珂金矿与格尔托金矿结合部位，对忠曲金矿以西的恰若、忠格扎拉一带和格尔珂金矿－曲哈尔登一带开展工作，力争发现新的金矿体，实现该成矿带上找矿工作的新突破。

（2）利用 1∶1 万土壤测量浓缩、圈定 1∶20 万和 1∶5 万水系沉积物测量异常，并配合 1∶1 万高精度磁测和可控源音频大地电磁测深剖面，对忠曲金矿以西的恰若、忠格扎拉一带和格尔珂金矿－曲哈尔登一带开展普查，争取发现新的金矿体，实现该成矿带上找矿工作的新突破。

6. 陕西镇安金龙山及外围金汞锑铅锌矿整装勘查

整装勘查区东起四峡口，西至锡铜沟，长约 70km，宽约 37km，面积约 2600km^2。

该区所处大地构造位置为南秦岭构造带南亚带东段。工作区位于羊山复式向斜北翼之次级褶皱松（松树岭）－枣（枣树滩）背斜南翼。

区内金龙山矿段、古楼山矿段以金矿为主，石板沟矿段、杨家岭矿段以汞、锑矿为主。区内金矿（化）体受中泥盆统杨岭沟组、上泥盆统南羊山组和下石炭统袁家沟组地层控制，矿体分布于松树岭－枣树滩次级背斜褶皱的轴部及两翼，出露相对集中，从东向西划分为金龙山、腰俭、丘岭、古楼山四个矿段，共发现蚀变矿（化）体 38 条，工业矿体 28 条。

通过对金龙山矿段、腰俭矿段、丘岭矿段、古楼山矿段成矿条件、控矿因素的对比，认为金龙山矿段－杨家岭矿段位于汞、锑与金矿过渡部位，松－枣背斜与金龙山－杨家岭短轴背斜的交汇部位，汞、锑与金均具较大找矿潜力；腰俭矿段在倒转紧密短轴背斜的转折端及与派生构造交汇部位是金矿赋存部位，其在垂向上可能存在多层赋存部位，深部找矿潜力较大；古楼山矿段北西向断裂是斜切地层的断裂，其在垂向上可能延伸较大，深部具有进一步找矿潜力。总之金龙山矿带金及多金属均具有巨大的找矿潜力。

主攻矿种为金，兼顾铅、锌、汞、锑。主攻类型为微细浸染型、沉积喷流型（SEDEX）铅锌矿床。

总体部署建议具体如下。

（1）依托金龙山力争达到特大型规模：以金龙山矿区为重点开展地质勘查工作。以山地工程为主对主要矿体及两端和深部开展勘查，扩大矿床规模。

（2）加强矿带基础性研究，力争发现新的矿产地：在矿区外围丁马矿带开展基础地质工作，提高区域及矿带的工作程度，提交可供进一步工作的矿产地。

（3）在调查了解研究区地质背景和成矿地质环境基础上，提高区域成矿规律及成矿条件的认识。

7. 甘肃西和－成县铅锌金矿整装勘查

西（和）成（县）矿田内铅锌多金属矿床（点）星罗棋布，目前探明资源量达 2500 万 t 以上。大、中型矿床近十处。自 21 世纪以来，提交了代家庄、小厂坝等铅锌矿床新增资源储量约 150 万 t。厂坝和李家沟等矿床，自提交勘探报告以来，深部 900m 以下勘查一直未深入开展评价。

厂坝及李家沟铅锌矿 900m 以下主矿体没有完全控制，Ⅰ号主矿体在 65～105 线中厚层的富矿体 700m 水平以下均无尖灭趋势，Ⅱ号矿体在 91 线以东，1000m 标高以下未控制，1100m 标高上下有Ⅲ 30-35 号矿体成群出现，厂坝矿段 49 线以西 900m 标高以下均无工程控制。外围龙洞湾等铅锌矿老洞上民采点较多，圈定矿（化）体十余条，地表长度 10～100m，厚 0.5～4.7m，以锌矿化为主，品位为 1.06%～14.35%。清水沟、甘山、慢沟门、茨坝后沟等地围绕厂坝岩体南北两侧发现铜、铅、锌、钨、钼、铁等矿化多处。

代家庄铅锌矿发现Ⅰ、Ⅱ两个矿带，在Ⅰ矿带圈出多金属矿体 5 条，控制长度 796m，平均厚度 14.65m，平均品位：Pb 2.55%、Zn 10.19%、Ag 63.43×10⁻⁶。矿床规模已达中大型。目前矿床仅为化探异常北带的一部分，其东西两端和南带均有铅锌矿化显示，具有良好的找矿前景和找矿潜力。其外围分布有半沟、磨坝里、塔儿里、石家台等铅锌多金属矿点多处，圈出铅锌矿体近 20 条。

洛坝铅锌矿目前坑道已控制到 900m 标高，矿体向下继续延伸，东西两端矿体也未控制到边界，找矿潜力较大。该区地质工作程度相对较高，为深入找矿勘查奠定了基础。截至目前，区内 1：20 万区域地质测量、1：50 万～1：100 万区域航磁和重力测量、1：5 万～1：20 万航空磁测与放射性 γ 测量、1：25 万遥感地质解译与蚀变提取工作全面覆盖。已完成 1：5 万区域地质调查 7 幅、1：5 万矿产远景调查 2 幅、1：5 万水系沉积物测量或土壤（岩屑）测量 4 幅，新一轮航空物探磁、电、放测量 4 个图幅，局部地段开展了 1：2.5 万航磁和遥感影像解译工作。

工作目标：以中泥盆统海相碳酸盐－细碎屑岩建造为主要目标，以大中型矿床为依托点，对重点矿床进行"摸边探底"，扩大找矿前景。主攻矿种为铅锌。围绕厂坝－李家沟热水沉积洼地寻找喷流沉积型（SEDEX）矿床；围绕代家庄－邓家山－毕家山－洛坝一带寻找与"礁硅岩套"有关的、受构造控制的沉积改造型矿床。

工作部署建议具体如下。

将勘查区分成五个普查区块，围绕各个区块的找矿重点开展工作，重点突破：①代家庄深部及外围铅锌普查区，重点为代家庄铅锌矿深部，外围辐射岷县半沟、塔儿里、石家台、开地沟，宕昌县磨坝里、扎峪河、小峪河、沙草湾、皮地坡等铅锌铜金多金属矿点。②厂坝－向阳山深部及外围铅锌普查区，以厂坝－李家沟铅锌矿、向阳山铅锌矿为重点，外围辐射老洞上、清水沟、龙洞湾等铅锌矿（点）。③洛坝深部及外围铅锌普查区，以洛坝铅锌矿深部及外围为主。④毕家山深部及外围铅锌普查区，重点以毕家山铅锌矿深部及外围为主。⑤页水河－邓家山深部及外围铅锌普查区，以页水河铅锌矿、邓家山铅锌矿、尖崖沟铅锌矿深部为重点；外围兼顾杜家营、水贯子、磨沟等铅锌矿点。

第九章　结　　语

第一节　主要成果和认识

本书在秦岭成矿带以往地、物、化、遥矿产勘查成果的基础上，重点对地质大调查以来最新取得的地质、找矿、资源评价及各类科研成果进行了系统梳理和综合分析研究、集成，更新了区内 1 ∶ 50 万秦岭成矿带地质图、地质矿产图及其相关图件，并以区内优势金属矿产为目标，应用构造 - 成岩 - 成矿研究思路，主抓主导成矿控制的基础地质因素，以成矿带区域地质要素（矿源层、热源和赋矿空间等）为研究目标，针对区内铅、锌、金、钼、钨、铜等主攻矿种找矿突破所存在的基础地质问题，选择关键地区进行解剖性 1 ∶ 5 万地质调查，重点开展了印支 - 燕山期中酸性岩体的时空分布规律及构造属性研究，探讨岩浆作用与钨钼金多金属成矿作用关系，并针对震旦系、志留系和泥盆系重要含矿层岩相、岩石学及含矿性特征进行了较详细的综合调查和区域对比，对区内北东向构造的成生、发展及其控岩控矿作用进行了较深入的探讨。通过野外地质调查、典型矿床调研、室内综合研究和工作项目跟踪、交流研讨，在秦岭成矿带成矿地质背景、区域矿产及优势矿种成矿规律、控矿条件、资源潜力、部署选区等方面均取得了一系列重要进展和新认识；在"秦岭成矿带地质矿产调查"计划项目顺利实施、秦岭成矿带地质找矿工作统一规划部署以及推进整装勘查和促进找矿重大突破等方面发挥了重要作用。

一、详细研究了中生代花岗质岩浆作用及其成因、构造属性，深入探讨了其成矿控制效应

1. 确定了晚三叠世末期到早侏罗世早期存在一次新的岩浆活动

该期花岗岩地球化学性质与印支晚期的花岗岩和燕山期大规模岩浆作用的花岗岩类均存在不同程度的差异，其既有继承印支晚期花岗岩的某些性质，也具有独到特点，因此应是发生在燕山早期的一次新的岩浆作用，代表了秦岭地区进入陆内造山演化阶段以来早期的张性构造环境。获得一批同位素测年数据，其成岩年龄时段在 205 ～ 180Ma，为深入研究本区花岗质岩浆活动特别是区内存在早侏罗世早期的岩浆活动提供了依据。

1）秦岭成矿带中生代岩浆岩活动具有多阶段、多次侵入特征

印支期三叠纪岩浆活动在 248 ～ 198Ma，可初步划分为早期（248 ～ 225Ma）、中期（225 ～ 210Ma）和晚期（215 ～ 198Ma）三个阶段。早期阶段的花岗岩类岩体的岩石组

合为石英闪长岩（埃达克质的）- 花岗闪长岩组合，主要在西段出露，其次为中段，且主要以复式岩体中早阶段侵位的岩相为特征；中期阶段的岩石组合为二长花岗岩 - 花岗岩组合，分布广泛，在中、西段及扬子北缘均有出露，在东段华北地台南缘一线也有出露；晚期阶段岩体成岩时代主要在 215 ～ 200Ma，其岩石组合主要为钾长花岗岩 - 环斑花岗岩（多在中区出露），与其相伴的还有碱性花岗岩类、碱性岩以及岩浆碳酸岩、煌斑岩等。从早到晚显示出岩浆从以偏中性为主逐渐向中酸性乃至碱性演化趋势。

侏罗 - 白垩纪岩浆活动也大致可划分为早、中、晚三期。中期为区内燕山期主体岩浆活动，主要发生于晚侏罗世—早白垩世（130 ～ 160Ma），岩浆活动相对广泛，但受已有构造基底制约和燕山期北东向构造影响，不同区段内岩体地表发育程度、出露规模和形态却存在较大的差异，岩石组合则较复杂，主要为闪长岩 - 花岗闪长岩 - 二长花岗岩 - 花岗岩以及相应的浅成侵入岩类，其中分布于东段的花岗岩基主要为二长花岗岩类，而小岩体、岩枝岩脉等则以石英闪长岩、闪长玢岩、花岗闪长岩、花岗斑岩等为主。晚期岩浆活动主要发生于晚白垩世—古近纪早期（51 ～ 80Ma），该阶段岩浆活动较弱，也多见于中、西段局部地段，主要反映为岩浆热液叠加或耦合成矿作用。早期发生于晚三叠世末期到早侏罗世早期（205 ～ 170Ma），岩石组合以二长花岗岩 - 钾长花岗岩为主，次为花岗闪长岩及其浅成岩石。就该期的岩浆性质而言，似乎与三叠纪晚期的岩石组合特征相似，但通过岩石地球化学、岩体内暗色基性岩包体的发育程度、该期岩体与前期岩相之间的关系以及岩浆侵位的构造控制特征等综合分析，它们两者之间存在较明显的差异。

2）明确了不同阶段岩浆作用的构造属性

本区印支期早期的岩浆作用（248 ～ 225Ma）为陆陆汇聚环境的碰撞造山阶段的产物，中 - 晚阶段的花岗质岩浆活动（225 ～ 200Ma）则是挤压向伸展环境转换的晚碰撞造山阶段的产物，其中中期阶段（225 ～ 210Ma）花岗岩类岩体可能为构造环境转换阶段早期的代表，而晚期阶段（215 ～ 200Ma）的花岗岩类岩体为构造环境转换阶段晚期的代表。三叠纪末以来，本区主要反映的是陆内造山阶段伸展环境岩浆作用的发展演化，其中三叠纪末—早侏罗世早期（205 ～ 170Ma）的花岗岩类为伸展环境阶段初期的岩浆活动的产物，由于成矿带不同区段的陆内造山阶段岩浆活动的时限存在一定的差异，因此进入后碰撞的陆内造山阶段的先后也有不一致性，可以说，三叠纪末—早侏罗世早期的岩浆活动仅仅是秦岭成矿带陆内造山阶段岩浆活动的序幕，至晚侏罗世—早白垩世（130 ～ 160Ma）本区进入后碰撞造山阶段地壳拉伸减薄地幔物质上涌导致的大规模岩浆活动时期，一直延续到早白垩世岩浆活动逐渐减弱。

2. 印支 - 燕山期岩浆作用的成矿效应突出，差异性明显

印支期花岗岩类的成矿作用是中国大陆构造转折期的一种地质效应，是中国东部及东亚中生代大规模成矿作用的开始和先导。而燕山期的成矿作用则是大陆碰撞造山作用的伸展环境阶段花岗岩浆作用的成矿效应。印支期，受控于南北两个陆块的碰撞区域构造 - 岩浆作用，区内与岩浆作用有关的成矿带总体呈现东西成带，并由南而北大致可划分出：①沿勉略构造混杂岩带为与深源浅成 S-I 型花岗岩有关的造山型金成矿带；②南秦岭构造带南亚带的与 I-S 型花岗岩类有关的中低温热液脉型的金 - 铅锌 - 汞锑多金属成矿带；③南秦岭北亚带的与深成Ⅰ型花岗岩类有关的斑岩型、夕卡岩型以及热液型的铜（砷）、金成矿带以及沉积再造型铅锌矿；④北秦岭构造带的与深成Ⅰ型花岗岩类有关的斑岩型，热液脉型为主的钼、铜、金成矿带；⑤华北地台南缘的与Ⅰ-A型有关的钼、铜、金、铁、铅及稀有、放射性元素成矿带。燕山期中国大陆南西有印度洋板块的碰撞挤压，东缘有太平洋板块的俯冲，秦岭成矿带东西区段所处的区域主导应力场的影响强弱关系有所不同，造成秦岭成矿带东、西段花岗岩的成矿效应存在一定的差异。东段以钼、钨、铜金多金属矿为主，中西段特别是西秦岭地区则以造山型金矿为主。由于燕山期北东向构造岩浆作用对印支期的构造岩浆岩带及成矿带跨单元的叠加和改造，燕山期的成矿作用具有东西成带、北东分段跨单元集中分布的特征。特别是分布于潼关－柞水－宁陕北东向构造岩浆带内与早侏罗世早期岩浆作用有关的钼钨矿的发现，证实了秦岭成矿带内陆内造山作用初期仍存在一次新的成岩成矿作用。

二、古生代秦岭成矿带铅、锌、金、汞锑、锰等主要成矿元素的主要成矿蕴积期，含矿层具有多时代、多层位性、成矿元素多样化、矿质聚集多成因以及矿质来源多源性等特征，为本区中新生代大规模的成矿作用奠定了坚实的基础

（1）秦岭成矿带震旦系、寒武系出露较广泛，但MVT型铅锌含矿层主要为上震旦统灯影组中上部镁质碳酸盐岩系，其次为上震旦统—下寒武统鲁家坪组以及寒武－奥陶系石瓮子组。前者主要分布于扬子准地台及其周缘，后者则主要分布于南秦岭地区。而以马元为代表的"马元式"MVT型铅锌矿含矿层是在较为稳定的沉积环境条件下形成，主要沿大型盆地边缘或盆地内基底隆起边缘分布，含矿岩石以富含微生物的白云岩为主体，成矿物质既有来自基底变质基性－中酸性火山岩系的（深源的），也存在来自震旦－寒武系盖层的（浅源的），成矿流体主要为由后期基底构造隆升而产生的大规模的海底热水循环系统。从铅锌含矿层的岩石、岩相以及上覆下伏岩组的岩性特征综合分析，只有在稳定性和半稳定性沉积环境条件下，才可以满足成矿元素物质的沉积初步聚集。因此从铅锌含矿层这一成矿首要因素考虑，扬子准地块及其北缘应为秦岭成矿带"马元式"铅锌矿成矿的有利地区。磷、锰含矿层主要分布于南秦岭勉县－略阳－康县－文县等地区的震旦－寒武系暗色岩系建造发育的空间时段，其形成构造环境为盆地内基底凹陷次级沉积中心和陆缘裂陷，为半稳定性条件下的陆棚浅海深水－次深水滞流沉积环境，岩石组合以含碳的硅－泥质－碳酸盐岩为主。

（2）沉积的大地构造环境决定了南秦岭地区和后龙门山地区的志留系沉积建造和含矿地层的发育程度及含矿性。南秦岭南亚带内沿舟曲－迭部－安康－旬阳一线的深裂陷盆地形成一套深水－半深水的碳硅泥质岩夹火山岩与次火山岩黑色岩系建造是志留系的重要的含矿层和赋矿层，东西向区域上的含矿建造和含矿层具有可对比性。成矿元素的富集与基底火山岩系地球化学背景、基底边缘深大断裂的长期活动有关。而发育于扬子地块内部和陆缘凹陷地带的后龙门山地区的志留系沉积建造主要表现为滨－浅海陆棚相沉积和海陆

交互相沉积，部分为滞流海湾或滞流的深水陆棚环境沉积，岩性也以陆源碎屑岩，泥质岩、泥质碳酸盐岩为主，局部时段和空间表现为陆棚滞留海湾或深水还原环境的碳质黑色岩沉积，但总体缺乏火山沉积物质，含矿地层不发育，含矿性较差，缺乏良好的成矿环境和找矿潜力。

（3）受控于伸展构造环境条件的南北向区域拉张下沉－断裂开陷作用，泥盆系东西向成带分布特征明显，依据区域构造和沉积特征，划分为北、中、南以及扬子台缘四个带，各带之间沉积环境、沉积岩石组合、含矿建造以及含矿层含矿性具有较大的差异。北带的含矿层主要为中泥盆统的青石垭组和上泥盆统的下东沟组以及桐峪寺组，成矿元素组合为Ag-Pb-Zn-Cu-Au和Au-As-Sb-Hg；中带的含矿层相对稳定，铅锌含矿层赋存于古道岭组以及西汉水群，成矿元素组合为Zn-Pb和Zn-Pb-Cu；含金层主要为星红铺组以及西成盆地的西汉水群红岭山组细碎屑岩，成矿元素组合主要为Au，其次为Au-Pb-Zn；南带的含矿层发育，含矿元素组合复杂，但汞、锑、铅锌、金等优势成矿元素含矿层主要发育于早－中泥盆世各地层中，局部地区发育晚泥盆世含矿层；扬子台缘主要含矿层为下－中泥盆统三河口群的下部岩性段的含火山岩及凝灰岩的泥质细碎屑岩、泥质岩和结晶灰岩韵律层，含矿层元素组合随地层的物质组分不同而有异，与中基性火山岩有关的含矿层主要为Au-Cu-Pb-Zn-Co-Ni组合，以热水沉积为特征的含矿层则为Au-Hg-As-Zn组合。含矿层成矿元素来源具有古陆、沉积、地壳深部等多源性特征，其中后者为本成矿带成矿物质的主要来源。对中带的西成和凤太两个盆地的含矿层、含矿元素、成矿特征、矿化强度等综合分析，提出它们的成矿背景相同、成矿作用方式也近一致，二者应属同一矿集区的两个矿田，推断西成盆地和凤太盆地有可能在晚古生代时期为同一个断陷盆地的两个次级热水沉积中心区，而后随着印支－燕山期的大规模碰撞造山和陆内造山构造作用，盆地沿着次级北东东向断裂带逆时针走滑拉张形成的徽成拉分盆地将西成－凤太断陷盆地一分为二，从而形成现今的构造地理地貌形态，因此推断处于西成和凤太矿集区之间的徽城－两当盆地深部有可能是今后秦岭成矿带热水沉积后期改造型铅锌矿找矿的良好地区。

三、厘定和划分出5个中新生代的北东向构造带、5个北东向叠加成矿带

在对区内构造系统梳理基础上，结合最新地质调查以及重、磁、遥感等成果，重点对北东向构造区域展布特征及其成岩成矿作用效应进行了分析探讨，厘定和划分出中新生代5个北东向构造带。其自东而西依次为栾川－郧县－竹山、潼关－柞水－宁陕、宝鸡－凤县－文县、礼县－宕昌－舟曲以及夏河－碌曲－玛曲等北东向构造带，并对分布于本研究区的后四个构造带进行了较详尽的研究。北东向构造带在地表断续、平行成束分布，总体表现为左行剪切滑移特征，具有剪切—张剪性—压剪性质的转化趋势。其形成时代主体为燕山期以来，部分可追溯到印支晚期，它们既有继承改造的原有北东向构造成分，也有新生的北东向构造，它们成带分布叠加在前期已有的东西向构造格架之上，呈似等间距的展布特征，各构造带宽度一般在60～100km。北东向构造带不仅控制了燕山期岩浆侵入体的分布，

构成相应的岩浆岩带，也控制了侏罗－白垩系，乃至古近系－新近系的断陷盆地的分布。受特提斯构造域和太平洋构造域构造动力此弱彼强的影响，成矿带东段和西段的北东向构造的表象和岩浆作用强度存在明显的差异，对秦岭成矿带燕山期花岗岩的岩浆活动、成岩时代以及花岗岩的成矿作用都具有较明显的制约。在五个北东向构造岩浆岩带中，发育于东段的潼关－柞水－宁陕北东向构造岩浆岩带是目前秦岭成矿带重要的钼钨金成矿远景区带。

以印支－燕山期构造岩浆成矿作用为主线，系统进行了秦岭成矿区带划分。参照前人的秦岭成矿区带划分，在全国矿产资源潜力评价工作中提出的中国成矿区带划分方案（划分到Ⅲ级）基础上，结合大地构造分区、突出印支－燕山期构造岩浆成矿作用，提出兼顾上述东西南北关系的Ⅲ级和Ⅳ级成矿单元划分方案，划分出涉及秦岭成矿带的Ⅰ级成矿域3个、Ⅱ级成矿省3个、Ⅲ级成矿区带6个、Ⅳ级成矿亚带21个。并重新厘定了东西、秦岭的分界，认为佛坪穹窿更具有"过渡性"分割意义，潼关－柞水－宁陕北东向构造岩浆岩带为东秦岭（燕山期中酸性岩浆岩为主）西秦岭（印支期中酸性岩浆岩为主）的转换带，也是主要的钨钼多金属成矿潜力区；指出龙门山构造带南界宽川铺断裂带比其北界阳平关断裂更具有成矿分割意义；并在初步划分出中新生代4个北东向构造岩浆岩带的基础上，厘定出4个北东向叠加成矿带，更清晰突显了印支－燕山期构造岩浆成矿作用；秦岭成矿带印支－燕山期岩浆热液成矿往往跨单元成矿，多期次叠加成矿普遍。认为主成矿作用、成矿地质背景是成矿区带划分的核心，系统厘定成矿单元，为进一步系统总结矿产分布规律奠定了基础。

四、胭脂坝岩体、月河坪岩枝及四海坪岩株为来源于下地壳物质熔融为主的同源花岗岩类

对杨泗一带关键地段的地质调查，确认胭脂坝岩体、月河坪岩枝及四海坪岩株为来源于下地壳物质熔融为主的同源花岗岩类，成岩时代为早侏罗世早期（205～180Ma），其岩浆性质与印支晚期的花岗岩和燕山期大规模岩浆作用的花岗岩类均存在不同程度的差异，其既有继承印支晚期花岗岩的某些性质，也具有独到特点，因此是发生在燕山早期的一次新的岩浆作用，代表了秦岭地区进入陆内造山演化阶段以来早期的张性构造环境。花岗岩上侵定位以及期后的岩浆热液定位均受到北东向张性构造的控制。该北东向控岩构造是在东西向构造发生大规模走滑条件下，沿北东向剪切构造方向发生左行滑移拉张而形成的，反映侏罗纪早期的岩浆活动处于区域南北向挤压构造应力场。区内钼钨成矿与早侏罗世早期的花岗岩浆活动关系密切。成矿时代（190～195Ma）与花岗岩成岩时代基本一致。矿床定位明显受北东向构造控制，成矿作用与花岗岩成岩处于相同的区域构造应力场，代表了燕山陆内造山阶段的早期一次新的岩浆成岩成矿作用。依据地表发育大量花岗岩脉、石英脉、伟晶岩脉以及透闪石化大理岩、白云岩等热蚀变岩石，结合该地段具有与胭脂坝岩体相同的局部重力低地区等，综合分析认为，在四海坪、月河坪岩枝之间的地层覆盖区深部可能存在隐伏花岗岩体，推断该区及相邻周缘地段具有良好的钼钨成矿条件和找矿潜

力，是潼关-柞水-宁陕北东向构造岩浆岩带新的钼钨矿重要成矿远景区。该认识不仅为秦岭成矿带北东向构造岩浆带的存在及其成岩成矿作用提供了佐证，同时为今后秦岭成矿带的找矿工作部署提出新的思路。

五、获得一批高精度的测年数据，为重建区域岩浆-构造-成矿作用历史提供了新的资料

通过对成矿岩体年代学研究，获得了一批高精度的年代学数据，为重建区域岩浆-构造-成矿作用历史提供了新的资料，同时确定了区域主要成矿作用发生在 190～220Ma，并得到广泛认可。通过对区域成矿花岗质岩石地球化学特征研究，认为区域成矿作用主要与印支末期深源浅成中酸性特别是中性岩浆作用关系密切。通过区域金矿稳定同位素地球化学特征研究，认为印支末期金矿成矿物质主要来源于岩体，部分来源于地层，成矿流体早期以岩浆流体为主，晚期以大气降水为主。通过对成矿岩体微量元素研究，认为成矿地质背景为西秦岭印支末期挤压碰撞-陆内造山转换的松弛阶段。

六、厘定了主攻矿种的矿床类型，深化了矿床的成因认识，提出斑岩型金矿新类型

通过对诸如大桥、金龙山、交阳沟、黄龙、大水、早子沟、早仁道、阳山、礼县、马泉、碎石子、丰富东沟等金矿的实地调查和调研，厘定了矿床类型，认为秦岭成矿带岩金矿以构造蚀变岩型、热晕型、石英脉型为主，并提出新的金矿类型——斑岩型金矿；提出秦岭成矿带存在三期金矿成矿作用，第一期为古生代盆地中热水沉积型金矿，第二期为三叠纪陆陆碰撞走滑过程中形成的韧性剪切带型金矿，第三期为印支末期与斑岩岩浆期后热液作用有关的金矿，它们多与印支-燕山期岩浆热液关系密切。对潘河、杨木沟、温泉等多个（钨、铜）钼矿床实地调查和调研，厘定了矿床类型，通过测年确定了本成矿带存在三期钨钼成矿作用，即以温泉、黄龙铺为代表的印支晚期成矿（214～221Ma），以大西沟、月河坪等为代表的早侏罗世早期成矿作用（192～196Ma）和以角鹿岔、金堆城等为代表的晚侏罗世—早白垩世成矿作用（146～140Ma），其成矿均受印支-燕山期中酸性构造岩浆作用控制。对马元、厂坝、郭家沟等典型铅锌矿床调研厘定了矿床类型，认为层控热液特征均较明显，印支-燕山期中酸性构造岩浆作用的叠加成矿较普遍。

七、提出秦岭成矿带金、铅锌、钨钼、铜等矿产控矿条件、富集规律新认识

1. 提出金矿田控矿新模式：矿源、热再造、赋矿空间三位一体

秦岭造山带在漫长的演化过程中，形成了众多金（中低温热液）矿矿源层，如太华群（下岩段）、泥盆系喷流沉积岩系、黑色岩系等；秦岭造山带岩浆活动强烈，特别是印支-

燕山期，秦岭的印支－燕山期岩浆活动使该区大范围的中低温热液元素活化、再就位；岩金矿普遍受构造控制，岩性界面、构造圈闭也是金（低温热液）矿富集就位重要空间。针对秦岭印支－燕山期构造岩浆岩与巨量金属成矿大爆发耦合关系的研究及金矿床"成群"产出的调研，提出秦岭成矿带金矿田控矿新模式——"矿源、热再造、赋矿空间三位一体"，有效地指导了勘查部署和找矿工作。

2. 指出秦岭铅锌矿主控矿条件：层控＋岩浆热液改造

秦岭成矿带大中型铅锌矿具有"层控热液矿床"，即同一裂陷盆地的矿床既受某一特定成矿建造控制，具有特定的"层位"及成矿元素组合，又受印支－燕山期晚期构造岩浆改造作用控制，多数矿床的最终就位主要受区域晚期造山构造岩浆控制，矿层主要就位于层间圈闭。

3. 提出钼钨矿控矿条件的新认识：印支末期壳源中酸性岩＋北东向构造

钼钨矿与印支末期—燕山期壳源中酸性岩浆岩关系密切：印支期岩体为板块构造体制下地壳加厚阶段的产物，侵位于后碰撞构造环境，源区为下地壳。燕山期岩体主要为陆内造山阶段地壳伸展减薄环境下的产物，形成于板内环境，岩体呈北东向串珠状展布，与印支期岩体交切混杂，由东向西规模逐渐变小，在华北地台南缘多为大岩基，在南秦岭则为小岩株、岩脉，有的仅表现为北东向的构造蚀变破碎带，源区多为地壳活化的产物，与钨钼矿化有密切的成因联系。NE 向构造、岩浆岩带控制了秦岭成矿带钼钨矿床的分布：秦岭成矿带钼钨矿床分布具有东西向成带、北东向等间距成串、集中分布的规律。

八、圈定了优势矿产重要成矿远景区和重点勘查区，为找矿突破指明方向

在系统总结成矿带金、铅锌、钨钼、铜等矿产的成矿规律、成矿系列研究的基础上，圈定了重要成矿远景区和重点勘查区，为金、铅锌、钨钼、铜等矿产勘查、找矿突破指明了工作重点。根据大地构造单元、成矿地质背景及成矿区带划分成果以及逐级圈定、物化遥资料印证等原则，在综合全区地质、物探、化探、遥感资料的基础上，以印支－燕山期构造岩浆成矿作用为基础，对秦岭成矿带金、铅锌、钨钼、铜等矿产成矿规律进行了较系统的总结，并在成矿区划基础上，根据成矿背景、成矿作用、矿产分布、异常特征等，圈定出夏河－玛曲金铜成矿远景区、迭部－武都－礼县铅锌金银铜成矿远景区、山阳－镇安－旬阳金银铅锌汞锑铁铜钨钼等重要成矿远景区 11 个，并在所圈定的重要成矿远景区内，依据矿产分布、异常特征、工作程度等，结合潜力预测分析，进一步圈定出以夏河－合作金铜钼钨砷锑、大水及外围金、石鸡坝－阳山金、西成－凤太（两当）铅锌金铜、石泉－汉阴金、旬阳坝－柞水钨钼金铅锌、柴家庄－庞家河金铜钼钨、小河－公馆汞锑金等为代表的重点勘查区（含整装勘查区）32 个。

九、对优选出的整装勘查区提出地质调查评价具体部署建议，部分得到了后续工作的跟进并取得了良好的效果

提出的石鸡坝－阳山金重点勘查区、石泉－汉阴金重点勘查区等已经被设置为国家级整装勘查区；提出的宁陕－柞水钨钼金银铜铅锌重点勘查区、娘娘坝－马蹄沟金钼铜多金属重点勘查区、小河口－公馆汞锑金重点勘查区等被设置为省级整装勘查区；提出的西成－凤太（两当）铅锌金铜重点勘查区、大安金铜重点勘查区、娘娘坝－马蹄沟金钼铜多金属重点勘查区已经取得了找矿突破；特别是 2011 年提出宁陕胭脂坝地区为北东与东西向构造岩浆岩带交汇部位，具有形成第二个金堆城的巨大潜力和前景，2014 年又在该区进行了 $100km^2$ 的关键地区填图，在后续工作中又持续进行了深入研究，2015 年 11 月该区被陕西省国土资源厅列入以钨钼为主的大会战专项；提出西成－凤太盆地原为一个盆地，在中新生代被徽成盆地地堑式拉开，其下铅锌有巨大找矿潜力，这一新认识得到了专家的认可，并逐渐被勘查工作证实。

第二节　下一步工作思考

1. 印支－燕山期构造岩浆作用机制及其成矿效应有待系统、深入的研究

本书对区内中生代的构造岩浆作用的研究成果不仅提高了秦岭中生代花岗岩的研究深度，同时也深化了秦岭中生代早期碰撞造山过程的认识。在岩浆岩成岩成矿方面，有专家学者依据秦岭成矿带的中生代以来的构造成岩成矿特点，提出新的碰撞造山成矿模式（陈衍景，1998，2006）。然而，有关秦岭中生代花岗岩体的总体时空分布、各时代花岗岩类的岩浆成因类型、形成机制、构造属性及其岩浆作用演化与造山带大地构造演化的耦合性研究仍显不足，成因演化特征等仍不十分清楚，对其形成构造环境和成因机制等仍有不同认识，特别是对印支－燕山期的中酸性岩体在造山带东西方向时空分布差异原因、岩浆作用与成矿的关系、早侏罗世早期的岩浆活动性质及其构造属性，以及 Mo、W、Au、Pb、Zn 等成矿元素的来源，尤其对成矿作用制约还缺乏系统、深入的研究。

2. 滨太平洋构造作用远程叠加效应及其对秦岭成矿带钨钼成矿空间分布制约有待探讨

滨太平洋构造域，是在古太平洋和今太平洋两个前后相继的动力体系作用下形成的一个中新生代构造域，它包括环太平洋中新生代巨型造山带、沟－弧－盆体系及滨太平洋陆缘活化带。在亚洲东部，古太平洋封闭过程中形成东北亚造山系和亚洲东缘造山系以及中国东部滨太平洋陆缘活化带，在新太平洋发展阶段则形成中国东部裂陷盆地系统和西太平洋沟－弧－盆体系，而燕山运动则是滨太平洋构造作用发生在中国东部大陆陆内造山作用的具体表现。燕山构造运动控制了中生代以来中国东部的大地构造发展和矿产分布，也直接影响秦岭成矿带东部。其中早已被人们认识的潼关－柞水－宁陕一线及其以东地区的北东向构造岩浆岩带的形成可能归属于滨太平洋构造作用的远程叠加效应的体现，并且认为

该构造岩浆带限制了区内印支期和燕山期花岗岩的分布,以东为燕山期花岗岩,以西则广泛发育印支期岩体。然而,实地调查和综合研究分析证实,印支期的花岗岩不仅在东段屡有发现,而且成矿作用明显,西段燕山期特别是燕山早期的花岗岩体(脉)也伴随北东向构造带密集成群、成带出现。尽管通过重点区段地质调查,对潼关-柞水-宁陕北东向构造岩浆岩带的成生发展、演化、构造属性以及成矿控制效应进行了解剖性调查研究,取得相应成果,但对西段的北东向构造岩浆岩带的研究较为薄弱。另外,该线以西是否仍受到东部滨太平洋构造作用的影响,其表现形式及其特征如何,对秦岭成矿带与燕山期花岗岩有关的斑岩型钨钼成矿的空间分布的制约关系如何,需要进一步解剖研究。建议在西秦岭其他北东向构造岩浆岩带涉及范围选择关键地区开展解剖性地质调查,进一步查明秦岭成矿带西段北东向构造岩浆岩带的成因及其成矿控制效应。

3. 对整装勘查区及重点勘查区的成矿背景调查研究应加强

秦岭成矿带成矿地质条件良好,区内已部署国家级和省级重点勘查区多个,由于以往地质工作程度不一,很多方面未能取得重点勘查区的找矿重大突破,今后有必要在不断提升区域基础地质综合研究水平的基础上,重点开展整装勘查区及重点勘查区特别是成矿带西段重点勘查区的成矿背景的分析和研究,进一步指导找矿。

4. 秦岭铜矿找矿突破的方向有待进一步探索

秦岭成矿带铜矿找矿一直没有较大的突破,本书重点在勉略宁、镇安-山阳北部铜重点勘查区针对火山岩型、斑岩型、夕卡岩型铜矿均部署了工作项目,并开展了调研,取得了一些成果,但都没有大的突破。对成矿地质背景、资源潜力认识有分歧。近年来陕西地勘基金项目在旬阳县棕溪姚沟一带早古生代地层中发现并评价了一处达到中型规模的"石英脉型"铜矿,具有较大的潜力。秦岭铜矿找矿突破的方向、成矿潜力等问题有待进一步探索、研究。

5. 关于秦岭大型-超大型金矿的找矿方向问题

"就矿找矿"、大型-超大型矿床深边部及外围找矿仍然是目前找矿突破的重要途径之一,但随着地质勘查工作的不断发展,勘查及科研成果资料越来越丰富,研究大型-超大型矿床成矿条件、控矿因素和分布规律,完善成矿理论和矿床模型,对推动秦岭成矿带矿产勘查和丰富成矿理论至关重要。本书提出:突破"线形断裂+化探异常"的找矿思维,探讨断陷盆地内二级圈闭构造控矿机理,探求"环形构造+周缘环形化探异常+环内不显示异常区"隐伏整装金矿。以西秦岭中矿带(合作-玛曲、宕昌-舟曲等三叠系浊积岩圈闭区)、镇旬(公馆-青铜沟)、西成-凤太为寻找特大型隐伏整装金矿的靶区,厘定具规模热动力源,优选大型圈闭,开展工程验证,实现秦岭找矿实质性突破。本书提出的在隐伏半隐伏岩体(如文峪岩体、中川岩体、教场坝岩体、西坝岩体、大安岩体等)外围寻找"热晕型"金矿群的认识,对勘查部署、找矿突破具有指导意义。但这需要联合攻关,进一步确定靶区等,需要更坚实的理论支撑。

参 考 文 献

曹宣铎, 胡云绪 . 2000. 秦岭加里东晚期－华力西早期复式前陆盆地 . 西北地质科学, 21(2): 1-14.

曹宣铎, 张瑞林, 张汉文 . 1990. 秦巴地区泥盆纪地层及重要含矿层位形成环境的研究 . 西北地质科学, (1): 1-124.

车自成, 刘良, 罗金海, 等 . 2002. 中国及邻区区域大地构造学 . 北京 : 科学出版社 .

陈德兴 . 1992. "秦巴岩石圈、构造及成矿规律地球化学研究"成果报道 . 地质科技情报, (2): 88.

陈高潮, 王炬川, 张俊良, 等 . 2012. 扬子地块西北缘震旦系灯影组铅锌矿的成矿地质背景 . 地质通报, 31(5): 773-782.

陈革 . 1996. 陕西省太白金矿矿床成因探讨 . 地质找矿论丛, 11(4): 56-64.

陈隽璐, 徐学义, 王洪亮, 等 . 2008a. 北秦岭西段唐藏石英闪长岩岩体的形成时代及其地质意义 . 现代地质, 22(1): 45-52.

陈隽璐, 徐学义, 王宗起, 等 . 2008b. 西秦岭太白地区岩湾－鹦鸽咀蛇绿混杂岩的地质特征及形成时代 . 现代地质, 27(4): 500-508.

陈民扬, 庞春勇 . 1994. 煎茶岭镍矿床成矿作用同位素地球化学 // 同位素地球化学研究 . 杭州 : 浙江大学出版社 .

陈清敏, 郭岐明, 王强, 等 . 2017. 陕西南秦岭四海坪岩体锆石 U-Pb 年龄及地质意义 . 西北地质, 50(3): 65-73.

陈衍景 . 1998. 影响碰撞造山成岩成矿模式的因素及其机制 . 地学前缘, 5(增刊): 109-118.

陈衍景 . 2002. 中国区域成矿研究的若干问题及其与陆－陆碰撞的关系 . 地学前缘, 9(4): 319-328.

陈衍景 . 2006. 造山型矿床、成矿模式及找矿潜力 . 中国地质, 23(6): 1181-1195.

陈衍景 . 2010. 秦岭印支期构造背景、岩浆活动及成矿作用 . 中国地质, 27(4): 854-865.

陈衍景, 隋颖慧 . 2003. CMF 模式的排他性依据和造山型银矿实例 : 东秦岭铁炉坪银矿同位素地球化学 . 岩石学报, 9(3): 551-568.

陈衍景, 李诺 . 2009. 大陆内部浆控高温热液矿床成矿流体性质及其与岛弧区同类矿床的差异 . 岩石学报, 25(10): 2477-2508.

陈衍景, 杨忠芳, 常兆山, 等 . 1996. 沉积物微量元素示踪地壳成分和环境及其演化的最新进展 . 地质地球化学, 3: 106-126.

陈衍景, 李超, 张静, 等 . 2000. 秦岭钼矿带斑岩体锶氧同位素特征与岩石成因机制和类型 . 中国科学 (D 辑), 30(增刊): 65-72.

陈衍景, 张静, 张复新, 等 . 2004. 西秦岭地区卡林－类卡林型金矿床及其成矿时间、构造背景和模式 . 地质论评, 50(2): 134-152.

陈义兵, 张国伟, 鲁如魁 . 2010. 北秦岭－祁连结合区大草滩群碎屑锆石 U-Pb 年代学研究 . 地质学报, 84(7): 947-962.

陈毓川 . 1997. 矿床的成矿系列研究现状与趋势 . 地质与勘探, 33(1): 20-25.

陈毓川, 王平安, 秦克令, 等 . 1994. 秦岭地区主要金属矿床成矿系列的划分及区域成矿规律探讨 . 矿床地
    质, 13(4): 290-297.

陈毓川, 裴荣富, 宋天悦, 等 . 1998. 中国矿床成矿系列初论 . 北京 : 地质出版社 .

程顺有 . 2006. 中央造山系及其邻区岩石圈三维结构与动力学意义 . 西北大学博士学位论文 .

程裕淇 . 1983. 再论矿床的成矿系列问题 . 中国地质科学院院报, (6): 1-64.

崔智林, 孙勇, 王学仁 . 1995. 秦岭丹凤蛇绿岩带放射虫的发现及其地质意义 . 科学通报, 40(18): 1686-
    1688.

戴宝章, 蒋少涌, 王孝磊 . 2009. 河南东沟钼矿花岗斑岩成因 : 岩石地球化学、锆石 U-Pb 年代学及 Sr-Nd-
    Hf 同位素制约 . 岩石学报, 25(11): 197-209.

党明福 . 1991. 陕西省略阳县铧厂沟金矿床地质特征 . 陕西地质, 9(1): 18-30.

邓晋福, 罗照华, 苏尚图, 等 . 2004. 岩石成因、构造环境与成矿作用 . 北京 : 地质出版社 .

邓军, 翟裕生, 杨立强, 等 . 1998. 论剪切带构造成矿系统 . 现代地质, 14(4): 493-500.

邓喜涛 . 2010. 西秦岭贡北金矿床成矿规律及成矿预测浅析 . 甘肃冶金, 25(9): 45-48.

丁抗 . 1986. 陕西公馆地区汞锑矿床地球化学研究 . 中国科学院地球化学研究所博士学位论文 .

丁丽雪, 马昌前, 李建成, 等 . 2010. 华北克拉通南缘蓝田和牧虎关花岗岩体 : LA-CIP-MS 锆石 U-Pb 年龄
    及其构造意义 . 地球化学, 39(5): 401-413.

丁振举, 姚书振, 周宗桂, 等 . 1998. 陕西略阳铜厂铜矿床成矿时代及地质意义 . 西安工程学院学报, 20(3):
    24-27.

董云鹏, 赵霞 . 2002. 南秦岭前寒武纪岩浆构造事件与地壳生长 . 西北大学学报 (自然科学版), 32(2):
    172-176.

董云鹏, 周鼎武, 刘良, 等 . 1997a. 东秦岭松树沟蛇绿岩 Sm-Nd 同位素年龄的地质意义 . 中国区域地质,
    16(2): 217-221.

董云鹏, 周鼎武, 张国伟, 等 . 1997b. 东秦岭松树沟超镁铁岩侵位机制及其构造演化 . 地质科学, 32(2):
    173-179.

董云鹏, 周鼎武, 张国伟, 等 . 1998. 秦岭造山带南缘早古生代基性火山岩地球化学特征及其大地构造意义 .
    地球化学, 27(5): 432-441.

董云鹏, 张国伟, 赵霞, 等 . 2003. 北秦岭元古代构造格架与演化 . 大地构造与成矿学, 27(2): 115-124.

董云鹏, 张国伟, 杨钊, 等 . 2007. 西秦岭武山 E-MORB 型蛇绿岩及相关火山岩地球化学 . 中国科学,
    27(A01): 199-208.

杜思清, 魏显贵, 刘援朝, 等 . 1998. 汉南 - 米仓山区叠加东西向隆凹的北东向构造 . 成都地质学院学报,
    25(3): 367-374.

杜玉良, 汤中立, 蔡克勤, 等 . 2003. 秦岭 - 祁连造山带印支 - 燕山期构造与大型 - 超大型矿床形成关系 .
    矿床地质, 22(1): 65-71.

杜远生 . 1995. 西秦岭造山带泥盆纪沉积地质学和动力沉积学 : 造山带沉积地质学研究的思想、内容和方法 .
    沉积与特提斯地质, 3: 53-61.

杜远生 . 1997. 秦岭造山带泥盆纪沉积地质学研究 . 武汉 : 中国地质大学出版社 .

方维萱 . 1999. 柞山泥盆纪沉积盆地成矿动力学分析 . 矿产与地质, 13(3): 141-147.

方维萱, 卢纪英, 张国伟 . 1999. 南秦岭及邻区大陆动力成矿系统及成矿系列特征与找矿方向 . 西北地质科
    学, 2: 1-16.

冯建忠, 汪东波, 王学明, 等 . 2003. 甘肃礼县李坝大型金矿床成矿地质特征及成因 . 矿床地质, 22(3):

257-262.

冯建忠, 汪东波, 王学明 . 2005. 西秦岭泥盆系 Au 背景值的确定、元素地球化学特征及地质意义 . 中国地质, 32(1): 100-106.

冯庆来, 杜远生, 殷鸿福, 等 . 1996. 南秦岭勉略蛇绿混杂岩带中放射虫的发现及其意义 . 中国科学, 26(增刊): 78-82.

冯益民, 曹宣铎, 张二朋, 等 . 2002. 西秦岭造山带结构造山过程及动力学 . 西安 : 西安地图出版社 .

冯益民, 曹宣铎, 张二朋, 等 . 2003. 西秦岭造山的演化、构造格局和性质 . 西北地质, 36(1): 1-10.

甘肃省地质矿产局 . 1989. 甘肃省区域地质志 . 北京 : 地质出版社 .

甘肃省地质矿产局 . 1996. 湖北省岩石地层 . 北京 : 中国地质大学出版社 .

高婷 . 2011. 西秦岭西段北部重要侵入体年代学、地质地球化学、形成构造环境及与成矿作用关系 . 长安大学硕士学位论文 .

高熙贺, 刘云华, 董福辰, 等 . 2013. 甘肃和政大峡铜金矿床闪长岩锆石 SHRIMP U-Pb 法同位素定年及其地质意义 . 黄金地质, 34(1): 9-15.

高昕宇, 赵太平, 高剑峰, 等 . 2012. 华北陆块南缘小秦岭地区早白垩世埃达克质花岗岩的 LA-ICP-MS 锆石 U-Pb 年龄、Hf 同位素和元素地球化学特征 . 地球化学, 41(4): 303-325.

弓虎军, 朱赖民, 孙博亚, 等 . 2009. 南秦岭沙河湾、曹坪、和柞水岩体锆石 U-Pb 年龄、Hf 同位素组成特征及其地质意义 . 岩石学报, 25(2): 248-264.

谷晓明, 张本仁 . 1993. 东秦岭及邻区地球化学分区与地球化学制图 . 地球科学, 4: 463-476.

管志宁, 安玉林, 陈国新 . 1991. 秦巴地区地壳磁场结构研究 // 秦岭造山带学术讨论会论文选集 . 西安 : 西北大学出版社 : 192-200.

韩芳林, 郝俊武 . 1997. 汉南超单元组合就位机制分析 . 陕西地质, 15(2): 21-30.

韩海涛, 刘继顺, 董新, 等 . 2008. 西秦岭温泉斑岩型钼矿床地质特征及成因浅析 . 地质与勘探, 44(4): 1-7.

何谋春, 姚书振, 丁振举, 等 . 2010. 青海省同仁县江里沟钨钼 (铜) 矿床成矿流体特征 . 矿床地质, 29(增): 577-578.

何世平, 王洪亮, 陈隽璐, 等 . 2007. 北秦岭西段宽坪岩群斜长角闪岩锆石 LA-ICP-MS 测年及其地质意义 . 地质学报, 18(1): 79-87

侯增谦 . 2010. 大陆碰撞成矿论 . 地质学报, 84(1): 30-58.

胡乔青, 王义天, 王瑞廷, 等 . 2012. 陕西省凤太矿集区二里河铅锌矿床的成矿时代 : 来自闪锌矿 Rb-Sr 同位素年龄的证据 . 岩石学报, 28(1): 258-266.

胡受奚, 林潜龙, 等 . 1988. 华北于华南古板块拼合带地质和成矿 . 南京 : 南京大学出版社 .

胡晓隆, 杨礼敬, 陈彦文, 等 . 2005. 甘肃省徽县头滩子金矿地质特征及远景预测 . 矿床地质, 24(4): 416-421.

华仁民, 毛景文 . 1999. 试论中国东部中生代成矿大爆发 . 矿床地质, 18(4): 300-308.

黄典豪, 吴澄宇, 杜安道, 等 . 1994. 东秦岭地区钼矿床的铼、锇同位素年龄及其意义 . 矿床地质, 13(3): 221-230.

黄典豪, 侯增谦, 杨志明, 等 . 2009. 东秦岭钼矿带内碳酸岩脉型钼 (铅) 矿床地质 – 地球化学特征、成矿机制及成矿构造背景 . 地质学报, 83(12): 1968-1984.

黄杰, 王建业, 韦龙明 . 2000. 甘肃李坝金矿床地质特征及成因研究 . 矿床地质, 19(2): 105-115.

简伟, 柳维, 石黎红 . 2010. 斑岩型钼矿床研究进展 . 矿床地质, 29(2): 308-316.

姜寒冰, 李宗会, 杨合群, 等 . 2014. 秦岭地区成矿单元划分 . 西北地质, 47(2): 146-155.

焦建刚, 钱壮志, 王勇著 . 2007. 华县西沟地区花岗岩体地球化学及成矿潜力 . 地质找矿论丛, 22(4):

271-276.

焦建刚，袁海潮，何克，等．2009.陕西华县八里坡钼矿床锆石 U-Pb 和辉钼矿 Re-Os 年龄及其地质意义．地质学报，83(8): 1159-1166.

焦建刚，汤中立，钱壮志，等．2010.东秦岭金堆城花岗斑岩体的锆石 U-Pb 年龄、物质来源及成矿机制．地球科学：中国地质大学学报，35(6): 1011-1022.

金维浚，张旗，何登发，等．2005.西秦岭埃达克岩的 SHRIMP 定年及其构造意义．岩石学报，21(3): 959-966.

靳晓野，李建威，隋吉祥，等．2013.西秦岭夏河－合作地区德乌鲁杂岩体的侵位时代、岩石成因及构造意义．地球科学与环境学报，35(3): 20-38.

晋慧娟，李育慈．1996.西秦岭北带泥盆系舒家坝组深海陆缘碎屑沉积序列的研究．沉积学报，14(1): 203-212.

柯昌辉，王晓霞，李金宝，等．2012.北秦岭马河钼矿区花岗岩类的锆石 U-Pb 年龄、地球化学特征及其地质意义．岩石学报，28(01): 267-268.

柯昌辉，王晓霞，李金宝，等．2013.华北地块南缘黑山－木龙沟地区中酸性岩的锆石 U-Pb 年龄、岩石化学和 Sr-Nd-Hf 同位素研究．岩石学报，29(03): 781-790.

赖绍聪，秦江峰．2010.南秦岭勉略缝合带蛇绿岩与火山岩．北京：科学出版社．

赖绍聪，张国伟，董云鹏，等．2003.秦岭大别勉略构造带蛇绿岩与相关火山岩性质及时空分布．中国科学，33(1): 174-183.

赖旭龙，殷鸿福，杨逢清．1995.秦岭三叠纪古海洋再造．地球科学：中国地质大学学报，20(6): 653-654.

雷时斌，齐金忠．2007.甘肃阳山金矿带地球动力学体制与多因耦合成矿作用．地质与勘探，(2): 33-39.

雷时斌，齐金忠，朝银银．2010.甘肃阳山金矿带中酸性岩脉成岩年龄与成矿时代．矿床地质，29(5): 869-880.

雷敏．2007.秦岭造山带东部花岗岩成因及其与造山带构造演化的关系．中国地质科学院博士学位论文．

李福让，王瑞廷，高晓宏，等．2009.陕西省略阳县徐家沟铜矿床成矿地质特征及控矿因素．地质学报，83(11): 1752-1761.

李会民．1997.石泉－汉阴北部金矿带地质特征．陕西地质，15(2): 48-57.

李靠社．1990.陕西山阳－商南耀岭河群地层时代的讨论．陕西地质，8(2): 53-58.

李瑞保，裴先治，丁仁平，等．2009.西秦岭南缘勉略带琵琶寺基性火山岩 LA-ICP-MS 锆石 U-Pb 年龄及其构造意义．全国岩石学与地球动力学研讨会，83(11): 1612-1621.

李厚民，陈毓川，王登红，等．2007a.小秦岭变质岩及脉体锆石 SHRIMP U-Pb 年龄及其地质意义．岩石学报，23(10): 2504-2512.

李厚民，陈毓川，王登红，等．2007b.陕西南郑地区马元锌矿的地球化学特征及成矿时代．地质通报，26(5): 546-552.

李华芹，刘家齐，魏林．1993.热液矿床流体包裹体年代学研究及其地质应用．北京：地质出版社．

李建中，高兆奎．1993.西秦岭中泥盆世沉积环境及其与铅－锌矿的关系．地质论评，29(2): 156-164.

李强，王晓虎．2009.扬子北缘震旦系铅锌矿床成矿地质特征及成矿模式．资源环境与工程，23(1): 1-6.

李瑞生．1997.陕西周至马鞍桥金矿床地质特征及成因分析．陕西地质，15(2): 31-38.

李实．1989.西秦岭铅锌矿床成因探讨．西北地质，(3): 22-30.

李曙光，HART S R，郑双根，等．1989. Timing of collision between the north and south China blocks: the Sm-Nd isotopic age evidence. Science in China(B), 32(11): 1393-1400.

李曙光, 陈移之, 张国伟, 等. 1991. 一个距今 10 亿年侵位的阿尔卑斯型橄榄岩体: 北秦岭晚元古代板块构造体制的证据. 地质论评, 37(3): 235-242.

李曙光, 孙卫东, 张国伟, 等. 1996. 南秦岭勉略构造带黑沟峡变质火山岩的年代学和地球化学 – 古生代洋盆及其闭合时代的证据. 中国科学, 26(3): 223-230.

李曙光, 侯振辉, 杨永成, 等. 2003. 南秦岭勉略构造带三岔子古岩浆弧的地球化学特征及形成时代. 中国科学: 地球科学, 33(12): 1163-1172.

李先梓, 严阵, 卢欣祥. 1993. 秦岭 – 大别山花岗岩. 北京: 地质出版社.

李向东, 王晓伟. 2006. 大水金矿成矿地质特征及控矿因素分析. 甘肃科技, 22(8): 64-67.

李行, 白文吉, 陈方伦, 等. 1995. 扬子地块北缘和西缘前寒武纪镁铁层状杂岩及含铂性. 西安: 西北大学出版社.

李行, 赵东宏, 李宗会, 等. 2015. 磁性地质学与 "场论" 在金属成矿学中的应用. 北京: 科学出版社.

李亚林, 张国伟, 李三忠, 等. 2001. 秦岭略阳 – 白水江地区双向推复构造及形成机制. 地质科学, 36(4): 465-473.

李延河, 蒋少涌, 薛春纪. 1997. 秦岭凤 – 太矿田与柞 – 山矿田成矿条件与环境的对比研究. 矿床地质, 16(2): 171-180.

李勇, 周宗桂. 2003. 陕西镇安 – 旬阳地区汞锑、铅锌、金矿床成因及演化规律浅析. 地质与资源, 12(1): 19-24.

李永峰, 毛景文, 胡华斌, 等. 2005. 东秦岭钼矿类型、特征、成矿时代及其地球动力学背景. 矿床地质, 24(3): 292-304.

李永军, 李英, 刘志武, 等. 2003. 西秦岭温泉花岗岩岩石化学特征及岩浆混合信息. 甘肃地质学报, 12(1): 30-35.

李永军, 谢其山, 栾新东, 等. 2004. 西秦岭糜署岭岩浆岩带成因及构造意义. 新疆地质, 22(4): 374-377.

李真善, 谢建强, 李文军. 2002. 玛曲县格尔柯矿床控矿地质条件及其矿床成因探讨. 甘肃地质, 11(1): 50-58.

李智明. 2007. 扬子北缘及周边地区铅锌成矿作用及找矿方向. 长安大学博士学位论文.

李宗会, 罗根根, 赵东宏, 等. 2014. 秦岭成矿带金矿田控矿新模式——矿源、热再造、赋矿空间三位一体. 海峡科技与产业, (03): 76-77.

李佐臣, 裴先治, 丁仁平, 等. 2007. 川西北平武地区南一里花岗闪长岩锆石 U-Pb 定年及其地质意义. 中国地质, 34(6): 1003-1012.

李佐臣, 裴先治, 丁仁平, 等. 2009. 川西北平武地区南一里花岗岩体地球化学特征及其构造环境. 地质学报, 83(2): 260-271.

凌文黎, 程建萍, 王欲华, 等. 2002. 武当地区新元古代岩浆岩地球化学特征及其对南秦岭晋宁期区域构造性质的指示. 岩石学报, 18(1): 25-36.

刘春花, 吴才来, 邰源红, 等. 2014. 南秦岭东江口、柞水和梨园堂花岗岩类锆石 LA-ICP-MS U-Pb 年代学与锆石 Lu-Hf 同位素组成. 岩石学报, 30(8): 2402-2420.

刘方杰, 方维萱, 赫英, 等. 1999. 秦岭造山带热水沉积矿石建造特征及意义. 有色金属矿产与勘查, 8(6): 343-347.

刘国惠, 张寿广, 游振东, 等. 1993. 秦岭造山带主要变质岩群及其变质演化. 北京: 地质出版社.

刘红杰, 陈衍景, 毛世东, 等. 2008. 西秦岭阳山金矿带花岗斑岩元素及 Sr-Nd-Pb 同位素地球化学. 岩石学报, 25(5): 1101-1111.

刘家军,郑明华,刘建明,等.1997.西秦岭大地构造演化与金成矿带的分布.大地构造与成矿学,21(4): 307-314.

刘家军,刘建明,周德安,等.1998.西秦岭降扎地区金、铀矿床年代学对比研究.地质科学,33(3): 300-309.

刘家军,刘光智,廖延福,等.2008.甘肃寨上金矿床中白钨矿体的发现及地质特征.中国地质,35(6): 1057-1064.

刘建宏,张新虎,赵彦庆,等.2006.西秦岭成矿系列、成矿谱系研究及其找矿意义.矿床地质,25(6): 727-734.

刘明强.2012.甘肃西秦岭舟曲憨班花岗岩体的单颗粒锆石 U-Pb 年龄及地质意义.地质科学,47(3): 899-907.

刘凯,任涛,孟德明.2014.秦岭造山带柞水-山阳矿集区斑岩型铜矿成矿规律及找矿方向分析.地质与勘探,50(6): 1096-1108.

刘锐,陈觅,田向盛,等.2014.秦岭蓝田和牧护关岩体地球化学、锆石 SIMS U-Pb 年龄及 Hf 同位素特征: 岩石成因及构造意义.矿物学报,34(4): 469-480.

刘升有.2015.西秦岭北缘德乌鲁矽卡岩型铜矿床地质特征及成矿模式讨论.西北地质,48(2): 176-185.

刘树根,李智武,刘顺,等.2006.大巴山前陆盆地-冲断带的形成演化.北京:地质出版社.

刘树文,杨朋涛,李秋根,等.2011.秦岭中段印支期花岗质岩浆作用与造山过程.吉林大学学报(地球科学版),41(6): 1928-1943.

刘英俊,曹励明,李兆麟,等.1984.元素地球化学.北京:科学出版社.

刘勇,刘云华,董福辰,等.2012.甘肃枣子沟金矿床成矿时代精确测定及其地质意义.黄金地质,33(11): 10-17.

刘育燕,朱宗敏,林文姣.2003.大巴山弧形构造带推覆作用的古地磁学响应.地学前缘,10(1): 255-256.

刘月高,吕新彪,张振杰,等.2011.甘肃西和县大桥金矿床的成因研究.矿床地质,30(6): 1085-1099.

刘云华,刘怀礼,黄绍峰,等.2011.西秦岭李子园碎石子斑岩型金矿床地质特征及成矿时代.黄金,32(7): 12-18.

龙灵利,季军良,张复新.2001.陕西二台子金矿地球化学特征及其成因.黄金地质,7(3): 47-52.

卢纪英,李作华,张复新,等.2001.秦岭板块金矿床.西安:陕西科学技术出版社.

卢欣祥.2006.秦岭印支期成矿作用及其意义.矿床地质,5(增刊): 179-181.

卢欣祥,肖庆辉,董有,等.1998.秦岭花岗岩及其对秦岭造山带构造演化的揭示与反演(秦岭花岗岩大地构造图说明书).北京:地质出版社.

卢欣祥,于在平,冯有利,等.2002.东秦岭深源浅成型花岗岩的成矿作用及地质构造背景.矿产地质,21(2): 168-178.

卢欣祥,李明立,王为,等.2008.秦岭造山带的印支运动及印支期成矿作用.矿床地质,27(6): 762-773.

陆松年,于海峰,李怀坤,等.2006."中央造山带"早古生代缝合带及构造分区概述.地质通报,25(12): 1368-1380.

路凤香,王春阳,胡宝群,等.2003.南秦岭下地壳组成及岩石圈的拆离俯冲作用.中国地质,30(2): 113-119.

路彦明,李汉光,陈勇敢,等.2006.西秦岭寨上金矿床中石英和绢云母 $^{40}Ar/^{39}Ar$ 定年.矿床地质,25(5): 590-597.

栾世伟,等.1987.金矿床地质及找矿方法.成都:四川科学技术出版社.

骆金诚,赖绍聪,秦江锋,等.2010.南秦岭晚三叠世胭脂坝岩体的地球化学特征及地质意义.地质论评,

56(6): 792-800.

吕古贤, 林文蔚, 罗元华, 等. 1999. 构造物理化学与金矿成矿预测. 北京: 地质出版社.

马润华, 等. 1998. 陕西省岩石地层. 武汉: 中国地质大学出版社.

马振东. 1990. 华北地台南缘金和钼两个成矿系列的区域地球化学特征研究 // 秦巴区域地球化学文集. 武汉: 中国地质大学出版社.

毛景文, 华仁民, 李晓波. 1999. 浅议大规模成矿作用与大型集矿区. 矿床地质, 18(4): 291-299.

毛景文, 李晓峰, 李厚民, 等. 2005a. 中国造山带内生金属矿床类型、特点和成矿过程探讨. 地质学报, 79(3): 342-372.

毛景文, 李晓峰, 张荣华, 等. 2005b. 深部流体成矿系统. 北京: 中国大地出版社.

毛景文, 谢桂青, 张作衡, 等. 2005c. 中国北方中生代大规模成矿作用的期次及其地球动力学背景. 岩石学报, 21(1): 169-188.

毛景文, 叶会寿, 王瑞廷, 等. 2009. 东秦岭中生代钼铅锌多金属矿床模型及其找矿评价. 地质通报, 28(1): 72-79.

孟芳. 2010. 豫西老君山花岗岩体特征及其成矿作用. 中国地质大学 (北京) 硕士学位论文.

孟庆任, 梅志超, 于在平, 等. 1995. 秦岭板块北缘一个消失了的泥盆纪古陆. 科学通报, 40(3): 254-256.

孟庆任, 张国伟, 于在平, 等. 1996. 秦岭南缘晚古生代裂谷——有限洋盆沉积作用及构造演化. 中国科学 (D 辑), 26(增刊): 28-33.

牛翠祎, 薛为民, 李绍儒, 等. 2009. 西秦岭成矿带金矿资源综合信息预测评价. 黄金地质科技, 17(2): 1-7.

欧阳建平, 张本仁, 骆庭川, 等. 1990. 东秦岭地区华北地台南缘两类大陆边缘地球化学论证 // 秦巴区域地球化学文集. 武汉: 中国地质大学出版社.

庞庆邦, 贾伟光, 韩仲文, 等. 2001. 陕西省旬阳地区汞锑金矿床成矿条件. 地质与资源, 10(2): 91-101.

裴先治, 张国伟, 赖绍聪, 等. 2002. 西秦岭南缘勉略构造带主要地质特征. 地质通报, 21(8-9): 486-494.

裴先治, 丁仁平, 李佐臣, 等. 2007. 西秦岭北缘关子镇蛇绿岩的形成时代: 来自辉长岩中 LA-ICP-MS 锆石 U-Pb 年龄的证据. 地质学报, 81(11): 1550-1561.

彭大明. 2003. 摩天岭隆起区金属矿产查勘浅析. 黄金科学技术, 11(6): 1-10.

彭璇. 2013. 西秦岭二长花岗岩岩体群同源性研究. 西北地质, 46(1): 63-80.

齐金忠, 李莉, 袁世松, 等. 2005. 甘肃省阳山金矿床石英脉中锆石 SHRIMP U-Pb 年代学研究. 矿床地质, 24(2): 141-150.

齐秋菊, 王晓霞, 柯昌辉, 等. 2012. 华北地块南缘老牛山杂岩体时代、成因及地质意义——锆石年龄、Hf 同位素和地球化学新证据. 岩石学报, 28(01): 279-301.

齐文, 侯满堂. 2005a. 陕西铅锌矿类型及其找矿方向. 陕西地质, 23(2): 1-20.

齐文, 侯满堂. 2005b. 镇旬矿田泥盆系和志留系铅锌矿的成矿地质条件分析. 中国地质, 32(3): 452-462.

祁思敬. 1993. 秦岭泥盆系中铅锌矿床的热水沉积成因. 西安地质学院学报, 15(1): 27-34.

祁思敬, 李英, 等. 1993. 秦岭泥盆纪铅锌矿带. 北京: 地质出版社.

秦克令, 邹湘华, 何世平. 1990. 陕、甘、川交界处摩天岭区碧口群层序及时代划分. 中国地质科学院西安地质矿产研究所所刊, 30: 1-13.

秦克令, 宋述光, 何世平. 1992. 碧口地体同位素地质年代学及其意义. 西北地质科学, 13(2): 65-74.

乔耿彪, 杨钟堂, 李智明, 等. 2011. 陕西省勉县－略阳地区寒武系含碳岩系的地球化学特征及其成因. 现代地质, 25(2): 211-218.

秦海鹏, 吴才来, 武秀萍, 等. 2012. 秦岭造山带蟒岭花岗岩锆石 LA-ICP-MS U-Pb 年龄及其地质意义. 地质论评, 58(4): 783-793.

秦江峰, 赖绍聪. 2011. 秦岭造山带晚三叠世花岗岩成因与深部动力学. 北京: 科学出版社.

秦江峰, 赖绍聪, 李永飞. 2005. 扬子板块北缘碧口地区阳坝花岗闪长岩体成因研究及其地质意义. 岩石学报, 21(3): 697-707.

秦江峰, 赖绍聪, 李永飞. 2007. 南秦岭勉县 – 略阳缝合带印支期光头山埃达克质花岗岩的成因及其地质意义. 地质通报, 26(1): 466-471.

秦江峰, 赖绍聪, 白莉. 2008. 甘肃康县阳坝岩体岩石成因及壳 – 幔相互作用. 地球科学与环境学报, 28(2): 11-19.

秦岭铅锌矿区划组. 1983. 秦岭中泥盆世层控铅锌矿成矿物质来源探讨及成矿作用分析. 陕西地质, 1(2): 10-22.

任富根, 李双保, 丁士应, 等. 1999. 熊耳裂陷印支期碱性岩浆活动成矿作用、生成模式. 地质论评, 45(s1): 660-667.

任纪舜, 牛宝贵, 和政军, 等. 1997. 中国东部的构造格局和动力演化. 中国地质科学院地质研究所文集: 29-30.

任小华, 王瑞廷, 毛景文, 等. 2007. 勉 – 略 – 宁多金属矿集区区域地球化学特征与找矿方向. 地球科学与环境学报, 29(3): 221-226.

芮宗瑶, 叶锦华, 张立生, 等. 2004. 扬子克拉通周边及其隆起边缘的铅锌矿床. 中国地质, 31(4): 337-346.

陕西省地质矿产局. 1989. 甘肃省区域地质志. 北京: 地质出版社.

陕西省地质矿产局. 1996. 陕西省岩石地层. 北京: 中国地质大学出版社.

尚瑞均, 严阵, 等. 1985. 秦巴花岗岩. 武汉: 中国地质大学出版社.

尚瑞钧, 李和祥, 晁援, 等. 1992. 秦巴金矿地质: 地质特征、富集规律、找矿方向. 合肥: 安徽科学技术出版社.

沈传波, 梅廉夫, 吴敏, 等. 2007. 大巴山逆冲推覆带构造扩展变形的年代制约. 第九届全国固体核径迹学术研讨会论文集.

沈其韩, 耿元生, 宋彪, 等. 2005. 华北和扬子陆块及秦岭 – 大别造山带地表和深部太古宙基底的新信息. 地质学报, 79(5): 616-627.

申志超. 2012. 南秦岭池沟铜 (钼) 地质地球化学特征与成因探讨. 中国地质大学 (北京) 硕士学位论文.

司国强, 李通国. 2000. 鹿儿坝金矿床地质特征及控矿因素分析. 甘肃地质学报, 9(1): 59-65.

宋小文, 侯满堂, 朱经祥, 等. 2003. 陕西旬阳地区志留系铅锌矿矿集区特征及其成因初探. 陕西地质, 2 1(1): 1-9.

宋小文, 侯满堂, 陈如意. 2004. 陕西省成矿区 (带) 的划分. 西北地质, 37(3): 29-42.

宋忠宝, 冯益民, 何世平. 1997. 中川花岗岩构造岩浆活动特征及成矿作用. 西安地质学院学报, 19(4): 48-52.

苏犁, 宋述光, 宋彪, 等. 2004. 松树沟地区石榴辉石岩和富水杂岩 SHRIMP 锆石 U-Pb 年龄及其对秦岭造山带构造演化的制约. 科学通报, 49(12): 1209-1211.

孙明, 蔡贤, 石素娟, 等. 2006. 甘肃省徽县嘉陵镇 – 两当云屏寺地区金矿地质特征及找矿方向. 地质找矿论丛, 21(4): 253-257.

孙卫东, 李曙光, Chen Yadong. 2000. 南秦岭花岗岩锆石 U-Pb 定年. 地球化学, 29(1): 299-308.

孙晓猛, 吴根耀, 郝福江, 等. 2004. 秦岭 – 大别造山带北部中 – 新生代逆冲推覆构造期次及时空迁移规律. 地质科学, 39(1): 63-76.

孙勇, 于在平 . 1986. 秦岭沙沟－老林头糜棱岩带研究 // 西北大学地质系成立 45 周年学术报告会论文集 .
　　西安: 陕西科技出版社 .

谭光裕 . 1992. 坪定砷金矿床地质特征及成矿机制探讨 . 甘肃地质学报 , 1(1): 48-54.

陶威 . 2014. 南秦岭晚三叠世老城胭脂坝花岗岩体的侵位机制及动力学意义 . 西北大学硕士学位论文 .

陶威, 梁文天, 张国伟 . 2014. 南秦岭晚三叠世胭脂坝岩体的磁组构特征及意义 . 吉林大学学报: 地质科学
　　版 , 44(5): 1575-1586.

田莉莉, 张建辉, 陈国忠, 等 . 2003. 甘肃省迭部刀扎——舟曲憨班一带矿找矿新认识 . 甘肃地质学报 ,
　　12(2): 73-79.

田伟, 董申保, 陈咪咪, 等 . 2009. 南秦岭印支期花岗岩带的"地幔印记" . 地学前缘 , 16(2): 119-128.

万天丰 . 2004. 中国大地构造纲要 . 北京: 地质出版社 .

王斌 . 2009. 秦岭金矿地球化学特征及矿床成因探讨 . 中国地质大学 (北京) 硕士学位论文 .

王非, 朱日祥, 李齐, 等 . 2004. 秦岭造山带的差异隆升特征——花岗岩 ^{40}Ar-^{39}Ar 年代学研究的证据 . 地学
　　前缘 , 11(4): 445-459.

王洪亮, 徐学义, 陈隽璐, 等 . 2011. 南秦岭略阳鱼洞子岩群磁铁石英岩形成时代的锆石 U-Pb 年代学约束 .
　　地质学报 , 85(8): 1284-1290.

王鸿祯, 徐成彦, 周正国 . 1982. 东秦岭古海域两侧大陆边缘区的构造发展 . 地质学报 , 56(3): 270-279.

王娟, 金强, 赖绍聪, 等 . 2008a. 南秦岭佛坪地区五龙花岗质岩体的地球化学特征及成因研究 . 矿物岩石 ,
　　28(1): 79-87.

王娟, 李鑫, 赖绍聪, 等 . 2008b. 印支期南秦岭西岔河、五龙岩体成因及构造意义 . 中国地质 , 35(2):
　　207-216.

王可勇, 姚书振, 杨言辰, 等 . 2004. 川西北马脑壳微细浸染型金矿床地质特征及矿床成因 . 矿床地质 ,
　　23(4): 494-501.

王鹏 . 2013. "勉略宁三角区"碧口岩群地质特征及金矿成矿规律浅析 . 陕西地质 , 31(2): 21-26.

王平安, 陈毓川 . 1997. 秦岭造山带构造－成矿旋回与演化 . 地质力学学报 , 3(1): 10-20.

王平安, 陈毓川, 裴荣富, 等 . 1998. 秦岭造山带区域矿床成矿系列、构造－成矿旋回与演化 . 北京: 地质
　　出版社 .

王瑞廷, 赫英, 王东生, 等 . 2003. 略阳煎茶岭铜镍硫化物矿床 Re-Os 同位素年龄及其地质意义 . 地质论评 ,
　　49(2): 205-211.

王瑞廷, 毛景文, 赫英, 等 . 2005. 煎茶岭硫化镍矿床的铂族元素地球化学特征及其意义 . 岩石学报 , 21(1):
　　219-226.

王瑞廷, 李剑斌, 任涛, 等 . 2008. 柞水－山阳多金属矿集区成矿条件及找矿潜力分析 . 中国地质 , 35(6):
　　1291-1298.

王瑞廷, 王东生, 李福让, 等 . 2009. 煎茶岭大型金矿床地球化学特征、成矿地球动力学及找矿标志 . 地质
　　学报 , 83(11): 1739-1751.

王瑞廷, 王东生, 代军治, 等 . 2012. 秦岭造山带陕西段主要矿集区铅锌银铜金矿综合勘查技术研究 . 北京:
　　地质出版社 .

王天刚, 倪培, 孙卫东, 等 . 2010. 西秦岭勉略带北部黄渚关和厂坝花岗岩锆石 U-Pb 年龄及源区性质 . 科
　　学通报 , 55(36): 3493-3505.

王详文 . 1999. 甘肃李坝金矿床地质特征及成因初探 . 有色金属矿产与勘查 , 8(6): 541-545.

王晓虎, 薛春纪, 李智明, 等 . 2008. 扬子陆块北缘马元铅锌矿床地质和地球化学特征 . 矿床地质 , 28(1):

37-49.

王晓伟, 王金荣, 杨春霞, 等. 2010. 甘肃省迭部县加勒克金矿地质特征及成因探讨. 矿产与地质, 24(6): 538-541.

王晓霞, 姜常义, 安三元. 1986. 中酸性小斑岩体中二辉麻粒岩包体的特征及地质意义. 长安大学: 地球科学版, 8(2): 20-26.

王晓霞, 王涛, 齐秋菊, 等. 2011. 秦岭晚中生代花岗岩时空分布、成因演变及构造意义. 岩石学报, 27(6): 1573-1593.

王秀峰. 2010. 甘肃礼县李坝金矿床地质特征及构造形成机理. 甘肃冶金, 32(1): 57-62.

王学明, 邵世才, 汪东波, 等. 1999. 甘肃文康地区金矿地质特征与找矿标志. 有色金属矿产与勘查, 8(4): 220-229.

王艳芬, 邵毅, 蒋少涌, 等. 2012. 陕西老牛山印支期高 Ba-Sr 花岗岩成因及其构造指示意义. 高校地质学报, 18(1): 133-149.

王义天, 叶会寿, 叶安旺, 等. 2010. 小秦岭文峪和娘娘山花岗岩体锆石 SHRIMP U-Pb 年龄及其意义. 地质科学, 45(1): 167-180.

王宗起, 闫臻, 王涛, 等. 2009. 秦岭造山带主要疑难地层时代研究的新进展. 地球学报, 30(5): 561-570.

王中刚, 于学元, 赵振华, 等. 1989. 稀土元素地球化学. 北京: 科学出版社.

魏钢锋, 姜修道, 刘永华, 等. 2000. 铧厂沟金矿床地质特征及成矿控制因素分析. 矿床地质, (2): 138-146.

魏庆国, 原振雷, 姚军明, 等. 2009. 东秦岭钼矿带成矿特征及其与美国克莱马克斯-亨德森钼矿带的对比. 大地构造与成矿学, 33(2): 259-269.

温志亮. 2008. 西秦岭教场坝岩体岩浆混合成因的新认识. 矿物岩石, 28(3): 29-36.

文成雄, 丁振举, 国阿千. 2011. 西秦岭吴家山群碎屑锆石 U-Pb 年代学研究及意义. 矿物学报, (增刊): 649-650.

吴发富. 2013. 中秦岭山阳-柞水地区岩浆岩及其成矿构造环境研究. 中国地质科学院博士学位论文.

吴烈善, 韦龙明. 1998. 鹿儿坝金矿床地质特征与找矿标志. 矿产与地质, 12(5): 324-328.

席先武, 杨立强, 王岳军, 等. 2003. 构造体制转换的温度场效应及其耦合成矿动力学数值模拟. 地学前缘, 10(1): 47-55.

西安地质矿产研究所. 2006. 西北地区矿产资源找矿潜力. 北京: 地质出版社.

夏林圻, 夏祖春, 等. 1991. 祁连、秦岭山系海相火山岩. 武汉: 中国地质大学出版社.

夏林圻, 夏祖春, 徐学义. 1996a. 南秦岭元古宙西乡群大陆溢流玄武岩的确定及其地质意义. 地质论评, 42(6): 513-522.

夏林圻, 夏祖春, 徐学义. 1996b. 南秦岭中晚元古代火山性质与前寒武纪大陆裂解. 中国科学 (D 辑), 26(3): 237-243.

肖娥, 胡建, 张谭中, 等. 2012. 东秦岭花山复式岩基中蒿坪与金山庙花岗岩体岩石地球化学、锆石 U-Pb 年代学和 Lu-Hf 同位素组成. 岩石学报, 28(12): 4031-4046.

肖力, 赵玉锁, 潘爱军, 等. 2008. 西秦岭金矿控矿规律和资源潜力分析. 矿床地质, 27(增刊): 46-54.

肖力, 赵玉锁, 张文钊, 等. 2009. 西秦岭成矿带中东段金 (铅锌) 多金属成矿规律及资源潜力评价. 北京: 地质出版社.

校培喜, 张俊雅, 王洪亮, 等. 2000. 北秦岭太白岩体岩石谱系单位划分及侵位时代确定. 西北地质科学, 21(2): 37-44.

谢桂青, 任涛, 李剑斌. 2012. 陕西柞山盆地池沟铜钼矿区含矿岩体的锆石 U-Pb 年龄和岩石成因. 岩石学报, 28(1): 15-26.

徐启东, 钟增球, 周汉文, 等. 1997. 小秦岭东闯金矿区花岗岩浆活动的性质. 黄金地质, 3(3): 20-24.

徐启东, 钟增球, 周汉文, 等. 1998. 豫西小秦岭金矿区的一组 $^{40}Ar/^{39}Ar$ 定年数据. 地质论评, 44(3): 323-327.

徐学义, 夏祖春, 夏林圻. 2002. 碧口群火山旋回及其构造意义. 地质通报, 21(8-9): 478-486.

徐学义, 何世平, 王洪亮, 等. 2008. 中国西北部地质概论——秦岭祁连天山地区. 北京: 科学出版社.

徐志刚, 陈毓川, 王登红, 等. 2008. 中国成矿区带划分方案. 北京. 地质出版社.

许成, 宋文磊, 漆亮, 等. 2009. 黄龙铺矿田含矿碳酸岩地球化学特征及其形成构造背景. 岩石学报, 25(2): 422-430.

许志琴, 卢一伦, 汤耀庆, 等. 1986. 东秦岭造山带的变形特征及构造演化. 地质学报, 60(3): 237-247.

许志琴, 卢一伦, 汤用庆, 等. 1988. 东秦岭复合山链的形成——变形、演化及板块动力学. 北京: 中国环境科学出版社.

许志琴, 张建新, 徐惠芬, 等. 1997. 中国主要大陆山链韧性剪切带及动力学. 北京: 地质出版社.

薛春纪, 祁思敬. 1995. 南秦岭泥盆纪同生热水沉积环境的沉积学及地球化学信息. 西北地质, 16(4): 37-42.

薛春纪, 刘淑文, 李强, 等. 2005. 南秦岭下古生界热水沉积成矿地球化学. 地质通报, 24(10): 927-934.

闫全人, 陈隽璐, 王宗起, 等. 2007. 北秦岭小王涧枕状熔岩中淡色侵入岩的地球化学特征、SHRIMP 年龄及地质意义. 中国科学, 37(10): 1301-1313.

闫升好, 王安建, 高兰, 等. 2000. 大水式金矿床稳定同位素、稀土元素地球化学研究. 矿床地质, 19(1): 37-45.

闫臻, 王宗起, 王涛, 等. 2007. 秦岭造山带泥盆系形成构造环境: 来自碎屑岩组成和地球化学方面的约束. 岩石学报, 23(5): 1023-1042.

严阵, 等. 1985. 陕西省花岗岩. 西安: 西安交通大学出版社.

阎凤增, 齐金忠, 郭俊华, 等. 2010. 甘肃阳山金矿地质与勘查. 北京: 地质出版社.

杨恒书, 张凤岭, 殷鸿福, 等. 1996. 西秦岭造山带演化与成矿. 四川地质学报, 16(1): 73-79.

杨军禄, 冯益民. 1999. 西秦岭吴家山隆起的隆升过程及时代. 西北地质, 32(4): 1-4.

杨俊龙, 余必胜. 1997. 西秦岭拉尔玛卡林型金矿床的 U-Th-Pb 年代学与 Pb 同位素地球化学研究. 华南地质与矿产, (4): 39-49.

杨朋涛, 刘树文, 李秋根, 等. 2013. 何家庄岩体的年龄和成因及其对南秦岭早三叠世构造演化的制约. 中国科学: 地球科学, 43(11): 1874-1892.

杨荣生, 陈衍景, 张复新, 等. 2006. 甘肃阳山金矿独居石 Th-U-Pb 化学年龄及其地质和成矿意义. 岩石学报, 22(10): 2603-2610.

杨星, 李行, 杨钟堂, 等. 1993. 中国含铂基性超基性岩体与铂(族)矿床. 西安: 西安交通大学出版社.

杨阳, 王晓霞, 柯昌辉, 等. 2012. 豫西南泥湖矿集区石宝沟花岗岩体的锆石 U-Pb 年龄、岩石地球化学及 Hf 同位素组成. 中国地质, 39(6): 1525-1542.

杨永春, 刘家军, 刘新会, 等. 2011. 南秦岭金龙山金矿床中砷的赋存特征及其对金沉淀的影响. 中国地质, 38(3): 701-715.

杨雨, 范国琳, 姚国金. 1997. 甘肃省岩石地层. 武汉: 中国地质大学出版社.

杨钊, 董云鹏, 柳小明, 等. 2006. 西秦岭天水地区关子镇蛇绿岩锆石 LA-ICP-MS U-Pb 定年. 地质通报, 25(11): 1321-1325.

杨志华, 张传林, 李勇. 1997. 论西成铅锌矿床的后生成因. 地质学报, 4: 360-366.

杨钟堂，李益桂，赵德智，等 . 1986. 甘肃毕家山多金属矿区北东东向构造带的形成条件及其成矿意义 // 中国地质科学院西安地质矿产研究所所刊 . 西安：陕西科学技术出版社 .

杨钟堂，乔耿彪，李智明，等 . 2009. 陕西勉县后沟 - 大坪山锰矿床地质 - 地球化学特征及其控矿因素 . 地质科学，44(1): 88-102.

姚书振，丁振举，周宗桂，等 . 2002. 秦岭造山带金属成矿系统 . 地球科学：中国地质大学学报，27(5): 599-604.

姚书振，周宗桂，吕新彪，等 . 2006. 秦岭成矿带成矿特征和找矿方向 . 西北地质，(2): 156-178.

姚书振，周宗桂，宫勇军，等 . 2011. 初论成矿系统的时空结构及其构造控制 . 地质通报，(4): 469-477.

殷先明 . 2004. 甘肃西秦岭金矿资源潜力分析和远景评价 . 甘肃地质学报，13(1): 10-15.

殷勇，殷先明 . 2009. 西秦岭北缘与埃达克岩和喜马拉雅型花岗岩有关的斑岩型铜 - 钼 - 金成矿作用 . 岩石学报，25(5): 1239-1252.

叶霖，刘铁庚 . 2012. 陕南铜厂铜矿床成矿物质来源探讨 . 吉林大学学报 (地球科学版)，17(4): 9-14.

尤关进，张忠平 . 2009. 甘肃大桥金矿地质特征及其发现的意义 . 甘肃地质，18(4): 1-8.

于在平，孙勇，张国伟 . 1991. 秦岭商丹缝合带沉积岩系基本地质特征 // 秦岭造山带学术讨论会论文选集 . 西安：西北大学出版社 .

于在平，孙勇，Altenberger U, 等 . 1996. 秦岭沙沟韧性剪切带长英质糜棱岩的变形变质作用 . 西北大学学报 (自然科学版)，26(4): 331-334.

喻学惠 . 1992. 陕西华阳川碳酸岩地质学和岩石学特征及其成因初探 . 地质科学：中国地质大学学报，17(2): 151-158.

喻学惠，赵志丹，莫宣学，等 . 2004. 甘肃西秦岭新生代钾霞橄黄长岩和碳酸岩的微量、稀土和 Sr, Nd, Pb 同位素地球化学：地幔柱 - 岩石圈交换的证据 . 岩石学报，20(3): 483-494.

袁海潮，焦建刚，李小东 . 2009. 东秦岭八里坡钼矿床地球化学特征与深部成矿预测 . 地质与勘探，45(4): 367-373.

袁士松，李文良，张勇，等 . 2008. 甘肃省文县阳山超大型金矿床成矿作用及成矿模式 . 地质与勘探，17(2): 92-101.

曾广策 . 1990. 河南省嵩县南部碱性正长岩类的岩石特征及构造环境 . 地球科学，15(6): 635-641.

曾令高，张均，胡鹏 . 2009. 陕西凤太铅锌矿集区矿化时空结构研究 . 地质科技情报，28(5): 84-90.

曾令君，星玉才，周栋，等 . 2013. 河南卢氏八宝山花岗斑岩 LA-ICP-MS 锆石 U-Pb 年龄和 Hf 同位素组成特征 . 大地构造与成矿学，37(1): 65-77.

曾荣，刘淑文，薛春纪，等 . 2007. 南秦岭古生代盆地演化中幕式流体过程及成岩成矿效应 . 地球科学与环境学报，29(3): 234-239.

翟裕生 . 1992. 成矿系列研究问题 . 现代地质，6(3): 301-308.

翟裕生 . 2003. 区域构造、地球化学与成矿 . 地质调查与研究，23(6): 1-7.

翟裕生，姚书振，崔彬，等 . 1996. 成矿系列研究 . 武汉：中国地质大学出版社 .

张本仁 . 1994. 秦巴岩石圈构造及成矿规律地球化学研究 . 武汉：中国地质大学出版社 .

张本仁，陈德兴，李泽九，等 . 1989. 陕西柞水 - 山阳成矿带区域地球化学 . 武汉：中国地质大学出版社 .

张本仁 . 1994. 区域岩石圈组成和热状态对岩浆作用和成矿的制约——以秦巴地区为例 . 地球科学：中国地质大学学报，19(3): 345-352.

张本仁，张宏飞，赵志丹，等 . 1996. 东秦岭及邻区壳、幔地球化学分区和演化及其大地构造意义 . 中国科学 (D 辑)，26(3): 201-208.

张本仁, 高山, 张宏飞, 等. 2002. 秦岭造山带地球化学. 北京: 科学出版社.

张成立, 刘良, 张国伟, 等. 2004. 北秦岭新元古代后碰撞花岗岩的确定及其构造意义. 地学前缘, 11(3): 33-42.

张成立, 张国伟, 宴云翔, 王煜. 2005. 南秦岭勉略带北光头山花岗岩体群的成因及其构造意义. 岩石学报, 21(3): 711-720.

张成立, 王涛, 王晓霞. 2008. 秦岭造山带早中生代花岗岩成因及其构造环境. 高校地质学报, 14(3): 304-316.

张二朋, 牛道韫, 霍有光, 等. 1993. 秦巴及邻区地质-构造特征概况. 北京: 地质出版社.

张帆, 刘树文, 李秋根, 等. 2009. 秦岭西坝花岗岩 LA-ICP-MS 锆石 U-Pb 年代学及其地质意义. 北京大学学报: 自然科学版, 45(5): 833-840.

张复新, 马建秦. 1997. 马鞍桥金矿成矿地质条件及矿床成因. 地质找矿论丛, 12(1): 18-25.

张复新, 魏宽义, 等. 1977. 南秦岭微细粒浸染型金矿床地质与找矿. 西安: 西北大学出版社.

张复新, 杜孝先, 王伟涛, 等. 2004. 秦岭造山带及邻区中生代地质演化与成矿作用效应. 地质科学, 39(4): 486-495.

张复新, 王立社, 侯俊富. 2009. 秦岭造山带黑色岩系与金属矿床类型及成矿系列. 中国地质, 36(3): 694-704

张国伟. 1988. 秦岭造山带的形成及演化. 西安: 西北大学出版社.

张国伟, 等. 1988. 华北地块南部早前寒武纪地壳的组成及其演化和秦岭造山带的形成及其演化. 西北大学学报, 18(1): 21-23.

张国伟, 孟庆任, 于在平, 等. 1996. 秦岭造山带的造山过程及其动力学特征. 中国科学, 26(3): 193-200.

张国伟, 董云鹏, 姚安平, 等. 1997. 秦岭造山带基本组成与结构及其构造演化. 陕西地质, 15(2): 1-14.

张国伟, 张本仁, 袁学成, 等. 2001. 秦岭造山带与大陆动力学. 北京: 科学出版社.

张国伟, 郭安林, 姚安平. 2003. 中国大陆构造中的西秦岭-松潘大陆构造结. 地学前缘, 11(3): 23-32.

张国伟, 程顺有, 郭安林, 等. 2004. 秦岭-大别中央造山系南缘勉略古缝合带的再认识——兼论中国大陆主体的拼合. 地质通报, 23(9-10): 846-853.

张国伟, 郭安林, 董云鹏, 等. 2011. 大陆地质与大陆构造和大陆动力学. 地学前缘, 18(3): 1-12.

张红, 陈丹玲, 翟明国, 等. 2015. 南秦岭桂林沟斑岩型钼矿 Re-Os 同位素年代学及其构造意义研究. 岩石学报, 31(7): 2023-2037.

张宏飞, 张本仁, 赵志丹, 等. 1996. 东秦岭商丹构造带陆壳俯冲碰撞——花岗质岩浆源区同位素示踪证据. 中国科学 (D 辑), 26(3): 231-236.

张宏飞, 张本仁, 凌文黎, 等. 1997. 南秦岭新元古代地壳增生事件: 花岗质岩石钕同位素示踪. 地球化学, 26(5): 16-24.

张宏飞, 王婧, 徐旺春, 等. 2007a. 俯冲陆壳部分熔融形成埃达克质岩浆. 高校地质学报, 13(2): 224-234.

张宏飞, 肖龙, 张利, 等. 2007b. 扬子陆块西北缘碧口地块印支期花岗岩类地球化学和 Pb-Sr-Nd 同位素组成: 限制岩石成因及其动力学背景. 中国科学 (D), 37(4): 460-470.

张均, 王长安. 2008. 西成-凤太矿集区金-多金属成矿系统及其结构 // 第九届全国矿产会议论文集. 北京: 地质出版社.

张旗, 王焰, 潘国强, 等. 2008. 花岗岩源岩问题——关于花岗岩研究的思考之四. 岩石学报, 24(6): 1193-1204.

张旗, 殷先明, 殷勇, 等. 2009. 西秦岭与埃达克岩和喜马拉雅型花岗岩有关金铜成矿及找矿问题. 岩石学报, 25(12): 3103-3122.

张旗, 金惟俊, 李承东, 等. 2010. 再论花岗岩按照 Sr-Yb 的分类标志. 岩石学报, 26(4): 985-1015.

张拴宏, 王书兵. 1999. 陕西周至马鞍桥金矿控矿构造及成矿模式. 地质找矿论丛, 14(3): 71-77.

张西社, 王瑞廷. 2011. 陕西省山阳县池沟地区斑岩成矿特征、成矿规律及找矿预测. 西北地质, 44(2): 72-79.

张新虎, 刘建宏, 赵彦庆. 2008. 甘肃省成矿区 (带) 研究. 甘肃地质, 17(2): 1-8.

张兴康, 叶会寿, 李正远, 等. 2015. 小秦岭华山复式岩基大夫峪岩体锆石 U-Pb 年龄、Hf 同位素和地球化学特征. 矿床地质. 矿床地质, 34(2): 235-260.

张雪亮, 陈远荣, 徐庆鸿, 等. 2007. 陕西铧厂沟金矿床成矿物质来源探讨. 矿产与地质, 12(1): 17-21.

张元厚, 毛景文, 简伟, 等. 2010. 东秦岭地区钼矿床研究现状及存在问题. 世界地质, 29(2): 188-202.

张泽军, 周鼎武, 董云鹏, 等. 1995. 秦岭造山带松树沟元古宙蛇绿岩及其大地构造北京. 大地构造与成矿学, 19(2): 121-132.

张正伟, 朱炳泉, 常向阳. 2003. 东秦岭北部富碱侵入岩带岩石地球化学特征及构造意义. 地学前缘, 19(4): 507-519.

张宗清, 刘敦, 付国民. 1994. 北秦岭变质地层同位素年代研究. 北京: 地质出版社.

张宗清, 张国伟, 付国民, 等. 1996. 秦岭变质地层年龄及其构造意义. 中国科学 (D 辑), 26(3): 216-222.

张宗清, 张国伟, 唐索寒, 等. 2002a. 秦岭勉略带中安子山麻粒岩的年龄. 科学通报, 47(22): 1751-1755.

张宗清, 张国伟, 唐索寒. 2002b. 南秦岭变质地层同位素年代学. 北京: 地质出版社.

张宗清, 刘敦一, 宋彪, 等. 2005a. 秦岭造山带中部存在太古宙岩块——陕西商南县湘河地区楼房沟斜长角闪岩 - 浅粒岩锆石 SHRIMP U-Pb 年龄及其意义. 中国地质, 32(4): 579-586.

张宗清, 唐索寒, 张国伟, 等. 2005b. 勉县 - 略阳蛇绿混杂岩带镁铁质 - 安山质火山岩块年龄和该带构造演化的复杂性. 地质学报, 79(4): 531-539.

张宗清, 张国伟, 刘敦一, 等. 2006. 秦岭造山带蛇绿岩、花岗岩和碎屑沉积岩同位素年代学和地球化学. 北京: 地质出版社.

张作衡, 毛景文, 王勇. 2004. 西秦岭中川地区金矿床流体包裹体特征及地质意义. 岩石矿物学杂志, 23(2): 147-157.

赵海杰, 毛景文, 叶会寿, 等. 2010. 陕西洛南县石家湾钼矿相关花岗斑岩的年代学及岩石成因: 锆石 U-Pb 年龄及 Hf 同位素制约. 矿床地质, 29(1): 143-157.

赵茹石, 周振环, 毛金海, 等. 1994. 甘肃省板块构造单元划分及其构造演化. 中国区域地质, 1: 28-36.

赵文川, 彭彩霞, 李涛. 2008. 寨上金矿区矿脉产状及深部找矿前景初探. 黄金科学技术, 16(2): 1-3.

赵向龙, 李向东. 2011. 甘肃省迭部县沙日金矿床地质特征及找矿方向. 甘肃科技, 27(10): 36-39.

赵彦庆, 叶得金, 李永琴, 等. 2003. 西秦岭大水金矿的花岗岩成矿作用特征. 现代地质, 17(2): 151-157.

钟建华, 张国伟. 1997. 陕西秦岭泥盆纪盆地群构造沉积动力学研究. 石油大学学报 (自然科学版), 21(1): 1-5.

周鼎武, 张泽军, 董云鹏, 等. 1995. 东秦岭商南松树沟元古宙蛇绿岩片的地质地球化学特征. 岩石学报, 11(增刊): 154-164.

周鼎武, 张成立, 刘良, 等. 2000. 秦岭造山带及相邻地块元古代基性岩墙群研究综述及相关问题探讨. 岩石学报, 16(1): 22-28.

周建勋, 张国伟. 1996. 秦岭商丹带沙沟糜棱岩带的显微构造及其 (p)-T-t 演化路径的再认识. 地质科学, 31(1): 33-40.

周绍东, 吕古贤. 1998. 松潘地区构造－岩相及金矿预测. 地球学报, 19(2): 170-176.

周姚秀, 刘文锦. 1979. 我国区域重力场及其基本特征. 物探与化探, 3(1): 14-17.

周正国, 李翔, 王成述, 等. 1992. 东秦岭北带泥盆纪刘岭群陆棚碎屑沉积特征 // 古大陆边缘沉积论文集. 武汉: 中国地质大学出版社.

朱俊亭, 等. 1992. 秦岭大巴山地区矿产资源和成矿规律. 西安: 西安地图出版社.

朱赖民, 张国伟, 郭波, 等. 2008a. 东秦岭大型斑岩钼矿床 LA-ICP-MS 锆石 U-Pb 定年及成矿动力学背景. 地质学报, 82(2): 204-220.

朱赖民, 张国伟, 李犇, 等. 2008b. 秦岭造山带重大地质事件、矿床类型和成矿大陆动力学背景. 矿物岩石地球化学通报, 27(4): 384-390.

朱赖民, 张国伟, 李犇, 等. 2009a. 马鞍桥金矿床中香沟岩体锆石 U-Pb 定年、地球化学及其与成矿关系研究. 中国科学 (D 辑), 39(6): 700-720.

朱赖民, 张国伟, 李犇, 等. 2009b. 陕西马鞍桥金矿床地质特征、同位素地球化学及矿床成因. 岩石学报, 25(2): 431-443.

朱赖民, 丁振举, 姚书振, 等. 2009c. 西秦岭甘肃温泉钼矿床成矿地质事件及其成矿构造背景. 科学通报, 54(16): 2337-2347.

朱铭. 1995. 秦岭地区花岗岩的 K-Ar 等时年龄和 ^{39}Ar-^{40}Ar 年龄及其地质意义. 岩石学报, 11(2): 179-192.

朱英. 1979. 华北地块的大地构造和鞍山式铁矿的分布规律——根据航空磁测结果的初步分析. 物探与化探, 3(1): 3-13.

宗静婷. 2004. 陕西铧厂沟金矿床地质与成矿特征. 西安联合大学学报, 7(5): 98-100.

左国朝. 1984. 西秦岭泥盆纪构造－建造带机器地壳演化. 甘肃地质, 2: 99-109.

Barbarin B. 1999. A review of the relationships between granitoid types, their origins and their geodynamic environments. Lithos, 46: 605-625

Cao X F, Lü X B, Chen C, et al. 2010. LA-ICP-MS U-Pb zircon geochemistry and kinetics of the Wenquan ore-bearing granites form West Qinling, China. 矿物学报, 29(s1): 298-300.

Ding L X, Ma C Q, Li W J, et al. 2011. Timing and genesis of the adakitic and shoshonitic intrusions in the Laomiushan complex, southern margin of the North China Craton: Implications for post-collisional magmatism associated with the Qingling Orogen. Lithos, 126: 212-232.

Dong Y, Zhang G, Neubauer F, et al. 2011. Tectonic evolution of the Qinling orogen, China: Review and synthesis. Journal of Asian Earth Sciences, 41(3): 213-237.

Gao X Y, Zhao T P, Chen W T. 2014. Petrogenesis of the early Cretaceous Funiushan granites on the southern margin of the North China Craton: Implications for the Mesozoic geological evolution. Journal of Asian Earth Sciences, 94: 28-44.

Hacker B R, Ratsehhacher I, Webb L, et al. 1998. U-Pb zircon ages constrain the architcture of the ultrahigh-pressure Qinling -Dabie Orogen, China. Earth and Planetary Science Letters, 161(1): 215-230.

Hugh R R. 1993. 岩石地球化学. 杨学明, 杨晓勇, 陈双喜译. 合肥: 中国科学技术大学出版社.

Hugh R R. 2000. 岩石地球化学. 合肥: 中国科学技术大学出版社.

Jamieson R A. 1991. P-T-t paths of collisional orogenesis. Geologie Rundsehau, 180: 321-332.

Jiang Y H, Jin G D, Liao S Y, et al. 2010. Geochemical and Sr-Nd-Hf isotopic constraints on the origin of Late Triassic granitoids from the Qinling orogen, central China: Implications for a continental arc to continent-continent collision. Lithos, 117(1): 183-197.

Li N, Chen Y J, Pirajno F. 2012. LA-ICP-MS zircon U-Pb dating, trace element and Hf isotope geochemistry of the Heyu granite batholith, eastern Qinling, central China: Implications for Mesozoic tectono-magmatic evolution. Lithos, 142-143(6): 34-47.

Li S G, Li H, Chen Y. 1997. Chronology of ultrahigh-pressure metamorphism in the Dabie Mountains and Su-Lu terrene, II. U-Pb isotope system of zircon. Science in China(D), 27: 200-206.

Liegeois J P, Navez J, Hertogen J, et al. 1998. Contrasting origin of post-collisional high-K calc-alkaline and shoshonitic versus alkaline and peralkaline granitoids: The use of sliding normalization. Lithos, 45: 1-28.

Liu R, Li J W, Bi S J, et al. 2013. Magma mixing revealed from in situ zircon U-Pb-Hf isotope analysis of the Muhuguan granitoid pluton, eastern Qinling Orogen, China: Implications for late Mesozoic tectonic evolution. International Journal of Earth Sciences, 102(6): 1583-1602.

Ohmoto H, Rye R O. 1979. Geochemistry of hydrothermal ore deposits. New York: John Wiley and Sons.

Pearce J A, Harris B W, Tindle A G. 1984. Trace element discrimination diagram for the tectonic interpretations of granitic rocks. Journal of Petrology, 25: 956-983.

Reischmann T, Altenberger U, Kröner A, et al. 1990. Mechanism and time of deformation and metamorphism of mylonitic orthogneisses from the Shagou Shear Zone, Qinling Belt, China. Tectonophysics, 185(1-2): 91-109.

Sun W, Li S, Chen Y, et al. 2002. Timing of synorogenic granitoids in the South Qinling, Central China: Constraints on the evolution of the qinling-Dabie orogenic belt. Journal of Geology, 110(4): 457-468.

Sugisaki R. 1976. Chemical characteristics of volcanic rocks relative to plate movements. Lithos, 9(11): 17-30.

Taylor S R. 1964. Abundance of chemical elements in the continental crust: A new table. Geochimica et Cosmochimica Acta, 28(8): 1273-1285.

Taylor S R, Mclenna S M. 1985. The continential crust: Its composition and evolution. Oxford: Blackwell Scientific Publication.

Wang X, Wang T, Zhang C. 2013. Neoproterozoic, Paleozoic, and Mesozoic granitoid magmatism in the Qinling Orogen, China: Constraints on orogenic process. Journal of Asian Earth Sciences, 72(4): 129-151.

Wu M L, Guo Y F, Li X J. 2009. Zircon LA-ICP-MS U-Pb dating of the Guandiping Diorite Pluton from Mianxian, South Qinling, Central China. Northwestern Geology, 42(1): 73-78.

Xiao L, Clemens J D. 2007. Origin of potassic(C-type)adakite magmas: experimental and field constraints. Lithos, 95: 399-414.

Xiong X L, Adam J, Green T H. 2005. Rutile stability and rutile/melt HFSE partitioning during partial melting of hydrous basalt: Implications for TTG genesis. Chemical Geology, 218(3): 339-359.

Yang P T, Liu S W, Li Q G, et al. 2013. Chronology and petro-genesis of the Heijiazhuang granitoid pluton and its constraints on the Early Triassic tectonic evolution of the South Qinling Belt. Science China Earth Sciences, 57(2): 232-246.

Yang Z T, Yang X Y, Li Z M, et al. 2008. Metallogenic controlling factors for metamorphic-sedimentary Mn-deposits in Hougou-Dapingshan area, South Qinling Orogenic Belt. Geochmica et Cosmochimica Acta, 72: 1059.

Zen E-an. 1992. Using granite to image the thermal state of the source terrane. Gelogical Society of America Special Papers, 272: 107-144

Zeng Q, Mccuaig T C, Tohver E, et al. 2015. Episodic Triassic magmatism in the western South Qinling Orogen, central China, and its implications. Geological Journal, 49(4-5): 402-423.

Zhang H F, Zhang Z Q, Gao S, et al. 2001. U-Pb zircon age of the foliated garnet-bearing granites in western Dabie Mountains, Central China. Chinese Science Bulletin, 46(19): 1657-1661.

Zhang Z Q, Zhang G W, Tang S H, et al. 1999. The age of Shahewan rapakivi granite in Qinling and its restriction on the end of main orogeny of Qinling orogenic belt. Chinese Science Bulletin, 44: 981-983.

Zhu L M, Zhang G W, Lee B, et al. 2010. Zircon U-Pb dating and geochemical study of the Xianggou granite in the Ma'anqiao gold deposit and its relationship with gold mineralization. Science China Earth Sciences, 53(2): 220-240.

Abstract

Qinling Metallogenic Belt, located in the middle-east of the Qinling-Qilian-Kunlunshan Central Orogenic Belt, is one of the momentous metallogenic province in China. In this monograph, authors take tectonism and metallogenic evolution as the main thread, and guided by the contemporary regional metallogeny and multiple metallogenic control theory, and applied the studying method of tectonism-petrogeny-metallogeny, and grasp dominant geologic factors that influenced with the large-scale metallogeny of Qinling metallogenic belt in Indosinian-Yanshanian, and aimed at 3 main targets: the source bed, the heat source as well as the ore-containing space. In view of those existing basic geological problems on prospecting breakthrough of chief prospecting mineral varieties Pb-Zn, Au, Mo-W, Cu, we have carried out works in following aspects: 1 : 50 000 anatomic geological survey of critical region; the studying on spatiotemporal distribution rules and tectonic properties of Indosinian-Yanshanian middle-acidic granite rock mass; to discuss the relationship between magmatism and Mo-W polymetallic metallogenesis; the comprehensive analysis and detailed regional comparison research about important ore-bearing layers' lithofacies, petrology and ore bearing property of Sinian, Silurian and Devonian strata respectively; the formation and development of the NE trending structure in Qinling area and its controlling of rocks and ores. As the analysis above a series of important progress and new understanding have been achieved in following aspects: regional metallogenic geological background, ore control factors and metallogenic law.

1. A stage of granitic magmatism has occurred between late Triassic and early Jurassic, and its petrogenic isotopic age was during 205-180 Ma, and its geochemical characteristics are commonly different from the magmatite of late Triassic to early Jurassic , and the granitoids of Yanshanian large scale magmatism, which both inherited some property of Indosinian granites, and kept its own specialty, should be a products of the new stage magmatism and also a symbol of tensional tectonic environment of intracontinental orogeny in Qinling area.

During the late Indosinian stage, the metallogenic belt involved in magmatism and controlled by the tectonic magmatism occurred in collision zone between north and south China plate, shows E-W trending, and it can be divided into 5 sub-belts from south to north direction: ① The orogenic type gold metallogenic belt, which related to deep source-hypabyssal S-I granite and distributed along the Mianlue melange zone; ② Low-middle temperature hydrothermal vein type Au, Pb-Zn, Hg-Sb polymetallic belt, related to I-S type granitoids in south sub-tectonic belt of south Qinling zone; ③ Porphyry type, skarn type copper(As) and gold metallogenic belts, as well as sedimentary reworked Pb-Zn belts, related to plutonic type granitoids in north sub-tectonic belts of south Qinling zone; ④ Porphyry type, hydrothermal vein type molybdenum, copper, and gold metallogenic belts, associated with the plutonic I-type granitoids, in north Qinling tectonic zone; ⑤ Molybdenum, copper, gold, iron, lead, as well as rare-radioactive elements metallogenic belts related to I-A type granitoids along the southern margin of the North China plate. Also, some differences of granites' metallogenic effects obviously existed between the eastern and western parts of Qinling Orogen. The eastern part is mainly composed of molybdenum, tungsten, copper, and gold polymetallic deposits, while the middle and western parts of Qinling Orogen, especially the western region, are mainly dominated by orogenic gold deposits. The NE trending tectonic magmatism of Yanshanian has superimposed and reconstructed the EW trending tectonic magmatic belts of Indosinian across tectonic units, which caused Yanshanian metallogenesis characterized by the E-W zonal distribution and concentrating along NE direction in different tectonic units. Especially the discovery of molybdenum-tungsten deposits related to magmatism formed during early Jurassic period and located in Tongguan - Zhashui - Ningshan tectonic magmatic belt. It is proved that there is still a new diagenesis and metallogenesis in the early stage of the intra continental orogeny in the Qinling Mountains metallogenic belt.

2. It is proposed that Paleozoic era is the metallogenic accretion period of lead, zinc, gold, mercury, antimony, manganese and other major metallogenic elements in Qinling metallogenic belt. The ore bearing strata are characterized by multi-eras, multi-layers, diversified ore-forming elements, multiple mineral sources.

(1) Considering the characteristics of ore bearing strata and the ore bearing potential, the Yangtze block and its northern margin should be the favorable area for accumulating Sinian "Mayuan type" lead-zinc deposit of Qinling metallogenic belt. The Sinian-Cambrian black shale series formation distributed along south Qinling metallogenic belt, is the ore bearing strata of Phosphorus and manganese.

(2) The deep rift basin distributed along Zhouqu-Diebu-Ankang-Xunyang zone in south sub-belt of south Qinling tectonic zone formed black rock series of carbonaceous-siliceous-argillaceous rocks intercalated with volcanic and subvolcanic rocks in deep and semi-deep oceanic environment. The black rock formation is an important ore bearing bed and layer of Silurian. The Silurian sedimentary formation exposed in Yangtze block and continental margin depression zone of northern area of Longmenshan mountain overall lack of volcanic materials, ore-bearing layers and potential.

(3) On account of the tectonic influence come from the rifting induced by regional extensional subsidence of north-south direction, the Devonian strata shows clearly zonal distributed in east-west direction, which can be roughly divided into four belts. The sedimentary environment, sedimentary rocks assemblage, ore-bearing formation, ore-bearing layers and ore-bearing property of the different belts are vary greatly.

3. There are five NE trending tectonic belts of Mesozoic-Cenozoic have been identified and classified. They are Luanchan-Yunxian-Zhushan belt, Tongguan-Zhashui-Ningshan belt, Baoji-Fengxian-Wenxian belt, Lixian-Dangchang-Zhouqu belt and Xiahe-Luqu-Maqu belt respectively from east to west. Our detailing research work only focus on those 4 tectonic belts located in our studying area.

4. Taking Indosinian-Yanshanian tectonic-magmatic metallogenesis as main thread, our studying divided systematically the metallogenic sub-belts of Qinling metallogenic belt, there are 3 metallogenic domains of grade I, 4 metallogenic provinces of grade II, 6 metallogenic belts of grade III and 21 metallogenic sub-belts of grade IV.

5. The regional metallogenesis occurred in 200-220 Ma, and has been widely recognized. Regional mineralization is closely related to deep sourced epithermal intermediate acidity granite, especially neutral magmatism in late Indosinian. Golden ore forming materials mainly came from granitic mass, other parts from strata, the ore forming fluid resulted from magmatic fluid early and meteoric water late. Metallogenic background is the relax stage from compressional Collision Orogeny stage to intracontinental Orogeny stage of West Qinling Orogen in late Indosinian.

6. Put forward a new type of porphyry gold deposit, and some new understanding about the Au, Pb-Zn, W-Mo, Cu mineral ore controlling conditions and enrichment regularities. ① To propose a new ore control model of gold ore field: "mineral source-thermal reconstruction-ore hosting space trinity". ② To pointed out that the Pb-Zn mineralization was controlled by strata bound+magmatic hydrothermal transformation in Qinling area. ③ A new understanding of the Mo-W deposits' main controlling factors are Late Indosinian-Yanshanian middle-acid rocks+NE trending tectonics. Those Mo-W deposits present a strip distribution in west-east direction and equal-interval beaded distribution in NE direction.

7. The important metallogenic prospective areas & exploration areas have been delineated out, to point out clearly the key emphasis in exploring and prospecting work of Au, Pb-Zn, W-Mo, Cu on the basis of systematically summarizing the metallogenic regularity and metallogenic series of Au, Pb-Zn, W-Mo, Cu. Put forward specific proposals about geological survey for the optimized integrated exploration areas.